煤炭高等教育“十四五”规划教材
国家自然科学基金项目（51674119）资助

井巷工程 第3版

主　编　石建军　殷帅峰
副主编　冯吉成　李　昊
主　审　邹光华

中国矿业大学出版社
·徐州·

内 容 提 要

本书系统讲述了矿井巷道施工及组织管理与支护、硐室施工、交岔点施工、矿井井筒施工、煤矿巷道智能掘进、隧道施工等方面的基础知识，理论与实践结合紧密，整体结构合理，具有实用性、先进性和前瞻性。

本书适合普通高等院校采矿工程专业学生使用，也可供有关工程技术人员参考。

图书在版编目(CIP)数据

井巷工程 / 石建军，殷帅峰主编. — 3版. — 徐州 ：
中国矿业大学出版社，2025. 5. — ISBN 978-7-5646
-6740-5

Ⅰ. TD26

中国国家版本馆 CIP 数据核字第 2025KN5543 号

书　　名　井巷工程
主　　编　石建军　殷帅峰
责任编辑　王美柱
责任校对　张海平
出版发行　中国矿业大学出版社有限责任公司
（江苏省徐州市解放南路　邮编 221008）
营销热线　(0516)83885370　83884103
出版服务　(0516)83995789　83884920
网　　址　http://www.cumtp.com　**E-mail**：cumtpvip@cumtp.com
印　　刷　江苏淮阴新华印务有限公司
开　　本　787 mm×1092 mm　1/16　**印张** 21.75　**字数** 556 千字
版次印次　2025 年 5 月第 3 版　2025 年 5 月第 1 次印刷
定　　价　39.80 元

前　言

煤炭工业是国民经济的基础，国民经济的发展对煤炭生产提出更高的要求。为了将煤炭从地下开采出来，首先要从地表开凿一系列井筒、硐室和巷道到达煤层。随着煤层开采，必须不断及时准备好巷道形成工作面，才能保证采煤工作面的正常接续。

井巷工程是采矿工程专业必修的专业主干课程，课程的实践性很强，所以理论联系实际很重要。本教材本着着眼目前，兼顾长远，注重实用性和针对性的原则，力求重点突出，结构合理，深入浅出，概念清晰，适应井巷工程技术发展。因此，本书重点放在了适用性、实用性及可操作性方面。

参加本教材编写的人员：

主　　编：石建军　殷帅峰

副 主 编：冯吉成　李　昊

参编人员：赵启峰　师皓宇　许海涛　郭敬中　王　波　李见波　于凤海

具体编写分工：第一章由殷帅峰、赵启峰编写；第二章、第六章由石建军、李见波编写；第三章由殷帅峰、李昊编写；第四章、第五章由石建军编写；第七章由石建军、王波编写；第八章由石建军、许海涛、郭敬中编写；第九章由石建军、师皓宇编写；第十章由李昊、石建军、于凤海编写；第十一章由冯吉成、石建军、于凤海编写。

全书由石建军做了最终的统稿和定稿，由邹光华审稿。

本书在编写过程中参阅了许多专家、学者的著作和文献，在此一并致谢！

由于时间仓促，加之编者水平所限，书中不妥之处在所难免，恳请读者不吝指正。

编　者

2025 年 4 月

目　录

第一章　钻眼爆破

井巷施工最基本的工程，就是把岩石从岩体上破碎下来，形成设计所要求的井筒、巷道及硐室等空间，接着对这些地下空间进行必要的维护，防止其继续破碎或垮落。因此，破岩与井巷维护就成为井巷工程的主要问题。为了有效、合理地进行破岩和井巷维护，必须对岩石和岩体的物理力学性质有所了解，并在此基础上制定出科学的岩石工程分级方法，以便为设计、施工和成本计算提供依据。

第一节　概　　述

岩石是由一种或多种矿物组成的。各种矿物都各有其一定的内部结构和比较固定的化学成分，因而也各具一定的物理性质和形态。岩石性质与其矿物组成有关。一般而言，岩块中含硬度大的粒状和柱状矿物如石英、长石、角闪石、辉石和橄榄石等越多，岩块的强度就越高；含硬度小的片状矿物如云母、绿泥石、滑石、蒙脱石及高岭石等越多，岩块的强度就越低。

岩石的结构和构造对岩石的性质也有重要影响。岩石的结构反映岩石的微观组织特征，是指岩石中矿物的结晶程度、颗粒大小、形状和颗粒之间的联结方式。岩石结构不同，其性质也各异。当矿物成分一定，呈现细晶、隐晶结构时，岩块强度往往比较高。粒状矿物较片状矿物不易形成定向排列，所以当其他条件相同时，含片状矿物较多的岩石往往呈现较强的各向异性，含粒状矿物较多的岩石则常呈各向同性。沉积岩如砾岩和砂岩的力学性质，除了与砾石和砂粒的矿物成分有关以外，还与胶结物的性质有很大关系。硅质胶结的强度最大，铁质、钙质、泥质和凝灰质胶结的强度依次递减。而岩石的构造则反映岩石的宏观组织特征。岩浆岩的流纹构造、沉积岩的层理构造和变质岩的片理构造，均可使岩石在力学性质上呈现显著的各向异性。

研究岩石性质时，常用到岩石、岩块和岩体这三个术语。一般认为，岩块是指从地壳岩层中切取出来的小块体，岩体是指地下工程周围较大范围的自然地质体，岩石则是不区分岩块和岩体的泛称。

岩体是地质体，它经历过多次反复地质作用，经受过变形，遭受过破坏，形成一定的岩石成分和结构，赋存于一定的地质环境中。由于各种地质作用，岩体中往往存在各种地质界面，包括物质分异面和不连续面，如假整合、不整合、褶皱、断层、层理、节理和片理等。这些不同成因、不同特性的地质界面统称为结构面（弱面）。结构面依其本身的产状，彼此组合将岩体切割成形态不一、大小不等以及成分各异的岩石块体。正是由于弱面的存在，岩体强度通常小于岩块强度。

在自然界中，岩体极其复杂，不仅组成岩体的岩石“软”“硬”差别极大，而且岩体还包含各种结构面以及大量的微观裂隙等，因此，岩体远比迄今为止人类所熟知的任何工程材料都复杂。

在研究岩石的力学性质时，必须注意到岩块的非均质性、各向异性和不连续等问题。但岩块是不包含显著弱面的岩石块体，相对岩体而言，可以把岩块近似地视为均质、各向同性的连续介质来处理，而岩体则不能。除了少数岩体外，一般岩体均属于非均质、各向异性的不连续介质。

第二节　岩石的物理力学性质

一、岩石的物理性质

（一）岩石的密度

岩石的密度是指在绝对密实状态下，单位体积岩石的质量。岩石的密度取决于岩石的矿物成分。一般来说，岩石的密度接近岩石矿物成分的密度。

岩石的表观密度是指在自然状态下，单位体积岩石的质量。

煤矿中常见岩石密度见表 1-1。

表 1-1　煤矿中常见岩石密度

岩石名称	密度/(g/cm^3)	表观密度/(g/cm^3)
砂岩	2.60～2.75	2.0～2.6
页岩	2.57～2.77	2.0～2.4
石灰岩	2.48～2.85	2.2～2.6

（二）岩石的孔隙性

岩石的孔隙性是指岩石中孔隙和裂隙的发育程度，它通常用孔隙比表示。孔隙比是指岩石中的各种孔隙、裂隙体积的总和占岩石内固体部分实体总体积的百分比。孔隙比增大，则岩石的密度和强度降低，塑性变形和透水性增大。在掘进施工中，裂隙常导致冒顶片帮，同时裂隙也是导水和泄出瓦斯的通道。煤矿中常见岩石孔隙比见表 1-2。

表 1-2　煤矿中常见岩石孔隙比

岩石名称	孔隙比
板岩	0.001～0.010 1
石灰岩	0.053～0.250
砂岩	0.031～0.429
页岩	0.111～0.538

（三）岩石的吸水性

岩石的吸水性是指遇水不崩解的岩石在一定的试验条件下吸入水分的能力，通常以岩石的吸水率表示。岩石的吸水率是指岩石在标准大气压下吸入水的质量与岩石烘干质量的比值（以百分数表示）。

岩石的吸水率，取决于岩石所含的孔隙、裂隙的数量、大小、开闭程度及其分布情况。在工程上，往往用吸水率评价岩石的抗冻性能。煤矿中常见岩石吸水率见表 1-3。

表 1-3 煤矿中常见岩石吸水率

岩石名称	吸水率/%
砂岩	0.20～12.19
页岩	1.80～3.00
花岗岩	0.10～0.92
石灰岩	0.10～4.45

（四）岩石的碎胀性

岩石的碎胀性是指岩石破碎后的体积比整体状态下的体积增大的性质。岩石的碎胀性用碎胀系数表示，它是指岩石破碎后处于松散状态的体积和破碎前处于整体状态下的体积之比。

在井巷掘进中选用装载、运输、提升等设备的容器时，必须考虑岩石的碎胀系数。碎胀系数与岩石的物理性质、破碎后的块度及排列状态等因素有关。如坚硬岩石破碎后块度较大且排列整齐，则碎胀系数较小；反之，如破碎后块度较小且排列较杂乱，则碎胀系数较大。煤矿中常见岩石碎胀系数见表 1-4。

表 1-4 煤矿中常见岩石碎胀系数

岩石名称	碎胀系数
煤	<1.20
黏土	<1.20
砂	1.06～1.15
泥质页岩	1.40
砂质页岩	1.60～1.80
硬砂岩	1.50～1.80

（五）岩石的硬度和耐磨性

岩石的硬度是指岩石表面抵抗其他较硬物体压入或刻划的能力。岩石的硬度常采用刻划法测定，硬度越大，则岩石的耐磨性越好，钻凿越困难。

岩石的耐磨性是指岩石表面抵抗磨损的能力。岩石的耐磨性用磨损率表示。岩石的磨损率是指岩石磨损前后质量之差与岩石试件受磨面积之比。

（六）岩石的可钻性和可爆性

可钻性和可爆性用来表征钻眼或爆破岩石的难易程度，是岩石物理力学性质在钻眼或爆破的具体条件下的综合反映。

岩石的可钻性和可爆性，常用工艺性指标来表示。例如，可以采用钻速、钻每米炮眼所需要的时间、钻头的进尺、钻每米炮眼磨钝的钎头数或破碎单位体积岩石消耗的能量等表示岩石的可钻性；采用爆破单位体积岩石所消耗的炸药、爆破单位体积岩石所需的炮眼长度、单位质量炸药的爆破量或每米炮眼的爆破量等表示岩石的可爆性。

二、岩石的力学性质

（一）岩石的变形性质

岩石的变形性质是岩石的主要力学性质。岩石在外力作用下首先发生变形，当外力增大超过某一数值(岩石极限强度)时,就会导致岩石的破坏。所以岩石的变形和破坏是岩石在外力作用下力学性质变化过程中的两个阶段。

岩石的变形主要有以下 3 种状态:

① 岩石的弹性变形——岩石在外力作用下发生变形,当取消外力后能完全恢复的变形。

② 岩石的塑性变形——岩石在外力作用下发生变形,当取消外力后仍然保留不能恢复的变形。

③ 岩石的脆性破坏——岩石在载荷作用下,破坏前没有明显的塑性变形就突然破坏。

岩石的弹性、塑性和脆性不是绝对的,可随受力状态、加载速度、温度等条件而变化。例如,多数岩石在单向或三向低压应力状态下表现出脆性,但在三向高压应力状态下,脆性岩石在破坏前却表现出很大的塑性;在静载荷作用下产生塑性变形的岩石,在冲击载荷作用下脆性显著增长;在常温下表现为脆性的岩石,在高温下塑性显著提高。

岩石是兼有弹性与塑性的材料。岩石受力后既可能出现弹性变形,也可能出现塑性变形,而且弹性变形与塑性变形往往同时出现。

(二) 岩石的强度性质

在载荷作用下岩石变形,达到一定程度就会破坏。岩石发生破坏时所能承受的最大载荷叫极限载荷,用单位面积表示则称为极限强度。岩石的强度性质也是岩石的主要力学性质。

(1) 岩石的抗压强度

岩石试件在压缩时能承受的最大压应力值叫作岩石的抗压强度。岩石的抗压强度是目前在煤矿中研究岩石分类、确定岩石破坏准则以及表达围岩坚硬程度时常采用的指标。

岩石的抗压强度又分为两类:岩石试件在单向压缩时能承受的最大压应力值叫作岩石的单轴抗压强度,岩石试件在三向压应力作用下能承受的最大轴向应力值叫作岩石的三轴抗压强度。

(2) 岩石的抗拉强度

岩石试件在拉伸时能承受的最大拉应力值叫作岩石的抗拉强度。岩石的抗拉强度,主要受其内部因素的影响,如果组成岩石的矿物强度高,颗粒之间的联结力强且孔隙不发育,则其抗拉强度高。

由于岩石的抗拉强度远小于抗压强度,在受载不大时就可能出现拉伸破坏,因此岩石的抗拉强度对井下巷硐失稳等问题有重要的意义。

(3) 岩石的抗剪强度

岩石试件能承受的最大剪应力值叫作岩石的抗剪强度。它也是反映岩石力学性质的主要参数之一。

(4) 岩石各种强度之间的关系

影响岩石强度的因素有很多,如岩石的组成成分、颗粒大小、胶结情况、层理构造、孔隙率、温度、湿度、风化程度、受力状态和受力时间等。

根据试验研究,岩石在不同受力状态下的各种强度值,一般符合下列由大到小的顺序:三轴等压抗压强度>三轴不等压抗压强度>双轴抗压强度>单轴抗压强度>抗剪强度>抗拉强度。

岩石的强度越高，其抵抗外力使其变形、破坏的能力越强，则巷道越稳定。有的巷道利用围岩本身的强度而不支护，就可以维持巷道的稳定。

煤矿中常见岩石强度值见表 1-5。

表 1-5　煤矿中常见岩石强度值　单位：MPa

岩石名称		单轴抗压强度	抗拉强度	抗剪强度
煤		5～50	2.0～5.0	1.1～16.5
砂岩类	细砂岩	106～146	5.6～18.0	17.8～54.5
	中砂岩	87.5～136	6.1～14.3	13.6～37.2
	粗砂岩	58～126	5.5～11.9	12.6～31.0
	粉砂岩	37～56	1.4～2.5	7.0～11.7
砾岩类	砂砾岩	71～124	2.9～9.9	7.2～29.4
	砾岩	82～96	4.1～12.0	6.7～26.9
页岩类	砂质页岩	49～92	4.0～12.1	21.0～30.5
	页岩	19～40	2.8～5.5	16.0～23.8
灰岩类	石灰岩	54～161	7.9～14.1	10.0～31.0

第三节　岩体质量评价及工程分级

由于组成岩体的岩石性质、组织结构不同，以及岩体中结构面发育情况的差异，岩体力学性质相当复杂。为了在工程设计与施工中能区分出岩体质量的好坏和表现在稳定性上的差别，需要对岩体作出合理分类，作为选择工程结构参数、科学管理生产以及评价经济效益的依据之一，这就是岩体质量评价及工程分级。岩体分级要从工程应用的目的出发。建立岩体分级系统的目的主要是解决地下工程支护设计问题，另外对合理选用施工方法及施工设备、机具和器材，准确地制定生产定额和材料消耗定额等具有重要作用。

岩体分级是人们认识工程围岩的一种重要手段。目前，国内外有关岩体分级的方法很多，有一般性的分级，也有专门性的分级，有定性的，也有定量的，分级原则和考虑的因素也各有不同，下面介绍在采掘工程中常用的几种分级方法。

一、普氏分级法

岩石工程分级的方法很多。中华人民共和国成立初期，我国引进了按岩石坚固性进行分级的方法（即普氏分级法），煤炭系统至今仍在沿用。

苏联学者 M. M. 普罗托奇雅可诺夫于 1926 年提出用“坚固性”这一概念作为岩石工程分级的依据。他建议用一个综合性的指标“坚固性系数 f”来表示岩石破坏的相对难易程度。通常称 f 为岩石坚固性系数。f 值可用岩石的单轴抗压强度 σ_c（MPa）除以 10（MPa）求得，即

$$f = \frac{\sigma_c}{10} \tag{1-1}$$

根据 f 值的大小，可将岩石分为 10 级共 15 种（见表 1-6）。

表 1-6　岩石按坚固性分级一览表

级别	坚固性程度	岩　　石	坚固性系数 f
Ⅰ	最坚固的岩石	最坚固、最致密的石英岩和玄武岩，其他最坚固的岩石	20
Ⅱ	很坚固的岩石	很坚固的花岗岩类：石英斑岩、很坚固的花岗岩、硅质片岩；坚固程度较Ⅰ级岩石稍差的石英岩；最坚固的砂岩及石灰岩	15
Ⅲ	坚固的岩石	致密的花岗岩及花岗岩类岩石、很坚固的砂岩及石灰岩、石英质矿脉、坚固的砾岩、很坚固的铁矿石	10
Ⅲa	坚固的岩石	坚固的石灰岩、不坚固的花岗岩、坚固的砂岩、坚固的大理岩、白云岩、黄铁矿	8
Ⅳ	相当坚固的岩石	一般的砂岩、铁矿石	6
Ⅳa	相当坚固的岩石	砂质页岩、泥质砂岩	5
Ⅴ	坚固性中等的岩石	坚固的页岩、不坚固的砂岩及石灰岩、软的砾岩	4
Ⅴa	坚固性中等的岩石	各种不坚固的页岩、致密的泥灰岩	3
Ⅵ	相当软的岩石	软的页岩、很软的石灰岩、白垩、盐岩、石膏、冻土、无烟煤、普通泥灰岩、破碎的砂岩、胶结的卵石及粗砂砾、多石块的土	2
Ⅵa	相当软的岩石	碎石土、破碎的页岩、结块的卵石及碎石、坚硬的烟煤、硬化的黏土	1.5
Ⅶ	软岩	致密的黏土、软的烟煤、坚固的表土层	1.0
Ⅶa	软岩	砂质黏土、黄土、细砾石	0.8
Ⅷ	土质岩石	腐殖土、泥煤、湿沙	0.6
Ⅸ	松散岩石	沙、细砾、松土、采下的煤	0.5
Ⅹ	流沙状岩石	流沙、沼泽土壤、含水的黄土及含水土壤	0.3

普氏分级法简明，便于使用，因而多年来在一些国家获得广泛应用。但它没有反映岩体的特征，岩石坚固性方面表现趋于一致的观点对少数岩石也不适用。如在黏土中就是钻眼容易、爆破困难。

工程实践和理论研究使人们认识到，围岩稳定性主要取决于围岩应力、岩体的结构和岩体的强度，而不只是岩石试件的强度。因此，国内外提出了各种各样的岩体工程分级的方法。

二、RQD 分级

按岩石质量指标分类是由美国伊利诺斯大学的学者狄勒(Deere)于 1964 年提出的，它根据钻探时岩心完好程度来判断岩体质量，对岩体进行分类，即长度在 10 cm(包括 10 cm)以上的岩心累计长度占钻孔总长的百分比，称为岩石质量指标(rock quality designation，RQD)。

$$RQD = \frac{10\ \text{cm 以上岩心累计长度}}{\text{钻孔长度}} \times 100\%$$

其分级如表 1-7 所示。

表 1-7　岩石质量指标分级

分类	优质的	良好的	好的	差的	很差
RQD/%	90～100	75～90	50～75	25～50	0～25

RQD 指标在美国及欧洲广泛应用，它是评估岩心质量的简单且节省费用的方法。尽管其本身并没有对岩体充分描述，但该指标仍然作为分级参数，在隧道工程中用作选择隧道支护参数时的参考，且非常有用。今天，RQD 被用作钻孔岩心记录的标准参数。

尽管 RQD 分类方法简单易行，是一种快速、经济而实用的岩体质量评价方法，在一些国家得到广泛应用，但它没有反映节理的方位、充填物的影响等，不能单独提供对岩体的充分描述。因此在更完善的岩体分类中，仅把 RQD 作为一个参数加以使用。

三、原煤炭部制定的围岩分类

表 1-8 是原煤炭部根据锚喷支护设计和施工需要，按照煤矿岩层特点制定的围岩分类。

表 1-8　原煤炭部制定的围岩分类

<table>
<tr><th colspan="2">围岩分类</th><th rowspan="2">岩层描述</th><th rowspan="2">巷道开掘后围岩稳定状态（3～5 m 跨度）</th><th rowspan="2">岩种举例</th></tr>
<tr><th>类别</th><th>名称</th></tr>
<tr><td>Ⅰ</td><td>稳定岩层</td><td>1. 完整坚硬岩层，σ_b>60 MPa，不易风化；
2. 层状岩层，层间胶结好，无软弱夹层</td><td>围岩稳定，长期无支护无碎块掉落现象</td><td>完整的玄武岩、石英质砂岩、奥陶纪灰岩、茅口灰岩、大冶厚层灰岩</td></tr>
<tr><td>Ⅱ</td><td>稳定性较好的岩层</td><td>1. 完整比较坚硬岩层，σ_b=40～60 MPa；
2. 层状岩层，胶结较好；
3. 坚硬块状岩层，裂隙面闭合，无泥质充填物，σ_c>60 MPa</td><td>能维持一个月以上稳定，会产生局部岩体掉落</td><td>胶结好的砂岩、砾岩、大冶薄灰岩</td></tr>
<tr><td>Ⅲ</td><td>中等稳定岩层</td><td>1. 完整中硬岩层，σ_b=20～40 MPa；
2. 层状岩层，以坚硬岩层为主，夹有少数软岩层；
3. 较坚硬的块状岩层，σ_b=40～60 MPa</td><td>围岩的稳定时间只有几天</td><td>砂岩、砂质页岩、粉砂岩、石灰岩、硬质凝灰岩</td></tr>
<tr><td>Ⅳ</td><td>稳定性较差的岩层</td><td>1. 较软的完整岩层，σ_b<20 MPa；
2. 中硬的层状岩层；
3. 中硬的块状岩层，σ_b=20～40 MPa</td><td>围岩很容易产生冒顶片帮</td><td>页岩、泥岩、胶结不好的砂岩、硬煤</td></tr>
<tr><td>Ⅴ</td><td>不稳定的岩层</td><td>1. 易风化潮解剥落的松软岩层；
2. 各种类破碎岩层</td><td></td><td>碳质页岩、花斑泥岩、软质凝灰岩、煤、破碎的各类岩石</td></tr>
</table>

注：1. 岩层描述，将岩层分为完整的、层状的、块状的、破碎的四种。① 完整岩层：层理和节理裂隙的间距大于 1.5 m。② 层状岩层：层间距小于 1.5 m。③ 块状岩层：节理裂隙间距小于 1.5 m，大于 0.3 m。④ 破碎岩层：节理裂隙间距小于 0.3 m。

2. 当地下水影响围岩的稳定性时，考虑适当降级。

3. σ_b为岩石单轴饱和抗压强度。

四、按岩体结构类型分类

中国科学院地质研究所谷德振教授等根据岩体结构划分岩体类别。这种分类法的特点是考虑各类结构的地质成因，突出岩体的工程特性。这种分类法把岩体结构分为四类，即整体块状结构、层状结构、碎裂结构和散体结构，详见表 1-9。

表 1-9　中国科学院地质研究所岩体分类

岩体结构类型				岩体完整性		主要结构面及其抗剪特性			岩块湿抗压强度/×10 Pa
类		亚类		结构面间距/cm	完整性系数 I	级别	类型	主要结构面摩擦系数 f	
Ⅰ	整体块状结构	$Ⅰ_1$	整体结构	>100	>0.75	存在Ⅳ，Ⅴ级	刚性结构面	>0.60	>600
		$Ⅰ_2$	块状结构	100～50	0.75～0.35	以Ⅳ，Ⅴ级为主	刚性结构面，局部为破碎结构面	0.40～0.60	>300，一般大于 600
Ⅱ	层状结构	$Ⅱ_1$	层状结构	50～30	0.60～0.30	以Ⅲ，Ⅳ级为主	刚性结构面、柔性结构面	0.30～0.50	>300
		$Ⅱ_2$	薄层状结构	<30	<0.40	以Ⅲ，Ⅳ级为主	柔软结构面	0.30～0.40	300～100
Ⅲ	碎裂结构	$Ⅲ_1$	镶嵌结构	<50	<0.36	Ⅳ，Ⅴ级密集	刚性结构面、破碎结构面	0.40～0.60	>600
		$Ⅲ_2$	层状碎裂结构	<50(骨架岩层中较大)	<0.40	Ⅱ，Ⅲ，Ⅳ级均发育	泥化结构面	0.20～0.40	<300，骨架岩层在 300 左右
		$Ⅲ_3$	碎裂结构	<50	<0.30		破碎结构面	0.16～0.40	<300
Ⅳ	散体结构				<0.20		节理密集呈无序状分布，表现为泥包块或块夹泥	<0.20	无实际意义

注：I 为岩体完整性系数，$I=\left(\dfrac{v_{ml}}{v_{cl}}\right)^2$，$v_{ml}$ 为岩体纵波速度，v_{cl} 为岩石纵波速度；f 为岩体中起控制作用的结构面的摩擦系数，$f=\tan\varphi_w$，φ_w 为结构面的内摩擦角。

按岩体结构类型的岩体分类方法，对重大的岩体工程地质评价来说，是一种较好的分类方法，受到国内外普遍重视。

五、围岩松动圈分级法

巷道开挖前，如果集中应力小于岩体强度，那么围岩将处于弹塑性稳定状态；巷道开挖后，当应力超过围岩强度之后，巷道周边围岩会首先破坏，并逐渐向深部扩展，直至在一定深度取得三向应力平衡为止，此时围岩已过渡到破碎状态。将围岩中产生的这种破碎带定义为围岩松动圈，其力学特性表现为应力降低，可以通过声测法或地质雷达测试围岩松动圈。大量的测试结果表明，围岩松动圈在煤矿普遍存在。

经理论分析和试验研究发现，围岩松动圈的大小是地应力和围岩强度的函数，即围岩松动圈是地应力与围岩强度相互作用的结果，它是一个综合指标。现场调查显示，松动圈越大，围岩收敛变形量越大，支护越困难。松动圈的大小反映支护的困难程度，但目前的研究成果还不能计算某矿某工程围岩松动圈的大小。

中国矿业大学董芳庭教授等根据测定的围岩松动圈，对围岩稳定性进行分级，见表 1-10。

表 1-10 巷道支护围岩松动圈分级表

围岩类别		分类名称	松动圈厚度 L_P/cm	支护机理及方法	备注
小松动圈	Ⅰ	稳定围岩	0～40	喷射混凝土支护	围岩整体性好，不易风化的可不支护
中松动圈	Ⅱ	较稳定围岩	40～100	锚杆悬吊理论，喷层局部支护	
	Ⅲ	一般围岩	100～150	锚杆悬吊理论，喷层局部支护	刚性支护局部破坏
大松动圈	Ⅳ	一般不稳定围岩(软岩)	150～200	锚杆组合拱理论，喷层，金属网局部支护	刚性支护大面积破坏
	Ⅴ	不稳定围岩(较软围岩)	200～300	锚杆组合拱理论，喷层，金属网局部支护	围岩变形有稳定期
	Ⅵ	极不稳定围岩(极软围岩)	＞300	二次支护理论	围岩变形在一般支护条件下无稳定期

围岩松动圈分级有以下突出优点：

① 绕过了地应力、围岩强度、结构面性质测定等困难问题，但又抓住了它们的影响结果，即松动圈是一个综合指标；

② 松动圈系实测所得，未在重要方面做任何假设；

③ 松动圈的大小容易用实测方法获得，确定支护参数时简单直观，现场应用方便。

六、按围岩变形量分级

巷道的稳定性最终体现为巷道开挖后围岩的变形特征与变形量。基于此，煤炭科学研究总院建井研究分院段振西教授提出按围岩变形量进行围岩分级，见表 1-11。

表 1-11 按围岩变形量制定的围岩分级表

围岩类别	开挖后围岩变形量/mm	支护结构	
		巷道跨度 $B<5$ m	5 m$<$巷道跨度 $B<10$ m
Ⅰ	≤5	不支护	30～50 mm 厚喷射混凝土
Ⅱ	6～10	50 mm 厚喷射混凝土	80～100 mm 厚喷射混凝土，设锚杆或加网
Ⅲ	11～50	80～100 mm 厚喷射混凝土，设锚杆或加网	100～150 mm 厚喷射混凝土，设锚杆或加网
Ⅳ	51～100 101～150 151～200	二次支护；100～150 mm 厚喷射混凝土，设锚杆或加网；锚喷网支护；锚喷网、钢拱架	二次支护，150～200 mm 厚喷射混凝土；锚杆加网；锚喷网、钢拱架混合支护
Ⅴ	≥201	二次支护；150～200 mm 厚喷射混凝土；锚杆加网；锚喷网、钢拱桁架混合支护	二次支护；200～250 mm 厚喷射混凝土，锚杆、锚索网、钢拱桁架混合支护

第四节 钻眼机具

井巷施工首先要破碎岩石，常用的破岩方法有机械破岩和爆破破岩两种。目前，使用最普遍的仍是爆破破岩。

进行爆破破岩，需要先钻出炮眼，安放炸药，而后爆破。井巷掘进中，在岩石上钻眼，主要采用冲击式钻眼法；在煤上钻眼，主要采用旋转式钻眼法。冲击式钻眼法使用的钻眼机械是凿岩机，旋转式钻眼法使用的钻眼机械则多是电钻。按使用的动力不同，凿岩机分为风动凿岩机（一般简称凿岩机或风钻）、液压凿岩机及电动凿岩机等。

一、风动凿岩机

（一）分类

风动凿岩机是以压缩空气为动力的钻孔机具。

按其支架方式，风动凿岩机可分为手持式、气腿式、向上式（伸缩式）和导轨式几种。

按冲击频率分，风动凿岩机可分为低频、中频和高频三种。冲击频率在 2 000 次/min 以下为低频，2 000～2 500 次/min 为中频，超过 2 500 次/min 为高频。国产气腿式凿岩机，一般都是中、低频凿岩机，目前只有 YTP-26 型等少数型号的为高频凿岩机。

气腿式凿岩机由于机身重量由气腿支撑，从而减轻了工人体力劳动，在岩巷中包括一些铁路、公路或其他功用的隧道掘进中应用比较广泛。手持式凿岩机，因其操作人工体力消耗大，所以目前已很少使用。

与气腿轴线平行（旁侧气腿）或气腿整体连接在同一轴线上的凿岩机，称为向上式凿岩机，专门用于反井、煤仓和打锚杆施工。

导轨式凿岩机属于大功率凿岩机，其质量大都在 35 kg 以上，配备有导轨架和自动推进装置。在巷道或隧道内钻眼时，需要将导轨架、自动推进装置和凿岩机安设在起支撑作用的钻架上，或者与凿岩台车、钻装机配合使用；在立井内钻眼时，则与伞钻或环形钻架配合使用。

部分国产风动凿岩机的技术性能列于表 1-12。

表 1-12 部分国产风动凿岩机技术性能

技术特征	手持式	气腿式				向上式	导轨式			
	Y-30	YT-23	YT-24	YTP-26	YT-26	YSP-45	YG-40	YG-80	YGZ-90	YGP-28
质量/kg	28	24	21	26.5	26	44	36	74	90	28
气缸直径/mm	65	76	70	95	75	95	85	120	125	95
活塞行程/mm	60	60	70	50	70	47	80	70	62	50
冲击频率/(次/min)	1 650	2 100	1 800	2 600	2 000	2 700	1 600	1 800	2 000	2 700
冲击功/J	>44	59	>59	>59	>70	>69	103	176	196	90
扭矩/(N·m)	>9.0	>14.7	>12.7	>17.6	>15.0	>17.6	37.2	98.0	117.0	>40.0

表 1-12(续)

技术特征	手持式	气腿式				向上式	导轨式			
	Y-30	YT-23	YT-24	YTP-26	YT-26	YSP-45	YG-40	YG-80	YGZ-90	YGP-28
使用风压/MPa	0.5	0.5	0.5	0.5～0.6	0.5	0.5	0.5	0.5	0.5～0.7	0.5
耗气量/(m^3/min)	<2.2	<3.6	<2.9	<3.0	<3.5	<5.0	5.0	8.1	11.0	4.5
使用水压/MPa	0.2～0.3	0.2～0.3	0.2～0.3	0.3～0.5	0.2～0.3	0.2～0.3	0.3～0.5	0.3～0.5	0.4～0.6	0.2～0.3
配气阀形式	环状活阀	环状活阀	控制阀	无阀	控制阀	环状活阀	控制阀	控制阀	无阀	控制阀
推进方式	人力	FT-160型气腿	FT-140型气腿	FT-170型气腿	FT-160型气腿	轴向推进器	FJZ-25型柱架	CT400型台车	CTC-142型台车	
注油器		FY-200A型	FY-200A型	FY-700型落地式	FY-200A型	FY-500型落地式	FY-500型落地式	FY-500型落地式	FY-500型落地式	
钻孔直径/mm	34～40	34～42	34～42	36～45	34～43	35～42	40～50	50～75	50～80	40～46
最大钻深/m	3	5	5	5	5	6	15	40	30	8

（二）凿岩机的构造和工作原理

凿岩机的类型很多，但主机构造和动作原理大致相同。下面以YT-23(7655)型气腿式凿岩机为例介绍凿岩机的构造和工作原理。

YT-23(7655)型气腿式凿岩机(其外形如图1-1所示)由柄体1、缸体2和机头3等组成，用2根螺杆将它们组装在一起(图1-2)。YT-23(7655)型气腿式凿岩机的工作系统由冲击机构、转钎机构、排粉系统和润滑系统组成。

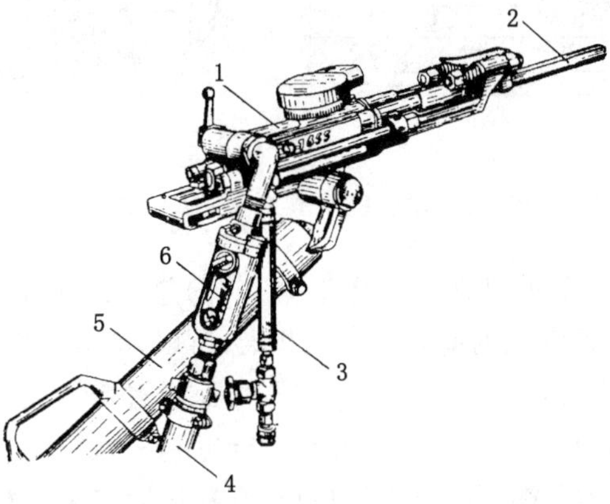

1—凿岩机主机；2—钎子；3—水管；4—压气软管；5—气腿；6—注油器。

图1-1 YT-23(7655)型气腿式凿岩机外形图

1．冲击机构

YT-23(7655)型气腿式凿岩机的冲击机构由气缸、活塞和配气系统组成。借助配气系

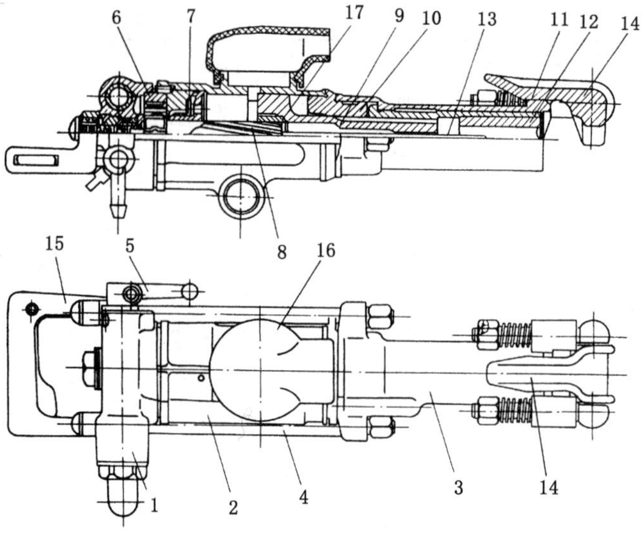

1—柄体；2—缸体；3—机头；4—螺杆；5—操纵阀；6—棘轮；
7—配气阀；8—螺旋棒；9—活塞；10—导向套；11—转动套；12—钎套；
13—水针；14—钎卡；15—把手；16—消音罩；17—螺旋母。

图 1-2 YT-23(7655)型气腿式凿岩机构造图

统可以自动变换压气进入气缸的方向，使活塞完成往复运动，即冲程和回程。当活塞做冲程运动时，活塞冲击钎尾，将冲击功经钎杆、钎头传递给岩石，完成冲击做功过程。其工作原理如图 1-3 所示。

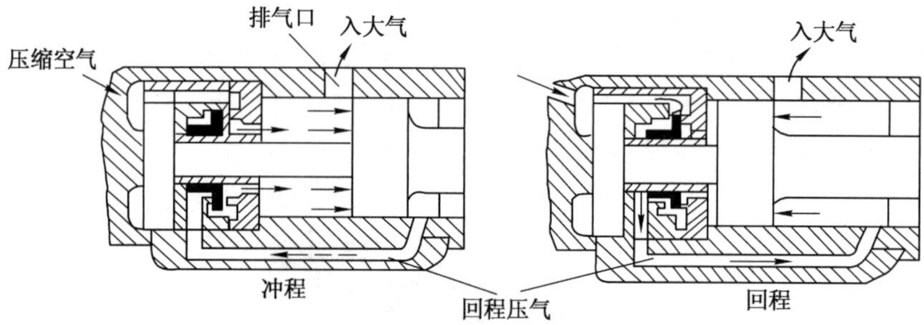

图 1-3 凿岩机冲击工作原理示意图

① 冲程运动：压缩空气从操纵阀经气道进入滑阀的前腔再进入气缸的后腔施加于活塞的左端面，此时，活塞的右端即气缸的前腔与大气相通，所以，活塞左右两端面的压力不同，从而推动活塞自左向右运动，开始冲击行程。当活塞右端面越过排气口时，气缸前腔被封闭，前腔的余气受活塞压缩，被压缩的余气压力逐渐升高，并经回程气道至滑阀的后腔，使滑阀的左端面压力逐渐升高。当活塞的左端面越过排气口后，气缸后腔与大气相通，压缩空气突然逸出，从而造成压力骤然下降；此时，作用在滑阀左端面上的余气压力大于右端面上的压力，滑阀被推向右运动，关闭了原来压缩空气的通道。同时，活塞冲击钎尾，结束冲程，开始回程。

② 回程运动：当滑阀移至右端，封闭与气缸后腔的通路后，压缩空气将沿滑阀左端的气路经回程通路进入气缸前腔推动活塞做回程运动。当活塞左端面越过排气口后，活塞将压

缩气缸后腔的余气，使压力逐渐升高，并使滑阀右端面所受余气压力增高。当活塞右端面越过排气口后，气缸前腔与大气相通，压缩空气突然逸出，压力骤然下降。此时作用在滑阀右端的压力高于左端的压力，从而推动滑阀向左端运动，封闭了回程气道的通路，回程结束，压缩空气又从滑阀右端进入气缸后腔，开始又一个冲程运动。

由此可见，活塞的往复运动是靠配气系统实现的。配气系统是控制压缩空气反复进入气缸前腔、后腔的机构，它的形式主要有环阀配气装置、控制阀配气装置和无阀配气。

前面介绍的是环阀配气装置，下面简单介绍一下其他两种配气装置。

① 控制阀配气装置主要应用在 YT-24 型气腿式凿岩机上。它的特点是配气阀的换位是由压气推动的，这样可以保证活塞走完全部冲程，但是，在缸体上要多加工两条控制气道，阀的加工也比较复杂。其工作原理如图 1-4 所示。

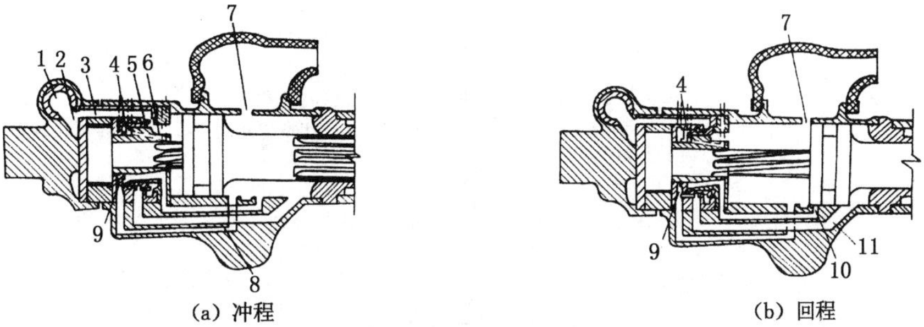

图 1-4 控制阀配气原理

冲程时，配气阀位于阀柜后方，压气经 1、2、3、5、6 进入气缸后腔，推动活塞前进。当活塞后端面打开控制气道 8 时，一部分压气经 8 进入气室 9 推阀向前换位。此时，活塞还继续前进使气缸后腔接通排气孔 7 并冲击钎子。

回程时，配气阀位于阀柜前方，压气经孔道 11 进入气缸使活塞后退。在活塞前端面打开控制气道 10 时，压气进入气室 4 推阀后移换位。

② 无阀配气没有专用的配气阀，它利用与活塞连在一起的一段圆杆，随着活塞的移动来完成配气工作。其结构简单，能充分压气膨胀做功。这种凿岩机的活塞冲程较短，冲击频率较高，故钻速快、耗气少、效率高，但噪声及振动也比较大。其工作原理如图 1-5 所示。

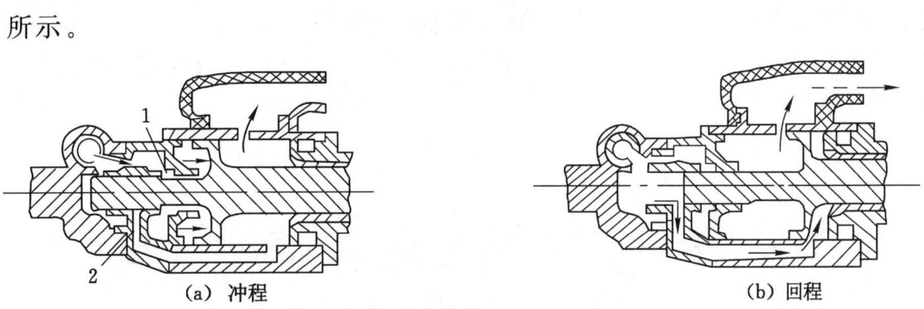

图 1-5 无阀配气原理

冲程时，活塞及配气圆杆均位于后方，压气经气道 1 进入气缸后腔推动活塞前进。当圆杆封闭住气道 1 时，后腔停止进气，依靠已充入气缸后腔的压气膨胀做功，使活塞继续前进并打开排气口，进而使后腔排气。此时，活塞靠惯性向前冲击钎子，同时配气圆杆打开进气道 2。

回程时，压气由气道 2 进入气缸前腔，推动活塞和配气圆杆后退，封闭气道 2，打开排气口，最终再打开气道 1，又进行下一个冲程运动。

2. 转钎机构

YT-23(7655)型气腿式凿岩机采用棘轮、螺旋棒，并利用活塞的往复运动带动转动套筒等转动件来转动钎子。其转钎机构如图 1-6 所示。

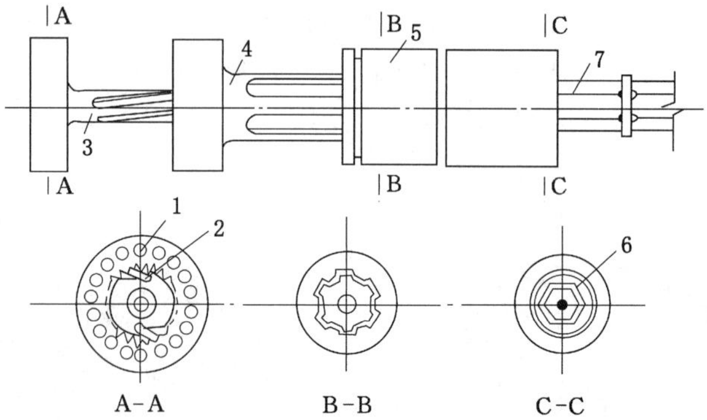

1—环形棘轮；2—棘爪；3—螺旋棒；4—活塞柄；5—转动套；6—钎套筒；7—钎尾。

图 1-6 凿岩机转钎机构

(1) 机构组成

该机构由棘轮、螺旋棒、活塞、导向套、转动套和钎套筒所组成。环形棘轮 1 的内侧有棘齿，棘轮用键固定在机体的柄体上。螺旋棒 3 的大头端镶有棘爪 2 并借助弹簧或压缩空气将棘爪顶在棘轮的棘齿上。螺旋棒上铣有螺旋槽与固定在活塞头内的螺旋母相啮合，活塞柄 4 上的花键与转动套 5 内的花键配合，转动套前端是钎套筒 6，钎套筒的内孔呈六方形，六方形钎尾 7 插在钎套筒内。

(2) 转钎动作

转钎机构的转钎动作：当活塞做冲程运动时，活塞做直线运动，带动螺旋棒转动。活塞回程时螺旋棒被棘爪卡住，迫使活塞回转，从而带动转动套、钎套筒和钎子转动。活塞每往复一次，钎子被转动一个角度，而且是在活塞回程时实现的。

除上述机构外，还有一种外棘轮式的活塞螺旋槽转钎机构，该机构常用于无阀凿岩机，其结构如图 1-7 所示。

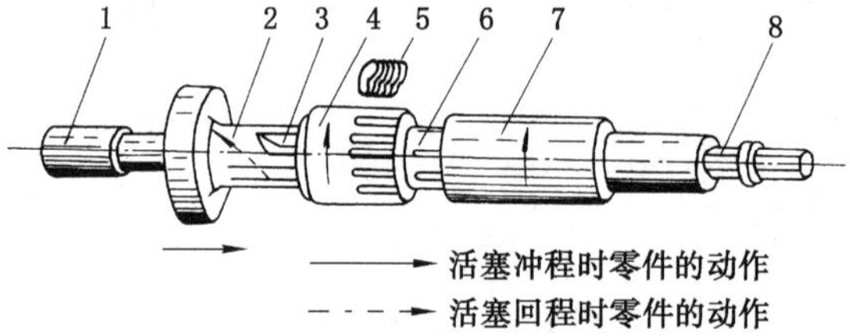

1—配气圆杆；2—活塞；3—活塞螺旋槽；4—外棘轮；5—棘爪；6—活塞直槽；7—转动套；8—钎子。

图 1-7 外棘轮式的活塞螺旋槽转钎机构

这种机构在活塞锤上有 4 条直槽 6 和 4 条螺旋槽 3，直槽与转动套 7 咬合，螺旋槽与外棘轮 4 咬合。外棘轮与安设在机壳上的棘爪 5 组成逆止机构，使棘轮只能按图 1-7 中实线箭头方向旋转，不能逆转。冲程时，活塞迫使棘轮转动，活塞不转。回程时由于棘轮不能逆转，螺旋槽迫使活塞边后退、边旋转，同时直槽推动转动套和钎子一起转动。

3. 排粉系统

为了消除排出的岩粉对人体的危害，我国规定钻眼工作必须采用湿式排粉。现代生产的凿岩机都配有轴向供水系统，并都采用风水联动系统，其机构如图 1-8 所示。

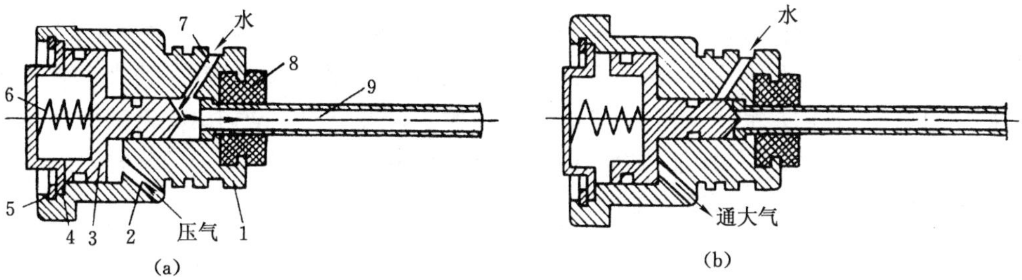

1—大螺母；2—气道；3—注水阀；4—压盖；5—密封圈；6—弹簧；7—水道；8—密封胶圈；9—水针。

图 1-8 风水联动注水机构

当凿岩机开动时，通到柄体气室的压缩空气除进入气缸推动活塞往复运动外，有一部分压缩空气经柄体端部大螺母 1 上的气道 2 进入注水阀右端面，克服弹簧 6 的阻力，推阀左移，开启水路。水经柄体上的给水接头经水道 7 进入水针 9。水针插入钎子的中心孔内，水经由钎子中心孔进入钻眼的眼底。注入的水有一定的压力，与岩粉形成浆液后从钎杆与钻眼壁之间的间隙排出孔外，当凿岩机停止工作时，柄体气室无压缩空气，弹簧 6 推动注水阀后移，关闭水道 7，停止供水。

大多数凿岩机除有注水排粉系统外，还有强力吹扫炮眼的系统，其结构如图 1-9 所示。当将把手扳到强吹位置时，凿岩机停止运转也停止供水。这时压缩空气直接经缸体上的气道 2 和机头壳体上的气孔 3 进入钎子中心孔，经过钎子中心到达眼底，强力吹出岩粉。

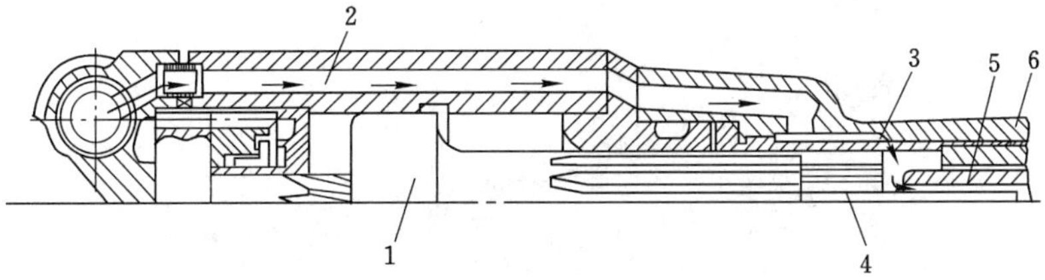

1—活塞；2—气道；3—气孔；4—水针；5—钎尾；6—六方套。

图 1-9 凿岩机强力吹扫系统

4. 润滑系统

为使凿岩机正常工作，减少机件磨损，延长机件寿命，凿岩机必须有良好的润滑系统。现代凿岩机均采用独立的自动注油器实现润滑。注油器有悬挂式和落地式两种。悬挂式注油器悬挂在风管弯头处，容油量较小。落地式注油器布置在离凿岩机不远的进风管中部，容量较大。它们的构造原理基本相同。

二、液压凿岩机

液压凿岩机是一种以液压为动力的凿岩机。油的压力比压气压力大得多，通常都在10 MPa以上，而且油有黏滞性，几乎不能被压缩也不能膨胀做功，并且可以循环使用。液压凿岩机的构造与压气凿岩机的基本部分既相似而又有许多不同之处。液压凿岩机由冲击机构、转钎机构和排粉系统所组成。

（一）冲击机构

液压凿岩机借助配油阀使高压油交替地进入活塞的前后油腔形成压差，使活塞做往复运动。若高压油进入活塞后腔，则推动活塞做冲程运动，冲击钎尾；若高压油进入活塞前腔，则使活塞做回程运动。同风动凿岩机一样，液压凿岩机形成冲击动作的关键部位是配油阀，其种类主要有四种：独立的配油滑阀、套筒式配油阀、利用旋转马达驱动的旋转式配油阀、利用活塞运动实现配油的无阀式配油阀。

（二）转钎机构

液压凿岩机的转钎机构都采用独立机构，由液压马达带动一组齿轮再带动钎子转动。

（三）排粉系统

液压凿岩机由于结构上的特点，无法采用轴向供水，只能采用侧向供水排除岩粉。

为提高钻眼机械化程度，以及随着重型高效能凿岩机的发展，出现了各种凿岩台车。凿岩台车一般由行走部分、钻臂和凿岩机推进机构三部分组成。凿岩台车的行走部分有轨轮式和履带式两种。钻臂采用液压操纵，根据钻臂数量不同，有二臂、三臂、四臂、五臂的台车。推进机构有风动马达丝杠推进方式、液压缸钢绳推进方式等。

图1-10所示为国产CGJ-2型凿岩台车。台车上配有2台YT-24型凿岩机。两个钻臂由液压控制。钻臂铰接在转柱液压缸12的上部耳环 a 点，推进器与钻臂前端 b 点铰接。转柱是一个螺旋副摆动液压缸，可使钻臂绕转柱轴线左右摆动，摆角向内30°、向外40°。

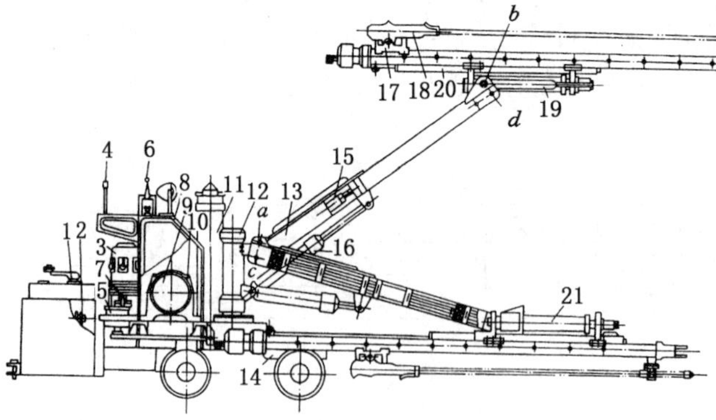

1—行走控制器；2—电阻器；3—液压泵风马达；4—多路换向阀；5—制动器；6—风阀；7—联轴器；8—操作台；9—电动机；10—减速器；11—固定气缸；12—转柱液压缸；13—钻臂；14—车架；15—升降液压缸；16—俯仰角液压缸；17—跑床；18—凿岩机；19—水平摆角液压缸；20—补偿液压缸；21—回转液压缸。

图1-10　CGJ-2型凿岩台车

在转柱下部耳环上铰接有升降液压缸缸体，其活塞杆端部与钻臂铰接，借助升降液压缸可以使钻臂上下摆动。钻臂上下摆动时，借助平行四连杆机构可使推进器保持平行升降，以保证钻眼的平行度。平行四连杆机构由布置在钻臂内腔的升降液压缸 15、曲柄 bd、钻臂和转柱耳环 ac 构成。升降液压缸的缸体与转柱上部耳环 c 点铰接，活塞杆与钻臂前端曲柄 d 点铰接。

推进器采用风动马达丝杠推进方式。风动马达带动丝杠转动，从而使跑床 17 和固定在其上的凿岩机沿导轨架移动。改变风动马达的转动方向，可使凿岩机前进或后退。调节风动马达转速可控制轴推力和推进速度。

借助水平摆角液压缸 19 和升降液压缸 15，可使推进器水平摆动和绕钻臂前端 b 点垂直摆动，以适应钻凿不同方向的炮眼的需要。补偿液压缸 20 可使导轨架做前后移动。回转液压缸也是一个螺旋副摆动液压缸，可使推进器连同导轨架绕该液压缸轴线翻转 180°，以适应钻凿巷道周边眼和底眼的需要。

台车以直流电动机驱动轨轮行走。凿岩时，可用制动器 5 刹住轨轮，同时利用压气使固定气缸 11 内的活塞杆伸出，支撑在巷道顶板上。台车上还配备有电气系统、液压系统、供水系统、行走系统和操纵台。

与风动凿岩机相比，液压凿岩机的主要优点如下：

① 钻速提高 2～3 倍及以上；

② 噪声降低 10～15 dB；

③ 工作环境改善，油雾水汽消除；

④ 可钻较深和大直径的炮孔。

三、电钻

（一）旋转式钻眼法破岩原理

旋转式钻眼法破岩过程如图 1-11 所示。旋转式钻孔时，切割型钻头在轴压力 P 的作用下，克服岩石的抗压强度并侵入岩石一定深度 h，同时钻头在回转力 P_c 的作用下，克服岩石的抗切削强度，将岩石一层层地切割下来；钻头运行的轨迹是沿螺旋线下降的，破碎的岩屑被排至孔外。这样，“压入—回转切削—排粉”的过程连续不断地进行，从而形成旋转式钻孔过程。在软弱岩层或煤层中钻孔，一般采用旋转式钻孔法。该方法的代表性机具是电钻。电钻是采用旋转式钻眼法破岩，并以电能为动力的钻眼机械。按使用条件，电钻又分煤电钻和岩石电钻两种。

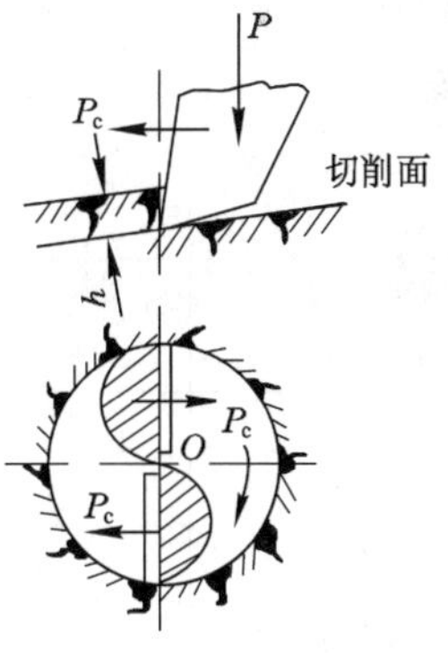

图 1-11　旋转切削破岩

（二）煤电钻

煤电钻由电动机、减速器、散热风扇、开关、手柄和外壳等组成，如图 1-12 所示。电动机采用三相交流鼠笼式全封闭感应电动机，电压为 127 V，功率一般为 1.2 kW。减速器一般采用二级外啮合圆柱齿轮减速器。散热风扇装在机轴后端，与电动机同步运转。

煤电钻外壳用铝合金制成，电动机、开关、减速器均密封在外壳内，接口严密隔爆。壳子外面铸有轴向散热片，由风扇进行冷却。外壳后盖两侧设有手柄，手柄内侧设有开关扳手，抓紧扳手即可推动开关盒内的三组触点接通三相电源，开动电动机。煤电钻工作时的轴推力，靠人力推顶产生。为了安全，在手柄和后盖上均包有橡胶绝缘包层。

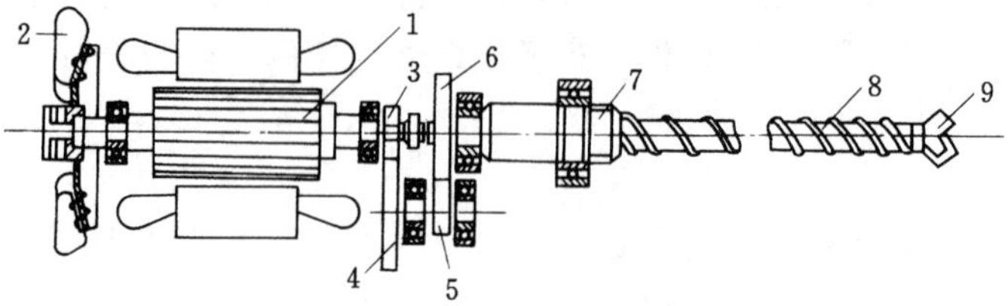

1—电动机；2—散热风扇；3，4，5，6—减速器齿轮；7—电钻心轴；8—钻杆；9—钎头。

图 1-12　煤电钻结构

部分国产煤电钻的技术特征见表 1-13。

表 1-13　部分电钻的类型和技术指标

技术特征	煤电钻			岩石电钻	
	MZ_2-12	SD-12	MSZ-12	DZ_2-2.0 风冷	YZ_2S 水冷
质量/kg	15.25	18	13.5	40	35
功率/kW	1.2	1.2	1.2	2	2
额定电压/V	127	127	127	127/380	380
额定电流/A	9	9.1	9.5	13.0/4.4	4.7
相数	3	3	3	3	3
电动机效率/%	79.5	75	74	79	78
电动机转速/(r/min)	2 850	2 750	2 800	2 790	2 820
电钻转速/(r/min)	640	610/430	630	230/300/340	240/260
电钻扭矩/(N·m)	17.6	18/26	17	—	—
外形尺寸(长×宽×高)/mm	336×318×218	425×330×265	310×300×200	650×320×320	625×260×300
推进速度/(mm/min)	—	—	—	368/470/545	264/468
退钻速度/(mm/min)	—	—	—	—	7.2/10.8
最大推力/N	—	—	—	700	700
钻孔深度/m	—	—	—	1.5～2	1.8
供水方式	—	—	—	侧向	侧向
推进方式	—	—	—	链条	链条
隔爆性能	隔爆	隔爆	隔爆	隔爆	隔爆
钻孔直径/mm	38～45	36～45	36～45	36～45	38～42

注：表中电钻型号含义为，M——煤，Z——钻，S——手，D——电，Y——异步电动机。

（三）岩石电钻

岩石电钻可在中等硬度岩石中钻眼，它的扭矩、功率比煤电钻的大，要求施加较大的轴向推力。岩石电钻的构造原理与煤电钻基本相同，多采用 2～2.5 kW 电动机，以保证有足够的旋转力矩，有效地切削岩石。此外，由于要求轴推力大，需要有推进机构和架钻设备。

与冲击式凿岩机比较，岩石电钻的优点是：直接利用电能，能量利用效率高，设备简单，以切削方式破岩，钻速高，噪声低。部分岩石电钻的技术特征见表 1-13。

四、凿岩机钎子

钻眼工具是安装在钻眼机械上用以破碎岩石的工具。在凿岩机上使用的叫钎子。如图 1-13 所示，钎子由活动钎头 1 和钎杆 3 组成。钎杆后部的钎尾 6 插入凿岩机的转动套内，是直接承受冲击力与回转力矩的部分。钎尾前钎肩 5 起限制钎尾进入凿岩机头深度的作用，同时便于卡钎器卡住钎子，防止钎子从机头内脱出。钎杆中央有中心孔 4，用以供水冲洗岩粉。活动钎头与钎杆多采用锥形连接，即用钎杆前部的锥形销头 2 与钎头上的锥窝楔紧连接。锥度多取 1∶8，即锥体角约为 3°30′。按照钎头与钎杆关系，钎子可分为组合纤子和整体纤子，两者特征及优缺点见表 1-14。

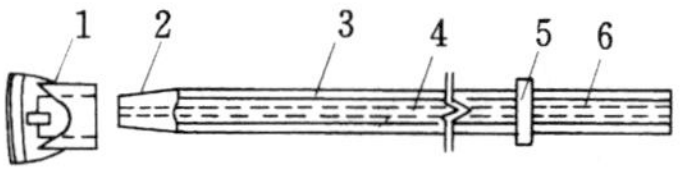

图 1-13　组合钎子

表 1-14　组合纤子与整体纤子优缺点比较

类　别	特　　点	优　缺　点	使用情况
组合钎子	钎头与钎杆可以拆开	可更换钎头，可以提高钎杆的利用率，钎头修磨时可减少钎杆搬运量，并有利于专门工厂研制高质量的硬质合金钎头，以适应不同岩性和凿岩机对钎头的需要	现在多使用组合钎子
整体钎子	钎头与钎杆不能拆开，钎头直接在钎杆上锻制出来	传递冲击能量损失小，但钎头修磨时钎子搬运工作量大	

（一）钎头

钎头是直接破碎岩石的部分，它的形状、结构、材质等是否合理，都直接影响凿岩效率和本身的磨损。

1. 钎头形状

钎头的形状较多，最常用的是一字形和十字形钎头。成批生产的钎头，一般都镶有硬质合金片，如图 1-14(a)和图 1-14(b)所示，或镶硬质合金球齿，如图 1-14(c)所示。

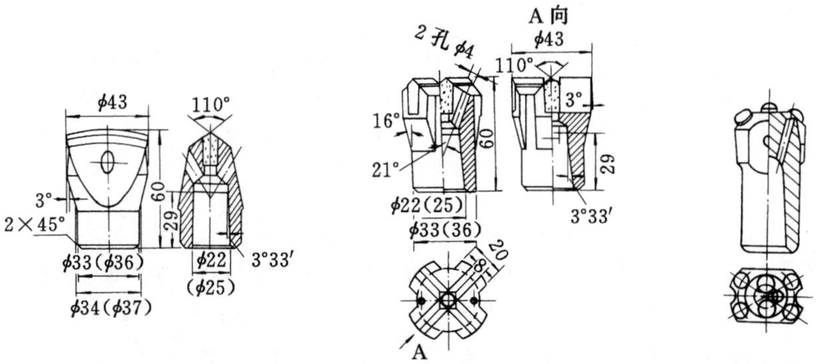

(a) 一字形钎头　(b) 十字形钎头　(c) 球齿钎头

图 1-14　活动钎头

一字形钎头的冲击力集中，凿入深度大，凿岩速度较高，制造和修磨工艺简单，应用较广泛。一字形钎头的缺点：凿裂隙性岩石时容易夹钎，直径方向磨损较快，有时凿出的炮眼不圆，开眼困难。

十字形钎头基本上能克服上述缺点，但与一字形钎头比较，其凿岩速度一般较低，而且合金片用量大，制造与修磨工艺比一字形钎头复杂。

球齿钎头是在钎头体上镶嵌几颗球形或锥球形硬质合金齿而成的。它的优点：可根据炮眼底面积合理布置球齿，使冲击能量在眼底均匀分布，以提高破岩效率；凿岩时开眼容易，不易夹钎，炮眼较圆；重复破岩少，岩屑呈粗颗粒状，粉尘少；耐磨；凿岩速度较高。球齿钎头适用于在磨蚀性较高的硬脆岩层中凿眼。

2. 钎头结构

钎头结构的主要参数如下。

刃角：钎头两个刃面的夹角。刃角小，易凿入岩石，凿岩速度快，但易磨钝和碎裂；刃角大可提高钎刃强度和耐磨性，却增加了钎刃凿入岩石的阻力，凿岩速度慢。

实践经验表明，软岩中刃角可以小些，以提高凿岩速度；硬岩中刃角应大些，目的在于减轻磨损和防止崩刃。实际上刃角只在90°～120°范围内变化，且多为110°。对于球齿钎头而言，在坚硬、磨蚀性较高的岩石中，宜采用球形齿；在中硬或中硬以上、中等磨蚀性岩石中，宜采用锥球齿。

隙角：钎头体两侧面的倾角。它的作用是减少钎头与眼壁之间摩擦和避免钎头卡在眼内拔不出来。钎头必须有隙角，但不能太大，否则会产生崩角和加剧钎头径向磨损。我国镶合金片钎头的隙角都是3°，球齿钎头隙角为7°左右。

一字形钎头的钎刃若是平直的，在冲击载荷作用下，直刃的两端因承受弯曲应力而易掉角。所以钎刃端面需做成曲率半径约为18 mm的弧形，以便使作用在钎刃上的反力指向弧心，而不形成弯矩。同理，球齿钎头的周边齿一般向外倾斜30°～35°。

钎刃每修磨一次，钎头直径就要变小一些。因此，新钎头直径应保证修磨到最后，炸药卷还能顺利装入炮眼。我国的钎头直径(指初始直径)多取38～43 mm。

排粉沟和吹洗孔：排粉沟是排出炮眼底部岩粉浆的沟槽，一般布置在钎头的顶部或侧面，其断面积应保证岩粉浆以不小于0.5 m/min的速度外流。吹洗孔可布置在钎头中心或两旁，其断面的总面积不应小于钎杆中心孔的断面积。

3. 钎头材质

除硬质合金片(齿)外的钎头部分称为钎头体。制造钎头体的材料，我国过去一直沿用45号及50号钢，其缺点是容易产生胀裂、断腰等破坏。为了延长钎头使用寿命，现多采用合金钢，如55SiMnMo、40MnMoV等来制造钎头体。虽然材料成本增加，但使用寿命大大延长。

镶焊在钎头上的硬质合金为钨钴类合金。它是将碳化钨粉末和钴粉末按一定比例配合混匀，压制成型，然后在高温下烧结而成的。碳化钨硬度很高，但脆性大，它在硬质合金成分中起着提高硬度和耐磨性作用。钴有很高的韧性，它在硬质合金成分中起黏结作用并提高韧性。烧结成的这种钨钴硬质合金，具有碳化钨的高硬度(仅次于金刚石)、高耐磨性(比钢高50～100倍)、高抗压强度(比钢高1.5～2倍)，又具有钴的良好韧性。将它镶焊在钎头上，可以大大提高钎头的耐磨性和凿岩速度。

通常，硬质合金的钴含量增大，韧性增大，硬度及耐磨性降低；钴含量减小，硬度和耐磨性增高，韧性降低。同等钴含量，碳化钨的晶粒细则耐磨性好，晶粒粗则韧性好。

凿岩机钎头通常使用的硬质合金牌号（牌号表示硬质合金的成分与性能）为 YG8C、YG10C、YG11C、YG15。Y 表示“硬”质合金汉语拼音字头；G 表示钴，其后数字表示含钴的百分数；C 表示“粗”晶粒合金；X 表示“细”晶粒合金。

（二）钎杆

钎杆是承受活塞冲击力并将冲击功与回转力矩传递到钎头上去的细长杆体。在冲击时钎杆还会由于横向振动而产生弯曲应力。故在凿岩过程中，钎杆承受着冲击疲劳应力、弯曲应力、扭转应力及矿坑水的侵蚀。

1. 钎杆断面形状

钎杆断面形状通常有中空六角形和中空圆形两种，而以中空六角形 B22、B25（B 指边到边尺寸，单位为 mm）使用最多。中空圆形 D32、D38（D 指直径，单位为 mm）多用于重型导轨式凿岩机上。

2. 钎杆材质

用于制造钎杆的钢材称钎钢。我国使用的是中空 8 铬（ZK8Cr）、中空 55 硅锰钼（ZK55SiMnMo）、中空 35 硅锰钼钒（ZK35SiMnMoV）和中空 40 锰钼钒（ZK40MnMoV）等。它们具有强度高、抗疲劳性能好、耐磨蚀等优点。虽然价格较贵，但使用寿命一般要比碳素工具钢提高 3～5 倍，且可提高凿岩速度。

3. 钎尾

如图 1-15 所示，钎尾是承受与传递能量的部位，钎尾规格和淬火硬度对凿岩速度有很大的影响。钎尾的长度和断面尺寸应与配用的凿岩机转动套相适应。气腿式凿岩机钎尾长度一般为 108 mm。钎尾长度的偏差，国内外都一致规定为 1.0 mm。钎尾过长会使活塞冲程缩短、冲击功减小，过短会使活塞冲击无力，都会降低凿岩速度。钎尾端面应平整，并垂直于钎杆中心轴线，以保证凿岩机活塞与钎尾完全对准冲击，使活塞冲击载荷均匀地分布在钎尾整个承载面上，这对于冲击载荷的有效传递和延长机具寿命都是很重要的。如果因凿岩机转动套与钎尾的配合间隙偏大等原因而发生偏心碰撞，则除了使钎杆产生有害的横向振动与弯曲应力外，还将导致活塞与钎尾因承受集中载荷而破坏。钎尾淬火硬度应略低于凿岩机活塞硬度，以保证两者具有较长寿命。钎尾端面硬度一般控制在 49 HRC～55 HRC。钎尾中心孔应予扩大并扩大到规定深度，以保证水针顺利插入钎尾，并在钎尾转动时不致将水针磨断。

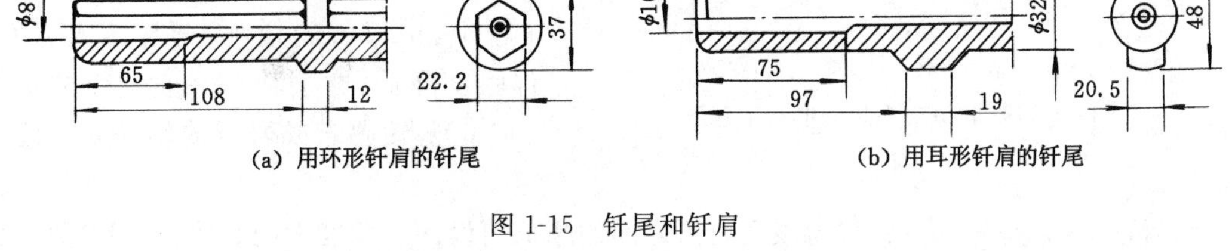

(a) 用环形钎肩的钎尾　　(b) 用耳形钎肩的钎尾

图 1-15　钎尾和钎肩

4. 钎肩

钎肩形状有两种，六角形钎杆用环形钎肩，圆形钎杆用耳形钎肩，如图 1-15 所示。向上式凿岩机用的钎子没有钎肩，因机头内有限定钎尾长度的钻柱。

五、电钻钻具

1. 钻具的组成

煤电钻的钻具(图 1-16)由钻头 1 和麻花钻杆 4 组成。钻杆前部的方槽 2 和尾孔 3 是用来插入钻头的，钻头插入后，从尾孔 3 上的小圆孔中插入销钉固定钻头。麻花钻杆尾部 5 车成圆柱形，用以插入电钻的套筒内。套筒前端有两条斜槽，可以卡紧在麻花螺纹上，以传送回转力矩。

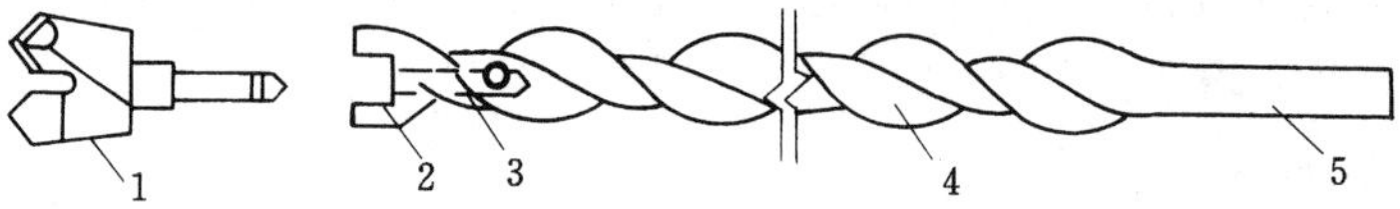

图 1-16　煤电钻钻具

2. 麻花钻杆

煤电钻的麻花钻杆，采用菱形断面或矩形断面的 T7、T8 钢在加热状态下扭制而成。螺纹方向与钻头旋转方向一致，所以麻花钻杆除了传递轴压和扭矩外，还能利用螺旋沟槽排出钻粉。

麻花钻杆强度较小，而岩石电钻传递的轴压和扭矩较大，且多数又采用湿式钻眼，故岩石电钻采用的钻杆与风动凿岩机的钎杆相同，用六角中空钢制成。

3. 电钻钻头

电钻钻头有两翼的，也有三翼的。最常采用的是两翼钻头。其几何形状如图 1-17 所示。刃部镶有硬质合金片，每块合金片都有主刃 1 和副刃 2。

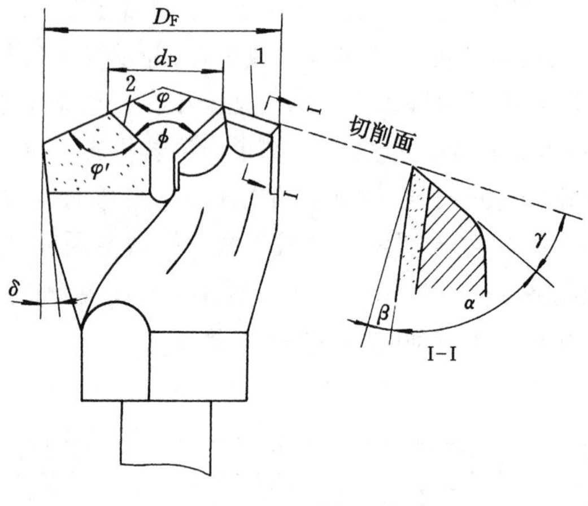

D_F—钻头直径；d_P—两主刃距离。

图 1-17　电钻钻头几何形状示意图

由两主刃构成主刃夹角 φ，由两副刃构成副刃夹角 ϕ，由主刃与副刃构成主、副刃夹角 φ'。φ' 越小越尖锐，也就越易压入岩石，但也越易磨损。因此，在煤和软岩中钻眼 φ' 应小些，在硬岩中钻眼 φ' 应大些。它的大小一般为 90°～120°。

从一个钻刃的剖面上(图 1-17 中Ⅰ-Ⅰ剖面)可以看出钻刃和切削面构成的几个角度如下。

刃角 α：α 越大，钻刃就越坚固耐磨；α 越小，钻刃就越锐利，越易压入岩石，但强度降低，磨损快。一般钻煤的钻头 α 取 60°，钻硬煤或岩石的钻头 α 可增大至 90°。

后角 γ：它是为减少钻刃与眼底岩石之间的摩擦而设的。角度大则摩擦小，但钻翼的强度降低，所以后角不宜过大，一般为 5°～20°。但当前角 β 为负值时，后角可增大到 30°。

前角 β：如 $\alpha+\gamma<90°$，则 β 为正值；如 $\alpha+\gamma>90°$，则 β 为负值。钻煤时 β 约为 15°，而钻岩石时 β 可为 0°或负值。

为了减小钻头侧面与炮眼壁之间的摩擦，钻头体还应设有隙角 δ。

六、空气压缩机与压风供应

空气压缩机亦称压风机，是矿山四大固定设备之一。通过空气压缩机，可将自由空气压缩到所需要的压力而成为压缩空气，用以驱动风动机具，如风钻、风镐、抓岩机、风水泵、空气锤、铆钉机、锻钎机等。在矿山岩巷开拓中广泛应用的锚杆喷混凝土技术，也用压缩空气作为喷射动力。此外，矿山还经常用压缩空气清理水仓，驱动副井上、下口的风动操车设备和主井上、下口风动装卸载设备。因此，必须设置由多台空气压缩机组成的压缩机站，以满足对压气的需求。

(一) 空气压缩机

空气压缩机站的设备包括以下四部分。

① 空气压缩机：除空气压缩机外，还包括中间冷却器、油润滑系统等装置；

② 拖动装置：一般采用电动机并附有启动和保护设备；

③ 附属装置：包括储气罐、空气滤清器、冷却水系统；

④ 压缩空气管网：包括管路、管路附件及油水分离器。

1. 空气压缩机的类型

空气压缩机是一种通过压缩气体来提高气体压力的机械。按原理和结构的不同，空气压缩机可分为容积型（包括活塞式、回转式）和速度型（包括离心式和轴流式等）两类。煤矿常用的是活塞式和少量回转式空气压缩机。

活塞式空气压缩机由曲柄连杆机构将原动机的回转运动转变为活塞的往复运动，气缸和活塞共同组成压缩容积。活塞在气缸内做往复运动，使气体完成向气缸内进气、压缩、排气等过程。气缸上装有吸、排气阀，用以实现气体的吸入与排出。压缩空气的基本生产过程如图 1-18 所示。常用部分活塞式空气压缩机的主要技术特征见表 1-15。

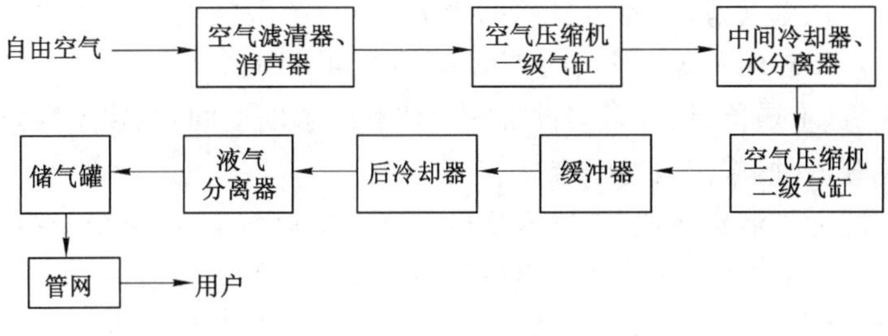

图 1-18　压缩空气的基本生产过程

表 1-15　常用活塞式空气压缩机的主要技术特征

型号	排气量/(m³/min)	排气压力/MPa	轴功率/kW	曲轴转速/(r/min)	冷却水耗量/(m³/h)	润滑油耗量/(g/h)	质量/kg	外形尺寸(长×宽×高)/mm	电动机或柴油机			
									型号	功率/kW	电压/V	转速/(r/min)
3L-10/8	10	0.8	60	450	2.4	70	1 700	1 700×900×1 800	JR115-6	75	220/380	975
4L-20/8	20	0.8	120	400	4.0	105	2 650	2 200×1 150×2 130	JR127-8	130	380	730
5L-40/8	40	0.8	230	428	9.6	150	5 000	2 500×1 260×2 430	TDK118/26-14	250	6 000	428
L5.5-40/8	40	0.8	230	600				2 738×1 492×2 008	TDK99/27-10	250	6 000	600

表 1-15(续)

型号	排气量 /(m^3/min)	排气压力 /MPa	轴功率 /kW	曲轴转速 /(r/min)	冷却水耗量 /(m^3/h)	润滑油耗量 /(g/h)	质量 /kg	外形尺寸(长×宽×高) /mm	电动机或柴油机			
									型号	功率 /kW	电压 /V	转速 /(r/min)
L8-60/8	60	0.8	303	428	14.4	195	7 500	2 485×1 800×2 400	TDK116/34-14	350	6 000	428
L8-80/8	80	0.8		600			6 000	2 500×1 830×2 390		450		
7L-100/8	100	0.8	530	375	18.0	255	12 000	2 950×1 850×2 890	TDK173/20-6	550	6 000	530
L12-100/8	100	0.8	520	428	24.0		1 000	2 860×2 200×2 660	TDK113/20-16	560	3 000/6 000	428

2. 空气压缩机的选择

① 若各个施工阶段的风量供应变化较大，选择空气压缩机的能力和台数要全面综合考虑，备用风量应为计算风量的 20%～30%，备用空气压缩机不得少于一台。

② 采区巷道或其他巷道施工，供风管网距离长、风量漏损大、风压压降大时，宜采用移动式空气压缩机直接供风（可降低电耗 50%）。

③ 应选用同一型号的空气压缩机。在压缩空气负荷不均衡的情况下，为了适应负荷的波动，可选用容量不同的空气压缩机，但同一压力参数的最好不要超过两种型号。

④ 空气压缩机多采用电动机传动。当功率小于 150 kW 时，一般采用异步电动机驱动；超过 150 kW 时，同步或异步电动机均可，用同步电动机较多，尤其在大功率、转速小于 600 r/min 时一般多采用同步电动机。

3. 空气压缩机站房设置的基本要求

① 压缩机站要设在用风负荷中心，尤其要靠近主要用风地点，一般布置在距井口不超过 50 m 处，以缩短供风管路和减少压力损失。

② 站址应选择在空气清洁、通风良好的地方，与易产生尘埃和废气的矸石山、出风井、烟囱的距离不小于 150 m，并位于全年主导风流的上风方向。

③ 空气压缩机、干燥器、储气罐等设备间应留有足够的空间，以便于维修保养。

④ 布置通风管道时，应使之易于维修。

⑤ 机房地面应为光洁水泥地，空气压缩机机座高出地面少许，以便于冲刷清洁地面。

⑥ 机房墙面宜贴上专门的吸声板，避免用陶瓷面砖之类的硬表面。

⑦ 冷却水管道应有排放阀，以便于较长时间停产时排尽管网内的水。

⑧ 在空气压缩机的上方应有起重装置，其承载能力与空气压缩机组最重部件相配。

压缩机站房常用的布置方式如图 1-19 所示。

(二) 压风管网的布置

1. 压风管网的布置原则

① 首先需拟定管网系统图，标出各管网段长度及通过流量。

② 压风管内流速一般应为 5～10 m/s。

③ 自空气压缩机站到最远用风点处的总压力损失，一般不应超过 0.1 MPa。

④ 无论在地面或井下巷道敷设管路，沿风流方向均应有 1∶200～1∶300 的坡度。在管路最低点以及沿主要管路每隔 500～600 m，应安设油水分离器。

⑤ 管路连接应尽量选用密封性好、拆装方便的快速接头；尽量少用管件和减少拐弯，管

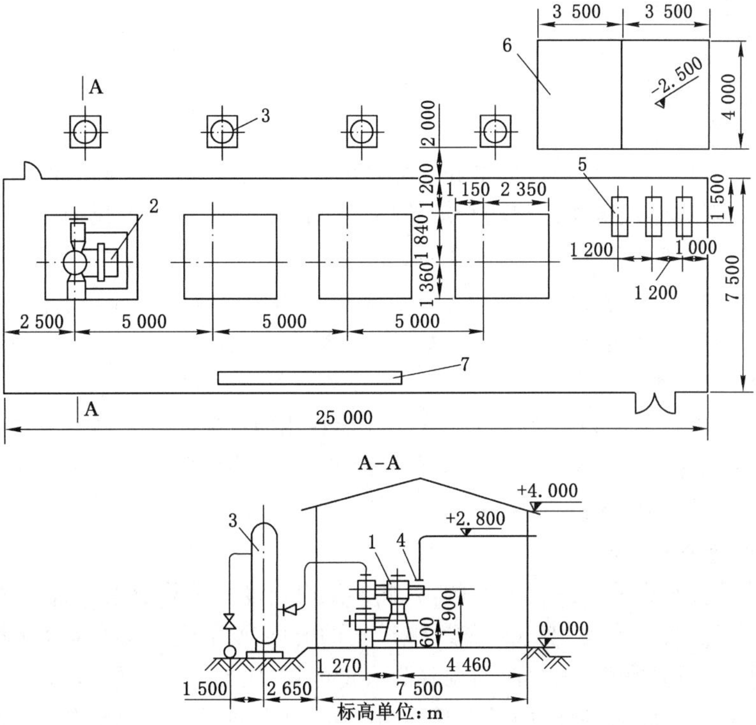

1—空气压缩机；2—电动机；3—风包；4—过滤器；5—水泵；6—水池；7—电控设备。

图 1-19　四台 5L-40/8 型空气压缩机站的布置

件阻力越小越好，以使管网敷设距离最短。

⑥ 橡胶管压降较大，使用长度应尽量缩短，其管径可较设备接风口管径大一级。

2. 压风管路及其附件

压风管路常选用无缝钢管和水煤气钢管，管路应尽量分段焊接。工作面经常移动的管路应选用橡胶管。

管网附件主要由分风器、注油器、自动断风装置、油水分离器和伸缩接头等组成。

第五节　炸药和爆炸概论

在日常生活中常会遇到各种爆炸现象，如锅炉爆炸、燃放鞭炮等。

爆炸是物质系统一种极迅速的物理或化学变化，在变化过程中，瞬间放出其内含能量，并借助系统内原有气体或爆炸生成气体的膨胀对系统周围介质做功，使之产生巨大的破坏效应，同时可能伴随声、光、热效应。

爆炸现象可分为三类：爆炸时仅发生物态的急剧变化，物质的化学成分不变，叫物理爆炸，如锅炉爆炸等；由某些物质的原子核发生裂变或聚变引起的爆炸，叫核爆炸；爆炸发生物态变化，而且物质的化学成分也发生变化，叫化学爆炸，如炸药爆炸。

在采矿工程中，主要应用的是炸药的化学爆炸。

一、炸药爆炸的基本特征

反应的放热性、生成气体产物、反应和传播的快速性是炸药爆炸的三个基本特征，也是任何化学爆炸必须同时具备的三个条件，常称它们为爆炸三要素。

1. 反应的放热性

爆炸过程中释放大量热是对周围介质做功的能源，没有足够的热量放出，反应就不能自行延续，也就不可能出现爆炸过程的自动传播。例如，草酸盐的分解反应：

$$PbC_2O_4 \longrightarrow 2CO_2 + Pb - 69.9\ kJ/mol \quad \text{不爆炸}$$

$$HgC_2O_4 \longrightarrow 2CO_2 + Hg + 72.4\ kJ/mol \quad \text{爆炸}$$

草酸铅的分解是吸热反应，不能发生爆炸；而草酸汞的反应能放出大量热，则发生爆炸。

2. 生成气体产物

炸药爆炸放出的热量必须借助气体介质才能转化为机械功。气体具有很大的可压缩性及膨胀系数，因而能在爆炸瞬间形成巨大的压缩能，并可在膨胀过程中将能量迅速转变为机械功，使周围介质受到破坏。

3. 反应和传播的快速性

炸药爆炸反应是由冲击波所激起的，因此其反应速度和爆炸速度都很高，爆炸速度可达每秒数千米，在反应区内炸药变成爆炸气体产物的时间只需要几微秒至几十微秒。爆炸过程的高速度决定炸药能够在很短时间内释放大量能量，因此单位体积内的热能很高，从而具有极大的威力(炸药在单位时间内的做功能力)。这是爆炸反应区别于燃烧及其他化学反应的一个显著特点。如果反应速度很慢，就不可能形成强大威力的爆炸。例如，煤在燃烧过程中产生的热量通过热传导和热辐射不断散失，所以不会发生爆炸。

二、炸药及其分类

炸药即具备上述三要素的物质。确切地说，炸药是在一定条件下，能够发生快速化学反应，放出热量，生成气体产物，显示爆炸效应的化合物或混合物。炸药内的主要元素是C、H、O、N。炸药爆炸的过程也就是炸药中H、C原子的氧化过程。氧化时所需要的氧，不需取自周围的空气而是炸药本身所含有的，这是炸药和燃料的重要区别。另外，炸药具有燃料所没有的高能量密度，单位体积的炸药放出的热量远比燃料的多。

炸药按其组成可分为：

① 单质炸药。它是各组成元素以一定的化学结构存在于同一分子中的炸药。

② 混合炸药。它是由两种以上分子组成的混合物。工业炸药多为混合炸药，它可以根据对炸药性能的要求，调配不同的组分。

炸药按其用途可分为：

① 起爆药。这类炸药的特点是，在很小的外界能量(如加热、火焰、摩擦、机械冲击等)作用下就能爆炸，故常用作雷管的起爆药。起爆药有雷汞、氮化铅、二硝基重氮酚等。由于二硝基重氮酚 $C_6H_2(NO_2)_2N_2O$(代号DDNP)的原料来源广、生产工艺简单、安全、成本较低，具有良好的起爆性能，所以我国从20世纪60年代以后，在工业雷管中基本都采用它作为起爆药。

② 猛炸药。这类炸药对外界能量的敏感程度比起爆药的低，但爆炸威力很大，主要用作起爆器材的加强药和作为改善炸药性能的附加成分，常用的有梯恩梯、黑索今、太恩等。

③ 发射药(火药)。在军事上，利用火药稳定燃烧时产生的推力发射火箭、炮弹等；在工业上，主要用来制造起爆器材，如用黑火药做导火索药芯等。

三、炸药的氧平衡和爆热

（一）炸药的氧平衡

炸药中的氧含量能否将炸药中碳、氢元素充分氧化，直接影响着炸药能量的充分发挥。所谓充分氧化是按反应时放出热量最大的理想条件来考虑的，即要求：氢元素氧化成水（$2H_2+O_2 \longrightarrow 2H_2O+240.7$ kJ/mol）；碳元素氧化成二氧化碳（$C+O_2 \longrightarrow CO_2+395$ kJ/mol）；氮游离出来；若某些炸药还含有其他元素，也会氧化成相应的高级氧化物。但若炸药中氧含量不足或含氧过多，就会生成 CO、H_2、C、NO、NO_2 等放热量较少或吸热性的产物。所以，炸药中氧含量适当是一个很重要的问题。

氧平衡用来表示炸药内氧含量与充分氧化可燃元素所需氧量之间的关系。通常，用每克炸药不足或多余的氧的克数来表示。

炸药的分子式可写成通式 $C_aH_bN_cO_d$，其氧平衡计算公式为：

$$K_b=\frac{d-\left(2a+\frac{b}{2}\right)}{M}\times 16,\text{g/g} \tag{1-2}$$

或

$$K_b=\frac{d-\left(2a+\frac{b}{2}\right)}{M}\times 16\times 100\% \tag{1-3}$$

式中　16——氧的相对原子质量；

　　M——炸药的摩尔质量。

式(1-2)适用于单质炸药，式(1-3)适用于混合炸药。

由式(1-2)和式(1-3)可知，炸药氧平衡有以下三种情况：

① 当 $K_b>0$ 时，即当炸药中的氧完全氧化可燃元素后尚有剩余时，称为正氧平衡。正氧平衡炸药未能充分利用其中氧量，且剩余的氧与游离氮化合时生成氮氧化物有毒气体，并吸收热量。氮氧化物还能对瓦斯爆炸起催化作用。

② 当 $K_b<0$ 时，即当炸药中的氧不足以完全氧化可燃元素时，称为负氧平衡。负氧平衡炸药未能充分利用可燃元素，并且生成可燃性气体 CO 与 H_2，甚至还有固态碳。CO 是有毒气体，且 CO 生成热为 113.8 kJ/mol，只约为 CO_2 生成热的 1/3，会导致炸药的发热量减少。

③ 当 $K_b=0$ 时，即当炸药中的氧恰好能完全氧化可燃元素时，称为零氧平衡。零氧平衡炸药都得到充分利用，能放出大量的热量，而且不会生成有毒气体。

因此，配置混合炸药时，应改变炸药成分和调整其配比，使炸药达到零氧平衡或接近零氧平衡。

例如，在铵油炸药（硝酸铵与柴油的混合炸药）中，加入 4%木粉作松散剂，按零氧平衡设计配方。

设 100 克炸药内含硝酸铵 x 克、柴油 y 克，则：

$$x+y=100-4$$

已知各组分的氧平衡（表 1-16）：硝酸铵为＋0.2 g/g，轻柴油为－3.42 g/g，木粉为－1.37 g/g。按零氧平衡配置炸药应为：

$$0.2x-3.42y-1.37\times 4=0$$

解上两式的联立方程得：

$$x = 92.21, y = 3.79$$

即炸药配方应为：硝酸铵 92.2%；柴油 3.8%；木粉 4%。

表 1-16 列出了工业炸药常用成分的氧平衡值。

表 1-16　工业炸药常用成分的氧平衡值

单质炸药	氧平衡/%	可燃剂	氧平衡/%
硝酸铵	20.0	木粉	−137.0
硝化乙二醇	0.0	石蜡	−346.0
太恩(PETN)	−10.1	沥青	−276.0
黑索今(RDX)	−21.6	轻柴油	−342.0
梯恩梯(TNT)	−74.0	松香	−281.0
奥克托金(HMX)	−21.6	淀粉	−118.5
特屈儿(CE)	−47.4	铝粉	−89.0
二硝基甲苯(DNT)	−114.4	木炭	−266.7
二硝基重氮酚(DDNP)	−58.0	纸	−130.0

（二）爆热

单位质量炸药在定容条件下爆炸时放出的热量称为爆热，单位是 kJ/mol 或 kJ/kg。爆热是炸药做功的能源，也是评价炸药威力的直接指标，它与炸药的其他许多性能有着直接或间接的关系，因此，爆热是炸药很重要的一个性能参数。

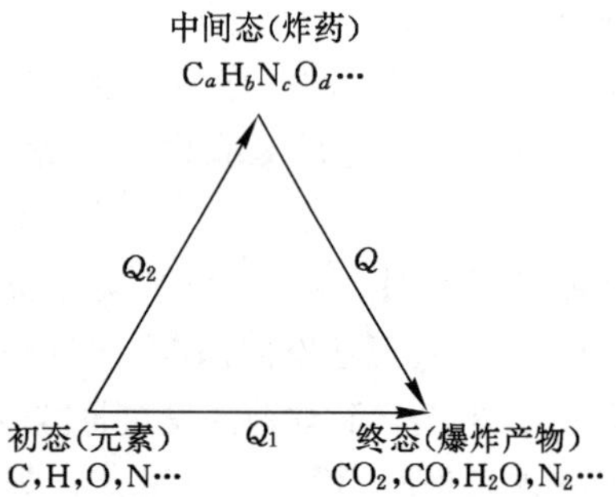

图 1-20　盖斯三角形图解

炸药爆热的理论计算基础是热化学的盖斯定律。盖斯定律认为：化学反应的热效应与反应进行的路径无关，而只取决于反应的初态和终态。

在图 1-20 所示的盖斯三角形中，由初态(元素)到终态(爆炸产物)的热效应 Q_1，与由初态经中间态(炸药)再到终态的热效应 Q_2+Q 是相等的。所以炸药爆热可按式(1-4)求得：

$$Q=Q_1-Q_2 \tag{1-4}$$

式中　Q——炸药的爆热；

Q_1——爆炸产物的生成热，见表 1-17；

Q_2——炸药的生成热，见表 1-18。

表 1-17　爆炸产物的生成热

名　　称	分　子　式	定容生成热/(kJ/mol)
二氧化碳	CO_2	395.0
一氧化碳	CO	113.8
水(气态)	H_2O	240.7
一氧化氮	NO	−90.3
二氧化氮	NO_2	−17.1

表 1-18　单质炸药及可燃剂的生成热

名　　称	分　子　式	相对分子质量	定容生成热/(kJ/mol)
硝酸铵	NH_4NO_3	80	354.5
梯恩梯	$C_6H_2(NO_2)_3CH_3$	227	42.0
硝化甘油	$C_3H_5(NO_3)_3$	227	350.5
太恩	$C_5H_8(NO_2O)_4$	316	512.5
黑索今	$C_3H_6N_3(NO_2)_3$	222	−87.3
硝化乙二醇	$C_2H_4(NO_3)_2$	152	233.4
二硝基重氮酚	$C_6H_2(NO_2)_2N_2O$	210	−198.8
硝化纤维(N 12%)	$C_{24}H_{31}O_{11}(ONO_2)_9$	1 053	2 865.2
木粉	$C_{39.7}H_{70.8}O_{28.6}$	1 005	5 693.0
沥青	$C_{30}H_{18}O$	394	593.9
石蜡	$C_{18}H_{38}$	254	558.9
轻柴油	$C_{16}H_{32}$	224	661.2

列出爆炸反应方程式，即可求得炸药的爆热。需要注意的是，按盖斯定律，不同途径各个反应都应在同样条件(定容或定压)下进行，因此，计算时必须用同样条件(定容或定压)的数据。通常认为，炸药的爆炸过程非常接近定容过程，所以爆热通常是指定容爆热。

例如，计算太恩炸药的爆热。

太恩为负氧平衡炸药，确定其近似的爆炸反应方程式为：

$$C(CH_2ONO_2)_4 \longrightarrow 3CO_2 + 2CO + 4H_2O + 2N_2$$

查表 1-17，可得到爆炸产物总生成热为：

$$Q_1 = 1\ 185 + 227.6 + 962.8 = 2\ 375.4\ (\text{kJ/mol})$$

查表 1-18 得知太恩炸药生成热为 512.5 kJ/mol，故太恩炸药的爆热为：

$$Q = 2\ 375.4 - 512.5 = 1\ 862.9\ (\text{kJ/mol})$$

或

$$Q = \frac{1\ 862.9}{316} \times 1\ 000 = 5\ 895.3\ (\text{kJ/kg})$$

四、炸药的爆轰

(一) 炸药的燃烧与爆轰

炸药在常温常压下也会缓慢分解，这种缓慢分解反应在整个物质内部展开，与一般的化学反应无异。但在外界能量激发下，炸药的化学变化过程则有燃烧与爆轰(稳定的爆炸)两种形式。

燃烧、爆轰和一般缓慢分解不同，它们不在全部物质内同时展开，而只在局部区域(称反应区)进行，并在物质内自动传播。

燃烧与爆轰是截然不同的两种化学变化过程，它们的主要区别在于：燃烧靠热传导来传递能量和激发化学反应，而爆轰则靠压缩冲击波的作用来传递能量和激发化学反应；燃烧速度通常为每秒数十毫米到每秒数米，最大也只有每秒数百米，常低于炸药内的声速，而爆轰的传播速度则总是高于炸药中的声速，可达 2 000～9 000 m/s；燃烧过程的传播易受外界条件影响，爆轰过程的传播基本上不受外界条件影响；燃烧产物的运动方向与反应区的传播方向相反，故产生的压力较低，而爆轰产物的运动方向与反应区的传播方向相同，故产生的压力可达数千至数万兆帕。

炸药的上述三种化学变化形式，在一定条件下是能够互相转化的。

（二）爆轰波

在正常条件下，炸药一旦起爆，就首先在起爆点发生爆炸反应而产生大量高温、高压和高速的气流。这种气流在周围介质（炸药分子）中激发冲击波。冲击波头所到之处，以其高温、高压、高速、高密度等状态所表征的高能量使炸药分子活化而产生化学反应。化学反应所释放出的能量补偿了冲击波传播时的能量损耗。因此，冲击波得以维持并以固有波速和波头压力继续向前传播。这种伴随有化学反应的冲击波，称为爆轰波。冲击波头与紧跟其后的化学反应区是以相同速度向前传播的，这个速度称为爆轰波传播速度，简称爆速。

（三）爆速及其影响因素

爆速是爆轰波的一个重要参数，它是计算其他爆轰参数的依据，也可以说爆速间接地表示出其他爆轰参数值，反映了炸药爆轰的性能。因此，研究爆速具有重要的意义。

炸药理想爆速主要取决于炸药密度、爆轰产物组成和爆热。从理论上讲，仅当药柱为理想封闭、爆轰产物不发生径向流动、炸药在冲击波波阵面后反应区释放出的能量全部用来支持冲击波的传播、爆轰波以最大速度传播时，才能达到理想爆速，实际炸药是很难达到理想爆速的，炸药的实际爆速都低于理想爆速。

爆速除了与炸药本身的化学性质如爆热、化学反应速度有关外，还受药卷直径、装药密度、装药外壳、炸药粒度、起爆冲能等因素的影响。

1. 药卷直径

由炸药爆轰所产生的能量并未全部用于传播，要径向逸散一部分。药卷直径越小，逸散出去的这部分能量所占比例就越大。因此，当药卷直径小到一定程度时，就完全不能传爆，这时的直径称为临界直径。将药卷直径自临界直径逐渐增大，爆速也逐渐提高，最终达到稳定值。此后，再增大直径，爆速也不会提高，此时的直径称为极限直径。单质猛炸药的临界直径一般仅为数毫米；硝铵类混合炸药的临界直径随其成分不同而有差异，且都较大，一般认为 2 号岩石硝铵炸药的临界直径为 15 mm。硝铵类混合炸药的极限直径都很大，现常用的直径 32 mm 或 35 mm 的药卷，还远未达到它的极限直径，故增大药卷直径能使爆炸性能更好些。

2. 装药密度

对单质炸药而言，爆速随装药密度增大而增大。对混合炸药，情况就复杂一些。在一定的装药密度范围内，爆速随装药密度增大而增大，且当装药密度增大到某一定值时，爆速达到它的最大值；此后若装药密度进一步增大，爆速反而下降，而且装药密度大到超过某一定值时，就会发生所谓“压死”的拒爆现象。这是因为：在起爆能作用下由氧化剂与可燃剂组成的混合炸药的各组分，先以不同速度单独进行分解，然后由分解出的气体相互作用完成爆轰反应。装药密度过大，炸药各组分颗粒间的空隙过小，不利于各组分分解出的气体相互混合和反应，从而导致反应速度下降直至熄爆。

3. 装药外壳

装药外壳可以限制炸药爆轰时反应区爆轰产物的侧向飞散，从而减小炸药的临界直径。

当装药直径较小时，增加外壳可以提高爆速，其效果与加大装药直径相同。但当装药直径大于极限直径时，外壳的影响就不再起作用了。

4. 炸药粒度

对于同一种炸药，当粒度不同时，化学反应速度不同，其临界直径、极限直径和爆速也不同。但粒度的变化并不影响炸药的极限爆速。一般情况下，炸药粒度细，临界直径和极限直径减小，爆速增高。

但混合炸药中不同成分的粒度对临界直径的影响不完全一样。其敏感成分的粒度越细，临界直径越小，爆速越高；而钝感成分的粒度越细，临界直径越大，爆速越小，但粒度细到一定程度后，临界直径又随粒度减小而减小，爆速则相应增大。

5. 起爆冲能

起爆冲能不会影响炸药的理想爆速，但要使炸药达到稳定爆轰，必须供给炸药足够的起爆能且激发冲击波速度必须大于炸药的临界爆速。

试验研究表明，起爆冲能的强弱，能使炸药形成差别很大的高爆速和低爆速稳定传播，其中高爆速即炸药的正常爆轰速度。例如，当梯恩梯的颗粒直径为 1.0～1.6 mm、密度为 1.0 g/cm^3、装药直径为 21 mm 时，在强起爆冲能时爆速为 3 600 m/s，而在弱起爆冲能条件下爆速仅为 1 100 m/s。当硝化甘油的装药直径为 25.4 mm 时，用 6 号雷管起爆时其爆速为 2 000 m/s，而用 8 号雷管起爆时爆速则在 8 000 m/s 以上。

炸药之所以会产生这种低速爆轰现象，是由于炸药中含有大量的空气间隙或气泡，当起爆冲能低时，炸药在较弱的冲击波作用下不能产生爆轰反应，而空气间隙和气泡受到绝热压缩形成热点，使部分炸药进行反应，这部分能量支持冲击波的传播，形成了炸药的低爆速。

（四）炸药传爆时的间隙效应

连续多个混合炸药药卷，通常在空气中都能正常传爆。但在炮眼内，如果药卷与炮眼孔壁存在间隙，常常会发生爆轰中断或爆轰转变为燃烧的现象，有试验表明，将直径 35 mm 的 2 号岩石硝铵炸药放入内径 40～120 mm 的钢管中，不管放入多少药卷，从一端起爆总是只能爆炸五六卷药，这种现象称为间隙效应，或者称为管道效应。产生间隙效应的原因，一般认为是：爆轰波在传播过程中，其高温高压爆轰气体使其前端间隙中的空气受到强烈压缩，从而在空气间隙内产生超前于爆轰波传播的空气冲击波。这样，药卷在爆轰波到达之前已受到冲击波的强烈压缩，直径缩小而密度增大，引起爆轰波参数恶化。当药卷直径缩小和密度增大到一定程度时，可导致爆速下降，甚至造成爆轰中断。

采用耦合散装炸药可以从根本上克服间隙效应。间隙效应与炸药本身性能有很大关系。多数单质炸药密度增大后，爆速提高，则间隙效应反而对爆轰有利。但混合炸药则相反，间隙效应对爆轰不利，并有可能发生爆轰中断。不过即便是混合炸药，因其类型或品种不同，对间隙效应抵抗能力也相差很大。一定的炸药药卷直径，产生间隙效应的间隙值有一定的范围，可以通过控制药卷与眼壁的间隙尺寸来克服间隙效应。亦可在连续药卷上，隔一定距离套上硬纸板或其他材料做成的隔环，以阻止间隙内空气冲击波的传播或削弱其强度。试验表明，采用水胶炸药，可以消除因间隙效应发生的爆轰中断现象。

五、炸药的猛度与爆力

炸药爆炸对周围介质（例如岩石）产生的破坏能力，分别以猛度和爆力来表示。

（一）猛度

炸药的猛度，是指炸药爆炸瞬间爆轰波和爆轰产物对邻近的局部固体介质的破碎能力，它是用一定规格铅柱被压缩的程度来表示的。其试验及装置见图 1-21。炸药爆炸后，铅柱被压缩成蘑菇形。量出铅柱压缩前后的高度差(mm)，即该炸药的猛度。

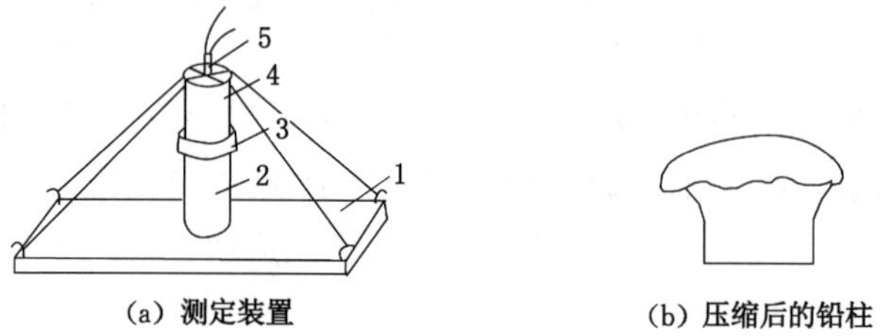

1—钢板；2—铅柱；3—钢片；4—受试炸药；5—雷管。

图 1-21　炸药猛度测定

（二）爆力

炸药的爆力，是指爆生气体在高温下膨胀做功破坏周围介质的能力。常用铅铸扩孔法来衡量爆力。其试验及装置见图 1-22。炸药爆炸后孔眼被扩大成梨形，可用量筒向内注水测得其容积，从中减去原孔眼体积(61 mL)和雷管扩孔体积(28.5 mL)，即炸药的爆力，单位为 mL。试验时标准温度为 15 ℃。

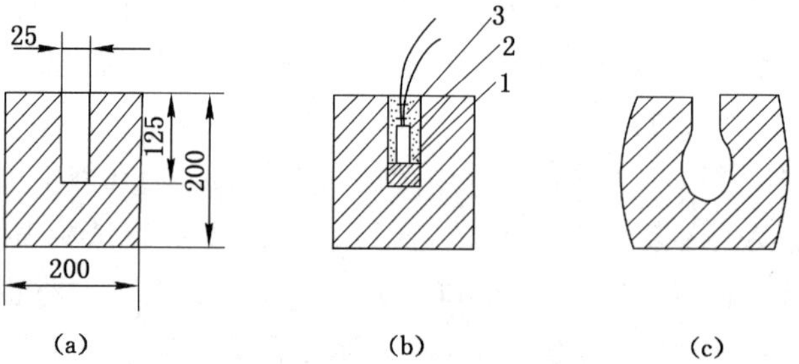

1—炸药；2—雷管；3—石英砂。

图 1-22　炸药爆力测定

六、炸药的敏感度

炸药在外界起爆能的作用下发生爆炸的难易程度，称为炸药的敏感度(简称炸药的感度)。各种炸药的敏感度相差非常大，例如，半冻结的硝化甘油胶质炸药只要轻轻弯折一下就会爆炸，而对硝酸铵施加冲击、摩擦、点火，则几乎都不能使它爆炸。

对不同的外界能量，炸药的感度并不一致，如梯恩梯对机械作用的感度较低，但对电火花的感度则较高，所以需分别检测。

（一）热感度

炸药的热感度，是指在热能作用下引起炸药爆炸的难易程度。热感度包括加热感度和火焰感度两种。

1. 炸药的加热感度

炸药的加热感度通常用爆发点来表示。爆发点测定器如图 1-23 所示，在装有低熔点伍德合金(熔点 65 ℃)的浴锅的周围，用电阻丝加热，并在夹套间设有隔热层以防止热损失，待温度加热到预期的爆发点时，将装有 0.5 g 炸药的铜试管迅速插入熔化的合金中(深度要超过管体的 2/3，铜管口用铜塞塞住)，记录炸药爆炸时的温度和试管插入的时间(即延滞时间)；做一系列这样的试验后，描出延滞时间和温度的关系曲线，从曲线上查出延滞 5 s 或 5 min 爆炸的温度，即该炸药的爆发点。一些炸药的爆发点如表 1-19 所示。

表 1-19　一些炸药的爆发点

炸药名称	爆发点/℃	炸药名称	爆发点/℃
二硝基重氮酚	170～175	太恩	205～215
胶质炸药	180～200	黑索今	215～235
雷汞	170～180	梯恩梯	290～295
特屈儿	195～200	硝铵类炸药	280～320
硝化甘油	200～205	叠氮化铅	330～340

2. 炸药的火焰感度

炸药的火焰感度，是指炸药在明火(火焰、火星)作用下发生爆炸的难易程度，常以导火索火焰能引爆 0.05 g 炸药试样的最大距离来表示。

(二) 机械感度

机械感度是炸药对冲击、摩擦、挤压、针刺等机械作用的敏感程度。其中，最主要的是冲击感度，常以落锤仪(图 1-24)测定。即使 10 kg 落锤自 25 cm 的高度自由下落，冲击位于砧子和冲杆之间的 0.05 g 炸药试样。重复试验 25 次，用 25 次试验中炸药试样发生爆炸的百分率表示该被试炸药的冲击感度。对于比较敏感的炸药，也可改用 5 kg 或 2 kg 的落锤进行试验。一些炸药的冲击感度如表 1-20 所示。

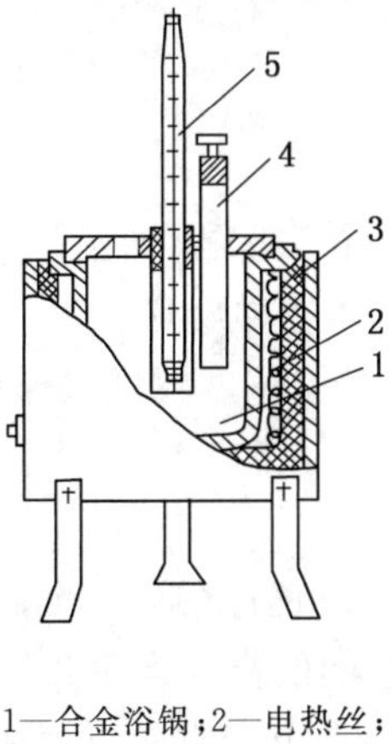

1—合金浴锅；2—电热丝；
3—隔热层；4—铜试管；5—温度计。
图 1-23　爆发点测定器

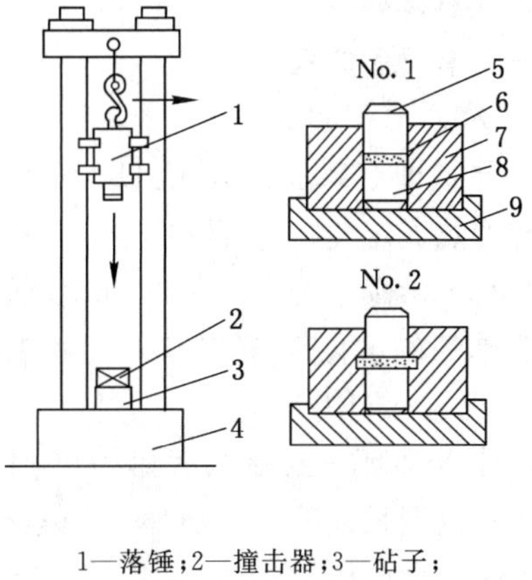

1—落锤；2—撞击器；3—砧子；
4—基础；5—上击柱；6—炸药；
7—导向套；8—下击柱；9—底座。
图 1-24　立式落锤仪

表 1-20　一些炸药的冲击感度

炸药名称	爆炸百分率/%	炸药名称	爆炸百分率/%
硝化甘油	100	3 号煤矿硝铵炸药	32～40
黑索今	75～80	2 号岩石硝铵炸药	32～40
粉状梯恩梯	28		

（三）爆轰感度

爆轰感度，是指炸药对别的炸药爆炸时所产生的爆轰冲击的敏感程度。单质炸药通常用起爆它所需的最小起爆药量表示，硝铵类炸药则多用殉爆距离表示其爆轰感度。

殉爆是装有雷管的主动药包爆炸时，能使相隔一定距离的另一同种药包发生爆炸的现象。它不仅是检验硝铵类炸药质量的重要指标，也是设计炸药厂、炸药库安全距离的主要依据。

如图 1-25 所示，殉爆距离测定方法为：在捣实的砂土地面上用木棍压出一个半圆柱形的坑。在坑的一端放置一个带有雷管的主动药包，相隔一定距离放置另外一个未装雷管的药包，主动药包起爆后，如果另一药包也爆炸就加大距离再试，直到找出能连续发生三次殉爆的最大距离，以厘米表示，即该炸药的殉爆距离。

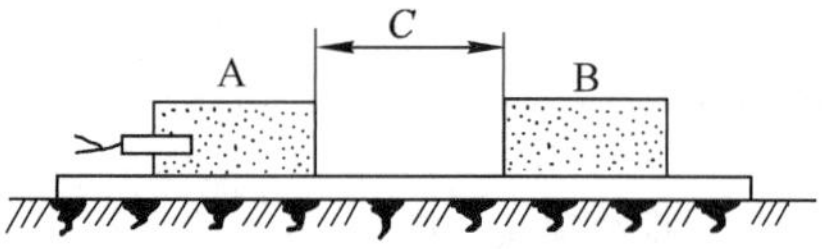

A—主动药包；B—殉爆药包；*C*—殉爆距离。

图 1-25　殉爆距离的测定

第六节　工业炸药

工业炸药几乎全部都是混合炸药。为了改善混合炸药的爆炸性能，在配方中经常加入一些单质猛炸药。

一、单质猛炸药

1. 梯恩梯(TNT)

梯恩梯即三硝基甲苯[$C_6H_2(NO_2)_3CH_3$]。它是黄色晶体，吸湿性很小，几乎不溶于水。梯恩梯的热安定性好，在常温下不分解，180 ℃才显著分解。梯恩梯爆热为 4 229 kJ/kg，爆速为6 850 m/s，爆力为 285～300 mL，猛度为 19.9 mm，它的机械感度较低。梯恩梯主要用作硝铵类炸药的敏化剂，单独使用是重要的军用炸药。

2. 黑索今(RDX)

黑索今即环三亚甲基三硝铵[$C_3H_6N_3(NO_2)_3$]。它是白色晶体，不吸湿，几乎不溶于水，50 ℃以下长期贮存不分解。黑索今的机械感度比梯恩梯的高。当密度为 1.66 g/cm^{3}时，黑索今爆力为 520 mL，猛度为 16 mm，爆速为 8 300 m/s。由于它的威力和爆速都很高，常用作导爆索的药芯及雷管中的加强药。

3. 太恩(PETN)

太恩即季戊四醇四硝酸酯[$C_5H_8(ONO_2)_4$]。它是肉色晶体，几乎不溶于水。当密度为

1.74 g/cm^{3}时，爆热为6 225 kJ/kg。太恩的爆炸威力高，爆速为8 400 m/s，爆力为500 mL，猛度为15 mm。

二、硝铵类炸药

硝铵类炸药是以硝酸铵为主要成分的混合炸药。

硝酸铵 NH_4NO_3，代号AN。它是白色或略带黄色的结晶体，氮含量高达35%，可作为化肥使用，也是一种正氧平衡的弱性炸药。硝酸铵易溶于水，也易吸湿受潮，长期贮存、温度转变都会造成晶粒黏结而成硬块。受潮和硬化以后其爆炸性能显著恶化。

硝酸铵起爆感度很低，一般不能直接用雷管或导爆索起爆，需用强力的起爆药卷起爆。起爆后，爆速可达2 000～3 000 m/s，爆力为160～230 mL。

硝酸铵的原料来源丰富，价格低廉，安全性好。所以，多以它为主要原料制成混合炸药。

（一）铵梯炸药（硝铵炸药）

硝铵炸药是我国目前广泛使用的工业炸药，它由硝酸铵、梯恩梯、木粉三种成分组成。

1. 硝铵炸药的组成成分

硝酸铵是硝铵炸药主要成分，在炸药中起氧化剂的作用，为炸药爆炸反应提供所需的氧元素。梯恩梯为敏化剂，用以改善炸药的爆炸性能，增加炸药的起爆感度，它还兼起可燃剂的作用。木粉在炸药中起疏松作用，使硝酸铵不易结成硬块，并平衡硝酸铵中多余的氧，故称松散剂或可燃剂。此外，防水品种炸药还要加入少量防水剂，如石蜡、沥青等。

煤矿许用品种炸药还必须加入适量的食盐作为消焰剂，以吸收热量、降低爆温、防止引起瓦斯爆炸。

2. 硝铵炸药的分类

硝铵炸药分为煤矿、岩石、露天三类。前两类可用于井下，其特点是接近零氧平衡，有毒气体产生量受严格限制。煤矿硝铵炸药是供有瓦斯或煤尘爆炸危险的矿井使用的炸药，必须检验它对瓦斯引爆的安全性。露天炸药以廉价为主，故硝酸铵含量较高，梯恩梯含量较低，木粉多一些。

3. 硝铵炸药型号

岩石硝铵炸药、煤矿硝铵炸药一般均制成直径27 mm、32 mm、35mm、38 mm，质量100 g、150 g、200 g的药卷。药卷一端为平顶，另一端向内凹入（称为聚能穴）。爆炸能量在聚能穴所指方向比较集中，有利于传爆，在装药时应予注意。岩石硝铵炸药有效使用期限为6个月，煤矿硝铵炸药有效使用期限为4个月。

4. 硝铵炸药的适用条件

岩石硝铵炸药适用于井下无瓦斯、煤尘爆炸危险的岩石爆破作业；抗水型用于有水工作面。2号、3号煤矿硝铵炸药，分别适用于低瓦斯矿井和高瓦斯矿井；抗水型适用于有水工作面。国产岩石硝铵炸药、煤矿硝铵炸药的成分、性能与爆炸参数见表1-21和表1-22。

表 1-21 岩石硝铵炸药组成、性能和爆炸参数计算值

组成、性能和爆炸参数计算值			炸药名称				
			1 号岩石硝铵炸药①	2 号岩石硝铵炸药①	2 号抗水岩石硝铵炸药	3 号抗水岩石硝铵炸药	4 号抗水岩石硝铵炸药
组成/%	硝酸铵		82±1.5	85±1.5	84±1.5	86±1.5	81.2±1.5
	梯恩梯		14±1.0	11±1.0	11±1.0	7±1.0	18±1.0
	木粉		4±0.5	4±0.5	4.2±0.5	6±0.5	
	沥青				0.4±0.1	0.5±0.1	0.4±0.1
	石蜡				0.4±0.1	0.5±0.1	0.4±0.1
性能	水分/%		≤0.3	≤0.3	≤0.3	≤0.3	≤0.3
	密度/(g/cm^3)		0.95～1.10	0.95～1.10	0.95～1.10	0.90～1.10	0.95～1.10
	猛度/mm		≥13	≥12	≥12	≥10	≥14
	爆力/mL		≥350	≥320	≥320	≥280	≥360
	殉爆距离/cm	浸水前(不小于)	6	5	5	4	8
		浸水后(不小于)②			3	2	4
	爆速/(m/s)			3 600	3 750		
爆炸参数计算值	氧平衡/%		0.52	0.38	0.37	0.71	0.41
	爆容/(L/kg)		912	924	921	931	902
	爆热/(kJ/kg)		4 078	3 689	4 015	3 877	4 216
	爆温/℃		2 700	2 514	2 654	2 560	2 788
	爆轰压/MPa			3 306	3 587		

注:① 列入部颁标准的炸药;② 浸水深 1 m、时间 1 h。

表 1-22 煤矿硝铵炸药组成、性能和爆炸参数计算值

组成、性能和爆炸参数计算值			炸药名称			
			2 号煤矿硝铵炸药①	3 号煤矿硝铵炸药①	2 号抗水煤矿硝铵炸药①	3 号抗水煤矿硝铵炸药
组成/%	硝酸铵		71±1.5	67±1.5	72±1.5	67±1.5
	梯恩梯		10±0.5	10±0.5	10±0.5	10±0.5
	木粉		4±0.5	3±0.5	2.2±0.5	2.6±0.5
	食盐		15±1.0	20±1.0	15±1.0	20±1.0
	沥青				0.4±0.1	0.2±0.05
	石蜡				0.1±0.1	0.2±0.05
性能	水分/%		≤0.3	≤0.3	≤0.3	≤0.3
	密度/(g/cm^3)		0.95～1.10	0.95～1.10	0.95～1.10	0.95～1.10
	猛度/mm		≥10	≥10	≥10	≥10
	爆力/mL		≥250	≥240	≥250	≥240
	殉爆距离/cm	浸水前(不小于)	5	4	4	4
		浸水后(不小于)②			3	2
	爆速/(m/s)		3 600	3 262	3 600	3 397

表 1-22(续)

组成、性能和爆炸参数计算值		炸药名称			
		2 号煤矿硝铵炸药①	3 号煤矿硝铵炸药①	2 号抗水煤矿硝铵炸药①	3 号抗水煤矿硝铵炸药
爆炸参数计算值	氧平衡/%	1.28	1.86	1.48	1.12
	爆容/(L/kg)	782	735	783	734
	爆热/(kJ/kg)	3 324	3 061	3 320	3 144
	爆温/℃	2 230	2 056	2 244	2 098
	爆轰压/MPa	3 306	2 715	3 306	2 944

注:① 列入部颁标准的炸药;② 浸水深 1 m、时间 1 h。

(二) 铵油炸药

这类炸药因不含梯恩梯,故原料来源丰富,加工简单,使用安全,它的价格也比较低廉。因此铵油炸药在露天矿、金属矿、水利、铁道等工程中使用较多。

简单的铵油炸药是硝酸铵与柴油的混合物。硝酸铵约占 95%,在现场混合以使用多孔粒状者为好。柴油约占 5%,一般选用 10 号轻柴油。为改善其爆轰性能,可多加一些木粉、松香以提高爆轰感度;加一些铝粉以提高威力;加一些表面活性剂(如十二烷基磺酸钠)以利于拌和均匀,使爆轰更为稳定;加少许明矾及氯代十八烷胺,以减弱吸湿结块性。

这类炸药的不足之处是爆炸威力较低,比较有钝感,易吸湿结块,贮存期短。

(三) 高威力硝铵炸药

上述炸药的威力都属于中等或中等偏低,在煤矿井下通常能够满足使用要求。但是随着采矿工业的发展,进行硬岩深孔爆破、大断面一次成巷、坚硬岩石顶板的强制放顶等都需要威力更高的炸药。

提高硝铵炸药威力的途径有以下几种:增大密度,加入铝粉或加入猛炸药。国产高威力硝铵炸药大都属于增加猛炸药这一类,故称为铵锑黑炸药。也有既加黑索今又加铝粉的,称为铵梯黑铝炸药。

三、水胶炸药

自 1956 年在加拿大诺布湖矿成功地进行将水加入炸药中的爆破试验以后,各种含水炸药相继出现。

1. 水胶炸药的组成成分

水胶炸药是一种含水工业炸药,主要由氧化剂水溶液、敏化剂、可燃剂、胶凝剂和交联剂组成,有时加入少量交联延迟剂、抗冻剂、表面活性剂和安定剂,以改善炸药的性能。

① 氧化剂:水胶炸药的氧化剂主要采用硝酸铵,也加入部分硝酸钠或硝酸钾。硝酸钠能降低炸药的析晶点,增加流动性,改善工艺性,提高炸药的起爆感度。

② 水的作用:水使硝酸铵等固体成分变成过饱和溶液,形成溶胶,炸药便不再吸收水分,起到抗水作用。水在炸药中为连续相,不可压缩,利于爆轰波的传播,并使炸药密度增大,体积强度增高。但是在炸药中加入水分后会使炸药产生钝感,必须增加敏化剂。水也会影响炸药威力,炸药爆炸时,水变成气,要消耗热能,因此需要合理确定含水量。

③ 敏化剂:在水胶炸药中,采用具有爆炸性的甲胺硝酸盐 $CH_3NH_3 \cdot NO_3$ 的水溶液作为

敏化剂。甲胺硝酸盐的相对密度为1.42,氧平衡为-34%,比硝酸铵更易溶于水,不含水时可直接用雷管起爆。当温度低于95 ℃时,浓度低于86%的甲胺硝酸盐水溶液用雷管不能起爆。人们利用这种特性,采用浓度低于86%的甲胺硝酸盐水溶液来生产水胶炸药以保证安全。

④ 可燃剂:常用植物纤维、煤粉、燃料油等,其作用是增大爆炸热值,调节氧平衡,兼有吸附气体的效果。

⑤ 胶凝剂:也叫作增稠剂,它被水溶解、溶胀和分散后能与溶液中的固相产生亲和作用,使溶液中的固相和气相均匀地黏结为整体,呈胶体系统,保持较好的稳定性。常用植物胶和其他高分子聚合物作为胶凝剂。

⑥ 交联剂:由于生产工艺的要求,为控制水合速度,需要加入少量交联加速剂或交联延迟剂。交联剂的作用是使胶凝剂的大分子基团发生键合,形成立体网状结构,进一步使炸药成为一个整体,以防止胶体系统各组分的分离以及增加炸药的抗水性能。常用的交联剂为硼砂、重铬酸盐等。

2. 水胶炸药的优点

水胶炸药爆炸性能如爆速和起爆感度高,可用8号雷管直接起爆;抗水性强;可塑性好;机械感度低,安全性好;炸药密度、爆炸性能可在较大范围内进行调节,适应性强。

表1-23为几种国产水胶炸药的组成与性能参数。

表1-23 几种国产水胶炸药的组成与性能参数

炸药型号		SHJ-K 型	W-20 型	1号	3号
组成/%	硝酸铵(钠)	53~58	71~75	55~75	48~63
	水	11~12	5~6.5	8~12	8~12
	硝酸甲胺	25~30	12.9~13.5	30~40	25~30
	铝粉或柴油	铝粉 2~3	柴油 2.5~3		
	胶凝剂	2	0.6~0.7		0.8~1.2
	交联剂	2	0.03~0.09		0.05~0.1
	密度控制剂		0.3~0.5	0.4~0.8	0.1~0.2
	氯酸钾		3~4		
	延时剂				0.02~0.06
	稳定剂				0.1~0.4
性能	爆速/(m/s)	3 500~3 900(ϕ32 mm)	4 100~4 600	3 500~4 600	3 600~4 400(ϕ40 mm)
	猛度/mm	>15	16~18	14~15	12~20
	殉爆距离/cm	>8	6~9	7	12~25
	临界直径/mm		12~16	12	
	爆力/mL	>340	350		330
	爆热/(J/g)	1 100	1 192	1 121	
	储存期/月	6	3	12	12

四、乳化炸药

乳化炸药是继浆状炸药、水胶炸药之后发展起来的另一种含水炸药。乳化炸药分为煤矿许用乳化炸药、岩石乳化炸药和露天乳化炸药三类。它由氧化剂水溶液、燃料油（可燃剂）、乳化剂及敏化剂四种基本成分组成。

1. 乳化炸药的组成成分

① 爆炸基质：氧化剂水溶液与燃料油经乳化而成的油包水型乳状液是乳化炸药的爆炸基质。与浆状炸药相反，在乳化炸药中，传播爆轰的连续介质不是氧化剂水溶液，而是燃料油（油相）。乳化成微滴的氧化剂水溶液为分散相，悬浮在连续的油相中。薄层油膜包覆在氧化剂水溶液微滴表面，既可防止内部水分蒸发，又可阻止外部水分蒸发，使它具有非常好的抗水性能。

② 氧化剂：水溶液中的氧化剂仍以硝酸铵为主，并可添加硝酸钠作为辅助氧化剂。硝酸铵与硝酸钠的比例以 5∶1～6∶1 为宜，含水率一般为 8%～16%。

③ 可燃剂：燃料油一般采用柴油与石蜡的混合物，并使其黏度为 3.1 Pa·s 为宜。油蜡量要满足包裹水相的最小需要量，但因它又是炸药中的可燃剂，所以还要受到氧平衡的限制。

④ 乳化剂：乳化剂是制造乳化炸药的关键组分，用它来降低水、油表面张力，形成油包水型的乳状液，并使氧化剂与可燃剂高度耦合。油包水型粒子的尺寸非常微细，一般为 2 μm 左右，因而极有利于爆轰反应。一般认为采用司盘 80（山梨醇酐单油酸酯）作为乳化剂，效果较为理想。

⑤ 敏化剂：在乳化炸药中加入化学发泡剂或多孔性物质（空心玻璃微珠、珍珠岩等），都能形成敏化气泡。这些气泡在起爆冲能作用下，形成灼热点，能提高炸药爆轰感度，起到敏化剂的作用。

2. 乳化炸药的优点

乳化炸药的优点：密度可调，因而适用范围广；爆炸性能好，爆速一般可达 4 000～5 500 m/s；由于爆速与密度均较高，乳化炸药猛度比 2 号岩石硝铵炸药的高，可达 17～19 mm，可用 8 号雷管直接起爆；乳化炸药比浆状炸药与水胶炸药抗水性更强；生产与使用安全；不需要添加猛炸药，原料来源广。由于这一系列优点，乳化炸药已广泛应用于工程爆破中。但乳化炸药爆力不比铵油炸药高，故在硬岩中使用的乳化炸药应加入铝粉、硫黄粉等。

表 1-24 为几种国产乳化炸药的组成与性能参数。

表 1-24　几种国产乳化炸药的组成与性能参数

炸药型号		RL-2	EL-103	RJ-1	MRY-3	CLH
组成/%	硝酸铵	65	53～63	50～70	60～65	50～70
	硝酸钠	15	10～15	5～15	10～15	15～30
	尿素	2.5	1.0～2.5			
	水	10	9～11	8～15	10～15	4～12
	乳化剂	3	0.5～1.3	0.5～1.5	1～2.5	0.5～2.5
	石蜡	2	1.8～3.5	2～4	（蜡-油）3～6	（蜡-油）2～8
	燃料油	2.5	1～2	1～3		
	铝粉		3～6		3～5	
	亚硝酸钠		0.1～0.3	0.1～0.7	0.1～0.5	
	甲胺硝酸盐			5～20		
	添加剂			0.1～0.3	0.4～1.0	0～4,3～15

表 1-24(续)

炸药型号		RL-2	EL-103	RJ-1	MRY-3	CLH
性能	猛度/mm	12～20	16～19	16～19	16～19	15～17
	爆力/mL	302～304		301		295～330
	爆速/(m/s)	3 600～4 200	4 300～4 600	4 500～5 400	4 500～5 200	4 500～5 500
	殉爆距离/cm	5～23	12	9		

第七节　起爆器材

一、雷管

雷管是爆破工程的主要起爆材料，它的作用是产生起爆能来引爆各种炸药及导爆索、传爆管。雷管种类有火雷管、电雷管、导爆管毫秒雷管、电子雷管等几种。其中，使用最广泛的是电雷管。本节只介绍电雷管。

(一) 电雷管构造

1. 瞬发电雷管

瞬发电雷管(图 1-26)由管壳、起爆药、加强药、加强帽及电点火装置等组成。管壳过去多用铜质，现绝大多数已改用纸制圆筒。起爆药用二硝基重氮酚。加强药的作用是增加雷管的起爆威力，我国多用黑索今。由于纸筒是无底的，故在下层加强药中加入少许石蜡，并使它钝化，用以代替管底。在底部还压有圆锥形或半球形的聚能穴。加强帽由金属薄板冲压而成，其作用是配合管壳封闭雷管内的装药，减少起爆药的暴露面积，防止起爆药受潮，并可在雷管中形成一个密闭小室，以利于起爆药爆炸时增长压力，从而提高雷管的起爆能力。

电点火装置有两种形式：

① 直插式。在两根脚线的末端焊上一段长约 4 mm 的桥丝，桥丝直接插入松装的二硝基重氮酚中，叫直插式。它没有加强帽，这对雷管的起爆能力不太有利，故往往需要将起爆药量增大些。

② 药头式。桥丝周围涂有引火药并制成圆珠状的引火头(可由氯酸钾、木炭、二硝基重氮酚、骨胶制成)，桥丝在电流作用下发热点燃引火头，火焰穿过加强帽中心孔，引起起爆药爆炸。点火装置插入管壳后，灌硫黄或用聚乙烯封固。这种电雷管通电后就立刻爆炸，故称瞬发电雷管。

2. 秒延期电雷管

通电以后要经过一段延期时间才爆炸的电雷管叫延期电雷管，延期时间以秒为单位计算的，叫秒延期电雷管。

秒延期电雷管的构造，如图 1-27(a)所示，与瞬发电雷管基本相同，所不同的是，在引火头与起爆药之间装有一段精制的导火索作为延期药，用精制导火索的长度来控制延期秒量。

为使导火索燃烧时所产生的气体及时排出，以免压力升高而影响燃速，在引火头周围的管壳上开有排气孔。为防止受潮，排气孔用蜡纸密封。

3. 毫秒延期电雷管

毫秒延期电雷管与秒延期电雷管不同之处就在于延期药的组分与延期秒量。毫秒延期

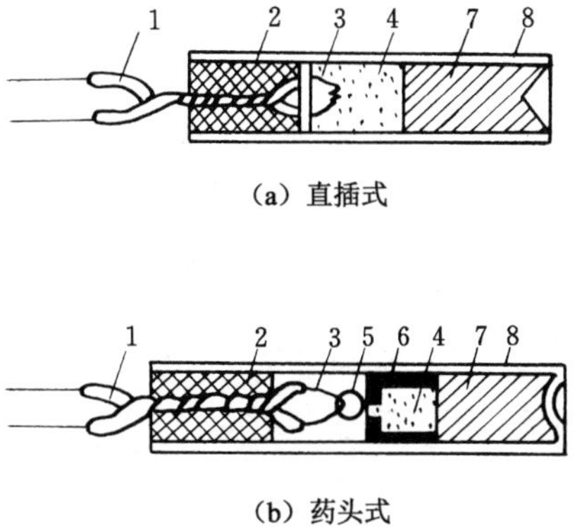

(a) 直插式

(b) 药头式

1—脚线；2—密封塞；3—桥丝；4—起爆药；
5—引火头；6—加强帽；7—加强药；8—管壳。

图 1-26 瞬发电雷管

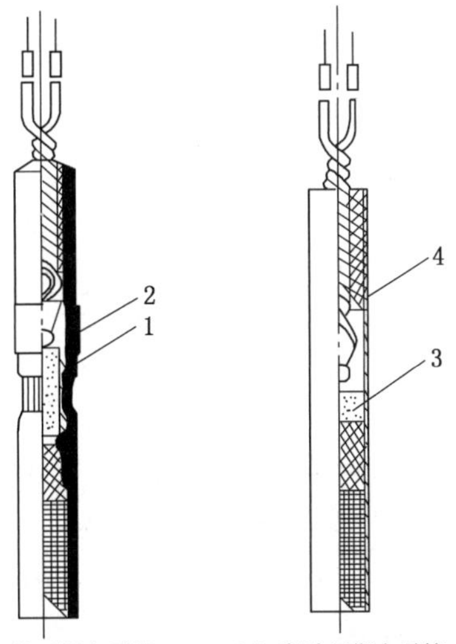

(a) 秒延期电雷管 (b) 毫秒延期电雷管

1—导火线；2—排气孔；
3—延期药；4—延期内管。

图 1-27 延期电雷管

电雷管的延期时间更精确，是以毫秒为单位来计的。

如图 1-27(b)所示，国产毫秒延期电雷管，延期内管的作用是固定和保护延期药，并作为容纳延期药燃烧时产生的气体的空间，以保证延期药在压力基本保持不变的情况下稳定燃烧。

毫秒延期电雷管采用的延期药配方常用的有两种：① 硅铁、铅丹、硫化锑、硅藻土；② 过氧化钡、硫化锑、硅藻土。

毫秒延期电雷管各段的延期时间，通过调节药量和硅铁颗粒的大小来控制。硅藻土在延期药中起吸收剂的作用，它吸收延期药燃烧时产生的大量气体，减小气体压力，保证延期秒量稳定。

国产延期电雷管的延期时间系列见表 1-25。

表 1-25 国产延期电雷管延期时间

段别	秒延期电雷管延期时间/s	毫秒延期电雷管延期时间/ms				
		第一系列	第二系列	第三系列	第四系列	第五系列
1	<0.1	<5	<13	<13	<13	<14
2	1.0	25±5	25±10	100±10	300±30	10±2
3	2.0	50±5	50±10	200±20	600±40	20±3
4	3.1	75±5	$75\pm^{15}_{20}$	300±20	900±50	30±4
5	4.3	100±5	100±15	400±30	1 200±60	45±6
6	5.6	125±5	150±20	500±30	1 500±70	60±7
7	7.0	150±5	$200\pm^{20}_{15}$	600±40	1 800±80	80±10

表 1-25(续)

段别	秒延期电雷管延期时间/s	毫秒延期电雷管延期时间/ms				
		第一系列	第二系列	第三系列	第四系列	第五系列
8		175±5	250±25	700±40	2 100±90	110±15
9		200±5	310±30	800±40	2 400±100	150±20
10		225±5	380±35	900±40	2 700±100	200±25
11			460±40	1 000±40	3 000±100	
12			550±45	1 100±40	3 300±100	
13			655±50			
14			760±55			
15			880±60			
16			1 020±70			
17			1 200±90			
18			1 400±100			
19			1 700±130			
20			2 000±150			

准许在有瓦斯或煤尘爆炸危险的工作面使用的电雷管叫作煤矿许用电雷管。煤矿许用电雷管必须在爆炸箱内进行引爆瓦斯安全性的检验。目前,第二系列是应用最广泛的一种。

上述各种电雷管都有可能因杂散电流影响而发生早爆造成事故。杂散电流在井下多由设备漏电、三相不平衡产生,它有时可能沿岩石或金属器件传播得相当远。这时位于两点(如岩石与铁轨,岩石与积水或岩石上相隔一定距离的两点)之间的电压,有可能达到使雷管爆炸的数值。因此,井下爆破必须将两个线头随时扭在一起,直到连线时才可将它们解开。杂散电流严重的矿山(如铁矿)在敷设爆破网络之前甚至要停电。我国已制成一种抗杂散电流雷管,它的桥丝用的是直径 60 μm 的铜丝,单发长时通以 2.8 A 电流也不会爆炸,所以具有抗杂散电流能力。这种雷管的生产工艺与普通雷管一样,爆破网络的设计与检查也不困难,只是需要用高压发爆器起爆。

(二) 电雷管主要性能参数

1. 电雷管电阻

电雷管电阻由脚线电阻和桥线电阻两部分组成。脚线材料目前多采用包塑镀锌铁脚线。专用的脚线材料直径为 0.52 mm,每米电阻不大于 0.6 Ω。桥丝材料有康铜丝和镍铬丝两种,长度约为 4 mm,康铜丝直径常用 50 μm,镍铬丝直径常用 40 μm。每个雷管的桥丝电阻,康铜丝为 0.8 Ω±0.13 Ω,镍铬丝为 3 Ω±0.4 Ω。

如果脚线长度按 2 m 计,则每个康铜桥丝雷管的全电阻不大于 4 Ω,每个镍铬桥丝雷管的全电阻不大于 6.3 Ω。脚线增长时,全电阻也相应增大。

《煤矿安全规程》第三百三十七条规定,电雷管(包括清退入库的电雷管)在发给爆破工前,必须用电雷管检测仪逐个测试电阻值,并将脚线扭结成短路。常用的检测仪表有爆破电桥和欧姆表等。不论用哪种仪表,测量时的工作电流都必须小于 50 mA。为保证起爆可靠,在同一网络中,电雷管之间的电阻差不宜超过 0.25 Ω。

2. 最大安全电流、最小发火电流

给电雷管通以恒定直流电 5 min 不爆的电流最大值，叫作最大安全电流，又称工作电流。实测的最大安全电流值都在 150 mA 以上，为安全起见，雷管技术标准规定：安全电流以通入 50 mA 直流电持续 5 min 不爆为合格。这是雷管对于电流的安全指标，所有检测雷管的仪表，其电流都必须保证低于 50 mA，杂散电流也不能超过这一数值。

若从最大安全电流开始，将电流逐渐增大，则雷管爆炸的百分率也逐渐增高，当电流达到某一数值时，将会达到 99.99％发火（考虑万分之一的由于雷管内部疵病造成的不爆），这时的电流值称为最小发火电流。雷管技术标准规定：以 700 mA 的恒定直流电通入 1 min 发火的雷管应达到上述百分率。故 700 mA 为规定的最小发火电流（实测数值都小于此值）。这是起爆单发雷管必须满足的电流值。对于多发雷管的网络，由于要求全部雷管都要爆炸，所以，通过各个雷管的电流必须比此值高得多。

另外，还有 100 ms 发火电流和 6 ms 发火电流。100 ms 发火电流（限定通电时间为 100 ms，使雷管 100％爆炸的最小电流值）为测定发火冲能的电流参考值。而 6 ms 发火电流（限定通电时间为 6 ms，使雷管 100％爆炸的最小电流值）则是因为我国规定瓦斯矿井爆破的通电时间必须小于 6 ms，以免电路被炸断时产生火花，因而是设计发爆器必须参考的数据。

3. 发火冲能

发火冲能，是指桥丝加热到足以使引火药发火的温度时，桥丝单位电阻所产生的热能。若通过桥丝的电流为 I(A)，发火时间（从雷管开始通电到引火药发火的一段时间）为 t(s)，则发火冲能为 I^2t。实际上，只有电流很大，发火时间又短，桥丝热损失可以忽略不计时，雷管的发火冲能才是一个定值。如电流小，发火时间长，以致桥丝热损失明显增加则发火冲能随电流的增大而变化。

实践证明，当采用两倍 100 ms 发火电流时，发火冲能就已趋于稳定，因此，把对应两倍 100 ms 发火电流的发火冲能，称为标准发火冲能，并用它来比较雷管的电发火性能，其值越小，雷管越容易引燃爆炸。所以，将标准发火冲能的倒数定义为雷管的发火感度。

使桥丝熔断的冲能叫熔断冲能，它的数值比发火冲能大，因而不致造成桥丝熔断而引火头还未发火的现象；但是个别桥丝有疵病（如局部特细或有气孔等）或引火头与桥丝接触不良的雷管，桥丝在发火之前就被熔断的特例也可能偶然产生，但概率是非常小的。不同厂家、不同规格、不同批次的雷管，其桥丝材料（直径、成分、加工方法等）、引火头性能可能略有不同。若在同一电路中混杂使用，则很可能会产生一部分雷管电桥先熔断的现象，这样就会产生大量瞎炮。因此《煤矿安全规程》第三百三十七条规定，发放的爆炸物品必须是有效期内的合格产品，并且雷管应当严格按同一厂家和同一品种进行发放。

4. 传导时间与成组雷管的准爆条件

传导时间是从点火头开始燃烧到雷管爆炸或延期药点燃的这一段时间。它是非常短暂的，只不过 2.3 ms，但是所起的作用很大。在多发雷管的串联电路中，由于桥丝电阻不可能绝对相同，总会有某一个发热最快的雷管首先达到发火温度。如果没有传导时间，这个雷管就要立刻爆炸，使电路切断。其他雷管由于发热慢还没有达到发火温度，电路一断，不能继续发热增温，就不可能爆炸。事实上，由于这个最敏感的雷管要经过几毫秒的传导时间才会爆炸，在这段时间内，其他雷管只要能陆续地发火，即使切断电路也不会影响它们爆炸。

如以 t_{min} 代表最敏感雷管的发火时间，t_{max} 代表最钝感雷管的发火时间，θ 代表传导时间，则必须满足下面的关系式，才能保证雷管全部爆炸：

$$t_{max} \leqslant t_{min} + \theta \tag{1-5}$$

式(1-5)各项乘以 I^2，并以 k_{max} 代替 $I^2 t_{max}$，k_{min} 代替 $I^2 t_{min}$，则可以求得串联时的准爆电流值：

$$I \geqslant \sqrt{\frac{k_{max} - k_{min}}{\theta}} \tag{1-6}$$

使用式(1-6)时，应注意各雷管的 θ 值也不是一致的。为使成组雷管的爆炸可靠，应当选用它的最小值。

工业电雷管技术标准规定，直流电起爆时，串联准爆电流值，康铜桥丝雷管为 2 A，镍铬桥丝雷管为 1.5 A。这个数值就是根据式(1-6)的计算并取一定的富余量而确定的。

上述电流值是按最不利的概率来考虑的。即在同一电路中恰巧同时存在最敏感和最钝感的雷管，而且最敏感的雷管又恰巧为传导时间最短的雷管。因此，采用 1.5 A 和 2 A 的电流值设计电爆网络，就能使串联电路的准爆非常可靠。即使电流稍小一点，只要没碰上不利的组合概率，也还有可能全部爆炸，但是它的可靠性要小得多，因此，设计电爆网络必须符合上述电流值。

如果提高电流强度，则 t_{max} 与 t_{min} 的差值将更为减小，但传导时间没有变化，因而会使准爆更加可靠。

对于并联电路，一发雷管先爆并不会立即破坏其他雷管的电路，必须再经一段时间，岩石移动了，才会因挤压、砸碰将电路破坏。这个时间比破坏串联电路的时间要长，因此串联准爆电流必定也能满足并联的要求。

使用交流电起爆，通电时间有可能恰遇电流有效值最小的一段，故准爆电流值应取得高些。工业电雷管交流串联准爆电流的标准为：串联 20 发，康铜桥丝雷管不大于 2.5 A，镍铬桥丝雷管不大于 2.0 A。

5. 雷管的起爆能力

按起爆能力，工业雷管分为 10 个号别(1～10 号)，号数越大，起爆能力越大。但通常只生产 6 号和 8 号两种雷管，使用最多的是 8 号雷管。

雷管的起爆能力决定于它的装药量。8 号雷管的装药量：起爆药(二硝基重氮酚)不低于 0.28 g(无加强帽者不低于 0.32 g)；加强药(黑索今)不低于 0.60 g(允许加入不超过 7.5%的钝化剂)。雷管起爆能力通常用铅板穿孔法(图 1-28)来检验。铅板直径为 30 mm，厚度：6 号雷管为 4 mm，8 号雷管为 5 mm。起爆后，炸穿铅板的孔径不得小于雷管的外径。

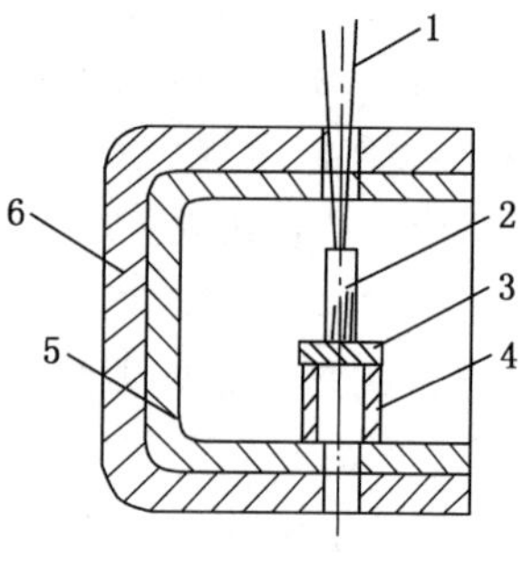

1—脚线；2—雷管；3—铅板；4—钢圈；5—铅衬；6—防爆箱。

图 1-28 雷管铅板穿孔试验

二、导爆索和继爆管

导爆索是以猛炸药为药芯，外面缠绕数层纱线、纸条，并有两层防潮层而制成的绳索状起爆材料。它分为普通导爆索和安全导爆索(加裹一层食盐)两类。

国产导爆索以黑索今为药芯，药量不小于 12 g/m。普通导爆索外径不大于 6.2 mm，爆速不低于6 500 m/s；

安全导爆索外径不大于 7.3 mm，爆速不低于 6 000 m/s。

导爆索起爆先由雷管爆炸引爆导爆索，再由导爆索引起炸药爆炸。起爆装药群时，可将导爆索敷设成网络。由于导爆索爆速很高，无论采取哪种网络形式，都能使各装药几乎同时爆炸。为达到毫秒延期起爆的目的，可在导爆索网络中安置继爆管。

继爆管实际上由消爆管和不带点火装置的毫秒延期电雷管组成，其结构如图 1-29 所示。

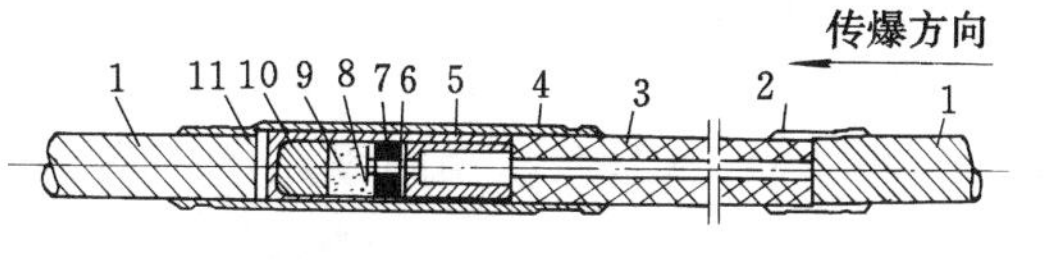

1—导爆索；2—连接管；3—消爆管；4—外套管；5—大内管；
6—纸垫；7—延期药；8—加强帽；9—起爆药；10—加强药；11—雷管壳。

图 1-29　单向继爆管

首端导爆索 1 爆炸的冲击波和高温气体产物通过消爆管和减压室后，压力和温度下降形成一股热气流，它可以点燃延期药又不致击穿延期药而发生早爆。经过若干毫秒后，延期药引爆起爆药与加强药，从而引爆连接在尾端的导爆索 1，实现毫秒延期起爆的目的。

上述为单向继爆管。单向继爆管首、尾两端的导爆索不可接错，否则会拒爆。另有双向继爆管，其消爆管两端都装有延期药和起爆药，两个方向均可传爆，使用时不会因方向接错而拒爆，但消耗的材料比单向继爆管几乎多出一倍。

用导爆索起爆，药包内无雷管，装药与处理瞎炮时，安全性高；在炮眼内，若沿装药全长敷设导爆索，能消除间隙效应，有利于深孔爆破；不受杂散电流影响。但导爆索价格昂贵，也不能用仪表检测起爆网络的质量。

导爆索多用于露天深孔爆破和硐室大爆破。在煤矿爆破作业中，随着深孔爆破等新技术的应用，相应提出了使用导爆索起爆问题。但煤矿井下不准使用普通导爆索，只许使用安全导爆索。

三、导爆管

导爆管是管内壁涂有薄层炸药的塑料软管。软管外径为 3 mm，内径为 1.5 mm。炸药可采用奥托金与铝粉的混合物或黑索今与铝粉的混合物，药量为 20 mg/m。导爆管不能直接起爆炸药，只能起传爆作用，起爆炸药仍需一个起爆雷管。

导爆管的作用原理：当起爆枪（或导爆索、雷管）对着管腔激发时，在管腔中产生冲击波，管壁的炸药受冲击波的作用发生反应，给冲击波补充能量，从而使冲击波稳定地传播，速度可达 2 000 m/s。

第八节　电雷管起爆法

电雷管起爆法简称电爆法，它是利用电流通过连成网络的各个电雷管，使电雷管爆炸，从而引爆各炮孔内的炸药。

一、起爆电源

起爆电源应供给电爆网络中各雷管以足够的准爆电流。最常用的起爆电源是发爆器与照明或动力线路电源。

（一）发爆器

《煤矿安全规程》规定，井下爆破必须使用发爆器（矿用防爆型）。发爆器有发电机式和电容式两类，目前多是电容式发爆器。

电容式发爆器种类和规格很多，但基本原理大体一致。即利用晶体管振荡电路将数节干电池的直流电改变为振荡交变电流，然后经变压器升压，再经整流为直流电给主电容器充电；当充电达到额定电压时，指示氖光灯发出红光，就可接通电爆网络，使主电容器放电而引爆雷管。

表 1-26 列出了部分国产电容式发爆器（矿用防爆型）的性能指标。

表 1-26　部分国产矿用电容式发爆器性能指标

型　号	引爆能力/发	峰值电压/V	主电容量/μF	输出冲能/(A^2·ms)	供电时间/ms	最大外阻/Ω
MFB-80A	80	950	40×2	27	4～6	260
MFB-100	100	1 800	20×4	25	2～6	320
MFB-100/200	100/200	1 800	20×4	24	2～6	340/720
MFB-100	100	900	40×2	＞30	3～6	320
MFB-150	150	800～1 100	40×3	—	3～6	470
MFB-100	100	900	40×2	25	3～6	320
FR92-150	150	1 800～1 900	30×4	＞20	2～6	470
YGQL-1000	4 000	3 600	500×8	2 347	—	104/600

（二）照明或动力线路电源

《煤矿安全规程》规定，开凿或者延深通达地面的井筒时，无瓦斯的井底工作面中可使用照明或动力线路电源起爆，但电压不得超过 380 V，并必须有电力起爆接线盒。

对于三相四线制的交流电，它的中线是接地的；如果装药时不慎擦破了雷管脚线绝缘皮，或裸露的接头触碰到潮湿的岩石或金属器件上，就与中线经大地短路。此时如果开关有少许漏电，虽然电阻很大，但由于通电时间长，也有可能使个别雷管达到发火电流而造成早爆事故。为此，电力起爆接线盒的开关应设置两重，而且应尽可能放在地面，炮响以后，立即拉开并锁闭起来，锁闭的钥匙必须由爆破工随身携带，不得转交别人。

二、电爆网络的连接方式及计算

井巷掘进时，电爆网络连接方式有串联、并联、串并联等几种。

（一）各种连接方式的综述

1. 串联电路

串联电路是将各雷管脚线连续地一个接一个连在一起，最后连接到爆破母线上，如图 1-30(a)所示。

优点：这种连接法电路的总电流小，适于用发爆器爆破。母线电阻稍大影响不太显著。电路便于用导通表检查，连线容易操作，在瓦斯矿井使用安全，因此它是煤矿井下最常用的连接网络。

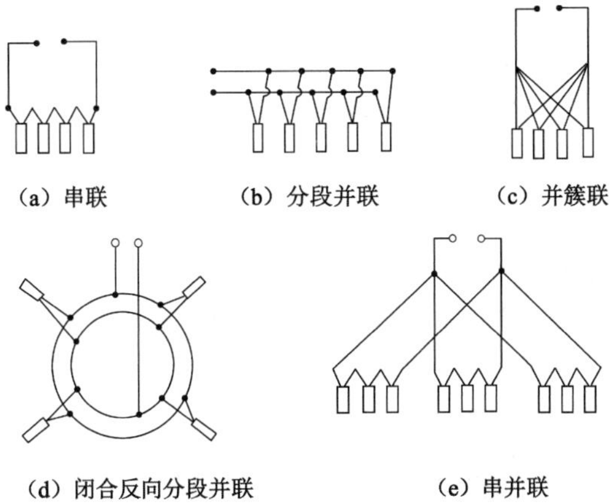

图 1-30 电爆网络连接方式

缺点:一发雷管断路就会导致全部拒爆,因此在装药之前必须对全部雷管做导通检查。

2. 并联电路

并联电路是将各个雷管的两根脚线分别连到两根连接线或母线上。这种连接法又可分为分段并联和并簇联两种,如图 1-30(b)和图 1-30(c)所示。

并簇联的连线迅速方便,但需要雷管脚线稍长才能连到一起。分段并联由于连接线有一定的电阻,电流容易分配不均,只有在掘进断面特大(如立井的开凿或延深)时才使用。使用分段并联电路应该尽量设法减小连接线的影响,简单的办法是使用闭合反向电路[图 1-30(d)]。并联电路连接好后,若有个别雷管不导通则不易用仪表查出,但它不会影响其他雷管准爆。这种电路需要的总电流大,必须使用线路电源爆破,并且容易产生外露火花,在瓦斯矿井中使用不安全。母线电阻、接头质量及电源内阻对并联电路的准爆都有较大影响,所以必须使用断面足够大的母线,并仔细接好每个接头。

3. 串并联电路

串并联电路,如图 1-30(e)所示,是将若干个雷管先行串联起来组成一个个串联组,然后再将各组并联起来的连线方法。

优点:在同样条件下能起爆的雷管数最多。

缺点:连线复杂容易出错。

使用串并联电路有几个要注意的地方:首先,各组串联的雷管数应当完全相等;其次,所有并联处应尽量采用并簇联或闭合反向分段并联;此外,母线断面要大一些,接头质量要好。串并联电路一般也应使用线路电源爆破。

(二) 各种连接电路的电流计算

上述几种电路的电流强度,都可以按式(1-7)计算:

$$I=\frac{U}{nr+mR} \tag{1-7}$$

式中 I——通过每个雷管的电流,A。

U——爆破电源电压,V。

n——串联雷管的个数，并联时 $n=1$。

m——并联时为雷管个数，串并联时为雷管并联组数，串联时 $m=1$；雷管总数为mn。

r——每个雷管的全电阻，2 m 铁脚线康铜桥丝雷管为 3～4 Ω，镍铬桥丝雷管为 5～6 Ω，脚线加长时 r 相应加大。

R——母线电阻 R_1 与电源内阻 R_2 之和，Ω。

母线电阻 R_1 可查导线规格表。电源内阻 R_2 对串联电路影响不大，可以近似认为等于零。对于并联和串并联电路，如使用 SJ 变压器，50 kV·A 的内阻约为 0.18 Ω，100 kV·A 的内阻约为 0.09 Ω。数值虽然很小，但由于在计算时要乘以并联组数 m，故不容忽略。

三、爆破事故预防及处理

发生爆破事故，不但不能完成爆破任务，还会危及人身安全。因此必须分析事故产生原因，提出预防措施。

（一）瞎炮

通电起爆后工作面的雷管全部或少数不爆，称为瞎炮。

全部不爆多由电路断路所致，如母线断了，接头不良，以及串联电路中有一发雷管不导通等。可用导通表一段段做导通检查，找出断路的地方，重新接好就可以起爆。也可能由于电源故障，如发爆器损坏（氖灯不亮，听不到嗡嗡声，开关接触不良）等，应加强设备检修工作。

大多数瞎炮都是只有少数雷管不爆，原因比较复杂，但最主要的还是电路故障。例如，起爆电流不足、各雷管的电流不均匀等。工作不慎也是一个重要原因，错接、漏接，个别雷管脚线短路（直接短路，或通过水、潮湿岩石、金属等间接短路），随意改变网络连接方法，改变爆破导线规格，母线断股等，都是常见的瞎炮原因。由于雷管用导通表发现不了的毛病而个别不爆的极为少见。

由炸药原因产生的不爆现象称为残炮，多由炸药变质或使用不当引起，如湿度过高、硬结、误用不防水炸药于多水炮眼等。只要对炸药的发放、使用管理有严格制度并严格执行，残炮即可杜绝。

瞎炮的处理应按《煤矿安全规程》进行。脚线未坏时可以重新连线爆破，或在距炮眼至少 0.3 m 处另打与瞎炮炮眼平行的新炮眼重新装药爆破。严禁用镐刨，或从炮眼中取出原放置的引药，或从引药中拉出雷管。

（二）早爆

早爆是人员未完全撤出工作面时发生的爆炸，这种事故很可能造成人身伤亡。这种事故的发生大多由于下述原因：

① 器材问题。炸药雷管变质，雷管外壳破损，装药时起爆药受到冲击、摩擦，雷管脚线绝缘损坏，装药时误触带电设备等都可能引起早爆。因此，质量有问题的器材应该报废，不应凑合使用。

② 操作问题。如砸碰雷管，装引药时冲击挤压了雷管，加深炮窝，瞎炮未及时处理或采用拉出雷管等危险办法进行处理，爆破器管理不严，爆破信号不明确等都有可能产生早爆造成事故。

③ 杂散电流影响。井下杂散电流多由设备漏电、电车线漏电等引起，应加强检测。井下爆破工应养成随时将两个线头扭在一起的习惯。

第九节　破岩原理与爆破技术

一、爆破作用下的岩石破碎机理

如果将一个球形或立方体形药包(爆破上称之为集中药包)埋入岩石中,岩石与空气相接的表面叫自由面,药包中心到自由面的垂直距离叫最小抵抗线。

当最小抵抗线很大时,如图 1-31(a)中的 W_1,自由面对爆破不产生影响。药包起爆后,药包附近的岩石受爆轰波和爆生气体的冲击,产生粉碎性的破碎或被压缩成一个空洞。这个区域称为粉碎(或压缩)区。虽然爆轰压力远远超过岩石的抗压强度,但岩石本身在短暂的冲击下的动态强度比静态强度要高得多,另外,在岩石中传播的冲击波因能量消耗于粉碎岩石而衰减,所以粉碎区的范围并不大,通常只有 2～3 倍的装药半径。粉碎区外面是裂隙区,产生纵横交错的径向裂隙和环向裂隙。它们是由压缩应力波在传播时衍生的拉应力而产生,又因爆生气体的充入而扩大所形成的破坏区。裂隙区外面由于应力波继续衰减成地震波,以致连裂隙也不能产生,只能使岩石产生震动,故称为震动区。在这种炸药量小、最小抵抗线大的情况下由爆破作用而破坏的范围比较小。

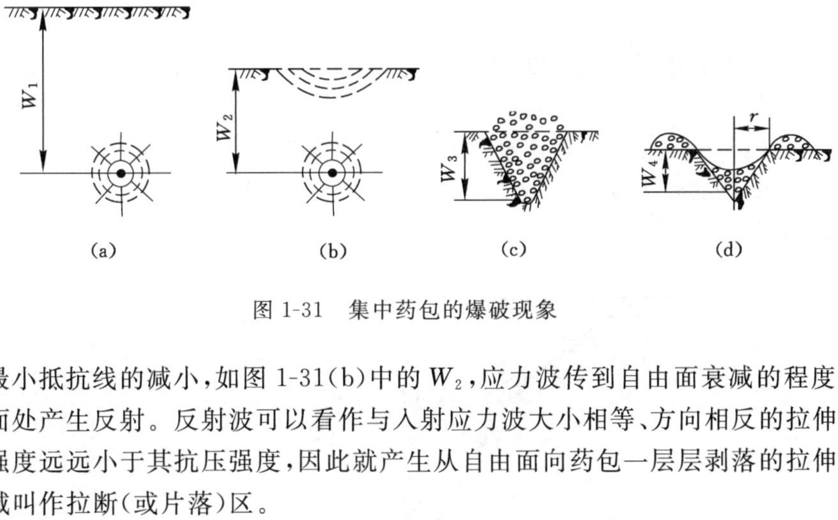

图 1-31　集中药包的爆破现象

随着最小抵抗线的减小,如图 1-31(b)中的 W_2,应力波传到自由面衰减的程度还不大,就在自由面处产生反射。反射波可以看作与入射应力波大小相等、方向相反的拉伸波,而岩石的抗拉强度远远小于其抗压强度,因此就产生从自由面向药包一层层剥落的拉伸破坏,这个破坏区域叫作拉断(或片落)区。

最小抵抗线再小一些时,如图 1-31(c)中的 W_3,拉断区和裂隙区连接起来,爆生气体又沿这些裂隙冲出,使裂隙扩大岩石移动,于是靠近自由面一侧的岩石便完全破坏而形成漏斗状的坑,叫作爆破漏斗。如岩石只产生松动叫作松动漏斗,不但松动而且将岩石抛掷出去叫作抛掷漏斗,如图 1-31(d)所示。通常,把爆破漏斗半径 r 与最小抵抗线 W 之比叫作爆破作用指数 n。即

$$n = \frac{r}{W} \tag{1-8}$$

当 $n=1$ 时形成的爆破漏斗称为标准抛掷漏斗;$1<n<3$ 时,叫作加强抛掷漏斗;$n>3$ 时,对岩石破坏很少,无使用价值;$0.75<n<1$ 时,叫减弱抛掷漏斗;$n=0.75$ 时,岩石只产生松动不产生抛掷,叫作松动漏斗;$n<0.75$ 时,爆破漏斗不能形成。

一般认为 $n=1$ 时形成的爆破漏斗体积最大,爆破作用最好;但 n 略大于 1(1.3～1.4)

时，可减少清理坑内岩石的工作量；而 n 略小于 1(约为 0.8)时，岩石不致飞散过远，装岩容易进行。可见，爆破作用指数应按爆破要求选用。井巷掘进的爆破作用指数一般选为 0.8～1.0，掏槽炮眼可稍大于 1。

如果自由面不止一个，则应力波在各个自由面都能产生反射，也都能产生从自由面向药包中心的拉断破坏区。增多自由面可使炸落单位体积岩石的炸药消耗量降低，而且岩石的块度还比较小而均匀。因此，在爆破工程实践中，都必须使几个炮眼先爆炸为后继炮眼的爆炸造成附加自由面，这种方法称为掏槽。

二、柱状装药的爆破特点

掘进井巷时所打的炮眼是一些圆柱形的孔洞，所装炸药药卷也是细长圆柱形的，在爆破上称为柱状装药。

(1) 炮眼布置

在两个以上自由面的情况下，柱状装药容易做到破碎均匀。但在一个自由面的情况下，由于炸药在炮眼底部和接近炮眼口部的单位长度装药量都一样大，爆炸能量不能集中。因此，为了有效地进行掏槽，必须在炮眼布置上慎重考虑。具体办法是将掏槽眼的间距减小，或将两个以上的掏槽眼打成具有一定倾斜度并使眼底向一处集中(斜眼掏槽)，用以增加爆落单位体积岩石的装药量。

(2) 炮眼利用率

柱状装药可以看作若干个小的集中药包(图 1-32)。最接近眼口的几段，由于最小抵抗线短，具有加强抛掷的作用，接近眼底的几段，由于最小抵抗线大，可能只具有松动作用，炮眼最底部的药包甚至不能形成爆破漏斗。总的爆破漏斗形状就是这些漏斗的外部轮廓线，大致呈喇叭形。眼底破坏极少，形成“炮窝子”。通常，把实际爆落深度与炮眼深度之比叫作炮眼利用率(用 η 表示)。

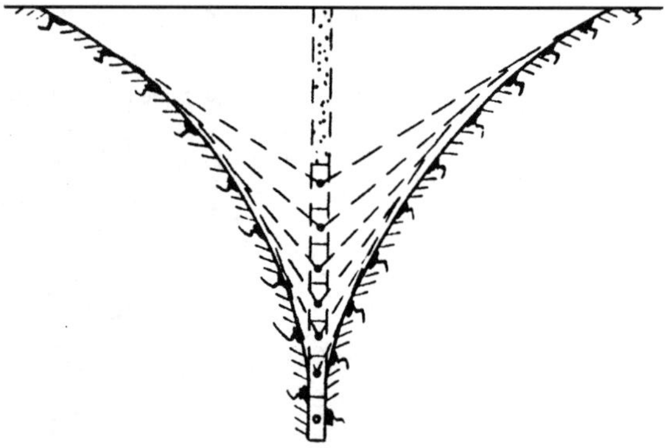

图 1-32　装药垂直于自由面的爆破漏斗

(3) 炮眼填塞

炮眼不装药部分必须进行良好的填塞。这样爆生气体作用时间长，有利于破碎岩石并能减少引爆瓦斯、煤尘的危险性。填塞材料常用土与砂混合的塑性炮泥。在有瓦斯的工作面，可以采用水炮泥。

三、瓦斯矿井的安全爆破

在煤矿中，一般都有以甲烷为主的可燃易爆气体(瓦斯)和有爆炸危险的煤尘。炸药爆炸可能引爆瓦斯煤尘的因素有：空气冲击波、炽热的固体微粒和爆炸生成的高温气体。

(1) 空气冲击波

由爆轰激起的空气冲击波虽然具有很高的压力和温度，但由于作用时间非常短暂，不会将瓦斯加热到爆炸温度。但是冲击波经过反射叠加，或瓦斯经过预热，则仍有引起瓦斯爆炸的危险。因此，掘进工作面不得有阻塞断面 1/3 以上的物体，以免造成冲击波的反射；而且不能使用秒延期雷管，以防止先爆炮眼对瓦斯预热。

(2) 炽热的固体微粒

炽热的固体微粒是一些爆破不完全的炸药颗粒或金属粉末。它们在空中飞散时可能氧化燃烧，本身冷却得又慢，对瓦斯加热的时间长，所以危险性也较大。因此，煤矿炸药必须爆轰稳定可靠，含铝、镁等金属粉的炸药因增温作用大，绝对不能使用。不得在装药时任意加入金属丝或金属片。

(3) 爆炸生成的高温气体

爆炸生成气体的温度高、作用时间长，是引爆瓦斯最危险的因素。特别是含有游离氧、氧化氮等气体时，其强氧化作用，易使瓦斯爆炸；若含有游离氢、一氧化碳等气体，它们接触空气时可能要燃烧产生二次火焰。因此，煤矿炸药的氧平衡特别重要。变质炸药、起爆能不足的雷管都会因爆炸作用不完全而产生上述不良气体产物，所以禁止使用。此外，炮眼必须进行良好的填塞后才准爆破。

爆破前应检查工作面附近 20 m 范围内的瓦斯浓度，超过 1%就不能爆破。

在瓦斯矿井爆破必须使用煤矿许用炸药，常用的煤矿许用炸药有被筒炸药、当量炸药和离子交换炸药等。

四、微差爆破

利用毫秒延期雷管或其他设备控制爆破的顺序，使每段之间只有几十毫秒的间隔，叫作毫秒爆破或微差爆破。

实践证明，微差爆破具有爆出岩石块度小而均匀、炮眼利用率高、岩帮震动小、巷道规格好等特点。国内外许多学者对微差爆破的破岩机理进行了许多试验研究，提出了许多论点，但还难以有一个统一的认识，目前主要有以下几种假说。

1. 应力波干涉假说

若相邻两装药间隔若干毫秒起爆，先起爆的装药在岩体内形成的应力场尚未消失，而后起爆的装药又立即起爆，则两者所产生的应力波相互叠加，就会改善破碎效果。

2. 自由面假说

该假说认为，先起爆的装药在岩体内已造成某种程度的破坏，形成一个新的爆破漏斗，有一定宽度的裂隙和附加自由面，对后起爆的装药将是一个有利的破碎条件，相当于新增加自由面并处于应力状态作用下。同时，后起爆装药的最小抵抗线方向和爆破作用方向都发生了改变，朝向新形成的附加自由面，即新形成的爆破漏斗的斜边。由于附加自由面的出现，岩石的夹制作用减小，爆炸能量能被较充分地加以利用来破碎岩石，从而有利于降低大块率，减小抛掷距离和爆堆宽度。按照这种假说，在微差爆破各种形式中，以台阶爆破的炮孔间隔起爆或波浪形微差爆破的效果最好。

3. 岩块碰撞假说

该假说认为，在微差爆破过程中，相继爆破下的岩块在运动过程中发生相互碰撞，利用动能使其再次发生破碎，从而导致运动速度降低，因而抛掷距离减小，爆堆集中。

4. 残余应力假说

该假说认为，先期爆炸激起的爆炸应力波在炮孔周围的岩体内形成动态应力场，并产生径向裂缝向外扩展；其后，高温高压的爆生气体渗入裂缝，在较长时间内使岩体处于准静应力状态，使裂缝进一步扩展。后期装药若在此刻爆炸，就可利用岩体内已形成的残余应力来改善岩石的破碎质量。

过去在瓦斯矿井煤层中爆破，只能使用瞬发雷管，因为那时只有秒延期雷管，爆破一次总延期时间要达到6～7 s，炮眼爆炸产生的热量有充分时间将工作面瓦斯预热，而且经过6～7 s的时间，工作面的瓦斯浓度也可能增加到超过1%的爆破限度，这样爆破当然就不安全了。如果使用毫秒延期雷管，整个爆破的进程加快，瓦斯还未来得及涌出，也没有被充分预热，爆破工作就已经结束，因而安全上是可靠的。但总延期时间必须在130 ms以内。

五、光面爆破

光面爆破是一种成本低、工效高、质量好的爆破方法。

1. 光面爆破的实质

光面爆破的实质是，在井巷掘进设计断面的轮廓线上布置间距较小、相互平行的炮眼，控制每个炮眼的装药量，用低密度和低爆速的炸药，采用不耦合装药，同时起爆，使炸药的爆炸作用刚好产生炮眼连线上的贯穿裂缝，并沿各炮眼的连线——井巷轮廓线，将岩石崩落下来。

2. 光面爆破的优点

应用光面爆破可使掘出的巷道轮廓平整光洁，便于锚喷支护，岩帮裂隙少，稳定性高，超挖量小。

3. 光面爆破的质量标准

围岩面上留下均匀眼痕的周边眼数应不少于其总数的50%；超挖尺寸不得大于150 mm，欠挖尺寸不得超过质量标准规定；围岩面上不应有明显的炮震裂缝。

4. 光面爆破的施工方法

光面爆破施工方法虽有多种，但国内使用最多的是普通光爆法。即先用一般的爆破方法在巷道内部做出巷道的粗断面，给周边留下一个厚度比较均匀的光面层，然后再由布置在光面层上的边眼爆出整齐的巷道轮廓。这些边眼就是光爆炮眼，它的爆破参数只有慎重选取，才能既减少对围岩的破坏，又在边眼间形成贯穿裂缝把岩体整齐地切割下来。

5. 光面爆破的机理

关于贯穿裂缝形成的机理，一般可以这样认为：当光爆炮眼同时起爆后，如上所述，在各炮眼的眼壁上产生细微径向裂隙。由于起爆器材的起爆时间误差，各炮眼不可能在同一时刻爆炸，先爆炮眼的径向裂隙成为相邻后爆炮眼的导向，结果沿相邻两炮眼连心线的那条径向裂隙得到优先发展，并在爆生气体的静压作用下扩展，形成贯穿裂缝。贯穿裂缝形成后，使周围岩体内的应力释放而下降，从而能够抑制其他方向上有害裂隙的发展，同时又可隔断从自由面反射的应力波向围岩传播，因而爆破形成的壁面平整。

6. 光面爆破的参数

① 起爆时差：若光爆炮眼起爆时差超过 0.1 s，炮眼就同单独起爆一样，炮眼周围将产生较多的裂隙，并形成凹凸不平的壁面。因此，在光面爆破中应尽量减少光爆炮眼的起爆时差。

② 光爆炮眼间距：为保证贯穿裂缝的形成，光爆炮眼之间的距离要适当减小，具体尺寸视岩石性质、炮眼直径、炸药性能而定，轮廓线的曲线段的炮眼应比直线段稍微密一些。两装药眼间如增加空眼，就能为形成贯穿裂缝创造更有利的条件，但增加空眼将相应增加钻眼工作量。

③ 光面层厚度：光面层厚度是光爆炮眼起爆时的最小抵抗线，一般应大于或等于光爆炮眼的间距，以防止反射波侵入围岩使围岩遭受破坏。但最小抵抗线也不能过大，否则光面层得不到适当的破碎，甚至不能使其从原岩体上脱离下来。

习 题

1. 概念解释：

(1) 岩块。

(2) 岩体。

(3) 爆热。

(4) 猛度。

(5) 爆力。

(6) 炸药氧平衡。

(7) 爆轰感度。

(8) 殉爆距离。

2. 何为普氏岩石坚固性系数？如何计算？

3. 解释岩石、岩体和岩块三者的特点和力学性质的差异。

4. 常用凿岩机的类型有哪些？试述风动凿岩机和液压凿岩机的工作系统组成，风钻、电钻的破岩原理及机构组成。

5. 岩石工程分级的目的和意义是什么？常用哪些表示方法？

6. 解释岩石可钻性和可爆性。

7. 阐述炸药爆炸的三要素。

8. 工业炸药是如何分类的？工业炸药主要组成成分有哪些？

9. 常用的起爆器材有哪些？

10. 电雷管主要性能参数有哪些？

11. 电爆网络连接方式有哪些？各自的特点是什么？绘图说明。

12. 什么是光面爆破？光面爆破的优点和标准是什么？

13. 试述光面爆破的机理。

第二章　巷道断面设计

巷道是井下生产的动脉。巷道断面设计属井巷工程施工图设计的主要内容。设计的巷道断面不但作为井下巷道施工的依据，也是进行井巷工程概、预算的依据，其设计的合理与否，直接影响煤矿生产的安全和经济效益。巷道断面设计的原则：在满足安全、生产和施工要求的条件下，力求提高断面利用率，取得最佳的经济效果。

巷道断面设计的内容和步骤：首先，根据巷道的服务年限、用途和围岩性质，选择巷道断面形状和支护方式；其次，根据巷道所通行的设备尺寸、支护参数与道床参数、通风量和行人要求等确定巷道净断面尺寸，并进行风速验算；根据支架参数和道床参数计算出巷道的设计掘进断面尺寸，并按允许的超挖值求算出巷道的计算掘进断面尺寸；然后，布置水沟和管缆；最后，绘制巷道断面施工图，编制巷道特征表和每米巷道工程量及材料消耗量表。

第一节　断面类型与形状

我国煤矿巷道种类多种多样，图 2-1 是典型的矿井巷道布置图。

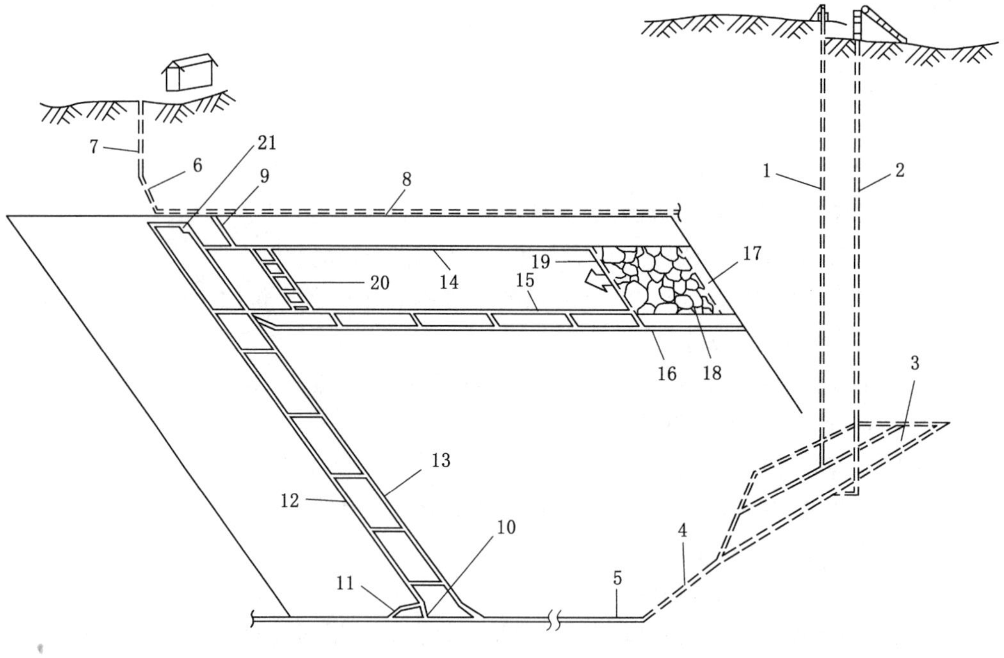

1—副井；2—主井；3—井底车场；4—主要运输石门；5—运输大巷；6—回风石门；
7—风井；8—回风大巷；9—采区回风石门；10—采区煤仓；11—行人进风巷；
12—运输上山；13—轨道上山；14—工作面回风巷；15—工作面运输巷；16—下区段回风巷；
17—开切眼；18—采空区；19—采煤工作面；20—回撤通道；21—绞车房硐室。

图 2-1　典型的矿井巷道布置图

一、煤矿巷道种类

1．按照巷道用途划分

① 为开采水平服务的巷道：包括大巷（运输大巷、轨道大巷和回风大巷等）、主要石门、主要上下山（运输、轨道、回风上下山）等。这类巷道是矿井的主要巷道，服务年限长，质量及变形控制要求严格。

② 为采（盘）区服务的巷道：包括采（盘）区集中巷、采（盘）区石门、采区上下山（运输、轨道、回风上下山）、采区车场等。这类巷道是采区的主要巷道，服务年限比较长，变形与破坏的要求较高。

③ 为采煤工作面服务的巷道：包括工作面运输巷、工作面回风巷、排瓦斯巷、开切眼、回撤通道等。这类巷道服务年限比较短，受采煤工作面动压影响显著，而且多数巷道要求采煤工作面采前保持稳定，采后又能及时垮落。

④ 联络巷：连接两条或两条以上巷道的短巷。上述三类巷道中，都有联络巷，分为水平和倾斜联络巷。

⑤ 硐室：空间 3 个轴线相差不大的巷道。为矿井服务的有马头门硐室、井下变电所、水泵房硐室、火药库硐室、带式输送机机头硐室、箕斗装载硐室等。为采区服务的有采区变电所、绞车房、煤仓等。硐室服务时间一般都比较长，施工质量要求高。

⑥ 交岔点：巷道分岔或两条巷道交汇的地点。按空间位置可分为平面交岔点、斜面交岔点、立面交岔点及立体斜面交岔点等。交岔点处巷道暴露面积比较大，受力状态也比较复杂。在各类巷道中，都有大量交岔点存在。

2．按照巷道层位划分

按照巷道在煤岩层中的位置划分，可分为如下几种（图 2-2）。

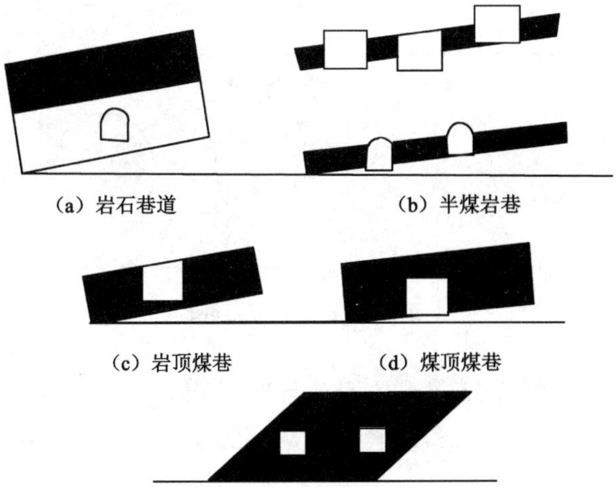

（a）岩石巷道　（b）半煤岩巷　（c）岩顶煤巷　（d）煤顶煤巷　（e）全煤巷道

图 2-2　巷道类型（按层位划分）

① 岩石巷道：全部或大部分处于岩石中的巷道。如大巷、主要上下山、主要硐室等。岩石巷道一般布置在比较稳定的岩层中，有利于围岩稳定与巷道维护。但巷道掘进成本高，施工速度慢，需要排除大量矸石，给矿井辅助运输造成很大压力。

② 半煤岩巷：部分处于煤层中、部分处于岩石中的巷道（断面中岩石面积占比大于 1/5、小于 4/5 的巷道）。如煤层厚度不大的采区集中巷、回采巷道等。

③ 煤层巷道：巷道断面中煤层面积占比不小于 4/5 的巷道。如煤层大巷、上下山、采区集中巷、回采巷道等。煤层巷道又可分为：岩顶煤巷——沿煤层顶板掘进的顶板是岩石的煤巷；煤顶煤巷——沿煤层底板掘进的顶板是煤层的煤巷；全煤巷道——巷道周围全是煤层的煤巷。

二、巷道断面形状

我国煤矿井下使用的巷道断面形状，按其构成的轮廓线可分为矩形类、梯形类、拱形类和圆形类共四大类，如图 2-3 所示。

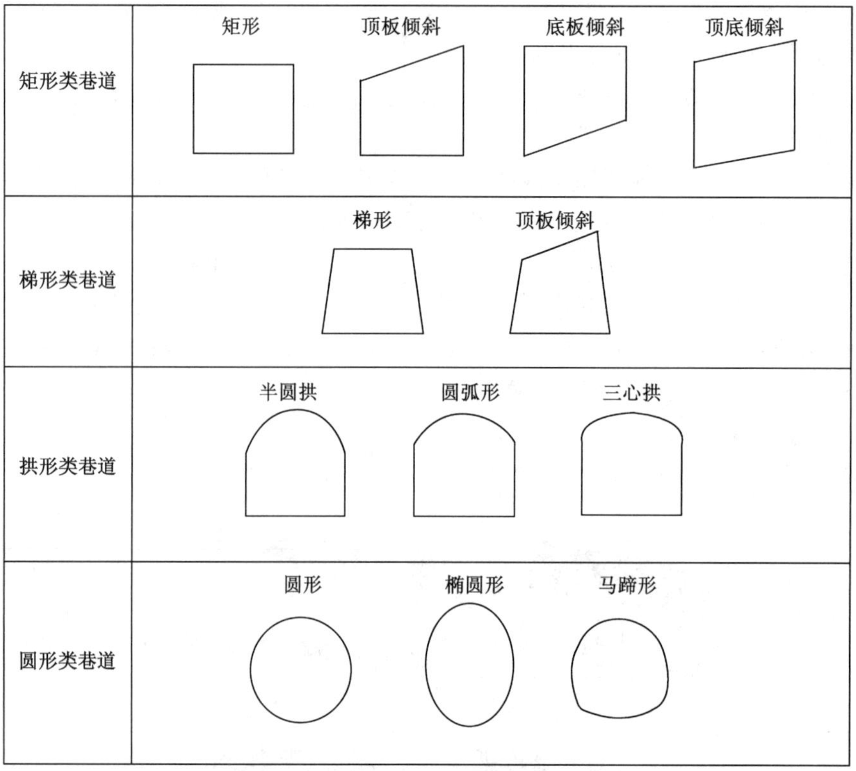

图 2-3　巷道断面形状

① 矩形类巷道：该类巷道断面的特点是两帮垂直于水平面。包括矩形断面以及为了适应煤层倾角的顶板倾斜、底板倾斜和顶底板都倾斜的断面。煤层大巷、煤层上下山和集中巷、回采巷道较多采用这种断面。

② 梯形类巷道：该类巷道断面的特点是底板水平，两帮与水平面呈相同的角度。包括梯形断面，以及为了适应煤层倾角的顶板倾斜的断面。煤层上下山和集中巷、回采巷道可采用这种断面。

③ 拱形类巷道：底板水平、两帮竖直、顶板为弧形的断面。包括半圆拱、圆弧拱和三心拱断面。岩石大巷、上下山、采区集中巷、半煤岩巷多采用这类断面。

④ 圆形类巷道：包括圆形、马蹄形和椭圆形断面。这类断面只有在其他断面无法保证

围岩稳定性的条件下采用，主要用于围岩松软、地压大、变形强烈的矿井主要巷道。

三、巷道断面形状的选择

巷道断面形状的选择，主要应考虑巷道所处的位置及穿过的围岩性质、作用在巷道上地压的大小和方向、巷道的用途及服务年限、选用的支架材料和支护方式、巷道的掘进方法和采用的掘进设备等因素，也可以参考邻近矿井同类巷道的断面形状及维护情况等。

一般情况下，作用在巷道上地压的大小和方向在选择巷道断面形状时起主要作用。当顶压和侧压均不大时，可选用矩形或梯形断面；当顶压较大、侧压较小时，则应选用直墙拱形断面（半圆拱、圆弧拱）；当顶压、侧压都很大同时底鼓严重时，就必须选用诸如马蹄形、椭圆形或圆形等封闭式断面。

巷道的用途及服务年限也是选择巷道断面形状的重要影响因素。服务年限长达几十年的开拓巷道，采用锚喷支护的各种拱形断面较为有利；服务年限 10 年左右的准备巷道，以往多采用矩形或梯形断面，现在采用锚喷支护拱形断面日趋增多；服务年限短的回采巷道，多采用矩形或梯形断面。

掘进方法和掘进设备对于巷道断面形状的选择也有一定的影响。目前，岩石平巷掘进仍是钻眼爆破方法占主导地位，它能适应任何形状的断面。由于锚喷支护广泛应用，为了简化设计和有利于施工，巷道断面多采用半圆拱和圆弧拱，三心拱逐渐被淘汰。在使用全断面掘进机组掘进的岩石平巷，选用圆形断面无疑是更为合适的，而部分断面掘进机则适用于多种巷道断面形状。

在需要通风量很大的矿井中，选择通风阻力小的断面形状和支护方式，既有利于安全生产，又具有明显经济效益。锚喷支护的圆形或拱形断面是这种条件下的最佳选择。

巷道的基建费（包括掘进和支护费）是以投资形式一次支付的，而通风费与维护费（包括材料费用和人工工资）是逐年支付的。这三种因素随着巷道断面积的变化而改变，是影响巷道断面经济效果的主要因素。因此从断面利用率考虑，矩形断面的利用率最高，梯形次之，但这两种断面的承压性能均较差，一般用于服务年限短的巷道；在拱形断面中，三心拱断面利用率最高，而半圆拱断面利用率最低，但施工与维护方便，所以现在服务年限长的开拓巷道一般都采用半圆拱断面。

上述选择巷道断面形状应考虑的诸因素，彼此是密切联系而又相互制约的。条件、要求不同，影响因素的主次位置就会发生变化。所以，应该综合分析，抓住主导因素兼顾次要因素，以便能选用较为合理的巷道断面形状。

第二节　巷道断面尺寸确定

巷道的用途不同，断面尺寸的确定方法亦有所不同。《煤矿安全规程》规定：巷道净断面必须满足行人、运输、通风和安全设施及设备安装、检修、施工的需要。因此，巷道断面尺寸主要取决于巷道的用途，存放于或通过它的机械、器材或运输设备的数量及规格，人行道宽度和各种安全间隙以及通过巷道的风量、风速要求等。同时，还要考虑敷设于巷道中的各种管道、电线的合理布置。专作通风或行人用的巷道断面尺寸，只需满足通风或行人的要求即可。

设计巷道断面尺寸时，根据上述诸因素和有关规程、规范的规定，首先定出巷道的净断面尺寸，并进行风速验算；其次，根据支护参数、道床参数计算出巷道的设计掘进断面尺寸，并按允许加大值(超挖值)计算出巷道的计算掘进断面尺寸;最后,按比例绘制包括墙脚、水沟在内的巷道断面图,编制巷道特征表和每米巷道工程量及材料消耗量表。

一、巷道净宽度的确定

巷道的净宽度,系指巷道两侧壁面或锚杆露出长度终端之间的水平距离。对于梯形巷道,当其内通行矿车、电机车时,净宽度系指车辆顶面水平的巷道宽度;当其内不通行运输设备时,净宽度系指从底板起 1.6 m 水平的巷道宽度。

运输巷道净宽度,由运输设备本身外轮廓最大宽度和《煤矿安全规程》所规定的人行道宽度以及有关安全间隙相加而得。巷道的各类安全间隙不应小于表 2-1 的规定。

表 2-1　巷道安全间隙

项　　目		规定数值/mm
人行侧,从道砟面起 1.6 m 高度范围内设备与拱、壁间	综采矿井	1 000
	其他矿井	800
非人行侧,设备与拱、壁间	综采矿井	500
	其他矿井	300
移动变电站或平板车上综采设备最突出部分	与拱、壁间	300
	与输送机间	700
人车停车地点人行侧从道砟面起 1.6 m 高度范围内设备与拱、壁间		1 000
安设输送机巷道输送机与拱、壁间		500
两列对开列车最突出部分间		200
采区装载点两列车最突出部分间		700
电机车架空线与巷道顶或棚梁间		200
导电弓子距拱、壁间		300
矿车摘挂钩地点两列车最突出部分间		1 000
导电弓子距管道最突出部分间		300
运输设备距管道最突出部分间		300
设备上面最突出部分距巷道顶或棚梁间、壁间		300
用架空乘人装置运送人员时,蹬座中心至巷道一侧		700

(一) 双轨巷道净宽度

如图 2-4 所示,双轨巷道净宽度按式(2-1)计算。

$$B = a + 2A_1 + c + t \tag{2-1}$$

式中,B 为巷道净宽度,指直墙内侧的水平距离,m。

a 为非人行侧的宽度,m。《煤矿安全规程》规定:巷道非人行侧的宽度不得小于 0.3 m(综合机械化采煤矿井为 0.5 m)。巷道内安设输送机时,输送机与巷帮支护的距离不得小于 0.5 m;输送机机头和机尾处与巷帮支护的距离应满足设备检查和维修的需要,并不得小于 0.7 m。巷道内移动变电站或平板车上综采设备的最突出部分,与巷帮支护的距离不得小于 0.3 m。

A_1 为运输设备(包括各类电机车、矿车、人车和带式输送机胶带等)的最大宽度,m。常

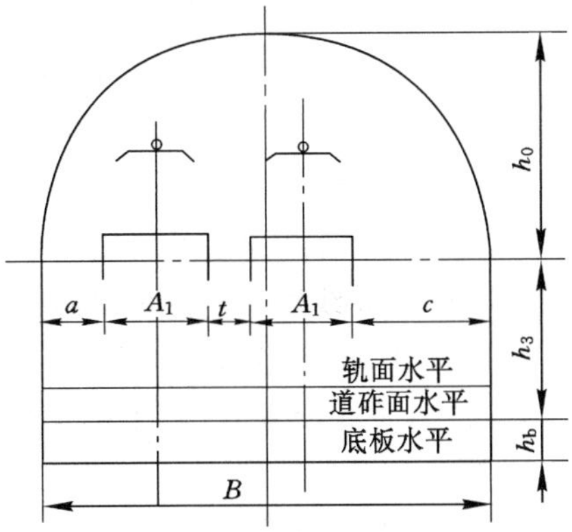

图 2-4　巷道净断面尺寸计算图

用运输设备的宽度和高度(轨面以上)见表 2-2。

表 2-2　煤矿井下常用运输设备类型及规格尺寸　　单位:mm

运输设备类型			外形尺寸(长×宽×高)	轨距
电机车	直流架线式	ZK7-6/250	4 500×1 060×1 550	600
		ZK7-9/550	4 500×1 360×1 550	900
		ZK10-6/250	4 500×1 060×1 550	600
		ZK10-9/550	4 500×1 360×1 550	900
		ZK14-9/550	4 900×1 335×1 550	900
		ZK20-9/550	7 400×1 600×1 900	900
	蓄电池式	XK2.5-6/48A	2 100×920×1 550	600
		XK2.5-9/48A	2 100×920×1 550	900
		CDXT-5	3 300×1 030×1 550	600
		CDXT-5	3 300×1 260×1 550	900
		XK8-6/110A	4 430×1 054×1 550	600
		XK8-9132A	4 430×1 354×1 550	900
矿车	固定车厢式	MG1.1-6A	2 000×880×1 150	600
		MG1.1-6B	2 000×880×1 150	600
		MG1.7-6A	2 400×1 050×1 200	600
		MG1.7-9B	2 400×1 150×1 150	900

运输设备类型			外形尺寸(长×宽×高)	轨距
人车	平巷	PRC-12-6/3	4 280×1 220×1 525	600
		PRC-18-9/3	4 280×1 525×1 525	900
	斜巷	XRC-15-6/6S	4 970×1 200×1 474	600
		XRC-15-6/6W	4 970×1 200×1 474	600
		XRC-20-9/6S	4 970×1 518×1 474	900
		XRC-20-9/6W	4 970×1 518×1 474	900
输送机	钢丝绳式	GDS-100	130 000×11 430×1 663	
		GDS-120	160 000×14 470×2 620	
	吊挂式	SPJ-800	机头尺寸: 6 600×2 110×1 350	
		SPJ-800S	6 600×2 100×1 300	
	固定式	TD-75	1 515×1 200	

c 为人行侧的宽度,m。《煤矿安全规程》规定:新建矿井、生产矿井新掘运输巷的一侧,从巷道道砟面起 1.6 m 的高度内,必须留有宽 0.8 m(综合机械化采煤及无轨胶轮车运输的矿井为1 m)以上的人行道,管道吊挂高度不得低于1.8 m;在人车停车地点的巷道上下人侧,从巷道道砟面起1.6 m 的高度内,必须留有宽 1 m 以上的人行道。

t 为双轨运输巷道中,两列对开列车最突出部分之间的距离,m。《煤矿安全规程》第九十二条规定,在双向运输巷中,两车最突出部分之间的距离必须符合下列要求:(1) 采用轨道运输的巷道——对开时不得小于 0.2 m,采区装载点不得小于 0.7 m,矿车摘挂钩地点不得小于 1 m。(2) 采用单轨吊车运输的巷道——对开时不得小于 0.8 m。(3) 采用无轨胶轮车运输的巷道——① 双车道行驶,会车时不得小于0.5 m。② 单车道应当根据运距、运量、运速及运输车辆特性,在巷道的合适位置设置机车绕行道或者错车硐室,并设置方向标识。

在巷道弯道处,车辆四角要外伸或内移,应将上述安全间隙适当加大,加大值与车厢长度、轴距和弯道半径有关。其加宽值一般外侧为200 mm(20 t电机车可加宽300 mm),内侧为100 mm,双轨中线距为300 mm。有的设计为了简化计算,内外侧均加宽200 mm。巷道加宽范围:除曲线段要全部加宽外,与曲线段相连的两端直线段也需加宽,其加宽长度:对于矿车运输的巷道,建议取1.5～3.5 m;对于电机车通行的巷道,建议取3～5 m。双轨曲线巷道,两轨道中线距加宽起点也应从直线段开始,用于机车建议加宽5 m,用于3 t或5 t底卸式矿车建议加宽5～7 m,用于1 t矿车可加宽2 m。为了使双轨巷道对开列车车辆之间有足够的安全间隙,两条平行轨道的中线距可按表2-3选取。

表2-3　双轨巷道轨道中线距数值　　单位:mm

运输设备	600 mm轨距		900 mm轨距	
	直线段	曲线段	直线段	曲线段
1.0 t矿车	1 100	1 300		
1.5 t矿车	1 300	1 500	1 400	1 600
7 t、10 t、14 t架线机车	1 300	1 600	1 600	1 900
3.0 t矿车			1 600	1 800
3.0 t底卸式矿车	1 500	1 700		
5.0 t底卸式矿车	1 600	1 800	1 800	2 000
8 t、12 t蓄电池机车	1 300	1 600	1 600	1 900

巷道净宽度按式(2-1)确定后,还需要检查是否能满足掘进机械化施工和铺设临时双轨以及运输综采支架时所需的最小净宽度的要求。拱形断面的主要运输巷道净宽度,综采矿井不宜小于3.2 m,其他矿井不宜小于3.0 m。拱形断面的其他巷道净宽度不宜小于3.0 m,矩形断面巷道净宽度不宜小于3.0 m,梯形断面巷道净宽度不宜小于1.8 m。

以上所计算的巷道净宽度B值,应根据只进不舍的原则以0.1 m进级。

(二) 无轨运输巷道净宽度

对于胶轮车无轨运输巷道,巷道坡度尽量控制在8°以内,不大于12°。其净宽度主要根据行人及通风的需要来选取。主要运输巷道应留有宽度在1.2 m以上的人行道,另一侧宽度也应不小于0.5 m,两辆车对开最突出部分之间的距离不小于0.5 m(图2-5)。其他巷道,人行道宽度可按0.8～1.0 m留设,另一侧宽度可按0.3～0.5 m留设。

胶轮车无轨运输巷道的净宽度应不小于3.4 m。

在巷道转弯或交岔处,无轨胶轮车的间距必须满足安全运输的要求,此时巷道的宽度应根据无轨胶轮车的转弯半径和运输间距来确定。

二、巷道净高度的确定

矩形、梯形巷道的净高度,系指自道砟面或底板至顶梁或顶部喷层面、锚杆露出长度终端的高度。拱形巷道的净高度,是指自道砟面至拱顶内沿或锚杆露出长度终端的高度。

《煤矿安全规程》规定:采用轨道机车运输的巷道净高,自轨面起不得低于2 m。架线电

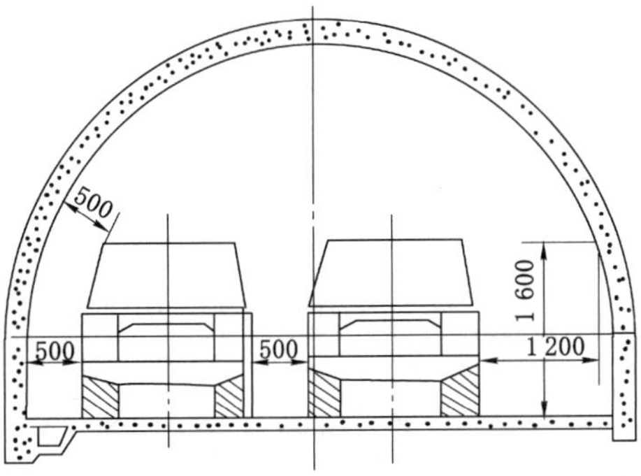

图 2-5　无轨胶轮车直线段运输巷道宽度

机车运输巷道的净高，在井底车场内、从井底到乘车场，不小于 2.4 m；其他地点，行人的不小于 2.2 m，不行人的不小于 2.1 m。采（盘）区内的上山、下山和平巷的净高不得低于 2 m，薄煤层内的不得低于 1.8 m。

（一）梯形巷道的净高度

对于梯形巷道，可根据上述规定及按表 2-4 所列公式求得巷道的净高度 H 和其他高度，并预留必要的巷道收敛量。

表 2-4　梯形巷道断面计算公式

单轨巷道断面尺寸图　　　　双轨巷道断面尺寸图

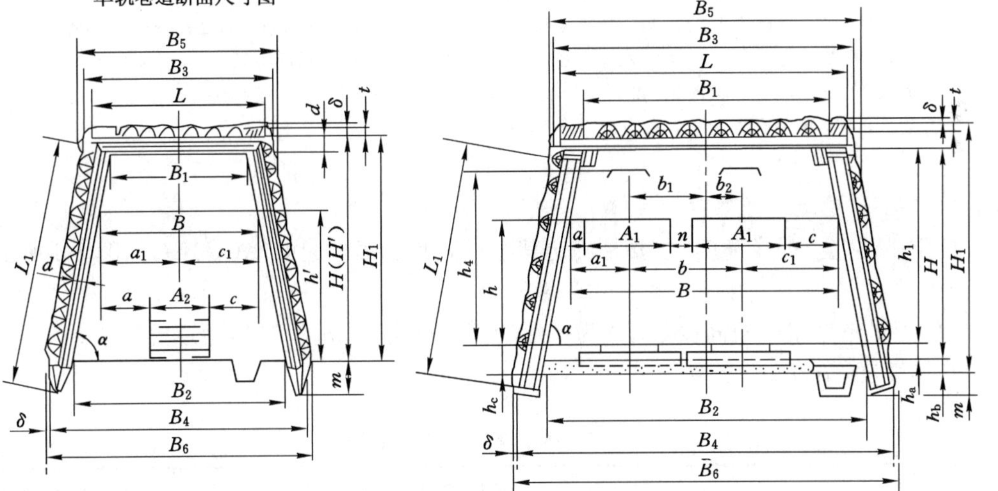

(a) 木支架　　　　(b) 金属支架

1	轨面起车辆高度、底板起人行计算高度	mm	$h=h'=1\,600$
2	轨面起巷道沉实后的净高	mm	h_1
3	轨面起巷道沉实前的净高	mm	$h_1'=h_1+100$
4	道砟面起巷道沉实后的净高	mm	$H=h_1+h_a$
5	道砟面起巷道沉实前的净高	mm	$H'=H+100$
6	巷道设计掘进高度	mm	$H_1=H'+t+d+h_b$

表 2-4(续)

7	巷道计算掘进高度	mm	$H_2=H_1+\delta$
8	棚腿的斜长	m	木：$L_1=\dfrac{H+m+d/2}{\sin\alpha}+\Delta$，金属：$L_1=\dfrac{H+m}{\sin\alpha}+\Delta$
9	巷道净宽度	mm	单轨：$B=a_1+c_1$，双轨：$B=a_1+b+c_1$
10	巷道顶梁处净宽度	mm	$B_1=B-2(H-h')\cot\alpha$ 或 $B-2(H-h-h_c)\cot\alpha$
11	巷道底板处净宽度	mm	$B_2=B_1+2H\cot\alpha$
12	巷道顶梁长	mm	$L=B_1+2d+\Delta$
13	巷道顶梁处设计掘进宽度	mm	$B_3=B_1+2d+2t$
14	巷道底板处设计掘进宽度	mm	$B_4=B_2+2d+2t$
15	巷道顶梁处计算掘进宽度	mm	$B_5=B_3+2\delta$
16	巷道底板处计算掘进宽度	mm	$B_6=B_4+2\delta$
17	净断面积	m^2	$S=(B_1+B_2)H/2$
18	设计掘进断面积	m^2	$S_1=(B_3+B_4)H_1/2$
19	计算掘进断面积	m^2	$S_2=(B_5+B_6)H_2/2$
20	巷道净周长	m	$P=B_1+B_2+2H/\sin\alpha$
21	每米巷道背板材料的消耗量	m^3	$V'=0.025(L+2xH_1/\sin\alpha)$
22	棚腿倾斜角	(°)	$\alpha=80$
23	道砟面至轨面高度	mm	h_a

注：① 在计算巷道的各种高度及断面积时，净尺寸按沉实后计算，掘进尺寸按沉实前计算。

② 式中代号含义除已注明者外，其余分别列明如下：Δ——达到标准长度的附加长度；m——棚腿插入底板的深度，一般取 150～250 mm；d——坑木直径，若为金属棚子则为柱（梁）截面高度；t——背板厚度，计算掘进断面时取 25 mm；x——背板密度系数，$f<3$ 时 $x=1$，$f=4\sim6$ 时 $x=0.5$，$f\geqslant8$ 时 $x=0$。

③ 坑木长度以米为单位，并取小数点后一位数，只进不舍。

（二）拱形巷道的净高度

确定拱形巷道的净高度，主要是确定其净拱高和自底板起的壁（墙）高，如图 2-4 所示。

$$H = h_0 + h_3 - h_b \tag{2-2}$$

式中，H 为拱形巷道的净高度，m；h_0 为拱形巷道的拱高，m；h_3 为拱形巷道的壁高，m；h_b 为巷道内道砟高度，按表 2-5 选取，m。

表 2-5　常用道床参数

<table>
<tr><th colspan="2">巷道类型</th><th>钢轨轨型
/(kg/m)</th><th>道床总高度
h_c/mm</th><th>道砟高度
h_b/mm</th><th>道砟面至轨面垂高
h_a/mm</th></tr>
<tr><td colspan="2" rowspan="2">井底车场及主要运输巷道</td><td>30</td><td>410</td><td>220</td><td>190</td></tr>
<tr><td>22</td><td>380</td><td>220</td><td>160</td></tr>
<tr><td rowspan="2">采区运输巷道</td><td>上、下山</td><td>22
15</td><td>380
350</td><td colspan="2" rowspan="2">可不铺道砟，轨枕沿底板浮放，也可在浮放轨枕两侧充填掘进矸石</td></tr>
<tr><td>运输巷、回风巷</td><td>15</td><td>250</td></tr>
</table>

1. 拱高 h_0 的确定

拱形巷道的拱高常以与巷道净宽之比来表示(称为高跨比)。

半圆拱的拱高 h_0、拱的半径 R 均为巷道净宽的 1/2,即 $h_0=R=B/2$。圆弧拱的拱高,煤矿多取巷道净宽的 1/3,即 $h_0=B/3$。个别矿井为了提高圆弧拱的受力性能,取拱高 $h_0=2B/5$。金属矿山由于围岩坚固稳定,可将圆弧拱的拱高 h_0 取为巷道净宽的 1/4 或 1/5。

2. 壁高 h_3 的确定

拱形巷道的壁高 h_3,系指自巷道底板至拱基线的垂直距离(图 2-4)。为了满足行人安全、运输通畅以及安装和检修设备与管缆的需要,设计要求按架线电机车导电弓子顶端两切线的交点处与巷道拱壁间最小安全间隙要求、管道的装设高度要求、人行高度要求、1.6 m 高度人行宽度要求和设备上缘至拱壁最小安全间隙要求等 5 种情况,根据图 2-6、图 2-7 和表 2-6 中公式分别计算拱形巷道的壁高 h_3,并取其最大者。

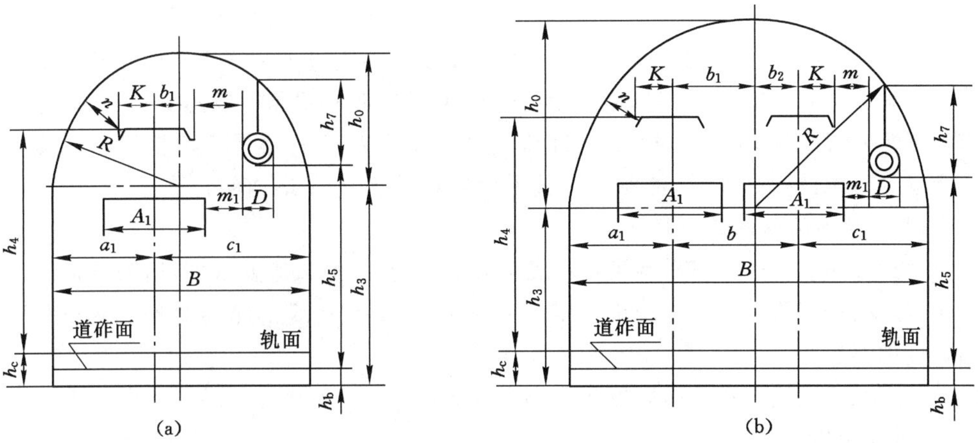

图 2-6　半圆拱巷道断面壁高计算图

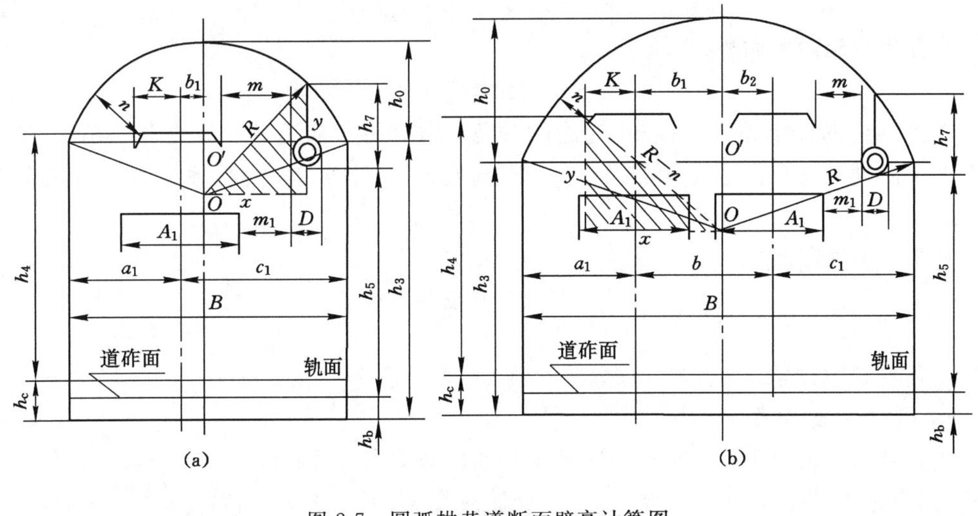

图 2-7　圆弧拱巷道断面壁高计算图

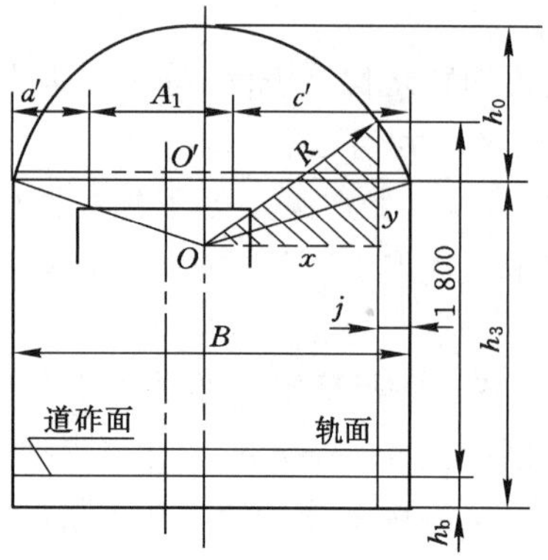

(c)

图 2-7(续)

对于架线电机车运输巷道,一般按其中架线电机车导电弓子和管道装设高度的要求计算即能满足设计要求;其他如矿车运输、仅铺设输送机或无运输设备的巷道,一般只按行人高度要求计算即可满足设计要求。但是在人行道范围内 1.8 m 以下,不得架设管、线和电缆。

上述计算出的壁高 h_3 值,必须按只进不舍的原则,以 0.1 m 进级。

(三) 无轨运输巷道的净高度

无轨运输(包括汽车运输)巷道最小高度除满足行人、通风等要求外,运输设备的顶部距巷道顶部(支护)或管线下缘的距离不得小于 0.6 m。最终确定的净高度要满足安全间隙对巷道高度的要求。

胶轮车无轨运输巷道的净高度应不小于 2.5 m。

三、巷道的净断面积

巷道的净宽度和净高度确定后,巷道的净断面积便可以求出。

半圆拱巷道净断面积:

$$S=B(0.39B+h_2) \tag{2-3}$$

圆弧拱巷道净断面积:

$$S=B(0.24B+h_2) \tag{2-4}$$

梯形巷道的支架棚腿常有 80°左右的倾角,所以,有了巷道的净宽度和净高度,还需要按表 2-4 所列公式求出巷道顶部净宽度 B_1 与底部净宽度 B_2,然后才能算出巷道的净断面积。

梯形巷道净断面积:

$$S=\frac{(B_1+B_2)H}{2} \tag{2-5}$$

上述各式中符号意义见图 2-6、图 2-7 和表 2-6、表 2-7、表 2-8。

四、巷道风速验算

通过巷道的风量是根据对整个矿井生产通风网络求解得到的。当通过该巷道的风量确定后,断面越小,风速越大。风速大,不仅会扬起煤尘,影响工人身体健康和工作效率,而且易引起煤尘爆炸事故。为此,《煤矿安全规程》规定了各种不同用途的巷道所允许的最高风速(见表 2-9)。但是,为使矿井增产留有余地和满足经济风速的要求,设计时在不违反《煤

表 2-6 煤矿常用拱形巷道断面壁高 h_3 计算公式

计算条件				计算公式	
条款			说明	半圆拱	圆弧拱
按架线电机车导电弓子要求计算			电机车导电弓子外缘与巷道拱壁间距 $n \geqslant 200$ mm，一般取 $n=300$ mm；K 为导电弓子宽度之半	$h_3 \geqslant h_4+h_c-\sqrt{(R-n)^2-(K+b_1)^2}$	$h_3 \geqslant h_4+h_c+\sqrt{R^2-(B/2)^2}-\sqrt{(R-n)^2-(K+b_1)^2}$
按管道的装设高度要求计算	按导电弓子	双轨	电机车导电弓子与管子距离 $m \geqslant 300$ mm；管子最下边应满足1 800 mm的人行高度，即$h_5 \geqslant 1\ 800$ mm	$h_3 \geqslant h_5+h_7+h_b-\sqrt{R^2-(K+m+D/2+b_2)^2}$	$h_3 \geqslant h_5+h_7+h_b+\sqrt{R^2-(B/2)^2}-\sqrt{R^2-(K+m+D/2+b_2)^2}$
		单轨		$h_3 \geqslant h_5+h_7+h_b-\sqrt{R^2-(K+m+D/2-b_1)^2}$	$h_3 \geqslant h_5+h_7+h_b+\sqrt{R^2-(B/2)^2}-\sqrt{R^2-(K+m+D/2-b_1)^2}$
	按电机车	双轨	电机车距管子距离 $m_1 \geqslant 200$ mm；管子最下边应满足1 800 mm 的人行高度，即 $h_5 \geqslant 1\ 800$ mm	$h_3 \geqslant h_5+h_7+h_b-\sqrt{R^2-(A_1/2+m_1+D/2+b_2)^2}$	$h_3 \geqslant h_5+h_7+h_b+\sqrt{R^2-(B/2)^2}-\sqrt{R^2-(A_1/2+m_1+D/2+b_2)^2}$
		单轨		$h_3 \geqslant h_5+h_7+h_b-\sqrt{R^2-(A_1/2+m_1+D/2-b_1)^2}$	$h_3 \geqslant h_5+h_7+h_b+\sqrt{R^2-(B/2)^2}-\sqrt{R^2-(A_1/2+m_1+D/2-b_1)^2}$
按人行高度要求计算			距壁 j 处的巷道有效高度不应小于1 800 mm；$j \geqslant 100$ mm，一般取 $j=200$ mm	$h_3 \geqslant 1\ 800+h_b-\sqrt{R^2-(R-j)^2}$	$h_3 \geqslant 1\ 800+h_b+\sqrt{R^2-(B/2)^2}-\sqrt{R^2-(B/2-j)^2}$
按 1.6 m 高度人行宽度要求计算	双轨		道砟面起 1.6 m 水平处，运输设备上缘与拱壁间距 $C' \geqslant 700$ mm，即保证有 700 mm 宽的人行道	$h_3 \geqslant 1\ 600+h_b-\sqrt{R^2-(C'+A_1/2+b_2)^2}$	$h_3 \geqslant 1\ 600+h_b+\sqrt{R_2-(B/2)^2}-\sqrt{R^2-(C'+A_1/2+b_2)^2}$
	单轨			$h_3 \geqslant 1\ 600+h_b-\sqrt{R^2-(C'+A_1/2-b_1)^2}$	$h_3 \geqslant 1\ 600+h_b+\sqrt{R^2-(B/2)^2}-\sqrt{R^2-(C'+A_1/2-b_1)^2}$
按设备上缘至拱壁最小安全间隙要求计算	人行侧	双轨	道砟面起 1.6 m 水平处，运输设备上缘与拱壁间距 $C' \geqslant 700$ mm，一般取 $C'=700$ mm；运输设备上缘与拱壁间距 $a' \geqslant 200$ mm，一般取 $a'=200$ mm	$h_3 \geqslant h+h_c-\sqrt{R^2-(C'+A_1/2+b_2)^2}$	$h_3 \geqslant h+h_c+\sqrt{R^2-(B/2)^2}-\sqrt{R^2-(C'+A_1/2+b_2)^2}$
		单轨		$h_3 \geqslant h+h_c-\sqrt{R^2-(C'+A_1/2-b_1)^2}$	$h_3 \geqslant h+h_c+\sqrt{R^2-(B/2)^2}-\sqrt{R^2-(C'+A_1/2-b_1)^2}$
	非人行侧			$h_3 \geqslant h+h_c-\sqrt{R^2-(a'+A_1/2+b_1)^2}$	$h_3 \geqslant h+h_c+\sqrt{R^2-(B/2)^2}-\sqrt{R^2-(a'+A_1/2+b_1)^2}$

表 2-7 半圆拱巷道断面计算公式

顺序	项　目	单位	计　算　公　式
1	轨面起车辆的高度	mm	h
2	轨面起巷道的壁高	mm	h_1
3	道砟面起巷道的壁高	mm	$h_2=h_1+h_a$
4	底板起巷道的壁高	mm	$h_3=h_2+h_b$
5	拱高	mm	$h_0=\frac{1}{2}B$
6	巷道净高	mm	$H=h_2+h_0$
7	巷道设计掘进高度	mm	$H_1=H+h_b+T$
8	巷道计算掘进高度	mm	$H_2=H_1+\delta$
9	巷道净宽	mm	单轨 $B=a_1+c_1$ 双轨 $B=a_1+b+c_1$
10	巷道设计掘进宽度	mm	$B_1=B+2T$
11	巷道计算掘进宽度	mm	$B_2=B_1+2\delta$
12	巷道计算净宽	mm	$B_3=B_2-2T$
13	净断面积	m^2	$S=B(0.39B+h_2)$
14	净周长	m^2	$P=2.57B+2h_2$
15	设计掘进断面积	m^2	$S_1=B_1(0.39B_1+h_3)$
16	计算掘进断面积	m^2	$S_2=B_2(0.39B_2+h_3)$
17	锚喷巷道每米墙脚掘进体积	m^3	$V_3=0.2(T+\delta)$
18	每米巷道喷射材料消耗量	m^3	$V_2=1.57(B_2-T_1)T_1+2h_3T_1$
19	每米巷道墙脚喷射材料消耗量	m^3	$V_4=0.2T_1$
20	每米巷道锚杆消耗量	根	$N=(P_1-0.5M)/(MM')$
21	仅拱部打锚杆时的消耗量	根	$N'=[2(P_1'/2M)+1]M'$（$\frac{P_1'}{2M}$应为整数）
22	每米巷道锚杆注孔砂浆消耗量	m^3	$V_0=NlS_a$
23	每米巷道托板消耗量	个	$N_1=N$
24	每米巷道金属网消耗量	m^2	$N_2=1.57B_2$
25	计算锚杆消耗量的周长	m	$P_1=1.57B_2+2h_3$
26	仅拱部打锚杆时的周长	m	$P_1'=1.57B_2$
27	每米锚喷巷道粉刷面积	m^2	$S_n=1.57B_3+2h_2$
28	每米砌碹巷道砌拱所需材料量	m^3	$V_1'=1.57(B+T')T'$

半圆拱巷道断面尺寸图

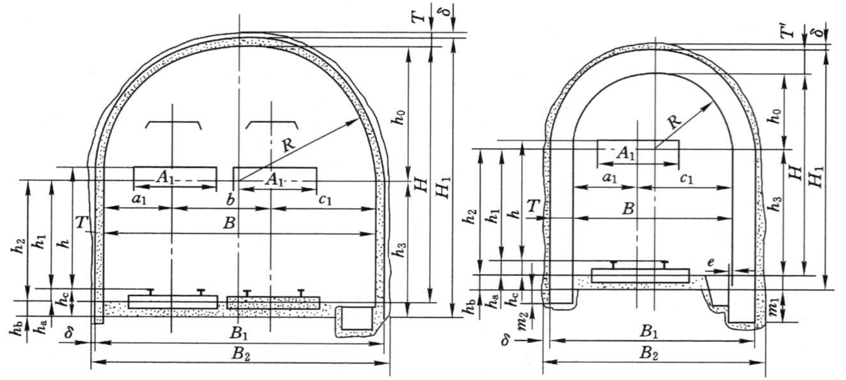

(a) 锚喷　　(b) 砌碹

顺序	项　目	单位	计　算　公　式
29	每米砌壁所需材料量	m^3	$V_2'=2h_3T'$
30	每米基础所需材料量	m^3	$V_3'=(m_1+m_2)T'+m_1e$
31	每米充填所需材料量	m^3	$V_4'=1.57B_2\delta+2h_3\delta+V_4''$
32	每米充填基础所需材料量	m^3	有水沟 $V_4''=(m_1+2m_2+2T'+3\delta+e)\delta$ 无水沟 $V_4''=2(m_1+m_2+T'+2\delta)\delta$
33	每米基础掘进体积	m^3	有水沟 $V_0'=(m_1+\delta)(T+\delta+e)+(m_2+\delta)(T'+2\delta)$ 无水沟 $V_0'=(m_1+m_2+2\delta)(T'+2\delta)$
34	每米砌碹巷道计算掘进体积	m^3	$V'=S_2+V_0'$
35	每米砌碹巷道粉刷面积	m^2	$S_n'=1.57B+2h_2$

注：① M、M'为锚杆间距、排距；l 为锚杆深度；S_a 为钻孔面积；T_1 为喷层厚度。② 通常水沟一侧基础深 $m_1=50$ mm；无水沟一侧基础深 $m_2=250$ mm；e 值随水沟的砌法不同而定，一般 $e=50$ mm 或 $e=0$。

表 2-8　圆弧拱巷道断面计算公式

顺序	项　目	单位	计　算　公　式
1	轨面起车辆的高度	mm	h
2	轨面起巷道的壁高	mm	h_1
3	道砟面起巷道的壁高	mm	$h_2=h_1+h_a$
4	底板起巷道的壁高	mm	$h_3=h_2+h_b$
5	拱高	mm	$h_0=\frac{1}{3}B$
6	巷道净高	mm	$H=h_2+h_0$
7	巷道设计掘进高度	mm	$H_1=H+h_b+T$
8	巷道计算掘进高度	mm	$H_2=H_1+\delta$
9	巷道净宽	mm	单轨 $B=a_1+c_1$ 双轨 $B=a_1+b+c_1$
10	巷道设计掘进宽度	mm	$B_1=B+2T$
11	巷道计算掘进宽度	mm	$B_2=B_1+2\delta$
12	巷道计算净宽	mm	$B_3=B_2-2T$
13	净断面积	m²	$S=B(0.24B+h_2)$
14	净周长	m²	$P=2.27B+2h_2$
15	设计掘进断面积	m²	$S_1=0.24B^2+1.27BT+1.57T^2+B_1h_3$
16	计算掘进断面积	m²	$S_2=0.24B^2+1.27BT+1.57T^2+0.24T+0.1B+0.01+B_2h_3$
17	锚喷巷道每米墙脚掘进体积	m³	$V_3=0.2(T+\delta)$
18	每米巷道喷射材料消耗量	m³	$V_2=(1.27B+1.57T+0.24)T_1+2h_3T_1$
19	每米巷道墙脚喷射材料消耗量	m³	$V_4=0.2T_1$
20	每米巷道锚杆消耗量	根	$N=(P_1-0.5M)/(MM')$
21	仅拱部打锚杆时的消耗量	根	$N'=[2(P_1'/2M)+1]/M'$（$\frac{P_1'}{2M}$应为整数）
22	每米巷道锚杆注孔砂浆消耗量	m³	$V_0=NlS_a$
23	每米巷道托板消耗量	个	$N_1=N$
24	每米巷道金属网消耗量	m²	$N_2=1.27B+3.14T+0.24$
25	计算锚杆消耗量的周长	m	$P_1=1.27B+3.14T+0.24+2h_3$
26	仅拱部打锚杆时的周长	m	$P_1'=1.27B+3.14T+0.24$
27	每米锚喷巷道粉刷面积	m²	$S_n=1.27B_3+2h_2+0.24$

圆弧拱巷道断面尺寸图

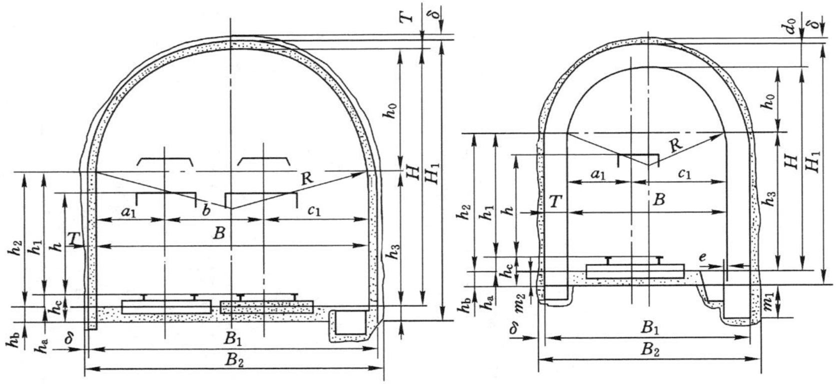

(a) 锚喷　　(b) 砌碹

顺序	项　目	单位	计　算　公　式
28	每米砌碹巷道砌拱所需材料量	m³	$V_1'=1.27(B+T')T'$
29	每米砌壁所需材料量	m³	$V_2'=2h_3T'$
30	每米基础所需材料量	m³	$V_3'=(m_1+m_2)T'+m_1e$
31	每米充填所需材料量	m³	$V_4'=1.27B_2\delta+2h_3\delta+V_4''$
32	每米充填基础所需材料量	m³	有水沟 $V_4''=(m_1+2m_2+2T'+3\delta+e)\delta$ 无水沟 $V''_4=2(m_1+m_2+T'+2\delta)\delta$
33	每米基础掘进体积	m³	有水沟 $V_0'=(m_1+\delta)(T+\delta+e)+(m_2+\delta)(T+2\delta)$ 无水沟 $V_0'=(m_1+m_2+2\delta)(T+2\delta)$
34	每米砌碹巷道计算掘进体积	m³	$V'=S_2+V_0'$
35	每米砌碹巷道粉刷面积	m²	$S_n'=1.27B+2h_2$

注：① M、M'为锚杆间距、排距；l 为锚杆深度；S_a 为钻孔面积；T_1 为喷层厚度。② 通常水沟一侧基础深 $m_1=50$ mm；无水沟一侧基础深 $m_2=250$ mm；e 值随水沟的砌法不同而定，一般 $e=50$ mm 或 $e=0$。

矿安全规程》的情况下，按照《煤炭工业矿井设计规范》的规定，矿井主要进风巷的风速一般不大于 6 m/s。按式(2-6)进行风速验算：

$$v=\frac{Q}{S}\leqslant v_{max} \tag{2-6}$$

式中 v——通过该巷道的风速，m/s；

Q——根据设计要求通过该巷道的风量，m^3/s；

S——巷道的净断面积，m^2；

v_{max}——该巷道允许通过的最大风速，按表 2-9 确定，m/s。

表 2-9 巷道允许风速

井巷名称	允许风速/(m/s)	
	最低	最高
无提升设备的风井和风硐		15
专为升降物料的井筒		12
风桥		10
升降人员和物料的井筒		8
主要进、回风巷		8
架线电机车巷道	1.0	8
输送机巷，采区进、回风巷	0.25	6
采煤工作面、掘进中的煤巷和半煤岩巷	0.25	4
掘进中的岩巷	0.15	4
其他通风人行巷道	0.15	

注：① 设有梯子间的井筒或修理中的井筒，风速不得超过 8 m/s；梯子间四周经封闭后，井筒中的最高允许风速可按表中规定执行。

② 无瓦斯涌出的架线电机车巷道中的最低风速可低于表中的规定值，但不得低于 0.5 m/s。

③ 综合机械化采煤工作面，在采取煤层注水和采煤机喷雾降尘等措施后，其最大风速可高于表中的规定值，但不得超过 5 m/s。

一般对低瓦斯矿井，按前述方法所设计出的巷道净断面尺寸均能满足通风要求。但是，对高瓦斯矿井往往不能满足。此时巷道的净断面尺寸就需要根据允许的巷道最高风速和《煤炭工业矿井设计规范》规定的最高风速要求进行计算。

五、巷道设计掘进面积

确定巷道设计掘进面积首先必须确定巷道支护参数和道床参数，然后依据表 2-4、表 2-7 或表 2-8 中的有关公式进行计算。

（一）支护参数的确定

通常，应根据巷道的类型和用途、服务年限、围岩的物理力学性质以及支架材料的特性、来源等因素综合分析选择合理的支护形式。

支护方式确定后，即可进行支护参数的设计与计算。支护参数，是指各种支架的规格尺寸，如矿用工字钢和 U 型钢的型号，锚喷支护的锚杆类型、长度、直径、间排距和预紧力，喷射混凝土的厚度与强度等。

对于岩石巷道而言，锚喷支护是主要支护形式。松软破碎地段可采用锚喷网与石材或金属支架的联合支护，也可采用锚喷网与锚索或注浆加固等的联合支护方式。巷道的锚喷支护参数，可以参考本书第五章有关内容。

（二）道床参数的选择

道床参数选择包括钢轨型号、轨枕的类型和规格、道砟的确定。

1. 钢轨型号

钢轨型号简称轨型，用每米长度的质量表示。一般矿井用钢轨系列有 15 kg/m、22 kg/m、30 kg/m、38 kg/m 和 43 kg/m 五种。钢轨型号是根据巷道类型、运输方式及设备、矿车容积和轨距来选用的，见表 2-10。轨距是两轨道的内侧距离，矿井标准轨距有 600 mm、900 mm 两种。

表 2-10　巷道轨型选择

使用地点	运输设备	轨型/(kg/m)
斜井	箕斗 人车 运送液压支架设备车	30、38
	1.0 t、1.5 t 矿车	22
平硐 大巷 井底车场	8 t 及以上机车 3 t 及以上矿车 2.4 Mt/a 及以上矿井运送液压支架设备车	30
	1.0 t、1.5 t 矿车	22
采区巷道	2.4 Mt/a 及以上矿井运送液压支架设备车	30、22
	1.0 t、1.5 t 矿车	22、15

对轨道铺设的要求是：钢轨型号应与行驶车辆的类型相适应，轨道铺设应平直，且具有一定的强度和弹性；在弯道处，轨道连接应平滑，且运输巷道内同一线路必须采用同一型号的钢轨；道岔的型号不得低于线路的钢轨型号；在倾角大于 15°的巷道中，轨道的铺设应采取防滑措施。

2. 轨枕的类型和规格

轨枕的类型和规格应与选用的钢轨型号相适应。矿井多使用钢筋混凝土轨枕或木轨枕，个别地点也有用钢轨枕的。钢筋混凝土轨枕主要用于井底车场、运输大巷和上（下）山，木轨枕主要用在道岔等处，钢轨枕主要用于固定道床。由于预应力钢筋混凝土轨枕具有较好的抗裂性和耐久性、构件刚度大、造价低等优点，使用最多。常用的轨枕规格见表 2-11。

表 2-11　常用轨枕规格

轨枕类型	轨距/mm	轨型/(kg/m)	全长/mm	全高/mm	上宽/mm	下宽/mm
木轨枕	600	15	1 200	120	120	150
		22	1 200	140	130	160
	900	15	1 600	120	120	150
		22	1 600	140	130	160

表 2-11(续)

轨枕类型	轨距/mm	轨型/(kg/m)	全长/mm	全高/mm	上宽/mm	下宽/mm
钢筋混凝土轨枕	600	15 或 22	1 100～1 200	120～150	110～130	140～170
	900	≥30	1 500～1 600	150～200	140～160	180～250
预应力钢筋混凝土轨枕	600	15 或 22	1 200	115	100	140

3. 道砟

道砟道床由钢轨及其连接件、轨枕、道砟等组成，道砟道床铺设如图 2-8 所示。道砟道床的优点是施工简单，容易更换，工程造价较低，有一定的弹性和良好的排水性，并有利于轨道调平。但是在生产过程中，煤、岩粉洒落在道床上之后，其弹性降低，排水受阻碍，可能影响机车正常运行。但只要加强维修，这种道床完全能够满足机车运行要求。

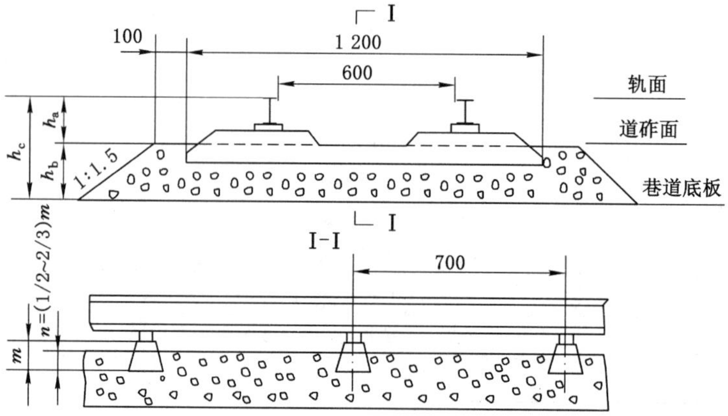

图 2-8　道砟道床尺寸关系图

道砟应选用坚硬和不易风化的碎石或卵石，粒度以 20～30 mm 为宜，并不得掺有碎末等杂物；应具有适当的孔隙率，以利排水和有良好的弹性。道砟的高度也应与选用的钢轨型号相适应，其厚度不得小于 100 mm，至少要把轨枕 1/2～2/3 的高度埋入道砟内，两者关系如图 2-8 所示。

道床宽度可按轨枕长度再加 200 mm 考虑。相邻两轨枕中线距一般为 0.7～0.8 m，在钢轨接头、道岔和弯道处应适当减小。道床有关参数见表 2-5。

为了减少维护工作量，提高列车运行速度，井底车场和主要运输大巷可采用整体(固定)道床。固定道床一般用混凝土整体浇筑，将轨道与道床固定在一起，这种道床具有维修工程量小，运营费用低，车辆运行平稳、运行速度高，服务年限长等优点。因此，这种道床主要用于大型矿井的斜井井筒、井底车场和个别运输大巷的轨道铺设中。

无轨运输巷道底板的岩石强度要求 $f>4$；否则需要铺混凝土，其强度等级不得低于 C20。

(三) 巷道设计掘进断面积

巷道的净尺寸加上支护和道床参数后，便可获得巷道的设计掘进尺寸，进而求算出巷道的设计掘进断面积。

半圆拱巷道设计掘进断面积为：

$$S_1 = B_1(0.39B_1 + h_3) \tag{2-7}$$

圆弧拱巷道设计掘进断面积为：

$$S_1 = 0.24B^2 + 1.27BT + 1.57T^2 + B_1h^3 \tag{2-8}$$

梯形巷道设计掘进断面积为：

$$S_1 = B_1(B_3 + B_4)H_1/2 \tag{2-9}$$

式中，符号意义参见图 2-6、图 2-7 和表 2-7、表 2-8。

六、巷道计算掘进面积

巷道设计掘进断面尺寸加上允许的掘进超挖值 δ(75 mm)，即可求算出巷道计算掘进断面尺寸。因此，在计算布置锚杆的巷道周长、喷射混凝土周长和粉刷面积周长时，就应用比原设计净宽大 2δ 的计算净宽作为计算基础，以便保证巷道施工时材料应有的消耗量。

煤矿设计部门已编制了常用的拱形和梯形等巷道断面的计算公式，表 2-7 和表 2-8 是半圆拱和圆弧拱巷道断面的计算公式，表 2-4 是梯形巷道断面的计算公式。

第三节　水沟与管缆布置

一、水沟设计

为了排出井下涌水和其他污水，设计巷道断面时，应根据矿井生产时通过该巷道的排水量设计水沟。

1. 水沟布置

① 水平巷道及倾角小于 16°倾斜巷道的水沟，一般布置在人行侧。当非人行侧有适当空间时，亦可布置。应尽量避免穿越轨道或输送机。

② 在倾角大于 16°的巷道中，当涌水量小或巷道较窄时，水沟与人行台阶可在巷道同侧平行或重叠布置；当涌水量较大或巷道较宽时，水沟和人行台阶可分设在巷道两侧。

③ 专用排水巷道、中间设人行道的巷道、有底鼓的巷道和铺设整体道床的巷道，水沟也可布置在巷道中间。

④ 巷道横向水沟，一般应布置在含水层的下方、上(下)山下部车场的上方、带式输送机机头硐室的下方或出水点处。

2. 水沟砌筑

根据水沟服务年限，一般将水沟分为永久性水沟和临时性水沟两类。永久性水沟应砌筑，临时性水沟可不砌筑。

3. 水沟的坡度和流速

水沟坡度应与巷道坡度一致，考虑流水通畅，平巷坡度不宜小于 3‰；巷道中横向水沟坡度，不宜小于 2‰。采区带式输送机巷道、分层运输巷道和运输煤门、采区回风巷道和分层回风巷道的水沟可选用 5‰的坡度。

水沟采用混凝土砌筑时最大流速为 5～10 m/s，不衬砌的水沟为 3～4.5 m/s。最小流速，应以不使煤泥等杂物沉淀为原则，其值一般不应小于 0.5 m/s。

4. 水沟的断面

常用的水沟断面形状，有对称倒梯形、半倒梯形和矩形等。各种水沟断面尺寸应根据水沟的流量、坡度、支护材料和断面形状等因素确定，常用的水沟断面及尺寸见图 2-9。为了简化设计,可以直接在设计部门提供的各种断面形状水沟的技术特征表(参见表 2-12)中选取。

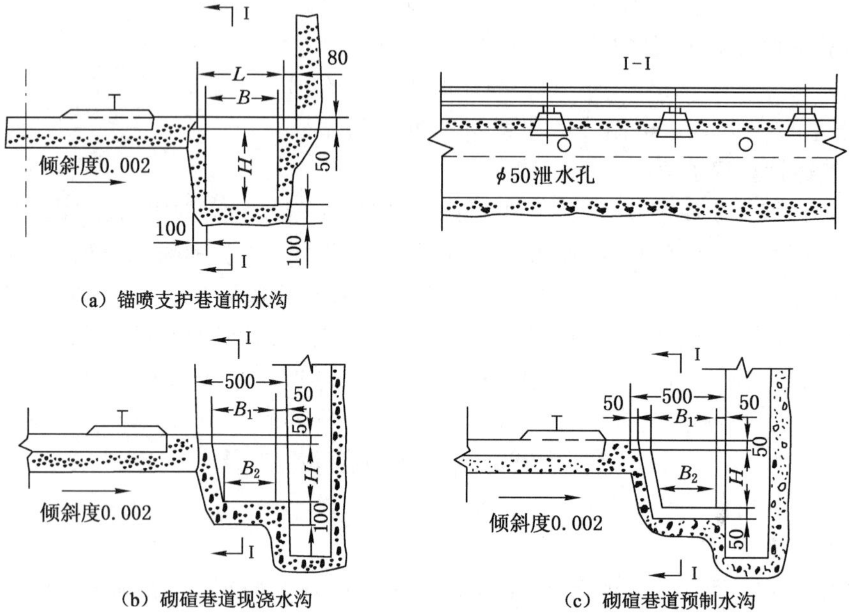

(a) 锚喷支护巷道的水沟

(b) 砌碹巷道现浇水沟

(c) 砌碹巷道预制水沟

图 2-9　拱形巷道水沟断面

5. 水沟盖板

为行人方便,大巷及倾角小于 15°上(下)山的水沟,一般设置盖板。其规格及材料消耗量,见表 2-12。盖板的宽度一般比水沟净宽加宽 150 mm,主要巷道的水沟盖板宽度应不大于 500 mm,可采用钢筋混凝土预制板。每块盖板的质量不宜超过 35 kg,混凝土的设计强度等级不低于 C18。

表 2-12　拱形、梯形巷道水沟规格和材料消耗量表

巷道类别	支护类别	流量/(m^3/h) 坡度 0.3%	坡度 0.4%	坡度 0.5%	净尺寸/mm 宽 B 上宽 B_1	下宽 B_2	深 H	断面积/m^2 净	掘进	每米材料消耗量 盖板 钢筋/kg	盖板 混凝土/m^3	水沟 混凝土/m^3
拱形大巷	锚喷	0～86	0～97	0～112	300		350	0.105	0.144	1.336	0.022 6	0.114
	砌碹	0～96	0～100	0～123	350	300	350	0.114	0.139	1.336	0.022 6	0.099
	锚喷	86～172	97～205	112～227	400		400	0.160	0.203	1.633	0.027 6	0.133
	砌碹	96～197	100～227	123～254	400	350	450	0.169	0.207	1.633	0.027 6	0.120
	锚喷	172～302	205～349	227～382	500		450	0.225	0.272	2.036	0.032 3	0.152
	砌碹	197～349	227～403	254～450	500	450	500	0.238	0.278	2.036	0.032 3	0.137
	锚喷	302～374	349～432	382～472	500		500	0.250	0.306	2.036	0.032 3	0.161
	砌碹	349～397	403～458	450～512	500	450	550	0.261	0.309	2.036	0.032 3	0.145

表 2-12(续)

巷道类别	支护类别	流量/(m^3/h)			净尺寸/mm			断面积/m^2		每米材料消耗量		
					宽 B		深			盖板		水沟
		坡度 0.3%	坡度 0.4%	坡度 0.5%	上宽 B_1	下宽 B_2	H	净	掘进	钢筋/kg	混凝土/m^3	混凝土/m^3
采区梯形巷道	棚式	0～78	0～90	0～100	230	180	260	0.05	0.146	无		0.093
	棚式	78～118	90～136	100～152	250	220	300	0.07	0.174	无		0.104
	棚式	118～157	136～181	152～202	280	250	320	0.08	0.195	无		0.110
	棚式	157～243	181～280	202～313	350	300	350	0.11	0.236	无		0.122

无运输设备的巷道、倾角大于 15°上(下)山和采区巷道的水沟，一般可不设盖板。

二、管缆布置

根据生产需要，巷道内需要敷设诸如压风管、排水管、供水管、动力电缆、照明和通信电缆等管道和电缆。管缆的布置原则是要保证安全和便于架设与检修。

1. 管道布置

管道布置要考虑安全和架设与检修的方便，一般应符合下列要求：

① 管道通常设置在人行道一侧，也可设在非人行道侧。管道架设可采用管墩架设、托架固定或锚杆悬挂等方式。若架设在人行道上方，管道下部距道砟或水沟盖板的垂高不应小于 1.8 m；若架设在水沟上，应以不妨碍清理水沟为原则。

② 当管道与管道交叉或平行布置时，应保证管道之间有足够的更换空间。管道架设在平巷顶部时，应不妨碍其他设备的维修与更换。

③ 管道与运输设备之间必须留有不小于 0.2 m 的安全距离。

2. 电缆布置

① 通信电缆和电力电缆不宜设在巷道同一侧。如受条件限制设在同一侧时，通信电缆应设在动力电缆上方 0.1 m 以上的距离处，以防电磁场作用干扰通信信号。

② 电缆与管道(压风管、供水管)在同一侧敷设时，电缆要悬挂在管道上方并保持 0.3 m 以上距离。

③ 电缆悬挂高度应保证当矿车掉道时不会撞击电缆，或者电缆发生坠落时，不会落在轨道上或运输设备上。所以，电缆悬挂高度一般为 1.5～1.9 m；电缆两个悬挂点的间距不应大于 3.0 m；电缆与运输设备之间距离不应小于 0.25 m；电缆与风筒之间应保持 0.3 m 以上距离。

④ 高压电缆和低压电缆在巷道同侧敷设时，相互之间距离应大于 0.1 m；同时，高压电缆之间、低压电缆之间的距离不得小于 50 mm，以便摘挂。

⑤ 在有煤与瓦斯突出危险的煤层回风巷中，禁止设置动力电缆。

三、巷道断面施工图

根据已经设计的巷道断面尺寸，一般按 1∶50 比例绘制出巷道断面施工图，并附上巷道特征表、每米巷道工程量及材料消耗量表，作为指导巷道施工的依据。图 2-10 所示是某矿 600 mm 轨距双轨运输大巷直线段巷道断面施工图。表 2-13 和表 2-14 是该巷道特征表和巷道工程量及材料消耗量表。

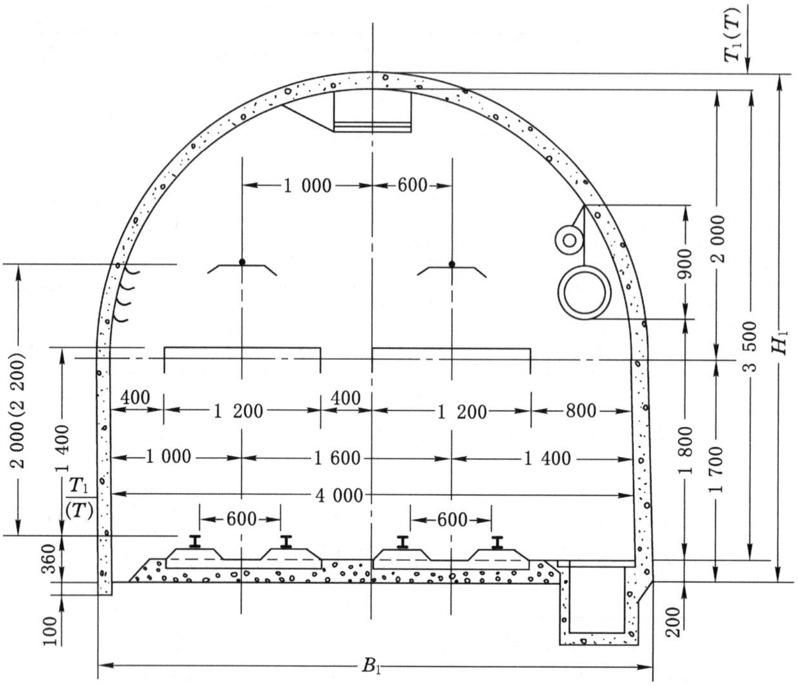

图 2-10 某矿 600 mm 轨距双轨运输大巷(电机车运输、3.5 t 底卸式矿车)巷道断面施工图

表 2-13 运输大巷特征表

围岩类别	断面积/m²		设计掘进尺寸/mm		喷射厚度/mm	锚杆					净周长/m
	净	设计掘进	宽	高		类型	排列方式	间、排距/mm	长度/mm	直径/mm	
Ⅰ	12.2	13.2	4 040	3 720	(20)						12.5
Ⅱ	12.2	14.0	4 200	3 800	100						12.5
Ⅲ	12.2	14.0	4 200	3 800	100	螺纹钢树脂锚杆	方形	800	2 000	20	12.5
Ⅳ	12.2	14.2	4 240	3 820	120	螺纹钢树脂锚杆	方形	800	2 000	20	12.5
Ⅴ	12.2	14.5	4 300	3 850	150	螺纹钢树脂锚杆	方形	800	2 000	20	12.5

表 2-14 每米巷道工程量及材料消耗量表

围岩类别	计算掘进工程量/m³		锚杆数量/根	材料消耗量				粉刷面积/m²
				喷射材料/m³	锚杆		钢筋网/(kg/m²)	
	巷道	墙脚			螺纹钢筋/kg	树脂药卷/支		
Ⅰ	14.0			(0.20)				9.5
Ⅱ	14.8	0.04		1.03				9.5
Ⅲ	14.8	0.04	13.8	1.03	68.03	27.6		9.5
Ⅳ	15.0	0.04	15.5	1.24	76.41	31.0	15.66	9.5
Ⅴ	15.3	0.05	28.0	1.55	138.03	56.0	23.65	9.5

第四节　巷道断面设计示例

为了简化设计工作，我国煤矿设计部门对常用的巷道断面已编制出巷道断面施工图标准设计，可供查阅选用。现举例说明巷道断面设计的步骤和方法。

某煤矿采用立井开拓，年设计生产能力为 90 万 t，属低瓦斯矿井，中央分列式通风，井下最大涌水量为 320 m^3/h。通过该矿第一水平东翼运输大巷的流水量为 160 m^3/h。矿井采用 ZK10-6/250 型架线电机车牵引 1.5 t 矿车运输。该大巷穿过中等稳定的岩层，岩石坚固性系数 $f=4\sim6$，大巷需通过的风量为 48 m^3/s，巷道内敷设一趟直径为 200 mm 的压风管和一趟直径为 100 mm 的水管。试设计该运输大巷直线段的断面。

一、选择巷道断面形状

设计年产 90 万 t 矿井的第一水平运输大巷，一般服务年限在 20 年以上，采用 600 mm 轨距双轨运输的大巷，其净宽在 3 m 以上，又穿过中等稳定的岩层，故选用螺纹钢树脂锚杆与喷射混凝土支护，半圆拱断面。

二、确定巷道净断面尺寸

（一）确定巷道净宽度 B

查表 2-2 知，ZK10-6/250 型电机车宽 $A_1=1\ 060$ mm，高 $h=1\ 550$ mm；1.5 t 矿车宽 1 050 mm，高 1 150 mm。

根据《煤矿安全规程》，取巷道人行道宽 $C=840$ mm，非人行道一侧宽 $a=400$ mm。又查表 2-3 知，本巷双轨中线距 $b=1\ 300$ mm，则两电机车之间距离为：

$$1\ 300-(1\ 060/2+1\ 060/2)=240>200\ (\text{mm})$$

故巷道净宽度为：

$$\begin{aligned}B&=a_1+b+c_1=(400+1\ 060/2)+1\ 300+(1\ 060/2+840)\\&=930+1\ 300+1\ 370=3\ 600\ (\text{mm})\end{aligned}$$

（二）确定巷道拱高 h_0

半圆拱巷道拱高 $h_0=B/2=3\ 600/2=1\ 800$(mm)。半圆拱半径 $R=h_0=1\ 800$ mm。

（三）确定巷道壁高 h_3

1. 按架线电机车导电弓子要求确定 h_3

由表 2-6 所示半圆拱巷道壁高公式得：

$$h_3\geqslant h_4+h_c-\sqrt{(R-n)^2-(K+b_1)^2}$$

式中　h_4——轨面起电机车架线高度，按《煤矿安全规程》取 $h_4=2\ 000$ mm。

h_c——道床总高度。查表 2-10 选 30 kg/m 钢轨，再查表 2-5 得 $h_c=410$ mm，道砟高度 $h_b=220$ mm。

n——导电弓子距拱壁安全间距，取 $n=300$ mm。

K——导电弓子宽度之半，$K=718/2=359$(mm)，取 $K=360$ mm。

b_1——轨道中线与巷道中线间距，$b_1=B/2-a_1=3\ 600/2-930=870$(mm)。

故 $h_3\geqslant 2\ 000+410-\sqrt{(1\ 800-300)^2-(360+870)^2}=1\ 552$(mm)。

2. 按管道装设要求确定 h_3

$$h_3 \geqslant h_5 + h_7 + h_b - \sqrt{R^2 - (K + m + D/2 + b_2)^2}$$

式中 h_5——道砟面至管子底高度，按《煤矿安全规程》取 $h_5=1\ 800$ mm；

h_7——管子悬吊件总高度，取 $h_7=900$ mm；

m——导电弓子距管子间距，取 $m=300$ mm；

D——压气管法兰盘直径，$D=335$ mm；

b_2——轨道中线与巷道中线间距，$b_2=B/2-c_1=3\ 600/2-1\ 370=430$(mm)。

故 $h_3 \geqslant 1\ 800+900+220-\sqrt{1\ 800^2-(360+300+335/2+430)^2}=1\ 633$(mm)。

3. 按人行高度要求确定 h_3

$$h_3 \geqslant 1\ 800 + h_b - \sqrt{R^2 - (R - j)^2}$$

式中，j 为距巷道壁的距离。要求距巷道壁 j 处的巷道有效高度不小于 1 800 mm，一般取 $j=200$ mm。

故 $h_3 \geqslant 1\ 800+220-\sqrt{1\ 800^2-(1\ 800-200)^2}=1\ 215$(mm)。

综上计算，并考虑一定的余量，确定本巷道壁高 $h_3=1\ 820$ mm。则巷道高度 $H=h_3-h_b+h_0=1\ 820-220+1\ 800=3\ 400$(mm)。

（四）确定巷道净断面积 S 和净周长 P

由表 2-7 得净断面积：

$$S = B(0.39B + h_2)$$

式中 h_2——道砟面以上巷道壁高，$h_2=h_3-h_b=1\ 820-220=1\ 600$(mm)。

故

$$S=3\ 600\times(0.39\times3\ 600+1\ 600)=10\ 814\ 400\ (\text{mm}^2)\approx10.8\ \text{m}^2$$

巷道断面净周长 $P=2.57B+2h_2=2.57\times3\ 600+2\times1\ 600=12\ 452$(mm)，取 12.5 m。

（五）用风速校核巷道净断面积

查表 2-9，知 $v_{max}=8$ m/s，已知通过大巷风量 $Q=48\ \text{m}^3/\text{s}$，代入式(2-6)得：

$$v = \frac{Q}{S} = \frac{48}{10.8} = 4.44\ (\text{m/s}) < 8\ \text{m/s}$$

设计的大巷净断面积，风速没超过规定，可以使用。

三、确定巷道设计掘进断面尺寸和计算掘进断面尺寸

（一）选择支护参数

采用锚喷支护，根据巷道净宽 3.6 m、穿过中等稳定岩层、服务年限大于 20 年等条件，确定采用锚固可靠、锚固力大的树脂锚杆。锚杆杆体为 ϕ18 mm 螺纹钢，每孔安装两个树脂药卷，锚固长度≥700 mm，设计锚杆预紧力≥40 kN，锚固力≥80 kN。锚杆长度 2.0 m，呈方形布置，其间、排距 0.80 m×0.80 m，托板为 8 mm 厚 150 mm×150 mm 的方形钢板。喷射混凝土层厚 $T_1=100$ mm，分两次喷射，每次各喷 50 mm 厚。故支护厚度 $T=T_1=100$ mm。

（二）选择道床参数

根据巷道通过的运输设备，已选用 30 kg/m 钢轨，其道床参数 h_c、h_b 分别为 410 mm 和 220 mm，道砟面至轨面高度 $h_a=h_c-h_b=410-220=190$(mm)。采用钢筋混凝土轨枕。

（三）确定巷道掘进断面尺寸

由表 2-7 所示的计算公式得：

巷道设计掘进宽度 $B_1=B+2T=3\ 600+2\times100=3\ 800$(mm)。

巷道计算掘进宽度 $B_2=B_1+2\delta=3\ 800+2\times75=3\ 950$(mm)。

巷道设计掘进高度 $H_1=H+h+T=3\ 400+220+100=3\ 720$(mm)。

巷道计算掘进高度 $H_2=H_1+\delta=3\ 720+75=3\ 795$(mm)。

巷道设计掘进断面积 $S_1=B_1(0.39B_1+h_3)=3\ 800\times(0.39\times3\ 800+1\ 820)=12\ 547\ 600(\text{mm}^2)$。取 $S_1=12.55\ \text{m}^2$。

巷道计算掘进断面积 $S_2=B_2(0.39B_2+h_3)=3\ 950\times(0.39\times3\ 950+1\ 820)=13\ 273\ 975(\text{mm}^2)$。取 $S_2=13.27\ \text{m}^2$。

四、布置巷道内水沟和管线

已知通过本巷道的水量为 160 m^3/h，现采用水沟坡度为 0.3%，查表 2-12 得：水沟深 400 mm、宽 400 mm，净断面积 0.16 m^2；水沟掘进断面积 0.203 m^2，每米水沟盖板用钢筋 1.633 kg、混凝土 0.027 6 m^3，水沟用混凝土 0.133 m^3。

管子(压风管和供水管)悬吊在人行道一侧，电力电缆挂在非人行道一侧，通信电缆挂在管子上方，如图 2-11 所示。

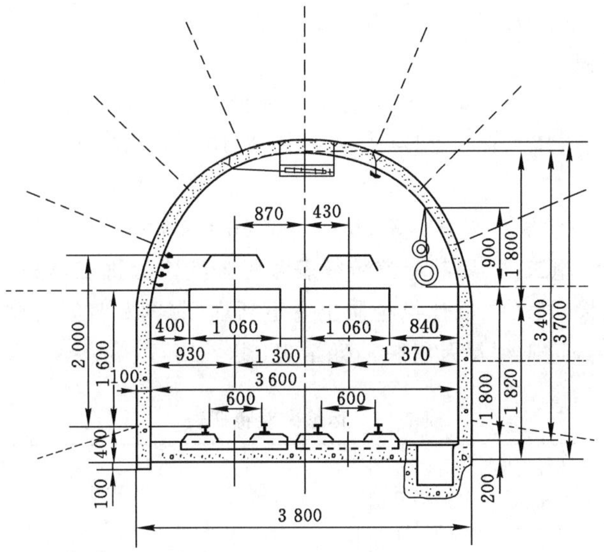

图 2-11　巷道断面图

五、计算巷道掘进工程量和材料消耗量

由表 2-7 所示的计算公式得：

每米巷道拱与墙计算掘进体积 $V_1=S_2\times1=13.27\times1=13.27(\text{m}^3)$。

每米巷道墙脚计算掘进体积 $V_3=0.2(T+\delta)\times1=0.2(0.1+0.075)\times1\approx0.04(\text{m}^3)$。

每米巷道拱与墙喷射材料消耗量 $V_2=[1.57(B_2-T)T_1+2h_3T]\times1=[1.57\times(3.95-0.10)\times0.10+2\times1.82\times0.10]\times1\approx0.968(\text{m}^3)$。

每米巷道墙脚喷射材料消耗量 $V_4=0.2T_1\times1=0.2\times0.10\times1=0.02(\text{m}^3)$。

每米巷道喷射材料消耗量(不包括损失)$V=V_2+V_4=0.968+0.02=0.988(m^3)$。

每米巷道锚杆消耗量为:

$$N=\frac{P_1-0.5a}{a\cdot a'}$$

式中 P_1——计算锚杆消耗量的周长,$P_1=1.57B_2+2h_3=1.57\times3.95+2\times1.82=9.84(m)$;

a,a'——锚杆间、排距,$a=a'=0.8$ m。

故
$$N=\frac{9.84-0.5\times0.8}{0.8\times0.8}=14.75$$

折合质量为:

$$14.75\times[l\pi(d/2)^2\rho]=14.75\times[2.00\times3.14\times(0.018/2)^2\times7\ 850]=58.90\ (kg)$$

式中 l——锚杆长度,$l=2.0$ m;

d——锚杆直径,$d=18$ mm;

ρ——锚杆材料密度,$\rho=7\ 850\ kg/m^3$。

由于每根锚杆安装 2 支树脂药卷,则每米巷道树脂药卷消耗量 $M=2\times N=29.5$(支)。

每排锚杆数为:

$$N\times0.8=14.75\times0.8=11.8\approx12\ (根)$$

每排树脂药卷数:

$$M\times0.8=29.5\times0.8=23.6\approx24\ (支)$$

每米巷道粉刷面积:

$$S_n=1.57B_3+2h_2$$

式中 B_3——计算净宽,$B_3=B_2-2T=3.95-2\times0.10=3.75(m)$。

故

$$S_n=1.57\times3.75+2\times1.60=9.1\ (m^2)$$

六、绘制巷道断面施工图、编制巷道特征表和每米巷道掘进工程量及材料消耗量表

根据以上计算结果,按 1∶50 比例绘制出巷道断面图(图 2-11),并附上运输大巷特征表(表 2-15)和每米大巷掘进工程量及材料消耗量表(表 2-16)。

表 2-15　运输大巷特征表

围岩类别	断面积/m^2		设计掘进尺寸/mm		喷射厚度/mm	锚杆					净周长/m
	净	设计掘进	宽	高		形式	排列方式	间、排距/mm	长度/mm	直径/mm	
Ⅲ	10.8	12.5	3 800	3 700	100	螺纹钢树脂锚杆	方形	800×800	2 000	18	12.5

表 2-16　运输大巷每米工程量及材料消耗量表

围岩类别	计算掘进工程量/m^3		锚杆数量/根	材料消耗量			粉刷面积/m^2
	巷道	墙脚		喷射材料/m^3	锚　杆		
					螺纹钢筋/kg	树脂药卷/支	
Ⅲ	13.27	0.04	14.75	0.98	58.90	29.5	9.1

习　　题

1. 按巷道用途分，巷道有哪几类？

2. 巷道断面形状有哪几类？选择巷道断面形状的依据是什么？

3. 巷道断面设计的基本原则是什么？巷道断面尺寸应满足哪些要求？

4.《煤矿安全规程》对巷道的净高和净宽有哪些明确规定？

5. 拱形巷道的墙高受哪些因素的制约？

6. 采用光面爆破技术的锚喷支护巷道，为什么必须考虑超挖值？

7. 在确认巷道净断面规格时，为什么必须验算风速？《煤矿安全规程》对风速有何具体要求？

8. 净断面、设计掘进断面和计算掘进断面有何区别？巷道超挖和欠挖的后果是什么？

9. 根据什么原则选择水沟断面？对水沟的坡度有何要求？

第三章 岩巷施工

井巷工程施工的首要任务是破碎岩石，常用的破岩方法有钻眼爆破和机械破岩两种。在岩石巷道掘进中，钻眼爆破破岩由于操作简单、设备轻便、适应性强且成本较低，能在各种坚固程度的岩石中掘出各种形状和尺寸的巷道，安全上较为可靠，单位成本较低，所以在今后相当长的时期内仍然是煤矿岩巷主要的掘进方法。

悬臂式综合掘进机开始在我国煤矿的岩巷或半煤岩巷的部分断面中使用，全断面掘进机(tunnel boring machine，TBM)也已在一些矿区应用。但是，这两类掘进机的破岩效率受到技术装备和围岩条件的限制，且设备购置与维修费用高，投资成本大，所以目前也仅仅在岩石坚固性系数 $f<10$ 的硬岩巷道中使用，在我国煤矿岩巷中的推广应用还需要很长的过程。

第一节 钻眼爆破

我国煤矿岩巷的钻眼爆破，从手工凿岩、硝铵炸药、普通雷管、浅眼爆破起步，到手持式凿岩机、液压凿岩台车、高威力水胶炸药、乳化炸药、高精度毫秒延期电雷管、非电起爆器材以及各类起爆器、中深孔光面爆破，凿岩爆破技术得到了长足发展。与此同时，凿岩机理、破岩机理、爆破技术以及施工设备的可靠性、自动化程度等也有了较大的发展。目前，钻眼爆破技术的发展趋势是中深孔、光面爆破和断裂成型(刻槽)爆破技术。

在岩巷掘进中，钻眼爆破工作的效果，对巷道掘进速度、规格质量、支护效果以及掘进工效、成本等，都有较大的影响。

一、炮眼布置

掘进工作面的炮眼，按其位置和作用可分为掏槽眼、辅助眼和周边眼三类(图 3-1)，其爆破顺序必须是延期起爆，即先掏槽眼，其次辅助眼，最后周边眼，以保证爆破效果。

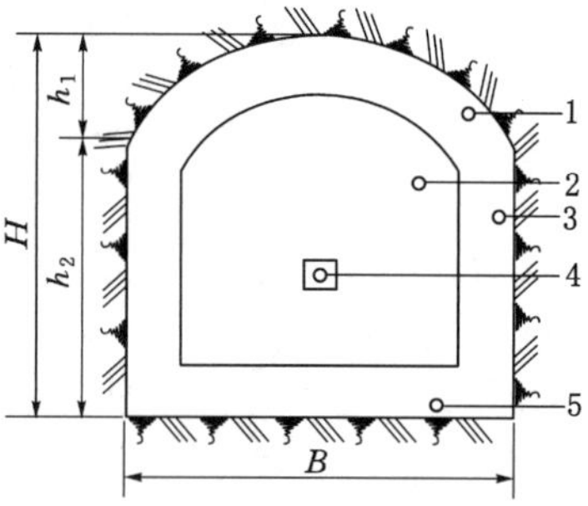

1—顶眼；2—辅助眼；3—帮眼；4—掏槽眼；5—底眼。

图 3-1 各种炮眼的分布示意图

(一) 掏槽眼

掏槽眼的作用是首先在工作面将某一部分岩石破碎并抛出，为其他炮眼的爆破创造附加自由面。因此，掏槽效果对爆破循环进尺起着决定性的作用。

掏槽眼一般布置在巷道断面中央偏下位置，便于打眼时掌握方向，并有利于其他多数炮眼能借助岩石的自重崩落。掏槽方式按照掏槽眼的方向可分为三大类，即斜眼掏槽、直眼掏槽和混合式掏槽。

1. 斜眼掏槽

斜眼掏槽在巷道掘进中是一种常见的掏槽方法，适用于各种岩石。斜眼掏槽主要包括单向斜眼掏槽、楔形掏槽和锥形掏槽，其中以楔形掏槽应用最为广泛。

(1) 单向斜眼掏槽

单向斜眼掏槽由数个炮眼向同一方向倾斜组成，适用于中硬以下或较软岩层，一般应将掏槽眼布置在这些软弱岩层中，形成扇形掏槽，如图 3-2 所示。掏槽眼的角度一般取 45°～60°，间距为 300～600 mm。这种方法由于炸药集中程度低，只有在岩层松软时才能取得良好的爆破效果。

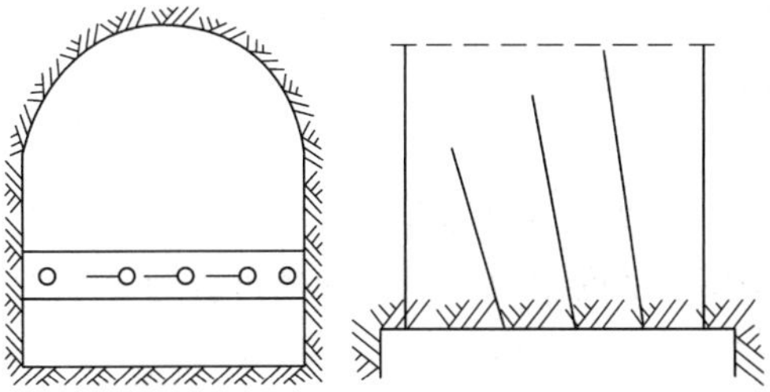

图 3-2 单向斜眼掏槽炮眼布置

(2) 楔形掏槽

在中硬岩石中($f>8$)，一般都采用垂直楔形掏槽，如图 3-3 所示。其两两对称地布置在巷道断面中央偏下的位置。炮眼与工作面夹角大致为 65°～75°，槽口宽度一般为1.0～1.4 m，掏槽的排距为 0.3～0.5 m。各对掏槽眼应在同一个水平面上，两眼底距离为 200 mm 左右，眼深要比一般炮眼加深 200 mm，这样才能保证较好的爆破效果。

(3) 锥形掏槽

锥形掏槽法所掏出的槽腔是一个锥体，如图 3-4 所示。炮眼底部两眼相距 200～300 mm，炮眼与工作面相交角度通常为 60°～75°。由于炸药相对集中程度高，适用于各种岩层，特别是坚硬的岩石。掏槽眼数多数情况采用 3 个或 4 个。该方法因钻眼工作比较困难，钻眼深度受到限制，在煤矿中应用甚少。

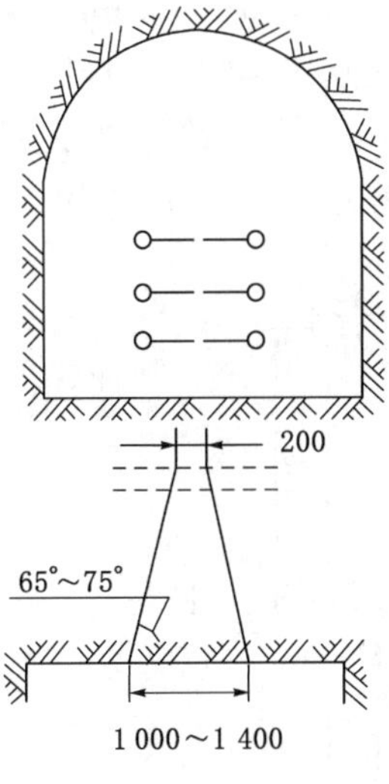

图 3-3 楔形掏槽炮眼布置

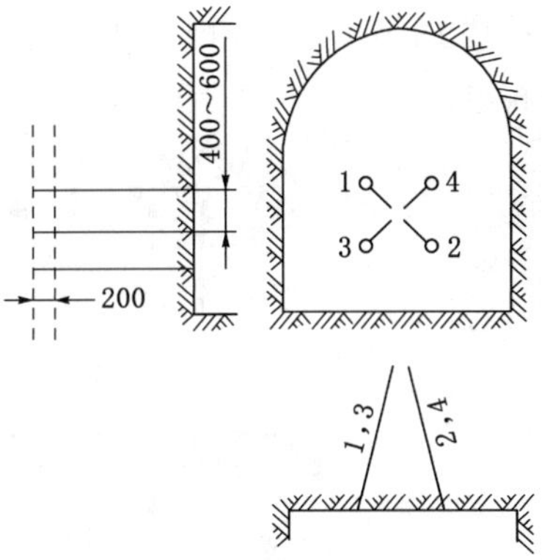

图 3-4 锥形掏槽炮眼布置

(4) 斜眼掏槽的优缺点

采用斜眼掏槽时，装药在槽腔的岩体内较为集中，且以工作面为自由面，每眼的装药系数一般要达到 0.6～0.7 以上。

斜眼掏槽的优点：适用于各种岩层，可充分利用自由面，逐步扩大爆破范围；所需掏槽眼数较少，单位炸药消耗量小于直眼掏槽；掏槽眼位置和倾角的精度对掏槽效果影响较小。

斜眼掏槽的缺点：钻眼工艺和技术水平要求较高；掏槽面积较大，适用于较大断面的巷道，但因炮眼倾斜，掏槽眼深度受到巷道宽度的限制；碎石抛掷距离较大，易损伤设备和支护，当掏槽眼角度不对称时尤其如此。

2. 直眼掏槽

直眼掏槽的特点是所有炮眼都垂直于工作面且相互平行，距离较近，其中有一个或者几个不装药的空眼。直眼掏槽可分为直线掏槽（又称龟裂法）、螺旋掏槽和角柱式掏槽三种。

（1）直线掏槽

它的掏槽眼布置在一条直线上且相互平行，如图 3-5 所示。眼距一般为 100～200 mm，眼深以小于 2.0 m 为宜，装药系数一般不小于 70%，整体为隔眼布置，各装药眼同时起爆。爆破后，在整个炮眼深度范围内形成一条稍大于炮眼直径的条形槽口，为辅助眼创造临空面。这种掏槽法对打眼质量要求高，所有炮眼必须平行且眼底要落在同一平面上，否则就会影响掏槽效果。此种方法掏槽面积小，适用于中硬岩石的小断面巷道，尤其适用于断面中有较软夹层的情况。

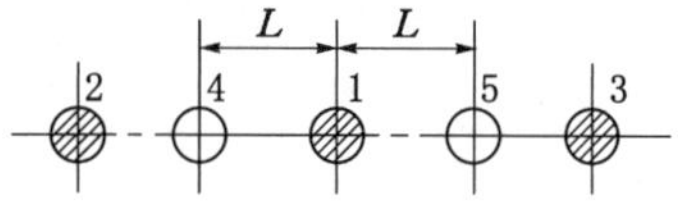

图 3-5 直线掏槽布置

（2）螺旋掏槽

螺旋掏槽的特点是所有装药眼围绕中心空眼呈螺旋状分布，并从距空眼最近的炮眼开始顺序起爆，充分利用自由面，使槽腔逐步扩大。螺旋掏槽有两种布置形式：一种是中心空眼为小直径的布置方式[图 3-6(a)]，其眼距 L_1 为(1～2)d，L_2 为(2～3)d，L_3 为(3～4)d，L_4 为(4～5)d，d 为空眼直径。0—4 号眼眼深相同，O_1、O_2眼加深 200～400 mm，反向装药 1～2 个药卷，以加强抛掷，起爆时，按眼序 1、2、3、4 逐个分四段起爆，如 O_1、O_2眼装药时则为第五段起爆。这种掏槽法适应于各种岩石，眼深可加深到 3 m。另一种是中心空眼为大直径(d=100～120 mm)的螺旋掏槽[图 3-6(b)]，眼深一般不宜超过 2.5 m，可用于坚硬岩石的大、中断面巷道。

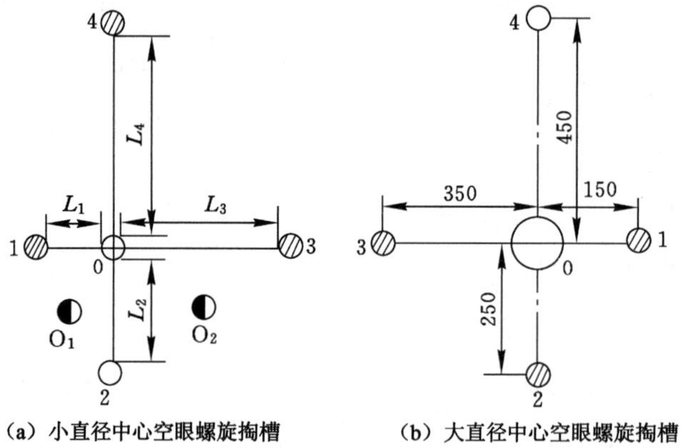

图 3-6 螺旋掏槽布置

（3）角柱式掏槽

这种掏槽的炮眼按菱形或三角形等几何形状布置，使形成的槽腔呈角柱体，多为对称式布置，所以又称为桶状掏槽。角柱式掏槽在中硬岩石中使用效果好，故采用较多。眼深在

2.0～2.55 m 以下时，经常采用的有三角柱掏槽、菱形掏槽和五星掏槽等。

三角柱掏槽的炮眼布置方式有如图 3-7 所示的几种。眼距为 100～300 mm，各装药孔一般可用一段雷管同时起爆，也可分二段或三段起爆。

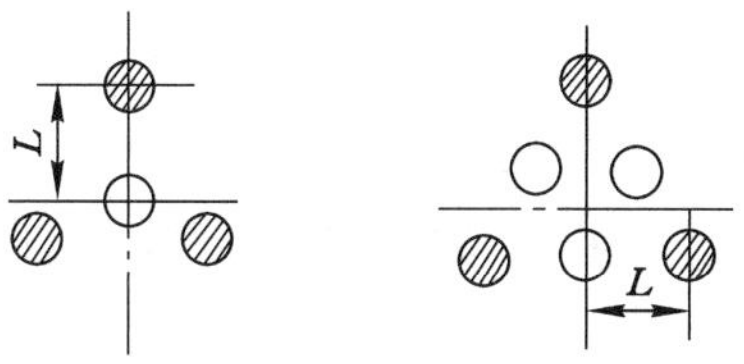

图 3-7　三角柱掏槽布置

菱形掏槽如图 3-8 所示。一般在 f 为 4～6 的岩石中 a 取 150 mm，b 取 200 mm；在中硬岩石中 a 取 100～130 mm，b 取 170～200 mm。在 $f>8$ 的坚硬岩石中，可将中心空眼改为相距 100 mm 的两个空眼，分两段起爆，1、2 号眼为一段，3、4 号眼为二段。这种掏槽方式简单，易于掌握，适用于各种岩层条件，效果很好。

五星掏槽如图 3-9 所示。各眼之间距离：在软岩中 a 不大于 200 mm，b 取 250～300 mm；在中硬岩层中 a 取 160 mm，b 取 250 mm。分两段起爆，1 号眼为一段，2—5 号眼为二段。

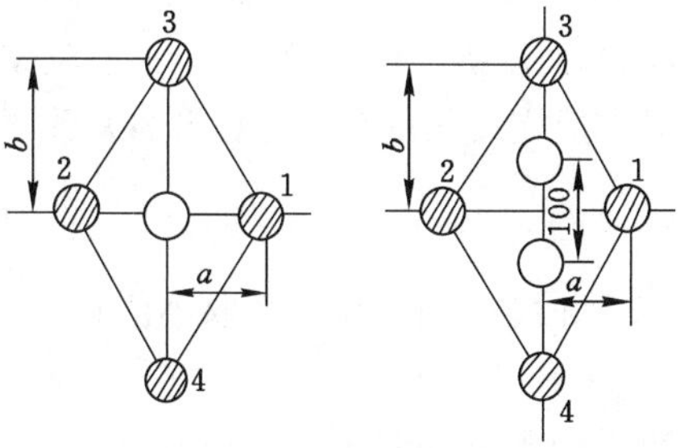

图 3-8　菱形掏槽布置

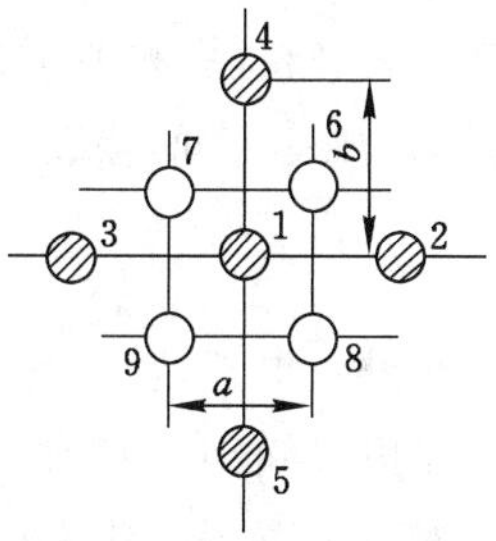

图 3-9　五星掏槽布置

(4) 直眼掏槽的特点

直眼掏槽是以空眼作为附加自由面，利用爆破作用的破碎圈来破碎岩石的。空眼的作用，一方面对爆炸应力和爆破方向起集中导向作用，另一方面使受压岩石有必要的碎胀补偿空间。

采用直眼掏槽时，掏槽眼均为超量装药，装药系数一般为 0.7～0.8。

直眼掏槽的优点：所有的掏槽眼都垂直于工作面，各炮眼之间保持平行；炮眼深度不受巷道断面的限制，可用于深孔爆破，同时也便于使用高效凿岩机和凿岩台车打眼；炮眼的间距较近，其中每一个装药炮眼的爆炸，都可以破坏两个炮眼之间的岩石；另外，直眼掏槽一般都有不装药的空眼，它起着附加自由面的作用。

直眼掏槽的缺点：凿岩工作量大，钻眼技术要求高，需要的雷管段数一般也较多，此外，炮眼的间距和平行度的误差对掏槽的效果影响较大。

3. 混合式掏槽

为了加强直眼掏槽的抛渣能力和提高炮眼的利用率，形成以直眼掏槽为主并吸取斜眼掏槽优点的混合式掏槽(图 3-10)。斜眼布置成垂直楔形,与工作面的夹角为 75°～85°。装药系数以 0.4～0.5 为宜。斜眼安排在所有直眼掏槽眼起爆之后起爆,发挥继续抛渣扩槽作用。混合式掏槽法一般适用于大断面巷道和硐室掘进。

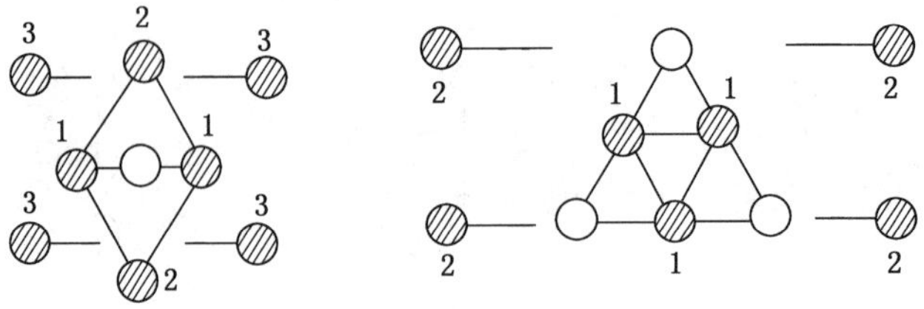

图 3-10　混合式掏槽布置

(二) 辅助眼

辅助眼又称崩落眼,是大量崩落岩石和继续扩大掏槽的炮眼。辅助眼要成圈且均匀布置在掏槽眼与周边眼之间,其间距一般为 500～700 mm,炮眼方向一般垂直于工作面,装药系数一般为 0.4～0.6。如采用光面爆破,则紧邻周边眼的辅助眼要为周边眼创造一个理想的光面层,即光面层厚度要比较均匀,且大于周边眼的最小抵抗线。

(三) 周边眼

周边眼包括顶眼、帮眼和底眼,是爆落巷道周边岩石,最终形成设计断面轮廓的炮眼。周边眼布置合理与否,直接影响巷道成型是否规整。目前光面爆破技术已较成熟,一般应按光面爆破要求布置周边眼。光面爆破周边眼的间距与其最小抵抗线存在着一定的比例关系,即

$$K = \frac{E}{W} \tag{3-1}$$

式中　K——炮眼密集系数,一般为 0.6～1.0,岩石坚硬时取大值,较软时取小值;

E——周边眼间距,一般取 400～600 mm;

W——最小抵抗线,即最外一圈辅助眼与周边眼的距离,m。

为保证贯穿裂缝的形成,光面爆破炮眼之间的距离要适当减小,严格控制周边眼的装药量,并合理选择炸药和装药结构。煤矿巷道常遇岩层的周边眼光爆参数见表 3-1。

表 3-1　光面爆破的周边眼爆破参数

岩层情况	岩石坚固性系数 f	炮眼直径 /mm	炮眼间距 /mm	最小抵抗线 /mm	炮眼密集系数	装药量 /(kg/m)
完整、稳定、中硬以上	8～10	42～45	600～700	500～700	1.0～1.1	0.2～0.3
中硬、层节理不发育	6～8	35～42	500～600	600～800	0.8～0.9	0.15～0.2
松软、层节理发育	<6	35～42	350～500	500～700	0.7～0.8	0.1～0.15

底眼(包括 1 个水沟眼)用于控制底板标高,眼距一般为 500～700 mm,装药系数一般为 0.5～0.6。为了给钻眼与装岩平行作业创造条件,需采用抛渣爆破,将底眼眼距缩小为 400 mm 左右,眼深加深 200 mm 左右,每个底眼增加 1～2 个药卷。

(四) 炮眼布置

巷道掘进中的钻眼爆破工作应当做到以下几点:

① 爆破后所形成的巷道断面、方向与坡度应符合设计要求和相关规范要求。光面爆破要求巷道局部超挖量不得大于150 mm，欠挖量不得超过质量标准规定。

② 爆破岩石的块度应有利于提高装岩生产率(一般不大于300 mm)，有时还要求岩石堆积形状便于组织岩石装运和钻眼的平行作业。

③ 对巷道围岩的震动和破坏要小，以利于巷道的维护。

④ 爆破单位体积岩石的炸药和雷管的消耗量要低，钻眼工作量要小，炮眼利用率要达到85%以上。

⑤ 符合安全施工的要求。为了获得良好的爆破效果，必须正确地布置工作面炮眼，合理确定爆破参数，选用适宜的炸药和改进爆破技术。

除合理选择掏槽方式和爆破参数外，还需合理布置炮眼，以取得理想的爆破效果。炮眼布置方法和原则如下：

① 工作面各类炮眼布置是“抓两头、带中间”。即首先选择掏槽方式和掏槽眼位置，其次是布置好周边眼，最后根据断面大小布置辅助眼。

② 掏槽眼通常布置在断面的中央偏下，并考虑辅助眼的布置较为均匀和减少崩坏支护及其他设施的可能。

③ 周边眼一般布置在巷道断面轮廓线上，顶眼和帮眼按光面爆破要求，各炮眼相互平行，眼底落在同一平面上。

④ 辅助眼均匀地布置在掏槽眼和周边眼之间，以掏槽眼形成的槽腔为自由面层层布置。

⑤ 根据经验，煤矿岩石巷道掘进采用光面爆破时，掏槽眼、辅助眼、控制光爆层的辅助眼和周边眼的装药量的大致比例为4∶3∶2∶1。

二、钻眼爆破器材

(一) 钻眼机具

在煤矿岩巷中，一般采用以压风作为动力的各种凿岩设备和设施，包括凿岩机、钎头、钎杆和钻架设备等；而在煤巷中，多采用煤电钻、麻花钎杆和两翼(或三翼)旋转式钻头。

1. 凿岩机与钻架设备

岩巷掘进中大量应用的是气动凿岩机，液压凿岩机处于逐步提高与增长阶段。其中，气腿式凿岩机是目前应用最为广泛的凿岩设备。目前，液压凿岩机定型产品的质量较大，需与液压凿岩台车配套使用。液压凿岩台车投资大，操作和维修技术要求高，但是自动化程度高，与装载、转载、运输设备配套使用，可组成巷道掘进机械化作业线。

2. 钎杆、钎头

凿岩机使用的为六角(或圆形)中空钎杆和冲击式钎头。钎杆用于传递冲击功和扭矩，钎头为破碎岩(煤)的刀具。钎头的形状较多，但最常用的是一字形和十字形钎头。

(二) 爆破器材

1. 矿用炸药

我国目前使用的矿用炸药有硝酸铵类炸药和含水炸药(水胶炸药、乳化炸药)。当穿过有瓦斯地层时，应采用煤矿许用炸药，对于坚硬岩石可考虑采用粉末状的高威力炸药。硝酸铵类炸药价格低廉，为煤矿普遍采用，一般制作成直径为32 mm、35 mm、38 mm，质量为100 g、150 g、200 g的药卷，有效期为6个月。近年来，煤矿水胶炸药和乳化炸药发展很快，特别是煤矿许用乳化炸药(包括粉状乳化炸药),已成为煤矿最有前景的安全炸药,是全国推广应用最多的无梯煤矿许用炸药品种。

2. 起爆器材

起爆材料一般采用8号电雷管,但是在穿过有瓦斯地层时,为避免因雷管爆炸引爆瓦斯,应采用煤矿许用型电雷管。我国规定,在有瓦斯工作面爆破,只能选用总延期时间不大于130 ms的毫秒延期电雷管或者瞬发电雷管,不能选用秒延期雷管。

巷道掘进电爆网络的起爆电源,主要采用防爆型电容式发爆器。电容式发爆器所能提供的电流不太大,一般只用于起爆串联网络的电雷管。

三、爆破参数

爆破参数主要包括炮眼直径、炮眼深度、炮眼数目、单位炸药消耗量、炮眼利用率等。

1. 炮眼直径

炮眼直径对钻眼效率、全断面炮眼数目、炸药消耗量、爆破岩石块度及岩壁平整度均有影响。目前,国内岩巷掘进均采用直径27 mm、32 mm和35 mm三种药卷,炮眼直径需比药卷直径大6～8 mm,所以目前岩巷掘进的炮眼直径多采用35～42 mm。

2. 炮眼深度

炮眼深度决定每一掘进循环钻眼和装岩的工作量、循环进尺以及每班的循环次数。炮眼深度主要根据岩石性质、巷道断面积、循环作业方式、凿岩机类型、炸药威力、工人技术水平等因素确定。合理的炮眼深度应以高速、高效、低成本、便于组织正规循环作业为原则。采用气腿式凿岩机时,炮眼深度以1.8～2.5 m为宜,眼深超过2.5 m后,钻眼速度则明显降低。采用配有高效凿岩机的凿岩台车时,应向深眼发展,一般眼深可达3.0 m以上。

我国煤矿巷道掘进中,通常以月进尺任务和凿岩、装岩设备的能力来确定每一循环的炮眼深度。即

$$l \geqslant \frac{L}{N'kn\eta} \tag{3-2}$$

式中 l——炮眼深度,m;

L——计划月进度,m;

N'——每月可用于掘进的天数,30天;

k——正规循环率,即每月实际用于掘进工作的天数与30天之比,一般取$k=0.8\sim0.9$;

n——每日完成掘进循环数,次;

η——炮眼利用率,一般要求$\geqslant 0.8$。

炮眼深度的取值范围也可参见表3-2。

3. 炮眼数目

炮眼数目直接影响钻眼工作量、爆破岩石的块度、巷道成型质量等。炮眼数目取决于岩石性质、巷道断面形状和尺寸、炮眼直径和炸药性能等因素。求出合理的炮眼数目一般是先以岩石性质和断面大小进行初步估算,然后在设计断面图上作炮眼布置图,得出炮眼总数,并通过实践调整修正。炮眼数目的取值范围可参见表3-3。

表 3-2 炮眼深度的取值范围

掘进断面积/m^2	炮眼深度/m		
	f 为 2～4	f 为 5～7	f 为 8～10
4～6	1.8～2.1	1.6～1.9	1.4～1.6
6.1～8	2.1～2.3	1.9～2.0	1.6～1.8
8.1～10	2.3～2.4	2.0～2.2	1.8～1.9
10.1～12	2.4～2.5	2.2～2.3	1.9～2.0
12.1～14	2.4～2.5	2.2～2.3	2.0～2.1
14.1～16	2.5～2.6	2.3～2.4	2.0～2.1
16.1～18	2.5～2.6	2.3～2.4	2.1～2.2

注：f 为岩石坚固性系数。

表 3-3 炮眼数目的取值范围

掘进断面积/m^2	炮眼数目/个		
	f 为 2～4	f 为 5～7	f 为 8～10
4～6	8～11	12～16	16～20
6.1～8	12～16	17～21	21～26
8.1～10	17～21	22～27	27～32
10.1～12	22～27	28～33	33～37
12.1～14	28～33	34～38	38～42
14.1～16	34～38	39～42	43～46
16.1～18	39～42	43～46	47～50

注：f 为岩石坚固性系数。

炮眼数目也可以根据单位炸药消耗量，按式(3-3)估算后，再按上述经验方法确定。

$$N = \frac{qSm\eta}{aM} \tag{3-3}$$

式中 N——炮眼数目；

q——单位炸药消耗量，kg/m^3；

S——巷道掘进断面积，m^2；

m——每个药卷长度，m；

a——装药系数，即装药长度与炮眼长度之比，一般取 0.5 左右；

M——每个药卷的质量，kg。

4. 单位炸药消耗量

单位炸药消耗量，是指爆破 1.0 m^3 实体岩石所需要的炸药量，也就是工作面一次爆破所需的总炸药量 Q 和工作面一次爆下的实体岩石总体积 V 之比，即

$$q = \frac{Q}{V} \tag{3-4}$$

单位炸药消耗量是一个很重要的参数，它直接影响岩石块度、钻眼和装岩的工作量、炮眼利用率、巷道轮廓的整齐程度、围岩稳定性以及爆破成本等。

影响单位炸药消耗量的主要因素有炸药性能、岩石的物理力学性质、自由面的大小和数目以及炮眼直径和炮眼深度等。到目前为止，还没有精确计算单位炸药消耗量的方法，计算数据一般仅作参考，所以多按定额选用，见表3-4。表中所列定额是按2号岩石铵梯炸药、毫秒延期电雷管制定的；若采用其他炸药，则需根据爆力加以适当修正，即

$$q' = \frac{320}{P} \times q \tag{3-5}$$

式中　P——所用炸药的爆力，mL。

表3-4　平硐、水平巷道炸药和电雷管消耗定额

掘进断面积/m²	煤岩坚固性系数 f											
	<1.5		2～3		4～6		8～10		12～14		15～20	
	普通爆破	光面爆破	普通爆破	光面爆破	普通爆破	光面爆破	普通爆破	光面爆破	普通爆破	光面爆破	普通爆破	光面爆破
<4	114 218	114 327	199 292	199 390	274 370	274 473	294 542	294 592	404 712	404 769	485 999	485 1 033
<6	96 169	96 303	160 273	160 351	224 357	224 385	251 492	251 526	323 627	323 667	389 825	389 848
<8	91 157	91 265	144 232	144 305	202 310	202 344	224 419	224 448	298 578	298 609	354 713	354 731
<10	80 139	80 244	129 209	129 279	190 294	190 312	202 371	202 416	267 520	267 546	314 654	314 669
<12	72 128	72 235	121 208	121 272	168 265	168 295	186 354	186 391	241 472	241 494	295 589	295 613
<15	66 116	66 202	104 182	104 239	148 242	148 264	163 315	163 358	212 429	212 455	256 551	256 570
<20	59 111	59 193	96 165	96 220	135 213	135 247	145 288	145 322	192 400	192 441	232 499	232 530

注：左上角数字为单位炸药消耗量，kg/100 m³；右下角数字为雷管消耗量，个/100 m³。

确定 q 后，根据巷道断面积和炮眼深度可计算出每循环的炸药消耗量 Q，然后按炮眼数目、各炮眼所起的作用和所分担的爆破岩体加以分配，最后确定出掏槽眼、辅助眼和周边眼的各眼装药量。

5. 炮眼利用率

炮眼利用率是合理选择钻眼爆破参数的一个重要指标。炮眼利用率区分为：个别炮眼利用率和井巷全断面炮眼利用率。

$$个别炮眼利用率 = \frac{炮眼长度 - 炮窝长度}{炮眼长度}$$

$$全断面炮眼利用率 = \frac{循环进尺}{炮眼深度}$$

通常所说的炮眼利用率指的是井巷全断面炮眼利用率。炮眼利用率受到炸药消耗量、

装药直径、炮眼数目、装药系数和炮眼深度等多方面因素影响。井巷掘进的最优炮眼利用率为0.85～0.95。

四、装药结构与起爆

装药结构有连续装药和间隔装药、耦合装药和不耦合装药、正向起爆装药和反向起爆装药之区别。在巷道掘进中，主要采用连续、不耦合、反向起爆装药结构。装药结构与起爆方法是影响爆破效果的重要因素，因此，在爆破工作中应慎重选择，并在施工中不断改进。

1. 装药结构

为了保质保量地做好装药工作，装药之前必须吹洗炮眼，将眼中的岩粉用水吹洗干净，起爆药包必须按照规定要求制作。根据起爆药包所在位置不同，有正向装药和反向装药两种方式(图3-11)。

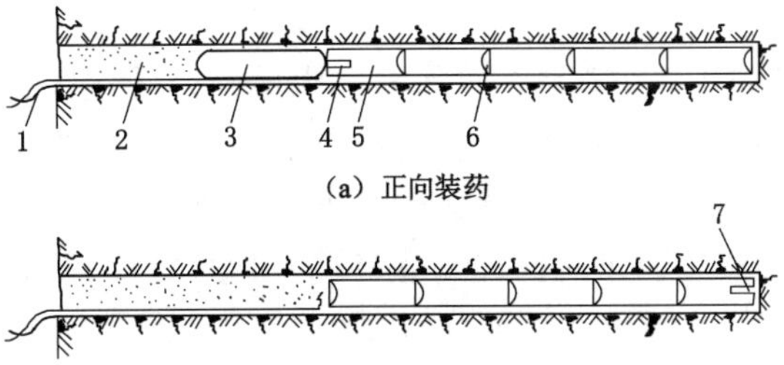

(a) 正向装药

(b) 反向装药

1—雷管脚线；2—黏土炮泥；3—水炮泥；4—雷管；5—炸药药卷；6—药卷聚能穴；7—雷管聚能穴。

图3-11 装药结构

反向装药起爆后爆轰波由里向外传播，与岩石朝自由面运动方向一致，有利于反射拉伸波破碎岩石，同时起爆药包距自由面较远，爆炸气体在时间上相对较迟从眼口冲出，爆炸能量可得到充分利用，因此能取得较好的爆破效果。

在目前普遍采用ϕ32～35 mm药卷的情况下，为实现光面爆破，周边眼可采用单段空气柱式装药结构，如图3-12(a)所示。但当眼深超过2.0 m后，应采用小直径药卷(ϕ23～28 mm)空气间隔分节装药结构，如图3-12(b)所示。两药包的间隔距离，一般不能大于该种炸药在炮眼内的殉爆距离。

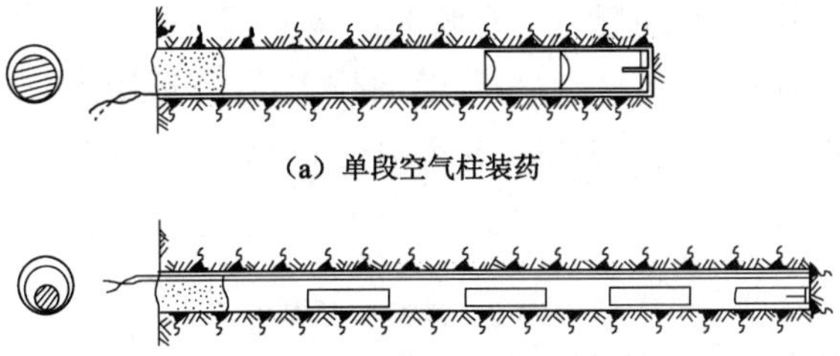

(a) 单段空气柱装药

(b) 间隔分节装药(小直径药卷)

图3-12 周边眼装药结构

2. 炮眼的填塞

炮眼的填塞能保证在炮眼内炸药全部爆轰结束前减少爆生气体过早逸出，保持爆压有较长的作用时间，充分发挥炸药的爆破作用。因此，装药完毕必须充填以符合安全要求长度的炮泥并捣实。常用1∶3的泥沙混合炮泥，湿度为18%～20%。这种炮泥既有良好的可塑性，又具有较大的摩擦系数。在有瓦斯的工作面，可采用水炮泥填塞，它可以吸收部分热量，降低喷出气体的温度，有利安全。

3. 起爆方法

岩巷掘进一般采用发爆器起爆，所以雷管多采用串联方式，连接简单，不易遗漏，可用于有瓦斯或煤尘爆炸危险的工作面。煤矿巷道掘进中，使用多段毫秒延期雷管，按照爆破图表规定的起爆顺序全断面一次起爆。工作面的炮眼应按掏槽眼、辅助眼、帮眼、顶眼、底眼的顺序先后起爆，以使先爆炮眼所形成的槽腔作为后爆炮眼的自由面。在有瓦斯的工作面起爆时，所有电雷管的总延期时间不得超过130 ms。

五、爆破说明书及爆破图表

1. 爆破说明书

爆破说明书是井巷施工组织设计的一个重要组成部分，是指导、检查和总结爆破工作的技术文件。编制爆破说明书和爆破图表时，应根据岩石性质、地质条件、设备能力和施工队伍的技术水平等，合理选择爆破参数。爆破说明书的主要内容包括：

① 爆破工程的原始资料。包括掘进井巷名称、用途、位置、断面形状和尺寸、穿过岩层的性质、地质条件以及瓦斯情况。

② 选用的钻眼爆破器材。包括炸药、雷管的品种，凿岩机具的型号、性能。

③ 爆破参数的选择与计算。包括掏槽方式和掏槽爆破参数、光爆参数等；根据参数计算炮眼直径、深度、数目，单位炸药消耗量等。

④ 炮眼布置。包括掏槽眼、辅助眼和周边眼的数量、各炮眼的装药量与装药结构、各炮眼的起爆顺序，并绘制炮眼布置三视图。

⑤ 爆破网络的计算和设计。

⑥ 爆破作业组织和安全措施。

⑦ 预期爆破效果。包括炮眼利用率、每循环进尺、每循环炸药消耗量、单位炸药消耗量、单位雷管消耗量等。

2. 爆破图表

爆破图表是在爆破说明书的基础上编制出来的，一般包括炮眼布置图、爆破原始条件、炮眼布置参数、装药参数表、预期爆破效果和经济指标等。在执行过程中，要严格执行岗位责任制，按劳动效率、材料消耗、爆破效果等全面检查，使爆破图表更符合实际。

采用直眼掏槽、中深孔光面爆破，爆破图表的内容可参见表3-5、表3-6、表3-7及图3-13(示例)。

表3-5　爆破原始条件

序号	名称	单位	数量
1	掘进断面积	m^2	13.63
2	岩石坚固性系数 f		6～8
3	工作面瓦斯浓度	%	无瓦斯
4	工作面涌水情况	m^3/h	无涌水
5	炸药和雷管的类型	2号岩石硝铵炸药，Ⅶ段毫秒延期雷管	

表 3-6 装药量及起爆顺序

眼号	炮眼名称	眼数/个	眼深/m	每个炮眼装药量			装药量合计		装药结构	起爆顺序	连线方式
				卷数/个	长度/m	装填率/%	卷数/个	质量/kg			
1	中线眼	1	2.6	3	0.5		3	0.45	反向	Ⅱ	串联
2—4	正槽眼	3	2.4	12	2.0	80	36	5.40	反向垫 4 卷药	Ⅰ	串联
5—10	副槽眼	6	2.4	11	1.8	75	66	9.90	反向垫 3 卷药	Ⅱ	串联
11—14	辅助眼	4	2.3	10	1.6	70	40	6.00	反向垫 2 卷药	Ⅲ	串联
15—25	三圈眼	11	2.3	9	1.4	60	99	14.85	反向垫 2 卷药	Ⅳ	串联
26—37	二圈眼	12	2.3	8	1.2	52	96	14.40	反向垫 2 卷药	Ⅴ	串联
38—46	底　眼	9	2.4	8	1.2	50	72	10.80	反向垫 2 卷药	Ⅵ	串联
47—67	周边眼	21	2.2	拱基线以上 2	0.3		30	4.50	反向空气柱	Ⅶ	串联
				拱基线以下 3	0.45		18	2.70			
合　计		67	154.1				460	69.00			

表 3-7 预期爆破效果

名　称	单位	数量	名　称	单位	数量
炮眼利用率		0.85	每米巷道炸药消耗量	kg	35.20
每循环工作面进尺	m	1.95	每循环炮眼总长度	m	154.10
每循环爆破实体岩石体积	m^3	26.50	每立方米岩石雷管消耗量	个	2.5
炸药消耗量	kg/m^3	2.60	每米巷道雷管消耗量	个	34.10

六、定向与钻眼工作

（一）测量定眼位工作

钻眼工作必须严格按照爆破图表所要求的眼位、方向、深度和角度进行，并组织好凿岩机的分区、分工作业，以保证钻眼质量和提高钻眼速度。

掘进巷道时，为了在工作面正确布置炮眼位置和掌握巷道掘进的方向和坡度，常采用中线指示巷道的掘进方向，用腰线控制巷道的坡度。工作面的炮眼布置，应以巷道中线为基准，准确地定出周边眼、辅助眼和掏槽眼的位置，并做好标识。

腰线通常布设在巷道无水沟侧的墙上，距轨面高度为 1.0 m。腰线可用坡度规（图 3-14）挂在腰线上来延长，具体布置如图 3-15 所示。

中线的测量多采用激光指向仪，如图 3-16 所示。激光指向仪操作简单，定向准确，节省时间，深受现场欢迎。激光指向仪的氦氖激光管光束发射角小，经望远镜调光后，其光束在 300 m 远处不超过 20 mm，输入电源的电压为 127 V 矿用安全电压。在巷道掘进中，激光指向仪牢固地固定在距工作面 100 m 以外巷道顶板的中心线位置，如图 3-17 所示。经调整对正后，激光束投射到工作面上，即中线位置。可根据它来确定炮眼位置和巷道掘进方向。随着巷道前进，定期向前移动激光指向仪并重新安装和校正。目前，激光指向仪距工作面的最大距离可达 500 m。

（二）压风供应与供水

掘进巷道必须采取湿式钻眼、爆破喷雾、装岩洒水等综合防尘措施。因此，掘进工作面

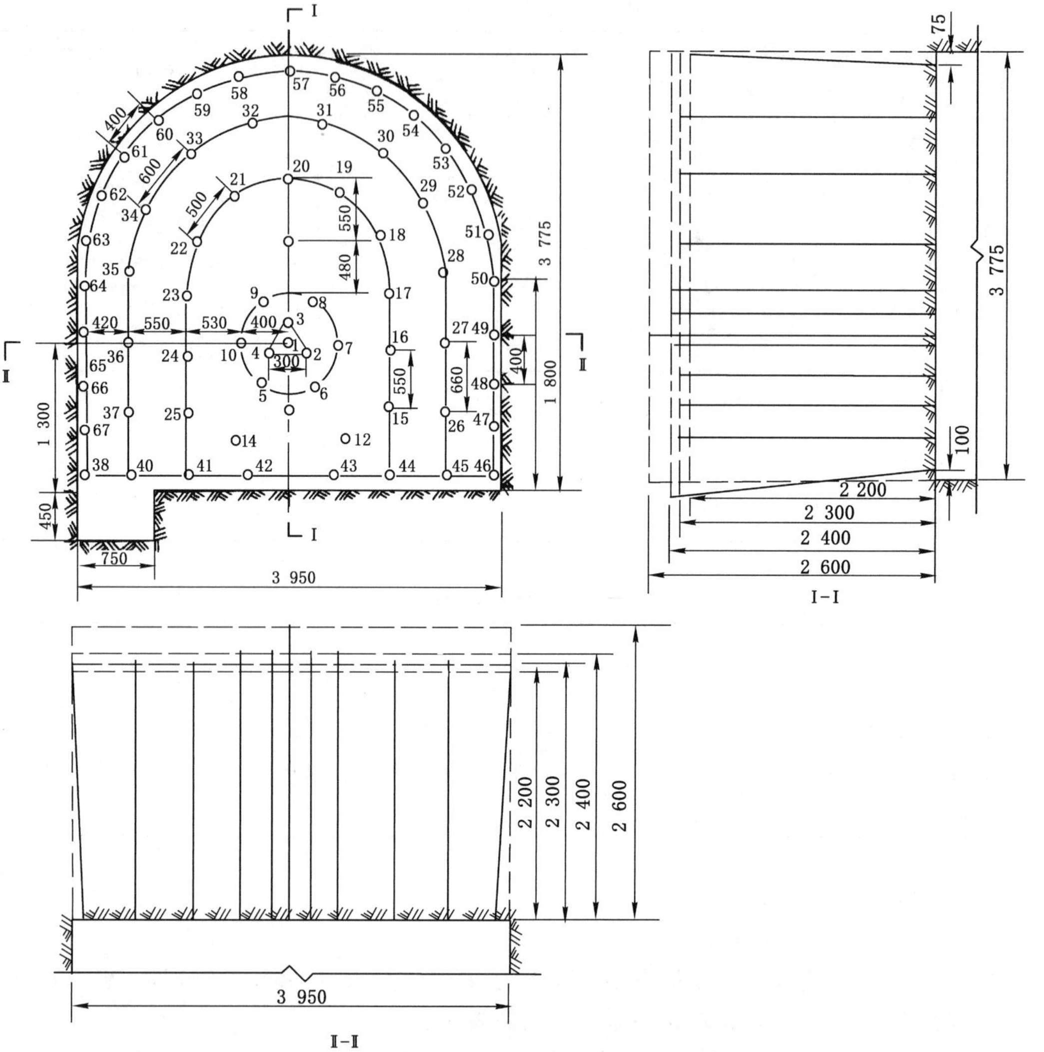

图 3-13　工作面炮眼布置图

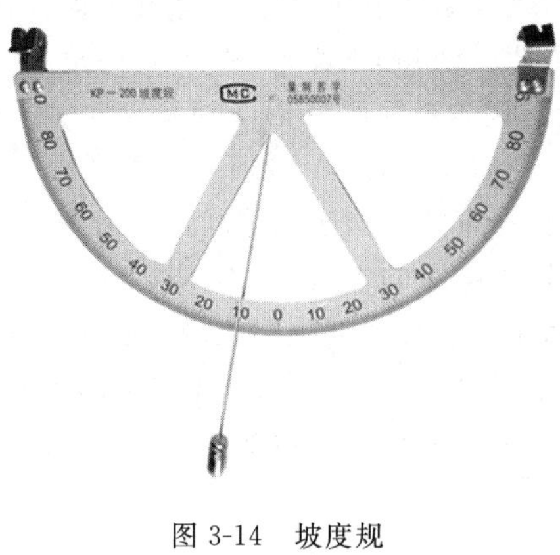

图 3-14　坡度规

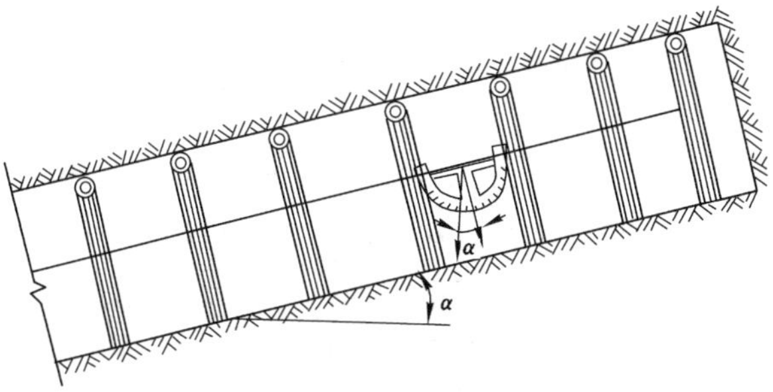

图 3-15　巷道腰线的测定

图 3-16　矿用激光指向仪

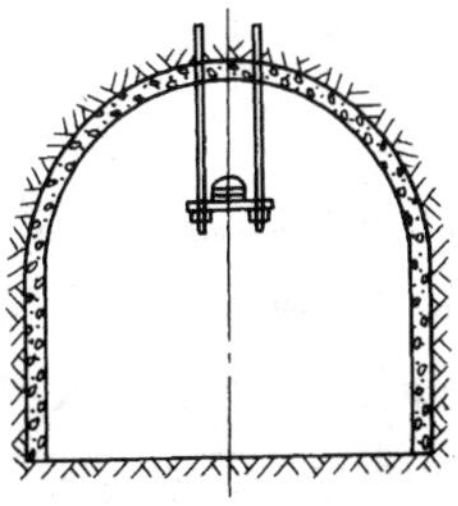

图 3-17　平巷激光指向仪的安装位置图

提供机械动力除压风供应外，还必须有供水系统。矿井的供水系统由地面与井下管网系统组成。

掘进工作面同时使用风、水的设备较多，并且装卸、移动频繁。为了提高钻眼工作的效率和使各种工序互不影响，必须配备专用的供风、供水设备，并且予以恰当布置。工作面风、水管路的布置如图 3-18 所示。它的主要特点是在工作面集中供风、供水，将分风器、分水器设置在巷道两侧，这样既方便钻眼工作，又不影响其他工作。

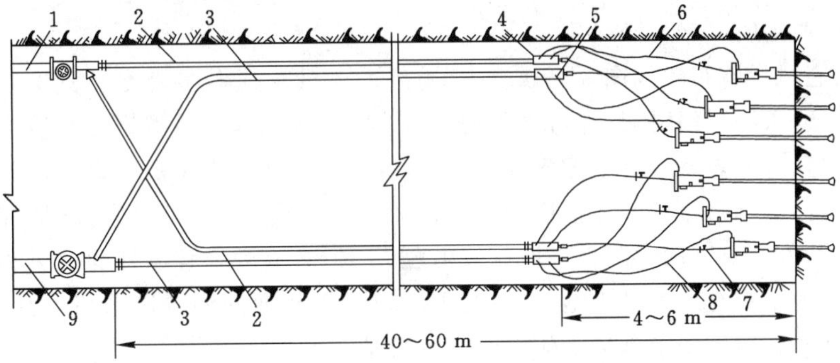

1—供水管(ϕ25～50 mm)；2—胶皮集中水管(ϕ25 mm)；3—胶皮集中风管(ϕ38～50 mm)；4—分水器(ϕ100 mm)；5—分风器(ϕ150 mm)；6—胶皮小水管(ϕ12 mm)；7—水管接头；8—胶皮小风管(ϕ18～25 mm)；9—压风干管(ϕ100～150 mm)。

图 3-18　工作面风、水管路布置图

第二节　通风与防尘

无论在新建、扩建或生产矿井中，都需开掘大量的井巷工程，以便准备新的采区和采煤工作面。在开掘井巷时，为了稀释和排出从煤(岩)体涌出的有害气体、爆破产生的炮烟和矿尘及保持良好的作业环境，必须对掘进工作面进行不间断通风。

此外，在井巷掘进过程中产生的各种岩矿微粒称为矿尘，对于矿井的安全生产和井下工作人员的健康有直接影响，大量的煤尘堆积甚至是矿井连续爆炸的重大隐患，因此必须对掘进的各个过程采取综合防尘措施。

一、掘进通风

井巷掘进一般只有一个出口(称独头巷道)，不能形成贯穿风流，故必须使用局部通风机、高压水气源或主要通风机产生的风压等技术手段向掘进工作面提供新鲜风流并排出污浊风流，这些方法统称为局部通风(又称为掘进通风)。

掘进工作面的风量应符合下列规定：① 爆破后 15 min 内能把工作面的炮烟排出；② 按掘进工作面同时工作的最多人数计算，每人每分钟的新鲜空气量不应小于 4 m^3；③ 风速不得小于 0.15 m/s；④ 混合式通风系统的压入式通风机，必须在炮烟全部排出工作面后方可停止运转。

常见掘进通风方法有三种，即利用矿井全风压通风、水力或压气引射器通风和利用局部通风机通风。全风压通风，是指直接利用矿井主要通风机及自然因素造成的风压，并借助导风设备对掘进工作面进行通风的一种方法，其通风量取决于可利用的风压和风路风阻。引射器通风，是指利用引射器产生的通风负压，通过风筒导风的局部通风方法。利用局部通风机作为动力，通过风筒导风的通风方法称为局部通风机通风，是我国最常见的掘进通风方法。

(一) 局部通风机通风方法

局部通风机的常见通风方式有压入式、抽出式和压抽混合式三种。

1. 压入式通风

压入式通风设备布置如图 3-19 所示。局部通风机及其附属装置安装在离掘进巷道口 10 m 以外的进风侧，将新鲜风流经风筒输送到掘进工作面，污风沿掘进巷道排出。当工作面爆破或掘进落煤(岩)后，烟尘充满迎头形成一个炮烟抛掷区和粉尘集中带。风流贴着巷壁射出风筒后，由于射流的紊流扩散和卷吸作用，迎头炮烟与新风发生强烈掺混，沿着巷道向外推移。风流射出风筒后存在一段有效射程($L_{压}$)，在有效射程以外的独头巷道存在循环涡流区，所以为了能有效地排出炮烟，风筒出风口距工作面的距离应不超过有效射程，否则会出现污风停滞区，不利于掘进工作面的通风排烟。

由于在通风过程中炮烟逐渐随风流排出，当巷道出口处的炮烟浓度下降到允许浓度时(此时巷道内的炮烟浓度都已降到允许浓度以下)，即认为排烟过程结束。

2. 抽出式通风

抽出式通风设备布置如图 3-20 所示。局部通风机安装在离掘进巷道 10 m 以外的回风侧。新风沿巷道流入，污风通过风筒由局部通风机抽出。当工作面掘进爆破落煤(岩)后，形成一个污风集中带，在抽出式通风口处存在一个有效吸程($L_{抽}$)，借助紊流扩散作用在此范围内的污染物和新风掺混并被吸出。在有效吸程之外的独头巷道会出现循环涡流区，因此风筒的吸口离工作面距离应小于有效吸程。理论和实践证明，抽出式通风的有效吸程比压入式通风的有效射程要小得多，一般为 2～3 倍的关系。

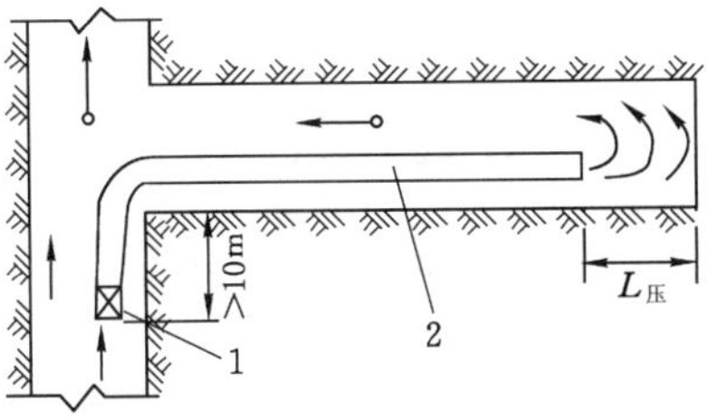

1—局部通风机；2—柔性风筒。

图 3-19　压入式通风

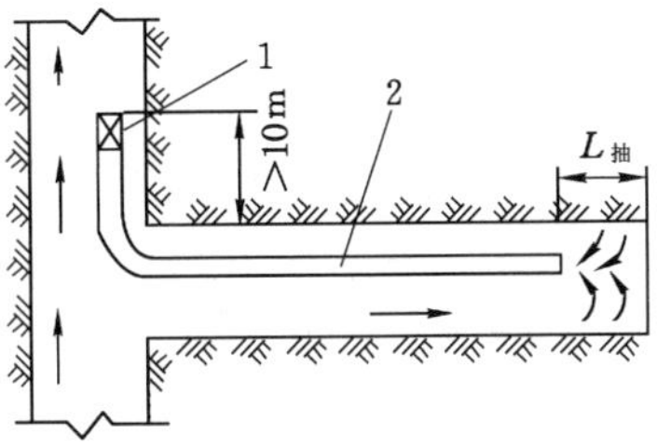

1—局部通风机；2—刚性风筒。

图 3-20　抽出式通风

3. 压入式和抽出式通风的比较

① 压入式通风的局部通风机及其他附属电气设备均布置在新鲜风流中，污风不通过局部通风机，安全性好；而抽出式通风时，含瓦斯的污风通过局部通风机，存在瓦斯爆炸危险的工作面不宜采用此方式。

② 压入式通风风筒出口风速和有效射程较大，可以起到防止瓦斯积聚和提高散热效果的作用；而抽出式通风有效吸程较小，风筒需距离掘进工作面较近，此外抽出式风量较小，工作面排污所需时间较长、速度较慢，但在有效吸程内排污效果较好。

③ 压入式通风时，掘进巷道涌出的瓦斯向远离工作面的方向排走；而抽出式通风时，巷道内涌出的瓦斯随风流流入工作面，安全性差。

④ 抽出式通风时，新鲜风流沿巷道进入工作面，整个巷道空气清新，劳动环境较好；而压入式通风时，污风沿巷道缓慢排出，掘进巷道越长，受污染的时间越久，这种现象在大断面长距离巷道掘进中尤为突出。

⑤ 压入式通风可采用柔性风筒，其成本低、质量轻；而抽出式通风的风筒承受负压，必须使用刚性或带刚性骨架的可伸缩风筒，成本高、质量大，运输不方便。

基于以上分析，当以排出瓦斯为主的煤巷、半煤岩巷掘进时，应采用压入式通风；而以排出粉尘为主的井巷掘进时，宜采用抽出式通风。

4. 混合式通风

这种通风方式是压入式和抽出式通风的联合运用。掘进长距离巷道时，单独使用压入式或抽出式通风都有一定的缺点，混合式通风兼有两者优点，其中压入式通风向工作面供新风，抽出式通风从工作面排出污风。按抽压风筒口的位置关系，每种方式分为前抽后压和前压后抽两种布置形式。

前抽后压混合式通风布置如图 3-21 所示。工作面的污风由压入式风筒压入的新风予以冲淡和稀释，由抽出式主风筒排出。抽出式风筒吸风口与工作面的距离应不小于污染物分布集中带长度，与压入式风机的吸风口距离应大于或等于 10 m；抽出式风机的风量应大于压入式风机的风量；压入式风筒的出口与工作面的距离应在有效射程之内；抽出式风筒必须用刚性风筒或带刚性骨架的可伸缩风筒。

前压后抽混合式通风布置如图 3-22 所示，新鲜风流经压入式风筒送入工作面，工作面污风经抽出式通风除尘系统净化，被净化后的风流沿巷道排出。抽出式风筒吸风口与工作面的距离应小于有效吸程；压入式风筒的出风口应超前抽出式风筒出风口 10 m 以上，它与工作面的距离应不超过有效射程；压入式风机的风量应大于抽出式风机的风量。

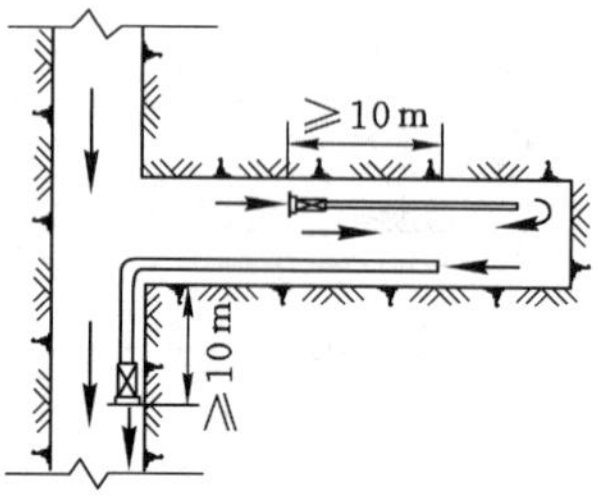

图 3-21　前抽后压混合式通风示意图

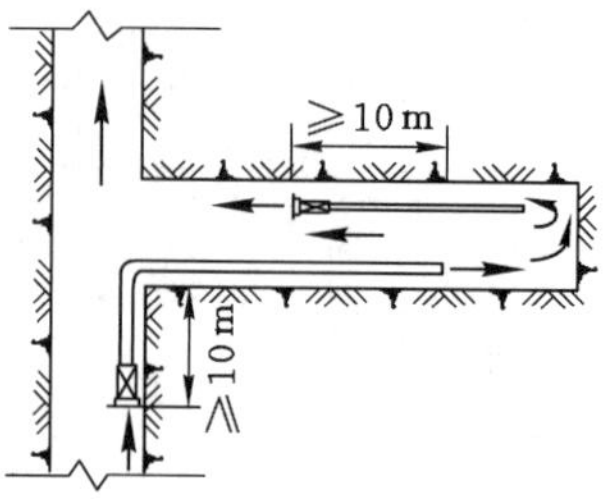

图 3-22　前压后抽混合式通风示意图

混合式通风的主要缺点是降低了压入式与抽出式风筒叠加段巷道内的风量，此段巷道顶板附近易形成瓦斯的层状积聚，因此两台风机之间的风量要合理匹配。基于上述分析，混合式通风是大断面长距离岩巷掘进通风的较好方式，机掘巷道多采用与除尘风机配套的前压后抽混合式通风。

（二）掘进通风设施

1. 局部通风机

井下局部地点通风所用的通风机称为局部通风机，是掘进通风的主要设备，要求其体积小、效率高、噪声低，风量、风压可调，坚固、防爆。

我国生产较新型的 BKJ66-11 系列局部通风机效率高（最高可达 90%）、噪声较低（常用工作区的噪声为 98～99 db(A)），主要性能参数如表 3-8 所示。

表 3-8　BKJ66-11 系列局部通风机性能参数表

型　号	风量 /(m^3/min)	全风压 /Pa	功率 /kW	转速 /(r/min)	动轮直径 /m
BKJ66-11No3.6	80～150	600～1 200	2.5	2 950	0.36
BKJ66-11No4.0	120～210	800～1 500	5.0	2 950	0.40
BKJ66-11No4.5	170～300	1 000～1 900	8.0	2 950	0.45
BKJ66-11No5.0	240～420	1 200～2 300	15	2 950	0.50
BKJ66-11No5.6	330～570	1 500～2 900	22	2 950	0.56
BKJ66-11No6.3	470～800	2 000～3 700	42	2 950	0.63

2. 风筒

风筒分刚性和柔性两大类。常用的刚性风筒有铁风筒、玻璃钢风筒等，坚固耐用，适用于各种通风方式，但笨重，接头多，体积大，储存、搬运、安装都不方便。常用的柔性风筒有胶质风筒、软塑料风筒等，在巷道掘进中广泛使用，具有轻便、安全性能可靠等优点，但易于划破，只能用于压入式通风。近年来又研制出一种带有刚性骨架的可伸缩风筒，即在柔性风筒内每隔一定距离加钢丝圈或螺旋形钢丝圈，也可用于抽出式通风，且具有可收缩的特点。常用风筒规格见表3-9。

表 3-9　常用风筒规格

风筒名称	直径/mm	每节长度/m	壁厚/mm	单位长度质量/(kg/m)
铁风筒	400	2.0、2.5	2.0	23.4
	500	2.5、3.0	2.0	28.3
	600	2.5、3.0	2.0	34.8
	700	2.5、3.0	2.5	46.1
	800～1 000	3.0	2.5	54.5～68.0
胶质风筒(含胶30%)	300	10	1.2	1.3
	400	10	1.2	1.6
	500	10	1.2	1.9
	600	10	1.2	2.3
塑料风筒	300	50	0.3	
	400	50	0.4	1.28
玻璃钢风筒	700	3.0	2.2	12.0
	800	3.0	2.5	14.0

3. 掘进通风设施的选择

选择掘进通风设施的程序是：确定通风方式，选择风筒，计算风量，计算通风阻力，选择局部通风机。

选择风筒直径的主要依据是送风量与通风距离。送风量大，通风距离长，风筒直径要选得大些。另外，还要考虑巷道断面大小，以免风筒无法布置或易被矿车划破。选择风筒时，除技术上可行之外，还要经济上合理。风筒直径大，成本高，但耗电量小，应予以综合考虑。

根据现场经验，通风距离在200 m以内可选用直径为400 mm的风筒；通风距离为200～600 m，可选用直径为500 mm的风筒；通风距离为500～1 000 m，可选用直径为600～800 mm的风筒；通风距离在1 000 m以上，可选用直径为800～1 000 mm的风筒。

（三）掘进通风管理

矿井开拓期常要掘进长距离的巷道，掘进这类巷道时，多采用局部通风机通风。在现有通风设施的基础上，只要加强通风管理工作就可提高通风效率，实现单机独头长距离通风。为了保证独头长距离通风的效果，需要注意以下几个方面的问题：

① 通风方式要选择得当，一般采用混合式通风。

② 条件许可时，尽量选用大直径的风筒，以降低风筒风阻，增加有效风量。

③ 保证风筒接头的质量。根据实际情况，尽量增长每节风筒的长度，减少接头处漏风。

④ 风筒悬吊力求“平、直、紧”，以消除局部阻力。

⑤ 要有专人负责，经常检查和维修。

此外，还要保证局部通风机连续、安全地运转，应注意以下几点：

① 注意电动机的保护，实现局部通风机的风电闭锁，采用双回路或单独供电，保证正常运转。

② 为了保证局部通风机最大风量和风压，叶轮与外壳间隙不得小于 2 mm。

③ 局部通风机启动时，应先断续开停几次后，再使风机转入运行，以避免风筒破裂或接头被拉开。

④ 局部通风机运转前应检查进风流瓦斯，瓦斯浓度小于 0.5%时方可启动。因故停风时，必须在巷道中瓦斯浓度小于 1%时方可启动。

⑤ 局部通风机必须指定人员负责管理，定期检查，及时处理发现的问题。

二、综合防尘技术

掘进巷道时，在钻眼、爆破、装岩、运输等工作中，不可避免地要产生大量的岩矿微粒，统称为煤矿粉尘。矿尘的主要危害是引起尘肺病和发生爆炸。在矿井粉尘污染的作业场所工作，工人长期吸入大量浮尘，沉积在肺组织中，会使得肺细胞发生一系列生理、病理变化，从而使肺组织纤维化，导致工人患上尘肺病。我国煤炭工业的粉尘职业危害十分严重，居各行业之首。当具有爆炸危险的煤尘达到一定浓度时，在引爆热源的作用下，可以发生猛烈的爆炸。因此，矿尘严重威胁矿井的安全生产和人员的生命安全。因此，掘进井巷时，必须采取湿式钻眼、冲洗井壁巷帮、采用水炮泥爆破、爆破喷雾、装岩(煤)洒水和净化风流等综合防尘措施。

《煤矿安全规程》规定：作业场所空气中粉尘(总粉尘、呼吸性粉尘)浓度应当符合表3-10的要求。不符合要求的，应当采取有效措施。

表 3-10　作业场所空气粉尘浓度要求

粉尘种类	粉尘中游离 SiO_2 含量/%	时间加权平均允许浓度/(mg/m^3)	
		总粉尘	呼吸性粉尘
煤尘	<10	4	2.5
矽尘	10～50	1	0.7
	50～80	0.7	0.3
	≥80	0.5	0.2
水泥尘	<10	4	1.5

注：时间加权平均容许浓度是以时间加权数规定的 8 h 工作日、40 h 工作周的平均容许接触浓度。

1. 湿式钻眼

湿式钻眼是综合防尘最主要的技术措施，严禁在没有防尘措施的情况下进行干法生产和干式凿岩。湿式钻眼就是在钻眼过程中用水冲洗炮眼，使岩粉变成浆液从炮眼流出，使粉尘不会飞扬，能显著降低巷道中的粉尘浓度。

2. 喷雾洒水

喷雾洒水就是将压力水通过喷雾器在旋转或冲击作用下，雾化成细散的水滴喷射于空气中。在矿尘产生量较大的地点喷雾洒水，是捕获浮尘和湿润落尘最简单易行的有效措施。

爆破前要用水冲洗岩帮，爆破后立即进行喷雾，装岩前要向岩堆上洒水，水能黏结细粒粉尘，使它不致在装岩时被铲斗扬起。实践表明，岩堆单位体积的耗水量与粉尘浓度成反比，见表 3-11。

表 3-11　粉尘浓度与岩堆耗水量的关系

耗水量/(L/m^3)	8	16	22	25
粉尘浓度/(mg/m^3)	1.5～1.8	1.1～1.5	0.9～1.0	0.5～1.5
平均粉尘浓度/(mg/m^3)	1.7	1.4	1.0	0.9

从表 3-11 中可以看出，当耗水量为 8 L/m^3 时，粉尘平均浓度即可降至 2 mg/m^3 以下。

3. 采用水炮泥爆破

采用水炮泥爆破就是用装水的塑料袋代替一部分炮泥，填于炮眼内。爆破时水袋破裂，水在高温高压下汽化，与尘粒凝结，达到降尘的目的。采用水炮泥比单纯用土炮泥时的矿尘浓度降低20%～50%，尤其是呼吸性粉尘含量能大幅降低。此外，水炮泥还能减少爆破产生的有害气体，缩短通风时间，并能防止爆破引燃瓦斯。水炮泥布置如图 3-23 所示。

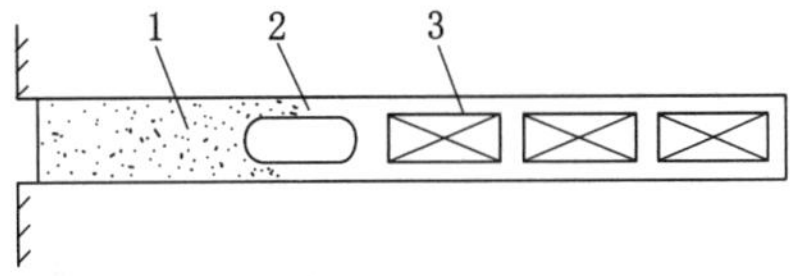

1—黄泥；2—水炮泥；3—炸药卷。

图 3-23　水炮泥布置图

4. 加强通风排尘工作

通风工作除不断向工作面供给新鲜空气外，还可将含尘空气排出，以降低工作面的含尘量。根据试验观测，当巷道中风速达到 0.15 m/s 时，5 μm 以下的粉尘能浮游并与空气混合而随风流动，这一风速称为最低排尘风速。风速增大，粒径较大的尘粒也能浮游并被排走。在产尘量一定的情况下，风速增大，粉尘浓度减小。当风速为 1.5～2 m/s 时，作业点的粉尘浓度可降到最小值，这一风速称为最优排尘风速。风速再提高，会吹扬起已沉降的粉尘，使矿尘浓度再度增高。一般来说，掘进工作面的最优风速为 0.4～0.7 m/s。因此，为了做好通风排尘工作，首先，应在掘进巷道周围建立通风系统，以形成主风流；其次，应在各作业点搞好局部通风工作，保证工作面能得到足够的风量和一定风速，以便迅速把工作面的粉尘稀释并排到主回风流中去。

5. 加强个人防护工作

近年来，我国有关部门研制生产了多种防尘口罩，主要有防尘口罩、防尘风罩、防尘帽、防尘呼吸器等，其目的是使佩戴者能呼吸净化后的清洁空气，从而对于保护粉尘区工作工人的身体健康起到积极作用。另外，对工人要定期进行身体健康检查，发现病情及时治疗。

第三节　装岩与运输

巷道施工中，岩石的装载与运输是最繁重、最费工时的工序，一般情况下它占掘进循环时间的 35%～50%。因此，做好装岩与运输工作，对提高劳动效率、加快掘进速度、改善劳动条件和降低成本有重要意义。

目前，国内已生产出各种类型、适应不同条件的装载机和调车运输设备，装载机由铲斗后卸式单一机型，发展到耙斗装载机、侧卸式装载机、蟹爪和立爪式装载机等各种类型。配套的转载运输设备也在不断改善，先后出现了 QZP-160 型桥式转载机、SJ-80 型与 SJ-44 型可伸缩带式输送机、ZP-1 型带式转载机等，以及 S4、S6、S8 型梭式矿车和仓式列车及 5 t 以上防爆型蓄电池电机车。以上多为从工作面运出矸石的设备，同时也发展了可向工作面运输材料的带式输送机、钢丝绳牵引卡轨车和钢丝绳牵引单轨吊车。这些设备的配套使用，组成各种工艺的岩巷机械化作业线，达到了提高岩巷掘进速度和施工工效的目的。

一、装岩工作

（一）装载机

装载机按工作机构划分，有铲斗式装载机、耙斗装载机、蟹爪式装载机和立爪式装载机等。

1. 铲斗式装载机

铲斗式装载机有后卸式和侧卸式两大类，其工作原理和主要组成部分基本相同。工作时依靠自身运动所产生的动能，将铲斗插入矸石，铲满后抬起铲斗将矸石卸入转载设备或矿车中，其工作过程为间歇式。

铲斗后卸式装载机是我国最早使用的装载机械，煤矿中使用最多的是 Z-20B 型电动铲斗后卸式装载机，构造图如图 3-24 所示。但由于适应性不强、生产能力小、机械化程度低等原因，目前该装载机只在小型煤矿使用。

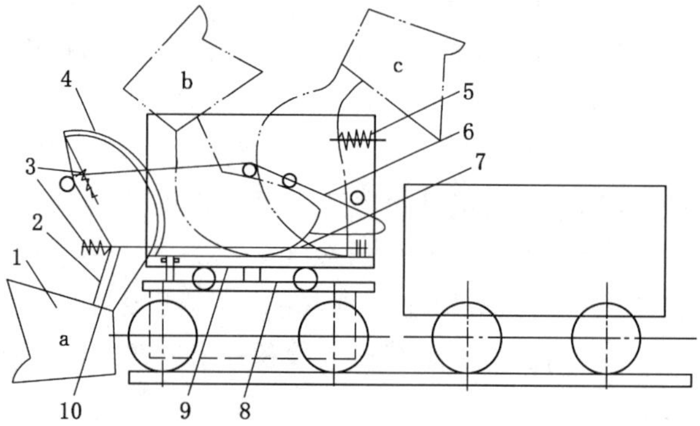

1—铲斗；2—斗柄；3—弹簧；4—斗臂；5—缓冲弹簧；
6—提升链条；7—导轨；8—回转底盘；9—回转台；10—稳绳。

图 3-24　Z-20B 型电动铲斗后卸式装载机构造

铲斗侧卸式装载机从正面铲取岩石，在设备前方侧转卸载，行走方式为履带式。它与铲斗后卸式比较，铲斗插入力大、斗容大、提升距离短；履带行走机动性好，装岩宽度不受限制，可在平巷及倾角 10°以内的斜巷使用；铲斗还可兼作活动平台，用于安装锚杆和挑顶等；电气设备均为防爆型，可用于有瓦斯和煤尘爆炸危险的矿井。国产 ZLC-60 型铲斗侧卸式装载机构造如图 3-25 所示，该机适用于宽度 4 m 以上、高度大于 3.5 m 的巷道。

如果直接将矸石装入矿车，装载机在巷道中频繁行走，不仅会将巷道底板碾碎，形成大量淤泥给后续清理工作带来麻烦，也会缩短履带行走部件的使用寿命，降低整机的工作效率。因此，根据侧卸式装载机的工作特点，应将转载机布置在装载机铲斗卸载一侧的轨道上

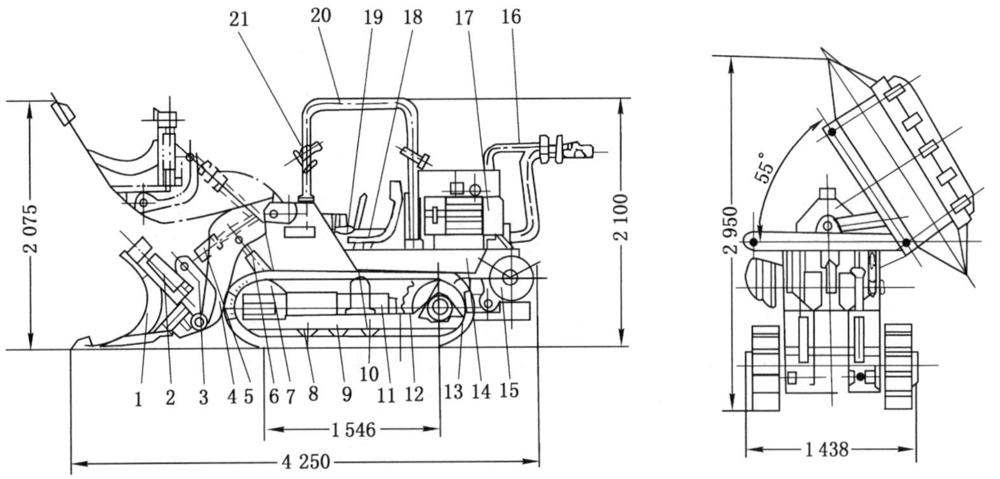

1—铲斗；2—侧卸液压缸；3—铲斗座；4—摇臂；5—连杆；6—举升液压缸；7—导轮；
8—履带架；9—支重轮；10—托轮；11—张紧装置；12—驱动轮；13—履带；14—机架；
15—行走部电动机；16—电缆；17—泵端电动机；18—司机座；19—操纵台；20—司机棚；21—照明灯。

图 3-25　ZLC-60 型铲斗侧卸式装载机构造

(图 3-26)。装载机铲取的岩石直接卸到停靠在掘进工作面前部的料仓中，通过转载机再转卸到矿车中，这样可以连续装满 1 列矿车，以提高装岩效率。

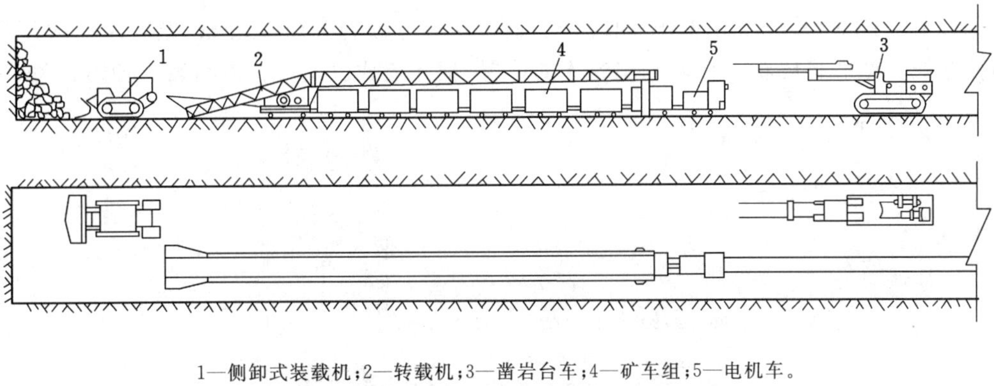

1—侧卸式装载机；2—转载机；3—凿岩台车；4—矿车组；5—电机车。

图 3-26　转载机与侧卸式装载机配套示意图

2. 耙斗装载机

耙斗装载机(图 3-27)是一种结构简单的装岩设备，动力为电动，行走方式为轨轮。它不仅适用于水平巷道装岩，也可用于倾斜巷道和弯道装岩。从 1963 年开始，我国煤矿逐步推广使用了耙斗装载机，现已形成系列，是目前应用最广的装载设备。

耙斗装载机主要由绞车、耙斗、台车、槽体、滑轮组、卡轨器、固定楔等部分组成，如图3-28 所示。

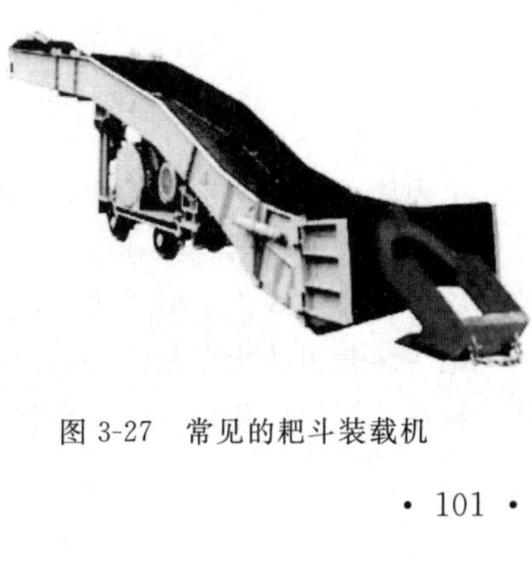

图 3-27　常见的耙斗装载机

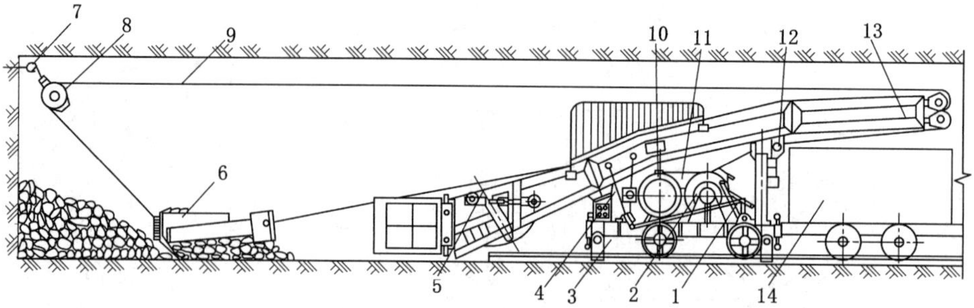

1—连杆；2—主、副滚筒；3—卡轨器；4—操作手把；5—调整螺丝；
6—耙斗；7—固定楔；8—尾轮；9—耙斗钢丝绳；10—电动机；
11—减速器；12—架绳轮；13—卸料槽；14—矿车。

图 3-28　耙斗装载机总装示意图

耙斗装载机在工作前，用卡轨器 3 将台车固定在轨道上，并用固定楔 7 将尾轮 8 悬吊在工作面的适当位置。工作时，通过操纵手把 4 启动行星轮或摩擦轮传动装置，驱使主绳滚筒转动，并缠绕钢丝绳牵引耙斗 6 将矸石耙到卸料槽 13。此时，副绳滚筒从动，并放出钢丝绳，矸石靠自重从槽口溜入矿车。然后使副绳滚筒转动，主绳滚筒变为从动，耙斗空载返回工作面。这样就能使耙斗往复运行进行装岩。

耙斗装载机适用于净高大于 2 m、净断面积为 5 m^2 以上的巷道。它不但可以用于平巷装岩，而且还可以在倾角 35°以下的上、下山掘进中装岩，亦可用于在拐弯巷道中作业（图 3-29）。此时，首先要在工作面设尾轮，通过在转弯处的开口双滑轮，把工作面的矸石耙到转弯处。然后将尾轮 1 移动到尾轮 4 的位置，耙斗装载机便可将矸石装入转运设备。

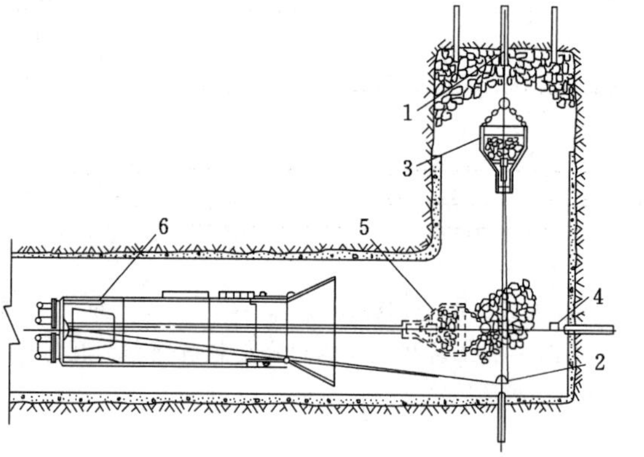

1，4—尾轮；2—双滑轮；3，5—耙斗；6—耙斗装载机。

图 3-29　拐弯巷道耙斗装载机装岩示意图

下山施工时，当巷道坡度小于 25°时，除了用耙斗装载机本身的卡轨器进行固定外，还应增设两个大卡轨器。当巷道坡度大于 25°时，除增设大卡轨器外，还应再增设一套防滑装置。移动耙斗装载机一般用提升机，也可用一台 5 t 的绞车。

耙斗装载机的优点是结构简单、维修量小、制造容易、铺轨简单、适应面广和装岩生产率高。缺点是钢丝绳和耙斗磨损较快，工作面堆矸较多，影响其他工序工作。

3. 蟹爪式装载机

这种装载机(图 3-30)的特点是装岩工作连续,生产率高。其主要组成部分有蟹爪、履带行走部分、转载输送机、液压系统和电气系统等,结构如图 3-31 所示。

图 3-30　ZMZ 型蟹爪式装载机

这类装载机前端的铲板上设有一对蟹爪,在电动机或液压马达驱动下,连续交替地扒取岩石,岩石经刮板输送机运到机尾的带式输送机上,而后装入运输设备。输送机的上下、左右摇动,以及铲板的上下摆动都由液压驱动。装岩时,铲板必须插入岩堆,当岩堆塌落压住蟹爪时,必须将装载机退出,再次前进插入岩堆后装载。大功率蟹爪式装载机装载宽度大,生产率高,机器高度低,产生粉尘少,但结构复杂,履带行走对软岩巷道不利,适合于硬岩巷道。

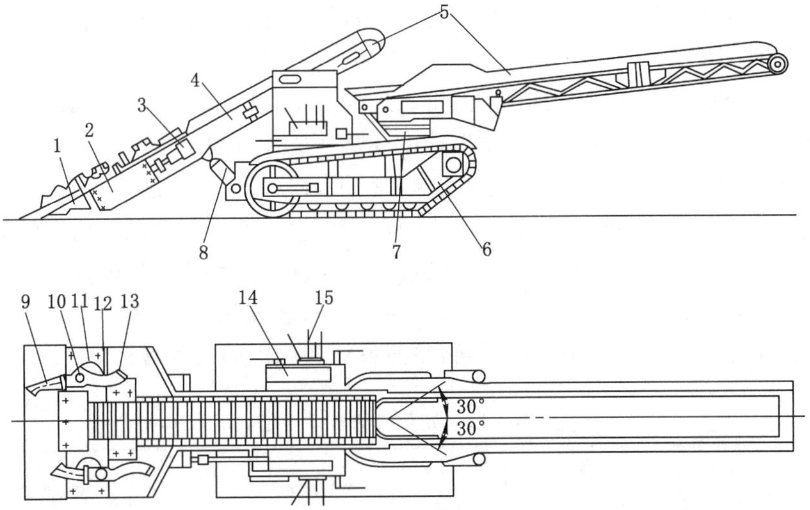

1—蟹爪装载机构;2—减速器;3—液压马达;4—机头架;5—转载输送机;
6—行走机构;7—回转台;8—升降液压缸;9—耙杆;10—销轴;11—主动圆盘;
12—弧线导杆;13—固定销;14—电气装置;15—液压操纵装置。

图 3-31　ZS-25 型蟹爪式装载机构造

4. 立爪式装载机

立爪式装载机(图 3-32)主要优点是装矸机构简单可靠,动作机动灵活,对巷道断面和岩石块度适应性强,能挖水沟和清理底板,生产效率较高;缺点是爪齿容易磨损,操作亦较复杂,维修水平要求高。

图 3-32　立爪式装载机

立爪式装载机由机体、刮板输送机及立爪耙装机构三部分组成。其装岩过程是,立爪耙装岩石,刮板输送机转送岩石至运输设备,这比铲斗式装载机要先插入岩堆内而后铲取岩石更合理。

还有一种蟹立爪装载机,是吸取蟹

爪式和立爪式装载机的优点，采用蟹爪和立爪组合的耙装机构，从而形成新颖的高效装载机。它以蟹爪为主，立爪为辅，结合了两种装载机的优点，有较高的生产能力。

（二）装载机的选择

选择装载机主要应考虑巷道断面的尺寸，装载机的装载宽度和生产率，装载机的适应性和可靠性，装载机操作、制造和维修的难易程度，装载机与其他设备的配套，装载机的造价和效率等因素。

铲斗后卸式装载机，构造较简单，适应性好，以往使用得较多。但它的生产能力小，装岩工作方式不合理，效率低，易扬起粉尘，装岩宽度较小，故一般应用于单轨巷道。

铲斗侧卸式装载机，铲取能力大，生产效率高，对大块岩石、坚硬岩石适应性强；履带行走，移动灵活，装卸宽度大，清底干净；操作简单、省力。但是其构造较复杂、造价高、维修要求高，用于断面积 12 m^2 以上的双轨巷道。

耙斗装载机，构造最简单，维修、操作都容易；适应性强，可用于平巷、斜巷以及煤巷、岩巷等。但是，它的体积较大，移动不便，有碍其他机械使用；底板清理不干净，人工辅助工作量大，耙齿和钢丝绳损耗量大，效率低。耙斗装载机用于单轨巷道较为合理。

前两种装载机均属于间歇式装岩，而蟹爪式、立爪式以及蟹立爪式装载机的装岩动作连续，属于连续式装岩。因此，蟹爪式、立爪式以及蟹立爪式装载机可与大容积、大转载能力的运输设备和转载机配合使用，生产效率高；履带行走，移动灵活，装载宽度大，清底干净；工作需要空间小，适用于单、双轨巷道；装岩方式合理，效率高，粉尘少。但是构造较复杂，造价也高；蟹爪与铲板易磨损，装坚硬岩石时，对制造工艺和材料耐磨性要求较高。

目前，使用较多的仍然是耙斗装载机，铲斗侧卸式装载机次之，在实际工作中应根据工程条件、设备条件以及前述应考虑的因素，参照各种装载机的技术特征（表 3-12）进行选择。

表 3-12 装载机的技术特征

	铲斗式装载机				耙斗装载机						蟹爪式装载机			立爪式装载机
	Z-20B	Z-30B	ZCZ-26	ZLC-60 侧卸式	P-60B	P-30B	P-15B	YP-20	YP-60	YP-90	LB-150	ZS-60	ZXZ-60	LZ-120
生产能力/(m^3/h)	30～40	45～60	50	90	70～105	35～50	15	25～35	80～100	120～150	150	60	60	120
铲斗容积/m^3	0.2	0.3	0.26	0.6	0.6	0.3	0.15	0.2	0.6	0.9				
装载宽度/mm	2 200	2 550	2 700											4 150
最大装料块度/mm	400	500	500								600	500	600	
长度/mm	2 395	2 660	2 375	4 250	9 800	6 600	4 700	5 300	7 725	8 391	8 850	7 570	8 100	
宽度(不包括踏板)/mm	1 426	1 410		1 800	2 750	2 045	1 040	1 400	1 850	2 000	2 170	1 350	1 600	
高度(运输状态)/mm	1 518	1 455	1 378	2 100		1 650	1 650				2 040	1 720	1 770	
工作时最大高度/mm	2 180	2 380	2 240	2 950	2 220	1 950	1 750	1 680	2 340	2 423			1 980	
卸载高度/mm	1 280	1 300	1 250	1 300							1 150～2 400			1 700
行走机构	轨轮	轨轮	轨轮	履带	轨轮	轨轮	轨轮	轨轮	轨轮	轨轮	履带	履带	履带	轨轮

表 3-12(续)

	铲斗式装载机				耙斗装载机						蟹爪式装载机			立爪式装载机
	Z-20B	Z-30B	ZCZ-26	ZLC-60侧卸式	P-60B	P-30B	P-15B	YP-20	YP-60	YP-90	LB-150	ZS-60	ZXZ-60	LZ-120
轨距/mm	600,900	600	600,762		600,762,900	600,762,600	600	600,750,600	600,750,762	600,750,762,900	600,750,762			600,762
动力	电动	电动	风动	电动	电动	电动	电动	电动	电动	电动	电动	液压	电动	液压
设备总功率/kW	21	30		520	30	17	11	13	30	40	97.5	43	64.5	52
质量/kg	4 100	5 000	2 700	7 430	6 450	4 500	2 200	2 600	6 140	8 000	23 430	6 000	15 000	10 500
适用巷道最小断面积/m^2											8.5		7	
宽×高/m	3×2.5	2.5×3	2.2×2.5	4×3.5	3×2.5	2.5×2	2×1.8							

(三)提高装岩工作效率的途径

装岩效率的指标是 m/台班或 m^3/工。单从巷道经济效果分析,这两项指标越高,成本越低。从组织观点出发,工作面同时工作内容越单一,相互干扰越少,效率越高。为了组织快速施工,往往要组织多工序平行作业,人员设备必然增多,相互干扰增加,效率较低。但是有时为了生产或建设的总体需要,往往对某项工程组织快速施工而获得更大的经济效益。因此,要区别这两种情况,根据具体要求,采取不同措施,提高装岩效率。

① 研究和推广装岩、运输机械化作业线,不断提高装载机工时利用率,缩短掘进循环中的装岩时间。

② 研制和选用高效能的装载机。在现有设备中,要根据巷道断面尺寸选用装载机,对于双轨巷道尽量选用大型耙斗装载机、ZLC-60 型铲斗侧卸式装载机或蟹爪式装载机等大型设备。一般情况下,应避免同时使用两台装载机或大断面选用生产能力小的装载机。

③ 做好爆破工作。当岩石的块度均匀、适宜,堆放集中,底板平整时,装载机的效率较高。

④ 发展一机多用设备。工作面空间有限,工序繁多,设备拥挤而且利用率低,辅助时间增加,特别是在单轨巷道,尤为困难。因此,应研制一机多用的设备,如钻装载机、钻装锚机、仓式列车等。

⑤ 加强装岩与排矸调车的组织管理工作,保证重车及时推出,空车及时到位。

二、调车排矸工作

在巷道掘进的装岩运输过程中,采用矿车运输矸石时,一个矿车装满后,必须退出,调换一个空车继续装岩,这就是调车工作。装岩效率的提高,除了选用高效能装载机和改善爆破效果以外,还应结合实际条件,合理选择工作面各种调车和转载设施,以减少装载间歇时间,提高实际装岩生产率。

采用不同的调车和转载方式,装载机的工时利用率差别很大。据统计,我国煤矿采用固定错车场时装载机的工时利用率为 20%～30%,采用浮放道岔时为 30%～40%,采用长转载输送机时为60%～70%，采用梭式矿车或仓式列车时为80%以上。因此，应尽可能选用转载输送机或梭式矿车，以减少装载的间歇时间。

（一）固定错车场调车法

利用固定错车场调车如图3-33所示。在单轨巷道中，调车较为困难，一般每隔一段距离需要加宽一部分巷道，以安设错车的道岔，构成环形错车道或单向错车道。在双轨巷道中，可在巷道中轴线铺设临时单轨合股道岔，或利用临时斜交道岔调车。

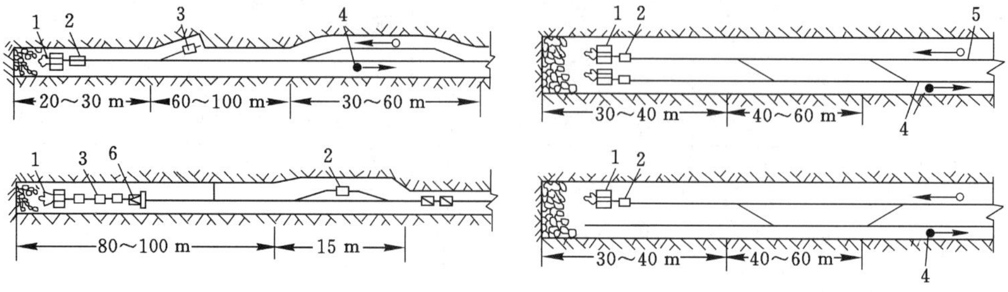

1—装载机；2—重车；3—空车；4—重车方向；5—空车方向；6—电机车。

图3-33　固定错车场

这种调车方法简单易行，一般可用电机车调车，或辅以人力。单独使用固定道岔调车法，需要增加道岔的铺设，加宽部分巷道的断面，且不能经常保持较短的调车距离，故调车效率不高，装载机的工时利用率只有20%～30%。该调车方法可用于工程量不大、工期要求较缓的工程。

（二）活动错车场调车法

为了缩短调车的时间，将固定道岔改为翻框式调车器、浮放道岔等专用调车设备，这些设备可紧随工作面向前移，能经常保持较短的调车距离，装载机的工时利用率可达30%～40%。

1. 浮放道岔

浮放道岔是临时安设在原有轨道上的一组完整道岔，它结构简单，可以移动，现场可自行设计与加工。菱形浮放道岔(图3-34)是用于双轨巷道的浮放道岔，在有两台装载机同时

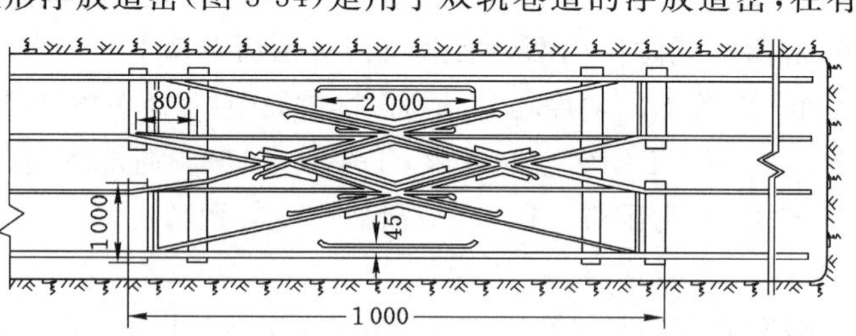

(a) 双向道岔

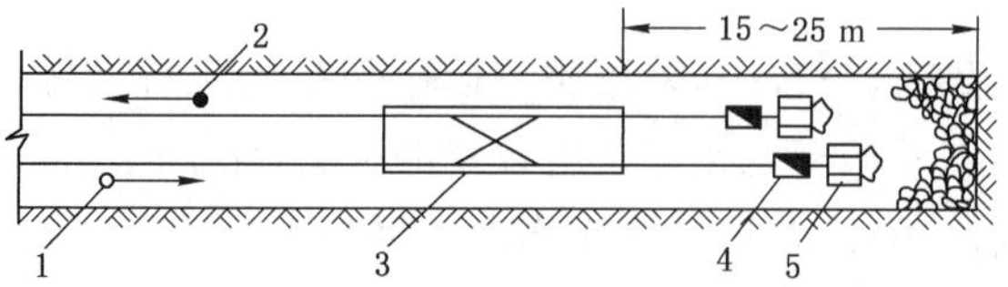

(b) 调车示意图

1—空车方向；2—重车方向；3—双向菱形浮放道岔；4—矿车；5—装载机。

图3-34　双向菱形浮放道岔及调车示意图

装岩的情况下使用方便，但其缺点是结构笨重、搬运困难。另外，还有用于单轨巷道的单轨浮放双轨道岔，如图 3-35 所示。

图 3-35　单轨浮放双轨道岔

2. 翻框式调车器和风动调车器

翻框式调车器一般用于单轨巷道，风动调车器可用于单轨巷道或双轨巷道，如图 3-36 所示。翻框式调车器由金属活动盘和滑车板组成，活动盘浮放在巷道的轨面上，随时可以紧随装岩工作面向前移动。

活动盘上设有可沿角钢横向移动的滑车板，当空车推上滑车板后，滑车板可以横向移动离开，然后翻起活动盘，为重车提供了出车线路。待重车通过后，再放下活动盘，空车随同滑车板返回轨面，然后用人力将空车送至工作面装车，具体调车如图 3-37 所示。

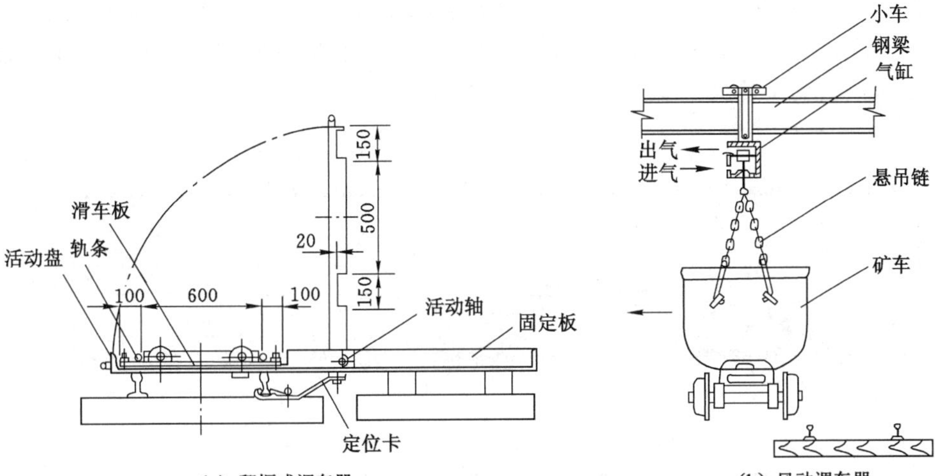

(a) 翻框式调车器　　(b) 风动调车器

图 3-36　调车器示意图

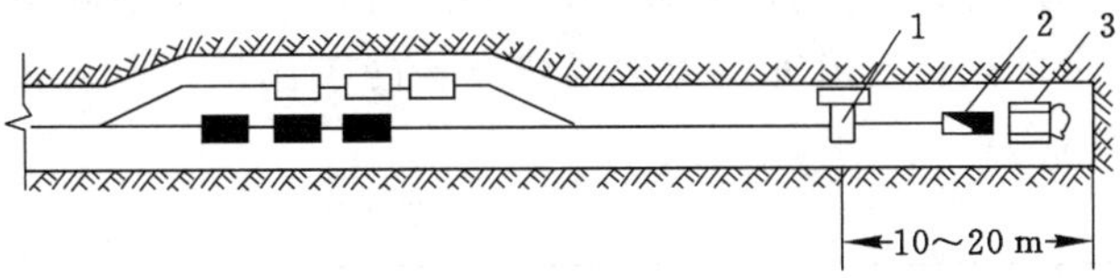

1—翻框式调车器；2—矿车；3—装载机。

图 3-37　翻框式调车器调车示意图

翻框式调车器具有结构简单、质量轻、移动方便的优点，特别是可以保证调车位置接近工作面，为独头巷道快速掘进创造了有利条件。以同样的原理制作了风动调车器[图 3-36(b)]，用压气气缸将空车吊离轨面以达到上述调车目的。

(三) 利用专用转载设备

采用专用转载设备可大大改进装运工作，提高装岩机的实际生产率，使装载运输连续作业，有效地加快装运速度。常用的转载设备有带式转载机、梭式矿车和仓式列车等。

1. 带式转载机

平巷掘进中使用的带式转载机(图 3-38)的形式很多,但带式转载机的机架和托滚等部分大致相同,主要区别是在带式转载机的支撑方式上。按带式转载机机架支撑方式分,有悬臂式带式转载机、支撑式带式转载机和悬挂式带式转载机等多种。

图 3-38 支撑式带式转载机

悬臂式带式转载机如图 3-39 所示,结构简单,长度较短,行走方便,可适应弯道装岩。其不足之处在于,其下边最多只可存放 3 辆矿车,采用反复调车的方法,虽然可以增加连续装车的数目,但其调车组织工作比较复杂,现场应用较少。

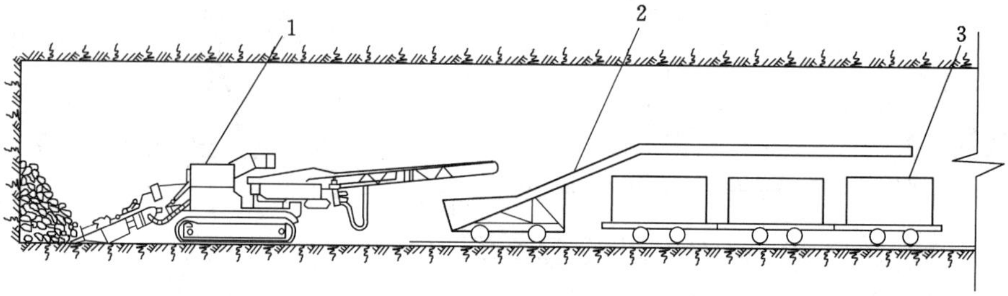

1—蟹爪式装载机;2—悬臂式带式转载机;3—矿车。

图 3-39 蟹爪式装载机与悬臂式带式转载机配套示意图

支撑式带式转载机设有辅助轨道,专供支撑行走。由于长度较长,该转载机往往能存放足以将一茬炮爆落矸石全部装走的矿车数(图 3-40),因而可完全消除由于调车而导致的装岩中断,并可大大减少单轨长巷道铺设道岔或错车场的工作量。但它只适用于直线段巷道的掘进。

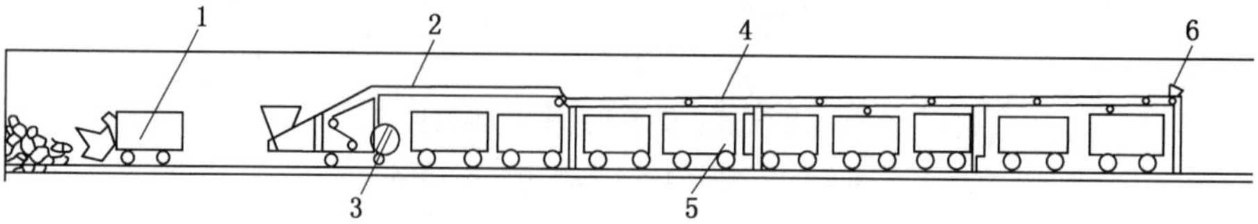

1—装载机;2—悬臂式带式转载机;3—电机;

4—支撑式带式转载机;5—1 m^3矿车;6—转载机电机。

图 3-40 带式转载机工作布置示意图

悬挂式带式转载机的特点是转载机悬挂在巷道顶部的轨道上,如图 3-41 所示。轨道可采用钢轨或槽钢制成,用锚杆吊挂或直接固定于巷道支架的顶梁上,随工作面推进而向前接长延伸。它的移动可用装岩机或电机车牵引或推顶。

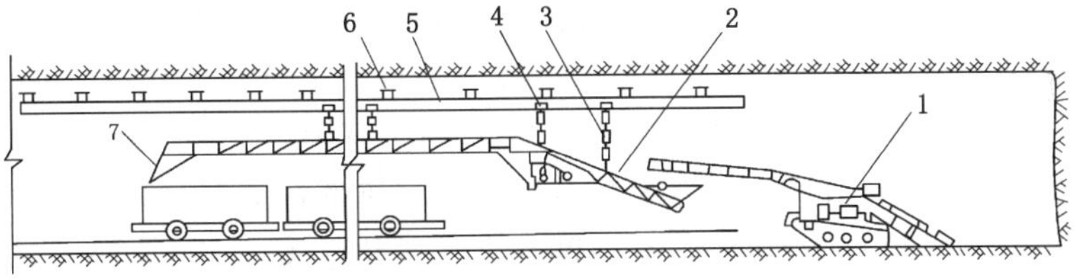

1—装载机；2—悬挂式带式转载机；3—悬吊链；4—行走小车；5—单轨架空轨道；6—吊挂装置；7—卸矸溜槽。

图 3-41　悬挂式带式转载机示意图

2. 梭式矿车

梭式矿车是一种大容积的矿车，也是一种转载设备。根据工作面的条件，可以采用 1 台梭车，亦可把梭车搭接组列使用，一次将工作面爆落的矸石装走。我国生产的常见梭式矿车有 4 m^3、6 m^3、8 m^3 三种。随着深孔爆破技术的日趋成熟，大容量的梭式矿车也被广泛运用于岩巷掘进，图 3-42 为 20 m^3 的 SD8-20 型梭式矿车图。

图 3-42　SD8-20 型梭式矿车

梭式矿车具有装载连续，转载、运输和卸载设备合一，性能可靠等优点。但在井下使用时需要有专门的卸载点，如溜井、矸石仓等。若有“丁”字形巷道，亦可采取将梭车尾部抬高直接卸入矿车的方法。也可采取由梭车卸入固定地点的转载机，再由转载机装入矿车的办法。

3. 仓式列车

仓式列车适用于小断面巷道，由头部车、若干中部车及一台尾部车组成，链板机贯穿整个列车车厢的底部。使用时，根据一次爆破出岩量确定中部车厢数量，仓式列车可在曲率半径大于 15 m 的弯道上运行。

仓式列车可与装岩机或带有转载机的掘进机配套使用，并能充分发挥装岩机的效率；由于不必调车，可节省不必要的错车道开凿工程，同时，又利于运料，故需辅助人员少、辅助工作量少。仓式列车卸载高度低，前后移动方便，可用绞车或电机车牵引。

仓式列车适用于断面积为 4.5～8.5 m^2 的较小巷道，但需两次转载，一般把煤、矸直接卸到刮板输送机或煤(矸)仓里，所以仓式列车适用于煤巷、半煤岩巷掘进运输。

三、辅助运输工作

煤矿井下辅助运输，广义上是指除运输煤炭之外的各种运输，一般包括人员、设备、辅助材料和矸石的运输。

运输过程中，若所运输的设备、材料、矸石等货物，需由一种容器或车辆转装至另一种容器或车辆上运输，称为换装。例如，单轨吊与轨道运输设备的转运、普通矿车与卡轨车的转运等，均称为换装。运输过程中，若不需改变承载车辆或容器，只改变牵引设备，称为转载或倒运。例如，矿车由机车牵引改为由绞车牵引或由多台绞车接力牵引等。

我国煤矿辅助运输一般是主要大巷采用电机车，上下山斜巷采用绞车，其他地点多采用小绞车或人工运输。自 20 世纪 70 年代后期研制出防爆低污染柴油机及单轨吊车开始，辅助运输机械现已有 14.7 kW、29 kW、66 kW 柴油机单轨吊车，KCY-6/900、F-1 型绳牵引卡轨车，普通轨卡轨车以及 XTD-7 蓄电池单轨吊车等七种机型。随着采掘综合机械化的发展，我国大型矿井近年来产量和效率有了很大的提高，但全员效率增长幅度相对较低，其中重要原因之一就是井下辅助运输效率太低，大量人员用在运料、运设备上。随着煤矿技术装备水平的日益提高，单轨吊车、卡轨车、齿轨车和无轨运输车等新型的运输方式出现，克服了原有辅助运输运输能力小、效率低、不能连续运输的缺点，从而实现煤矿辅助运输的自动化控制及集装化运输。

（一）单轨吊车

单轨吊车运输是将材料、设备、人员等通过承载车或起吊梁悬吊在巷道顶部的特制工字钢单轨上，由单轨吊车的牵引机构牵引进行运输的系统，实物如图 3-43 所示。依靠其生产效率高、事故少、经济效益较好等优点，单轨吊车广泛运用于煤矿采区上下山和工作面平巷的材料、设备和人员运送，是较为先进的辅助运输设备之一。

图 3-43　钢丝绳牵引单轨吊车

单轨吊车牵引方式有三种：钢丝绳牵引、柴油机车牵引和蓄电池机车牵引。

单轨吊车的轨道是一种特殊工字钢，工字钢轨道悬吊在巷道支架上或砌碹梁、锚杆及预埋链上。防爆柴油机车牵引单轨吊车主要由驾驶室、制动吊车、承载吊车、车体、减速器、驱动轮等组成，如图 3-44 所示。

单轨吊车的主要优点是生产效率高、事故少、经济效益较好。其缺点是柴油机废气污染、噪声大；蓄电池机车牵引单轨吊车自重大，提高牵引力受到限制，需设置充电硐室并经常充电等。适用条件如下：

① 单轨吊车挂在巷道顶板或支架上运送负载，不受底板变形（底鼓）及巷道内物料堆积影响，但需要有可靠的吊挂承载装置。用锚杆悬吊时，每个吊轨点要用两根锚固力各为 60 kN 以上的锚杆，巷道断面积要大于或等于 7 m^2。

② 可用于水平和倾斜巷道运输。用于倾斜巷道运输时，机车牵引单轨吊车坡度要小于或等于 18°，最佳使用坡度为 12°以下，最大可达 40°。绳牵引单轨吊车坡度要小于或等于

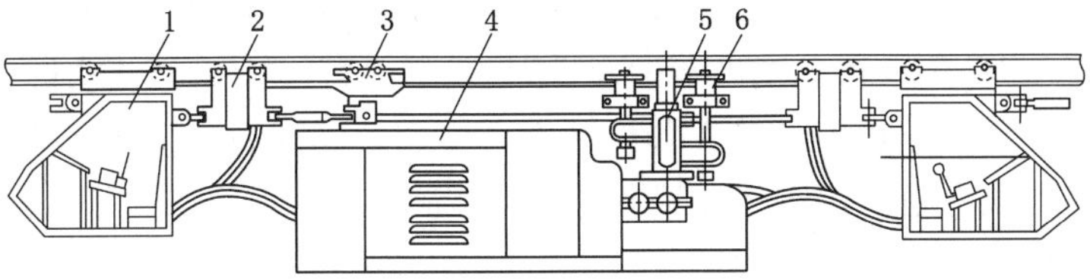

1—驾驶室；2—制动吊车；3—承载吊车；4—车体；5—减速器；6—驱动轮。

图 3-44 防爆柴油机车牵引单轨吊车

25°，最大可达 45°，最大单件载质量达 12～15 t。

③ 机车牵引单轨吊车具有机动灵活的特点，一台机车可用于有多条分支的巷道运送物料、设备和人员，可实现不经转载直达运输，不受运程限制。

④ 柴油机车牵引单轨吊车排放的气体有少量污染和异味，因此，使用巷道要有足够的风量来稀释柴油及排放的有害气体，一台 66 kW 柴油机车牵引单轨吊车运行的巷道，其通风量应不小于 300 m^3/min。

（二）卡轨车

卡轨车（图 3-45）是在普通窄轨运输的基础上，采用专用轨道和卡轨轮防止车辆脱轨掉道的一种矿车。根据动力的不同，卡轨车可分为防爆柴油机（电牵引）卡轨车、绳牵引卡轨车两种。

图 3-45 防爆型电牵引卡轨车

卡轨车的优点：装载质量大；爬坡能力强；允许在小半径的弯道上行驶，可有效防止车辆掉道和翻车；轨道的特殊结构允许在列车中使用闸轨式安全制动车，可防止列车超速和跑车事故。卡轨车是较理想的辅助运输设备，是现代化矿井运输的发展方向。其主要适用条件如下：

① 绳牵引卡轨车适用于斜长大于 600 m、倾角大于 12°的斜巷（斜井、上下山和工作面上下巷等），最大牵引距离不超过 1 500 m，最大巷道倾角小于 25°。

② 绳牵引卡轨车尽可能布置在拐弯少、无分支岔道的巷道内。

③ 防爆柴油机牵引卡轨车一般运用于倾角小于 8°的巷道内。

④ 卡轨车要求巷道底鼓量小。由于车体活动节点多，检修和维护工作量较大。

我国多采用绳牵引卡轨车，其最大适用角度为 25°，最大运行速度为 3 m/s，运输距离一般为 1.5 km，如果角度较小、弯度小时，可以适当增加运输距离。

当大巷、采区均采用卡轨车辅助运输时，不需转载，若为自牵引(柴油机)，则可直达多点运输。一般在采区下部车场内设置一条供调度牵引车的复线，中部、上部车场更简单，只需设置单开道岔及曲线弯道直接进入区段平巷即可。

（三）齿轨车

齿轨车(图 3-46)是在普通钢轨中间加装一根顺长的牙条作为齿轨，在机车上增加 1～2 套驱动齿轮及制动装置，通过齿轮与机车内的驱动机构带动传动齿轮而运行的辅助运输系统。

图 3-46　防爆型电驱动齿轨车

齿轨车运输示意图如图 3-47 所示，其最大运输角度可达 14°。当线路坡度小于 3°时，其运输与一般机车轨道相同。当线路坡度大于 3°时，需要铺设齿轨。为使机车顺利进入齿轨段，需安装齿轨导入装置。当线路坡度大于 9.5°时，除铺设齿轨外，还需在齿轨两侧增设护轨(防止掉道)，与齿轨车上的抓轨器配合，确保安全。

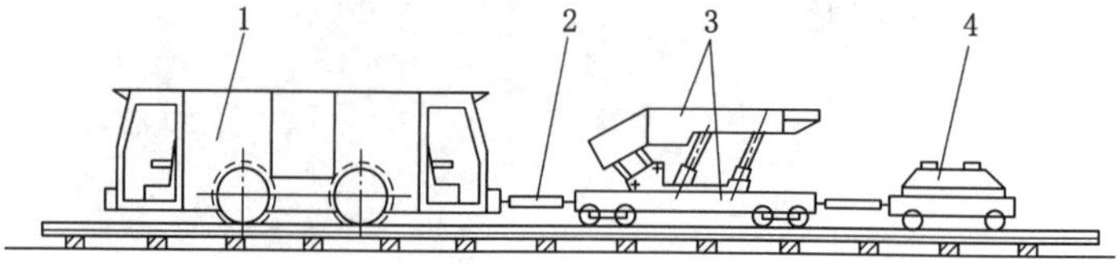

1—齿轨车；2—拉杆；3—支架和承载车；4—制动机车。

图 3-47　齿轨车运输支架示意图

齿轨车可用在近水平煤层以盘区方式开拓的矿井中，实现大巷—上下山—采区平巷轨道一条龙运输，可满足一般矿井运送材料和人员的要求。轨道需加固，选用钢轨轨型不得小于 23 kg/m，轨距为 600～914 mm，齿轨是特殊的弹簧矮齿轨。

齿轨车可实现自牵引，车场简单，在下部车场内设一段长 20 m 左右的调车储车线即可，与卡轨车车场类似；不需要转载站，可实现井底车场—大巷—采区区段巷道的直达运输。但齿轨车自重大，造价较高(比普通机车高 1～2 倍)，齿轨约比普通轨道造价高 2 倍，巷道弯曲半径较大(≥10 m)。

（四）无轨胶轮车

无轨运输车又称无轨胶轮车，是一种以柴油机、蓄电池为动力，不需专门轨道而使用胶轮在道路上行驶的车辆。在安全高效矿井中无轨胶轮车主要用于运输材料、设备和人员。

相对其他辅助运输设备，无轨胶轮车有如下特点：能减少转载环节；使用灵活，通过能力大，机动性强，初期投资少。特别是铲运车(LHD)，不仅可以用于煤炭运输和巷道掘进，而且还可以用来运送人员和材料，以及进行其他维修服务工作。

无轨胶轮车按其用途可分为多功能车[图 3-48(a)]、铲运车[图 3-48(b)]、支架搬运车、人员运输车等。

(a) 多功能车　　(b) 铲运车

图 3-48　隔爆型无轨胶轮车

无轨胶轮车的适用条件如下：

① 巷道底板较为坚硬，$f \geqslant 4$。

② 巷道底板应较为平整，纵向坡度小于 14°，横向坡度 3°～5°。

③ 巷道断面较大(图 3-49)，宽度应满足两辆无轨胶轮车运输的要求，主干巷道内人行道宽度要大于 1.2 m，另一侧宽度大于或等于 0.5 m；两辆对开列车最突出部分的间距大于或等于 0.5 m；采区巷道内，间距适当缩小，人行道 0.8～1.0 m，另一侧宽度 0.3～0.5 m；完全满足行车不行人的巷道，可不设人行道。

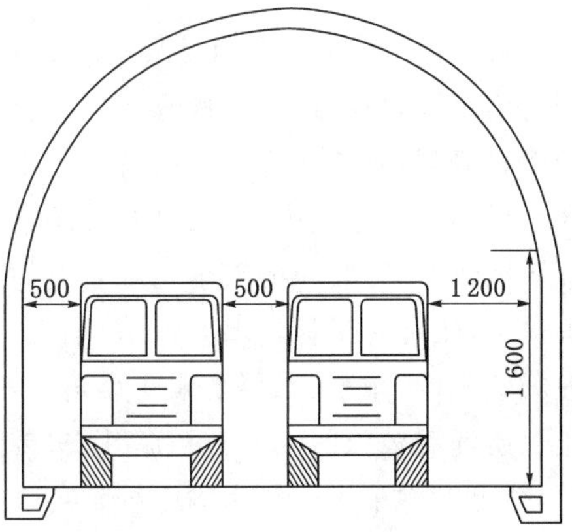

图 3-49　无轨胶轮车所需巷道断面

④ 无轨胶轮车顶部至巷道顶板的距离应不小于 0.6 m。

⑤ 适用柴油无轨胶轮车时需要较大的风量，一般不低于 250 m^3/min。

神东矿区是我国采用无轨胶轮车最多的矿区，通过使用无轨胶轮车实现了地面—斜井—采掘工作面的无轨化、长距离、高效率的直达运输，极大地提高了矿井的生产效率。采用立井开拓的矿井也有成功使用无轨胶轮车的实例。山东兖矿的济宁三号井，井下辅助运输采用无轨胶轮车。为了完成有轨和无轨之间的转换，在井底车场设置了材料、矸石换装硐室，对大巷顶板进行了混凝土浇筑处理。无轨胶轮车的使用降低了辅助运输的成本和劳动强度，从根本上解决了该矿辅助运输制约生产能力的问题，为矿井的高产高效创造了有利条件。

(五) 辅助运输方式的选择

1. 架空式与落地式运输方式的选择

架空式运输方式主要指单轨吊车，落地式指有轨及无轨运输方式。架空式运输的最大优点是对巷道底板无特殊要求，在有底鼓现象或软底板巷道中，宜选择架空式辅助运输。落地式运输最大的优点是承载能力大，对巷道支架无特殊要求，运行安全可靠。因此，在需要重载运输的矿井中，只要底板条件允许，应优先考虑采用落地式辅助运输方式。

2. 牵引方式与牵引动力的选择

牵引方式分为绞车牵引和机车牵引两类。牵引动力主要有电动、燃动及风动三类。架线电机车采用电动机牵引的运输方式，是大巷辅助运输的常用方式，其缺点是不能直接入采区。防爆蓄电池机车营运费用较高，硐室及巷道工程量大，运距及牵引力要受蓄电池容量所限；以防爆柴油机车为动力牵引的运输方式，近年来在国内也已开始推广使用。实践证明，以柴油机为动力的运输方式具有机动灵活、经济、安全等优点。其缺点是有废气污染，对矿井通风有较高要求，有噪声，柴油在井下贮、运安全性差。

绞车牵引的辅助运输方式突出的优点是牵引力大、爬坡能力强，无须克服机车的自身重力，能量利用率高。缺点是不能进入分支岔道，故不能满足多点直达运输的要求，常需转载，且运距受限，绳轮多，维修工作量大，初期投资高。因此，一般只用在采区上下山，对于巷道倾角较小、有条件实现多点直达运输的矿井则不宜选用。

风动辅助运输设备国外已有使用，主要用在井巷工作面作为调度车使用，因风管软管敷设距离有限，不宜作为长距离运行的辅助运输设备使用。

3. 运行方式的选择

运行方式分为有轨和无轨运行方式两类。煤矿井下运输多以有轨运输为主，其优点是车辆沿固定线路运行，可靠性高，易于驾驶，巷道断面较采用无轨设备小；但近年来无轨运输呈增多趋势，特别是西部矿区的特大型矿井都成功地使用了无轨运输设备。无轨运输车辆可在起伏不平的巷道中自由行驶，且转弯半径小，机动灵活，可实现一机多用。但无轨车辆一般车体较宽，行驶中的安全间隙较有轨车辆大，必要时又要考虑施工错车、维修、加油、存放等硐室，故井巷工程量增大，投资增高。无轨运输对巷道底板路面也有一定要求。对于煤层埋藏较浅、倾角小、采用平硐或小角度斜井开拓的近水平煤层矿井，应优先采用无轨运输。对于煤层埋藏较深的立井开拓矿井，只要煤层赋存条件适宜，巷道围岩条件具备，路面处理简单，也可考虑采用无轨运输系统。

4. 有轨机车类型的选择

钢丝绳牵引卡轨车对巷道起伏适应性强，爬坡能力强，能够以较高的速度安全可靠地运载单重较大的设备，但灵活性差且运距受限，因此，较多地用于坡度大、运距短、弯道少的巷道中搬运整体重型设备，如采区上下山运输。

柴油机牵引卡轨车可以比较机动灵活地进出分支巷道，但其机身自重大，牵引力小，爬坡能力差，一般在倾角不超过 8°的斜巷中使用。

齿轨机车系统对巷道起伏的适应性较强。近些年有些生产厂家将齿轨轮、卡轨轮、胶套轮等车辆轮系合为一体，扩展了其运行的范围，对开采缓斜及近水平煤层、采用盘区布置的大型矿井，条件允许时应优先考虑选用。

单轨吊的最大吊运单体质量取决于单轨强度、吊挂单轨的可靠程度及巷道坡度。机车运输过程的紧急制动对悬挂点的冲击力较大，对巷道支架、顶梁或锚杆支护的可靠性要求较高。因此，单轨吊的最大单件载质量不宜超过 15 t。

第四节　岩巷快速施工机械化作业线

我国通过引进吸收世界各国的先进装备和技术以及自主研发，经过多年的科研和施工实践，在生产中形成了多种形式的机械化作业线。目前，国内岩巷施工仍以钻爆法为主，岩巷悬臂式掘进机在我国正在进行试验和应用，而全断面岩巷掘进机由于条件限制很少使用。以钻爆法为主的岩巷机械化作业线，主要有两种：① 气腿式凿岩机配耙斗或铲斗式装载机作业线；② 全液压钻车配侧卸式装载机作业线。第一种在我国应用较多，掘进速度一般为60～70 m/月。第二种在我国应用较少，但现在正在推广，其掘进速度一般可达到100 m/月左右。

一、以耙斗装载机为主的钻眼爆破掘进机械化作业线

以耙斗装载机为主的机械化作业线是目前我国煤矿岩巷掘进中最常用的作业线，使用面遍及全国大、中、小型矿井。由于耙斗装载机已形成系列，可根据巷道断面大小选用并配以多台气腿式凿岩机、适当的转载调车设施与支护设备、不同的施工工艺和劳动组织形式，可以形成不同能力的掘进机械化作业线，满足施工要求。

以某矿平硐开拓为例，该岩巷掘进工作面采用以耙斗装载机和气腿式凿岩机为主的机械化作业线，工作面布置如图 3-50 所示，主要设备见表 3-13。该工作面采用 7655 型气腿式风动凿岩机立体交叉打眼，装岩采用 ZYP-30 型耙斗装载机，2.5 t 蓄电池式电机车调运空车，固定错车场调车，8 t 蓄电池式电机车与 1 t 矿车运输。耙斗装载机距工作面 12～30 m，每掘进 18 m 前移一次，移耙斗装载机时铺接轨道。

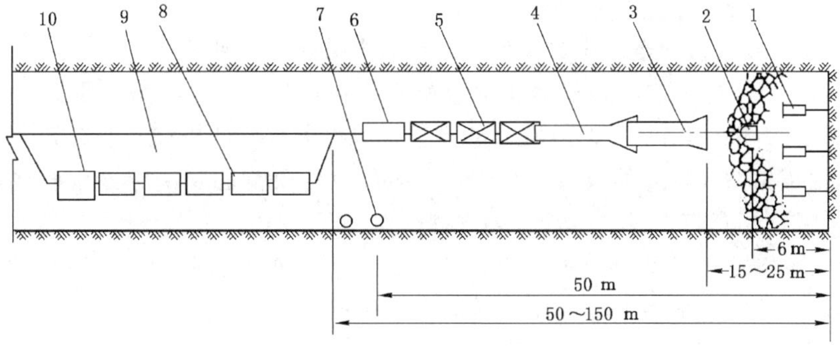

1—风动凿岩机；2—耙斗；3—耙斗装载机；4—带式转载机；5—重车；
6，10—电机车；7—混凝土喷射机；8—空车；9—调车场。

图 3-50　耙斗装载机、气腿式凿岩机为主的机械化作业线

表 3-13　平硐开拓施工的主要设备表

设备名称	型　号	数　量	备　注
气腿式风动凿岩机	7655	21 台	其中备用 13 台
耙斗装载机	ZYP-30	1 台	斗容 0.7 m^3
蓄电池式电机车	2.5 t/8 t	各 1 台	
矿车	1 t	1 台	

表 3-13(续)

设备名称	型　号	数　量	备　注
混凝土喷射机	转子Ⅱ型	2台	备用1台
局部通风机	29 kW	2台	备用1台,配 ϕ700 mm 胶质风筒
激光指向仪	J28	1台	

为保证作业线的打眼能力,在工作面布置多台气腿式凿岩机同时作业。凿岩机台数根据巷道断面大小、分配到工作面的压风能力和施工队伍素质而定,一般每 1.5～2.5 m^2 掘进断面布置 1 台,实行定人、定机、定眼位打眼。

耙斗装载机作业线的主要缺点是打眼机械化水平低,工人体力劳动强度较大,装岩不彻底而留有死角,作业环境较差。岩巷掘进采用这种传统工艺,月进尺一般保持在 70 m 左右的水平。在单个工序上进行工艺改革后,如推广中深孔控制爆破技术,岩巷月掘进进尺可提高到 100 m 以上,但与国外先进技术相比,仍存在差距,还有一定发展空间。

依据我国国情,今后较长时间内,以耙斗装载机为主的机械化作业线仍然是我国煤矿岩巷施工的主要形式,主要原因是:

① 主要设备构造简单,性能可靠,维修方便,普通工人经过短期培训均能熟练地掌握。

② 组成作业线的主要设备造价低,作业线适用范围较广,各种地质条件和工程条件的巷道均可采用。

③ 作业线施工各工序作业平行程度高,循环时间短,劳动组织灵活,施工速度快。

④ 当矿车供应不足或提升能力不足时,由于耙斗装载机前方可贮存 1～2 个循环的矸石,可不影响正常施工。

二、侧卸式装载机配全液压钻车为主的钻眼爆破掘进作业线

我国大断面岩巷快速高效机械化综合配套作业线以 CMJ-17 型履带式全液压钻车配 ZC-3 型履带式侧卸装载机为代表,在岩巷掘进中取得了较好的成绩。侧卸式装载机的卸载条件、液压钻车钻凿锚杆孔的条件和液压钻车的最大打眼范围是决定该作业线是否实用的关键。该机械化配套作业线主要具有以下特点:

① 凿岩和装岩速度快,掘进速度和效率高。液压钻车的打眼效率是气腿式凿岩机的 3 倍以上;侧卸式装载机的生产效率比普通耙斗装载机提高 2 倍。

② 劳动强度低,人员少,安全可靠。

③ 实现了大断面岩巷的全断面一次钻眼、一次定炮、一次起爆、一次支护的掘进技术,保证岩巷全断面支护的整体性,提高了支护质量。

以侧卸式装载机配全液压钻车为主的机械化作业线虽具有以上优点,但推广应用目前仍存在以下问题:

① 初期投资大、机械化程度高,要求施工队伍素质高、维修力量强。

② 液压钻车及侧卸式装载机的可靠性尚待进一步提高。

③ 液压钻车及侧卸式装载机均为履带行走,使用范围有一定的局限,特别是轨道运输的矿井。

以开滦矿区钱家营矿－850 m 水平东翼轨道大巷掘进为例,该大巷为半圆拱断面,锚喷网支护,岩石的坚固性系数 f 为 6～8。掘进断面尺寸为 5.1 m×3.85 m,采用 CMJ-17 型履

带式全液压钻车配 ZC-3 型履带式侧卸装载机作业线。2005 年累计进尺1 202.6 m,平均月进尺 100.2 m,工效为 2.18 m/(月・人),实现了快速、高效的施工,其配套作业线设备如表 3-14 所列,设备配套如图 3-51 所示。

表 3-14　东翼轨道大巷掘进设备配套表

设备名称	设备型号	使用台数/台	备用台数/台
履带式全液压钻车	CMJ-17	1	1
履带式侧卸装载车	ZC-3	1	1
混凝土喷射机	转子Ⅴ型	1	1
蓄电池式电机车	CXT-8A	2	
激光指向仪	BJZY-1	1	
带式转载机	LZP-200	1	

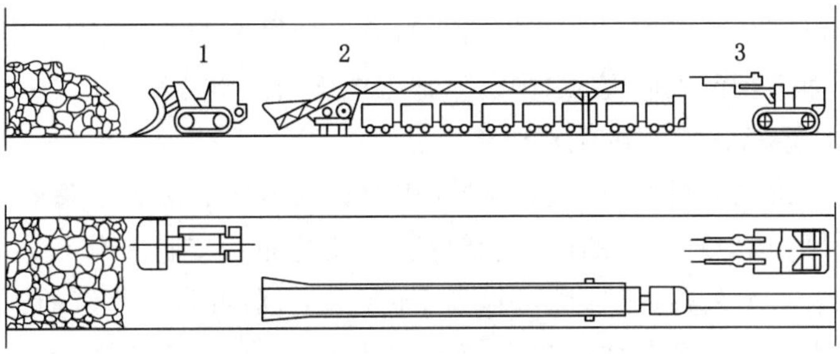

1—侧卸式装载机;2—带式转载机;3—全液压钻车。

图 3-51　侧卸式装载机与带式转载机配套

这是目前广泛采用的一种排矸方式,其特点是机动灵活,转载方便。但矿车装矸时,存在不能连续装车和不能储矸的问题,当矿车供应不均衡时,不能发挥机械化作业线的优势;另外,转载胶带需频繁重载启动,容易造成设备及零部件的损坏,影响整机效率。

三、侧卸式装载机、全液压钻车配耙斗装载机的钻眼爆破掘进作业线

为解决上述两种作业线在排矸工艺方面存在的问题,根据施工巷道和作业线设备的特点,可采用侧卸式装载机、全液压钻车与耙斗装载机配套,实现连续清理掘进工作面矸石,是中大断面岩巷掘进施工较好的设备配套方案,如图 3-52 所示。

如图 3-52 所示,将耙斗装载机置于掘进工作面一侧,用全液压钻车打工作面炮眼。爆破后,侧卸式装载机将工作面矸石铲运至耙斗装载机料仓前,由耙斗装载机将矸石扒装入矿车。该作业线也具有能减小侧卸式装载机行走距离,提高实际生产率的优点。而且,由于耙斗装载机料仓前巷道一侧是天然的贮矸场,侧卸式装载机可将矸石推至巷道一侧,贮于耙斗装载机料仓前,从而解决了带式转载机不能贮矸的问题。一般情况下,出矸只需要正常矿车数量的一半,其余矸石可暂时贮于耙斗装载机前,侧卸式装载机可清理工作面,为全液压钻车进入做准备。在耙斗装载机出矸时,可实现工作面打眼、临时支护等工序平行作业。

如上所述,该高档机械化掘进作业线必须坚持正规循环作业。但在实际生产中,后勤问题十分突出,掘进工作面普遍难于实现定时、足量的矿车供应,再加上设备管理不善,机电故

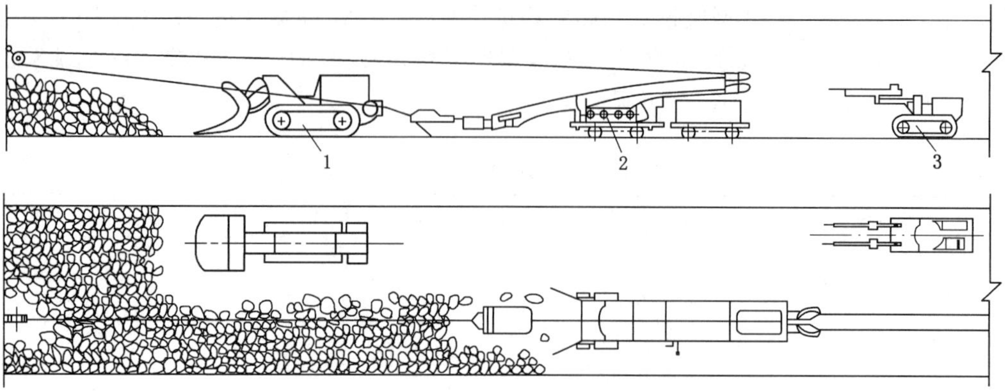

1—侧卸式装载机；2—耙斗装载机；3—全液压钻车。

图 3-52　侧卸式装载机、全液压钻车与耙斗装载机配套

障时有发生，正规循环常被打乱，延误工时，影响进尺。所以，有必要对耙斗装载机离工作面的距离、耙斗装载机前的贮矸量、全液压钻车与侧卸式装载机会车位置、耙斗装载机后空重矿车的调度等方面进行深入研究，并在实际施工中不断完善。

四、全岩巷重型悬臂式掘进机掘进作业线

使用重型悬臂式掘进机已有可能在硬岩中取代凿岩爆破法掘进巷道。由于能准确地控制巷道的设计轮廓，减少对围岩的破坏和超挖量，故能减少支护工作量，特别是混凝土的消耗显著少于普通法。另外，掘进速度可提高 1～2 倍，从而可降低巷道的施工费用。而且，成本较低的悬臂式掘进机与全断面掘进机相比，外形尺寸小，运转灵活。

AHM105 重型掘进机是奥地利奥钢联公司的巷道掘进设备，已在美国、澳大利亚、南非等国家使用。AHM105 重型掘进机截割功率 300 kW，适应 $f=12$ 的岩石。新汶矿区于 2006 年引进 1 台 AHM105 型掘进机，用于龙固矿北区辅助运输大巷的掘进。该巷道为全岩巷道，巷道断面净宽 5.64 m，净高 4.5 m。从 2006 年 10 月开始使用，3 个月累计进尺 240 m，消耗截齿 35 把，最高日进尺 6 m，曾实现 15 d 进尺 90 m，截割最硬的岩石为细砂岩，坚固性系数 $f=10$，日进尺 2.4 m。试验反映机器的稳定性好，故障点少，遥控器的使用给操作带来了方便，但存在拱形巷道成型比较困难和湿式除尘器使用效果不好等问题。

由三一重装自主研发、设计、制造的亚洲最大功率的硬岩掘进机 EBZ318H 型悬臂式(全硬岩)纵轴掘进机(图 3-53)为国内最大机型，填补了亚洲大功率掘进机的空白，标志着我国掘进机研发制造水平跻身国际领先行列。该掘进机截割功率达 318 kW，总功率达 589 kW，整机质量 120 t，最大定位截割断面积可达 39 m^2。其截割扭矩是行业中 EBZ200 标准型掘进机的 2.2 倍，在节理发育的地质状况下，能经济截割坚固性系数为 10 的全岩，截割岩石坚固性系数可达 13。该掘进机功率大，截割能力强，采用三一重装自主专利设计的截割头，具有设计单刀力大、截齿布置合理、破岩过断层能力强等特点；该掘进机非常人性化、智能化，可根据断面积、压入风量来合理配备机载高效长压短抽式除尘系统，采用水浴式除尘方式，总除尘效率可达到 95%以上，操作者可以不戴口罩进行作业。一运采用双大扭矩驱动马达，铲板采用特殊防止卡料设计，有效解决了运输机卡料问题。潞安矿区高河煤矿运用 EBZ318H 型掘进机掘进－420 m 水平运输大巷，巷道断面积 12 m^2，围岩的岩性为砂

岩，坚固性系数 $f=11$，岩石节理发育良好，大巷采用锚网支护、带式输送机运输，2013 年 11 月进尺 185 m，最高日进尺 7 m，是普通耙斗装载机掘进作业线平均进尺的 3 倍，取得了良好的应用效果。

五、全断面岩巷掘进机掘进作业线

全断面岩巷掘进机是当今最先进的隧道掘进设备。与钻爆法相比，全断面岩巷掘进机掘进具有快速、优质、安全、经济、环保等突出优点。目前，全断面岩巷掘进机在国外大断面隧道掘进中已经得到广泛应用，尤其是 3 km 以上的大断面隧道，如图 3-54 所示。

图 3-53　EBZ318H 型悬臂式(全硬岩)纵轴掘进机

图 3-54　全断面岩巷掘进机

塔山矿井位于大同煤田中东部，是大同煤矿集团有限责任公司的一个特大型矿井，设计生产能力为 1 500 万 t/a。矿井采用平硐开拓方式，布置两条平硐，长度均为 3 500 m。主平硐担负矿井的运煤任务，半圆拱断面，净断面积为 18.43 m^2，掘进宽度为 4.88 m，净高为 4.69 m，坡度为 22°的负坡。平硐表土段长度约为 95 m，采用混凝土砌碹支护。进入基岩后，围岩岩性分别有含砾黏土岩、石英砂岩、角闪片麻岩、混合花岗岩等，坚固性系数 $f=4\sim6$，主平硐最大埋藏深度为 300 m。采用锚喷支护，锚杆为端锚式树脂锚杆，长度为 2.0 m，锚杆布置间、排距为0.9 m×1.0 m，每米巷道布置 7 根锚杆，喷射混凝土厚度为 120 mm。

全断面岩巷掘进机由美国罗宾斯(Robins)公司生产，掘进机由机头部和后配套组成。机头部主要由刀盘、前护盾、后护盾等部分组成，主要实现截割、装渣、行走等功能，具体装配见图 3-55。后配套位于全断面岩巷掘进机机头部之后，分为滚动支撑段和轨道平台两部分，主要功能是实现设备的控制、配电、供水、排水及矸石的运输装车等，还有压风机、高压油泵等辅助系统。这台全断面岩巷掘进机在山西“引黄”工程中曾创下日进 113.21 m 和平均月进 1 333 m 的世界纪录。

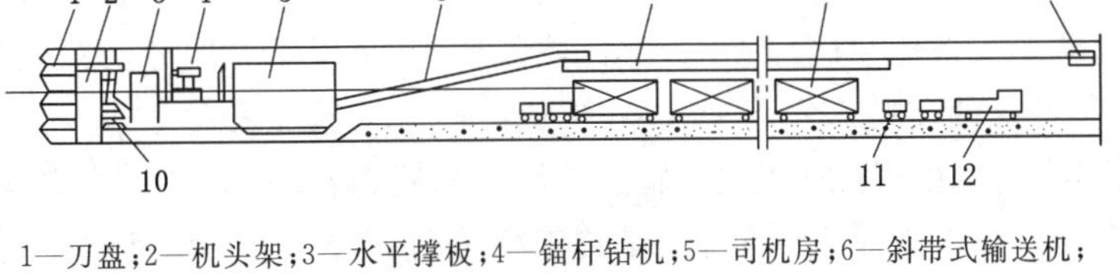

1—刀盘；2—机头架；3—水平撑板；4—锚杆钻机；5—司机房；6—斜带式输送机；
7—转载机；8—龙门架车；9—激光指向仪；10—环形支架机；11—矿车；12—电机车。

图 3-55　直径 5 m 全断面岩巷掘进机机械化作业线

全断面岩巷掘进机在大同矿区塔山矿井从 2003 年 8 月在主平硐开工，中途从 12 月 6 日开始有 40 天受地质溶洞的影响没有进度，至 2004 年 2 月共完成进尺 2 960 m，平均月进 493.3 m，其中 2003 年 10 月创造了月进 605 m 的记录，充分显示了大型机械化岩巷掘进设备在矿井建设中的先进性，掘进速度快，施工效率高，对保证工程进度和工期起到了关键性的作用。由于全断面岩巷掘进机掘出的断面是一个圆形断面，还需进行开帮和铺底，以达到平硐的宽、高和规格形状。在后配套之后 500 m 实施扩帮和铺底工程，形成设计断面。

从全断面岩巷掘进机在煤矿的应用现状和前景看，掘进机还不能适应煤矿巷道施工的要求。煤矿岩石巷道长度较短，岩性变化大，而全断面岩巷掘进机庞大，转移运输不便，辅助作业时间长，机器作业率低，动力消耗大，刀具寿命短，掘进成本高，这些都是制约其在煤矿岩巷掘进应用的因素。

第五节　掘进安全工作

一、钻眼爆破安全技术

钻眼爆破是岩巷掘进主要的施工手段，该工作必须严格按《煤矿安全规程》有关规定执行。一般应注意以下事项。

1. 钻眼安全注意事项

① 开眼时必须使钎头落在实岩上，如有浮矸，应处理好后再开眼。

② 不允许在残眼内继续钻眼。

③ 开眼时给风阀门不要突然开大，待钻进一段后，再开大给风阀门。

④ 为防止断钎伤人，推进凿岩机时不要用力过猛，更不要横向用力，凿岩时钻工应站稳，应随时提防突然断钎。

⑤ 一定要注意把胶皮风管与风钻接牢，以防脱落伤人。

⑥ 缺水或停水时，应立即停止钻眼。

2. 爆破安全注意事项

① 在规定的安全地点装配起爆药卷。

② 爆破母线要妥善地挂在巷道的侧帮上，并且要和金属物体、电缆、电线隔开一定距离；装药前要试一下爆破母线是否导通。

③ 装药前应检查顶板情况，撤出设备与机具，并切断除照明以外的一切设备的电源，照明灯及导线也应撤离工作面一定距离。

④ 检查工作面 20 m 范围内瓦斯含量，并按《煤矿安全规程》有关规定处理。

⑤ 装药时要细心将药卷送到眼底，防止擦破药卷，装错雷管段号、拉断脚线。有水的炮眼，尤其是底眼，必须使用防水药卷或药卷加防水套，以免受潮拒爆。

⑥ 装药、连线后应由爆破工与班、组长进行技术检查，做好爆破前的安全布置。

⑦ 爆破后要等工作面通风散烟后，爆破工率先进入工作面，并经检查确认安全后方能进行工作。

⑧ 发现瞎炮应及时处理，如瞎炮是由连线不良或错连所造成的，则可重新连线补爆；如不能补爆，则应在距原炮眼 0.3 m 外钻一个平行的炮眼，重新装药爆破。

二、瓦斯爆炸及其预防

（一）瓦斯爆炸的条件

瓦斯爆炸的实质是一定浓度的瓦斯与空气中的氧气在一定温度作用下产生的剧烈氧化反应。上述反应均为放热反应，当反应生成热的速度大于散热速度时，则热量积聚，反应物的温度升高，氧化进一步加快，使气体受热迅速膨胀，最终形成爆炸。如果参与反应的瓦斯浓度低或氧气不足，生成热的速度小于散热速度，就不会形成爆炸。

瓦斯爆炸必须同时具备三个条件，即适宜的瓦斯浓度、高温火源和足够的氧含量，三者缺一不可。若能消除、控制其中一个条件，即可防止瓦斯爆炸。

(1) 瓦斯浓度

瓦斯浓度是指瓦斯在空气中按体积计算占有的比率，以百分比表示。瓦斯浓度与煤层瓦斯含量是两个完全不同的概念，不可混淆。试验证明，瓦斯的爆炸下限为5%～6%，上限为14%～16%，而当瓦斯浓度为9.1%～9.5%时，爆炸最猛烈。上述结论说明，瓦斯只有在一定的浓度范围内才有爆炸性。

(2) 高温火源

点燃瓦斯所需要的最低温度称为点燃温度。在正常大气条件下，瓦斯在空气中的点燃温度为650～750 ℃，瓦斯最容易点燃的浓度为7%～8%。明火、煤炭自燃、电气火花、炽热的金属表面、吸烟，甚至撞击或摩擦产生的火花等煤矿井下所能遇到的大多数火源都足以点燃瓦斯。

使用安全炸药进行爆破时，炸药爆炸初温虽可高达2 000 ℃左右，但在绝大多数情况下不会引起瓦斯的燃烧与爆炸。这是因为人们在制造安全炸药时利用了瓦斯点燃所具有的一个重要性质，即瓦斯的引火延迟性。瓦斯的引火延迟性是指达到爆炸浓度的瓦斯与高温火源接触时，并不立即发生燃烧或爆炸，而是稍微延迟的现象。使用安全炸药进行爆破时，虽然炸药爆炸初温可达2 000 ℃左右，但火焰存在的时间仅为千分之几秒，小于瓦斯爆炸的感应期，故不会引起瓦斯爆炸。

(3) 足够的氧含量

瓦斯爆炸就是瓦斯的急剧氧化，没有足够的氧气，瓦斯就不能爆炸。大量试验证明，瓦斯爆炸的界限随氧浓度的下降而缩小。当氧浓度降低时，瓦斯爆炸下限缓慢地升高，而上限迅速下降。当氧浓度低于12%时，瓦斯与空气的混合气体就失去了爆炸性。

综上所述，在一般情况下瓦斯爆炸的条件是：一定浓度的瓦斯（5%～16%）、高温火源（650～750 ℃）和足够的氧气（12%以上）。这三个条件必须同时具备，瓦斯才会爆炸。

（二）井巷掘进中瓦斯爆炸的原因

掘进工作面发生瓦斯爆炸的原因有：

① 掘进巷道多数位于煤层的新开拓区，瓦斯涌出量较大。

② 局部通风管理难度较大，容易出现失误或管理不善，如局部通风机因故停转或风筒漏风太大，致使风量不足或风速过低等不能有效地将掘进工作面附近及巷道内的瓦斯冲淡排出，从而导致瓦斯积聚达到爆炸浓度。

③ 煤巷掘进多用电钻打眼、爆破，出现机电设备失爆和爆破不合规定产生引爆火源的可能性较大。

（三）预防瓦斯技术

广大煤矿职工在长期的生产实践中，积累了丰富的预防瓦斯爆炸事故的经验，产生了许多行之有效的措施，归纳起来主要有三个方面：防止瓦斯积聚、防止瓦斯引燃和防止瓦斯爆炸事故范围扩大。

1. 防止瓦斯积聚

(1) 加强通风

矿井通风的基本任务之一是把瓦斯等有害气体及粉尘稀释到安全浓度以下，并排至矿井以外。所以，加强通风既是防止瓦斯积聚的基本方法，也是主要措施。

(2) 加强瓦斯检查

加强对瓦斯浓度和通风情况的检查，是及时发现和处理瓦斯超限、瓦斯积聚和防止发生瓦斯爆炸事故的前提。瓦斯检查人员必须按《煤矿安全规程》规定要求检查瓦斯和二氧化碳浓度，严禁空班漏检，必须严格执行瓦斯巡回检查制度和请示报告制度，并认真填写瓦斯检查班报。每次检查瓦斯的结果必须记入瓦斯检查班报手册和检查地点的记录牌上，并通知现场工作人员。

瓦斯浓度超过《煤矿安全规程》有关条文的规定，瓦检员有权责令停工撤人，具体应按照规程第一百七十三条规定：

① 采掘工作面及其他作业地点风流中甲烷浓度达到1.0%时，必须停止用电钻打眼；爆破地点附近20 m以内风流中甲烷浓度达到1.0%时，严禁爆破。

② 采掘工作面及其他作业地点风流中、电动机或其开关安设地点附近20 m以内风流中的甲烷浓度达到1.5%时，必须停止工作，切断电源，撤出人员，进行处理。

③ 采掘工作面及其他巷道内，体积大于0.5 m^3的空间内积聚的甲烷浓度达到2.0%时，附近20 m内必须停止工作，撤出人员，切断电源，进行处理。

④ 对因甲烷浓度超过规定被切断电源的电气设备，必须在甲烷浓度降到1.0%以下时，方可通电开动。

(3) 抽采瓦斯

抽采瓦斯是瓦斯涌出量大的矿井或采区防止瓦斯积聚的有效措施。

(4) 及时处理局部积聚的瓦斯

生产过程中瓦斯容易积聚的地点有：采煤工作面的上隅角和采空区边界，采煤工作面的采煤机附近，顶板冒落的空洞内，低风速巷道的顶板附近以及停风的盲巷中。及时处理这些地区局部积聚的瓦斯，是矿井日常瓦斯管理工作的重要内容。

2. 防止瓦斯引燃

井下引起瓦斯爆炸的引火源主要是机电设备的电弧、火花和炽热体，以及明火、爆破等。防止瓦斯引燃的原则就是杜绝一切火源。

爆破前应检查工作面附近20 m内的瓦斯浓度，超过1%就不能爆破；在瓦斯矿井爆破必须使用煤矿许用炸药；爆破时，掘进工作面不得有阻塞断面1/3以上的物体，以免造成冲击波的反射；变质炸药，发爆能不足的雷管应禁止使用；炮眼必须进行良好的填塞后才准爆破。

3. 防止瓦斯爆炸事故范围扩大

在煤矿生产过程中，认真采取防止瓦斯积聚和引燃的措施，瓦斯爆炸事故是可以避免的。但如放松警惕，稍加忽视，就有发生事故的可能性。一旦某些地点发生爆炸，应使其限制在局部地区，尽可能缩小波及范围。为此，应有以下措施：

① 实行分区通风，各水平、各采区和各工作面应有独立的进、回风系统；

② 通风系统力求简单，不用的巷道都要及时封闭；

③ 装有通风机的井口，必须设置防爆闸，以防止发生爆炸时爆炸波冲毁通风机，造成救灾和恢复生产时的困难；

④ 设置水棚、岩粉棚、岩粉带，阻止瓦斯爆炸或由于煤尘参与爆炸而波及其他地点；

⑤ 编制周密的预防与处理瓦斯爆炸事故的计划。

三、煤尘爆炸及其预防

（一）煤尘爆炸的特征

煤尘爆炸是在高温或一定点火能的热源作用下，空气中氧气与煤尘急剧氧化的反应过程，是一种非常复杂的链式反应。煤尘爆炸具有以下特征：

① 形成高温、高压、冲击波。煤尘爆炸火焰温度为 1 600～1 900 ℃，爆源的温度达到 2 000 ℃以上，这是煤尘爆炸得以自动传播的条件之一。爆炸过程中如遇障碍物，压力会进一步增加，尤其是连续爆炸时，后一次爆炸的理论压力是前一次的 5～7 倍。煤尘爆炸产生的火焰速度可达 1 120 m/s，冲击波速度为2 340 m/s。

② 煤尘爆炸具有连续性。由于煤尘爆炸具有很高的冲击波速，能将巷道中落尘扬起，甚至使煤体破碎形成新的煤尘，从而导致新的爆炸，形成连续爆炸，这是煤尘爆炸的重要特征。

③ 煤尘爆炸的感应期。煤尘爆炸也有一个感应期，即煤尘受热分解产生足够数量的可燃气体形成爆炸所需的时间。

④ 对于气煤、肥煤、焦煤等黏结性煤的煤尘，一旦发生爆炸，一部分煤尘会被焦化，黏结在一起，沉积于支架或巷道壁上，形成煤尘爆炸所特有的产物——焦炭皮渣或黏块，统称“黏焦”。“黏焦”也是判断井下发生爆炸事故时是否有煤尘参与的重要标志。

⑤ 产生大量的 CO。煤尘爆炸时产生的 CO，在灾区气体中浓度可达 2%～3%，甚至高达 8%左右，爆炸事故中受害者的大多数(70%以上)是 CO 中毒造成的。

（二）煤尘爆炸的条件

煤尘爆炸必须同时具备三个条件：煤尘本身具有爆炸性；煤尘必须悬浮于空气中，并达到一定的浓度；存在能引燃煤尘爆炸的高温热源。

1. 煤尘本身具有爆炸性

煤尘具有爆炸性是煤尘爆炸的必要条件。煤尘爆炸的危险性必须经过试验确定。《煤矿安全规程》规定：新建矿井或者生产矿井每延深一个新水平，应当进行 1 次煤尘爆炸性鉴定工作，鉴定结果必须报省级煤炭行业管理部门和煤矿安全监察机构。

2. 煤尘必须浮游在空气中，并达到一定的浓度

井下空气中只有悬浮的煤尘达到一定浓度时，才可能引起爆炸，单位体积中能够发生煤尘爆炸的最低或最高煤尘量称为下限浓度和上限浓度。低于下限浓度或高于上限浓度的煤尘都不会发生爆炸。煤尘爆炸的浓度范围与煤的成分、粒度、引火源的种类和温度及试验条件等有关。一般说来，煤尘爆炸的下限浓度为 30～50 g/m^3，上限浓度为 1 000～2 000 g/m^3。其中，爆炸力最强的浓度范围为 300～500 g/m^3。

3. 引燃煤尘爆炸的高温火源

煤尘的引燃温度变化范围较大，它随着煤尘特性、浓度及试验条件的不同而变化。我国煤尘爆炸的引燃温度在 610～1 050 ℃之间，一般为 700～800 ℃。这样的温度条件，几乎一切火源均可达到，如爆破火焰、电气火花、机械摩擦火花、瓦斯燃烧或爆炸、井下火灾等。根据统计资料，由于爆破和机电火花引起的煤尘爆炸事故分别占总数的 45%和 35%。

煤尘爆炸必须同时具备以上三个条件，缺一都不可能引起煤尘爆炸。

（三）预防煤尘爆炸的措施

预防煤尘爆炸的措施，可分为降尘措施、防止煤尘引燃措施和防爆隔爆措施。

1. 降尘措施

防尘防爆最主要最积极的措施是设法减少生产中煤尘的产生量和浮尘量，具体措施有：

（1）煤层注水

煤层注水即回采前预先在煤层中打若干钻孔，通过钻孔以 0.507～1.01 MPa 或更高压力向煤层注水，使压力水沿煤层层理、节理和裂隙渗入煤层预湿煤体，以减少开采时煤尘产生量。实践证明，煤层注水是防尘最积极的措施，煤层注水后一般可降尘 60%～90%。

（2）采用水封爆破和水炮泥

水封爆破和水炮泥是借炸药爆破时产生的压力将水注入煤层的一种降尘方法。水在爆破压力的作用下，不仅可渗到煤层中，有助于提高爆破效果，而且爆破时水的汽化更能提高降尘效果。图 3-56 为水封爆破布置示意图。在炮眼内的炸药（用炮泥隔水）和炮眼口的炮泥之间的空间，插入细注水管注水。注满后抽出细注水管并将炮泥上的小孔堵塞。使用的水压应不致冲毁炸药或炮泥。

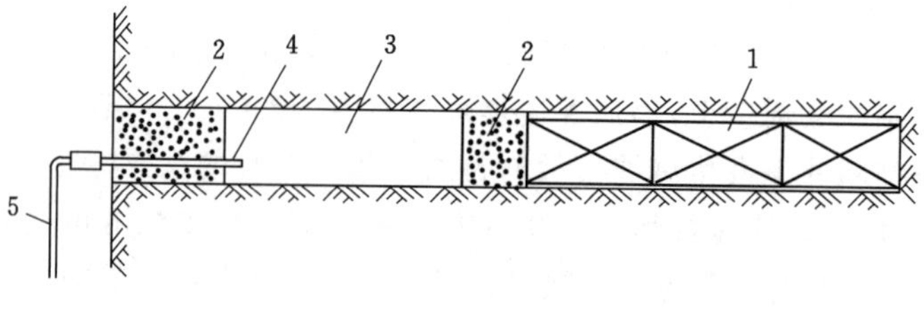

1—炸药；2—炮泥；3—水；4—细注水管；5—进水管。

图 3-56 水封爆破布置示意图

水炮泥即利用一个或几个盛水的塑料袋放在炮眼中代替炮泥。这种水炮泥不但可减少点燃瓦斯的可能性，而且也可降低炸药爆燃的可能性。经过试验比较，应用水炮泥可降尘 60%以上，减少炮烟量 70%，空气中有害气体量下降 37%～46%。

（3）减少浮尘和清扫落尘

在井下集中产生煤尘的地点喷雾洒水，是捕获浮尘和湿润落尘的有效降尘措施。喷雾洒水简单方便，而且是有效的措施，降尘率一般可达 30%～60%。在此基础上，定期清扫、冲洗巷道壁或支架上的落尘，以保持喷雾洒水的降尘效果。

其他降尘措施还有如湿式凿岩、采用合理风速、采用特殊的捕尘器捕尘以及风流净化等措施。

2．防止煤尘引燃措施

防止煤尘引燃措施和防止瓦斯引燃措施基本相同。

3．防爆隔爆措施

开采有煤尘爆炸危险煤层的矿井，必须有预防和隔绝煤尘爆炸的措施。矿井的两翼、相邻的采区、相邻的煤层、相邻的采煤工作面间，煤层掘进巷道同与其相连的巷道间，煤仓同与其相连通的巷道间，采用独立通风并有煤尘爆炸危险的其他地点同与其相连通的巷道间，必须用水棚或岩粉棚隔开。必须及时清除巷道中的浮煤，清扫或冲洗沉积煤尘，定期撒布岩粉；应定期对主要大巷刷浆。

四、矿井火灾及其防治

凡是发生在煤矿井下的火灾和发生在井口附近的地面火灾并能直接影响井下生产、威胁矿工生命安全的，统称为矿井火灾。

（一）矿井火灾分类

根据火灾发生的地点不同，矿井火灾可分为地面火灾和井下火灾两种。地面火灾是矿井工业广场内的厂房、井楼、煤仓及煤堆等处所发生的火灾。井下火灾是指在井下机电硐室、井筒、巷道、工作面以及采空区等地点所发生的火灾。地面火灾的火焰蔓延到井下，或其产生的气体、烟雾随同风流进入井下，威胁到矿井生产和工人安全时，也叫井下火灾。

井下火灾一般发生在有限的空间条件下，供氧不足，尤其是煤炭自燃往往发生在采空区或煤柱里，燃烧过程较为缓慢，没有较大的火焰，外部特征不十分明显，人们难以察觉，同时灭火工作也较困难，因此有些火灾可能延续几年之久，造成煤炭资源的巨大损失。

（二）矿井火灾的危害

① 使井下人员中毒。火灾发生后往往生成大量的有毒有害气体和烟雾，严重威胁人的生命安全。

② 矿井火灾会引起瓦斯、煤尘爆炸。火灾不仅供给瓦斯、煤尘爆炸的热源，而且火灾的干馏作用使可燃物（煤、木材等）放出氢气和其他各种碳氢化合物等爆炸性气体，因此，矿井火灾还往往造成瓦斯、煤尘爆炸事故，从而扩大灾情及伤亡。

③ 损坏设备和损失煤炭资源。矿井火灾一旦发生，生产设备和煤炭资源就会遭到严重的破坏和损失，甚至烧毁整个矿井。

（三）掘进工作面火灾的预防

① 所有掘进班组成员都必须掌握防灭火知识，熟悉灭火器材的使用方法，并熟悉本职工作区域内灭火器材的存放地。

② 在有自燃倾向煤层布置的集中大巷和总回风巷，必须采用砌碹或锚喷支护，冒顶处必须用不燃性材料充填密实。

③ 及时清扫巷道内的浮煤。

④ 井下严禁使用明火和吸烟，禁止私自拆开矿灯。

⑤ 使用的润滑油、棉纱、布头和纸等必须存放在盖严的铁桶内，用过的棉纱、布头和纸也必须放在盖严的铁桶内由专人定期送地面处理，不准乱扔乱放，严禁将剩油和废油洒在巷道内。

⑥ 瓦斯矿井要使用与其瓦斯等级相符的煤矿许用炸药和煤矿许用电雷管，严禁裸露爆破。

⑦ 采用防爆或防火花型电气设备时，电气设备性能应完好，电缆悬挂要整齐，禁止带电检修电气设备，避免产生电火花。

⑧ 井下进行电焊、气焊等作业时，要制定专门可靠的安全措施。

⑨ 井下清洗风动工具，必须在专用硐室内进行，必须使用不燃性和无毒性洗涤剂。

⑩ 在易自燃煤层中掘进巷道时，对巷道中出现的冒顶区必须及时进行防火处理，并定期检查。

五、矿井水害防治

矿井水灾通常称为透水，是煤矿中常见的主要灾害之一。矿井一旦发生透水，不但会增加矿井的排水设备及费用，影响矿井的正常生产，而且还会造成人员伤亡，淹没矿井。所以做好矿井防水工作，是保证矿井安全生产的重要内容之一。

（一）容易发生透水的地点

① 当井巷施工接近水淹或可能积水的井巷、老空区或相邻煤矿的地点。

② 当井巷施工接近含水层、导水断层、溶洞和导水陷落柱的地点。

③ 当井巷施工接近需打开隔离煤柱放水的地点。

④ 当井巷施工接近可能与河流、湖泊、水库、蓄水池、水井等相通的断层破碎带的地点。

⑤ 当井巷施工接近有出水可能的钻孔的地点。

⑥ 当井巷施工接近有水的灌浆的地点。

⑦ 当井巷施工接近其他可能出水地区的地点。

（二）井下水害的防治

井下水灾的防治应根据矿井的实际水患，采取具体措施。例如，开采深部煤层时，主要水害是含水层和断层裂隙水；而浅部开采时，主要水害则是老空水和地表水。

《煤矿防治水细则》规定煤矿防治水工作应当坚持“预测预报、有疑必探、先探后掘、先治后采”的原则，采取“探、防、堵、疏、排、截、监”的综合防治措施。即查明水源，搞清老窑；探水前进，超前钻孔；放水疏干，消除隐患；隔绝水路，堵塞水源。做到局部围堵，局部解决；汇集涌水，及时排放。

1. 矿井主要排水设备

① 水泵。必须有工作、备用和检修的水泵。工作水泵的能力，应能在 20 h 内排出矿井 24 h 的正常涌水量(包括充填水及其他用水)。备用水泵的能力应不小于工作水泵能力的 70%。工作和备用水泵的总能力，应能在 20 h 内排出矿井 24 h 的最大涌水量。检修水泵的能力应不小于工作水泵能力的 25%。水文地质条件复杂的矿井，可在主泵房内预留安装一定数量水泵的位置。

② 水管。必须有工作和备用的水管。工作水管的能力应能配合工作水泵在 20 h 内排出矿井 24 h 的正常涌水量。工作和备用水管的总能力，应能配合工作和备用水泵在 20 h 内排出矿井 24 h 的最大涌水量。

③ 配电设备。应同工作、备用以及检修水泵相适应，并能够同时开动工作和备用水泵。

④ 矿井主要泵房至少有两个出口，一个出口用斜巷通到井筒，并应高出泵房底板 7 m 以上；另一个出口通到井底车场，在此出口通路内，应设置易于关闭的既能防水又能防火的密闭门。泵房和水仓的连接通道，应设置可靠的控制闸门。

⑤ 矿井主要水仓应当有主仓和副仓，当一个水仓清理时，另一个水仓能正常使用。新

建、改扩建矿井或生产矿井的新水平，正常涌水量在 1 000 m^3/h 以下时，主要水仓的有效容量应能容纳所承担排水区域 8 h 的正常涌水量。

2. 掘进水害的防治

凡采掘工作面受水害影响的矿井，应开展充水条件分析，坚持预测预报、有疑必探、先探后掘、先治后采。其基本要求是：

① 每年初，根据年采掘接续计划，结合水文地质资料，全面分析水害隐患，提出水害分析预测表及水害预测图。

② 在采掘过程中，对预测图、表要逐月进行检查，不断补充和修订。发现水患险情，应及时发出水害通知单，并报告矿调度室，通知可能受水害威胁地点的人员撤到安全地点。

③ 采掘工作面年度和月度水害预测资料应及时报送矿总工程师及生产安全部门。

预报内容和方式可参照表 3-15。

表 3-15　采掘工作面水害分析预测表　　　　年　　月　　日

矿井	项号	预测水害地点	采掘队	工作面上下标高	煤层			采掘时间	水害类型	水文地质简述	预防及处理意见	责任单位	备注
					名称	厚度/m	倾角/(°)						
某矿某井	1												
	2												
	3												
	4												
	5												

注：水害类型指地表水、孔隙水、裂隙水、岩溶水、老空水、断裂构造水、陷落柱水、钻孔水、顶板水、底板水等。

煤矿在受水害威胁的地区，巷道掘进之前，必须采用钻探、物探、化探等方法查清水文地质条件。地测部门要提出水文地质情况分析报告，并提出水害防范措施，经煤矿总工程师组织生产、安监、地测等有关部门审查后，方可施工。

3. 水害应急救援

井下突然发生透水事故时，现场人员应立即报告矿调度室，并尽可能就地取材迅速加固工作面，堵住出水点，防止事故继续扩大。如情况紧急，水势很猛，则应按避灾路线迅速撤至上一水平或地面，切勿进入透水水平以下的独头巷道。井下人员如被水堵在某一段巷道里，应保持镇静，并及时敲打钢轨和铁管，发出求救信号。井巷交岔点，必须设置路标标明所在地点，指明通往安全出口的方向。井下工作人员必须熟悉通往安全出口的路线。

习　　题

1. 岩巷爆破的掏槽眼有哪些布置方式？各自的优缺点和适用条件是什么？
2. 爆破说明书和图表应包括哪几部分内容？编制的步骤是什么？
3. 常见的装药结构有哪些？光面爆破时周边眼的装药结构是什么？
4. 巷道掘进是如何定向的？常用的定向设备是什么？

5. 常见的通风掘进方式有哪些？绘图说明其布置方式，说明其优缺点和适用条件。
6. 矿井综合防尘技术和措施有哪些？
7. 我国岩巷掘进常见的装岩设备有哪些？如何选择这些装岩设备？
8. 带式转载机的常见布置方式有哪些？说明各自的优缺点和适用条件。
9. 我国新型的辅助运输设备有哪些？其中，无轨胶轮车的适用条件是什么？
10. 岩巷快速掘进机械化作业线有哪些？各自的适用条件和运用前景如何？
11. 钻眼爆破作业中常见的事故是什么？如何处理和防范这些事故？
12. 井巷掘进中发生瓦斯爆炸的原因是什么？如何防治瓦斯爆炸事故？
13. 常见的矿井火灾如何分类？如何在井巷掘进中防治火灾事故？

第四章　采区巷道施工

第一节　概　　述

采区巷道指直接为采区(带区或盘区)生产服务的各类巷道,包括准备巷道和回采巷道,主要有采区上(下)山、采区车场、工作面运输巷、工作面回风巷、开切眼以及各种联络巷道等。

在矿井建设中,采区巷道工程量占井巷工程量的30%～45%,掘进时间占30%～40%。在矿井正常生产期间(不包括开拓延深期),采区巷道工程量占巷道工程量的比例更大,一般在60%以上。因此,合理选择采区巷道施工方法和科学组织施工,对提高巷道施工速度、缩短采区和工作面准备时间、保证矿井良好的采掘关系、提高矿井产量和效率等有重要意义。

采区巷道大多为煤层巷道,煤层巷道的施工方法有钻眼爆破法、掘进机法、风镐法和水力掘进法等。我国目前使用掘进机掘进煤层巷道已比较普遍,钻眼爆破法也广泛使用,风镐法或水力掘进法则使用不多。

一、采区巷道的特点

与开拓巷道相比较,采区巷道具有以下特点:

① 采区巷道一般都沿煤层或在煤层附近的岩层内掘进,因此容易受到瓦斯的威胁。为了预防瓦斯事故,确保安全,必须加强瓦斯检查和监测,及时处理积聚的瓦斯。

② 由其用途决定,巷道层位受到限制。回采巷道需开掘在煤层中,上(下)山由于要与各工作面回采巷道连接不能离煤层太远。因此,巷道围岩条件通常比较复杂。巷道离工作面近,受采动影响大,围岩受力复杂、变形量大。

③ 巷道服务时间一般较短。

④ 为了便于采煤工作面生产和有利于正常接续,对巷道的空间形态(巷道的方位、倾角)和掘进时间有比较严格的要求。

⑤ 采区是矿井水、火、瓦斯等重大灾害的主要发源地,因此从安全考虑对采区巷道有专门的要求。要特别注意探放水,防止靠近煤层浅部老窑、采空区积水造成危害。

二、采区巷道掘进计划编制原则

采区巷道种类多,掘进工程量大,为了按时掘出每一条巷道以保证采煤工作面正常接续,通常需要多个工作面同时分头掘进,因此采区巷道掘进计划编制比较复杂。另外,采区巷道掘进计划是严格按照采煤计划制订的,掘进计划制订和执行的任何偏差都会直接影响采煤计划的落实,从而影响矿井生产,因此对采区巷道掘进计划的编制要求更为严格,要求所确定的每一条巷道的完工时间应更加准确。

编制采区巷道掘进计划的原则如下:

① 采区巷道掘进顺序应根据巷道用途,掘进时的通风、运输等需要来确定。一般在保证重点工程(主要连锁工程)的前提下,只要运输、提升、通风、排水等条件许可,应根据工期要求尽量开展多工作面(多头)施工。

② 在工期许可的情况下，应先掘进上山，再安排后续巷道施工。

③ 当相邻的工作面回风巷和运输巷同时掘进时，应先掘回风巷，待探明煤层变化情况后再掘运输巷。

④ 当风井可用于采区巷道施工且比较便利时，可由风井担负施工任务。这样既可减少运输水平和主副井的运输、提升压力，也可为多头、对头施工创造条件。

⑤ 根据工期要求，在条件许可时可采用对头掘进以增加工作面头数，加快施工进度。

三、采区巷道掘进定向

对于采区的一些主要巷道，通常不但在位置上有一定限制，而且对其轴线的坡度和方位也有较严格的要求。例如，对工作面运输巷(采用带式输送机或刮板输送机运输)，既要求沿煤层掘进，又要求其轴线在平面投影图上是一条直线(或折线)。这些限制和要求在设计中很容易做到，但在施工中要做好却很困难，其原因是实际的地质情况与设计所依据的地质资料往往不完全一致，而且这些变化在施工前很难完全预见。在巷道施工中经常会遇到的地质条件变化情况有：出现未探明的断层，已知的断层位置和参数发生变化，煤层产状和厚度发生变化等，这些变化都会对巷道施工造成影响。

为了减小地质条件变化对巷道施工的影响，减小或避免无效掘进，应在做好地质工作的前提下认真做好掘进定向工作。下面是在采区巷道定向中常用的一些做法。

1. 利用钻孔资料或勘探线剖面图定向

钻孔资料是最可靠的地质资料，勘探线剖面图次之。对于长度较大的巷道，可利用钻孔资料或勘探线剖面图定向，从而避免巷道过多弯曲和远离预期位置。图 4-1 是利用勘探线剖面图定向的示意图。图中，Ⅰ-Ⅰ和Ⅱ-Ⅱ是两条勘探线，Ⅰ-Ⅰ剖面和Ⅱ-Ⅱ剖面是两个勘探线剖面。当巷道掘进到Ⅰ-Ⅰ勘探线处(图中 3 点，底板标高为－150 m)，发现煤层发生变化，不能沿原方向继续掘进，需要调整掘进方向，可按下述方法定向：根据Ⅱ-Ⅱ剖面图在Ⅱ-Ⅱ勘探线上找出煤层底板标高为－150 m 的点 4，3、4 两点连线方向即该巷道调整后的掘进方向。

2. 煤层平巷遇到断层时的定向

当沿煤层掘进的平巷在掘进中遇到未探明的断层时，首先应根据掘进过程中揭露的地层和断层面特征判断断层的性质，并参考邻近钻孔资料推断煤层断失的方向，再根据巷道的使用和维护要求调整掘进方向。图 4-2 为一水平切面图，图中实线表示沿煤层顶板掘进的平巷，虚线表示遇到断层时改变方向后的巷道：若该平巷没有曲率要求沿虚直线掘进，若有曲率要求沿虚曲线掘进。

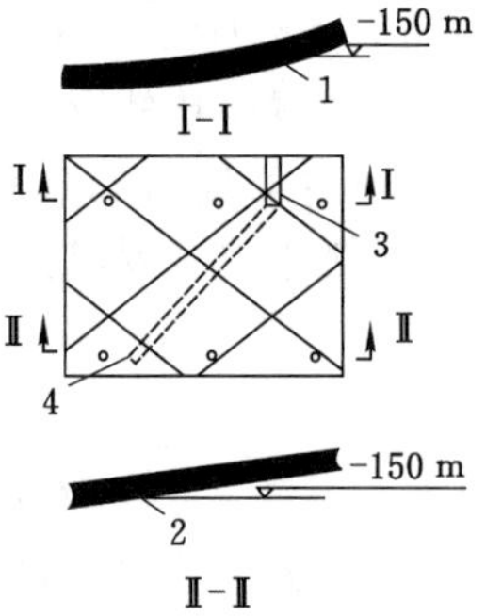

图 4-1 利用勘探线剖面图定向方法

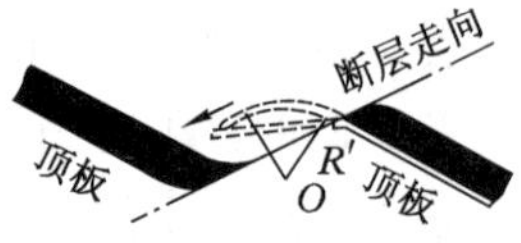

图 4-2 煤层平巷遇断层时的定向方法

3. 平行于断层掘进的巷道定向

为了减小断层对巷道掘进和使用的影响，巷道应尽量避免沿断层面走向布置。但对于以断层为界划分的阶段、区段（或条带）等，不可避免要沿断层面走向布置巷道，此时应使巷道与断层之间保持一定的安全距离。在施工中，控制这一距离的方法为：每向前掘进 20～30 m，应对断层进行一次探测（若断层含水，应按防治水要求进行探掘），再根据探测结果确定下一步掘进方向。图 4-3 为采用小探硐探测断层和进行巷道定向的示意图。

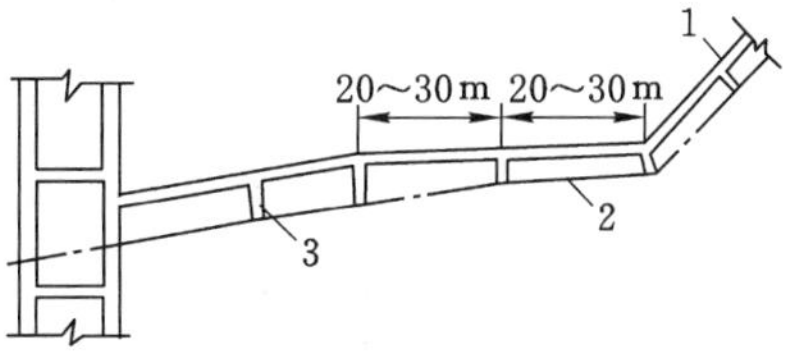

1—掘进巷道；2—断层；3—探硐。

图 4-3 平行于断层掘进的巷道定向方法

4. 采区上（下）山掘进定向

上山与下山相同，这里只讨论上山。

采区上山一般布置两条，一条为运输上山，一条为轨道上山。在一些特殊情况下，如在高瓦斯矿井、突出矿井、开采易自燃煤层的矿井、分层开采的煤层中，还需要布置一条专用回风上山，即可能要布置 3 条上山。上山既可布置在煤层中，也可布置在煤层底板岩层中，目前随采掘技术的发展采用煤层上山的已越来越多。

上山位置是根据地质剖面图设计的。布置在煤层中的上山在施工中需要根据煤层条件变化进行必要调整。为了避免和减小因地质条件变化对上山施工和正常使用的影响，应根据其用途、施工和使用的技术要求，合理确定上山的施工顺序。一般对运输上山的方位和倾角要求比较严格，对轨道上山次之，对专用回风上山最宽松。因此，可按先专用回风上山、再轨道上山、最后运输上山的顺序安排掘进工作。先掘的上山起探煤作用，可为后掘的上山的定向提供依据。

有时，当煤层变化较大，又不需要设专用回风上山时，可先掘一条探煤上山，为运输上山和轨道上山掘进定向服务。

对于厚煤层或煤层群联合布置采区，如果将上山布置在煤层底板岩石中，且不想掘探煤巷时，可先掘轨道上山，利用轨道上山距离煤层较近，且与煤层联络较多的特点进行探煤，为运输上山掘进定向。

5. 在双巷掘进时利用区段回风平巷为区段运输平巷定向

当区段平巷采用双巷掘进时，先掘用于下区段的回风平巷，滞后一段距离再掘用于本区段的运输平巷，利用回风平巷掘进所掌握的资料作为运输平巷定向的依据。

6. 利用轨道巷定向

由于生产和施工的要求，采区内多为平行的巷道，如区段轨道巷和区段输送机巷等。这些巷道通常采用双巷掘进，其中一条巷道超前掘进，为另一条巷道施工定向提供地质资料。

轨道巷对坡度要求较严格，但允许在一定的范围内弯曲。而输送机巷在每台输送机的长度范围内则必须是直巷，但对坡度要求不严，如带式输送机可在倾角小于 17°的范围内正常运行，刮板输送机的工作坡度则更大，故一般超前掘进轨道巷为输送机巷定向。不管煤层有什么变化，即使输送机巷局部可能进入煤层顶底板岩层，也能保证它不远离煤层而又顺直的要求。

第二节 煤巷掘进

沿煤层掘进的巷道，在掘进断面中，若煤层占 4/5 以上（包括 4/5）称为煤巷。一般采区巷道的 80%以上为煤巷。目前，用于煤巷掘进的方法有爆破掘进和掘进机掘进两种，在此介绍煤巷爆破施工的特点和采区煤巷掘进机掘进应用的情况。

一、钻眼爆破法掘进煤巷

1. 钻眼爆破

在采区巷道中，采用爆破掘进的煤巷一般为梯形断面，多采用斜眼掏槽。常用的掏槽眼布置方式如图 4-4 所示，可视具体情况选择。确定掏槽眼位置时应考虑：若采用架棚支护，为了防止崩倒支架应将掏槽眼布置在工作面中下部；当断面内有较软夹层且位置合适时，应将掏槽眼布置在该夹层中。多采用煤电钻打眼，一次爆破深度为 1.0～2.5 m。

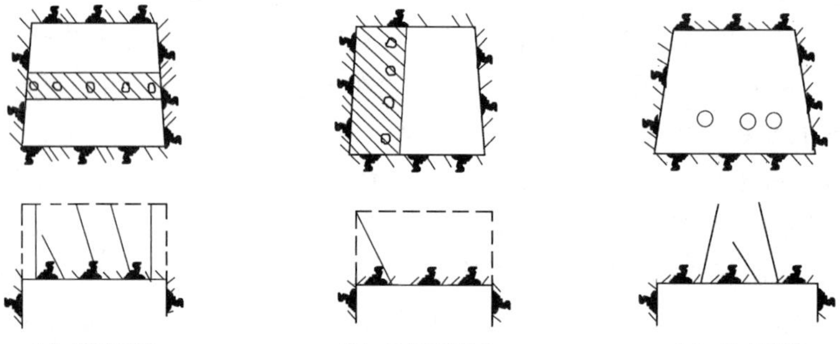

图 4-4 煤巷掘进的掏槽方法

应采用光面爆破技术。为了取得良好的爆破效果，避免欠挖和超挖，巷道顶部和两帮周边眼与轮廓线之间应保持适当的距离：一般硬煤为 150～200 mm，中硬煤为 200～250 mm，软煤为 250～400 mm；周边眼的装药量应适当减少：以深度为 1.5 m 的周边眼为例，在硬煤和中硬煤中比辅助眼少装 1.0～1.5 个药卷，在软煤中少装 2 个药卷；周边眼的间距与最小抵抗线的比值一般为 1.1～1.3。在应用中应结合具体条件通过实践对这些数据进行优化。

应采用毫秒延期电雷管全断面一次爆破技术。在有瓦斯的煤层中毫秒延期电雷管只能使用前五段（总延期时间不超过 130 ms）。

由于煤层较松软，为达到光面爆破的要求，布置周边眼时要考虑巷道顶、帮由于爆破作用而产生的松动范围。松动范围与煤层的性质有关，一般硬煤为 150～200 mm，中硬煤为 200～250 mm，软煤为 250～400 mm。因此，周边眼要与顶、帮轮廓线保持适当距离，并适当减少装药量，以免发生超挖和破坏围岩现象。

当在“三软”煤层（顶板、底板岩层和煤层强度均较小）、复合顶板和再生顶板煤层中掘进巷道时，可推广在岩巷掘进中使用的“三小”（小直径钻孔、小直径药卷和小直径钻杆）钻爆新工艺，以提高掘进效率和维护好顶板。这是因为目前普遍采用 ϕ38～40 mm 钻杆，ϕ40～43 mm 钻头，ϕ32～35 mm 煤矿许用炸药，装药量相当集中，炸药爆炸能量集中释放，不利于保证软弱顶板的稳定性。

2. 装煤与转载

用于装煤的装载机和装岩机不同。

《煤矿安全规程》第六十一条规定，高瓦斯、煤与瓦斯突出和有煤尘爆炸危险矿井的煤巷、半煤岩巷掘进工作面和石门揭煤工作面，严禁使用钢丝绳牵引的耙装机。

我国生产的用于煤巷爆破掘进的装、转载设备有多种，使用较多的是 ZMZ-17 型蟹爪式装煤机，其基本结构如图 4-5 所示，由蟹爪装载机构、可弯曲刮板转运机构和履带行走机构组成。其主要技术参数见表 4-1。主要特点为：能连续装载，效率高；用履带行走，机动灵活，适应性强，装载宽度不受限制，清底干净。该装煤机适用于断面积 8 m^2 以上、净高 1.6 m 以上、倾角 10°以下的煤巷掘进。

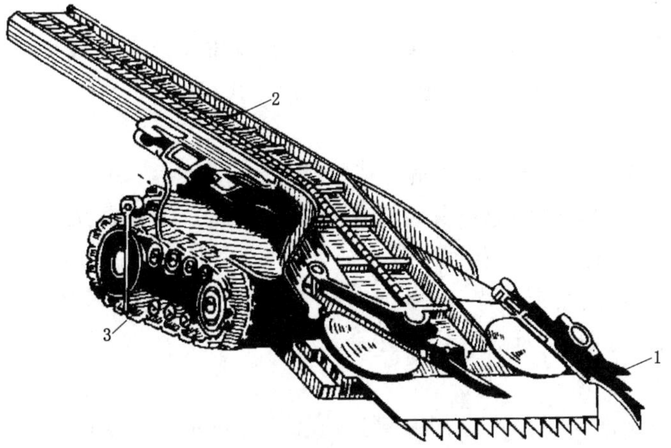

1—蟹爪；2—可弯曲刮板输送机；3—履带。

图 4-5　ZMZ-17 型蟹爪式装煤机

表 4-1　ZMZ-17 型蟹爪式装煤机主要技术参数

序　号	名　称	指　标
1	生产能力/(t/h)	50
2	行走方式	履带
3	行走速度/(m/min)	17.5
4	刮板输送机左右回转角度/(°)	45
5	外形尺寸(长×宽×高)/mm	6 315×1 500(1 390)×2 200(920)
6	质量/kg	4 010

ZMZ-17 型蟹爪式装煤机是按照装煤设计的，主要用于煤巷掘进，也可用于半煤岩巷掘进。在用于半煤岩巷掘进时最好煤、岩分装，在装岩时应减轻负荷，且应配备相应的转载运输设备。

若巷道断面能满足装载要求，也可以用耙斗装载机装载。

二、煤巷掘进机掘进的后配套转运方式

采区煤层巷道采用掘进机掘进已经越来越普遍。但在使用时，除连续采煤机仍需与其专用的后配套运输设备配套使用外，其他几种掘进机均可根据采区生产条件与不同的后配套转运设备配套使用。在采区内与掘进机配套的转运方式有以下几种。

（1）由刮板输送机转运

掘进机截割下来的煤（岩）通过其装载和转载机构直接卸入其下方的刮板输送机，经刮板输送机运出掘进巷道，从而实现工作面的连续截割、装载和转运。刮板输送机与掘进机的转载部分搭接，掘进机每向前掘进一段距离后，将刮板输送机接长一段。该运输方式一般与普通综掘机配套，用于掘进断面较小、长度不大的巷道。存在的主要问题是需要频繁接长刮板输送机，劳动强度大，当巷道长度大时需要的刮板输送机多、占用人员多。

（2）由带式转载机→刮板输送机转运

掘进机截割下来的煤（岩）通过其装载和转载机构卸入带式转载机，再装入其下方的刮板输送机，经刮板输送机运出掘进巷道。和前一种方式相比，其主要优点是大大减少了接长刮板输送机的次数。

（3）由带式转载机→可伸缩带式输送机转运

掘进机截割下来的煤（岩）通过其装载和转载机构卸入带式转载机，再装入可伸缩带式输送机，经带式输送机运出掘进巷道。其主要特点为：可长距离连续运输；生产能力大；若采用双向带式输送机，用上胶带运煤、下胶带运料，可简化辅助运输系统。该方式既可与普通综掘机组配套，也可与掘锚一体机组配套。

（4）由仓式列车转运

掘进机截割下来的煤（岩）通过其装载和转载机构卸入带式转载机，再装入仓式列车，由绞车或电机车牵引运出掘进巷道。

在坪湖煤矿进行ELM型煤巷掘进机工业性试验期间，曾与CCL型仓式列车配套使用，取得最高日进尺21.7 m，班进尺10.4 m的良好效果。

CCL型仓式列车如图4-6所示，主要技术参数见表4-2。绞车操纵和信号采用感应式遥控装置，列车司机可利用发射机通过沿巷道敷设的感应线使感应接收机、磁力启动器动作，对牵引绞车进行启动、停止操纵和发出电铃信号。

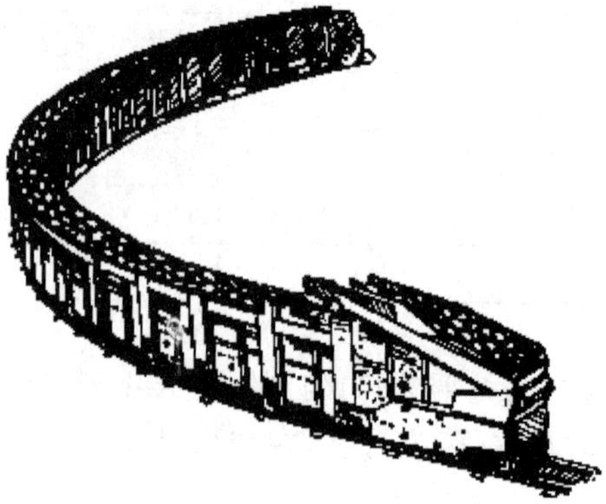

图4-6　CCL型仓式列车

表 4-2　CCL 型仓式列车主要技术参数

序　　号	名　　称		指　　标
1	容积/m^3		14
2	外形尺寸/m	全长	29
		头部宽	1.22
		中部宽×高	0.8×1.25
3	主刮板输送机链速/(m/min)		3.15
4	电动机功率/kW		13
5	总质量/t		18
6	牵引方式		绞车牵引

该方式最大优点是可将一个截割循环中截落的煤、岩一次运走。其不足之处是运距增大对掘进机效能发挥的影响增大，另外，采用绞车牵引仓式列车灵活性较差。条件允许时，最好采用电机车牵引。

第三节　半煤岩巷施工

沿煤层掘进的巷道，若其掘进断面积的 1/5～4/5(不含 1/5 和 4/5)的部分为岩层，即半煤岩巷。布置在薄煤层中的巷道多为半煤岩巷。半煤岩巷在施工中不可避免地要破碎顶板或底板岩石(破岩)，破碎顶板岩石为挑顶，破碎底板岩石为卧底。半煤岩巷施工的基本方法与煤巷基本相同，但因要破碎岩石又有显著的特点。

一、破岩位置的选择

根据巷道和煤层的位置关系，半煤岩巷破岩有挑顶、卧底、既挑顶又卧底三种情况，如图 4-7 所示。选择时应考虑煤层及顶底板条件、巷道用途、施工方便性等因素。若顶板稳定，或底板为软弱岩层，宜采用卧底；若煤层上部有假顶或不稳定岩层，而底板稳定，宜采用挑顶；若为区段运输巷，应采用卧底；若为区段轨道巷，宜采用挑顶。一般情况下，尽可能不要挑顶而采取卧底，以保持巷道顶板的完整性，减少支护的工时和材料费用。

图 4-7　半煤岩巷破岩位置

二、钻眼爆破

掏槽眼一般都布置在煤层中，采用楔形掏槽(斜眼掏槽)效果较好，如图 4-8 所示。

钻(凿)眼设备应尽量选用单一动力设备，在特殊情况下也可选用两种不同动力的设备。具体选择的原则为：当煤、岩的强度都不高时，应选用煤电钻；当煤、岩的强度都比较高时，可选择凿岩机；当煤、岩的强度相差很大时，可同时配备煤电钻和凿岩机，或选用岩石电钻。

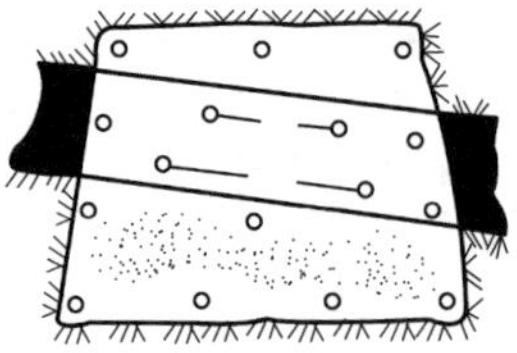

图 4-8 半煤岩巷炮眼布置

三、施工工艺及施工组织

半煤岩巷施工工艺有两种：一种是煤、岩不分掘分运，全断面一次成巷；另一种是煤、岩分掘分运，二次成巷。

① 煤、岩不分掘分运，全断面一次成巷。这种工艺及施工组织与相应的岩巷和煤巷相同，具有施工工艺及组织简单，巷道掘进速度快的特点，但煤的灰分很高、损失很大；主要适用于煤层厚度小于 0.5 m，煤质差的半煤岩巷。

② 煤、岩分掘分运，二次成巷。将全断面分为煤、岩两部分，分两步成巷。对于爆破掘进，其特点为：为了提高爆破效率，一般先掘进煤层部分，后掘进岩层部分，形成台阶工作面。卧底巷道为正台阶，如图 4-9(a)和图 4-9(d)所示；挑顶巷道为倒台阶，如图 4-9(b)和图 4-9(c)所示；既挑顶又卧底的巷道形成正、倒两个台阶。先掘进的煤层部分的炮眼布置类似于全断面一次掘进，后掘进的岩石部分的炮眼布置视煤层部分的巷道高度而定：当煤层部分高度大于 1.2 m，且凿在岩石中的眼深不小于 0.65 m 时，岩石部分的炮眼宜垂直于巷道轴线布置，如图 4-9(a)和图 4-9(b)所示；否则，岩石部分的炮眼应平行于巷道轴线布置，如图 4-9(c)和图 4-9(d)所示。

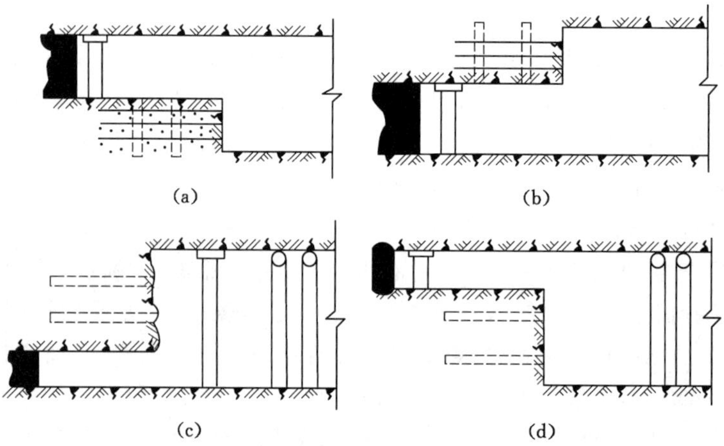

图 4-9 半煤岩巷掘进岩层中的炮眼布置

采用这种工艺方式能保证掘进出煤的质量，但工艺过程复杂、施工组织困难、掘进速度慢，而且分运需要两套运输系统。

为了保证煤、岩两个部分同步、协调推进，应合理确定循环进尺和爆破参数。

第四节 上、下山施工

自运输水平向上倾斜的巷道称为上山，向下倾斜的巷道称为下山。上山或下山是采区内的主要巷道，为倾斜巷道。上山与下山的主要区别在于它们服务的对象不同，上山服务于上山阶段，下山服务于下山阶段。就掘进施工而言，两者没有本质的区别，都可以采用仰斜掘进或俯斜掘进。仰斜掘进和俯斜掘进各有特点。但在有瓦斯突出的煤层中施工上、下山，如无专门的安全措施，上山只能由上水平向下掘进。

一、仰斜掘进

上山和由开采水平向上的斜巷一般采用仰斜掘进，只有在一些特殊情况下采用俯斜掘进。

（一）破岩

在仰斜掘进中，要特别注意两个问题：一是防止底板“上漂”或“下沉”；二是避免爆破时抛掷出来的岩石崩倒支架。为了避免这两种现象发生，常采用底部掏槽（掏槽眼距底板 1 m 左右）、底眼向底板下扎并加大底眼装药量等做法。如图 4-10 所示，掏槽眼布置在距底板较近的软弱夹层中，采用三星布置，下部两个炮眼的眼底进入底板（当岩石较硬时底眼进入底板的深度应在 200 mm 左右），上部一个炮眼沿巷道轴线方向稍向下倾斜。

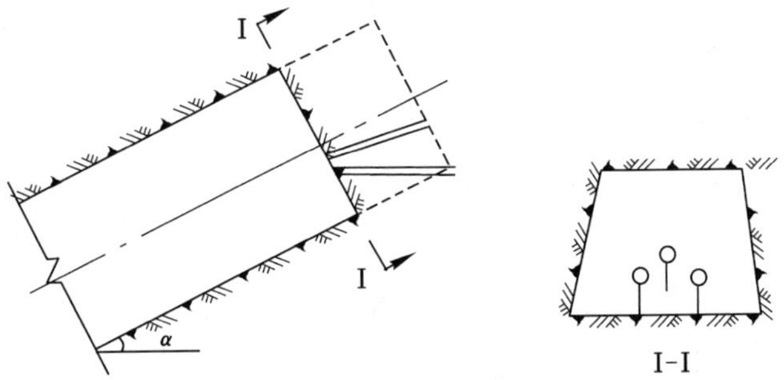

图 4-10　上山掘进掏槽方法

（二）装岩和运输

在仰斜掘进中，可以充分利用煤（岩）的自重进行装运。装运方法有很多种，可根据巷道倾角、断面等条件进行选择。

① 采用人工攉煤（岩），用刮板输送机运输。用于倾角小于 25°的巷道。

② 采用人工攉煤（岩），用溜槽自溜。常用的溜槽有铁皮溜槽和搪瓷溜槽两种，铁皮溜槽用于倾角为 25°～35°的巷道，搪瓷溜槽用于倾角为 15°～28°的巷道。溜槽安装和使用方便，生产能力大，但自溜过程会产生大量粉尘，煤（矸）块飞滚不利于安全。为了防止飞滚的煤（矸）块伤人，应在巷道中设置隔板将溜槽隔开；为了方便装车，需在巷道下口设置临时煤（矸）仓。如图 4-11 所示

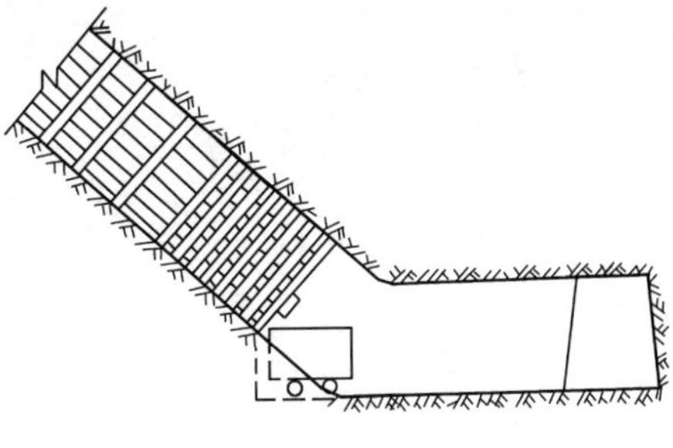

图 4-11　上山掘进利用溜槽运输

③ 采用人工攉煤（岩），沿巷道底板自溜。用于倾角大于 35°的巷道。需在巷道一侧做出一个密闭的溜矸间。

④ 用 ZMZ-17 型装煤机装载，用刮板输送机运输。用于倾角小于 10°的巷道。

⑤ 用人工装载，用绞车牵引矿车运输。用于倾角小于 30°的巷道。对于短巷道，一般一部绞车可满足生产要求，但如果巷道长度超过一部绞车的提升距离，则需要采用 2 部、3 部……绞车接力提升。单绞车安装如图 4-12 所示，绞车安装在上山与平巷交岔处一侧，在

工作面安装固定滑轮(回头轮),绞车牵引钢丝绳绕过固定滑轮后挂上矿车。为了保证安全,回头轮必须安设牢固。多部绞车接力提升系统如图 4-13 所示。

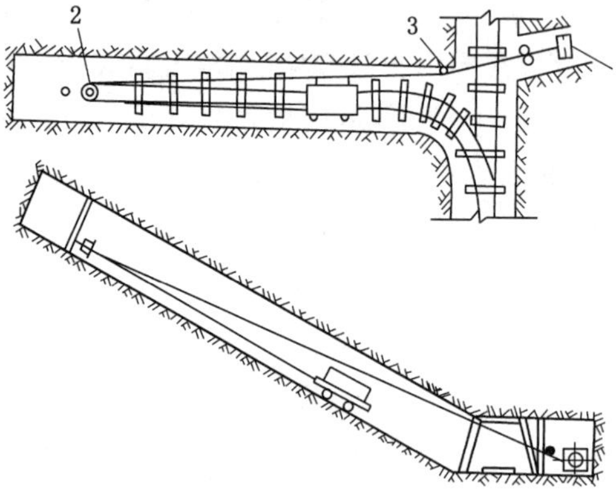

1—绞车;2—滑轮;3—导绳轮。

图 4-12 仰斜掘进时提升绞车及导绳轮的布置

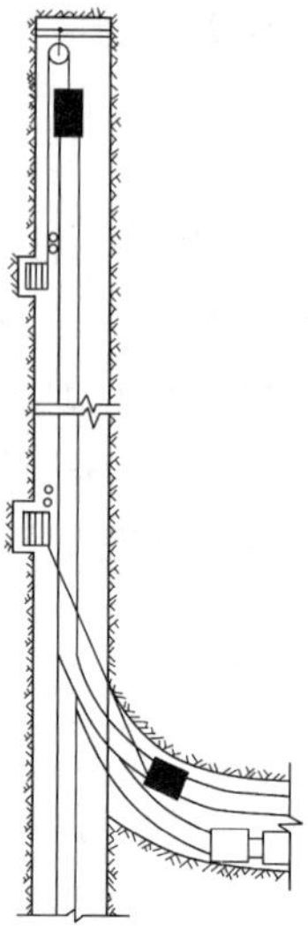

图 4-13 仰斜掘进时多部绞车接力提升系统示意图

⑥ 用耙斗装载机装载,用绞车牵引矿车运输。用于倾角不大于 30°的巷道。当巷道倾角大时,为了防止装载机下滑,除在装载机下部装设卡轨器以外,还应在装载机后立柱上装设两个可以转动的斜撑,如图 4-14 所示。耙斗装载机距工作面距离应不小于 8 m。工作面每推进 20～30 m,装载机需移动一次。移动装载机时可用提升绞车牵引,如果上山倾角大也可用提升绞车和装载机上的绞车共同牵引。

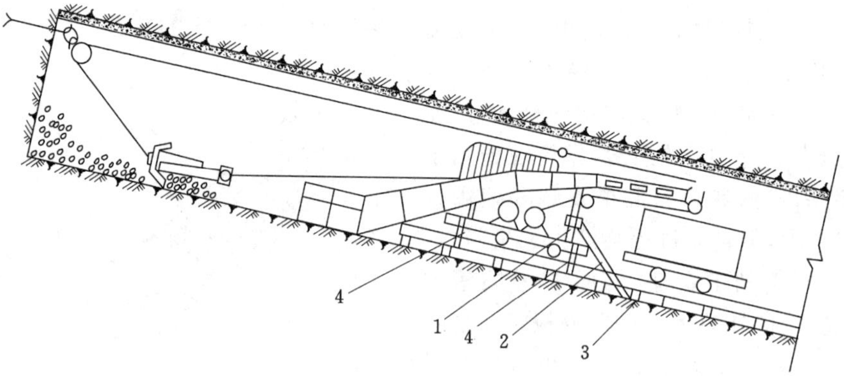

1—耙斗装载机的后立柱;2—钢轨斜撑;3—枕木;4—卡轨器。

图 4-14 上山掘进时耙斗装载机防滑装置

⑦ 用耙斗装载机装载,用刮板输送机或溜槽运输,如图 4-15 所示。需要在装载机卸载部位增加一个溜槽。

在仰斜掘进中,向工作面运送材料,一般采用小绞车牵引矿车提升。用于运输材料的小绞车及其安装与运输煤(矸)的相同。若用刮板输送机或溜槽运输煤(矸),通常还需要铺设用于运送材料的轨道。如果为单巷掘进,形成机(溜槽)轨合一布置;如果为双巷掘进,可在一条巷道中铺轨,在另一条巷道中铺设输送机(溜槽),形成机(溜槽)轨分巷布置。

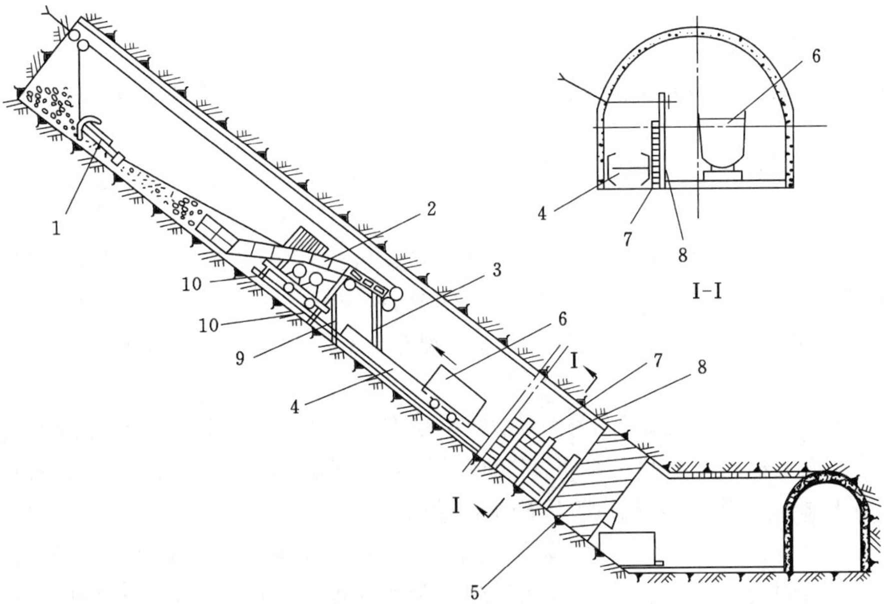

1—耙斗;2—耙斗装载机;3—斜溜槽;4—刮板输送机或溜槽;5—矸石仓;
6—矿车;7—挡板;8—立柱;9—防滑钢轨斜撑;10—卡轨器。

图 4-15 耙斗装载机与刮板输送机或溜槽配套使用

(三) 通风

由于仰斜掘进工作面容易积聚瓦斯,应加强通风和瓦斯检查。在地质条件不复杂的情况下,可几条上山同时掘进,上山间每隔 20～40 m 用联络巷连通,以满足通风的需要。高瓦斯矿井的上山掘进时,均要求采用压入式通风。联络巷可兼作躲避硐室。如果是单巷掘进,当瓦斯量不大时,可采用双通风机、双风筒压入式通风。无论是在作业还是交接班期间,甚至在因故临时停工时,都不准停风。如果因检修停电等原因停风时,全体人员必须撤出工作面,待恢复通风并检查瓦斯后才准进入工作面。在高瓦斯矿井中,如果上部回风巷已掘好,可利用钻孔解决通风问题;否则,宜采用俯斜掘进。

在瓦斯矿井中,有条件的应采用双巷掘进,每隔一定距离(20～50 m)用联络巷贯通,以利于通风。在高瓦斯矿井中,如果上部回风巷已掘好,则可利用钻孔解决通风问题,否则宜用由上向下的俯斜施工法。在有瓦斯突出危险的煤层中掘进斜巷,必须由上向下进行。凡有停掘的上山,应在与运输平巷交接处打上密封或修筑栏杆以免人员误入而发生危险。

二、俯斜掘进

下山和由开采水平向下的斜巷一般采用俯斜掘进,只有在一些特殊情况下采用仰斜掘进。

和仰斜掘进相比,俯斜掘进有以下特点:

① 装岩与运输比较困难。

② 工作面需要排水。

③ 一旦发生跑车事故,将造成严重后果。

④ 没有瓦斯积聚问题,有利于通风。

(一) 破岩、装岩及运输

采用爆破施工时,俯斜掘进的斜巷也要注意防止底板“上漂”,具体做法与仰斜掘进相同。

由于俯斜掘进时装岩比较困难,装岩时间通常占循环时间的 60%,因此应尽量采用机械装岩。

目前,用于俯斜掘进装岩的主要机械是耙斗装载机,使用时应安设牢固以防下滑。为了防止下滑,除要用好装载机自带的 4 个卡轨器之外,还应另外加设 2 个大卡轨器。为了提高装载机效率,装载机距工作面不要超过 15 m。耙斗装载机能起到阻挡跑车的作用,可减少跑车对工作面安全的威胁。

俯斜掘进的煤(矸)运输通常采用绞车牵引矿车或箕斗运输,也可用刮板输送机运输。一般刮板输送机运输适用于倾角小于 25°的巷道,矿车运输适用于倾角小于 30°的巷道,箕斗运输适用于倾角大于 30°的巷道。用矿车运输时可以兼运材料。

使用箕斗提升具有很多优点,具体为:装卸简便,提升连接装置安全可靠,特别是使用大容积箕斗能有效地增大提升量、加快掘进速度。但箕斗提升需设卸载仓,因此更适宜于长度比较大的巷道施工。当掘进带式输送机下山时,可以将采区煤仓提前掘出,作为下山掘进时的箕斗卸载仓。一般箕斗的卸载轮凸出于车身之外,不便在较小断面的巷道中使用。我国使用较多的是一种无卸载轮,利用安设在矸石仓中的活动轨翻卸的箕斗。这种箕斗的结构见图 4-16,卸载原理如图 4-17 所示,可用于较小断面的巷道。

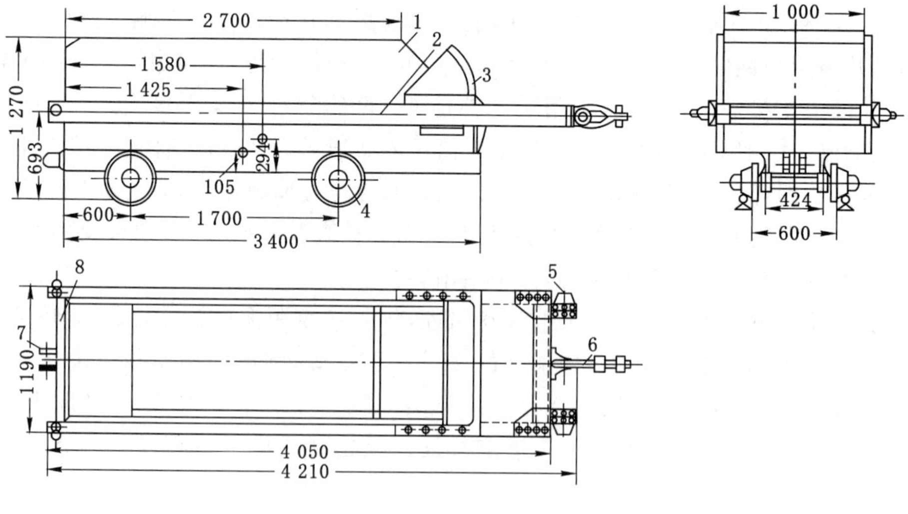

1—斗厢;2—牵引框;3—后盖板;4—箕斗行走轮;5—导向轮;6—连接装置;7—护绳环;8—转轴。

图 4-16　2.5 m^3 无卸载轮前卸式箕斗

陕西铜川基建公司二处在斜井施工中,用 4 m^3 无卸载轮的前卸式箕斗创下了月进尺

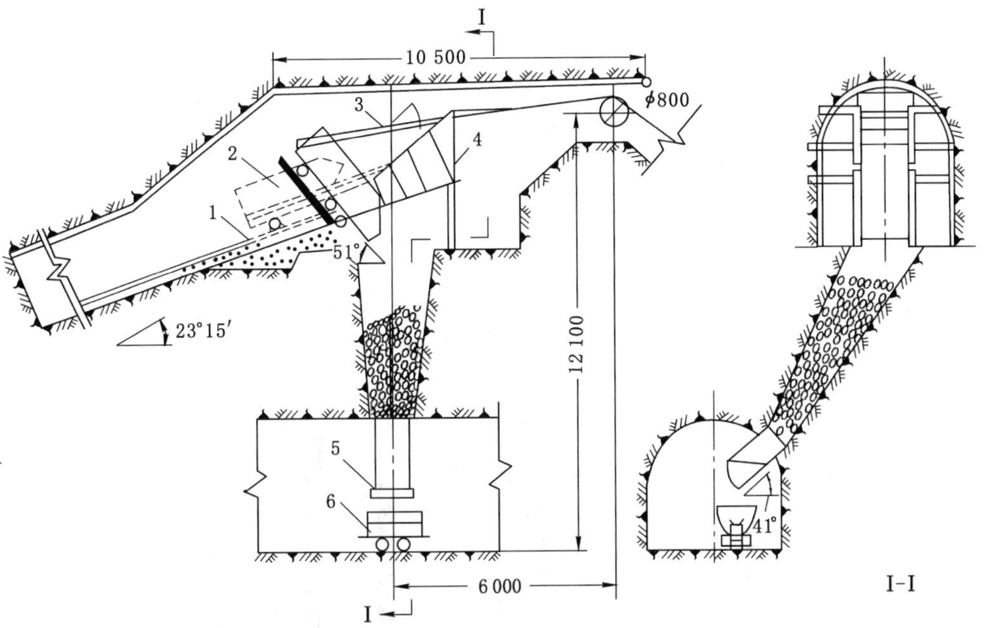

1—翻转架;2—2.5 m^3箕斗;3—牵引框架;4—导向架;5—放矸门;6—0.6 m^3 V形矿车。

图 4-17 无卸载轮箕斗卸载原理示意图

705.3 m的好成绩。

(二) 排水

俯斜工作面通常会积水,造成工作条件恶化,影响掘进速度和工程质量。

对工作面积水的预防可根据水的来源和出水位置采取相应的措施。如果是上部平巷水沟漏水,应对漏水处进行封堵;如果是下山较高位置的出水点涌水,可以将水流截引至相应的水仓;如果是工作面附近的出水点涌水且水量较大,可以进行注浆封堵。

工作面积水应用水泵及时排出。如果涌水量小(小于 6 m^3/h),可用潜水泵将水排入矿车或箕斗内随矸石一起排出;如果涌水量大,应在施工巷道内分段设小水仓,由水泵接力排出。

潜水泵有电动和风动两种。近年来常用的 QOB-15N 型气动隔膜泵,具有吸程大(7 m)、扬程高(58 m)、噪声小、使用安全等特点,很适合煤矿井下使用。

采用水泵接力排水时,直接从工作面排水的水泵多采用喷射泵。它是一种利用高压水由喷嘴高速喷射造成的负压来吸水的水泵,具有占用作业空间小,移动方便,爆破时容易保护,不易损坏,不怕吸入泥沙、碎石、木屑和空气等优点,但效率较低。喷射泵的构造见图 4-18,在施工巷道中的布置如图 4-19 所示。由喷射泵将工作面含有各种杂质的水排入水仓后,经过澄清再由离心式水泵排出。

(三) 施工安全

在俯斜工作面,最突出的施工事故是跑车事故。如果因脱钩或断绳造成跑车,矿车将直冲工作面,造成人身伤亡事故。为防止跑车事故发生,必须做到以下几点:巷道规格、铺轨质量符合设计要求;经常对钢丝绳及连接装置进行检查;严格按规程操作;采取切实可行的安

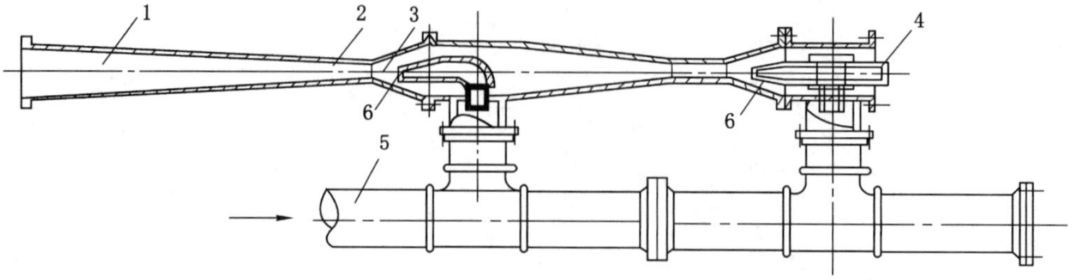

1—扩散器；2—喉管；3—混合室；4—丝堵；5—供高压水管；6—喷管。

图 4-18　双喷嘴喷射泵构造图

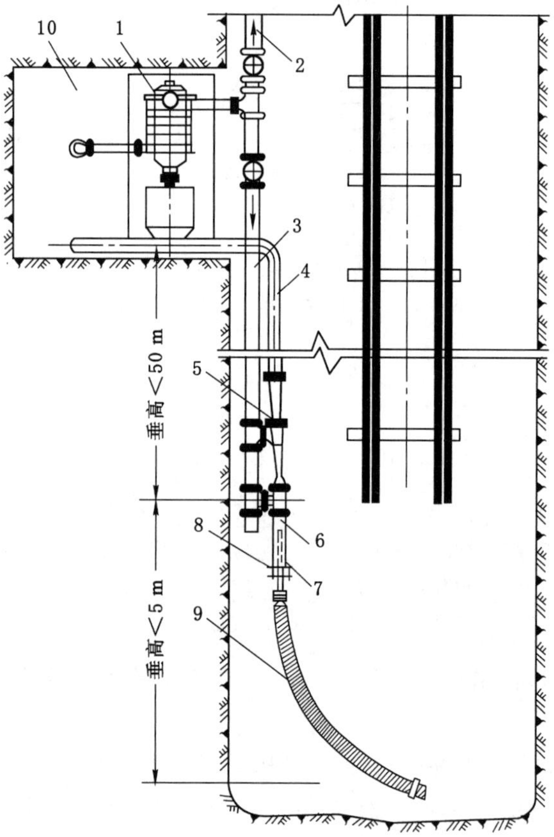

1—离心式水泵；2—排水管；3—压力水管；4—喷射泵排水管；5—双喷嘴喷射泵；
6—ϕ50 mm 伸缩管；7—填料；8—伸缩管法兰盘；9—吸水软管；10—水仓。

图 4-19　喷射泵排水工作面布置示意图

全措施。具体措施为：为了防止脱钩，应在提升钩头前连接一钢丝绳圈，提升时用此圈套住矿车；为了防止万一发生跑车事故造成工作面伤亡，应在距工作面尽可能近的适当位置设置挡车器。挡车器有多种形式，其中钢丝绳挡车器由于构造简单、工作可靠，采用较多，其布置如图 4-20 所示。

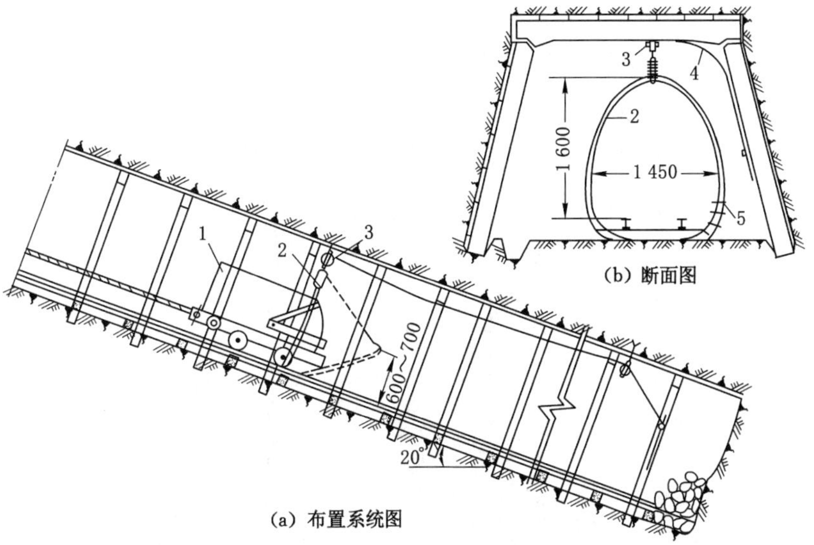

1—箕斗；2—钢丝绳挡车器；3—滑轮；4—牵引麻绳；5—绳卡。

图 4-20　钢丝绳挡车器布置图

第五节　采区煤仓施工

采区煤仓在矿井运输系统中具有重要作用，一般矿井都设置采区煤仓。

煤仓按倾角不同可分为垂直式和倾斜式两种。垂直式一般采用圆形断面；倾斜式一般采用拱形断面，其倾角大于 60°。煤仓下口要做成截圆锥形或四角锥形并收缩至合适口径以便安装闸门，煤仓上口有时也要收缩以便铺设篦子和设盖防护。

采区煤仓永久支护一般采用料石砌碹或混凝土浇筑，壁厚 300～400 mm；也可采用喷射混凝土，喷厚为 150 mm 左右。当煤仓位于稳定坚固的岩层中时，可不支护，但下部漏煤口斜面应采用混凝土浇筑。

采区煤仓施工一般采用先自下而上掘小反井，然后再自上向下刷大断面的反井施工法。反井施工法有普通反井法、吊罐反井法、深孔掏槽爆破法和反井钻机法等几种。早期多采用普通反井法，后来逐渐被吊罐反井法取代。虽然吊罐反井法比普通反井法具有劳动强度低、掘进速度快、效率高、成本低的优点，但作业环境和安全性仍很差，同时该方法要求反井围岩较稳定及具有垂直精度较高的先导提升钢丝绳，所以使用范围受到限制。

一、普通反井法

以山东肥城大封煤矿某采区煤仓施工为例，介绍利用普通反井法施工采区煤仓的相关技术。

该煤仓为垂直式，圆形断面，直径为 4.2 m。煤仓施工前，其下方大巷已掘成，但在煤仓附近一段约 5 m 长的大巷未砌碹；其上部的带式输送机机头硐室也已掘成，但未进行永久支护。如图 4-21 所示。

煤仓施工分以下三步进行。

(1) 掘进小反井

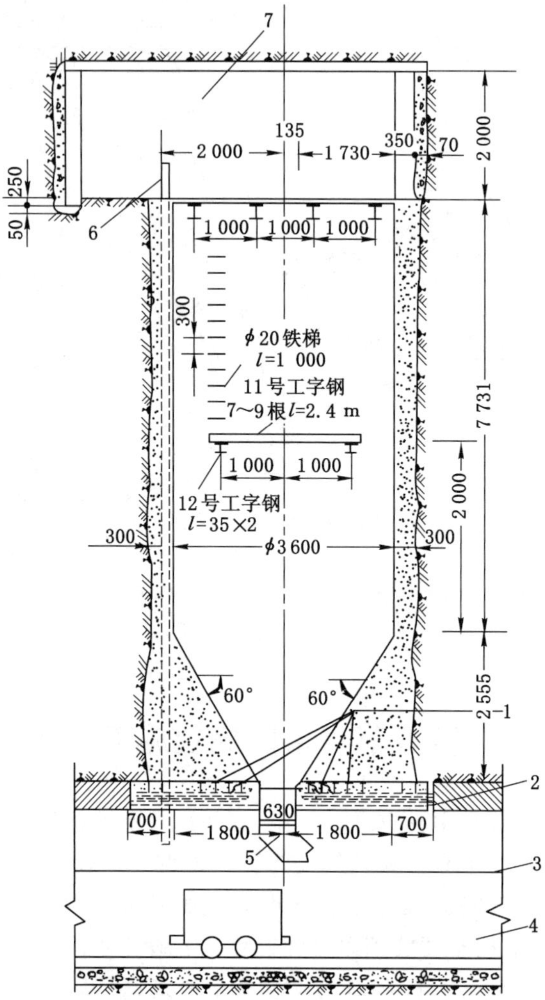

1—20 号工字钢,500 mm×4;2—15 kg/m 钢轨,6 000 mm×2;3—大巷拱基线;4—大巷装车场;5—煤仓闸门;6—ϕ127 mm 传话铁管;7—带式输送机机头硐室。

图 4-21　煤仓施工剖面图

小反井断面形状为长方形。临时支护采用四角木盘,木盘间距为 1 m,盘间在四角各设一个撑柱用于支撑,撑柱与木盘间用扒钉固定。最下部的一个木盘固定于架设在大巷中的抬棚上。其支护结构如图 4-22 所示。

为了施工安全和方便,在反井一侧应安设木梯,靠近工作面应设临时工作台。临时工作台由宽 200 mm、厚 80 mm 的木板搭在木盘上形成。

为了防止片帮,空帮高度不得超过 1.8 m,且木盘与岩帮之间应用木板与木楔背实。

反井掘进至距离上部机头硐室底板 2 m 时应停止,改为由上而下掘进直至贯通。

爆破用四段毫秒延期电雷管全断面一次爆破。爆破下来的煤(矸)落入大巷后装运。

(2) 刷大断面

反井形成后,自上向下开始刷大断面至设计断面。

采用爆破施工,用六角木盘做临时支架。

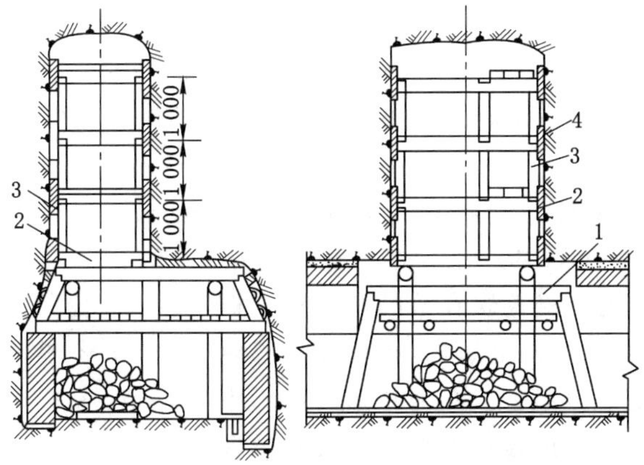

1—抬棚;2—四角木盘;3—撑柱;4—背板。

图 4-22　小反井掘进支护结构示意图

作业时须将反井用木板盖好,一方面是防止作业人员和设备从中掉下造成事故,另一方面是为作业提供方便。爆破前应打开盖板,以便让爆破下来的煤(矸)从反井中落入大巷。施工过程需要的材料和工具由上向下运送。

(3) 进行永久支护

永久支护由大巷碹帽、下端圆锥体和仓壁三部分组成,施工分五步进行。

① 固定漏斗座。为了固定漏斗座和加大巷道上部的支承能力,在大巷顶部设置四根 20 号工字钢梁,工字钢梁由 15 kg/m 的钢轨托住,钢轨两端插入已砌好的大巷的碹帽上,漏斗座固定在中间两根工字钢梁上,参见图 4-21。漏斗座要求安放水平,且十字中线应与大巷轨道中线重合,以确保装车时不会撒煤。

② 浇筑煤仓下部 5 m 长一段大巷的碹帽。用 C15 混凝土浇筑。浇筑前在大巷一侧肩部位置向上沿煤仓敷设一根直径为 127 mm 的铁管作为传话筒,如图 4-21 所示。浇筑混凝土由两边向中间进行,每浇筑 300 mm 厚捣固一遍,混凝土浇筑到与漏斗座上口齐平时停止。

③ 浇筑煤仓的圆锥体部分。采用木模板,用 C20 混凝土浇筑。圆锥模板加工和支设比较复杂,为了便于在井下能快速安装并保证质量,模板应在地面预先做好并进行编号。支模时,先在漏斗口内做一木衬并固定,再按编号顺序安装模板。模板定好位后将下端固定在木衬上,将上端通过拉杆支撑在岩帮上。拉杆与模板用铁钉固定。每节模板长度以 1 m 左右为宜,全部锥体部分模板由三节组成,分三次支设。支模结构如图 4-23 所示。

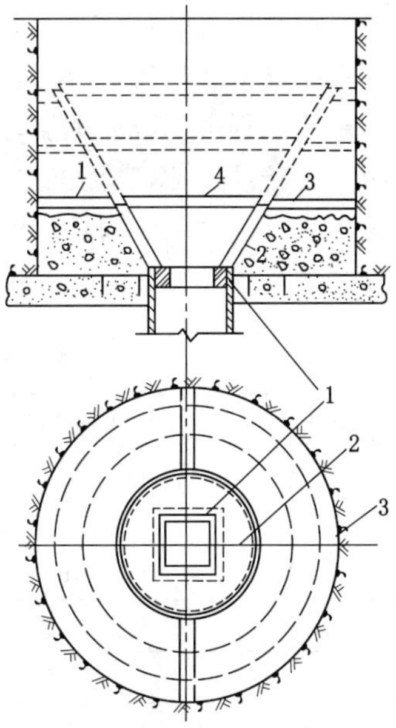

1—衬木;2—模板;3—拉杆;4—碹骨。

图 4-23　浇筑煤仓圆锥体支模示意图

每安装一节模板浇筑一次。混凝土在煤仓上部机头硐室内搅拌,用铁皮风筒送下浇筑于模内。在铁皮风筒的下端连接一段帆布风筒,用于控制混凝土浇入模内的位置。浇筑时应边浇边捣固,以保证浇筑质量。为了便于支下一节模和保证工程质量,在前一次浇筑时要留出深约 100 mm 的空模。

为了保证仓内作业人员的安全,施工时仓口要用木板盖严。

④ 浇筑煤仓壁。用 C15 混凝土浇筑。先拆除临时支架,后支模浇筑。用于浇筑煤仓壁的碹骨和模板要预先做好。一套碹骨由 4 部分组成,拼接在一起后外轮廓为一圆形,如图 4-24 所示。碹骨厚度一般不小于 80 mm,碹骨之间的接头应做成亲口。模板与碹骨一起组装,碹骨安装在模板的接头处,两节模板共用一套碹骨,模板与碹骨之间用铁钉固定。每一节模板的长度应与临时支架间距一致,即长为 1 m。在相邻两套碹骨之间用撑柱支撑,撑柱打在碹骨的 4 个接头处。

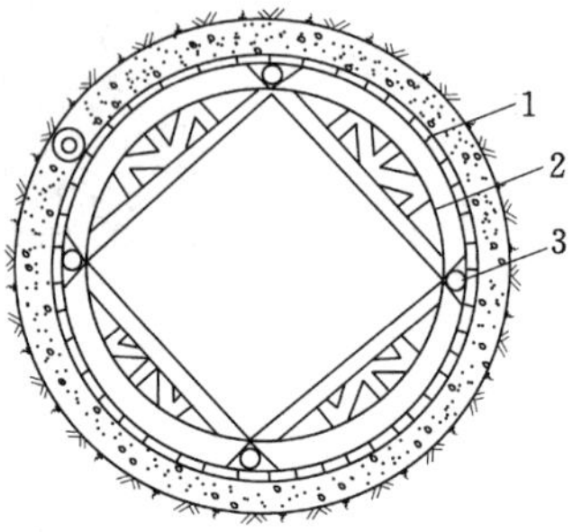

1—模板;2—碹骨;3—撑柱。

图 4-24　浇筑煤仓壁支模示意图

模板支好后应认真检查,以免出现误差。

在浇筑煤仓壁的过程中,要随时进行煤仓内设置的缓冲台、Π 形梯和顶盖梁的施工。

⑤ 拆模。混凝土凝固并达到一定强度后方可拆模。拆前先打开漏斗口,由上而下拆模,拆下的模板由漏斗口下放,从大巷运走。为了保证安全,作业人员必须佩戴安全带。

普通反井法掘进速度较慢、劳动强度大、消耗材料多,但在工作面无瓦斯、岩层稳定、无涌水的情况下,施工简便易行,并且能有效保证作业安全和工程质量。

二、反井钻机法

反井钻机法是用钻机掘进反井的一种施工方法。反井形成后的施工与普通反井法相同。与其他反井施工法相比,该法具有机械化程度高,劳动强度低,施工安全、速度快、效率高、成本低,施工过程中不破坏围岩,井壁光滑,成井质量好等优点。但使用设备较多,操作技术较复杂。若条件具备,应优先选用。

反井钻机是反井钻机法的核心设备。我国从 20 世纪 70 年代开始自制反井钻机,目前已有多种型号的反井钻机在煤炭和冶金行业使用。国产反井钻机主要技术特征见表 4-3。

表 4-3　国产反井钻机技术特征

型号	TYZ-1000	AF-2000	LM-1200	LM-2000	ATY-1500	ATY-2500
扩孔直径/mm	1 000	1 500～2 400	1 200	1 400～2 000	1 200,1 500,1 800	2 000,2 500 3 000
导孔直径/mm	216	250	244	216	250	311
钻孔深度/m	120	80	120	200～150	200～100	250～100
钻孔倾角/(°)	60～90	0～27	0～34	0～27	0～36	0～36
钻孔转速/(r/min)	0～40	0～27	0～34	0～27	0～36	0～36

表 4-3(续)

型号		TYZ-1000	AF-2000	LM-1200	LM-2000	ATY-1500	ATY-2500
扩孔转速/(r/min)		0～20	0～12	0～22	0～18 0～9	0～18	0～18
钻孔推力/kN		245	392	250	350	488	
扩孔拉力/kN		705	980	500	850	1 155	1 793
扩孔扭矩/(kN·m)	额定	24.1	62.2	19.6	40	42	68.6
	最大	29.9	69.4	31.8		66	107
总功率/kW		92	92	62.5	82.5	118.5	161
主机质量/kg		4 000	8 900	8 000	10 000	5 985	9 300
外形尺寸(长×宽×高)/mm	工作时	2 940× 1 320×2 823	3 046× 1 634×3 327	2 977× 1 422×3 277	3 230× 1 770×3 448	2 180× 1 250×3 700	2 868× 1 505×4 043
	运输时	1 920× 1 000×1 130	2 200× 1 200×1 592	2 290× 1 110×1 430	2 950× 1 370×1 700	2 530× 1 000×1 775	2 803× 1 310×1 930
研制单位		长沙矿山研究院有限责任公司	长沙矿山研究院有限责任公司	煤炭科学研究总院建井研究分院	煤炭科学研究总院建井研究分院	煤炭科学研究总院南京研究所	煤炭科学研究总院南京研究所

利用 LM-1200 型反井钻机的反井钻机施工系统如图 4-25 所示。下面以此为例介绍该施工方法的相关技术。

LM-1200 型反井钻机主要由主机、钻具(钻杆与钻头)动力车、油箱车和起吊装置等组成,参见图 4-25。

该钻机在钻进时油冷却器的冷却水流量为 7.2 m³/h,压力为 0.8 MPa;在导孔钻进过程中用于冷却钻头和排除岩屑的冲洗水流量为 30 m³/h,压力为 0.7～1.5 MPa。该钻机电气系统极为简单,不用专门配置电气控制箱,只需通过两台隔爆型磁力启动器和两台隔爆启动按钮将电源分别接入电动机即可。钻机共用两台电动机,总功率为 62.5 kW。其中,主泵电动机(DYB-55 型)功率为 55 kW,电压为 660 V/1 140 V,副泵电动机(BJO_2-51-4 型)功率为 7.5 kW,电压为 380 V/660 V。两台电动机的共用电压为 660 V。

(一) 钻机安装

① 浇筑钻机基础。用混凝土在反井上口浇筑。基础必须水平,且面积、厚度和强度要满足要求。一般情况下,若井口底板为煤层或松软破碎岩层,基础的面积和厚度应适当加大;若为坚硬岩层,可适当减小。

② 安装钻机。首先在施工现场找正钻机车的位置后拧紧卡轨器将其固定,并将钻机的其他组成部分按图 4-25 所示摆好。然后按照如下步骤进行操作:往油箱内注油和连接液压管路及动力电→启动副泵(25SCY 型)升起翻转架将钻机竖立→调整钻机位置使其动力水龙头接头体轴心线对正钻孔中心→安装斜拉杆→卸下翻转架与钻机架的连接销,放平翻转架→安装转盘吊与机械手→调平钻机架并固定(支起上下支承缸)→接洗井液胶管和冷却水管→准备试车。

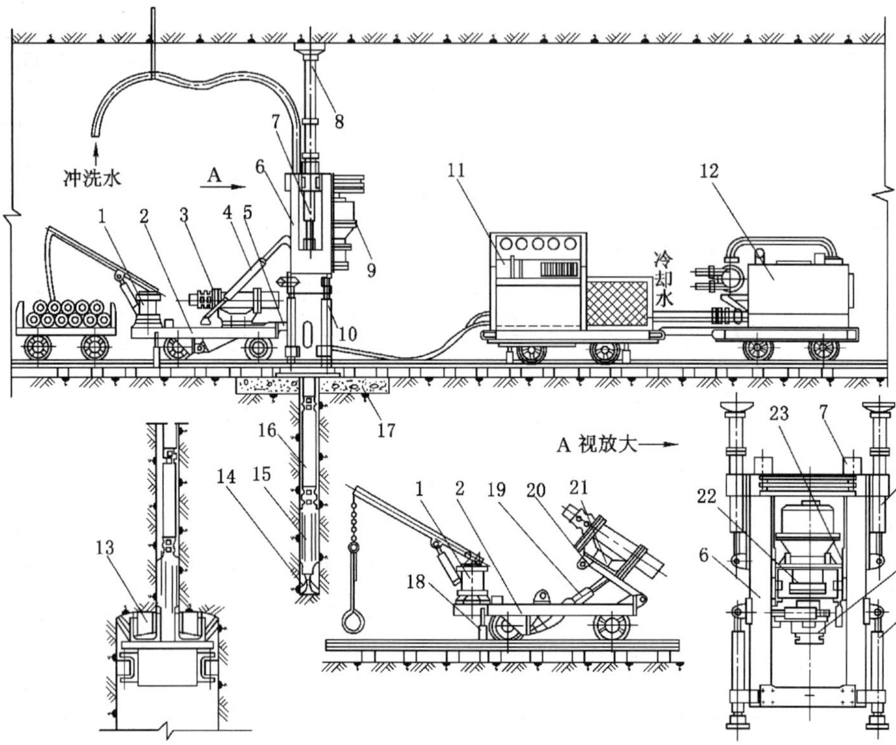

1—转盘吊；2—钻机平车；3—钻杆；4—斜拉杆；5—长销轴；6—钻机架；7—推进液压缸；
8—上支承；9—液压马达；10—下支承；11—泵车；12—油箱车；13—扩孔钻头；
14—导孔钻头；15—稳定钻杆；16—钻杆；17—混凝土基础；18—卡轨器；19—斜撑液压缸；
20—翻转架；21—机械手；22—动力水龙头；23—滑轨；24—接头体。

图 4-25　LM-1200 型反井钻机施工系统图

（二）反井施工

反井掘进分导孔钻进和扩孔钻进两个过程。

(1) 导孔钻进

导孔钻进由以下环节组成。

① 钻头安装。将导孔钻头放置在孔位，启动马达，慢慢下放动力水龙头，连接导孔钻头，启动水泵向水龙头供水。

② 开孔口。以低钻压向下钻进开孔，将钻速控制在 1～1.5 m/h，直到钻孔深度达到 3 m。

③ 正常钻进。当钻孔深度达到 3 m 以后，增大推进液压缸推力，进行正常钻进。

④ 钻孔贯通。在钻孔贯通前，应逐渐降低钻压。

在导孔钻进过程中，钻压应根据岩石的具体情况进行控制，一般对松软岩层宜采用低钻压，对坚硬岩层宜采用高钻压。

在导孔钻进中，采用正循环排渣。将压力小于或等于 1.2 MPa 的洗井液通过中心管和钻杆内孔送至钻头底部，水和岩屑再由钻杆外面与钻孔壁之间的环形空间返回。装卸钻杆可借助机械手、转盘吊和翻转架。翻转架除了用于装卸钻杆之外，还与钻机架连接用于竖起和放下钻机架。

(2) 扩孔钻进

导孔钻透后，在下部巷道内将导孔钻头和与之相连接的稳定钻杆一同卸下，再连接上扩孔钻头，将液压马达变为并联状态，调整主泵油量，使动力水龙头输出轴的转速为预定值(一般为 17～22 r/min)，启动钻机进行扩孔。扩孔时将冷却器的冷却水从井口注入，冷却水沿导孔壁及钻杆自然流下，起到冷却刀具、冲孔及消火防爆的作用。扩孔开孔时应采用低钻压，待刀盘和导向辊全部进入孔内后再转入正常钻进。

扩孔钻进时产生的碎屑靠重力下落到下部平巷，在平巷内装运。装运要在停钻时进行。

扩孔至距离孔口 3 m 时，应调整为低钻压(向上拉力)慢速钻进。此时，应密切注视基础的变化情况，当发现基础有破坏的征兆时，应立即停止钻进，拆除钻机。剩余部分可用爆破施工或用风镐凿开，作业时作业人员应佩戴安全绳或保险带。

三、深孔掏槽爆破法

深孔掏槽爆破法是掘进煤仓的一种较先进的方法，是用深孔钻机自上而下或自下而上沿煤仓全高钻一组平行深孔，然后一次或分次装药，依次顺序爆破，一次形成所需断面和长度的反井(或煤仓)。其最大优点是工人不用进入反井(或煤仓)内进行打眼和临时支护作业，一般不受岩层条件限制，有利于安全，所需设备少，施工速度快，效率高。但钻眼的垂直度要求严格，爆破技术要求高，装药困难，炸药消耗量大。在煤仓高度较小、围岩条件较好的情况下使用效果更好。

下面以山东兖州北宿煤矿西采区煤仓施工为例，介绍深孔掏槽爆破法的相关技术。

该煤仓为垂直圆筒仓，高度为 8 m，净直径为 3.4 m，喷射混凝土支护，喷层厚度为 150 mm。煤仓上口与 17 号煤层带式输送机上山机头硐室相接，下口与运输大巷相通。如图 4-26 所示。

施工过程分两步，先用深孔掏槽爆破法施工小反井，再刷大断面。

将 TXV-75 型液压钻机安装在机头硐室内，由上向下钻 5 个钻孔，1 个沿煤仓中心线布置，另外 4 个均匀分布在以中心孔为圆心、半径为 500 mm 的圆周上。钻孔直径均为 89 mm，其长度贯通整个煤仓。

选用 2 号岩石硝铵炸药，药卷规格为 35 mm×180 mm，每个药卷质量为 0.15 kg。

4 个外围孔为装药孔，各孔装药量相同。每个孔内的炸药由炮泥隔为两段，一次装入分两段起爆。每段装药长度为 2 520 mm，装药量为 8.4 kg。每孔装药长度共计 5 040 mm，装药量为 16.8 kg。装药程序为：封眼底→装第一段药→封间隔炮泥→装第二段药→封口。眼底用木锥和炮泥封堵，封孔长 600～1 000 mm。每段炸药由 14 个小捆组成，每 4 个药卷捆在一起为一小捆。将 14 捆炸药相互对接，用导爆索串起，固定在一根铁丝上一起送入眼内。两段炸药间隔离炮泥长 500 mm。装入第二段炸药后用炮泥封口，封口长 500 mm。炮眼布置及装药结构如图 4-27 所示。

在中心孔内不装药，用铁丝悬吊两个钢弹，分别置于与装药孔中两段炸药的上端等高的位置。钢弹用直径 89 mm、长 500 mm 的钢管制成，每个钢弹内装药 1.2 kg。

5 个孔内装药总质量为 16.8×4＋1.2×2＝69.6(kg)。

用 1—4 段秒延期电雷管和导爆索起爆。起爆顺序为：下段炸药(装 1 段雷管)→下部钢弹(2 段)→上段炸药(3 段)→上部钢弹(4 段)。原理为：外围的 4 个装药孔以中心孔为自由面，炸药爆炸将中心区岩石充分预裂，再借助钢弹实现挤压抛渣。

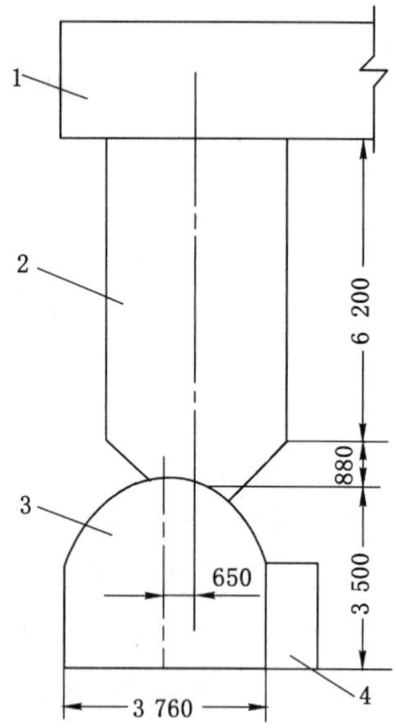

1—带式输送机机头硐室；2—煤仓；

3—运输大巷；4—小绞车硐室。

图 4-26　北宿煤矿西采区煤仓示意图

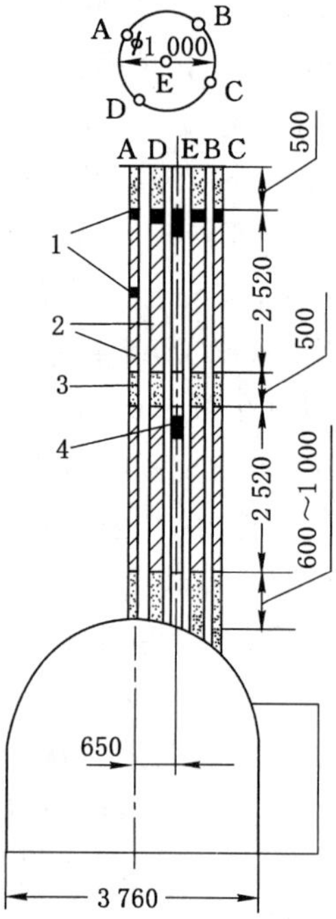

1—雷管；2—炸药；

3—炮泥；4—钢弹。

图 4-27　炮眼布置与装药结构

为确保起爆，在每段炸药的上部和中部各装一个同段雷管。

通过爆破形成小反井后，由上而下逐段刷大断面，边刷边进行永久支护。仓壁采用喷射混凝土支护。

其他同普通反井法施工。

习　　题

1. 什么是采区巷道？采区巷道有哪些特点？
2. 采区巷道施工应注意哪些问题？
3. 煤巷掘进机掘进的后配套转运方式有哪些？各有何特点，适用何种条件？
4. 什么是半煤岩巷？如何选择半煤岩巷的破岩位置？
5. 半煤岩巷采用爆破施工时，施工组织方式有哪两种？各有何优缺点？
6. 在上、下山施工中，采用仰斜掘进和俯斜掘进有什么不同？
7. 在上、下山施工中，当采用矿车运输时，为防止发生跑车事故应采取哪些安全措施？
8. 煤仓主要施工方法有哪些？各有何特点？
9. 普通反井法是如何施工煤仓的？

第五章 巷道支护

为了保证井巷在掘进和使用期间的安全，并满足正常使用要求，需要对掘进的巷道进行支护，以控制围岩的变形与破坏。井巷支护的工作量、占用人力和工时在井巷施工中均占有很大比例，其成本一般占井巷施工总成本的1/3～1/2。可见，井巷支护是井巷施工中一项十分重要的工作，其成败不仅关系井巷围岩的稳定与安全，而且会影响井巷施工的速度和效率、消耗和成本等。

支护结构因巷道断面形状、支护材料以及与围岩的关系等不同而种类繁多，支护技术的内容也因此而十分丰富和庞杂。常用的支护结构分类方案很多，但最简明的是按支护结构与围岩的关系分类，按此方案支护结构分为三类：第一类是完全作用在围岩表面的棚架结构，如金属棚、预制钢筋混凝土支架和混凝土（钢筋混凝土、料石）拱等；第二类是主要部分深入围岩内部的锚固结构，如锚杆、锚索等；第三类是前两类结构结合而形成的联合支护结构，如锚喷支护、锚网喷支护等。

第一节 支护材料

井巷支护材料，是指用于构建支护结构的基本材料，其种类很多，常用的主要有木材、金属材料、水泥、混凝土、钢筋混凝土、砂浆等。这些材料性能不同，其用途和施工方法也不同。

一、水泥

水泥是一种粉末状混合物质。水泥与水混合后，在一定的环境条件下（空气或水中），经过一段时间，能自行胶结形成具有一定强度的石状体，也可将固体散粒材料胶结在一起形成具有一定强度的胶结体。水泥属于水硬性胶凝材料，是一种最常用的建筑材料。

水泥因其成分不同而种类很多，不同的水泥性能不同，其用途也不同。在井巷支护中应用最广泛的水泥是硅酸盐类水泥。

通用硅酸盐水泥按混合材料的品种和掺量分为硅酸盐水泥、普通硅酸盐水泥、矿渣硅酸盐水泥、粉煤灰硅酸盐水泥、火山灰质硅酸盐水泥和复合硅酸盐水泥。下面逐一介绍。

（一）硅酸盐水泥

1. 硅酸盐类水泥的主要成分

硅酸盐类水泥的组分主要有硅酸盐水泥熟料、石膏和混合材料。其中，硅酸盐水泥熟料和混合材料又是由多种成分组成的。

（1）硅酸盐水泥熟料

硅酸盐水泥熟料是由主要含 CaO、SiO_2、Al_2O_3、Fe_2O_3 的原料，按适当比例磨成细粉，烧至部分熔融，得到的以硅酸钙为主要矿物成分的水硬性胶凝物质。其中硅酸钙矿物含量（质量分数）不小于66%，CaO 和 SiO_2 质量比不小于2.0。硅酸盐水泥熟料是硅酸盐类水泥的主要组成部分，其中主要矿物及其含量如表5-1所示。

表 5-1　硅酸盐水泥熟料主要矿物组成及各成分含量

熟料矿物名称	化学式	含量/%	备注
硅酸三钙	$3CaO \cdot SiO_2$	42～61	除此以外，还有少量游离氧化钙(CaO)、游离氧化镁(MgO)等
硅酸二钙	$2CaO \cdot SiO_2$	15～32	
铝酸三钙	$3CaO \cdot Al_2O_3$	4～11	
铁铝酸四钙	$4CaO \cdot Al_2O_3 \cdot Fe_2O_3$	10～18	

表 5-1 中四种熟料矿物单独与水作用时所表现的特性如表 5-2 所示。由表 5-2 可知，不同熟料矿物与水作用所表现的性能不同，改变熟料中矿物组成，可改变水泥的性能参数。例如，提高硅酸三钙的含量，可以制得快硬高强水泥；降低铝酸三钙和硅酸三钙的含量，提高硅酸二钙的含量，可制得水化热低的低热水泥。

表 5-2　水泥熟料矿物与水作用的特性

熟料矿物名称	性　能		
	凝结硬化速度	水化放热量	强　度
铁铝酸四钙	快	大	高
硅酸二钙	慢	小	早期低，后期高
铝酸三钙	最快	最大	最低
硅酸三钙	快	中等	中等

纯熟料与水作用后凝结时间很短，不便使用。

(2) 石膏

石膏是一种单质矿物。给熟料中加入石膏是为了调节凝结时间，石膏加入量为 3%左右。

(3) 混合材料

可掺入作为水泥成分的各种材料称为混合材料。混合材料既可以是天然矿物，也可以是人工材料，其种类很多，按性能可分为活性混合材料(水硬性混合材料)和非活性混合材料(填充性混合材料)两大类。

① 活性混合材料：常用的有粒化高炉矿渣和矿渣粉两类。活性混合材料的细粉能与水泥熟料水化后生成的氢氧化钙溶液发生水化反应，生成具有胶凝性的水化物(水化硅酸钙、水化铝酸钙)，这种水化物在空气和水中均能硬化。因此，在硅酸盐水泥熟料中掺入适量的活性材料，不仅能提高水泥产量、降低水泥成本，而且可以改善水泥的某些性能，调节水泥强度等级，扩大使用范围。另外，还能充分利用工业废渣，有利于环保。

② 非活性混合材料：常用石灰石等，非活性混合材料的细粉与氢氧化钙加水拌和后，不能或很少生成具有胶凝性的水化物，因此仅起填充作用，掺入的目的在于提高水泥产量、降低水泥强度等级和减少水化热等。

从水泥回转窑窑尾废气中收集的窑灰也可作为混合材料，其性能介于非活性混合材料与活性混合材料之间。

硅酸盐水泥是由硅酸盐水泥熟料加入适量石膏并磨细制成的一种水泥。在常用的水泥品种中，硅酸盐水泥强度等级较高，常用于重要结构中的高强度混凝土、钢筋混凝土和预应力混凝土工程。

硅酸盐水泥凝结硬化较快，适应于要求早期强度高、凝结快的工程。地下工程的喷浆及喷射混凝土支护等宜于采用。硅酸盐水泥在水化过程中放出大量热，因此适于冬季施工时使用；同样原因，不宜用于大体积混凝土工程。

硅酸盐水泥抗软水侵蚀和抗化学侵蚀性差，所以不宜用于受流动的软水作用和有水压作用的工程，也不宜用于受海水和矿物水作用的工程。

2. 硅酸盐水泥的主要性能参数

水泥在凝结后才具有强度，才开始在建筑结构中发挥作用，因此凝结时间和在不同阶段的强度是水泥的两个重要的性能参数。对于支护结构，这些参数更为重要。

(1) 凝结时间

水泥的凝结分为初凝和终凝。初凝指水泥净浆开始失去可塑性，终凝指水泥净浆完全失去可塑性并开始产生强度。将水泥从加水拌和起至初凝所需的时间称为初凝时间，将水泥从加水拌和起至终凝所需的时间称为终凝时间。水泥终凝以前称为凝结阶段。

从使用角度考虑，水泥的初凝时间不宜过短，以便有足够的时间完成与水(或与水及其他材料)搅拌混合、运输、浇筑(或砌筑)等施工操作；水泥的终凝时间不宜过长，应在施工完毕后尽快硬化并达到一定强度，以便及早承载和进行下一步施工。

水泥在终凝后，还需要一段时间强度才能达到最大值，这一阶段称为硬化阶段。在硬化阶段，水泥强度会随时间推移而逐渐增大。

国家标准规定：硅酸盐水泥的初凝时间应不小于 45 min，终凝时间应不大于 390 min。

(2) 强度

水泥的强度，是指水泥在硬化阶段的不同时期(也叫龄期)抵抗外力破坏的能力。水泥的强度有很多种，我国《通用硅酸盐水泥》(GB 175—2023)用 3 d 和 28 d 龄期的抗压强度和抗折强度作为评定水泥强度等级的依据。根据 3 d 和 28 d 龄期的强度，通用硅酸盐水泥分为 32.5，32.5R，42.5，42.5R，52.5，52.5R，62.5 和 62.5R 八种强度等级。各强度等级水泥在各龄期的强度值不得低于表 5-3 的数值。

表 5-3　通用硅酸盐水泥不同龄期的强度要求(GB 175—2023)

<table>
<tr><th rowspan="2">强度等级</th><th colspan="2">抗压强度/MPa</th><th colspan="2">抗折强度/MPa</th></tr>
<tr><th>3 d</th><th>28 d</th><th>3 d</th><th>28 d</th></tr>
<tr><td>32.5</td><td>≥12.0</td><td rowspan="2">≥32.5</td><td>≥3.0</td><td rowspan="2">≥5.5</td></tr>
<tr><td>32.5R</td><td>≥17.0</td><td>≥4.0</td></tr>
<tr><td>42.5</td><td>≥17.0</td><td rowspan="2">≥42.5</td><td>≥4.0</td><td rowspan="2">≥6.5</td></tr>
<tr><td>42.5R</td><td>≥22.0</td><td>≥4.5</td></tr>
<tr><td>52.5</td><td>≥22.0</td><td rowspan="2">≥52.5</td><td>≥4.5</td><td rowspan="2">≥7.0</td></tr>
<tr><td>52.5 R</td><td>≥27.0</td><td>≥5.0</td></tr>
<tr><td>62.5</td><td>≥27.0</td><td rowspan="2">≥62.5</td><td>≥5.0</td><td rowspan="2">≥8.0</td></tr>
<tr><td>62.5R</td><td>≥32.0</td><td>≥5.5</td></tr>
</table>

注：R 代表早强型水泥。

（二）普通硅酸盐水泥

普通硅酸盐水泥是由硅酸盐水泥熟料，加入少量混合材料和适量石膏磨细而制成的一种水泥，简称为普通水泥。普通硅酸盐水泥成分的绝大部分是硅酸盐水泥熟料，故其基本性能与硅酸盐水泥相同，但由于掺入少量的混合材料，在某些方面又有所差异，如与相同强度等级的硅酸盐水泥相比，普通硅酸盐水泥早期硬化速度稍慢，抗冻、耐磨等性能稍差。

普通硅酸盐水泥的使用范围与硅酸盐水泥基本相同。

普通硅酸盐水泥的主要混合材料由粒化高炉矿渣/矿渣粉、粉煤灰、火山灰质混合材料组成。替代后普通硅酸盐水泥中石灰石符合《通用硅酸盐水泥》(GB 175—2023)规定。

按照国家标准，普通硅酸盐水泥的强度等级分为 42.5，42.5R，52.5，52.5R，62.5，62.5R 六个等级，各强度等级水泥在各龄期的强度值不得低于表 5-3 的数值。普通硅酸盐水泥的初凝时间应不小于 45 min，终凝时间应不大于 600 min。

（三）掺混合材料的硅酸盐水泥

掺混合材料的硅酸盐水泥是由硅酸盐水泥熟料，加入大量混合材料和适量石膏磨细而制成的一种水泥。其生产所使用的原料与普通硅酸盐水泥相同，只是加入混合材料的量大大增加。我国目前生产的掺混合材料的硅酸盐水泥主要有矿渣硅酸盐水泥（简称矿渣水泥）、火山灰质硅酸盐水泥（简称火山灰水泥）、粉煤灰硅酸盐水泥（简称粉煤灰水泥）和复合硅酸盐水泥四种。它们的构成如下。

① 矿渣水泥：是以粒化高炉矿渣/矿渣粉作为主要混合材料生产的一种水泥。替代混合材料为粉煤灰或火山灰质混合材料、石灰石中的一种。替代后 P·S·A 矿渣硅酸盐水泥中粒化高炉矿渣/矿渣粉含量（质量分数）不小于水泥质量的 21%，P·S·B 矿渣硅酸盐水泥中粒化高炉矿渣/矿渣粉含量（质量分数）不小于水泥质量的 51%。

② 火山灰水泥：是以火山灰质材料作为主要混合材料生产的一种水泥。替代后火山灰质硅酸盐水泥中火山灰质混合材料含量（质量分数）不小于水泥质量的 21%。

③ 粉煤灰水泥：是以粉煤灰作为主要混合材料生产的一种水泥。替代后粉煤灰硅酸盐水泥中粉煤灰含量（质量分数）不小于水泥质量的 21%。

④ 复合硅酸盐水泥：是以粒化高炉矿渣/矿渣粉、粉煤灰、火山灰质混合材料、石灰石和砂岩中的三种（含）以上材料生产的一种水泥。其中，石灰石含量（质量分数）不大于水泥质量的 15%。

由于加入了大量的混合材料，这类水泥与硅酸盐水泥和普通硅酸盐水泥相比，在性能上有较大的差别。上述四种水泥的共同特点是：凝结硬化速度较慢，早期强度较低，但后期强度增长快，甚至超过相同强度等级的硅酸盐水泥；水化放热速度慢，放热量低；对温度的敏感性较高，温度较低时，硬化较慢，温度较高时（60～70 ℃以上），硬化速度大大加快，往往超过硅酸盐水泥的硬化速度；抗冻性差；抵抗软水及硫酸盐介质的侵蚀能力较强。另外，矿渣水泥和火山灰水泥的干缩性大，而粉煤灰水泥的干缩性小；火山灰水泥的抗渗性较高；矿渣水泥的耐热性较好。

矿渣硅酸盐水泥、粉煤灰硅酸盐水泥、火山灰质硅酸盐水泥的强度等级分为 32.5，32.5R，42.5，42.5R，52.5，52.5R 六个等级，复合硅酸盐水泥的强度等级分为 42.5，42.5R，52.5，52.5R 四个等级。

矿渣硅酸盐水泥、粉煤灰硅酸盐水泥、火山灰质硅酸盐水泥、复合硅酸盐水泥的初凝时间应不小于 45 min，终凝时间应不大于 600 min。

（四）水泥在井巷支护中的用途及选择

（1）水泥在井巷支护中的主要用途

① 与砂子混合形成水泥砂浆，用于砌块（料石或其他砌块）结构的黏结剂，或砂浆喷层。

② 与砂子、碎石混合形成素混凝土，用于浇筑素混凝土拱，或预制素混凝土砌块，或做混凝土喷层等。

③ 与砂子、碎石混合并加入钢筋形成钢筋混凝土，用于浇筑钢筋混凝土拱，或钢筋混凝土梁（柱）等。

④ 加入速凝剂后形成快硬水泥，用作锚固剂。

（2）水泥的选择

常用水泥选用可参考表 5-4。

表 5-4 常用水泥选用推荐方案

混凝土工程特点或所处环境条件		优先选用	可以使用	不得使用
环境条件	在普通气候环境中	普通水泥	矿渣水泥、火山灰水泥、粉煤灰水泥	
	在干燥环境中	普通水泥	矿渣水泥	火山灰水泥
	在高温环境中或永远处在水下	矿渣水泥	普通水泥、火山灰水泥、粉煤灰水泥	
	严寒地区的露天、寒冷地区处在水位升降范围内	普通水泥（强度等级≥32.5）	矿渣水泥（强度等级≥32.5）	火山灰水泥、粉煤灰水泥
	寒冷地区处在水位升降范围内	普通水泥（强度等级≥42.5）		火山灰水泥、粉煤灰水泥、矿渣水泥
	受侵蚀性环境水或侵蚀性气体作用	根据侵蚀性介质的种类、浓度等具体条件按专门（或设计）规定选用		
工程特点	厚大体积	粉煤灰水泥、矿渣水泥	普通水泥、火山灰水泥	硅酸盐水泥、快硬硅酸盐水泥
	要求快硬	快硬硅酸盐水泥、硅酸盐水泥	普通水泥	硅酸盐水泥、火山灰水泥、粉煤灰水泥
	高强（强度等级大于 C40）	硅酸盐水泥	普通水泥、矿渣水泥	火山灰水泥、粉煤灰水泥
	有抗掺性要求	普通水泥、火山灰水泥		不宜使用矿渣水泥
	有耐磨性要求	硅酸盐水泥、普通水泥（强度等级≥32.5）	矿渣水泥（强度等级≥32.5）	火山灰水泥、粉煤灰水泥

注：蒸汽养护用的水泥品种，宜根据具体条件通过试验确定。

二、混凝土

水泥的成本和强度等因素决定其很少被单独用于浇筑一种结构，而更多的是与砂、石等材料一起混合使用。将水泥、砂、石和水按一定比例混合而制成的材料称为普通混凝土，简称混凝土。

混凝土具有如下优点：在未凝固以前具有良好的塑性，可以浇筑成各种预制构件，或在现场直接浇灌成整体支架，或直接喷射在巷壁形成喷射混凝土层；与钢筋有牢固的黏结力，能制作成各种钢筋混凝土构件或结构物；抗压强度较高，而且可以根据需要设计成不同强度等级的混凝土；砂、石价格低廉，取材方便；作为井巷支架材料，其防火性、耐火性和耐久性等都能满足要求。但混凝土也存在抗拉强度低，受拉时容易开裂，自重大等缺点。

（一）混凝土的组成材料

1. 水泥

水泥是混凝土的重要组成材料。水泥的品种和用量对混凝土的强度和成本起决定和主导作用，因此为保证工程质量和降低成本，应根据工程性质和施工工艺等合理选择和使用。

2. 细骨料

在混凝土中，砂、石起骨架作用，称为骨料，其中将粒径为 0.15～5 mm 的砂称为细骨料，将粒径大于 5 mm 的碎(卵)石称为粗骨料；水泥称为胶凝材料。

常用的细骨料为天然砂，其中以石英砂为最佳。天然砂按形成条件有海砂、河砂和山砂三类。其中，河砂和海砂较纯净，砂粒多呈圆形，表面光滑；山砂一般含有较多黏土或有机杂质，颗粒具有棱角形状，表面粗糙。

(1) 砂的颗粒级配及测定

在混凝土混合物中，水泥浆包裹在砂粒表面和填充于砂粒间空隙之中，对于一定量的混凝土，水泥浆用量与砂的总表面积和砂粒间空隙有关，当砂的总表面积和空隙率均合适时，水泥浆用量最少，这不但能节省水泥，而且还可提高混凝土的密实性与强度。在相同质量条件下，粗砂的总表面积比细砂的小，但空隙率比细砂的大。一般而言，用粗砂拌制混凝土需要的水泥浆比细砂少，但要进一步节省水泥浆，则需要采用不同粒径砂粒搭配的砂子以减小空隙。将砂子中各级尺寸颗粒的搭配关系，称为砂的颗粒级配。优良的颗粒级配可取得水泥浆用量少，但混凝土的密实性好、强度高的效果。在选砂时，应同时考虑砂的粗细和颗粒级配两个因素。比较理想的砂子是粗细合适、颗粒级配合理的砂子。

砂的粗细程度和颗粒级配用筛分法测定。测定方法为：用一套孔径分别为 5 mm，2.5 mm，1.2 mm，0.6 mm，0.3 mm，0.15 mm 的六个标准筛，按孔径由小到大自下而上叠放，将一定量的干燥砂放入最上层进行筛分，经过一定时间后称量每个筛上的筛余量(称分计筛余量)，计算分计筛余量占总质量的百分率(称分计筛余百分率)和各筛及所有孔径大于该筛的分计筛余百分率之和(称各筛的累计筛余百分率)。所有各筛的累计筛余百分率即该砂的颗粒级配。

表 5-5 所列为对混凝土用砂的颗粒级配的规定。表中根据 0.6 mm 筛孔的累计筛余量将砂分成 3 个级配区，处于 3 个级配区的砂子均可作为混凝土用砂。对累计筛余百分率，除 5 mm 和 0.6 mm 筛号外，其他筛号允许超出分区界线，但其超出量不应大于 5%。

表 5-5 混凝土用砂级配的规定

筛孔尺寸/mm	1 区	2 区	3 区
	累计筛余百分率		
10.00	0	0	0
5.00	10～0	10～0	10～0
2.50	35～5	25～0	15～0
1.20	65～35	50～10	25～0
0.60	85～71	70～41	40～16
0.30	95～80	72～70	85～55
0.15	100～90	100～90	100～90

(2) 砂中有害杂质及限制

砂中的有害杂质会影响混凝土的技术性能，因此对其含量必须加以严格限制。

① 含泥量。当混凝土强度等级大于或等于 C30 时，含泥量应不超过砂质量的 3%；当混凝土强度等级小于 C30 时，含泥量应不超过砂质量的 5%；有抗冻、抗渗或其他特殊要求的混凝土，含泥量均应不超过砂质量的 3%。

② 含云母量。不宜超过砂质量的 2%。

③ 含轻物质(相对密度小于 2.0，如煤和褐煤等)量。不宜超过砂质量的 1%。

④ 含硫化物和硫酸盐量。以 SO_3 计，不宜超过砂质量的 1%。

⑤ 含有机质量。用比色法试验，颜色不宜深于标准色。

3. 粗骨料

混凝土中常用的粗骨料有卵(砾)石和碎石两种。卵(砾)石是由天然岩石经地质作用而形成的，碎石是将天然岩石经人工加工而成的。一般碎石较卵石含杂质少。

碎石颗粒富有棱角，表面粗糙，与水泥黏结较好。卵石表面光滑，棱角少，与水泥的黏结较差。因而在水泥用量和水用量相同的情况下，用碎石拌制的混凝土流动性较差，但强度较高；而用卵石拌制的混凝土流动性好，但强度较低。如果要求流动性相同，用卵石时用水量可少些，结果强度不一定低。因而，使用卵石或碎石各有优缺点，应根据材料来源及工程要求而定。在粗骨料中，常常含有针状颗粒(长度大于其平均粒径 2.4 倍)和片状颗粒(厚度为其平均粒径的 40%)，当这两种形状的颗粒过多时，混凝土强度会降低。因此规定，当混凝土强度等级大于或等于 C30 时，针、片状颗粒含量应不大于石质量的 15%；当为一般混凝土时，针、片状颗粒含量应不大于石质量的 2%。

此外，对粗骨料中杂质含量也有限制，具体如下：

① 含泥量。当混凝土强度等级大于或等于 C30 时，含泥量应不大于石质量的 1%；当为一般混凝土时，含泥量应不大于石质量的 2%；对有抗冻、抗渗要求的混凝土，含泥量均不应大于石质量的 1%。

② 硫化物和硫酸盐含量及有机质含量。与砂子的要求相同。粗骨料的级配影响水泥用量和混凝土的和易性。特别对高强度混凝土，石子级配更为重要。石子级配也通过筛分法来确定，分计筛余百分率和累计筛余百分率计算均与砂子相同。

粗骨料中公称粒级的上限称为该粒级的最大粒径。骨料粒径增加，比表面积减小，保证一定厚度润滑层所需的水泥浆或砂浆的数量相应减少。因此，在条件许可情况下，粗骨料的最大粒径应尽量选大些，但应满足下列要求：最大粒径不得超过结构截面最小尺寸的 1/4 和钢筋间最小间距的 3/4；采用喷射混凝土时，最大粒径应小于喷射机具输料系统最小断面直径或边长的 1/3～2/5，且不应大于一次喷射厚度的 1/3。

4. 水

凡是能饮用的自来水和清洁的天然水，都能用来拌制和养护混凝土。污水、pH 值小于 4 的酸性水、含硫酸盐（按 SO_4^{2-} 计）超过水质量 1% 的水和含油脂或糖类的水均不许使用。

5. 混凝土外加剂

在混凝土拌和时或拌前掺入（掺量一般不大于水泥质量 5%），能显著改善混凝土性能的材料称为混凝土外加剂。混凝土外加剂包括减水剂、早强剂、速凝剂、防水剂、防冻剂等，它们分别具有提高最终强度或初期强度（早强）、改善和易性、增加耐冻性、提高耐久性及节约水泥等功能，应合理选用。使用外加剂必须先进行配比试验，确定合理掺量并严格执行，否则可能会带来不利的副作用。

常用的外加剂有减水剂和速凝剂。

（1）减水剂

能在保持混凝土混合物的和易性不变的情况下显著减少其拌和水量的外加剂称为减水剂。减水剂多为表面活性物质。这些表面活性物质加入水泥浆后定向吸附在水泥颗粒表面，会加大水泥颗粒间的静电斥力，使水泥颗粒充分分散，破坏其凝聚体结构，把原来凝聚体中包裹的游离水释放出来，有效地增加混合物的流动性。若保持和易性或流动性不变，则可大幅度减少拌和水，获得降低水灰比、提高密实性、增加强度、增强抗渗性和抗冻性的良好效果。若保持原设计要求的强度不变，在混凝土中掺适量减水剂，则可在减少用水量的同时减少水泥用量，达到节约水泥的目的。减水剂有多种，如 M 型（木质素磺酸钙）、MF 型等。

（2）速凝剂

使混凝土快凝并迅速达到较高强度的外加剂为速凝剂。其主要作用是缩短混凝土的初凝和终凝时间，提高早期强度。但一般速凝剂都具有降低混凝土后期强度的副作用，因此对速凝剂的掺量必须严格控制。红星一型速凝剂的初凝时间为 1～5 min，终凝时间小于 10 min。掺入该速凝剂后的混凝土 1 d 龄期强度相当于未掺者的 3 倍左右，但 3 d 以后的强度比不掺者低 12%～30%；掺入量一般为水泥质量的 2.5%～4%。711 型速凝剂的初凝和终凝时间与红星一型相同。掺入该速凝剂后的混凝土 1 d 龄期强度相当于未掺者的 2～6 倍，但 7 d 以后的强度比不掺者低 12%～30%；掺入量一般为水泥质量的 2.5%～3.5%。上述两种速凝剂均含碱性物质，对皮肤有一定的腐蚀作用，使用时应注意保护皮肤。782 型速凝剂的腐蚀性较小，混凝土的后期强度损失也较小，其最佳掺量为水泥质量的 6%～7%。速凝剂具有较强的吸湿性，受潮后对速凝效果有显著影响，因此应妥善保管。喷射混凝土一般都需掺速凝剂。

（二）混凝土的和易性

混凝土混合物，是指由混凝土的各种组分混合、拌匀而形成的末凝结硬化的混合体。混凝土混合物的和易性指其在保证质地均匀、各组分不离析的条件下，适合于拌和、运输、浇灌和捣实的综合性能，包括流动性（指在振捣或自重作用下能产生流动，并均匀密实地填满模板的性能）、黏聚性（在施工过程中其组分之间有一定黏聚力，不致产生分层和离析的现象）和保水性（在施工过程中具有一定的保水能力，不致产生严重的泌水现象）。

混凝土混合物的和易性的测定，目前普遍使用的方法是坍落度测定法，如图 5-1 所示。把拌和好的混凝土混合物分层装入标准圆锥筒内并将表面刮平后，取掉圆锥筒，测量混合物的坍落高度，其值以厘米为单位，即坍落度。坍落度主要反映的是混凝土混合物的流动性，坍落度大表示流动性大。在测完坍落度后，再以捣棒轻击锥体侧部观察是否分层、离析，以抹刀抹面看其表面是否光滑、砂浆是否饱满、底部是否析水等，用于评定其黏聚性和保水性。

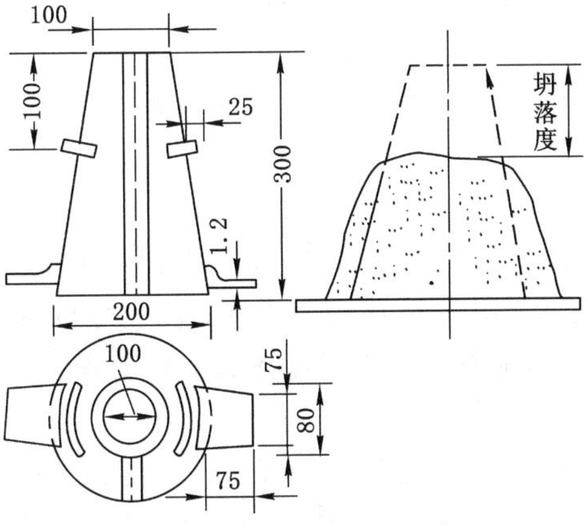

图 5-1　坍落度测定图

混凝土混合物坍落度的选择，应视混凝土构件截面大小、钢筋疏密程度和施工方法等而定。可参考表 5-6 选择。

表 5-6　混凝土混合物坍落度的选择

结　构　物　种　类	坍落度/cm	
	用振捣器	无振捣器
基础、地面、道路等，干式喷射混凝土（采用振捣器一栏数值）	1～2	2～3
无筋及钢筋布置稀疏的结构物，湿式喷射混凝土（采用振捣器一栏数值）	2～4	3～6
混凝土结构（板、梁、大截面及中等截面柱）	4～8	6～12
钢筋布置稠密的钢筋混凝土结构物（煤仓、贮藏库、薄墙、小截面柱等）	8～10	14～16

（三）混凝土的强度

混凝土是一种抗压能力较强的材料，混凝土的强度主要指其抗压强度。混凝土的强度等级是根据标准立方体试块（15 cm×15 cm×15 cm）在标准条件下[温度为（20±3）℃，相对湿度为 90%以上]养护 28 d 的抗压强度值确定的，用符号 C 和立方体抗压强度标准值表示，分为 C7.5、C10、C15、C20、C25、C30、C35、C40、C45、C50、C55、C60 等 12 级。强度等级越高，表示其抗压强度越大。

影响混凝土强度的因素很多，其中主要因素是水泥强度等级和水灰比。

在相同条件下，水泥强度等级越高，混凝土强度越高。选择的水泥强度等级应与混凝土的强度要求相符，若水泥强度等级过高，将造成浪费。

当用同一种水泥（品种及强度等级相同）时，混凝土的强度主要决定于水灰比。一般在拌制混凝土混合物时，为了获得必要的流动性实际加入的水占水泥质量的 40%～70%，而水泥水化时所需的结合水一般只占水泥质量的 20%左右，多余的水分在混凝土硬化后部分将残留在混凝土中形成水泡或蒸发后形成气孔，从而减小混凝土承受载荷的有效断面，而且可能在孔隙周围产生应力集中。可见，水灰比越小，多余水分就越少，混凝土强度将越大。但是，如果水灰比太小，混合物过于干硬，在一定的捣实成型条件下无法保证浇灌质量时，混凝土中会出现较多的蜂窝、孔洞，强度反而会降低。因此，适当的水灰比有利于获得最大的强度。

此外，骨料的品质与级配，施工时的搅拌和振捣，养护的温度、湿度及养护龄期等，均对混凝土的强度有影响。

（四）混凝土的配合比

常用的混凝土配合比设计方法是绝对体积法，其设计步骤如下。

① 确定配制混凝土强度。由于实际施工中混凝土的强度常有波动，所配制的混凝土强度应比设计的强度等级稍高，配制混凝土强度按式(5-1)计算。

$$\sigma_h = \sigma_b + \sigma_0 \tag{5-1}$$

式中 σ_h，σ_b——分别为所配制的混凝土强度和设计的混凝土强度，MPa；

σ_0——混凝土强度预留量，MPa，可根据施工单位历史统计资料确定。

② 确定水灰比。

$$\sigma_h = A\sigma_c\left(\frac{C}{W} - B\right) \tag{5-2}$$

式中 σ_c——水泥的实际强度，MPa；

C——水泥的质量，kg；

W——水的质量，kg；

A，B——经验系数。

将数值代入式(5-2)可求得水灰比 W/C 值。

③ 确定用水量。可根据本地区或本单位的经验数据选取，也可参照表 5-7 选取。

表 5-7 混凝土用水量选用表

所需坍落度/cm	用水量/(kg/m³)					
	卵石最大粒径/mm			碎石最大粒径/mm		
	10	20	40	15	20	40
1～3	190	170	160	205	285	170
3～5	200	180	170	215	195	180
5～7	210	190	180	225	205	190
7～9	215	195	185	235	215	200

注：本表适用于水灰比为 0.4～0.8 的混凝土，采用细砂宜增加用水量 5～10 kg/m^3，采用粗砂可减少用水量 5～10 kg/m^3。

④ 计算水泥用量。根据水灰比和用水量计算。

⑤ 选用合理的砂率。砂率是指砂质量占砂、石总质量的百分率。确定砂质量的原则是砂填充石子空隙后稍有富余。砂率可根据所用砂、石的性能计算得出，也可根据本地区、本单位的使用经验选取。

⑥ 计算粗、细骨料的用量。根据各种原材料绝对体积（不包括颗粒间空隙的密实体积）的总和等于混凝土总体积以及砂率的定义式计算。

⑦ 确定混凝土的配合比。将以上求得的材料用量，按照水泥、砂子、石子、水的顺序依次列成连比关系，即混凝土初步配合比。

⑧ 试验调整。以上方法求出的数据还仅是初步配合比，按此比例配制成混凝土不一定与原设计要求完全相符。因此，必须按初步配合比称取少量材料进行试拌，检验其和易性（包括坍落度、黏聚性和保水性），并根据情况加以调整直到符合设计要求。然后按调整后的配合比制作试件，测定有关龄期的强度，如不能达到设计要求的试配强度，还须改变水灰比，重新计算配合比，并进行实际检验，最终确定实验室配合比。

实验室配合比是以干燥材料为基础的，而工地存放的砂、石都含有一定的水分。所以，现场各材料的用量应按工地砂、石含水率加以调整。最后应按规定抽样，制作试块，以检验和控制混凝土的实际质量。

三、砂浆

（一）砂浆的种类

砂浆由胶结材料、水及细骨料拌和而成。常用的胶结材料有水泥、石灰、石膏等；细骨料以天然砂用得最多，有时也可使用细矿渣及石屑等。砂浆与混凝土相比仅是不含粗骨料，因此它的技术性质与混凝土基本相同，但有些性质还有不同的要求。

砂浆按胶结材料不同，有以下几种。

① 水泥砂浆：以水泥作为胶结材料的砂浆，多用于井巷工程。

② 石灰砂浆：以石灰作为胶结材料的砂浆，多用于地面建筑砌体或抹面中。

③ 混合砂浆：水泥和石灰两种胶结材料混合使用的砂浆，多用于地面建筑工程。

（二）砂浆的基本性质与配比

（1）砂浆的基本性质

① 砂浆拌合物的和易性。砂浆由组成材料拌和后，尚未凝固时，称为砂浆拌合物。砂浆拌合物必须有适宜施工的工艺性质，通常称为和易性。和易性好的砂浆，不仅在运输和施工过程中不易产生分层、析水现象，而且容易在砖石面上铺成均匀的薄层，能与砖石面很好地黏结；而和易性差的砂浆则不但施工困难，而且强度、密实性和耐久性均差。

砂浆的和易性，决定于砂浆的流动性和保水性。砂浆的流动性也称为稠度（井下砌筑料石宜采用 3～5 cm，用于注眼及喷射的砂浆宜为 1～2 cm），通常用标准圆锥体在砂浆内沉入的深度（以 cm 为单位）数值表示，此值又称为“沉入度”。

影响砂浆流动性的因素：加水量，胶结材料用量，细骨料的粗细和颗粒圆滑状况，细骨料的空隙率，搅拌时间等。

保水性是指砂浆拌合物在运输或停放过程中能均匀地保持水分的性能。保水性差的砂浆，在运输停放时，水容易析出表面，砌筑时水分易被砌体吸收致使砂浆干涸。

保水性主要取决于组成材料的配比。胶结材料少，水与砂增多，保水性就差；反之，保水性则好。为了增强保水性，可掺入塑化剂或其他材料。

② 砂浆的强度。砂浆的强度以单轴抗压极限强度为主要指标。将尺寸为 40 mm×40 mm×160 mm 的棱柱体试块，在温度为(20±2) ℃，相对湿度为 90%以上潮湿条件下或在正常湿度条件下的室内不通风处养护 28 d，进行单轴抗压极限强度测定，其各试件平均单轴抗压极限强度定为砂浆强度等级。砂浆强度等级划分为 M30、M25、M20、M15、M10、M7.5、M5、M2.5 等。

(2) 砂浆的配比设计

砂浆强度等级与砂浆的组成成分配比有关。设计配比的原则与混凝土相同，都是根据和易性、强度、耐久性和经济性等要求来确定的。水泥品种根据砂浆用途来选择，水泥强度等级根据经济原则与和易性而定，一般水泥强度等级为砂浆强度等级的 4～5 倍为宜。骨料以天然砂为好，也可用工业废料、石屑和其他代用材料。

四、金属材料

在巷道支护中使用的金属材料有各种规格的型钢、板材、线材(钢筋、铁丝)等，主要用作梁、柱、柱帽、柱靴、托板、锚杆、钢筋混凝土中的钢筋、网等。由于金属材料具有抗拉(压、剪、弯等)强度大，使用寿命长，安装使用方便，耐火性强，以及有些材料可多次复用和回收等优点，在矿井巷道支护中被大量使用，目前已成为巷道支护的主要材料。

型钢可以直接加工成梁和柱，是棚子支护的主要材料。煤矿常用的型钢有工字钢、角钢、槽钢、轻便钢轨、矿用工字钢、U 型钢等。其中，矿用工字钢(图 5-2)是专门设计的宽翼缘、小高度、厚腹板，适于做梁和柱的支护用工字钢；矿用 U 型钢(图 5-3)截面上两个轴向抗弯模量接近，具有很好的侧向稳定性，专门用于制作可缩性支架。

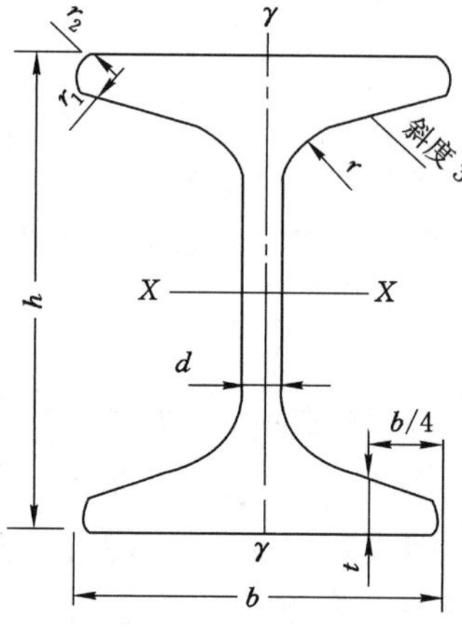

图 5-2　矿用工字钢

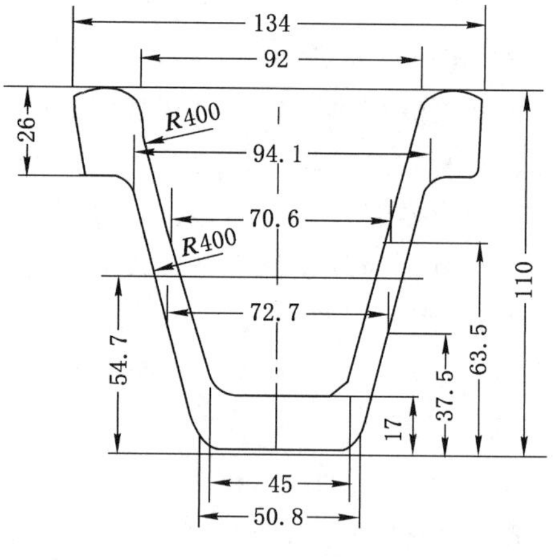

图 5-3　U25 矿用特殊型钢

钢筋可以与混凝土一起浇筑成钢筋混凝土梁、柱、整体支架等，也可以做成锚杆。铁丝主要用于做铁丝网，铁丝网是隔离围岩、防止破碎岩石冒落的重要材料，主要在锚网联合支护中使用。板材主要用于加工锚杆托板、柱帽、柱靴等，用于扩大承载面积；也可用于加工锚梁支护中的梁。另外，锚索支护用的钢丝绳也是金属材料。在实践中，钢丝绳可采用提升设备用过的废旧钢丝绳，或专用钢绞线。支护用的金属材料不仅要满足支护要求，可回收复用的材料还应具有良好的加工性能。为了防止因材料腐蚀而影响支护结构的正常使用，要求材料具有一定的防腐性能。

五、木材

木材在矿井巷道支护中主要用作背板，也可用作柱帽、柱靴、托板等。支护常用的木材有松木、杉木、桦木、榆木和柞木等，其中以松木使用最多。木材的强度沿两个方向相差很大，顺纹抗拉和抗压强度远大于横纹的。木材的顺纹抗拉强度最大，其次是顺纹抗压强度。

木材的强度除由本身组织构造因素决定外，还与以下因素有关。

① 木材的疵病。即木材中的木节、斜纹及裂缝等，对木材的抗拉强度影响很大，可使其承载能力显著降低，而对其抗压强度影响较小。

② 含水率。木材含水量在纤维饱和点以下(即仅在细胞壁内充满水，达到饱和状态，而细胞腔及细胞间隙中无自由水)时，随着含水率降低，吸附水减少，细胞壁趋于紧密，木材强度增大；反之，则强度减小。木材含水率对不同的强度影响程度不同，对顺纹抗压和抗弯强度影响较大，对顺纹抗剪强度影响较小，对抗拉强度几乎没有影响。

③ 负荷持续时间。木材在外力长期作用下，其持久强度为短时极限强度的50%～60%。

④ 温度。木材受热后，木纤维中的胶结物质处于软化状态，因而强度降低；当温度超过140 ℃时，木材开始分解炭化，力学性质显著恶化；温度较高时，木材易开裂。

木材的腐朽很快，在矿井内阴湿的环境中腐朽时间更短。为了延长木材的使用寿命，应对木材进行防腐处理。坑木的防腐方法是把防腐剂渗入木材内，使木材不再能作为真菌的养料，同时还能毒死真菌。对防腐剂的要求为：易浸入木材，不应有气味，不会增加木材的易燃性，不降低木材的强度，化学性质稳定等。坑木常用的防腐剂有氟化钠(NaF)、氯化锌($ZnCl_2$)。处理方法有涂抹、喷射、热冷槽浸透以及压力渗透等。热冷槽浸透法是将木材先放入盛有防腐剂的热槽中(温度为90 ℃以上)数小时，然后迅速移入盛有防腐剂的冲槽中浸泡数小时。压力浸透法是将风干的木材放入密闭的防腐罐内，抽出空气，使之变成真空，然后把热的防腐剂加压充满罐内，经一定时间后，取出木材风干。

第二节　锚喷支护

锚杆支护技术最早在英国和德国应用。自1872年英国北威尔士露天页岩矿首先应用锚杆加固边坡及1912年德国谢列兹矿最先在井下巷道采用锚杆支护技术以来，至今已有100多年的历史，锚杆支护现已发展成为世界各国煤矿井巷以及其他地下工程支护的一种主要支护形式。锚杆支护与传统金属支架支护相比具有较大的优势，它可以在很大程度上改善围岩稳定状况，减轻工人劳动强度，减少巷道维护费用，简化回采工序，为采煤工作面快速推进、实现高产高效创造有利条件，同时，锚杆支护的回采巷道可以降低巷道支护成本。因此，锚杆支护已成为当今世界主要产煤国家煤矿回采巷道最主要的支护形式。

我国锚杆支护技术经历了低强度、高强度到高预应力、强力支护的发展过程。1974年我国开始研制和试验树脂锚杆，并于1976年在淮南、鸡西、徐州等矿区进行了井下试验，取得了较好效果。1996年，我国从澳大利亚引进高强度树脂锚固锚杆，并针对我国煤矿条件进行了大量二次开发和完善提高。我国经过国家“八五”“九五”科技攻关，以高强度螺纹钢锚杆全长锚固或全长树脂锚固，动态支护设计方法，小孔径树脂锚固预应力锚索等为代表的新技术、新材料、新方法得到广泛认可，推广应用于煤矿巷道、复合与破碎顶板巷道等困难条件，取得了良好的支护效果和技术经济效益。目前，锚杆支护向高强度、高刚度与高可靠性方向发展，以确保巷道支护效果和安全程度，为采煤工作面快速推进与产量提高创造了有利条件。

锚杆支护是将支护结构的主体经钻孔装于围岩内部，通过改变围岩的受力状态以及围岩与深部岩层之间的力学关系等达到支护目的的一种支护方式。和其他支护方式相比，锚杆支护具有施工速度快、劳动强度低、支护效果好、节约材料、成本低等优点。因此，锚杆支护应用越来越多，越来越广泛。锚杆结构不同，对围岩的作用方式不同，适用的巷道和围岩条件不同，施工工艺和要求也不同。选择锚杆的基本原则为：能够适应围岩条件，支护效果好；工艺简单，施工方便快捷，质量容易保证；结构简单，成本低。

一、锚杆的结构类型

目前，用作支护的锚杆种类很多，根据其锚固的长度划分为集中锚固类锚杆和全长锚固类锚杆，见图 5-4。集中锚固类锚杆指的是锚杆装置和杆体只有一部分与锚杆孔壁接触的锚杆，包括端头锚固、点锚固、局部药卷锚固的锚杆。全长锚固类锚杆指的是锚固装置或锚杆杆体在全长范围内全部与锚杆孔壁接触的锚杆，包括各种摩擦式锚杆、全长砂浆锚杆、树脂锚杆、水泥锚杆等。

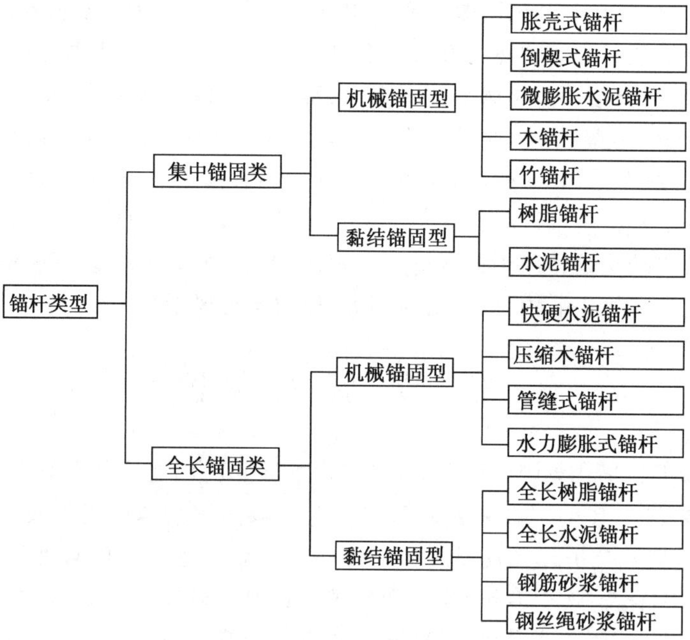

图 5-4　锚杆类型划分

锚杆锚固长度分为端部锚固、加长锚固和全长锚固。端部锚固，是指锚固长度不大于 500 mm 或不大于钻孔长度的 1/3；全长锚固，是指锚固长度不小于钻孔长度的 90%；加长锚固的长度介于端部锚固和全长锚固之间。

根据锚杆锚固方式可分为机械锚固型和黏结锚固型两类。锚固装置或锚杆杆体和锚杆孔壁接触，靠摩擦阻力起锚固作用的锚杆，属于机械锚固型锚杆。锚杆杆体部分或锚杆杆体全长利用树脂、砂浆、水泥等胶结材料，将锚杆杆体和锚孔岩壁黏结、紧贴在一起，靠黏结力起锚固作用的锚杆，属于黏结锚固型锚杆。

（一）常用锚杆

(1) 管缝式锚杆

管缝式锚杆的杆体由高强度、高弹性钢管制成或薄钢板卷成。沿管全长有一条开缝，管的上端是锥体，在管的下端焊有一个用钢筋制成的圆环。杆体壁厚为 2～4 mm，直径多为 35～45 mm（要求比钻孔直径大 2～5 mm），长度可根据需要加工，一般为 1.6～2 m，开缝宽度一般为 10～15 mm。当杆体被外力强压入钻孔后，开缝管被迫压缩，与孔壁之间产生径向挤压应力，使杆体牢固地胀撑在钻孔内；杆体与孔壁间的摩擦力便成为锚固力，并且是沿杆体全长分布的。其结构如图 5-5 所示。

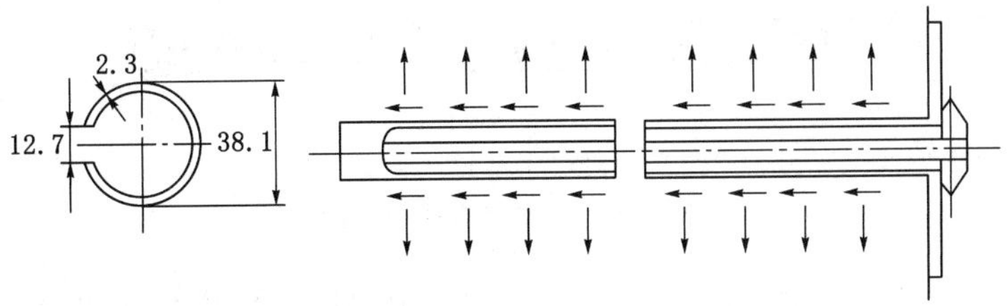

图 5-5　管缝式锚杆示意图

管缝式锚杆的抗拉拔力一般为 60～100 kN，它单位长度上的实际锚固力更低，200 mm 长的锚固段的锚固力仅为 5～10 kN，尤其是当锚杆发生锈蚀后锚固力更低。这种锚杆应用于煤巷顶板支护的可靠性差，因此，我国一些煤矿已停止生产和使用这种锚杆。

(2) 圆钢麻花锚头锚杆

该锚杆一般用 A3 圆钢加工而成，由麻花锚头、挡圈、杆体和锚尾组成。麻花锚头由圆钢的一端压扁后扭劲形成，在圆钢的另一端加工成螺纹作为锚尾，圆钢未经任何加工的部分为杆体，挡圈采用焊接的方式与杆体连接。常用的圆钢麻花锚头锚杆的技术规格如表 5-8 所示。锚杆的锚头部分通过锚固剂黏结在锚杆钻孔底部，锚固力在 60 kN 以上。其结构如图 5-6 所示。

表 5-8　圆钢麻花锚头锚杆的技术规格

名　称	数值/mm	偏差/mm
杆体直径 d	14、16、18、20	±0.35
锚杆长度 L	1 600～2 400	10
锚头顶宽 b	$b=D$(钻孔直径)－(4～6)	—
锚头长度 L_1	$L_1\geqslant 15d$，但不小于 240	±5
锚尾螺纹长度 L_2	$L_2=80\sim100$	±5
挡圈距锚头变形点的距离 C	$C=10\sim50$	—
挡圈直径 D_1	$D_1=D$(钻孔直径)－(4～6)	—

(3) 螺纹钢锚杆

该锚杆是用螺纹钢钢筋加工而成的，其加工工艺为：首先在车床上将钢筋一端（长度

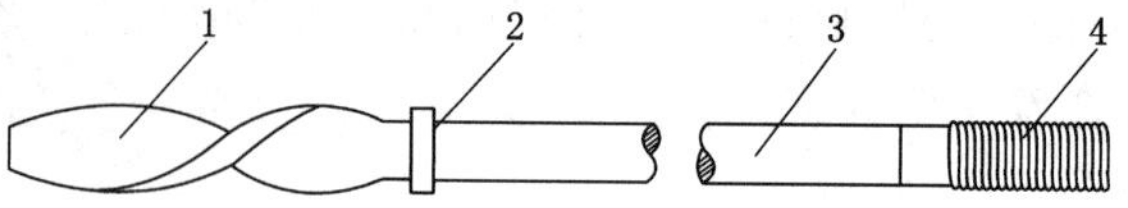

1—锚头；2—挡圈；3—杆体；4—锚尾。

图 5-6　圆钢麻花锚头锚杆示意图

80～100 mm)外表面切削(或者用专用设备挤压)成直径符合要求的圆，然后在该长度上加工成符合国家标准的螺纹。有时为了有利于捣破锚固剂药包，锚头切成 45°角。其结构如图 5-7 所示。

1—杆体及锚头；2—锚尾。

图 5-7　螺纹钢锚杆示意图

(a) 左旋无纵筋　　(b) 人字形无纵筋

图 5-8　螺纹钢筋表面形状

根据螺纹钢钢筋的横筋和纵筋的不同，螺纹钢锚杆可分为左旋无纵筋螺纹钢锚杆和人字形无纵筋螺纹钢锚杆。这两种类型的锚杆中，左旋无纵筋锚杆是 1995 年以后在我国逐步开始使用的，其锚固性能最优，是当前国内外煤巷锚杆支护的首选锚杆。螺纹钢筋表面形状如图 5-8 所示。

(4) 玻璃钢锚杆

玻璃钢锚杆是采用玻璃纤维作为增强材料，以聚酯树脂为基材，经专用拉挤机的牵引，通过预成型磨具在高温高压下固化成为全螺纹玻璃钢增强塑料杆体，加上树脂锚固剂、托盘和螺母组成的锚杆。玻璃钢锚杆质量轻，相对密度只有 1.5～2.0，而抗拉强度可达到或超过普通钢材，质量仅是同规格钢锚杆的 1/4 左右。这种锚杆成本低，与金属锚杆相比，成本降低 40％左右。杆体可切割，且不会产生火花，具有良好的防腐性能，可以替代现有煤帮金属锚杆进行煤帮支护，节约钢材。

利用中国矿业大学(北京)马念杰教授的专利技术——“压痕金属套管式玻璃钢柔性锚杆”和“左旋螺纹式玻璃钢锚杆”生产的压痕金属套管玻璃钢锚杆结构如图 5-9 所示。图 5-9(a)为压痕式金属套管锚尾玻璃钢锚杆正视图，图 5-9(b)为它的剖视图。它的杆体材料为玻璃钢，玻璃纤维纵向排列，这样最大限度地发挥了玻璃纤维抗拉强度高的优势，满足了杆体的抗拉强度要求。抗扭加强筋由浸胶玻璃纤维束在杆体周围缠绕而成，呈左旋方向，可增加锚杆的抗扭强度。锚尾带有金属套管，其上加工有螺纹。锚尾的套管与杆体的连接采用一段或几段带有锥度的凹槽，将金属套管压入玻璃钢杆体中，形成两者的相互嵌接，形成一个整体，提高连接强度。

除上述介绍的锚杆类型之外，还有木锚杆、竹锚杆、注浆锚杆、钻锚注锚杆等。

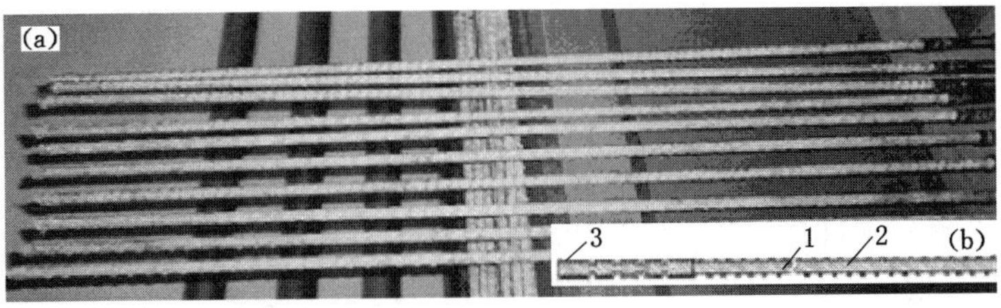

1—杆体;2—加强筋;3—锚尾。

图 5-9 玻璃钢锚杆实照与剖面图

(二)锚杆构件及其作用

现用锚杆大多为树脂锚杆。树脂锚杆构件主要包括杆体、锚固件、托板、螺母、钢带(钢筋梁)及金属网等构件。这些材料是锚杆支护的基础,它们的力学特性直接控制着锚杆支护效果的发挥。

1. 锚杆杆体

以上常用锚杆已经介绍了杆体材料。现在常用的锚杆杆体是金属杆体,对于加长锚固和全长锚固锚杆,一般采用螺纹钢锚杆,这样有利于提高锚杆的锚固力。常用的杆体材料为建筑螺纹钢。

2. 螺母

螺母可采用一般标准件配备。为实现快速安装,并能够保证达到预紧力,目前普遍采用阻尼式螺母、销钉式螺母、压片式螺母等。此类扭矩螺母区别于分次作业和人工拧紧螺母,可以使用锚杆钻孔机具,连续完成钻锚杆孔—搅拌树脂锚固剂—拧紧螺母并达到规定预紧力的全过程。

(1) 阻尼式螺母

阻尼式螺母,是在较厚螺母的一端旋入一个阻尼芯、帽,能够实现快速安装工艺的扭矩螺母(图 5-10)。

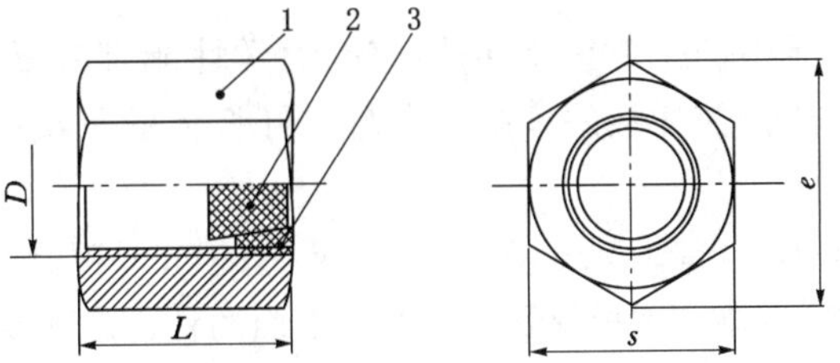

1—螺母;2—阻尼芯;3—阻尼帽;D—螺母孔直径;s—螺母外侧平面距离;e—螺母外侧最大距离;L—螺母厚度。

图 5-10 阻尼式螺母

(2) 销钉式螺母

销钉式螺母,是将球头螺母下端的一段螺纹车掉,打眼、穿销钉并铆紧,能够实现快速安装工艺的扭矩螺母(图 5-11)。

3. 树脂锚固剂

锚固剂的作用是将钻孔孔壁岩石与杆体黏结在一起。树脂锚固剂为高分子化学材料,其黏结能力强,固化速度快,耐久性好,抵御环境和人的影响因素能力强,安全可靠,产品质

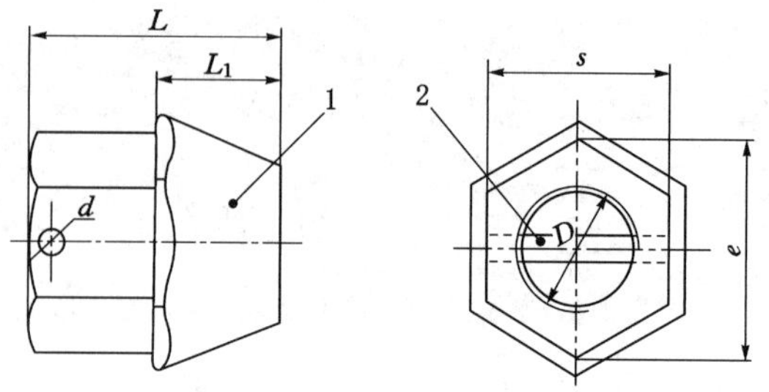

1—球头螺母；2—销钉；L_1—球头螺母长度；L—销钉螺母长度；s—销钉螺母外侧平面距离；
e—球头螺母外侧最大距离；D—螺母孔直径；d—销钉孔直径。

图 5-11　销钉式螺母

量稳定，贮存期长。锚固剂由两种不同组分的树脂胶泥和过氧化物固化剂严格按科学配方分隔包装组成。

安装时，锚固剂放入锚孔内，用锚杆安装机械带动杆体高速旋转，搅破薄膜后，两种组分混合，立即发生化学反应，其凝胶时间可按设计要求在十几秒到几小时内准确调控。

目前，所使用的树脂锚固剂有塑料袋包装和玻璃管包装两种。根据其凝固固化时间，有超快的 CK 型、快速的 K 型、中速的 Z 型和慢速的 M 型，其型号及特性见表 5-9。

表 5-9　树脂锚固剂主要型号及特性

型号	特性	凝胶时间/min	固化时间/min	备　注
CK	超快	0.5～1	≤5	在 20 ℃±1 ℃环境温度下测定
K	快速	1.5～2	≤7	
Z	中速	3～4	≤12	
M	慢速	15～20	≤40	

4. 锚杆托板

托板是锚杆支护系统中的一个重要部件，它的力学性能直接影响着整个锚杆系统的支护效果。设计托板的原则是使托板的承载能力与锚杆杆体的承载能力相匹配，并应使锚杆杆体、螺母均匀受力。

金属托板的尺寸不应小于 120 mm×120 mm，或 ϕ120 mm；顶板锚杆用的托板厚度应大于 6 mm。托板的形状很多，主要有平板形和钟形的。下面两种为高强度、锻压成型的托板。

(1) BHT-A 型托板

该托板是与顶板垂直锚杆配套使用的，具有较高的承载能力和较好的变形性能。托板规格为 ϕ128 mm×30 mm-150 kN，如图 5-12 所示。

(2) BHT-B 型托板

该托板是与靠巷帮布置的倾斜锚杆配套使用的，同样具有较高的承载能力与变形性能，而且有利于使倾斜锚杆达到最佳工作状态。托板包括两部分，即托板与托板座，如图 5-13 所示。托板规格为 ϕ140 mm×32 mm-180 kN。

5. 钢带和钢筋梁

钢带是锚杆支护系统的关键构件。它可将单根锚杆连接起来组成一个整体承载结构，

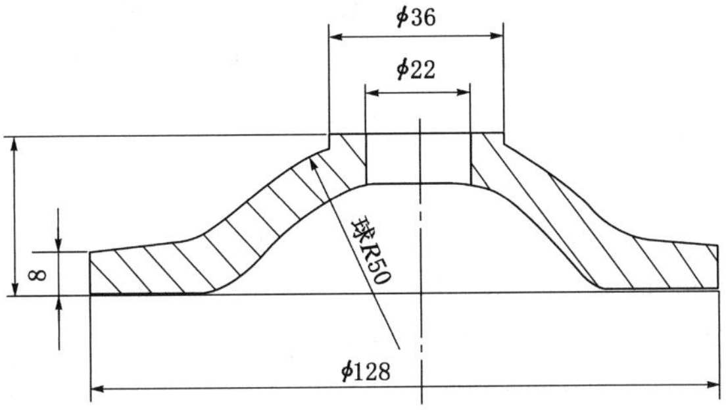

图 5-12 BHT-A 型锚杆托板

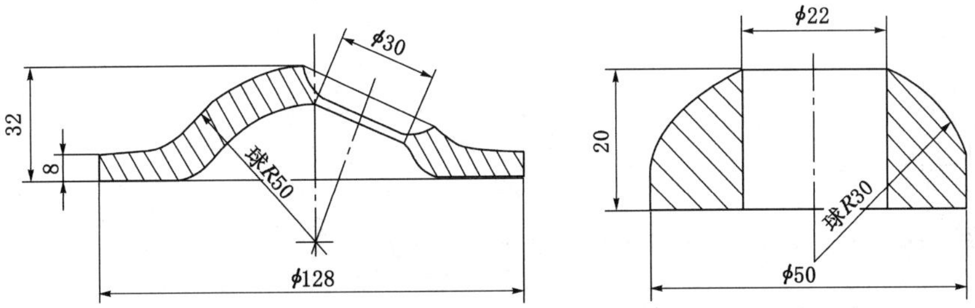

(a) 托板　　(b) 托板座

图 5-13 BHT-B 型锚杆托板及托板座

提高锚杆支护的整体效果。钢带由厚 2～3 mm 薄钢板制成。钢带上有锚杆安装孔，使打眼、安装极为方便。钢带有平(板)钢带与 W 钢带。W 钢带与平(板)钢带相比优点主要有：

(1) 强度高

由于 W 钢带是由钢板经冷弯成型的，其强度可以提高 10%～15%。如厚 2.75 mm、展宽 250 mm 的 W 钢带拉断力为 307 kN，而同等厚度与展宽的平(板)钢带的拉断力仅为267 kN。

(2) 刚度大

同厚度、宽度情况下，W 钢带的刚度是平(板)钢带的 70～115 倍。

W 钢带的具体结构如图 5-14 所示。

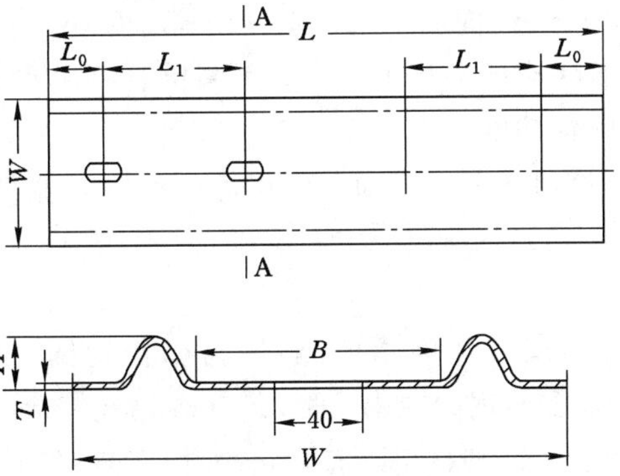

A-A放大

W—钢带宽度；L_1—锚杆孔距；L—钢带长度；L_0—孔外侧钢带长度；B—凸起间距；H—凸起高度；T—钢带厚度。

图 5-14 矿用 W 钢带

在巷道顶板比较完整的条件下,也可采用钢筋梁作为组合锚杆的构件。

钢筋梁的作用除可以防止锚杆间的松动岩块掉落外,还可均衡锚杆受力,改善顶板岩层应力状态,与锚杆共同形成组合支护系统,增加顶板岩层的稳定性。它的性能不如 W 钢带,但钢筋梁的成本较低。

钢筋梁的具体结构如图 5-15 所示。

M 型钢带是采用厚度为 3～5 mm、宽度为 180～320 mm 的卷钢板,经过冷弯成“M”形后,在中部加工出锚杆孔的钢带,断面形状如图 5-16 所示。M 型钢带强度大,抗弯刚度大,钢材利用率高。由于 M 型钢带向下截面模量远大于向上的截面模量,顶板安装钢带时,向上截面模量小,钢带容易与顶板紧贴。钢带承受压力时,向下抗弯截面模量大,控制围岩变形能力强。M 型钢带由于翼缘比较高,抗撕裂性能好。M 型钢带的缺点是护表面积比较小。

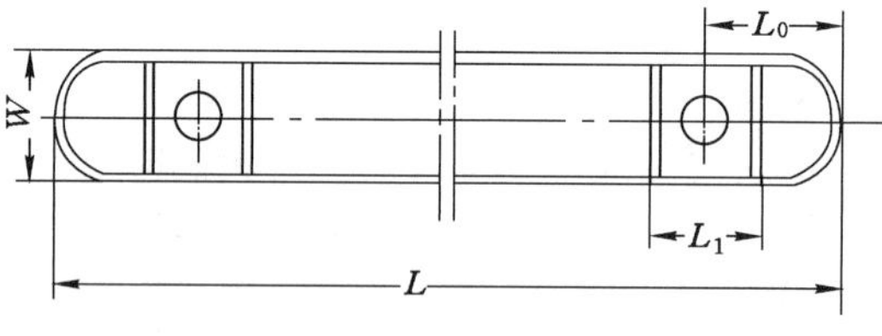

W—钢筋梁宽度;L—钢筋梁长度;
L_0—锚杆孔距梁端距离;L_1—锚杆孔外框宽度。

图 5-15　钢筋梁

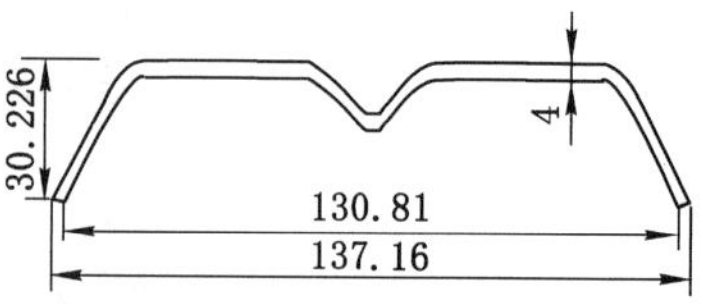

图 5-16　M 型钢带的断面形状

此外,还有在组合锚索支护中使用的钢梁,常用 12 号、14 号、16 号槽钢制成。

6. 网

目前,网的形式与品种很多,主要有铁丝网、钢筋网与塑料网。

铁丝网一般采用 3～4 mm 的镀锌铁丝编织而成,主要包括经纬网和菱形网两种形式。经纬网矩形网孔尺寸一般为 20 mm、20～60 mm、60 mm,其主要作用是防止松动岩块掉落,对顶板主动支护能力差。菱形网网孔尺寸为 40 mm、40～100 mm、100 mm。菱形网具有强度高、连接方便等优点,已逐步代替经纬网。

钢筋网是由钢筋焊接而成的大网格金属网。它由受力筋和分布筋构成。钢筋网横向筋一般为受力筋,直径为 8～10 mm;纵向筋直径一般为 6 mm;网格尺寸约为 100 mm×100 mm。

为了降低支护成本,有些矿区采用塑料网。塑料网具有成本低、轻便、抗腐蚀等特点,但是强度和刚度较低,可以同钢筋网配合使用。

网片尺寸以有利于运输和施工为原则。应尽可能使网片宽度与锚杆排距一致,并为掘进进尺的整数倍,一般为 0.8～1.2 m。

二、预应力锚索

树脂预应力锚索是用钢绞线作为承载体,用树脂作为锚固剂的一种锚杆,其结构如图 5-17 所示。目前,使用较多的钢绞线由 7 股 $\phi 5$ mm 钢丝制成,如图 5-18 所示,具有强度高、韧性好、低松弛性等特点。这种材料既有一定刚度,能直接用于搅拌树脂药卷,又有一定柔性,可盘成卷,便于运输和在空间尺寸较小的巷道中安装。树脂锚固剂一般分为两段,里段采用超快或快速树脂药卷,外段采用中速树脂药卷。锚索外端由锁具固定。锁具以瓦片式为主,有多种规格,选择时应使其与钢绞线匹配。

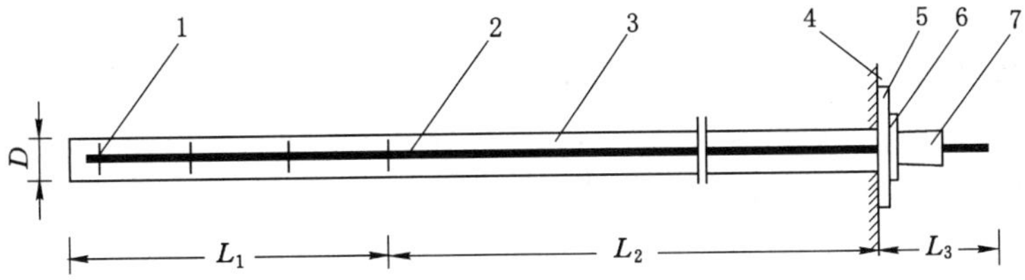

1—毛刺；2—钢绞线；3—钻孔；4—巷道围岩表面；5—槽钢；6—钢托板；7—锁具；

L_1—内锚固段长度；L_2—锚索有效长度；L_3—外锚固段长度。

图 5-17　树脂预应力锚索结构

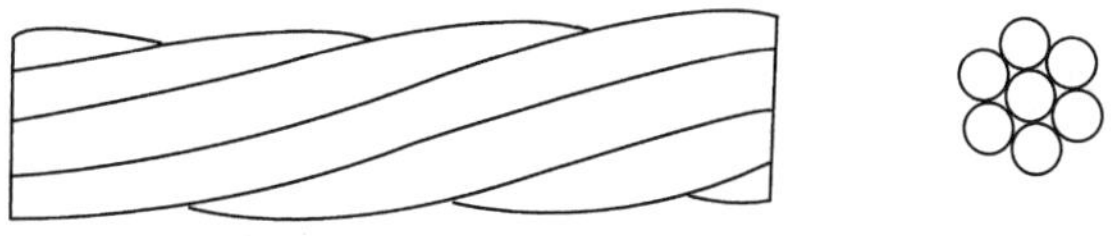

图 5-18　钢绞线

三、锚杆支护作用原理

锚杆支护理论是科学地进行锚杆支护设计的基础，悬吊理论、组合梁理论和组合拱理论是巷道锚杆支护设计中最为经典的理论，得到了广泛的应用，也为大家所广泛传播。近年来，又提出了最大水平应力理论、围岩强化作用机理等理论指导支护技术。

1. 悬吊理论

悬吊理论是最早的锚杆支护理论，其特点是直观、易懂、使用方便，认为锚杆支护的作用是将巷道顶板较软弱岩层悬吊在上部稳固的岩层上，特别是在顶板上部有稳定岩层，而其下部存在松散、破碎岩层的条件下应用比较广泛。悬吊理论的实质是关于把巷道周边可能松脱破坏的软弱岩石通过一端锚固在深部坚硬岩石里的锚杆悬吊住的理论，1952 年路易斯 · 阿 · 帕内科（Louis A. Panek）等发表了悬吊理论。M. M. 普罗托奇雅可诺夫和 B. M. 莫斯特科夫等发展了可能发生拱式冒落的巷道应用悬吊理论设计锚杆支护的计算方法，见图 5-19，以增强较软弱岩层的稳定性。对于回采巷道经常遇到的层状岩体，当巷道开挖后，直接顶因弯曲下沉与基本顶分离，如果锚杆及时将直接顶挤压并悬吊在基本顶上，就能减少和限制直接顶的下沉和离层，达到支护的目的。巷道浅部围岩松软破碎，或者巷道开挖后应力重新分布，顶板出现松动破裂区，这时锚杆的悬吊作用就是将这部分易冒落岩体悬吊在深部未松动岩层上，这是悬吊理论的进一步发展。

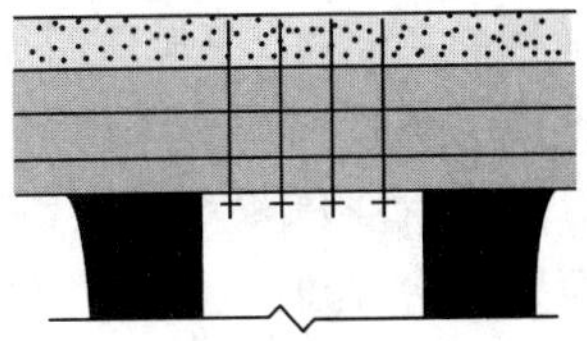

图 5-19　锚杆支护悬吊示意图

悬吊理论认为，锚杆受力为所悬吊的岩层的重力，然而在井下巷道中很多情况下只有当松散岩层或不稳定岩块完全与稳定岩层脱离的情况下锚杆受力才等于破碎岩层重力。采用这种方法设计的锚杆强度一般偏小，用于锚索设计往往显得强度不足。

该理论一般适用于锚固范围内具有稳定岩层的巷道顶板。如果顶板中没有坚硬稳定岩层或顶板软弱岩层较厚，围岩破碎区范围大，受锚杆长度所限，无法将锚杆锚固到上部坚硬岩层或未松动岩层上，悬吊理论就不适用。

2. 组合梁理论

组合梁理论则是关于通过锚杆把数层薄岩层夹持成一体形成具有更高承载能力的厚岩梁的理论。L. A. Panek(1964)提出了详细的巷道锚杆支护组合梁设计方法与步骤,John C. Stankus 和 Syd S. Peng(1996)把锚固区外岩层与锚固区内岩层一起考虑,提出数值计算优化梁设计准则。

该理论认为,当煤层顶板为层状岩层时,锚杆将锚固范围内的岩层挤紧,增加各岩层间的摩擦力,防止岩层沿层面间的滑动,避免离层现象,提高围岩自承能力。另外,增加杆体抗剪强度,可阻止岩层间的水平错动,从而将巷道顶板锚固范围内的几个薄岩层锁紧成一个较厚的岩层,这种组合厚岩层在上覆岩层载荷作用下,其最大弯曲应变和应力都将大大减小。根据组合梁理论,n 层岩层使用锚杆与不使用锚杆相比,岩层的最大挠度和最大应力分别可减小$\frac{n^2-1}{n^2}$和$\frac{n-1}{n}$,如图 5-20 所示。

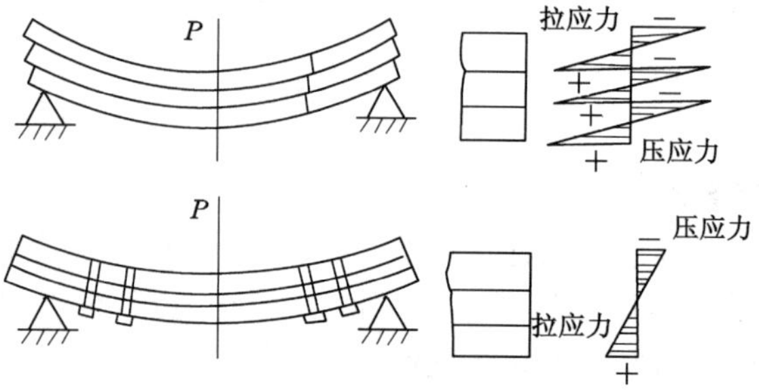

图 5-20　锚杆支护组合梁示意图

对于端锚,其提供的轴向力可对岩层离层产生约束,即增大各岩层间的摩擦力,与杆体提供的抗剪力一同阻止岩层间产生相对滑动。对于全锚,锚杆和锚固剂共同作用,可明显改善锚杆受力状况,增强控制顶板岩层离层和水平错动的能力,支护效果优于端锚。该理论充分考虑了锚杆对离层及滑动的约束作用,原理上对锚杆支护作用分析比较全面。但是组合梁有效组合厚度很难确定,它涉及影响锚杆支护的众多因素,目前还没有一种可行的方法估计有效组合厚度。

3. 组合拱理论

组合拱理论是由兰氏(T. A. Lang)和彭德(Pender)通过光弹试验提出来的。组合拱原理认为,在拱形巷道围岩的破裂区中安装预应力锚杆时,在杆体两端将形成圆锥形分布的压应力,如果沿巷道周边布置的锚杆间距足够小,各个锚杆的压应力锥体相互交错,则巷道周围的岩层形成一种连续的压缩带(拱),如图 5-21 所示。

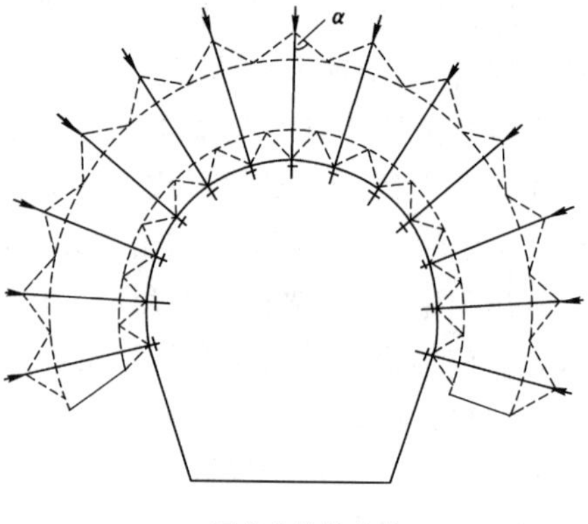

α—压应力锥体半角。

图 5-21　锚杆支护组合拱原理

即使在软弱、松散、破碎岩层中安装锚杆,也可以形成一个承载结构,只要锚杆间距足够小,就能在岩体中产生一个均匀压缩带,它可以承受破坏区上部破碎岩石的载荷。组合拱理论充分考虑了锚杆支护的整体作用，在软岩巷道中得到较广的应用。在承压拱内岩石径向和切向均受压，处于三向压应力状态，其围岩强度得到提高，支承能力也相应加大。关键在于获取较大的承压拱厚度和较高的强度，其厚度越大，越有利于围岩的稳定和支承能力的提高。

该理论在分析过程中没有深入考虑围岩-支护结构之间的相互作用，只是将各支护结构的最大支护力简单相加，从而得到复合支护结构总的最大支护阻力，缺乏对被加固体本身力学行为的进一步分析探讨，计算也与实际情况有一定差距。加固拱厚度涉及的影响因素很多，很难较准确估计，当加固拱厚度远小于巷道跨度时，加固拱是否发生破坏不仅与其强度有关，更主要取决于加固拱的稳定性，而在该理论中没有考虑。

4. 最大水平应力理论

澳大利亚学者盖尔(W. J. Gale)在 20 世纪 90 年代初提出了最大水平应力理论。该理论认为，矿井岩层的水平应力一般是垂直应力的 1.3～2.0 倍。而且水平应力具有方向性，最大水平应力一般为最小水平应力的 1.5～2.5 倍。巷道顶底板的稳定性主要受水平应力影响，且有三个特点：① 与最大水平应力平行的巷道受水平应力影响最小，顶底板稳定性最好；② 与最大水平应力呈锐角相交的巷道，其顶板变形破坏偏向巷道某一帮；③ 与最大水平应力垂直的巷道，顶底板稳定性最差，如图 5-22 所示。

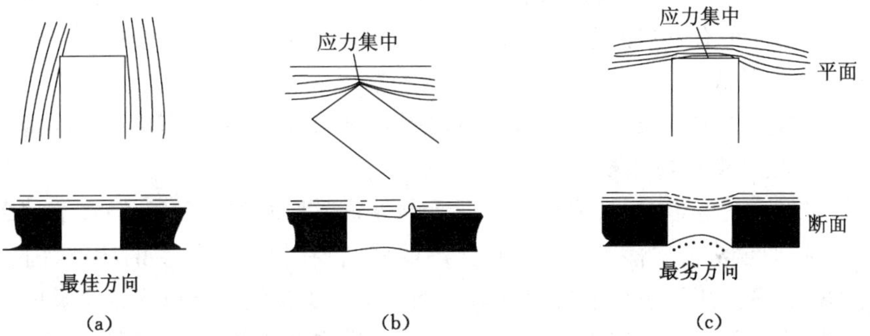

图 5-22　水平应力场效应

最大水平应力理论，论述了巷道围岩水平应力对巷道稳定性的影响以及锚杆支护所起的作用。在最大水平应力作用下，巷道顶底板岩层发生剪切破坏，因而会出现错动与松动引起层间膨胀，造成围岩变形。锚杆所起的作用是约束沿其轴向的岩层膨胀和垂直于轴向的岩层剪切错动，因此要求具备强度大、刚度大、抗剪阻力大的高强锚杆支护系统。

5. 围岩强化作用机理

侯朝炯、勾攀峰教授提出巷道围岩强度强化理论，该理论的要点是：① 巷道锚杆支护的实质是锚杆与锚固区域的岩体相互作用而组成锚固体，形成统一的承载结构；② 系统布置锚杆可提高锚固体的力学参数 E、C、φ，改善锚固体的力学性能；③ 锚固体的峰值强度和残余强度都能得到强化。该理论的分析方法是将锚杆的作用简化为对锚固围岩从锚杆的两端施加径向约束力，由实验室锚固块体试验确定围岩塑性应变软化本构关系，再利用弹塑性理论定量分析锚杆的支护效果。

四、锚杆支护参数的确定

锚杆支护设计的效果关系到巷道锚杆支护工程的质量优劣、是否安全可靠以及经济是否合理等重要问题,因而被国内外学者所重视。目前的巷道锚杆支护设计方法基本上可归纳为三大类:第一类是工程类比法,包括利用简单的经验公式进行设计;第二类是理论计算法;第三类是以计算机数值模拟为基础的设计方法。

(一)工程类比和数值模拟法

工程类比法建立在已有工程设计和大量工程实践成功的基础上,在围岩条件、施工条件及各种影响因素基本一致的情况下,根据类似条件的已有经验,进行锚杆支护参数设计。因此,这种设计方法是在搞清地质条件及围岩性质的基础上科学地进行围岩分类,针对不同的围岩类别,根据巷道生产地质条件,确定锚杆支护参数。

实践证明,在工程条件相近时,采用工程类比法进行锚杆支护设计可能十分成功。然而,由于煤层赋存条件千差万别,回采巷道锚杆支护常处于动压影响范围,其围岩应力分布、围岩运动有其自身的特点,某一类别中尚存在各种不同情况,使用工程类比法时必须参照多方面的经验。

与其他设计方法相比,数值模拟法具有多方面的优点,如可模拟复杂围岩条件、边界条件和各种断面形状巷道的应力场和位移场;可快速进行多方案比较与优化,分析各因素对巷道支护效果的影响。尽管数值模拟法还存在很多问题,如很难合理地确定计算所需的一些参数,模型很难全面反映井下巷道状况,从而导致计算结果与巷道实际情况差别很大,但是,数值模拟法作为一种有发展前景的设计方法,经过不断改进和发展,会逐步接近实际。

(二)理论计算法

锚杆几何参数指锚杆长度和间、排距,可根据具体条件按不同理论计算确定。

1. 按悬吊理论设计锚杆参数

在层状岩体中的巷道,顶板岩层的离层可能导致顶板的破碎和冒落;在节理裂隙发育岩体中的巷道,松脱岩块的冒落可能造成对生产的威胁;在软弱岩体中的巷道,围岩破碎带内不稳定岩块在自重作用下也可能发生冒落。如果锚杆支护结构能够提供足够的锚固力将上述可能冒落的岩块悬吊在稳定岩层中,就能保证巷道围岩的稳定。按照这一思路,锚杆几何参数由以下方法计算。

(1) 锚杆长度

根据图 5-23,端锚锚杆长度按式(5-3)计算。

$$L = L_1 + L_2 + L_3 \tag{5-3}$$

式中 L_1——锚杆外露长度,其值与锚杆类型及锚固方式有关,一般取 $L_1=0.1$ m;

L_2——锚杆有效长度,不小于不稳定岩层的厚度,m;

L_3——锚杆锚固段长度,对端锚锚杆一般取 0.3~0.5 m。

对于不稳定岩层的厚度,可根据地质资料、实测的围岩松动圈或经验估计,例如,当围岩的坚固性系数 $f \geqslant 3$ 时,可按式(5-4)计算。

$$L_2 = \frac{B}{2f} \tag{5-4}$$

式中 B——巷道跨度,m。

(2) 锚杆间、排距

根据图 5-24,锚杆间、排距由每根锚杆的锚固力和悬吊的岩石重力决定,按式(5-5)计算。

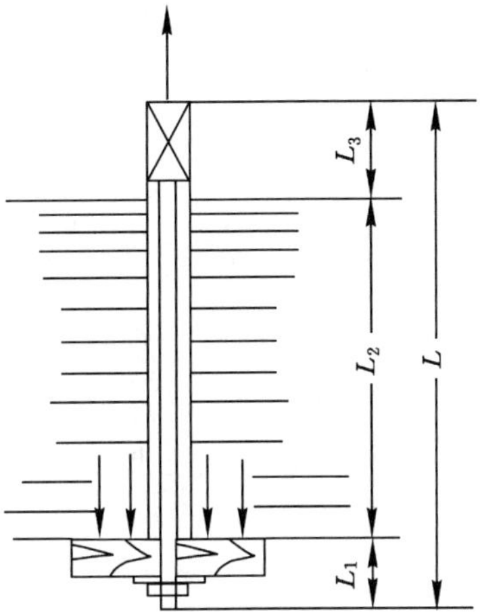

图 5-23　锚杆长度的构成

$$a=\sqrt{\frac{Q}{K\gamma L_2}} \tag{5-5}$$

式中　a——锚杆间、排距，通常取锚杆间距等于排距，m；

Q——锚固力，kN；

K——锚杆安全系数，一般取 $K=1.5\sim2$；

γ——岩石重度，kN/m^3。

2. 按挤压加固拱理论设计锚杆参数

按挤压加固拱理论不要求锚杆伸入稳定岩层。这样，锚杆长度和间距之间必须满足某种关系，才能形成一定厚度的挤压加固拱，以支承地压。按照挤压加固拱理论，加固拱厚度与锚杆长度和间距之间的关系如图 5-25 所示，按式(5-6)确定。

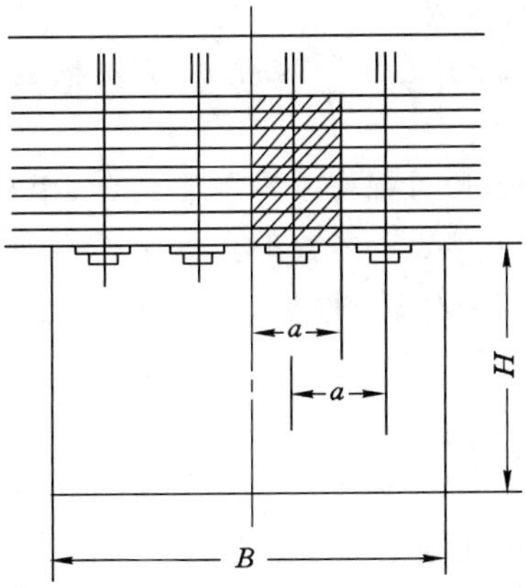

图 5-24　按悬吊理论计算锚杆间、排距

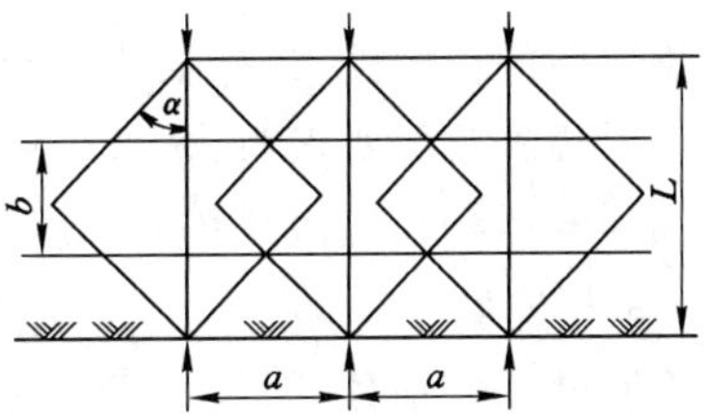

图 5-25　锚杆支护加固拱力学模型

$$L=\frac{b\tan\alpha+a}{\tan\alpha} \tag{5-6}$$

式中　b——加固拱厚度，m；

α——锚杆在围岩中的控制角，(°)；

a——锚杆的间距，m。

如果锚杆的控制角 α 按 45°计，则：

$$b = L - a \tag{5-7}$$

一般情况下，锚杆的长度应大于两倍的锚杆间距。根据式(5-7)，如果按常用锚杆长度 L=2 000～2 400 mm，锚杆间距 a=700～900 mm 计算，则加固拱的厚度 b=1 300～1 500 mm，相当于数层混凝土碹的厚度。

理论计算法作为一种比较简单、方便的锚杆支护设计方法，虽然得到一定程度的应用，但是由于围岩地质条件复杂多变，各种理论对锚杆支护作用的认识都有片面性和局限性，有些设计理论的力学参数难以确定和选取，很大程度上影响了计算结果的可信度。因此，理论计算法的设计结果大多仅能作为参考。

五、锚杆支护质量检测

(一) 锚杆施工

锚杆施工包括钻眼和安装两个环节。

(1) 钻眼

钻眼是锚杆施工的重要环节，钻眼工作量大、占用时间长，锚杆眼的质量直接影响锚杆作用的发挥。

① 钻眼设备及选择。目前，我国在锚杆施工中主要采用专用锚杆机，分单体锚杆机和锚杆机组两类。也有利用钻(凿)炮眼的设备打锚杆眼的，但由于存在诸多问题，应用已越来越少。

单体锚杆机主要用于打眼，锚杆安装操作多由人工进行。单体锚杆机具有操作方便、劳动强度低、钻眼速度快、设备体积小、占用空间小等优点，因此在我国各类巷道施工中已经被普遍使用，是目前使用最多的一种设备。锚杆机组不仅能钻眼，而且具有安装锚杆的功能，且安装锚杆自动化程度比较高。锚杆机组一般能够同时施工多个眼，施工速度快，因此目前主要和连续采煤机等煤巷机械化快速掘进设备配套使用。

选择钻眼设备时应考虑围岩条件、掘进施工工艺方式、施工条件等，应满足掘进与支护有机配合且有利于提高成巷速度的要求。

② 对锚杆眼的要求。锚杆眼用于安装锚杆，锚杆是通过锚杆眼与围岩结合，相互作用、共同承担载荷的。因此，锚杆眼的质量以及倾角、直径、深度等参数都会直接影响锚杆作用的发挥。对锚杆眼的要求为：必须严格按设计角度施工，必须严格控制钻孔的直径和深度，对机械锚固的锚杆孔应保证孔的圆度和垂直度。

(2) 锚杆安装

对不同结构的锚杆，安装方式不同，安装所用设备不同，安装要求也不同。常用锚杆的安装过程前已述及。对锚杆安装的总体要求为：必须保证最里端锚固点的深度；必须保证锚固部分的长度和锚固力；必须保证托板的托力，对采用螺母加力的锚杆必须保证螺母拧紧扭矩，对采用木楔加力的锚杆必须保证楔紧力，对预应力锚杆必须保证施加的预应力。

锚杆孔实际钻孔角度相对设计角度的偏差应不大于 5°，锚杆孔的间排距误差应不超过 100 mm，孔深度误差应在 0～30 mm 范围内。

(二) 锚杆质量检测

锚杆质量检测包括锚杆的材质检验，锚杆的安装方向、锚固点深度、间排距等几何参数量测,螺母的拧紧力检验,锚杆的锚固力检测等。锚杆的材质应按规定在实验室进行抽检;应建立制度对所有几何参数在施工过程中即时进行量测检查;螺母拧紧所产出的拧紧力应达到锚固力的 40%～80%,应采用扭矩扳手检查,或由有经验的工人抽检;锚固力需要用锚杆拉力计进行抽检。

ML-20 型锚杆拉力计如图 5-26 所示,由一台空心千斤顶和一台 SYB-1 型高压手摇液压泵组成,最大拉力为 200 kN,活塞行程为 100 mm,设备总质量为 12 kg。试验过程为:用卡具将千斤顶活塞紧固在锚杆上,摇动液压泵手柄,高压油经高压胶管到达拉力计的液压缸,驱使活塞对锚杆施加拉力,由压力表读数乘以活塞面积计算出锚杆的锚固力,由标尺直接读取锚杆的位移量。所测锚固力应不小于设计值,位移应不超过允许值。对于楔缝式锚杆,位移应不超过 4 mm;倒楔式锚杆,位移应不超过 6 mm;砂浆锚杆一般不允许有位移。

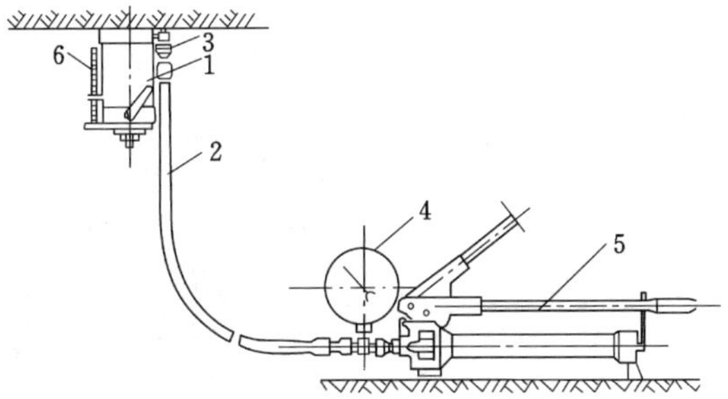

1—空心千斤顶;2—高压胶管;3—胶管接头;4—压力表;5—手摇液压泵;6—标尺。

图 5-26 ML-20 型锚杆拉力计

六、喷射混凝土支护

喷射混凝土支护是以压缩空气为动力,用喷射机将混凝土拌合料通过输送管和喷嘴以很高的速度喷射出去,覆盖到需要维护的岩土面上,硬化后形成混凝土结构的支护方式。

(一) 喷射混凝土支护作用原理

1. 防止围岩风化作用

混凝土在高速喷射过程中,水泥颗粒受到重复碰撞冲击,混凝土喷层受到连续冲实压密,而且喷射工艺又允许采用较小的水灰比,因此喷射混凝土层具有致密的组织结构和良好的物理力学性能,能够防止水和风化作用造成围岩的破坏与剥落。

2. 改善围岩应力状态作用

喷射混凝土一方面可将围岩表面凸凹不平处填平,消除因岩面不平引起的应力集中现象;另一方面,可使围岩由二向受力状态转化为三向受力状态,提高围岩强度。

3. 柔性支护结构作用

喷射混凝土的黏结力大,能同岩石紧密黏结,是形成喷射混凝土独特支护作用的重要因素。一方面,喷射混凝土能与围岩紧密地黏结在一起,同时喷层较薄,具有一定的柔性,可以与围岩共同变形,使围岩应力得以释放;另一方面,喷层在与围岩共同变形中受到压缩,对围岩产生越来越大的支护反力,能够抑制围岩产生过大的变形,防止围岩发生松动破碎。

4. 防止危岩坠落

开巷后对暴露围岩喷射一层混凝土,使喷层与岩石的黏结力和抗剪强度足以抵抗围岩的局部破坏,防止个别危岩活石的滑移或坠落,那么岩块间的连锁咬合作用就能得以保持,从而不仅能保持围岩自身的稳定，而且能与喷层构成共同承载的整体结构。

喷射混凝土可以单独使用，在岩、土层面或结构面上形成护壁结构，成为喷射混凝土支护。与锚杆联合作用时，主要是用于避免锚头部位锚杆间岩土体的松脱和风化，可以起到加强锚杆等锚固构件的作用。

（二）喷射混凝土工艺

喷射混凝土工艺有干式、湿式和潮式三类，主要取决于混凝土喷射机的类型。干式喷射混凝土工艺主要由干式混凝土喷射机决定，其工艺过程如图 5-27 所示。在搅拌场将砂石过筛后按配合比与水泥一起送入搅拌机内搅拌，将拌合料用矿车运送到工作面后由上料机装入喷射机，拌合料经喷射机加压后沿输料管送至喷头，在喷头内与水混合、加速后由喷嘴喷出，高速喷出的混合料到达岩壁后紧密黏结在岩壁上形成喷射混凝土层。

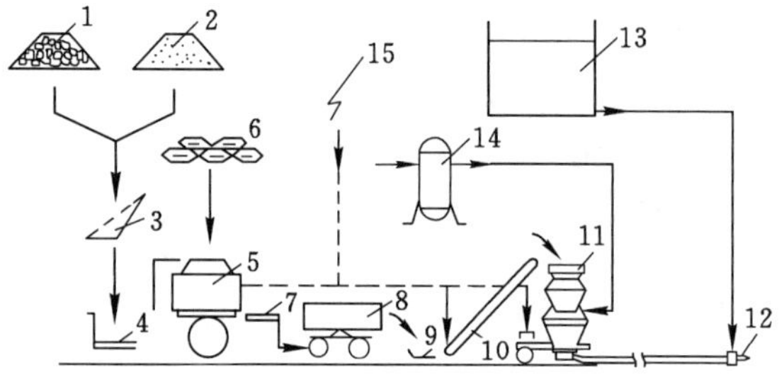

1—石子；2—砂子；3—筛子；4—磅秤；5—搅拌机；6—水泥；7—筛子；8—运料小车；9—料盘；10—上料机；11—喷射机；12—喷嘴；13—水箱；14—风包；15—电源。

图 5-27　喷射混凝土工艺过程

（三）喷射机具

喷射混凝土设备包括混凝土喷射机及其配套设备。

1. 混凝土喷射机

混凝土喷射机是喷射混凝土支护的关键设备。我国从 20 世纪 60 年代开始研制混凝土喷射机，20 世纪 70 年代先后研制成转子-Ⅰ型、转子-Ⅱ型喷射机，进入 80 年代，转子-Ⅳ型等喷射机问世，并开始进行潮喷机、湿喷机的研制工作。目前广泛使用的仍是转子-Ⅱ型喷射机。转子-Ⅱ型喷射机由主机、传动机构、风路系统、电气系统、机架等组成。主机由旋转体、密封胶板、定量下料机构、搅拌器、料斗、出料弯头、上下壳体等组成，如图 5-28 所示。定量下料机构由定量隔板和定量叶片组成，隔板可上下移动，以调整喷射能力。在旋转体上沿圆周方向均匀布置 14 个 U 形槽，外圈的槽腔为料槽，里圈的为气室，其底部连通成 U 形。工作时，电动机通过减速器带动旋转体、搅拌器和拨料板旋转，料斗中的混合料被均匀拨入旋转体的料槽中，当装满料的料槽对准出料弯头时，内圈的气室也恰好对准进风管，于是混合料被压气压入出料弯头和输料管，在喷头处与水混合后喷出。喷头一般由喷嘴和混合室组成。常用喷头结构如图 5-29 所示，在混合室周围沿径向布置两排小孔以形成水环。喷头的作用主要有两个：一是将干拌合料与水混合；二是通过断面由大逐渐变小将混合料流速加快，使料束能更有力、更集中地喷出。

转子-Ⅱ型喷射机具有结构紧凑、体积小、质量轻、操作简单、出料均匀、输送距离远、效率高等优点。但是，由于是干式喷射机，存在喷射作业时粉尘大、水灰比不易控制、因

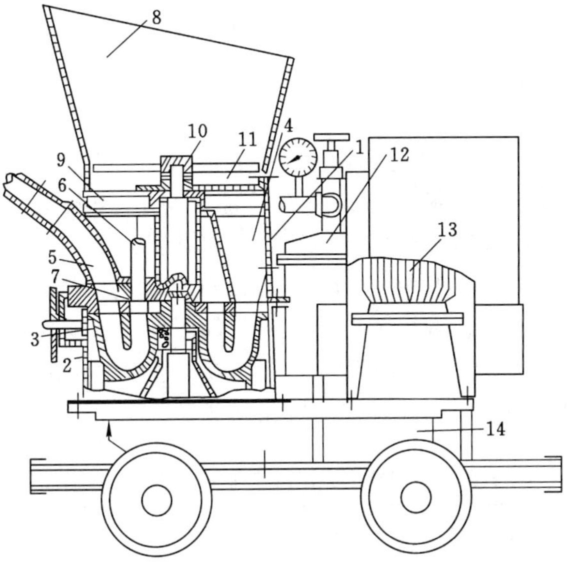

1—上壳体;2—下壳体;3—旋转体;4—入料口;5—出料弯头;6—进风口;7—密封胶板;8—料斗;9—拨料板;10—搅拌器;11—定量板;12—油水分离器;13—电动机;14—减速器。

图 5-28 转子-Ⅱ型混凝土喷射机结构图

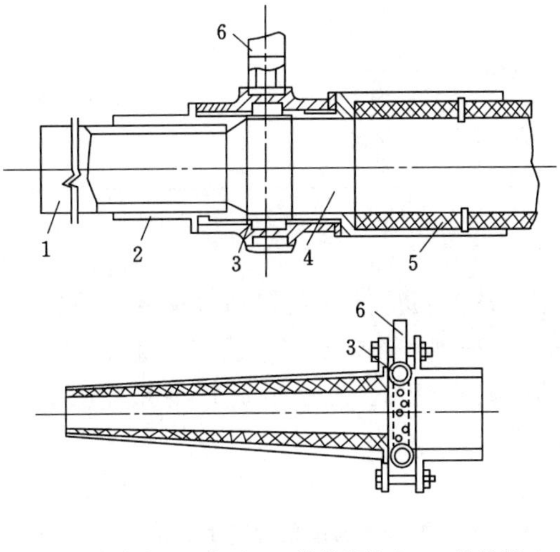

1—拢料管;2—拢料管接头;3—水环;4—输料管接头;5—输料管;6—水管接头。

图 5-29 喷头结构图

混合料与水拌和时间短而影响混凝土的均质性和强度、回弹量大、喷层质量低等突出问题。

为了解决干式喷射机存在的问题,国内外发展了湿喷机和潮喷机。使用湿喷机时,将混凝土混合料与水充分拌和后喷出。国内研制的湿喷机主要为挤压泵式和柱塞泵式。使用潮喷机时,将潮湿的混合料装入喷射机,在喷头处再加入适量水后喷出。

国内研制的转子-Ⅴ型潮喷机是在转子-Ⅱ型与转子-Ⅳ型喷射机的基础上改造而成的。

转子-Ⅱ型与转子-Ⅳ型喷射机的转子是整体铸造成的，料腔形状复杂、表面粗糙、易与混合料发生黏结堵塞。转子-Ⅴ型潮喷机的转子为装配结构，采用软体料腔，工作时在工作风压与大气压的压差作用下料腔能产生周期性的变形，从而防止混合料与料腔壁间的黏结。实践表明，当使用含水率小于7%(水灰比小于或等于0.35)的混合料时，料腔不黏结混合料，不需清理，受料和出料系统能保持连续畅通，从而能保证喷射机连续正常工作。转子-Ⅴ型潮喷机的优点是转子料腔的受料容积不变，生产能力稳定，出料均匀，不需停机进行清理维护，提高了工效。由于采用潮喷，粉尘量与回弹量均有所减少。据实测，机旁平均粉尘浓度为10 mg/m^3，喷墙、喷拱平均回弹率为10%。在潮喷机上装有粉状速凝剂添加器和风动振动筛，机旁只需2名操作工人，减少了操作工人人数。采用摩擦板液压自动压紧装置，对摩擦板提供稳定的操作压力，提高了摩擦板的寿命，减少了跑风和粉尘溢出。

国产转子式混凝土喷射机的主要技术特征见表5-10。

表5-10 国产转子式混凝土喷射机的主要技术特征

喷射机型号	转子-Ⅱ型	转子-Ⅳ型	转子-Ⅴ型
生产能力/(m^3/h)	4～6	4～5	4～6
压气工作压力/MPa	0.15～4	0.12～4	0.15～4
压气消耗量/(m^3/min)	5～10	5～8	5～8
最大输送距离(水平/垂直)/m	200/40	120/80	200/40
电动机功率/kW	5.5	3	5.5
外形尺寸(长×宽×高)/mm	1 500×750×1 250	1 020×730×1 260	1 400×740×1 250
质量/kg	960	530	750

2. 混凝土喷射机的配套设备

混凝土喷射机的配套设备主要是供料装置和机械手。我国研制的HPLG-5型转子型喷射机供料装置，可与国内各种型号的转子式混凝土喷射机配套，作为配料、搅拌和向喷射机供料之用。机械手即喷头操作机构。国产的MK-Ⅱ型喷射混凝土机械手的技术特征见表5-11，其构造如图5-30所示。

表5-11 MK-Ⅱ型喷射混凝土机械手技术特征

适用巷道断面积/m^2	大臂变幅范围/(°)			喷头变幅范围/(°)			液压/MPa	风压/MPa	外形尺寸(长×宽×高)/mm	质量/kg
	左右摆幅	上仰	下俯	左右翻转	前俯	后仰				
3.6～18	70	45	25	180	32	38	7.0	0.5～0.6	工作时 4 500×2 400×2 700 行走时 4 000×820×1 150	670

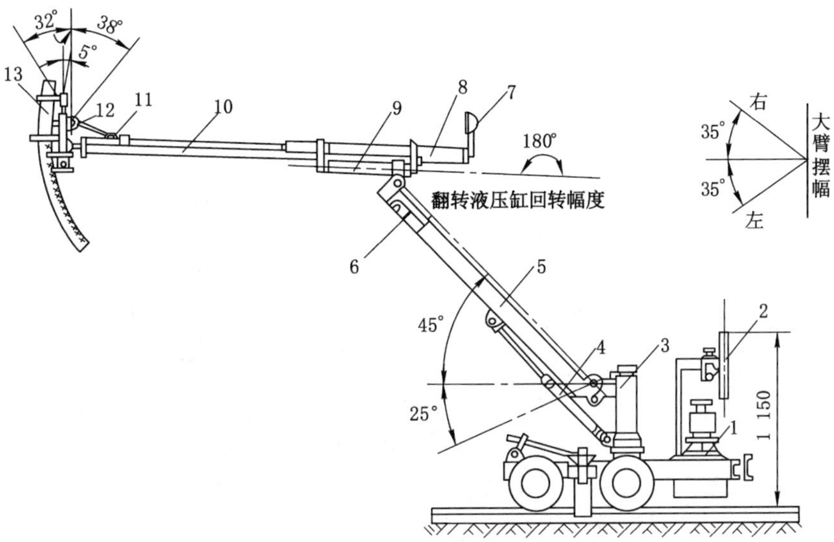

1—液压系统;2—风水系统;3—转柱;4—支柱液压缸;5—大臂;6—拉杆;7—照明灯;
8—伸缩液压缸;9—翻转液压缸;10—导向支撑杆;11—摆角液压缸;12—回转器;13—喷头。

图 5-30 MK-Ⅱ型喷射混凝土机械手结构示意图

3. 喷射混凝土的材料及配合比

喷射混凝土要求凝结硬化快、早期强度高,故应优先选用硅酸盐水泥和普通硅酸盐水泥。为了保证混凝土强度和凝结速度,不得使用受潮或过期结块的水泥。

为了保证混凝土强度,防止混凝土硬化后的收缩和减少粉尘,喷射混凝土的细骨料应采用坚硬干净的中砂或粗砂,细度模数宜大于 2.5。

为了减少回弹和防止管路堵塞,喷射混凝土的粗骨料粒径应不大于 15 mm。速凝剂掺量应通过试验确定,喷射混凝土初凝时间不应大于 5 min,终凝时间不应大于 10 min。

喷射混凝土的强度一般要求不得低于 20 MPa。水灰比适宜时,喷层表面平整、潮润光泽、黏塑性好、密实。若水量不足,则喷层表面出现干斑,回弹率增大,粉尘飞扬。若水量过大,则混凝土滑移、流淌。一般水灰比以 0.4～0.5 为最佳。根据我国实践经验,在煤矿井巷支护中,喷射巷道侧壁时水泥、砂子、石子的配合比以 1.0∶(2.0～2.5)∶(2.0～2.5)为宜,喷射顶拱时以 1.0∶2.0∶(1.5～2.0)为宜。

4. 喷射混凝土的主要性能指标

① 工作风压。指正常喷射作业时喷射机工作室里的风压。工作风压决定喷嘴出口处的风压,而喷嘴出口处的风压直接影响回弹率与混凝土喷层质量。根据试验,干式喷射时喷嘴出口处的风压应控制在 0.1 MPa,湿喷时应控制在 0.15～0.18 MPa。此外,工作风压应随着输料管长度的增加而加大。因此,对于罐式和转子式干式喷射机,当水平输料距离在 200 m 以内时,其工作风压可按式(5-8)估算。

$$p = 0.1 + 0.001L \tag{5-8}$$

式中 p——工作风压,MPa;

L——输料管长度,m。

当喷射距离超过 200 m 时,可参考以下经验取值:水平距离每增加 100 m,工作风压应提高 0.08～0.10 MPa;垂直向上距离每增加 10 m,工作风压应提高 0.02～0.03 MPa。

② 水压。水压应比风压大 0.1 MPa 左右,以利于水环喷出的水能充分湿润瞬间通过喷头的拌合料。

③ 喷头与受喷面的距离和倾角。喷头距受喷面的距离以 0.8～1.2 m 为宜,喷头与受喷面垂直时回弹率最低。喷射方向应与喷射面垂直,若受喷面被钢架、钢筋网覆盖,可将喷嘴稍加倾斜,但角度不宜小于 70°。

④ 一次喷射厚度。若一次喷射厚度过大,则重力作用会使混凝土颗粒间的黏着力减弱,混凝土会发生坠落;若喷层厚度太小,石子无法嵌入灰浆层,则回弹率会增大。经验表明,一次喷射墙厚以 50～100 mm 为宜,拱厚以 30～60 mm 为宜。加速凝剂时墙厚 70～100 mm、拱厚 50～60 mm 为宜。但一般喷射厚度不应超过 200 mm。

⑤ 分层喷射的间隔时间。当一次喷射厚度达不到设计厚度要求需要进行分次喷射时,后一层的喷射应在前一层混凝土终凝后进行。在常温(15～20 ℃)下喷射掺有速凝剂的混凝土时,分层喷射的间歇时间以 15～20 min 为宜。

⑥ 混合料的存放时间。由于砂、石含有一定水分,与水泥混合后,存放时间应尽量缩短。不掺速凝剂时存放时间不应超过 2 h,掺速凝剂时存放时间不应超过 20 min,最好随拌随用。

5. 喷射操作

① 喷射前应认真做好以下工作:撬掉岩面上的活石,清除巷道两帮基底的存矸,检查巷道断面尺寸是否符合要求;检查机械设备、管线和其他设施是否存在问题,若有问题应及时解决。

② 严格按顺序操作:作业开始时,先送风后给水,最后送电给料;作业结束时,先停止给料,待罐内喷料用完后再停电,最后关水、停风。

③ 喷射开始前,先用高压风、水清洗掉岩面上的爆破粉尘和岩体节理中的断层泥,以保证混凝土与岩面牢固黏结。喷射顺序是先墙后拱,自下而上进行。喷射前应埋设控制喷厚的标志,调节好给料速度。给料速度太低会产生团块,无法实现稳态喷射;相反,给料速度太快又会造成喷枪堵塞。

④ 要保证混合料搅拌均匀,随时观察围岩、喷层表面及回弹、粉尘等情况,及时调整与严格控制水灰比,掌握好工作风压、喷射距离和角度,尽可能地降低回弹率。

⑤ 喷射时喷头应保持不断移动,以便保持喷层厚度均匀和减少回弹量。如使喷头按圆形和椭圆形轨迹做螺旋式连续喷射,环形圈尺寸应为长轴长 400～600 mm,短轴长 150～200 mm。

⑥ 在喷头处设双水环(图 5-31),在上料口安装吸尘装置,适当增加骨料含水量以及采取加强通风等措施,使作业区的粉尘浓度不大于 10 mg/m^3。

⑦ 如遇到围岩渗漏水,造成因岩面有水混凝土喷不上去,或刚喷上的混凝土被水冲刷而成片脱落时,应找出水源点,埋设导水管,将水沿导水管集中导出,以疏干岩面而利于喷射。有条件时也可采用注浆堵水。

(四) 喷射混凝土的质量检测

喷射混凝土所用的水泥、水、骨料和外加剂的质量,应符合施工组织设计的要求,配合比

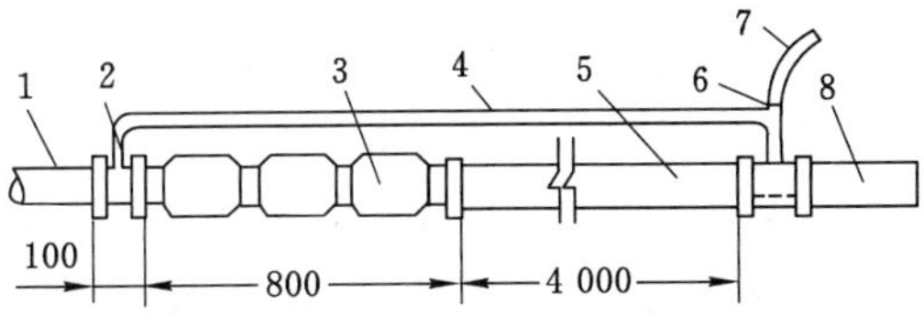

1—输料管;2—预加水环;3—异径管;4—胶皮管;5—输料管;6—水阀;7—供水管;8—喷头。

图 5-31　双水环和异径管

和外加剂掺量应符合相应的国家标准要求。

喷射混凝土质量检测的主要内容为喷射混凝土的强度和喷层厚度。喷射混凝土的强度检测采用点载荷试验法或拔出试验法,也可采用喷大板切割法或凿方切割法,不得采用试块法。喷层厚度,可在喷射混凝土凝固前采用针探法检测,也可用打孔尺量法或取芯法检测。喷射混凝土厚度不应小于设计值的 90%。

观感质量主要包括无漏喷、离鼓现象,无仍在扩展或危及使用安全的裂缝。漏水量符合防水标准,钢筋网(金属网)不得外露。喷射混凝土的表面不平整度小于 30 mm,基础深度不小于设计值的 90%。

第三节　锚杆联合支护

当围岩条件和地压复杂时,单纯的锚杆支护无法满足支护要求,从而形成以锚杆支护为主体、内外结合的联合支护方式(图 5-32)。联合支护是以两种以上支护方式(或支护材料)有机结合形成的一种支护结构,在充分利用各单一支护的优势和特点的基础上能显著提高结构的整体承载和抗变形能力,从而对控制复杂围岩和地压具有显著效果。联合支护方式很多,最常用、最简单的是锚喷支护,另外,还有锚网支护、锚网喷支护、锚网梁支护、锚网梁喷支护、锚杆桁架支护等。一般围岩条件和地压越复杂,联合支护结构也越复杂。

联合支护:
- 锚杆+喷射混凝土+金属网
- 锚杆+钢带+金属网
- 桁架锚杆+金属网
- 锚杆+U 型钢支架+喷射混凝土+金属网
- 锚杆+钢筋梁+金属网
- 锚索+锚杆+钢带+金属网
- 锚杆+钢带+金属网+锚索+桁架
- 锚杆+可缩支架+锚索
- 锚杆+锚注+锚索
- 锚杆+喷射混凝土+金属网+锚注
- 锚杆+环形可缩支架
- 锚杆+环形可缩支架+锚索
- 锚杆+环形可缩支架+锚注
- 锚杆+喷射混凝土+网+锚注+环形支架

图 5-32　锚杆联合支护形式

一、锚喷支护

锚杆支护和喷射混凝土支护相结合即锚喷联合支护(简称锚喷支护)。在锚喷支护中,锚杆的作用在于从整体上加固或承载围岩;喷射混凝土的作用则在于封闭围岩表面,防止围岩风化剥落,以及与围岩紧密结合对锚杆间的未加固区域起支护作用。光弹模拟试验表明,锚杆支护时锚杆之间的围岩表面附近会产生拉应力,可能导致松软岩石的局部破坏和掉块,而局部小岩块的坠落又可能导致围岩整体松动和破坏,从而削弱锚杆的承载能力和影响围岩结构的整体稳定性。锚喷支护的两种支护方式互为补充,其整体结构具有更强的支护能力和更广泛的适用性,可用于较松软、裂隙较发育、易风化的岩层,在矿井使用非常普遍。

锚喷支护既可以作为临时支护,也可以成为永久性支护。金属网的外混凝土保护层厚度不小于 20 mm,也不大于 40 mm。

二、锚网支护

锚网支护是用锚杆将铁丝网(或钢筋网、塑料网等)固定在岩壁上所形成的一种联合支护方式。网的主要作用是维护锚杆间的围岩以防止小块松散岩块掉落,另外由锚杆固定和拉紧的网将相邻锚杆连接起来,可增强支护结构的整体性。锚网支护所用的铁丝网一般由 3～4 mm 的镀锌铁丝编织而成,有经纬网和菱形网两种,菱形网具有强度高、连接方便等优点,因此目前应用较多。钢筋网是由钢筋焊接而成的大网格(尺寸为 150 mm×150 mm)金属网,其强度和刚度都比较大,增强支护结构整体性的效果更加显著,适用于大变形、高应力巷道支护。塑料网也可用于锚网支护,具有成本低、轻便、抗腐蚀等特点,但其强度和刚度较低。

三、锚网喷支护

在锚网支护的基础上增加喷射混凝土层即锚网喷支护。在这种结构中,网被喷射混凝土包裹在其中形成类似钢筋混凝土层,大大提高了喷层的抗拉性能和网的刚性,支护结构整体具有更强的承载和抗变形能力,能有效地支护松散破碎的软弱岩层。所使用的网多为钢筋网,钢筋直径一般为 6～12 mm,网格边长为 200～400 mm。

四、锚网梁支护

在锚网支护的基础上增加梁形成锚网梁支护。梁通常采用钢带或直径较大的钢筋加工而成,压在网的外面,一般沿巷道横向安设。梁有长梁和短梁之分,一个长梁可以贯穿 3 根以上锚杆并由所贯穿的锚杆固定和支撑,短梁由相邻两个锚杆固定和支撑。梁的作用一方面是支撑网,从而对锚杆间围岩产生更高的承载能力;另一方面是将断面内一排锚杆连接成一个联系更加紧密、刚性更大的整体。这种支护结构比锚网支护具有更强的支护能力,可适用于更复杂和更困难的围岩条件。

钢带一般由 2～3 mm 厚的薄钢板(Q235 碳素结构钢)制成,其屈服强度为 240 MPa,抗拉强度为 380 MPa。有平钢带和 W 钢带两种。平钢带是一种直接轧制的普通钢带,截面形状为矩形;W 钢带是通过冷弯、辊压成型的一种型钢。冷弯成型过程中的硬化效应可使钢材强度提高 10%～15%。因此,W 钢带较平钢带强度高(抗拉强度为 418～437 MPa),另外,W 钢带上的两根筋使其抗弯能力较平钢带更大。

五、锚网梁喷支护

在锚网梁结构的基础上增加喷射混凝土层即锚网梁喷支护。这是在矿井巷道支护中使用的最复杂、支护能力最强的一种支护结构。这种结构施工复杂、速度慢,材料消耗大,成本高，一般仅用在断面较大、围岩松软破碎、地压大、变形大的巷道中。

六、锚杆桁架支护

锚杆桁架结构主要由锚杆、拉杆、拉紧器和垫块组成，如图 5-33 所示。水平拉杆的预紧作用能增大沿巷道轴向裂隙的摩擦力，提高围岩的完整性，有利于在围岩中形成更稳固的结构。这种支护方式特别适用于围岩变形大的软岩巷道。

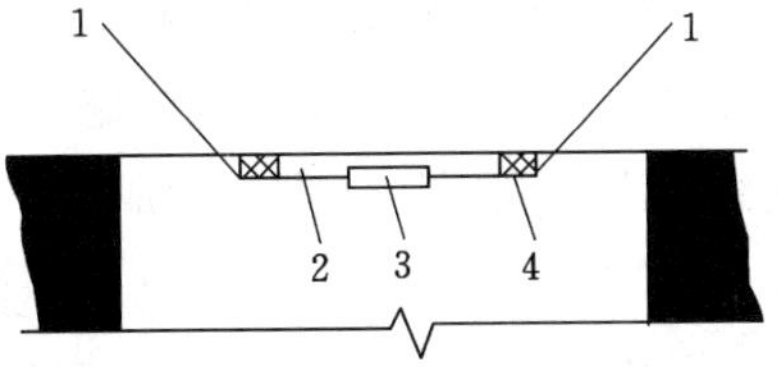

1—锚杆；2—拉杆；3—拉紧器；4—垫块。

图 5-33　顶板锚杆桁架结构

七、锚注支护

锚注技术即利用锚杆向围岩注浆的技术。通过注浆能提高围岩的内聚力和内摩擦角，改变其松散破碎结构，使之具有更好的整体性，为锚杆提供可靠的着力基础，结合锚杆能对松散破碎围岩起到良好的支护效果。锚杆与注浆锚杆结合的锚注结构如图 5-34 所示，适用于节理、裂隙发育，断层破碎带等围岩松散、破碎的情况。

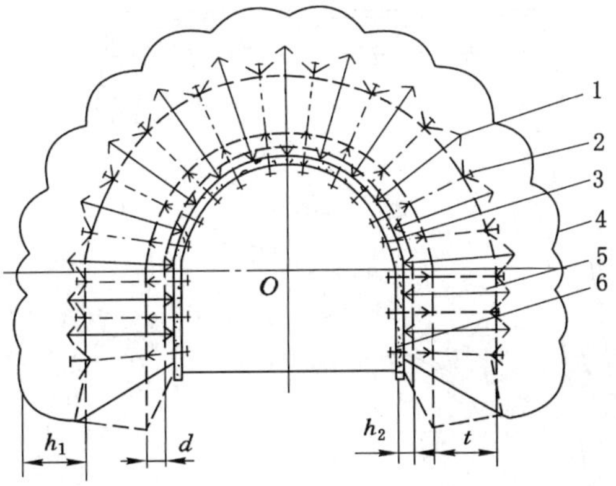

1—普通金属锚杆；2—注浆锚杆；3—喷层与金属网；4—注浆扩散范围；5—锚杆作用形成的岩石拱；6—喷层作用形成的组合拱；h_1—锚杆外浆液范围(扩散距离)；t—压力拱厚度；h_2—喷层后形成拱厚度；d—普通锚杆拱外厚度。

图 5-34　注浆加固支护结构支护机理

八、联合支护

为了适应各种困难的地质条件，特别是在软岩工程中，为使支护方式更为合理或因施工工艺的需要，往往同时采用几种支护形式的联合支护，如锚喷(索)与 U 型钢支架、锚喷与大弧板或石材砌碹、U 型钢支架与砌碹等联合支护。

在顶板破碎或顶板自稳时间较短的地层中，由于锚喷支护较为及时，在揭露岩石后立即先喷后锚支护，然后在顶板受控制的条件下，再按设计施以锚注、U 型钢或大弧板等支护。也有的先施以 U 型钢支架，然后再立模浇灌混凝土或喷射混凝土，构成联合支护。

联合支护应先柔性支护,待围岩收敛变形速度每天小于 1.0 mm 后,再施以刚性支护,避免刚性支护由于围岩变形量过大而破坏。

第四节　其他支护形式

棚子是作用在巷道围岩表面的一种支架,有三类:第一类是主要由梁和柱组成的支架,按材料分为木支架(木支架已被淘汰)、金属支架、钢筋混凝土支架等,主要用于服务年限不长的采区巷道;第二类是由混凝土浇筑或用块体砌筑而成的整体支架,按材料和施工方法分为混凝土浇筑、钢筋混凝土浇筑、料石砌筑、砖砌筑、混凝土预制块砌筑等多种形式,主要用于服务年限较长的开拓巷道,适宜于圆弧形(拱形或圆形)断面;第三类是喷射混凝土支架,由喷射混凝土层组成,可用于各类巷道。

一、金属支架

金属支架是由型钢加工制成的一类支架,有刚性金属支架和可缩性金属支架两类。

刚性金属支架一般由 11—16 号矿用工字钢或 18～24 kg/m 钢轨加工而成,主要由梁和柱组成,断面为梯形,如图 5-35 所示。梁与柱的连接有三种方式,图 5-35(b)所示的接头比较简单,但不够牢固,支架的稳定性较差;图 5-35(a)和图 5-35(c)所示的接头比较牢靠,但拆装不方便。

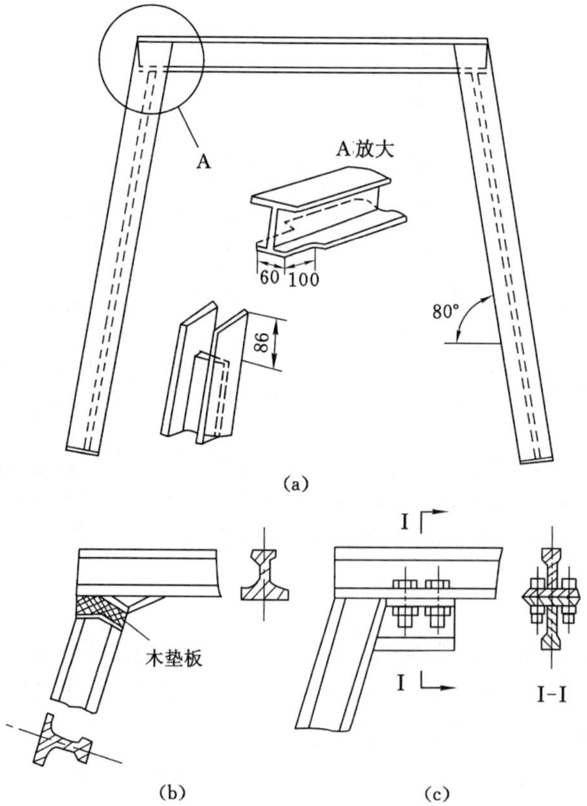

图 5-35　工字钢梯形刚性支架

可缩性金属支架一般由U型钢加工而成，为拱形断面，如图5-36所示，主要由3节U型钢和2套(每套2个)卡箍组成。支架的收缩依靠连接处U型钢之间的相对滑动实现，但由于支架工作特性很难控制，在支架收缩过程中产生的非切向力很容易拉断卡兰，使支架产生不规则变形，进而影响其受力和进一步收缩。由于其可缩，这种支架可用于受采动影响较大的采区巷道。但要实现可缩，取得良好的支护效果，需要保证支护质量，尤其是壁后的充填质量。

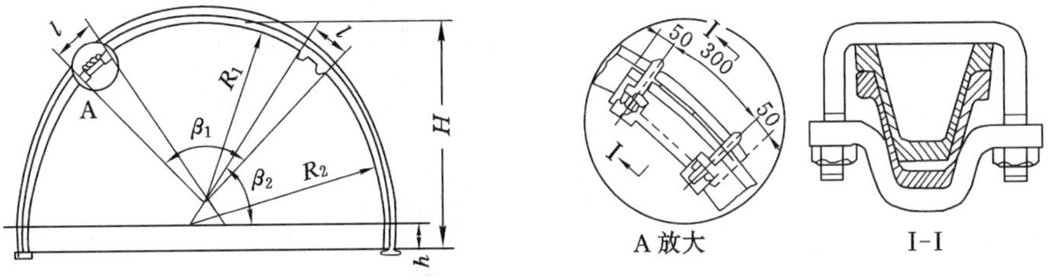

l—可缩件长度；β_1—可缩件夹角；β_2—可缩件与底板夹角；R_1—断面收缩后半径；

R_2—断面收缩前半径；H—支架高度；h—支架收缩高度。

图5-36 U型钢拱形可缩支架

金属支架主要用于采区巷道，在断面较大、地压较大的其他巷道也可采用；在一次成巷中，利用它作为临时支架较为理想；在有酸性水腐蚀的地区，不宜使用。为了防止棚腿受压陷入底板，可在其下端焊一块钢垫板或加垫木。

二、钢筋混凝土预制件支架

钢筋混凝土预制件支架(简称钢筋混凝土支架)是由预制的钢筋混凝土梁和柱组成的一种刚性支架，分普通型和预应力型两种，多用于梯形断面。这种支架充分利用混凝土和钢筋的受力特性，使混凝土在构件中承受压力，钢筋承受拉力，不但可提高结构的承载能力，而且可节约材料。

普通钢筋混凝土支架结构如图5-37所示。构件的混凝土强度等级为C15—C25，受力钢筋用3号或5号钢。顶梁长1.8～3.6 m，质量为90～127 kg；棚腿长2～3 m，质量为100～180 kg。

预应力工字形断面钢筋混凝土支架如图5-38所示。与普通钢筋混凝土支架相比，这种支架构件质量由60 kg/m下降至31.2 kg/m，可节省钢材38%～50%，抗裂性平均提高2倍左右，成本下降25%～30%。但构件的制造工艺比较复杂，且需用高强度的螺纹钢筋。

钢筋混凝土支架适用于地压稳定、服务年限较长、断面积小于12 m^2的巷道，在动压较大的采区巷道内不宜使用。

三、浇(砌)筑的整体支架

浇(砌)筑的整体支架的主要形式是直墙拱顶式，如图5-39所示。当侧压大时，直墙可改为弧线；如底鼓严重，则应砌筑反拱；在垂直巷道中宜采用圆形。

浇(砌)筑的整体支架(浇筑的钢筋混凝土支架除外)具有较好的抗压性能，而抗拉和抗剪能力较弱，将其做成圆弧结构可充分发挥其承压性能，避免在结构中出现较大的拉应力和剪应力。

来自顶板的压力，通过拱沿切线传递到拱基处，在拱基处分解为竖向压力 p_v 和水平推

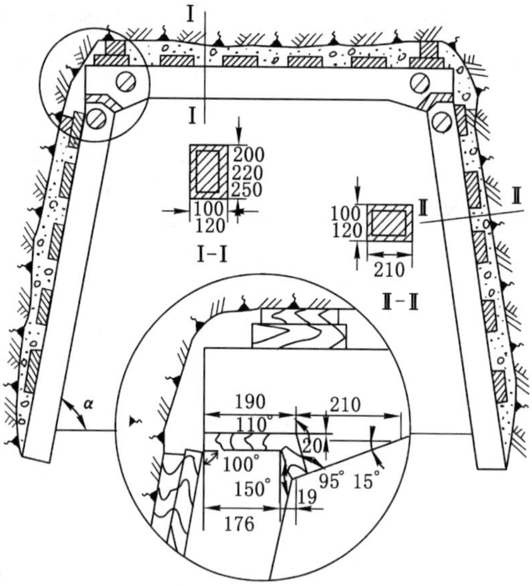

图 5-37　普通钢筋混凝土支架

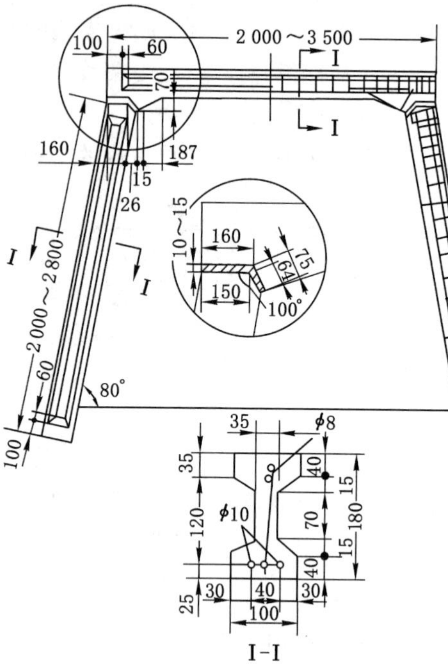

图 5-38　预应力工字形断面钢筋混凝土支架

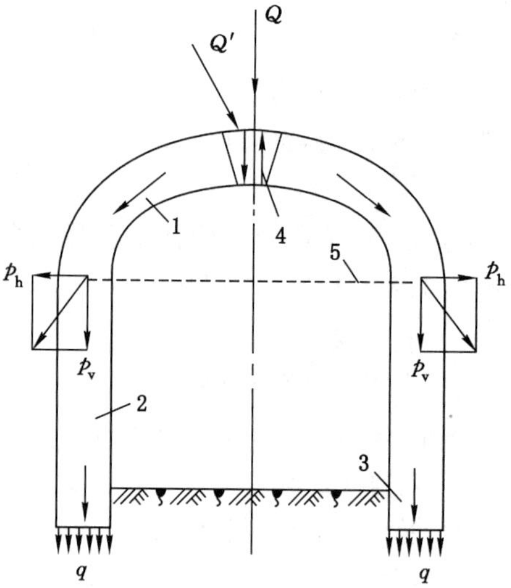

1—拱；2—墙；3—基础；4—拱心石；5—拱基线。

图 5-39　直墙拱顶整体支架结构及受力图

力 p_h。竖向压力 p_v 通过墙传递至基础，由基础承担。水平推力 p_h 需要由岩壁支承，因此要求壁后必须充填，而且在拱基处一定要充填牢固，否则拱基的移动会导致拱部受拉而开裂。

这种支架具有坚固耐久、封闭性好、通风阻力小、材料来源广等优点，缺点是施工复杂、工期长、成本较高，故多用于服务期长的开拓巷道。

习　　题

1. 简述水泥强度的概念。在我国《通用硅酸盐水泥》(GB 175—2023)中评定水泥强度等级的依据是哪些强度？

2. 试述混凝土的概念及主要组分的作用。

3. 试述常用混凝土配合比设计的方法和步骤。

4. 常用的锚杆有哪几种？各有何优缺点？

5. 锚杆支护参数主要有哪些？确定的原则是什么？

6. 锚杆质量检测的主要内容包括哪些？采用 ML-20 型锚杆拉力计可检测锚杆什么参数？

7. 锚喷支护是最简单、使用最多的一种联合支护方式，请说明这种支护结构对围岩作用的主要特点。

第六章　巷道施工组织与管理

第一节　一次成巷及其作业方式

巷道施工有两种方法，一种是一次成巷，另一种是分次成巷。

一次成巷是把巷道施工中的掘进、永久支护、水沟掘砌三个分部工程视为一个整体，在一定距离内，按设计及质量标准要求，互相配合，前后连贯地、最大限度地同时施工，一次做成巷道，不留收尾工程。分次成巷是把巷道的掘进和永久支护两个分部工程分两次完成，把整条巷道掘出来，暂以临时支架维护，以后再拆除临时支架进行永久支护和水沟掘砌。实践证明，一次成巷具有作业安全、施工速度快、施工质量好、节约材料、工程成本低和施工计划管理可靠等优点。分次成巷的缺点是成巷速度慢、材料消耗量大、工程成本高。因此，除了工程上的特殊需要外，一般不采取分次成巷施工法。但在实际施工中，急需贯通的通风巷道，可以采用分次成巷的方法，先以小断面贯通，解决通风问题，过一段时间再刷大，并进行永久支护。在施工长距离贯通巷道时，为了防止测量误差造成巷道贯通的偏差，在贯通点附近，可以先以小断面贯通，纠正偏差后再进行永久支护。在巷道贯通点，必须采用分次成巷施工法。

一、一次成巷作业方式

根据巷道施工过程中掘进和永久支护两大工序在空间和时间上的相互关系，一次成巷作业方式又可分为掘进与永久支护平行作业、掘进与永久支护顺序作业（亦称单行作业）和掘进与永久支护交替作业三种。

（一）掘进与永久支护平行作业

掘进与永久支护平行作业，是指永久支护在掘进工作面之后一定距离处与掘进同时进行。掘进工作面与永久支护间的距离不应大于 40 m。这种作业方式的难易程度，取决于永久支护的类型。如永久支护采用金属拱形支架，工艺过程则很简单，永久支护随掘进工作而架设，在爆破之后对支架进行整理和加固。此时的掘进和支护只有时间上的先后，而无距离上的差别。若永久支护为碹体支护，掘进和砌碹之间就必须保持适当的距离才不会造成两工序的互相干扰和影响，也可防止爆破崩坏碹体。在这段距离内，可采用锚喷或金属拱形支架作为临时支护。所谓临时支护，即为保证掘进工作面施工的安全而架设的支架。在永久支护施工时，临时支护则予以拆除；以锚喷作为临时支护时，不再拆除，将其作为永久支护的一部分。采用掘支平行作业时，在相距 40 m 的范围内有几个工种和几道工序在同时施工，工艺过程较为复杂。因此，要求在有限的空间内，必须组织安排好各工种和各工序的密切配合，做到协调一致。采用掘支平行作业，要求生产的指挥者有较高的组织能力和管理水平。

当永久支护为单一喷射混凝土支护时，喷射工作可紧跟掘进工作面进行。先喷一层 30～50 mm 厚的混凝土，作为临时支护控制围岩。随着掘进工作面的推进，在距工作面 20～40 m 处再进行二次补喷，该工作与工作面的掘进同时进行，补喷至设计厚度为止。如永久支护采用锚杆喷射混凝土联合支护，则锚杆可紧跟掘进工作面安设，喷射混凝土工作可在距工作面一定距离处进行。如顶板围岩不太稳定，可以爆破后立即喷射一层 30～50 mm 厚的混凝土封顶护帮，然后再打锚杆，最后喷射混凝土和工作面掘进平行作业，直至喷射厚度达设计要求。

这种作业方式由于永久支护不单独占用时间，因而可提高成巷速度约 30%。但这种作业方式同时投入的人力、物力较多，组织工作比较复杂，一般适用于围岩比较稳定及掘进断面积大于 8 m^2 的巷道，以免掘砌工作相互干扰，影响成巷速度。

（二）掘进与永久支护顺序作业

掘进与永久支护顺序作业，是指掘进与支护两大工序在时间上按先后顺序施工，即先将巷道掘进一段距离，然后停止掘进，边拆除临时支架，边进行永久支护工作。当围岩稳定时，掘、支间距为 20～40 m。当采用锚喷永久支护时，通常有两种方式，即两掘一锚喷和三掘一锚喷。两掘一锚喷，是指采用“三八”工作制，两班掘进，一班锚喷。三掘一锚喷，是指采用“四六”工作制，三班掘进，一班锚喷。采取这种作业方式时，永久支护至掘进工作面之间应设临时支护。即先打一部分护顶护帮锚杆，以保证掘进的安全；锚喷班则按设计要求补齐锚杆并喷到设计厚度。这种作业方式的特点是掘进和支护轮流进行，由一个施工队来完成，因此要求工人既会掘进，又会砌碹或锚喷。该作业方式主要工作单一，需要的劳动力少，施工组织比较简单。与平行作业相比，顺序作业成巷速度较慢，适用于掘进断面较小、巷道围岩不太稳定的情况。

（三）掘进与永久支护交替作业

掘进与永久支护交替作业，是指在两条或两条以上距离较近巷道中，由一个施工队分别交替进行掘进和永久支护工作。即将一个掘进队分成掘进和永久支护两个专业小组，当甲工作面掘进时，乙工作面进行支护，甲工作面转为支护时，乙工作面同时转为掘进，掘进和永久支护轮流交替进行。这种方式实质上是甲乙两个工作面各为掘、支单行作业，而人员交替轮流。交替作业方式有利于提高工人的操作能力和技术水平，避免了掘进与永久支护工作的影响，但必须经常平衡各工作面的工作量，以免因工作量的不均衡而造成窝工。

上述三种作业方式中，以掘支平行作业的速度最快，但由于工序间的干扰多，因而效率低，费用高。它适用于围岩稳定，断面积大于 8.0 m^2，要求快速施工的工程。掘支顺序作业和掘支交替作业，其施工速度比掘支平行作业低，但人工效率高，掘、支工序互不干扰。当围岩稳定性较差及施工队伍管理水平不高时，宜采用掘支顺序作业，条件允许时可采用掘支交替作业。

二、一次成巷施工应注意的几个问题

采用一次成巷施工时，应注意以下几个问题：

① 在以掘砌方式进行的施工中，掘进方面以打眼和装岩为中心，砌碹方面以挖基础和砌碹为中心，尽量组织其他工序间的平行作业；可以充分利用时间和巷道空间，缩短各工序单行作业的时间。实行掘、砌平行作业的工作面间距应保持在 30～40 m 以内。

② 在以光面爆破掘进、锚喷永久支护方式进行的大断面一次成巷中，必须在爆破后立即打好拱部锚杆和超前锚杆，在局部破碎地段应适当加大锚杆的密度并敷设好金属网，适当缩短掘进和永久支护（喷射混凝土）的间距，保证工程质量和安全。水沟应与永久支护同时完成。

③ 巷道竣工后验收的主要内容是巷道的标高、坡度、方向、起点、终点和连接点的坐标

位置，中线和腰线及其偏差值，水沟的坡度、断面，永久支护的规格质量等。巷道起点标高与设计规定误差值应控制在 100 mm 以内，施工中注意巷道底板的平整，局部凸凹度不超过设计规定 100 mm，巷道坡度符合设计规定，局部允许误差为±0.1%。对于砌碹巷道的净宽，从中线至任何一帮的距离，主要运输巷不得小于设计规定值，其他巷道不得小于设计规定 30 mm，并均不应大于设计规定 50 mm；其净高要求是，腰线上下均不得小于设计规定 30 mm，也不应大于设计规定 50 mm。对于锚喷施工巷道，其净宽，要求从中线至任一帮最突出处的距离，主要运输巷不得小于设计规定，其他巷道不得小于设计规定 50 mm，并均不得大于设计规定 150 mm；巷道的净高要求是，腰线上下均不得小于设计规定 30 mm，也不应大于设计规定 150 mm。喷射混凝土的厚度应达设计要求，局部的厚度也不得小于设计规定的 90%，锚杆端部和钢筋网均不得露出喷层表面。水沟的掘砌要和基础同时施工，水沟一侧的基础必须挖到水沟底以下。水沟深度和宽度的允许偏差为±30 mm，其上沿的高度允许偏差为±20 mm。水沟的坡度要符合设计要求，其局部允许偏差为±1%，并保证水流畅通。永久轨道应紧跟永久支护后铺设。

第二节　施工组织

实现岩巷的快速施工，非常成熟的经验是坚持正规循环作业和多工序平行交叉作业。

一、坚持正规循环作业

在巷道施工中，各主要工序和辅助工序都是按一定的顺序周而复始进行的，故称为循环作业。为组织循环作业，应将循环中各工序的工作持续时间、先后顺序和相互衔接关系，周密地以图表的形式固定下来，使全体施工人员心中有数，一环扣一环地进行操作，该图表称为循环图表。在岩巷施工中，正规循环作业是指在掘进、支护工作面，按照作业规程、爆破图表和循环图表的规定，在一定的时间内，以一定的人力、物力和技术装备，完成规定的全部工序和工作量，取得预期的进度，并保证生产有节奏地周而复始地进行。

二、尽量采用多工序平行交叉作业

所谓多工序平行交叉作业，是指在同一工作面，在同一循环时间内，凡能同时施工的工序，尽量安排使其同时进行；不能全部平行施工的工序，也可以使其部分平行，即交叉作业。多工序平行交叉作业是实现正规循环作业的基本保证措施。

在掘进中，钻眼和装岩这两个工序的工作量大，占用时间长，因此，如果采用气腿式凿岩机钻眼，在工序安排上应使钻眼与装岩两工序最大限度地平行作业。具体办法是，爆破后在岩堆上钻上部炮眼和锚杆眼，与装岩平行作业；装岩工作结束后，工作面钻下部炮眼可与铺设临时轨道、检修装岩机平行作业。此外，交接班可与工作面安全检查平行作业；检查中线、腰线与钻眼准备和接长风水管路多工序平行作业；装药与机具撤离工作面及掩护平行作业；架设临时支架与装岩准备工作平行作业。

在目前我国巷道施工机械化水平和设备生产率不高的情况下，实现多工序平行作业对提高掘进速度和工效是十分必要的。但是，将来随着大型高效掘进设备的应用，顺序作业必将被扩大应用。例如，采用凿岩台车和高效凿岩机，再加上高效率装运设备后，由于设备体积大，受巷道空间的限制，钻眼与装岩就不可能平行作业。再者，由于高效设备的应用，钻眼和装岩的时间将大幅度减少，平行作业的意义也不大了。采用顺序作业，工作单一，工作条件好，便于应用高效率的掘进设备，提高掘进机械化水平，从而提高工效，减轻工人劳动强度。因此，掘支顺序作业必然是今后岩巷施工的发展方向，是较先进的作业方式。

三、编制循环图表

循环图表是施工组织设计(施工措施)的一部分。为确保正规循环作业的实现，必须编制切实可行的循环图表。

(一) 确定日工作制度

过去我国煤矿都采用“三八”工作制(即每天分为 3 个工作班，每班工作 8 h)，建井单位多采用“四六”工作制(地面辅助工为“三八”制)，在 20 世纪 70 年代，有的矿井也采用过“四八”交叉作业制。这些工作制都是按工作时间进行分班的。近年来，有的矿井根据巷道施工特点和分配制度的改革，实行了按工作量分班的“滚班制”，即每个班的工作量是固定的，其工作时间是可变的。何时完成额定工作量则何时交班，不再是按点交接班。班组的考核不再是以工作时间为指标，而是以实际完成的工作量为指标，并直接与职工的工资和奖金挂钩。“滚班制”改变了过去工作制中的分配不公现象，调动了职工的积极性，但也给管理工作带来了一定的难度。它要求正在施工的班组在完成工作量之前一小时就要电话通知工区值班室，值班员再通知下一班职工做好接班准备。目前，大多数矿井仍采用“三八”制或“四六”制的日工作制度。

(二) 选择施工作业方式

在工作制确定以后，要根据巷道设计断面和地质条件、施工任务、施工设备、施工技术水平和管理水平，进行作业方式的比选，确定巷道施工的作业方式。

(三) 确定循环方式和循环进度

巷道掘进循环方式可根据具体条件选用单循环(每班一个循环)或多循环(每班完成两个以上的循环)。每个班完成的循环数应为整数，即一个循环不要跨班(日)完成，否则不便于工序间的衔接，施工管理比较困难，也不利于实现正规循环作业。当求得小班的循环数为非整数时应调整为整数。调整方法应以尽量提高工效和缩短辅助时间为原则。对于断面大、地质条件差的巷道，也可以实行一日一个循环。20 世纪 70 年代，应用浅眼(1.0～1.2 m)多循环的方式曾取得过岩石平巷施工的好成绩。由于岩巷施工中大型设备日渐增多，单循环的方式应用得更为普遍。当采用超深孔光爆时，亦可能为多个小班一个循环。

在巷道施工中，每个循环使巷道向前推进的距离称为循环进度，又称循环进尺。循环进尺主要取决于炮眼深度和爆破效率。在目前我国大多数煤矿仍用气腿式凿岩机的情况下，炮眼深度一般为 1.6～2.2 m 较为合理。当采用凿岩台车配以高效凿岩机时，采用 2.0～3.5 m 的中深孔爆破，对提高掘进速度更为有利。

(四) 计算各工序作业时间

确定了炮眼深度，也就知道了各主要工序的工作量，然后可根据设备情况、工作定额(或实测数据)计算各工序所需要的作业时间。在所需的全部作业时间中，扣除能够与其他工序平行作业的时间，便是一个循环所需的时间 T，即

$$T = T_1 + T_2 + \varphi(t_1 + t_2) + T_3 + T_4 + T_5 \tag{6-1}$$

式中　T_1——安全检查及准备工作时间，亦即交接班时间，一般为 10～20 min。

T_2——装岩时间，min。

t_1——钻上部眼时间，min。

t_2——钻下部眼时间,min。

φ——钻眼工作单行作业系数。钻眼、装岩平行作业时,φ 值一般为 0.4～0.6;钻眼、装岩顺序作业时,φ 值等于 1。

T_3——装药连线时间,min。

T_4——爆破通风时间,一般为 15～20 min。

T_5——支护时间,如果临时支护或永久支护占用循环时间,也应包括在内,min。

装药连线时间 T_3,与炮眼数目和同时参加装药连线的工人组数有关:

$$T_3 = \frac{Nt}{A} \tag{6-2}$$

式中 N——工作面炮眼总数,个;

t——一个炮眼装药所需时间,min;

A——工作面同时装药的工人组数。

钻眼时间:

$$t_1 + t_2 = \frac{Nl}{mv} \tag{6-3}$$

式中 l——炮眼平均深度,m;

m——同时工作的凿岩机(或钻机)台数;

v——凿岩机的实际平均钻速,m/min。

装岩时间:

$$T_2 = \frac{Sl\eta}{np} \tag{6-4}$$

式中 S——巷道掘进断面积,m^2;

η——炮眼利用率,一般为 0.8～0.9;

p——装岩机实际生产率,m^3/h;

n——同时工作的装岩机台数。

将式(6-2)至式(6-4)代入式(6-1)得:

$$T = T_1 + \frac{Sl\eta}{np} + \varphi\frac{Nl}{mv} + \frac{Nt}{A} + T_4 + T_5 \tag{6-5}$$

在实际工作中,为了防止难以预见的工序延长,应考虑留有 10%的备用时间,故循环时间为:

$$T = 1.1\left(T_1 + \frac{Sl\eta}{np} + \varphi\frac{Nl}{mv} + \frac{Nt}{A} + T_4 + T_5\right) \tag{6-6}$$

(五)循环图表的编制

根据上述计算及初步确定的数据,即可编制循环图表。图表名称为:××矿××巷道掘、支(砌、喷)平行(或顺序)作业循环图表。表上有工序名称一栏,施工的各工序按顺序关系自上而下排列;第三栏为自上而下与工序对应的各工序的所需时间;第四栏为用横道线表示的时间延续和工序间的相互关系。编制好的循环图表,需在实践中进一步检验修改,使之不断改进、完善,真正起到指导施工的作用。图 6-1 所示是××煤矿掘进－700 m 水平东大巷时的掘喷平行作业循环图表。

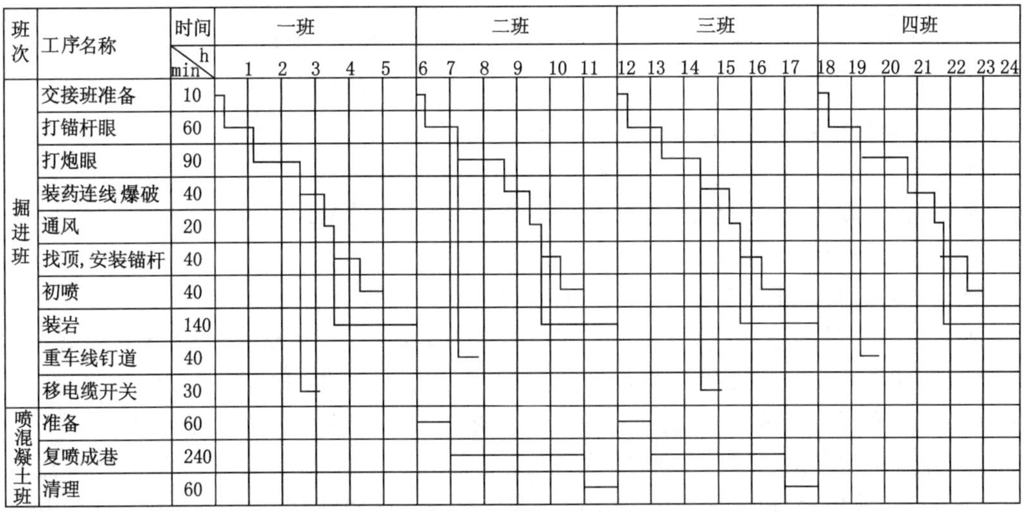

图 6-1　××煤矿掘进－700 m 水平东大巷时的掘喷平行作业循环图表

第三节　掘进队的组织与管理制度

一、掘进队的组织形式

我国常用的有综合掘进队和专业掘进队两种组织形式。综合掘进队是将巷道施工中的主要工种(掘进、支护)以及辅助工种(机电维修、运输、通风、管路铺设等)组织在一个掘进队内。其特点是指挥统一,各工种密切配合协作,有利于培养工人一专多能。在施工中能根据不同工序的需要,灵活调配劳力,使工时得到充分利用,提高工作效率。这种组织形式有利于保证正规循环和多工序平行交叉作业的实现,是提高岩巷施工速度的有效组织形式。专业掘进队只有主要工序的工种(掘进、支护),辅助工另设工作队,并服务若干个专业掘进队。专业掘进队任务单一,管理比较简单,但辅助工种的配合不如综合掘进队及时。专业掘进队受辅助工影响较大,工时利用率低,现较少采用。

二、掘进队的基本管理制度

在一次成巷施工中,多工序平行交叉作业,工序交叉频繁。为使各工种忙而不乱,工作紧张而有序,除了有先进的技术装备和合理的劳动组织外,还要加强施工管理工作。为充分发挥掘进队的设备、技术优势,加快施工进度,必须健全和坚持以岗位责任制为中心的各项管理制度。

(一) 岗位责任制

工种岗位责任制的特点是,任务到组、固定岗位、责任到人。具体做法是,按照工作性质,将每个小班的人员划分成若干作业组(如钻眼爆破组、装岩运输组、支护组等),每个小组或个人按照循环图表规定的时间,使用固定的工具或设备,在各自的岗位上保质保量地完成任务。岗位责任制要求形成人员固定、岗位固定、任务固定、设备固定、完成时间固定的制度,做到人人有专职,事事有人管,办事有标准,工作有检查。

（二）技术交底制

施工队施工的工程，都要有施工组织设计（或作业规程、施工技术安全措施），并在开工前由工程技术人员向掘进队全体施工人员进行技术交底，使每个职工对自己所施工巷道的性质、用途、规格质量要求、施工方案、施工设备、安全措施等有比较全面的了解。技术交底后职工应在签到簿上签名，没经技术交底的职工不允许上岗。在工作面处挂设施工大样图、施工平面图、爆破图表和循环图表，以便随时查看，用以指导施工。

（三）施工原始资料积累制

施工原始资料积累制要求，对施工的工程质量，班组要有自检、互检，掘进队要有旬检，工程处要有月检的质量检查原始记录；班组要有工人出勤、主要材料消耗、班组进度、工程量、正规循环作业完成情况等原始记录资料；对隐蔽工程应做好原始记录（包括隐蔽工程图）；对砂浆、混凝土应做取样试验，并有试压证明书；锚杆应有锚固力检验记录；等等。为竣工验收，还应提供巷道的实测平面图，纵、横断面图，井上下对照图；井下导线点、水准点图及有关测量记录成果表；地质素描图、岩层柱状图；等等。这些资料要注意在施工过程中收集和积累，它们是施工的重要成果和评定工程质量的重要依据。

（四）工作面交接班制

工作面交接班制要求每班的负责人、各工种以及每个岗位的职工，都要在现场对口交接，并做到交任务、交措施、交设备、交安全，使工作面及时连续作业，充分利用工时。

（五）安全生产制

为确保安全生产，要根据作业特点，制定灾害预防计划、安全技术措施，并严格贯彻执行；要定期开展安全活动，经常进行安全生产教育；要建立和健全群众的安全组织和正常的安全检查制度；要按规定配齐安全生产工具和职工的劳动保护用品；要搞好工业卫生，改善劳动条件，做好综合防尘。

（六）质量负责制

贯彻质量负责制就是要把质量标准、施工规范、设计要求落实到班、组、个人，并严格执行；实行工程挂牌制（班、组、个人留名），队长、技术员要全面负责本队的工程质量；要建立自检、互检等质量检查制度；要严格按照质量标准进行验收，评定等级，不合格的工程要返修；对质量不负责任的人要追究责任，对一贯重视质量、工程优秀的要表扬、奖励。

此外，还有考勤制、设备维修包机制、岗位练兵制和班组经济核算制等。

第四节　巷道快速施工工艺与组织施工实例

近年来，我国岩巷施工机械化水平有了较大的提高。尤其是以凿岩台车凿岩、侧卸式装载机装岩、带式转载机转载、矿车及电机车运输作业线在几个大矿区的应用，使岩巷掘进速度有了明显的提高，也取得了一些宝贵的经验。

开滦钱家营矿开拓一队自 1988 年 9 月开始应用凿岩台车和侧卸式装载机的配套机械化作业线施工，到 1991 年年底，共施工巷道 4 000 余米，折算标准岩石平巷 5 600 余米。三年中曾三次创月进尺全国纪录，连续三年进尺破千米。三年中没有发生过重伤以上事故，工程优良率达 90%以上，达到了优质、快速、安全、高效、低消耗的目标。现将该快速施工的工程实例作如下介绍。

一、工程概况

开滦钱家营矿－600 m 水平轨道运输大巷，断面形状为直墙半圆拱形，采用锚喷支护。该大巷位于 12 煤层以下 25 m 处的底板岩层中，岩石为中、粗砂岩，坚固性系数为 6～8，设计掘进断面积为 14.7 m^2。其中，－600 m 水平两翼轨道大巷在穿过落差 21 m 的断层破碎带时，用金属拱形支架水泥背板、喷射混凝土联合支护通过。其局部顶板破碎或易冒落的区段采用 ϕ6～8 mm 的 300 mm×300 mm 焊接钢筋网吊挂后一次喷射混凝土成型。巷道完工以来完好无损，巷道稳定。开拓一队的机械化作业线的设备组成见表 6-1。

表 6-1　机械化作业线的设备组成

设备名称及型号	使用台数/台	备用台数/台
CTHIO-2F 型履带式全液压凿岩台车	1	1
ZC-2 型履带式侧卸装载机	1	1
ZHP-Ⅳ 型混凝土喷射机	1	1
8 t 蓄电池电机车	2	
激光指向仪	1	
LZP-200 型带式转载机	1	

二、施工方法

（一）钻眼工作

巷道采用激光指向仪定向，中线为巷道断面正中心。应用 CTHIO-2F 型履带式全液压凿岩台车打眼，双臂同时作业，打眼的同时打出锚杆孔。炮眼深度为 1.7 m(掏槽眼 1.9 m)，平均每孔钻眼时间为 1 min。为避免钻孔定位导臂消耗过长的时间，钻孔要由外向里、先两侧后中间、自上而下钻进。当两个钻臂打眼速度不同时，速度快的钻臂就可以很方便地移过中线支援速度慢的钻臂，以便两钻臂同时结束钻孔作业，减少单臂作业的时间。－600 m 水平轨道大巷施工设备布置见图 6-2，炮眼布置见图 6-3。

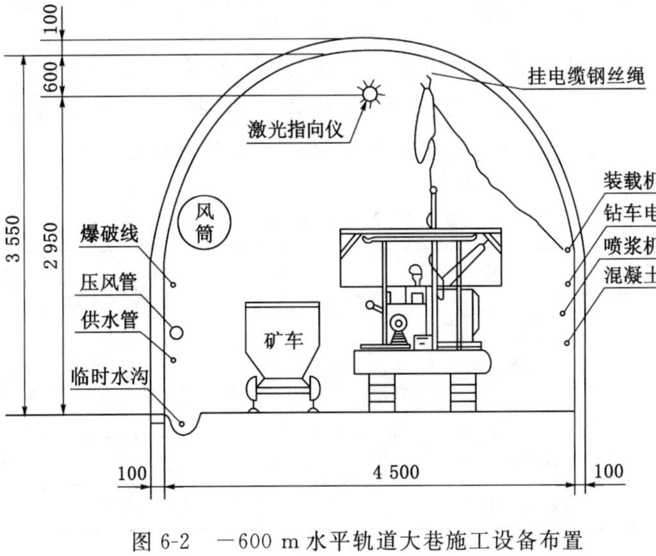

图 6-2　－600 m 水平轨道大巷施工设备布置

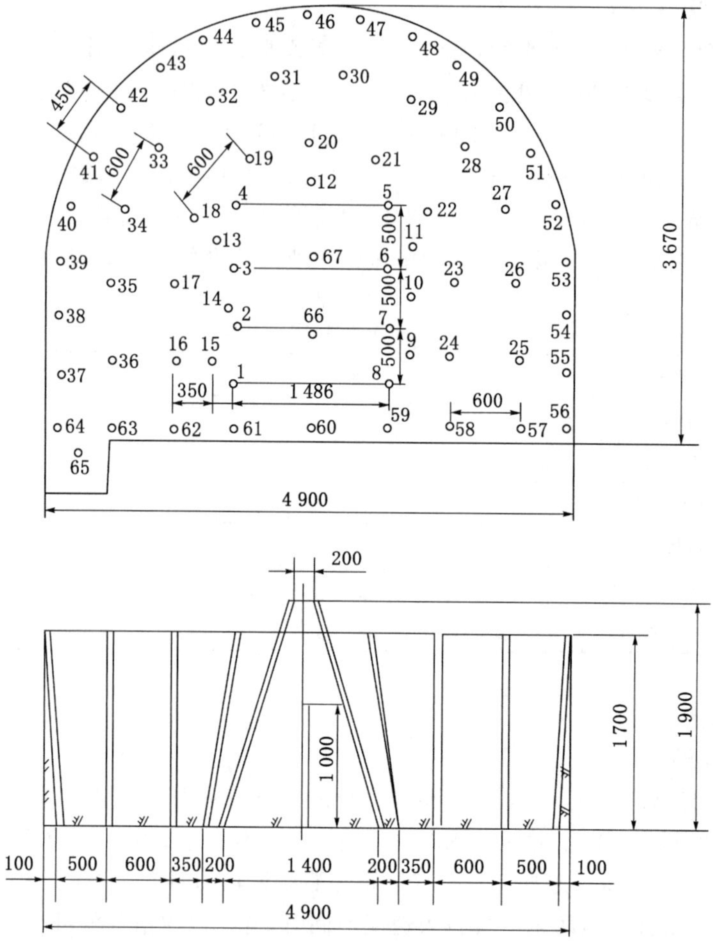

图 6-3　−600 m 水平轨道大巷炮眼布置

(二）爆破作业

巷道施工采用光面爆破技术。使用 2 号岩石硝铵炸药 249 卷，共 37.35 kg；毫秒延期电雷管 67 个，全断面一次爆破；掏槽方式为楔形掏槽，掏槽眼 8 个，其中岩石不稳定段 6 个。爆破原始条件见表 6-2，爆破参数见表 6-3，预期爆破效果见表 6-4。

表 6-2　爆破原始条件

序　号	名　称	单　位	数　量
1	设计掘进断面积	m^2	14.7
2	岩石坚固性系数 f		6～8
3	工作面瓦斯情况	%	无瓦斯
4	工作面涌水情况	m^3/h	无涌水
5	炸药和雷管类型	2 号岩石硝铵炸药，V 段雷管	

表 6-3 爆破参数

<table>
<tr><th rowspan="2">眼号</th><th rowspan="2">炮眼名称</th><th rowspan="2">眼数/个</th><th colspan="2">炮眼深度/m</th><th rowspan="2">角度/(°)</th><th colspan="2">装药量</th><th rowspan="2">起爆顺序</th><th rowspan="2">连线方式</th></tr>
<tr><th>垂深</th><th>斜长</th><th>卷/眼</th><th>小计/卷</th></tr>
<tr><td>1—8</td><td>掏槽眼</td><td>8</td><td>1.80</td><td>2.00</td><td>73</td><td>5</td><td>40</td><td>1</td><td rowspan="8">串联</td></tr>
<tr><td>9—15</td><td>辅助掏槽眼</td><td>7</td><td>1.70</td><td>1.75</td><td>76</td><td>5</td><td>35</td><td>2</td></tr>
<tr><td>16—24</td><td>辅助眼</td><td>9</td><td colspan="2" rowspan="5">1.70</td><td rowspan="2">90</td><td rowspan="2">4</td><td rowspan="2">84</td><td>3</td></tr>
<tr><td>25—36</td><td>辅助眼</td><td>12</td><td>4</td></tr>
<tr><td>37—55</td><td>周边眼</td><td>19</td><td rowspan="4">90</td><td>2</td><td>38</td><td rowspan="3">5</td></tr>
<tr><td>56—64</td><td>底　眼</td><td>9</td><td>5</td><td>45</td></tr>
<tr><td>65</td><td>水沟眼</td><td>1</td><td>5</td><td>5</td></tr>
<tr><td>66,67</td><td>破碎眼</td><td>2</td><td colspan="2">1.00</td><td>1</td><td>2</td><td>2</td></tr>
<tr><td>合　计</td><td colspan="4">共布置 67 个炮眼,总长 115.25 m</td><td colspan="5">共计 249 卷,质量 37.35 kg</td></tr>
</table>

表 6-4 预期爆破效果

名　称	单位	数量
炮眼利用率	%	80
循环进尺	m	1.36
每循环爆破实体岩石体积	m^3	20
炸药消耗量	kg/m^3	1.87
每米巷道炸药消耗量	kg/m	27.46
每循环炮眼总长	m/循环	115.25
每立方米岩石雷管消耗量	个/m^3	3.35
每米巷道雷管消耗量	个/m	49.30

(三) 装岩工作

装岩速度的快慢主要在于装岩和调车两个环节。为调车方便,临时车场每月向前移动一次,一般至距工作面 40 m 处。为缩短侧卸式装载机装岩时的行程,使用 LZP-200 型带式转载机与侧卸式装载机配合装岩,以提高装岩速度。

(四) 支护工作

巷道为锚喷支护,采用 ϕ16 mm×1 600 mm 金属涨圈式锚杆,锚杆锚固长度为 1.5 m,仅布置于巷道拱部,间、排距为 1.0 m×1.0 m。用 ZHP-Ⅳ型喷射机喷射混凝土,初喷厚度不小于 30 mm,初喷段长度不超过 40 m。初喷混凝土和锚杆既作为临时支护,又是永久支护的一部分。当顶板破碎时,则每次爆破后及时喷射混凝土封闭围岩,然后再打锚杆。

(五) 设备保养和维护工作

具体做法是利用凿岩台车和侧卸式装载机不同时使用的间隙对设备进行交替维修。维修工作的主要内容有:及时添加液压油、润滑油,检查各部动作,检查密封情况、履带张紧情况,调整和测试各动作部分的压力,清理机器,对滑道擦拭和涂油等。每个小班有维修工负责处理当班小故障及维护保养。每天大班设专职设备检修工负责处理小班维修工处理不了的问题。井上设维修站，机械化作业线的设备上井后，由维修站系统检修（包括设备的中修），设备大修则送往机修厂。

（六）工作安排和循环作业方式

在－600 m水平轨道运输大巷施工中采用了多种掘支循环作业方式。

（1）“四掘两喷”平行作业

“四掘两喷”作业，是指四班每班6 h掘进和两班每班8 h喷射混凝土作业交叉进行，为掘支平行作业。掘进班为“四六”工作制，喷射混凝土班为“三八”工作制。这种作业方式循环安排均衡，循环时间充足，适应条件广。该作业方式在岩层稳定、顶板条件好、锚杆支护时适用；在岩层局部破碎，采用打锚杆、挂金属网、喷射混凝土支护时也适用。

（2）“五掘三喷”平行作业

这种作业方式是指五个小班掘进，三个大班喷射混凝土，交叉平行作业。这种方式适合地质条件较好、顶板稳定、材料供应及时、设备维修好、操作人员技术熟练的条件下进行快速施工。

在大巷穿过断层破碎带时，也采用过掘、架、喷顺序作业。为防止大冒顶，要求每个循环进度为0.7 m，每个小班掘完就架金属拱形支架和喷射混凝土，直接成巷。这种顺序作业属于紧急情况下的应变作业方式。

习　题

1. 什么叫一次成巷？岩巷施工有几种作业方式？应如何选用？
2. 怎样编制岩巷施工循环图表？
3. 为什么要强调正规循环作业？
4. 怎样才能做到多工序立体交叉平行作业？
5. 岩巷施工有哪几种劳动组织形式？各有何优缺点？
6. 工种岗位责任制包括哪些内容？为什么要以其为中心组织施工管理工作？

第七章　硐室及交岔点的设计与施工

第一节　概　　述

一、井下主要硐室概述

为井下的生产技术、管理和安全等方面的需要而开凿的地下空间,统称为硐室,是井底车场的重要组成部分。按它们在井底车场中所处的位置和用途不同,可分为主井系统硐室、副井系统硐室以及其他硐室。

（一）主井系统硐室

主井系统硐室主要有:

1. 推车机、翻车机(或卸载)硐室或带式输送机机头硐室

采用矿车运输的矿井,位于主井空、重车线连接处,其内安设推车机和翻车机,将固定式矿车中的煤卸入煤仓。对于底卸式矿车而言,在卸载硐室内安设有支承托辊、卸载和复位曲轨、支承钢梁等卸载装置。采用带式输送机运输的矿井,带式输送机机头硐室位于带式输送机巷尽头,直接卸煤于井底煤仓中。

2. 井底煤仓

煤仓作用是储存煤炭,调节提升与运输关系。煤仓上接翻车机硐室或卸载硐室,下连装载硐室。对于大型矿井,多个煤仓通过给煤机巷间接与装载硐室相接。

3. 箕斗装载硐室

对采用矿车运输的矿井,箕斗装载硐室可位于井底车场水平以下,上接煤仓,下接主井井筒。当大巷采用带式输送机运输时,箕斗装载硐室可位于井底车场水平以上,上接定量机巷,下连主井井筒,这样可减少主井井筒的深度。其内安设箕斗装载(定容或定重)设备,将煤仓中的煤按规定的量装入箕斗。

另外,主井清理撒煤硐室位于箕斗装载硐室以下,通过倾斜巷道与井底车场水平巷道相连,其内安设清理撒煤设备,将箕斗在装、卸和提升煤炭过程中撒落于井底的煤装入矿车或箕斗清理出来。主井井底水窝泵房位于主井清理撒煤硐室以下,其内安设水泵。

（二）副井系统硐室

副井系统硐室参见图 7-1,主要包括:

1. 马头门硐室

马头门硐室位于副井井筒与井底车场巷道连接处,其规格主要取决于罐笼的类型、井筒直径以及下放材料的最大长度。其内安设摇台、推车机、阻车器等操车设备。材料、设备的上下,矸石的排出,人员的升降以及新鲜风流的进入都要通过马头门。

2. 中央水泵房和中央变电所

中央水泵房和中央变电所通常联合布置在副井附近,使排水管引出井外、电缆引入井内均比较方便,且具有良好的通风条件;一旦有水灾可关闭密闭门,使中央变电所能继续供电,

中央水泵房能照常排水。中央水泵房通过管子道与副井井筒相连，通过两侧通道与井底车场水平巷道相连。分别安设水泵和变电整流及配电设备，负责全矿井井下排水和供电。

3. 水仓

水仓一般由两条独立的、互不渗漏的巷道组成，其中一条清理时，另一条可正常使用。水仓入口一般位于井底车场巷道标高最低点，末端与水泵房的吸水井相连。其内铺设轨道或安设其他清理泥沙设备，用以储存矿井井下涌水和沉淀涌水中的泥沙。

4. 管子道

管子道一般设在中央水泵房与中央变电所连接处，倾角一般为 25°～30°，其内安设排水管路，与副井井筒相连。

除以上硐室外，副井系统的硐室还包括等候室、工具室以及井底水窝泵房等。

（三）其他硐室

1. 调度室

调度室位于井底车场进车线的入口处。其内安设通信、电气设备，用以指挥井下车辆的调运工作。

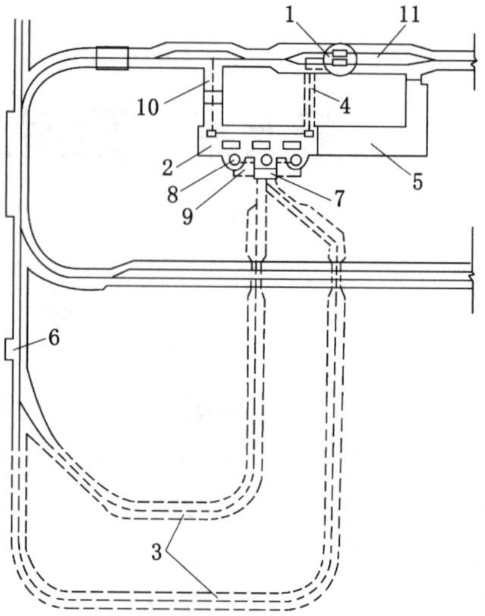

1—副井井筒；2—中央水泵房；
3—内、外水仓；4—管子道；
5—中央变电所；6—水仓清理绞车硐室；
7—配水井；8—吸水井；9—配水巷；
10—水泵房通道；11—马头门硐室。

图 7-1 副井系统硐室

2. 电机车库及电机车修理间硐室

电机车库及电机车修理间硐室位于车场内便于进出车和通风方便的地点。其内安设检修设备、变流设备、充电设备（蓄电池机车），供井下电机车的停放、维修和对蓄电池机车充电之用。

3. 防火门硐室

防火门硐室布置在副井空、重车线上离马头门不远的单轨巷道内，其内安设两道铁门或包有铁皮的木门。井下或井口发生火灾时用来隔断风流，防止事故扩大。

此外，在井底车场范围内，有时还设有乘人车场、消防列车库、防水闸门等。爆炸材料库和爆炸材料发放硐室一般设在井底车场范围之外适宜的地方。

二、硐室施工概述

各种硐室由于用途不同，其断面形状及规格尺寸亦变化多样，因此硐室施工与一般巷道相比具有以下特点：

① 硐室的断面大而且变化多，长度则比较短，进出口通道狭窄，大型施工机械在此难以施展。

② 硐室往往与其他硐室、巷道相毗连，加之硐室本身结构复杂，故其受力状态比较复杂且不易准确分析，施工和支护难度较大，若围岩稳定性差，则更须注意施工安全。

③ 硐室的服务年限长，工程质量要求高，一般要求具有防水、防潮、防火等性能，不少硐室还要浇筑机电设备的基础、预留管线沟槽、安设起重梁等，施工时要精心安排，确保工程规

格和质量。

④ 在考虑硐室的施工方法时，除应注意各自的特点外，还应和井底车场总的施工组织联系起来，考虑车场各工程之间的相互关系与牵制，做到统筹安排。

因此，硐室施工对煤矿井巷施工技术提出了更高的要求。近年来，经过不断总结与改革，硐室的施工技术得到了长足发展，主要表现在以下几个方面。

① 光爆锚喷施工技术得到应用。光面爆破使硐室断面成型规整，可减轻对围岩的震动破坏，有利于围岩稳定性的提高，从而为锚喷支护创造有利的条件。锚喷支护能及时地封闭和加固围岩，既允许围岩产生一定量的变形移动以发挥围岩自身承载能力，又能有效地限制围岩发生过大的变形移动。因此，光爆锚喷技术可有效地提高围岩稳定性和施工作业的安全性，大大降低硐室施工难度。

② 硐室施工工艺过程得到简化。锚喷技术的成功应用，简化了硐室的施工工艺。自上向下分层施工逐步取代了自下向上分层施工，全断面施工取代了导硐法施工。下行分层和全断面硐室施工工艺简单、效率高、施工安全，并且施工质量容易得到保证，硐室工程的施工工期大为缩短。

③ 硐室支护技术取得长足发展，支护质量明显提高。硐室支护广泛采用锚、喷、网、砌复合支护形式和“二次支护”技术。一次支护选用具有一定可缩性的锚喷或锚喷网支护形式，锚喷作业紧跟掘进工作面，既起到临时支护作用，保障施工作业的安全，其本身又是永久支护的组成部分，从而取代了架棚、木垛等落后的临时支护形式。待硐室全部掘出以后，再在一次支护的基础上进行二次支护。复合支护和二次支护技术能较好地适应硐室开挖后围岩压力的变化规律，是硐室支护技术的重大突破，它不仅可保证施工安全，而且由于连续施工，整体性好，可有效改善硐室的支护质量。

④ 硐室施工的机械化水平显著提高。先进设备和工艺的采用，使硐室施工的机械化水平不断提高。如使用反井钻机钻扩井下圆筒式煤仓、立井砌壁中用液压滑升模板过马头门和箕斗装载硐室等，可改善作业环境，减轻劳动强度，降低施工难度，加快工程进度，提高工程质量。

在具体组织硐室施工时，要全面分析与施工方法密切相关的一些影响因素。硐室围岩的稳定性既取决于自然因素(围岩应力、岩体结构和强度、地下水等)，也与人为因素(硐室位置、断面形状和尺寸、施工方法等)有密切关系，应综合考虑其对硐室稳定性的影响。

第二节　井下主要硐室设计

各种硐室设计的原则和方法基本是相同的，一般首先根据硐室的用途，合理选择硐室内需要安设的机械和电气设备，然后根据已选定的机械和电气设备的类型和数量，确定硐室的形式及布置，最后再根据这些设备安装、检修和安全运行的间隙要求以及硐室所处围岩稳定情况，确定出硐室的规格尺寸和支护结构。有些硐室还要考虑防潮、防渗、防火和防爆等特殊要求。

一、箕斗装载硐室与井底煤仓设计

(一) 箕斗装载硐室设计

1. 箕斗装载硐室与井底煤仓的布置形式

箕斗装载硐室与井底煤仓的布置，主要根据主井提升箕斗及井底装载设备布置方式、矿井煤种数量及装运要求、围岩性质等因素综合考虑确定。以往小型矿井广泛采用箕斗装载硐室与倾斜煤仓直接相连的布置形式(图 7-2);而中型矿井则采用一个垂直煤仓通过一条装载带式输送机巷与箕斗装载硐室连接(图 7-3);大型矿井则为多个垂直煤仓通过一条或两条装载带式输送机巷与单侧或双侧式箕斗装载硐室连接(图 7-4)。

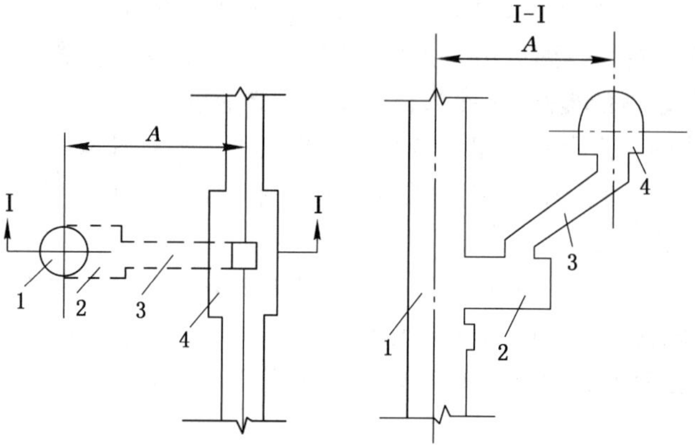

1—主井;2—箕斗装载硐室;3—倾斜煤仓;4—翻笼硐室;
A—井筒中心线与翻笼硐室中心线间距,$A=9\sim16$ m。

图 7-2 箕斗装载硐室与倾斜煤仓布置形式

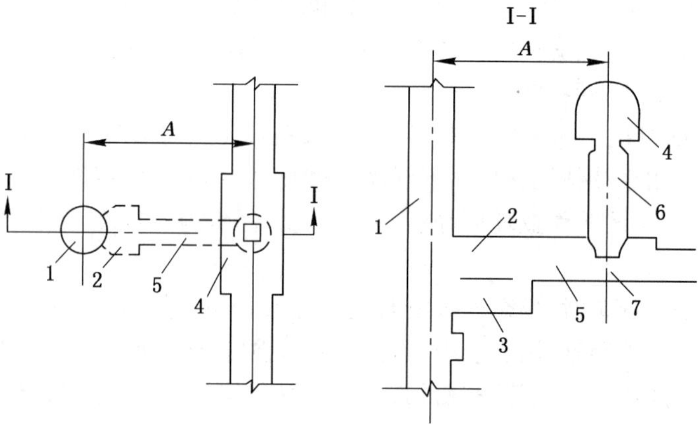

1—主井;2—装载带式输送机机头硐室;3—箕斗装载硐室;
4—翻笼硐室;5—装载带式输送机巷;6—垂直煤仓;7—给煤机硐室;
A—井筒中心线与翻笼硐室中心线(或煤仓中心线)间距,$A=9\sim16$ m。

图 7-3 箕斗装载硐室与垂直煤仓布置形式

2. 箕斗装载硐室的位置

箕斗装载硐室是与井筒连接在一起且服务于整个矿井设计开采年限的硐室,掘进时围岩暴露面积较大。为了确保箕斗装载硐室施工起来比较容易,并能够在服务期内满足正常的使用要求,便于使用和维护,当大巷采用矿车运输时,一般应将箕斗装载硐室布置在运输水平以下的地质构造简单、围岩坚固稳定的部位,当大巷采用带式输送机运输、条件适宜时,箕斗装载硐室应布置在运输水平以上。

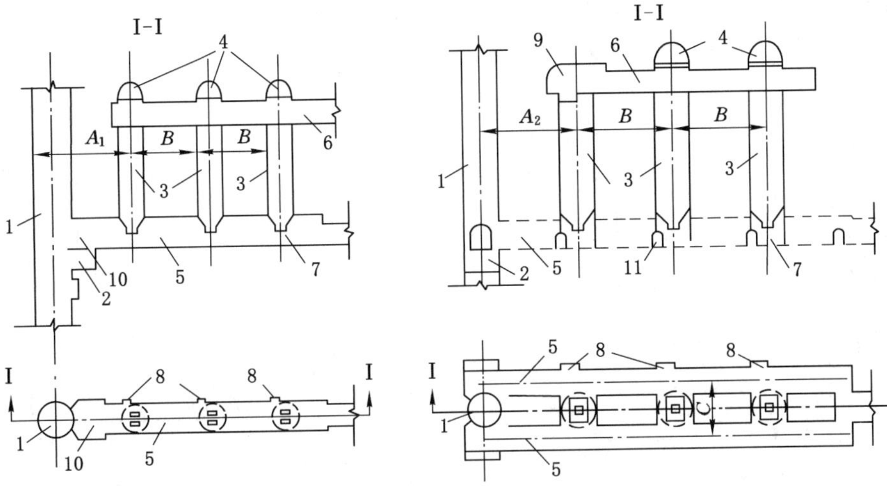

(a) 单侧式箕斗装载硐室　　(b) 双侧式箕斗装载硐室

1—主井井筒；2—箕斗装载硐室；3—垂直煤仓；4—带式输送机机头硐室；
5—装载带式输送机巷；6—配煤带式输送机巷；7—给煤机硐室；8—机电硐室；
9—翻笼硐室；10—装载带式输送机机头硐室；11—通道；
A_1—井筒中心线与煤仓中心线间距，$A_1=15\sim20$ m；
A_2—井筒中心线与煤仓中心线间距，$A_2=20\sim35$ m；
B—煤仓中心线间距，$B=20\sim30$ m；C—两条装载带式输送机巷间距，$C=10\sim12$ m。

图 7-4　箕斗装载硐室与多个垂直煤仓布置形式

3. 箕斗装载硐室的形式

箕斗装载硐室的形式主要取决于箕斗和箕斗装载设备的类型及装载方式。

根据箕斗在井下装载和地面卸载的位置和方向，硐室有同侧装卸式（装载与卸载的位置和方向在同一侧进行）和异侧装卸式（装载与卸载的位置和方向在相反一侧进行）之分。每类又可分为通过式和非通过式两种。当硐室位于中间生产水平，同时在两个水平出煤时，采用通过式；当硐室位于矿井最终生产水平或固定水平时，采用非通过式。主井内仅有一套箕斗提升设备时，箕斗装载硐室为单侧式（硐室位于井筒一侧）；若有两套箕斗提升设备，箕斗装载硐室为双侧式（井筒两侧设箕斗装载硐室）。

4. 箕斗装载硐室规格尺寸的确定

从横断面来看，箕斗装载硐室的断面形状分为开口矩形和开口半圆拱形两种。矩形断面施工简便，断面利用率较高，但承受侧压能力较差，因而适用于围岩较好、地压小的矿井。半圆拱形断面承受侧压能力较好，所以当围岩较差、地压较大时可以采用。目前，煤矿井下多采用开口矩形断面。

箕斗装载硐室的尺寸，主要根据所选用的装载设备的型号、设备布置、设备安装和检修，并考虑人行道和行人梯子的布置要求来确定。箕斗装载设备有非计量装载与计量装载两种形式（图 7-5）。图中，尺寸 l_1、l_2、l_3、l_4、E 根据所选用的装载设备与给煤机的尺寸及安装、检修和操作要求来确定；l_5、l_7 由选定的翻车机设备或卸载曲轨设备的尺寸和安装要求确定；l_6、l_8 则根据煤仓上、下口结构尺寸的合理性来确定。A 主要取决于翻笼硐室或卸载硐室与井筒之间岩柱的稳定性。若采用倾斜煤仓，则还与倾斜煤仓的容量及为保证煤沿煤仓底板自由下滑不致堵塞的倾角大小有关，一般为 9～16 m。若采用垂直煤仓，A＝15～40 m。煤仓容量大、岩柱不稳定时，A 值应取大些；反之，则取小些。

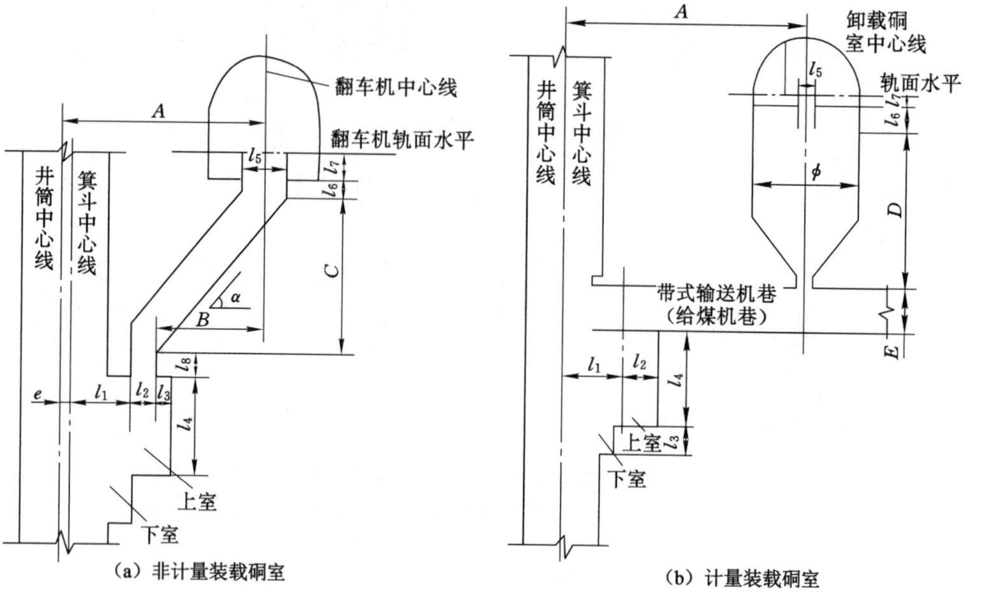

图 7-5　箕斗装载硐室

5. 箕斗装载硐室的支护结构

箕斗装载硐室的支护可用素混凝土和钢筋混凝土，其支护厚度取决于硐室所处围岩的稳定性和地压的大小。装载硐室不同支护形式的支护厚度、使用条件及优缺点见表 7-1。

表 7-1　箕斗装载硐室支护方式

支护方式	支护厚度/mm	混凝土强度等级	优缺点	适用条件
混凝土	300～500	C15～C20	钢材消耗量较少，施工简便。但承压能力较差	适用于地压较小，围岩稳定性好，布置一套装载设备的箕斗装载硐室
钢筋混凝土	400～500	C15～C20	承压能力强。但钢材消耗量较大，施工相当复杂	适用于地压较大，围岩稳定性差，布置两套装载设备的箕斗装载硐室

当采用混凝土支护时，箕斗装载硐室顶部以及通过式装载硐室的上室底板应配置钢梁。硐室顶部(上室)应按设计位置设置起重梁，以便安装和检修设备。

6. 箕斗装载硐室设计实例

山西潞安屯留煤矿设计生产能力为 6.0 Mt/a，主井井筒净直径为 8.2 m，井深为 558.6 m，井筒内并列布置两对 25 t 多绳提煤箕斗。为了避免凿井时奥陶系灰岩突然透水形成水患和改善清理工人的劳动条件，设计将主井装载系统布置在＋400 m 井底车场和大巷水平以上的＋502 m 水平，南北走向，双翼布置，东西偏离中线 1 930 mm。定量装载机巷道底板标高为 449.7 m。硐室上方经带式输送机巷与 2 个并列的净直径为 8 m 的圆筒式倾斜煤仓相连，煤仓容量为 2 500 t，煤仓下口配有定量刮板输送机，煤仓上口设置配煤带式输送机，使南、北两翼来煤根据需要随时调配卸入不同煤仓，见图 7-6。

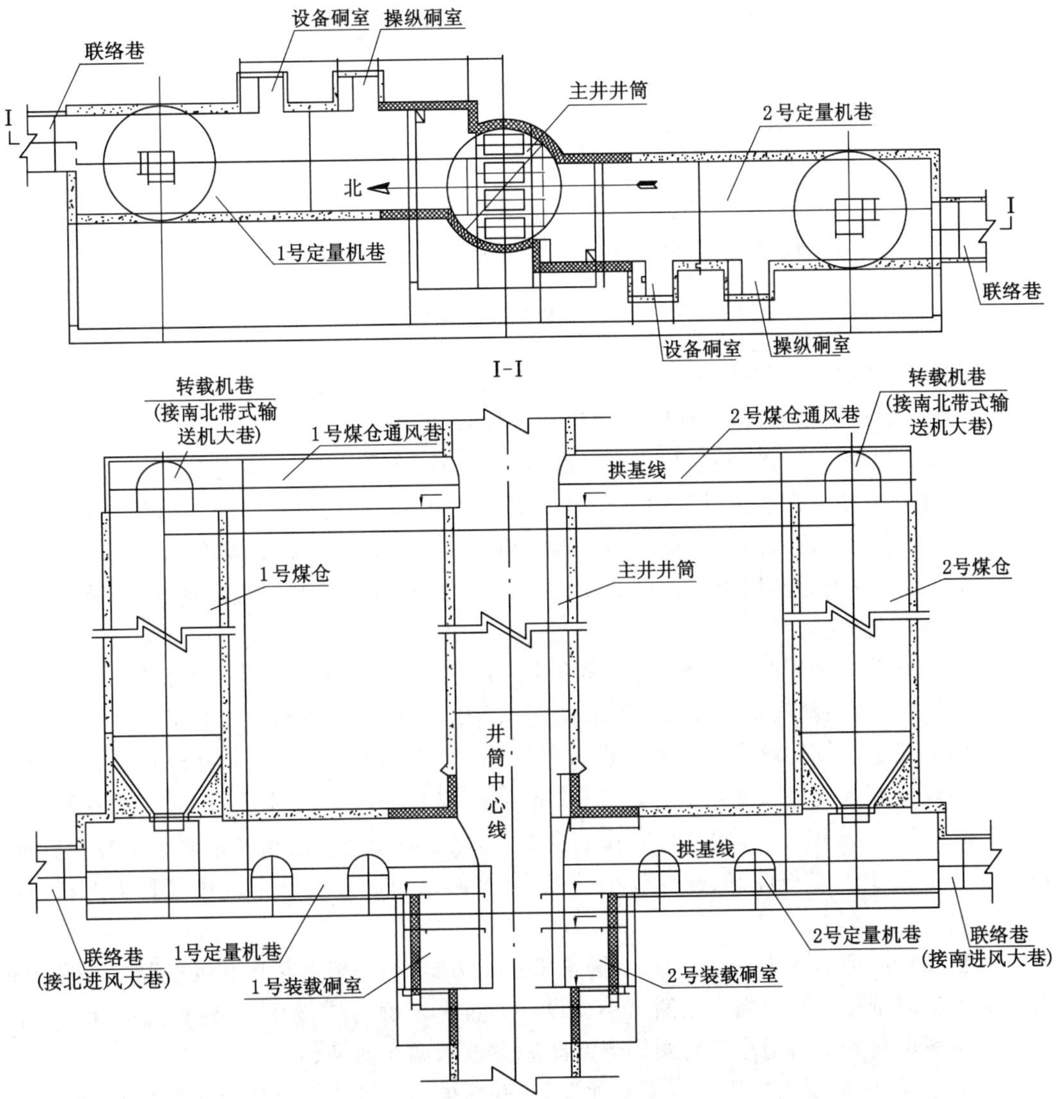

图 7-6　屯留煤矿箕斗装载硐室位置图

(二) 井底煤仓设计

1. 井底煤仓形式与断面形状

井底煤仓的形式与围岩稳定性及煤仓的容量有直接关系，而煤仓容量又取决于矿井的生产能力、提升能力以及井下的运输能力等诸多因素。根据煤仓仓体的立面形态，井底煤仓主要有垂直式、倾斜式、混合式和水平式四种(见图 7-7)，断面形状有圆形、半圆拱形、椭圆形、方形和矩形等五种。

垂直煤仓受力性能好，煤仓容量大，施工、维修简便，适应性强，但施工较复杂，适用于围岩条件较差的大型矿井，使用中较少发生堵仓现象。倾斜煤仓容量小，缓冲能力及适应性均较差，铺底工作量大，多用于围岩较好的中、小型矿井。但也有的大型矿井通过增加煤仓的个数使用倾斜煤仓，如山西屯留煤矿、赵庄煤矿等。混合煤仓具有以上两种煤仓的特征，适

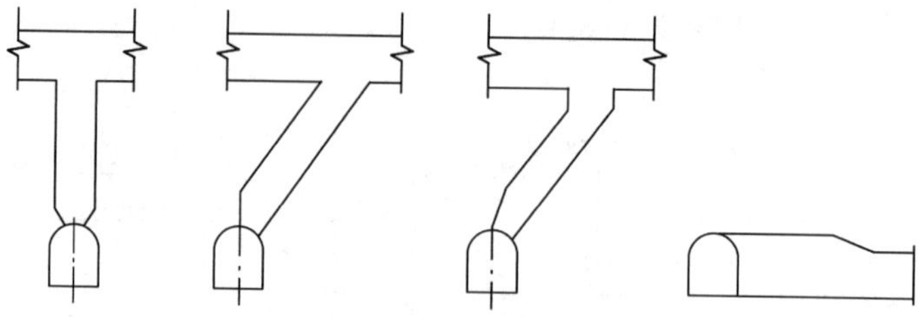

图 7-7　煤仓布置形式示意图

用于围岩有变化的大中型矿井。这三种形式煤仓的共同特点是煤仓的上、下口之间有一个高差,可使块煤进一步破碎,从而降低块煤率,影响矿井经济效益。

水平煤仓通常为一段平巷,与垂直、倾斜煤仓相比,不仅可减少建仓工程量,缩短工期,而且施工非常方便。在使用过程中不会出现堵仓现象,块煤率高,可实现不同种类煤炭的分装分运,但煤仓设备投入高。与垂直、倾斜煤仓相比,水平煤仓的容量通常较小,其容量与结构形式、装配的设备等密切相关。水平煤仓随着近水平煤层、缓倾斜煤层的开采,在我国具有很大的推广价值。

垂直煤仓普遍采用圆形断面,倾斜煤仓多采用半圆拱形断面,但因其承压性能不如圆形断面,故近年来的倾斜煤仓也多采用圆形断面,如图 7-6 所示的山西屯留煤矿净直径 8.0 m 的井底倾斜煤仓。倾斜煤仓的一侧应设人行通道,宽为 1.0 m 左右,内设台阶及扶手以便行人。在煤仓与人行道间墙壁上每隔 2～3 m 或距煤仓下口 3 m 处设检查孔,检查孔尺寸为500 mm×200 mm(宽×高)。检查孔上设铁门,以检查煤仓磨损和处理堵仓事故。方形、矩形断面多用于围岩条件好、断面较小的煤仓,椭圆形断面多用于垂直式需要留人行间的煤仓。

垂直煤仓底部的漏斗,一般设计成圆锥形或正方锥形,一般多采用圆锥形漏斗。横断面自上而下按圆锥形或双曲面形逐渐缩小。设计为锥形断面时应设压气破拱装置,用于清除堵仓。倾斜煤仓底部结构形式有圆锥形漏斗和方锥形漏斗两种。

一般来说,倾斜煤仓适用于围岩条件较好、开采单一品种或多煤种而又不要求分装分运的中、小型矿井。垂直圆筒煤仓适用于围岩条件一般或较差,开采单一品种或多煤种的大型矿井。

2. 煤仓有效容量及尺寸确定

井底煤仓的容量主要取决于矿井的生产能力,并与井筒的提升能力、煤炭在巷道内的运输方式等因素有关。《煤炭工业矿井设计规范》规定,井底煤仓有效容量应按合理平衡主运输和提升能力确定。对中型矿井,一般按提升设备每 0.5～1.0 h 所提升的煤量计算;对大型矿井,一般按提升设备每 1～2 h 所提升的煤量计算。以往多用的倾斜煤仓容量较小,一般为 60～100 t。近年来,随着井型增大,容量大的垂直煤仓被广泛采用,容量一般为 600～2 000 t。大容量煤仓对矿井提升和井下运输煤炭具有调节和储存作用。但是也应当看到,煤仓容量过大,势必增加工程量,延长施工工期。

井底煤仓的有效容量可按式(7-1)计算:

$$Q = (0.15 \sim 0.25) A_{mc} \tag{7-1}$$

式中　Q——井底煤仓有效容量，t；

A_{mc}——矿井设计日产量，t；

0.15～0.25——系数，大型矿井取小值，中型矿井取大值。

大中型矿井井底煤仓的有效容量可参照表 7-2 选取。

表 7-2　大中型矿井井底煤仓容量选取表

矿井设计生产能力/(Mt/a)	日产量/t	选取系数	煤仓有效容量/t
6	20 000	0.15	3 000
5	16 666	0.15	2 500
4	13 333	0.15	2 000
3	10 000	0.18	1 800
2.4	8 000	0.18	1 440
1.8	6 000	0.20	1 200
1.5	5 000	0.20	1 000
1.2	4 000	0.20	800

倾斜煤仓断面尺寸可根据煤仓有效容量和斜长计算。为了避免堵仓事故，倾斜煤仓断面积不宜过小，一般取为 5.5～8.0 m^2，倾斜长为 9～16 m，倾角一般为 50°～55°。为使煤仓结构合理，便于施工和检修，煤仓宽度应保持不变，其高度一般取为 1.8～2.4 m。

垂直圆筒煤仓断面尺寸可先依据煤仓有效容量和初步确定的煤仓有效高度、煤仓数目计算出来，然后再考虑与之有关的其他因素，调整煤仓直径及有效高度。一般垂直圆筒煤仓断面积为 40～50 m^2，高度为 15～35 m，煤仓下口漏斗斜面与水平面的夹角一般取 50°～60°。

3. 煤仓的支护

井底煤仓支护视其围岩情况可以采用锚喷、现浇素混凝土或钢筋混凝土支护。布置在中硬以上岩层内的垂直煤仓，可采用锚喷支护或素混凝土支护。当采用锚喷支护时，一般采用 ϕ20～22 mm 螺纹钢锚杆，长度为 1.8～2.2 m，喷射混凝土厚度为 100～150 mm；当采用现浇混凝土支护时，厚度一般为 300～400 mm。倾斜煤仓一般采用 250～350 mm 厚的 C20 素混凝土支护。布置在软岩层(或煤层)内的煤仓，一般采用钢筋混凝土支护，断面较大时，采用锚杆和钢筋混凝土联合支护。

倾斜煤仓的底板应采用耐磨而光滑的材料铺底，以利煤炭下滑，减少或避免煤仓堵塞。常用铺底材料有钢轨、钢板和辉绿岩铸石板[图 7-8(c)、(d)、(e)]。当采用辉绿岩铸石板铺底时，耐磨性高(相当于普通钢板 50 倍)，但不能承受冲击力，所以，在煤仓上口落煤点应铺设厚度为 10 mm 的钢板。

垂直圆筒煤仓的漏斗斜面也应采用光滑、耐磨的材料铺底，以减少维修量和防止堵仓事故。其铺底材料普遍采用铁屑混凝土和石英混凝土，一般取混凝土强度等级为 C20，厚度为 80～150 mm。

二、副井马头门设计

罐笼立井(副井)与井底车场连接处，是指立井井筒与井底车场巷道连接处两侧的巷道

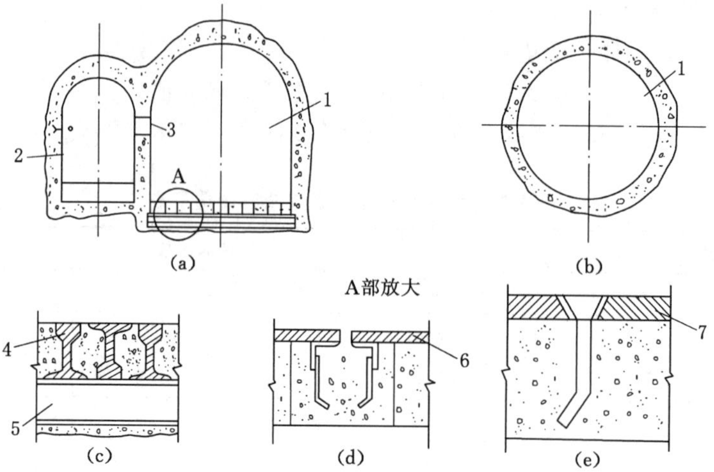

1—煤仓；2—人行间；3—观察孔；4—15 kg/m 或 22 kg/m 钢轨；
5—槽钢或等边角钢；6—厚 10 mm 钢板；7—厚 20 mm 辉绿岩铸石板。

图 7-8　井底煤仓断面形式与支护结构

部分，它是立井井筒与水平巷道相交的一种特殊形式的交岔点，习惯称之为马头门。

连接处的设计原则和依据是以提升运输要求、通风和升降人员的需要为前提的。设计内容包括连接处形式的选择、连接处平面尺寸和高度的确定、断面形状和支护结构的选择。

1. 连接处形式

根据选用罐笼的类型、进出车水平数目，以及是否设有候罐平台等因素，连接处的形式有双面斜顶式和双面平顶式两种，是目前最普遍的连接方式，如图 7-9 所示。

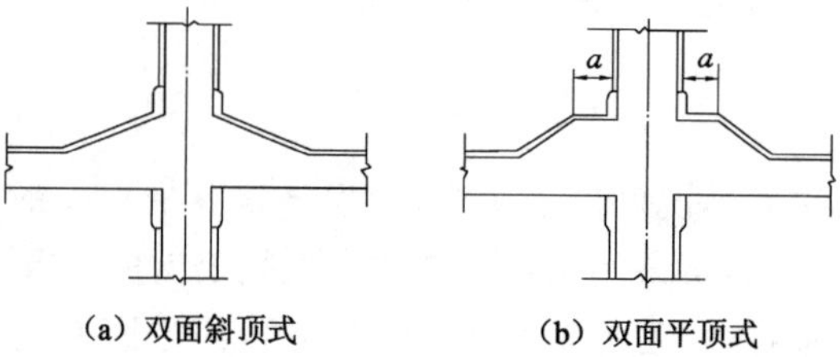

图 7-9　罐笼立井井筒与井底车场连接处示意图

当采用单层罐笼或者采用双层罐笼但采用沉罐方式在井底车场水平进出车和上下人员时，或者当采用双层罐笼，用沉罐方式在井底车场水平进出车，而上下人员同时在井底车场水平和井底车场水平下面（设有通往等候室的通道）进行时，通常采用双面斜顶式马头门，如图 7-9(a)所示。除了采用单层罐笼时通过能力较小外，这种连接方式的通过能力较大，一般适用于中型矿井。

当采用双层罐笼，用沉罐方式进出车，进车侧设固定平台，出车侧设活动平台，上下人员可以同时在两个水平进出时，或者当采用双层罐笼，设有上方推车机及固定平台，双层罐笼可在两个水平同时进出车和上下人员时，采用双面平顶式马头门，如图 7-9(b)所示。这种连接形式通过能力大，适用于大型矿井。

《煤炭工业矿井设计规范》规定，连接处两侧巷道，均应设置双侧人行道，其宽度不应小

1.0 m。连接处巷道的高度和长度，应满足设备布置和通过最长材料、下井最大件设备、罐笼同时进出车层数及操车设备的要求，并应尽量减少通风阻力，其净高不应小于 4.5 m，每侧加强支护段长度不应小于井筒净半径的 3 倍。

2. 连接处长度

连接处长度是指从进车侧复式阻车器后轮挡面至出车侧材料车线进口变正常轨距的起点之间的距离 L，如图 7-10 所示。它主要取决于马头门轨道线路的布置和安设的摇台、阻车器和推车机等操车设备的规格尺寸，以及井筒内选用的罐笼布置方式和安全生产需要的空间。以双股道为例，连接处长度按式(7-2)计算：

$$L = L_0 + L_4 + L_4' + L_3 + L_3' + L_2 + b_3 + b_4 + 2L_1 + b_2 + b_1 + L_5 + (1.5 \sim 2.0) \tag{7-2}$$

式中 L——马头门的长度，m；

L_0——罐笼的长度，m；

L_4, L_4'——进、出车侧摇台的摇臂长度，m；

L_3, L_3'——进、出车侧摇台基本轨起点至摇台活动轨转动中心的距离，m；

L_2——摇台基本轨起点至单式阻车器轮挡面之间的距离，m；

b_3——单式阻车器轮挡面至对称道岔连接系统终点之间的距离，视有无推车机分别取 4 辆矿车长或 1～2 辆矿车长，m；

b_4——摇台基本轨起点至对称道岔连接系统终点之间的距离，m；

L_1——对称道岔基本轨起点至对称道岔连接系统终点之间的距离，其长度可根据选用道岔类型、轨道中心线间距按线路连接系统计算出，m；

b_2——对称道岔基本轨起点至复式阻车器前轮挡面之间的距离，m；

b_1——复式阻车器前轮挡面至后轮挡面之间的距离，m；

L_5——单开道岔基本轨起点至材料车线进口变正常轨距之间的距离，其长度可以按单开道岔平行线路连接系统计算出，m。

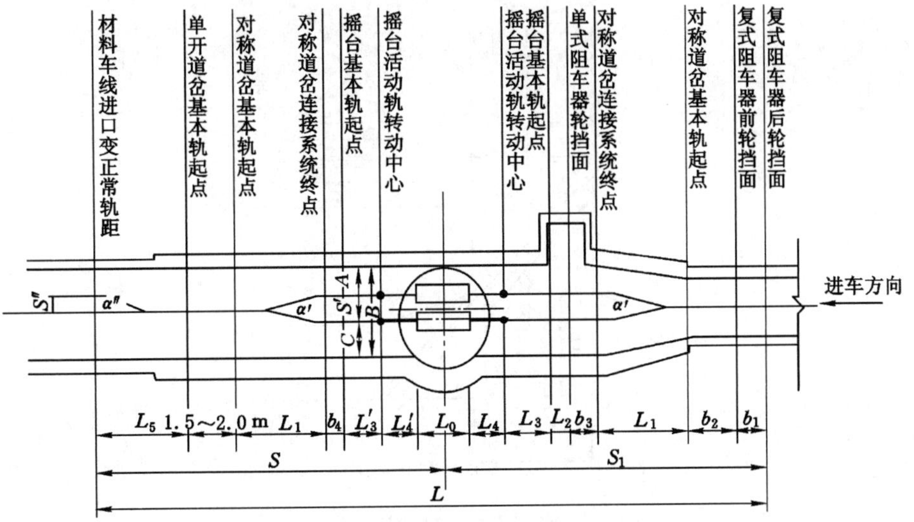

图 7-10　连接处二股道平面尺寸确定图

3. 连接处宽度

连接处宽度则取决于井筒装备、罐笼布置方式和两侧人行道的宽度,可按式(7-3)计算:

$$B = A + S' + C \tag{7-3}$$

式中 B——马头门的宽度,m;

S'——轨道中心线之间距离,即等于井筒中罐笼中心线间距,m;

A——非梯子间侧轨道中心线至巷道壁距离,一般取 $A \geqslant$ 矿车宽/2+0.9 m;

C——梯子间侧轨道中心线至巷道壁距离,一般取 $C \geqslant$ 矿车宽/2+1.0 m。

马头门的宽度通常在重车侧自对称道岔(或单开道岔)连接系统终点开始缩小,至对称道岔(或单开道岔)基本轨起点收缩至单轨巷道的宽度。但是在空车侧,过了对称道岔(或单开道岔)基本轨起点不远即进入双轨的材料存车线。为了减少井底车场巷道的断面变化和方便施工,往往空车侧马头门的宽度不再缩小。

4. 连接处高度

连接处的高度,主要取决于下放材料的最大长度和方法、罐笼的层数及在井筒平面的布置方式、进出车及上下人员方式、矿井通风阻力等多种因素,并按最大值确定。

我国煤矿井下用最长材料是钢轨和钢管,一般最长为 12.5 m。8 m 以内的材料放在罐笼内下放(打开罐笼顶盖),而超过 8 m 的长材料则吊在罐笼底部下放。此时,材料在井筒与马头门连接处最小高度如图 7-11 所示,并按式(7-4)计算:

$$H_{\min} = L\sin\alpha - W\tan\alpha \tag{7-4}$$

式中 $H_{\min}$——下放最长材料时,连接处所需的最小高度,m。

L——下放材料的最大长度,取 L=12.5 m。

W——井筒下放材料的有效弦长,m。当有一套提升设备时,一般取 W=0.9D;若有两套提升设备,W 可根据井筒断面布置计算出。其中,D 为井筒净直径,m。

α——下放材料时,材料与水平面的夹角,$\alpha = \arccos\sqrt[3]{W/L}$,当 D=4~8 m,L=12.5 m 时,α=48°40′~33°41′。

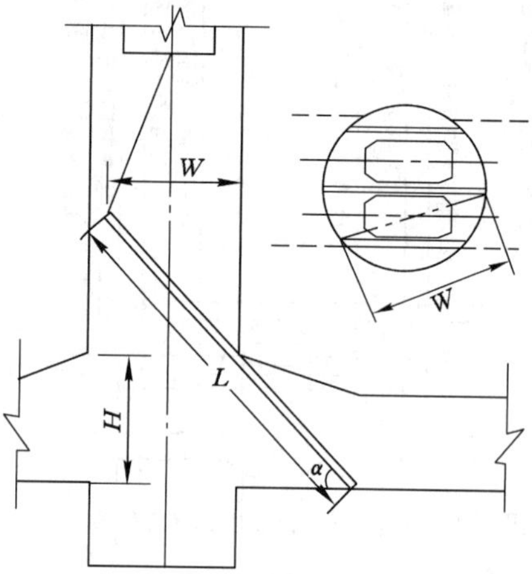

图 7-11 按下放长材料计算马头门高度

随着井筒直径的增加,下放最大、最长材料已不是确定连接处最小高度的主要因素,最小高度主要取决于罐笼的层数、进出车方式和上下人员的方式。另外，大型矿井尤其是高瓦斯矿井，井下需要的风量很大，若连接处高度低了，断面必然缩小，通风阻力会增大。因此，连接处高度按上述因素确定后，还应按通风要求进行核算，其净高不应小于 4.5 m。

连接处最大断面处高度确定后，随着向空、重车线两侧的延伸，拱顶逐步下降至正常巷道的高度。副井连接处的拱顶坡度一般为 10°～15°，风井连接处的拱顶坡度为 16°～18°。

图 7-12 为 3.0 t 矿车单(双)层直径 6.5 m 普通罐笼立井井筒与井底车场连接处。

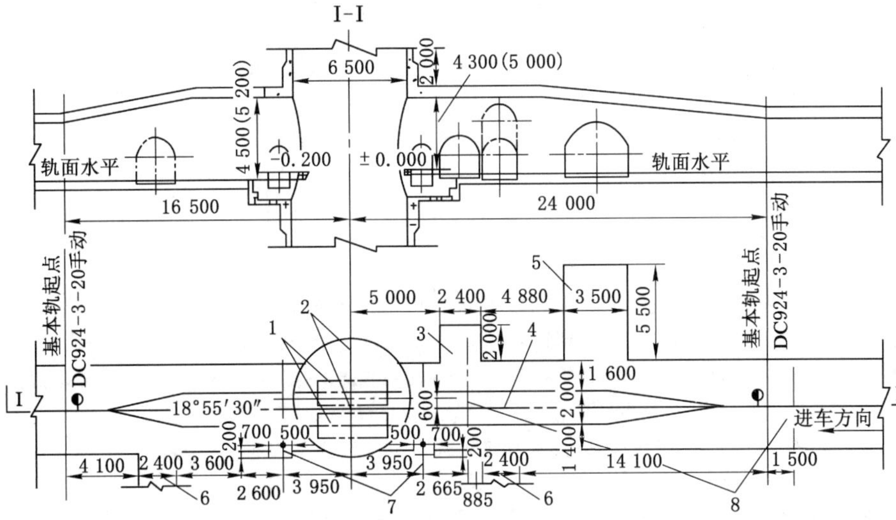

1—罐笼；2—井筒中心线；3—信号硐室；4—提升中心线；

5—推车机电气硐室；6—等候室通道；7—摇臂轴中线；8—单式阻车器轮挡面。

图 7-12　3.0 t 矿车单(双)层直径 6.5 m 普通罐笼立井井筒与井底车场连接处

5. 连接处的断面形状及支护

由于连接处断面大、地压大，所以马头门断面形状多选用半圆拱形。当顶压和侧压较大时，可采用马蹄形断面；当顶压、侧压及底压均较大时，可采用椭圆形、封闭形断面。连接处通常采用 C20 以上混凝土支护，厚度为 400～600 mm。当围岩稳定，节理、裂隙不发育时，可采用锚喷网联合支护；当围岩不稳定、地压大或连接处断面较大时，可采用钢筋混凝土支护，配筋率为 1.0%～1.5%；当连接处位于膨胀性岩层中，或连接处岩层破碎、层理发育时，可采用锚喷网或金属支架临时支护，然后再砌筑钢筋混凝土永久支护。连接处上、下 2～5 m 范围内的井壁，通常要安装金属结构，所以，此段井壁一般应加厚 100～200 mm，并要配置构造筋以加强井壁的支护能力，使金属结构安设牢固、可靠。

三、中央水泵房设计

中央水泵房由泵房主体硐室、配水井、吸水井、配水巷、管子道及通道组成。中央水泵房按水泵吸水方式不同，又可分为卧式水泵吸入式、卧式水泵压入式以及潜水泵式三种。第一种应用最为广泛，现以卧式水泵吸入式泵房为例说明其设计方法，见图 7-13。

1. 泵房的位置

为缩短电缆和管道线路，便于排水设备运输，提供良好的通风条件，以及有利于集中管理、维护和检修，水泵房在绝大多数情况下都设在井底车场副井附近的空车线一侧，并与主

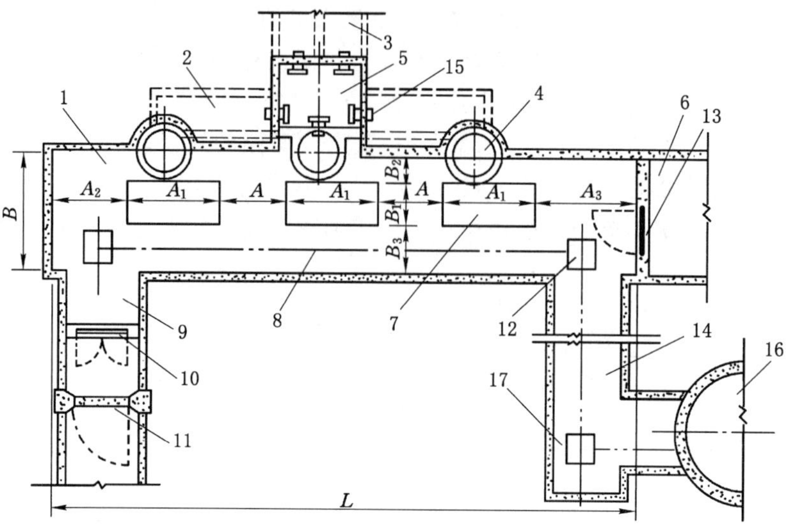

1—主体硐室；2—配水巷；3—水仓；4—吸水井；5—配水井；6—主变电所；7—水泵和电动机；8—轨道；9—通道；10—栅栏门；11—密闭门；12—调车转盘；13—防火门；14—管子道；15—带闸门的溢水管；16—副井井筒；17—提运平台；A—水泵间距；A_1—水泵电机长度；A_2，A_3，B_2，B_3—水泵距硐室壁距离；B—主体硐室宽度；B_1—水泵电机宽度；L—主体硐室长度。

图 7-13　卧式水泵吸入式中央水泵房平面布置

变电所组成联合硐室。泵房通道与井底车场巷道要通过道岔直接相连接[图 7-14(a)]，或设转盘相连[图 7-14(b)]。管子道与立井连接时，可布置在井筒出车侧[图 7-14(a)]，也可布置在井筒进车侧[图 7-14(b)]。

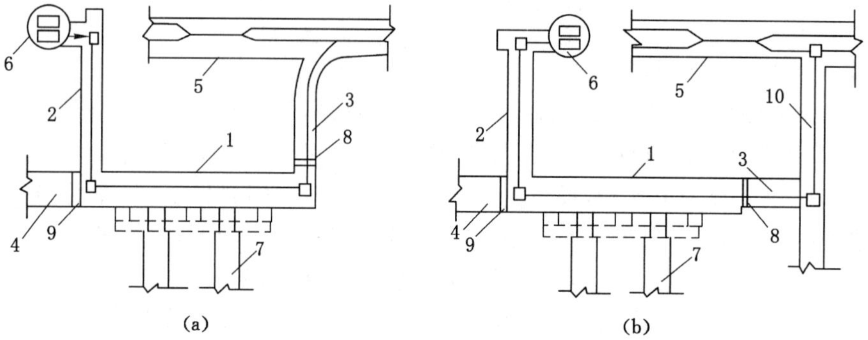

1—中央水泵房；2—管子道；3—通道；4—主变电所；5—车场巷道；6—副井井筒；7—水仓；8—密闭门；9—防火门；10—井底车场联络巷道。

图 7-14　中央水泵房与相邻巷道连接方式

2. 配水井、配水巷和吸水井的布置

配水井、配水巷和吸水井构成配水系统，三者关系见图 7-15。配水井位于泵房主体硐室吸水井一侧，一般布置在中间水泵位置，与中间吸水井通过溢水管直接相连。根据配水井上部硐室安设配水闸阀的要求，一般配水井尺寸是平行于配水巷方向长 2.5～3.0 m，垂直于配水巷方向宽 2.0～2.5 m，深 5～6 m，配水井井底底板标高应低于水仓底板标高 1.5 m。

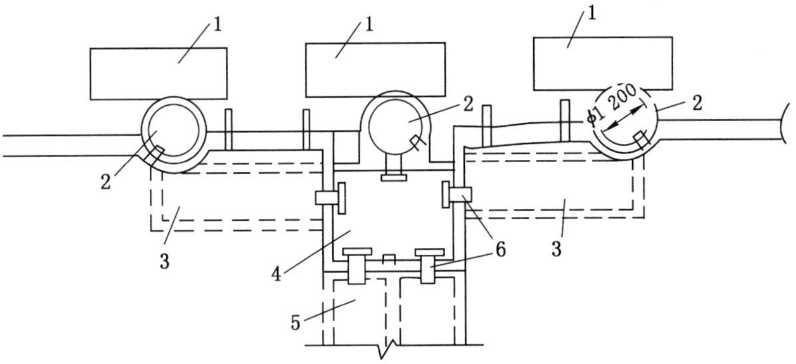

1—水泵及电动机；2—吸水井；3—配水巷；4—配水井；5—水仓；6—带闸阀的溢水管。

图 7-15　配水系统布置图

配水巷也位于吸水井一侧，通过溢水管与配水井和吸水井相通。为了便于施工和清理，配水巷断面为宽 1.0～1.2 m，高 1.8 m 的半圆拱形，其底板标高高于吸水井井底 1.5 m。

吸水井位于主体硐室靠近水仓一侧，断面为圆形，净径为 1.0～1.2 m，深 5～6 m。正常情况下，每台水泵单独配 1 个吸水井。有时视围岩稳定情况和排水设备性能，可以不设配水井和配水巷，只设 1 个大的吸水井，中间隔开，每两台水泵共用 1 个吸水井。

3. 水仓

水仓由主仓和副仓（或称内仓和外仓）组成，两者之间是相互独立的，距离视围岩稳定程度确定，一般为 15～20 m。当一条水仓清理时，另一条水仓能满足正常使用。水仓一般应布置在不受采动影响且含水很少的稳定岩层中。一般情况下，水仓入口设在井底车场巷道标高的最低点，即副井空车线的终点[图 7-16(a)]。由于水仓的清理为人工清仓、矿车运输，所以水仓与车场巷道之间需设一段斜巷，它既是清理斜巷又是水仓的一部分。

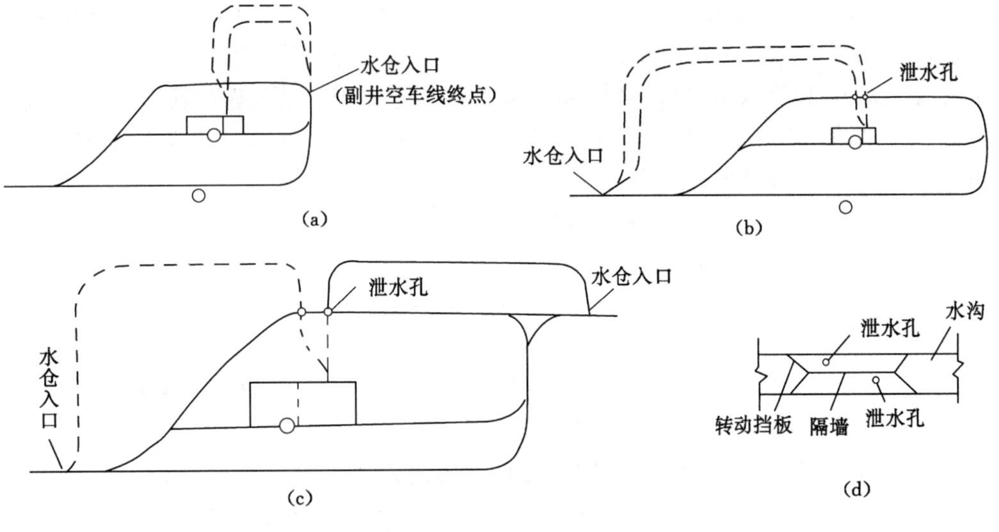

图 7-16　水仓的布置形式

若矿井涌水量大或采用水砂填充的矿井，水仓入口可布置在石门或运输大巷的进口处，两条水仓入口可布置在同一地点[图 7-16(b)],亦可分别布置在两个不同地点[图7-16(c)],这样采区来的水在井底车场外就进入水仓了,井底车场内的涌水则需要经过泄水孔流入水仓。但由于车场中各巷道的坡度方向不同,在车场绕道处的水沟坡度与巷道的坡度要相反(即反坡水沟),以便将车场巷道标高最低点处的积水导入泄水孔进入水仓。为保证一个水仓进行清理时,其一翼的来水能引入另一水仓,在泄水孔处的一段水沟应设转动挡板[图 7-16(d)]。

水仓的容量根据《煤矿安全规程》有关规定按以下情况分别确定。当矿井正常涌水量小于或等于 1 000 m^3/h 时,水仓有效容量按式(7-5)计算:

$$Q = 8Q_0 \tag{7-5}$$

式中 Q——水仓的有效容量,m^3;

Q_0——矿井正常涌水量,m^3/h。

当 $Q_0>1\ 000\ m^3/h$ 时,若按 $8Q_0$ 计算,则 Q 太大,水仓工程量太大,安全煤柱要求过大,很不合理。而且淹井事故的发生,往往不是因为水仓容积小而造成的。这时,水仓有效容量按式(7-6)计算:

$$Q = 2(Q_0 + 3\ 000) \tag{7-6}$$

水仓长度和断面尺寸在容量一定时是相互制约的。为了有利于澄清杂质,水在水仓中流动速度一般应控制在 0.003～0.007 m/s。在此种条件下,若是单轨巷道其净断面积为 5～7 m^2,若是双轨巷道其净断面积为 8～10 m^2。

4. 中央水泵房的设备布置

中央水泵房中,水泵一般沿硐室纵向单排布置,以减小硐室的跨度,利于施工和维护。当水泵数量很多,围岩又坚固稳定时,水泵亦可双排布置。根据矿井正常涌水量和最大涌水量,选择排水管的直径和敷设趟数。一般情况下要设置 2～3 趟排水管,其中一趟作为备用。排水管的铺设采用 10—14 号槽钢或工字钢制成托管架,装设于距硐室地坪 2.1～2.5 m 高处的硐室壁上。电缆的敷设有沿墙悬挂和设电缆沟两种方式。前者使用与检修方便,但长度增加,故采用电缆沟敷设的较多。电缆沟尺寸按敷设电缆的数量确定。

为便于安装、检修水泵,敷设管线,在每组水泵和电机中心处预埋两根 18—33 号工字钢作为起吊横梁,横梁高度为 2.4～3.4 m,距拱顶 0.9～1.2 m。硐室中靠近管子道的一侧铺设轮轨,与管子道和通道衔接处设转盘,完成设备运输的垂直转向。

5. 中央水泵房尺寸的确定(图 7-17)

① 硐室的长度由式(7-7)确定:

$$L = nl_1 + l_2(n-1) + l_3 + l_4 \tag{7-7}$$

式中 L——中央水泵房的长度,m;

n——水泵台数,根据正常涌水量和最大涌水量选用,考虑工作、备用和检修台数;

l_1——水泵及其电动机的基础长度,m;

l_2——相邻两台水泵和电动机基础之间的距离,一般为 1.5～2.0 m;

l_3,l_4——硐室端头两侧的基础距硐室端墙或门之间的距离,一般为 2.5～3.0 m。

② 中央水泵房宽度由式(7-8)确定:

$$B = b_1 + b_2 + b_3 \tag{7-8}$$

式中 B——中央水泵房的宽度,m;

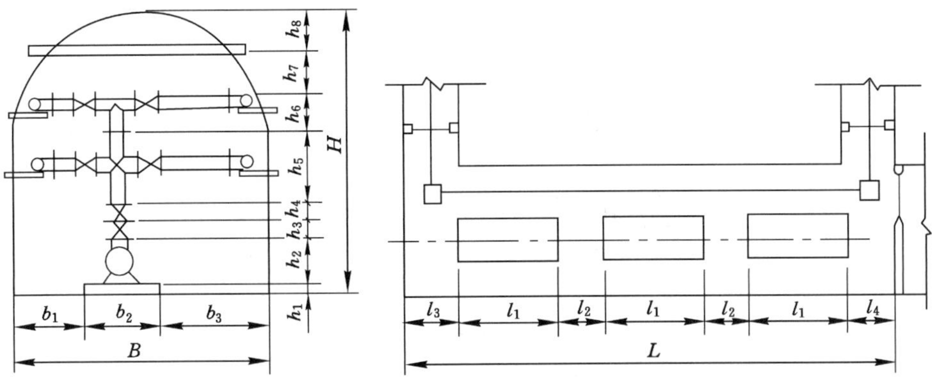

图 7-17　中央水泵房尺寸确定图

b_1——吸水井一侧，水泵基础至硐室墙之间的检修距离，一般为 0.8～1.2 m；

b_2——水泵和电动机基础宽度，m；

b_3——铺设轨道一侧，水泵基础至硐室墙的距离，一般取 1.5～2.2 m。

③ 中央水泵房的高度按照式(7-9)确定：

$$H = h_1 + h_2 + h_3 + h_4 + h_5 + h_6 + h_7 + h_8 \tag{7-9}$$

式中　H——中央水泵房的高度，m；

h_1——水泵基础顶面至硐室地面高度，一般为 0.1～0.2 m；

h_2——水泵的高度，m；

h_3，h_4——闸板阀、逆止阀的高度，m；

h_5，h_6——四通接头、三通接头的高度，m；

h_7——三通接头至起重梁的高度，一般大于 0.5 m；

h_8——起重梁到拱顶的高度，一般为 0.9～1.2 m。

水泵基础应埋入硐室底板 0.8～1.2 m。

6. 中央水泵房的断面形状及支护

中央水泵房的断面形状可根据岩性和地压确定，一般情况下采取直墙半圆拱断面。硐室内应浇筑 100 mm 厚混凝土地面，并高出通道与井底车场连接处车场底板 0.5 m。硐室多用现浇混凝土支护，并做好防渗漏工作，若围岩坚固无淋水，可采用光爆、锚网喷支护。

7. 管子道与泵房通道设计

管子道平、剖面见图 7-18。管子道与井筒连接处底板标高应高出硐室地面标高 7 m 以上，其倾角一般为 30°左右。为搬运设备方便，管子道与井筒连接处应设一段 3 m 左右的平台，出口对准一个罐笼，以便装卸设备、上下人员。管子道应设置人行台阶、托管支架和电缆支架，以利检修。

泵房通道是主体硐室与井底车场的连接通道，断面形状可采用半圆拱，其尺寸应根据通过的最大设备外形尺寸确定。从通道进、出口起 5 m 内的巷道要用非燃性材料支护，并装有向外开的防火铁门。

四、中央变电所设计

中央变电所是为井下排水设备、电力运输设备、通风机等以及照明灯具提供电能供应的

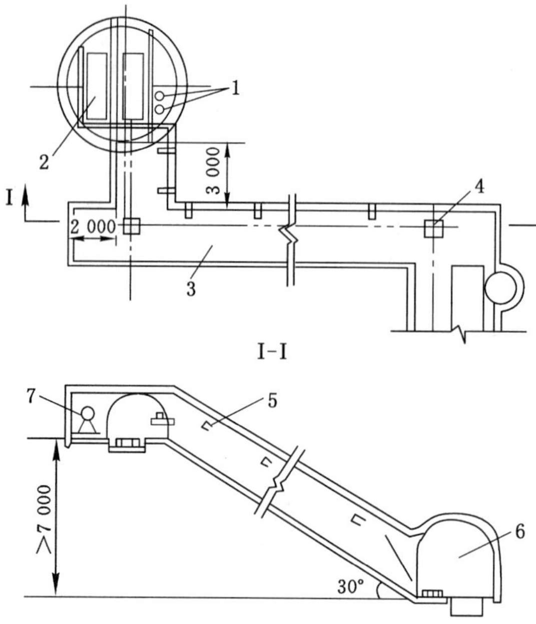

1—排水管；2—罐笼；3—管子道；4—转盘；5—支管架；6—中央水泵房；7—提运设备绞车。

图 7-18　管子道平、剖面图

重要场所。中央变电所由变电器室、配电室及通道组成，其设计应严格按有关规范进行，并应达到或符合以下要求。

① 中央变电所的布置应考虑便于供电维护、管理且线路短，一般将其布置在副井井筒附近，并与中央水泵房建成联合硐室，如图 7-19 所示。

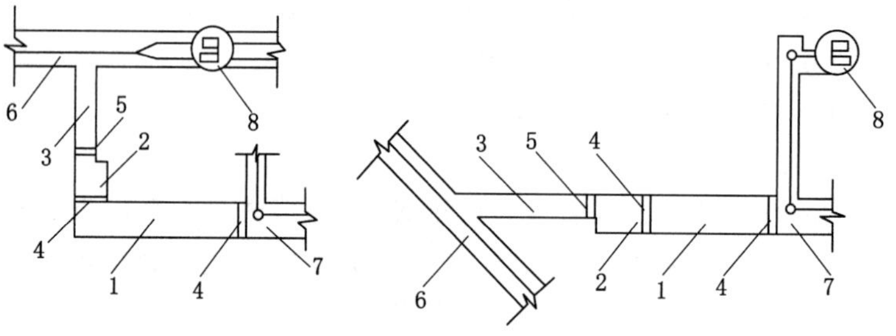

1—配电室；2—变压器室；3—通道；4—防火门；

5—密闭门；6—井底车场巷道；7—中央水泵房；8—副井井筒。

图 7-19　中央变电所与相邻巷道、硐室的连接关系

② 中央变电所硐室的尺寸（长、宽和高），应根据硐室内布置的电气设备，包括变压器、高低压开关柜、整流设备以及直流配电柜等的规格、数量、安装、检修和行人安全距离等因素确定，并留有人员值班和存放消防器材的位置。中央变电所硐室内各种设备与墙壁之间应留出 0.5 m 以上的通道，各种设备之间应留出 0.8 m 的通道。

③ 中央变电所硐室长度超过 6 m 时，必须在硐室两端各设一个出口通道；当与中央水泵房联合布置时，一个出口应通到井底车场或大巷，另一个出口应通到主排水硐室，如

图 7-19 所示。当中央变电所硐室长度大于 30 m 时，应在中间增设一个出口。通道断面应能通过中央变电所硐室内最大设备，并能满足密闭门、栅栏门安设要求。

④ 中央变电所的硐室地面高程应高出通道与井底车场连接处的底板标高 0.5 m。中央变电所与中央水泵房联合布置的，其地面高程还应高于主排水硐室，一般高出 0.3 m。

⑤ 通往井底车场的通道中，应安设向井底车场一侧开启、容易关闭的既能防火又能防水的密闭门，门内设置不妨碍密闭门关闭的栅栏门。当无被水淹没可能时，应只设防火栅栏两用门。门外 5 m 内巷道应采用不燃性材料支护。

⑥ 中央变电所与中央水泵房之间，应设防火栅栏两用门，并向中央水泵房一侧开启。并应根据变压器的类型设置相应的防火设施。

⑦ 中央变电所硐室断面形状应根据围岩情况确定，一般采用半圆拱、圆弧拱断面，一般采用现浇混凝土支护。当围岩坚固、稳定且无淋水时，也可采用锚喷支护。

⑧ 中央变电所硐室地面以及电缆沟应采用强度等级不低于 C15 的混凝土砌筑，其厚度不小于 100 mm。电缆沟底板应向主排水硐室一侧设不小于 3‰的流水坡度。

井底车场的其他硐室，如箕斗立井井底清理撒煤硐室、自卸式矿车卸载硐室、井下调度硐室以及井下急救站硐室、等候硐室、炸药库等的设计，可参考相关设计手册学习。

第三节　硐室施工

一、硐室施工方法

根据硐室的断面大小和围岩的稳定性等因素，煤矿井下硐室施工的方法可概括为全断面施工法、分层施工法和导硐施工法三类。

（一）全断面施工法

全断面施工法，是按照硐室的设计掘进断面一次将硐室掘出，与巷道施工方法基本相同。有时因硐室高度较高，打顶部炮眼操作比较困难，全断面可实行多次打眼和爆破，即先在硐室断面的下部打眼爆破，暂不出矸，利用矸石堆打硐室断面上部的炮眼，爆破后清除部分矸石，随之进行临时支护，然后再清除全部矸石并支护两帮，从而完成一个掘进循环。

全断面施工法一般适用于围岩稳定、断面高度不很大的硐室，其工作空间宽敞，便于施工设备展开，所以全断面施工法具有施工效率高、速度快、成本低等特点。当硐室高度超过 5.0 m 时，顶板围岩暴露面积较大，维护较难，上部炮眼装药及爆破后处理矸石较困难。

（二）分层施工法

当围岩稳定性较差，或者由于硐室高度过大而不便于施工时，可将硐室沿高度方向分为几个分层，采用自上向下或自下向上分层进行施工，即分层施工法。采用分层施工法时，由于空间较大，工人作业方便，比用导硐施工法的效率高、速度快、成本低。

根据工程条件的不同，可以采用逐段分层掘进，随之进行临时支护，待各个分层全部掘完之后，再自下而上一次连续整体地完成硐室永久支护的作业方式；也可以采用掘砌完一个分层，再掘砌下一个分层的作业方式；还可以安排硐室各分层前后分段同时施工，使硐室断面形成台阶式工作面，上分层超前的称正台阶工作面，下分层超前的称倒台阶工作面。

1. 正台阶施工法

正台阶施工法也称为下行分层施工法。按照硐室高度，整个断面可分为 2～3 个分层，每分层的高度以 1.8～3.0 m 为宜；也可按拱基线分为上、下两个分层。上分层的超前距离一般为 2～3 m，如图 7-20 所示。

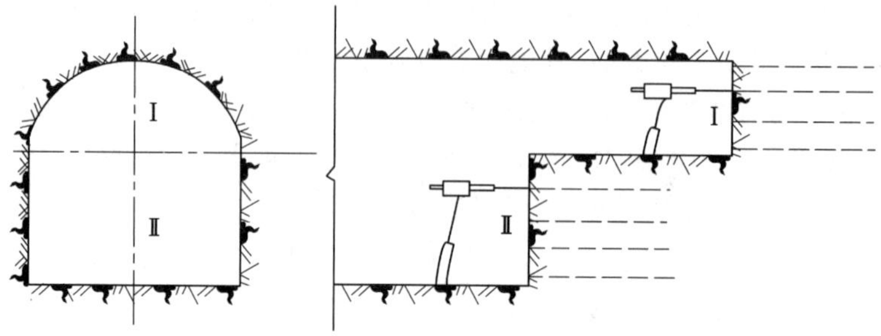

图 7-20　正台阶施工法

如果硐室采用砌碹支护，在上分层掘进时应先用锚喷支护进行维护，同时也是永久支护的一部分。砌碹工作可落后下分层掘进 2.0～3.0 m，下分层也随掘随砌，使墙紧跟迎头，整个拱部的后端与墙成一整体，保证施工安全。

采用下行分层法施工时，要合理确定上下分层的错距，距离太大则上分层出矸困难，距离太小则上分层钻眼困难，故上下分层工作面的距离以便于气腿式凿岩机正常工作为宜。为便于上分层施工时出矸和上下人员，下分层工作面应做成斜坡状。图 7-21 为抚顺龙凤矿水泵房正台阶法施工时工作面的分层状况。

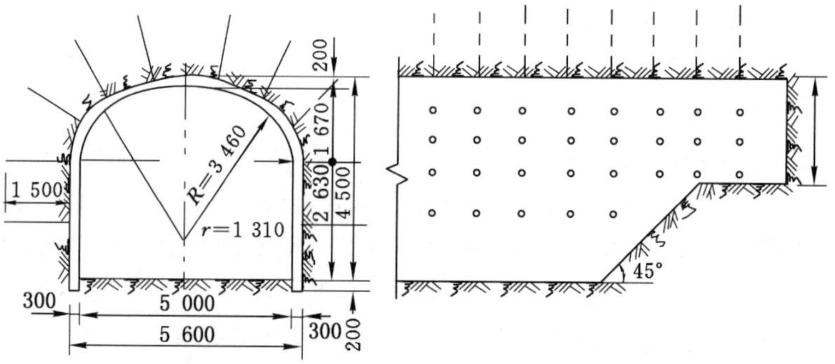

图 7-21　龙凤矿水泵房正台阶施工法

这种施工方法的优点是断面呈台阶式布置，施工方便，有利于顶板维护，下台阶爆破效率较高；缺点是使用铲斗式装载机时，上台阶要人工扒矸，劳动强度较大，上下台阶工序配合要求严格，不然易产生干扰。

2. 倒台阶施工法

倒台阶施工法也称为上行分层施工法，其分层与下行分层法基本相同，只是下部工作面超前于上部工作面，如图 7-22 所示。施工时先开挖下分层，上分层的钻眼、装药连线工作通过临时台架进行，也可采用先拉底后挑顶的方法进行，以便登渣作业。

采用锚喷支护时，拱部的支护工作一般与上分层的开挖同时进行，墙部锚喷支护随后进行。采用砌筑混凝土支护时，下分层工作面Ⅰ超前 4～6 m，高度为设计的墙高。随着下分

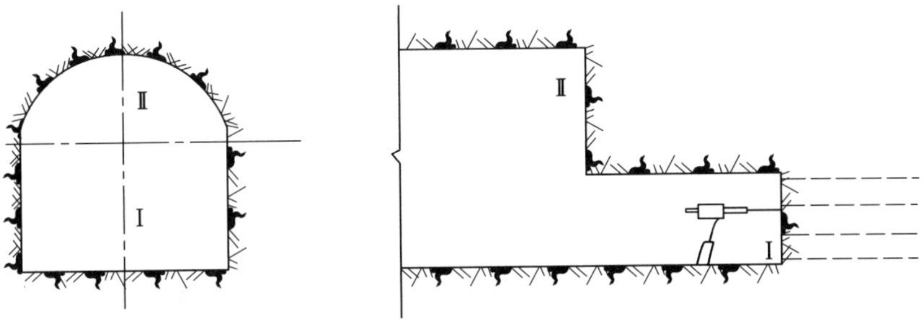

图 7-22　硐室倒台阶施工法

层工作面的掘进先砌墙，上分层工作面Ⅱ随挑顶随砌筑拱顶。下分层开挖后的临时支护，视围岩情况可用锚喷或金属棚式支架等。

倒台阶施工方法的优点是不必人力扒矸，爆破条件好，砌碹时拱和墙接茬质量好；缺点是挑顶工作较困难，下分层需要架设临时支护以保证施工安全，所以采用较少。

（三）导硐施工法

导硐施工法是在硐室的某一部位先掘一个小断面的导硐，然后再进行开帮、挑顶或卧底，将导硐逐步扩大至硐室的设计断面。导硐的断面积，不宜大于 10 m^2。导硐可以一次掘到硐室全长，然后再行扩硐，也可以使导硐超前一定距离，随后进行扩硐工作。

根据导硐在硐室断面内的部位不同，导硐施工法又可分为中央上导硐、中央下导硐、单侧下导硐、双侧下导硐和上下导硐等多种具体的施工方法。

1. 两侧导硐施工法

在松软、不稳定岩层中，为了保证硐室施工的安全，在两侧墙部位置沿硐室底板开掘小导硐(图 7-23)，其断面不宜过大，以利控制顶板。掘一层导硐，随即砌墙，然后再掘上一分层的导硐，矸石存放在下层导硐里，作为施工的脚手架，接着再砌边墙到拱基线位置。墙部完成后开始挑顶砌拱，拱部完成后，爆破清除中间所留的岩柱。

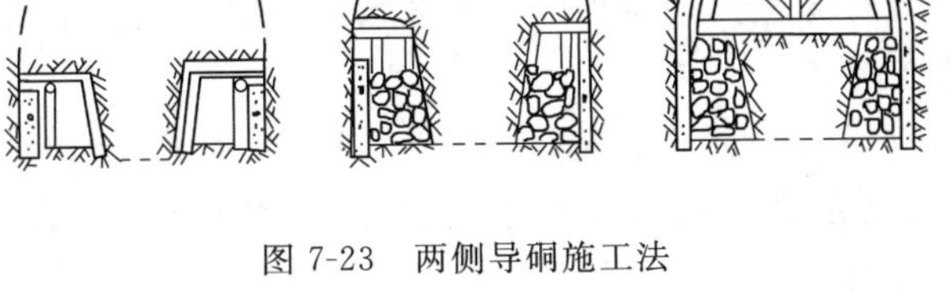

图 7-23　两侧导硐施工法

2. 中央下导硐施工法

导硐位于硐室中部靠近底板位置，导硐断面可按单轨巷道考虑以满足机械装岩为准。当导硐掘到预定位置后，再进行刷帮、挑顶，并完成永久支护工作。硐室采用锚喷支护时，宜用中央下导硐先挑顶后刷帮的施工顺序[图 7-24(a)]，挑顶的矸石可用装载机装出，挑顶后随即安装拱顶锚杆和喷射拱部混凝土，然后刷帮并喷射墙部混凝土。对于砌碹支护的硐室，宜采用中央下导硐先刷帮后挑顶的施工顺序[图 7-24(b)]，在刷帮的同时完成砌墙工作，然后挑顶，完成拱部砌碹。

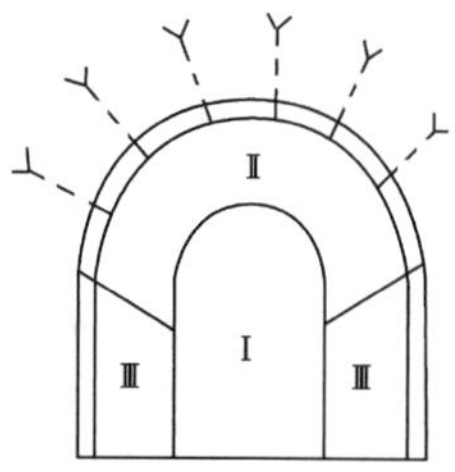

(a) 先拱后墙施工法

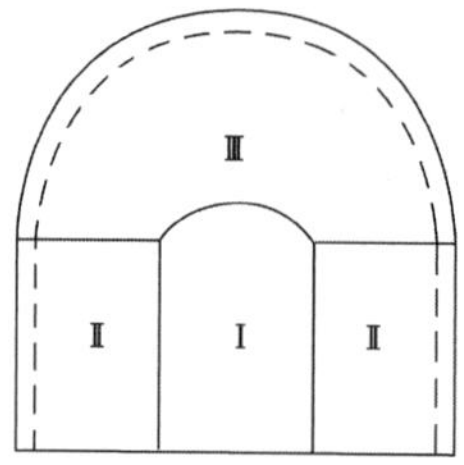

(b) 先墙后拱施工法

图 7-24　中央下导硐施工法

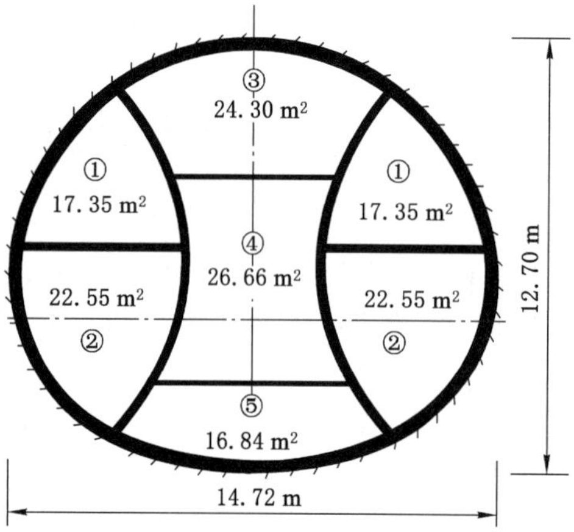

图 7-25　某特大断面硐室导硐施工法施工顺序

导硐施工法曾广泛用于围岩稳定性差、断面又比较大的硐室，对特大断面硐室（如 50 m^2 以上）多采用两侧导硐施工法，图 7-25 为某特大断面硐室的导硐施工法施工顺序，整个断面左右对称分两步同时施工，中间岩柱从上到下分三步施工。整个断面高度 12.70 m，宽度 14.72 m，面积高达 147.6 m^2。

导硐施工法采用先导硐，然后逐步扩大的分部施工顺序，能有效地缩小围岩的暴露面积和时间，使硐室的顶、帮易于维护，施工安全得到保障。但导硐施工法步骤多、效率低、速度慢、工期长、成本高。随着锚喷支护技术的推广应用，以及顶板控制技术水平的不断提高，这一方法的使用日渐减少。

需要指出的是，各种硐室通常都是矿井内服务年限较长的工程设施。因此，在矿井开拓设计时，应尽量将硐室布置在稳定岩层中，这样既有利于施工和保证作业安全，同时也有利于保证硐室在服务期内的可靠使用，减少硐室的使用维护费用。如果硐室的位置无法避开不稳定岩层，那么，施工中就要采取可靠的技术措施，确保硐室施工的安全和质量。

二、箕斗装载硐室施工

箕斗装载硐室是矿井原煤提升系统中的关键工程，断面大，结构复杂，施工中有大量的预留孔和预埋件，工程质量要求高，施工技术难度大，是整个矿井建设中的重要工程内容之一，需要科学组织、精心施工。

根据箕斗装载硐室与主井井筒施工的先后关系，箕斗装载硐室的施工方法分为与井筒顺序施工、与井筒同时施工以及与主井井口永久建筑平行施工三种。

（一）箕斗装载硐室与井筒顺序施工

当井筒掘砌到硐室位置时，除硐口范围预留外，其他井筒部分全部砌筑，然后井筒继续向下掘进到底；根据围岩情况，预留出的硐口部位暂时用锚喷做临时支护。主、副井在运输水平先进行短路贯通，待副井永久提升设施运行后，再返回来采用自上向下分层方法施工箕斗装载硐室。这种施工方案的主要优点是箕斗装载硐室的施工不占用建井总工期。但此时主井凿井设备都已拆除，需要重新安装一套临时施工设施，又是高空作业，对安全工作要求高，因此施工比较复杂。施工时矸石全部落入井底，后期清底困难，而且延长了井筒施工期。

兖州矿区东滩煤矿，主井净直径 7.0 m、井深 786.5 m，井内安装两对 16 t 箕斗。箕斗装载硐室位于井底车场水平以下，双面对称布置，硐室高 19.96 m、宽 6.5 m、深 6.45 m，分上、中、下 3 室，硐室掘进最大横断面 133 m^2、最大纵断面 135.7 m^2（图 7-26）。

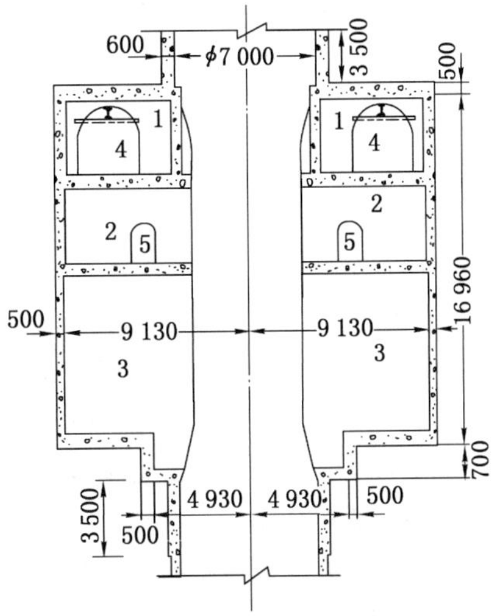

1—上室；2—中室；3—下室；
4—带式输送机巷；5—壁龛。

图 7-26　东滩矿箕斗装载硐室结构图

与井筒顺序施工时，第一阶段采用全断面深孔爆破，自井底车场水平向下掘进，施工井筒到底，一次支护为挂网喷射混凝土，二次支护由下向上浇筑混凝土井壁，预留出箕斗装载硐室硐口；第二阶段施工箕斗装载硐室，先掘后砌。硐室掘进自上向下分层进行，先掘出拱顶，用锚喷进行一次支护，然后逐层下掘，待整个硐室掘出后，再自下向上连续浇筑硐室的钢筋混凝土，并与井筒的井壁部分相接。为加快速度，硐室掘出的矸石，暂放入井底，待以后集中出矸；砌筑时，布筋、立模与混凝土浇筑，南北两侧硐室交替进行。

硐室施工时全高自上向下分成 12 段。拱部及拱基线上 0.4 m 为第Ⅰ段，段高 4.05 m；以下每 1.5 m 为一段高（图 7-27）。硐室开挖由上向下逐段进行，光面爆破。待硐室全部掘

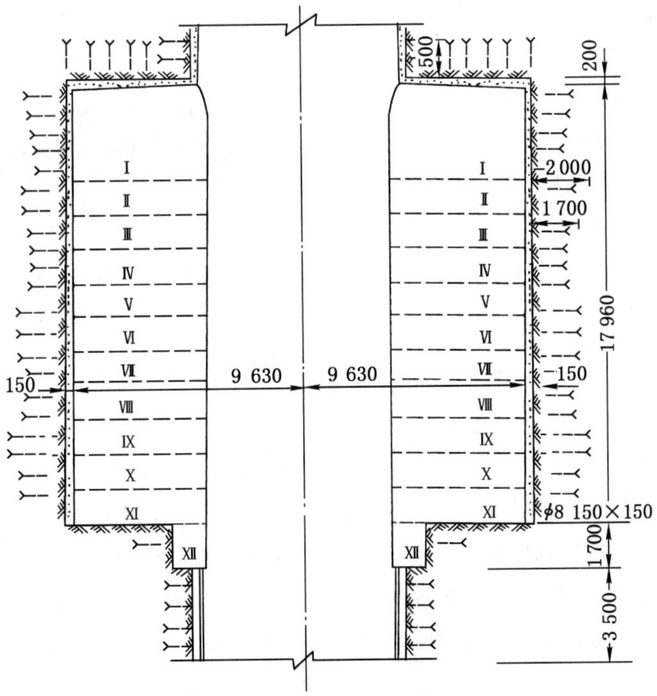

图 7-27　箕斗装载硐室下行分段开挖和临时支护

出后，最终由下向上一次连续地完成下室、中室、上室的墙、拱以及中间隔板的钢筋混凝土浇筑工作。混凝土浇筑由里向外进行，井内利用吊桶下混凝土料。

该箕斗装载硐室掘进总体积为 1 332.3 m^3，砌筑总体积为 619.8 m^3，钢筋及预埋件共耗用钢筋 53.1 t，硐室施工工期为 110 d。

（二）箕斗装载硐室与井筒同时施工

当井筒掘至硐室上方 4～6 m 处时停止掘进，并将上段井壁砌好，再继续下掘井筒至硐室位置。若岩层比较稳定，允许围岩大面积暴露时，井筒工作面与硐室工作面可错开一茬炮的高度(1.5～2.0 m)，分层下行施工的顺序如图 7-28 所示。若围岩稳定性差，硐室各分层可与井筒交替施工。为了操作方便，井筒工作面始终超前硐室一个分层，硐室爆破产生的矸石扒放到井筒中装提出井。随掘随采用锚喷网进行一次支护，及时封闭裸露围岩。待整个硐室全部掘完后，再进行二次支护，由下向上绑扎钢筋、立模板，先墙后拱连同井壁连续整体浇筑。硐室底板在墙、拱筑好后再浇筑。硐室施工完成后，再继续向下开凿井筒。

当围岩松软，且硐室顶盖设计为平顶，不允许暴露较大的面积时，上室第一分层可采用两侧导硐，沿硐室周边掘进贯通，并架设临时支护。导硐的墙和井筒同时立模板和浇筑混凝土，如图 7-29 所示。

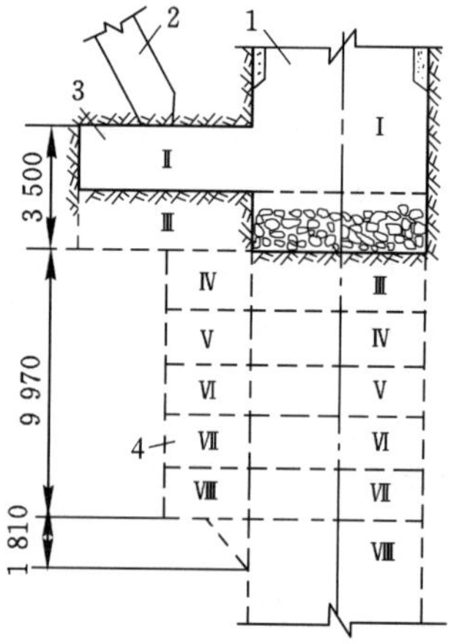

1—井筒；2—煤仓；3—上室；4—下室。

图 7-28　硐室与井筒同时施工分层下行施工顺序

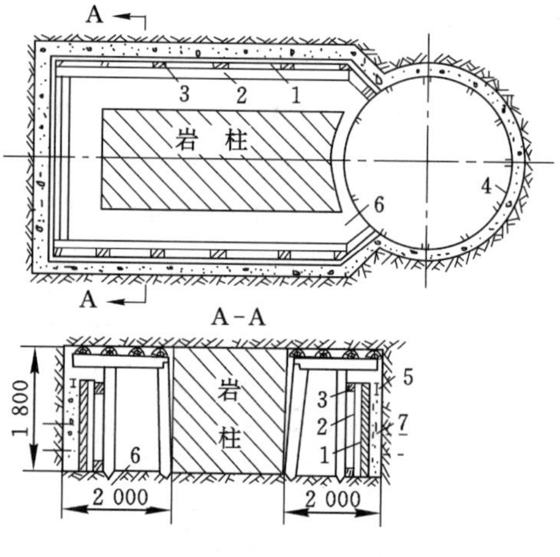

1—模板；2—竖向方木；3—横向方木；
4—井筒模板；5—操平钢轨；6—导硐；7—金属托钩。

图 7-29　硐室上室第一分层的掘砌施工

为了防止碹墙下沉，应在围岩内打入金属托钩，并将托钩浇筑在墙壁内。硐室顶盖为平顶工字钢与混凝土联合支护。顶盖施工时要把煤仓下口按规格留出，而分煤器必须和顶盖一起施工。上室第一分层墙、顶的浇灌工作应与井筒的砌壁工作同时进行，这样使硐室的墙、顶盖和井壁形成一个整体。然后继续往下掘进井筒，同时掘进硐室各分层，硐壁可用锚杆做临时支护，并在井筒砌壁的同时，完成硐室墙的浇灌工作。

与井筒同时施工方案可充分利用凿井设备进行硐室施工，具有效率高、安全性好、工作简单的特点，同时硐室施工前的准备工作较少。但是硐室施工占用了井筒工期，拖延了井筒到底的时间。

淮北矿区临涣煤矿设计年产量为 180 万 t，主井净直径为 6.5 m，井内安装 3 个 12 t 箕斗，南硐室为单箕斗，北硐室为双箕斗，箕斗装载硐室断面为马蹄形，两硐室分别连接一条带式输送机巷(图 7-30)。北硐室和南硐室最大掘进断面积分别为 150.7 m^2 和 103.98 m^2。箕斗装载硐室横硐室的拱部掘进先由两侧的带式输送机巷以导硐(2 m×2 m)与主井井筒贯通，然后从硐室后墙向井筒方向刷大至拱顶(图 7-31)。采用喷锚网架联合支护形式，边掘边进行硐室外层的一次支护。由于硐室跨度大，拱部增加金属槽钢支架，南北硐室各布置 12 架，最后复喷混凝土到设计厚度，及时有效地控制了硐室顶板的围岩。该硐室掘进总工程量为 2 124 m^3，砌筑总工程量为 1 104 m^3，施工期为 110 d，取得了快速、安全、高质量的施工效果。

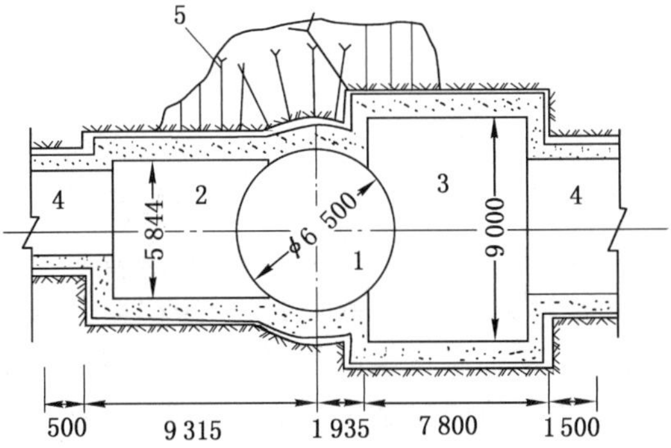

1—主井井筒；2—南硐室；3—北硐室；
4—带式输送机巷；5—锚杆。

图 7-30　临涣主井箕斗装载硐室平面图

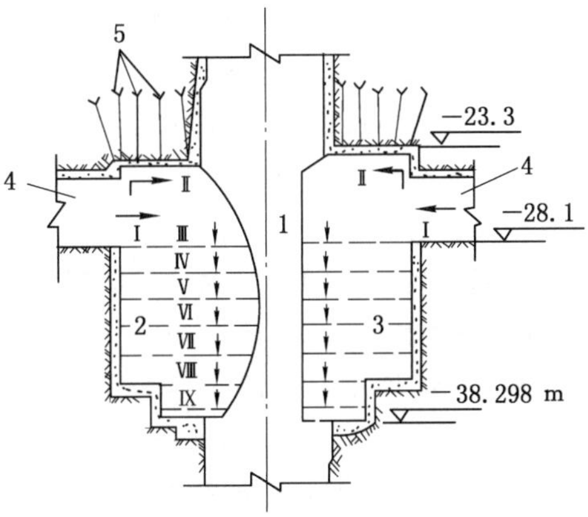

1—井筒；2，3—南、北箕斗装载硐室；
4—带式输送机巷；5—锚杆。

图 7-31　临涣主井箕斗装载硐室掘进顺序图

（三）箕斗装载硐室与主井井口永久建筑平行施工

为了使箕斗装载硐室的施工不占用井筒工期，从而有效地缩短建井总工期，待主井井筒掘砌到设计深度后，暂不施工箕斗装载硐室，而在主井井塔工程施工的同时施工箕斗装载硐室，即箕斗装载硐室与主井井口永久建筑平行施工。采用平行法施工时，通常是在主井井筒到底后，立即组织主井和副井短路贯通，并暂将主井井筒的提升设施由吊桶改装成临时罐笼，以利担负井底车场施工的提升任务。待副井井筒永久提升设备开始运转以后，随之拆除主井的临时罐笼，再开始箕斗装载硐室的施工。当主井采用立式圆筒煤仓和配煤用带式输送机巷与箕斗装载硐室相联系时，箕斗装载硐室可从带式输送机巷方向进行施工，一般用下行分层的掘进方法，并用锚喷做临时支护，矸石抛落到井底，并由清理斜巷提出。

这时施工箕斗装载硐室，由于主井井筒的凿井设备大部分已经拆除，因此需在井底车场或辅助水平的井筒通道处重新布置施工硐室用的提绞设备，并要在井筒中重新安置保护盘、封口盘、吊盘和天轮平台。因此，硐室施工前期的准备工作量比较大，同时由于高空作业，必须采取防坠等安全措施。但其最大的优点是硐室施工时不占用建井工期。

三、马头门施工方法

根据马头门与井筒之间施工的先后顺序，马头门的施工方法可分为与井筒顺序施工法和与井筒同时施工法两大类。

（一）马头门与井筒顺序施工

当井筒掘砌到马头门位置处时，预留下马头门的硐口不砌（硐口预留得稍大一点，以免将来马头门掘进爆破时崩坏井壁），暂时将硐口用喷射混凝土作为临时支护封闭起来，待井筒掘砌到设计深度后，再返上来施工马头门。为了施工方便，可以在马头门底板下面位置搭设一个临时固定盘作为掘砌工作台，也可以直接利用凿井吊盘作为活动的掘砌工作台。

顺序施工最突出的优点是马头门施工不占用井筒施工工期，可使井筒提前到底。后期的马头门施工也可以和其他工程平行进行。但是，顺序施工不如同时施工方案方便，而且由于井壁和马头门壁不是一次连续整体浇筑，所以需要特别注意马头门的质量。当采用临时固定盘施工时，盘的安、拆费工费料，后期清除井底的存矸也需要花费时间，而且是高空作业，必须采取安全措施预防坠落。

（二）马头门与井筒同时施工

当井筒掘进到马头门上方 5～10 m 处时，暂停掘进，先将上段井壁砌好，随后再向下掘进井筒，当掘到马头门硐口处时，随井筒的下掘将马头门同时掘进出来，然后再将马头门和这段井壁一次砌好，待马头门与井筒连接处施工完成后，再掘砌井筒余下的井底部分。施工顺序如图 7-32 所示，1～10 表示马头门施工顺序。若岩层松软、破碎，两侧马头门应分别施工；在中等以上稳定岩层中，两侧马头门可同时施工。若围岩比较坚硬稳定，可采用锚喷做临时支护，为了加快施工速度，可安排自上而下分层与井筒同时施工的方法施工马头门，如图 7-33 所示，Ⅰ～Ⅳ表示马头门施工顺序。

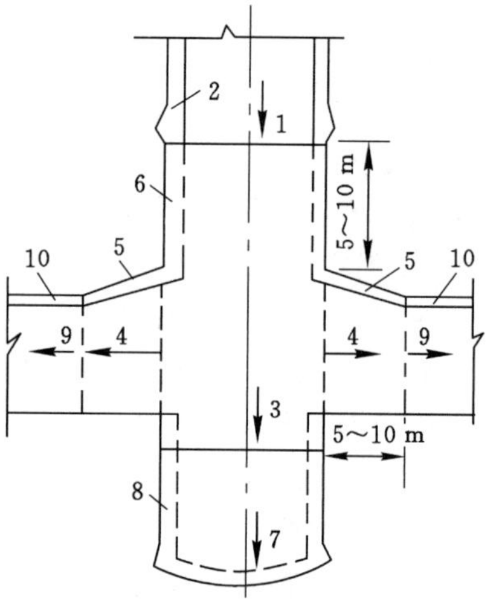

图 7-32　马头门施工顺序图

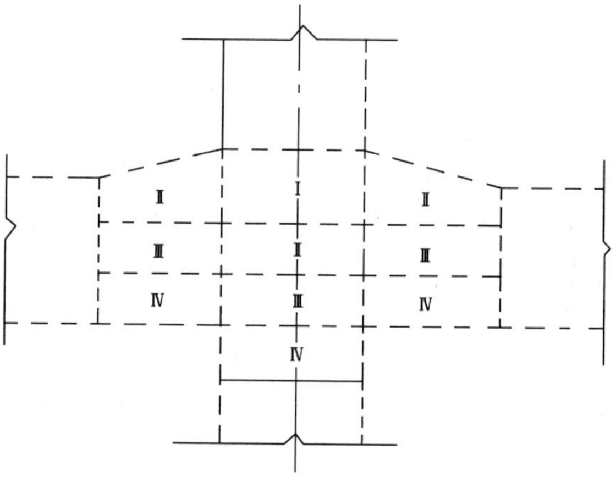

图 7-33　马头门与井筒同时施工法

马头门与井筒同时施工，可以充分利用凿井设备和设施进行打眼爆破、通风排烟、装岩提升、压气供应、排水、拌料下料等工作，使准备、辅助工作大大简化；同时，支护的整体性好，工程质量易于保证。但是马头门施工占用井筒的施工工期，致使井筒到底时间向后推迟了一段时间。需要指出的是，由于马头门与井筒相连接，断面较大，又受施工条件的限制，所以一般多采用自上而下分层施工法，而很少采用全断面一次掘进法。

第四节 平巷交岔点设计与施工

一、平巷交岔点类型

井下巷道相交或分岔部分的那段巷道称为巷道交岔点。可以说，交岔点是井底车场水平的特殊巷道或硐室，按其结构形式不同，矿井水平巷道交岔点可分为柱墙式交岔点和穿尖式交岔点两种(图 7-34)。

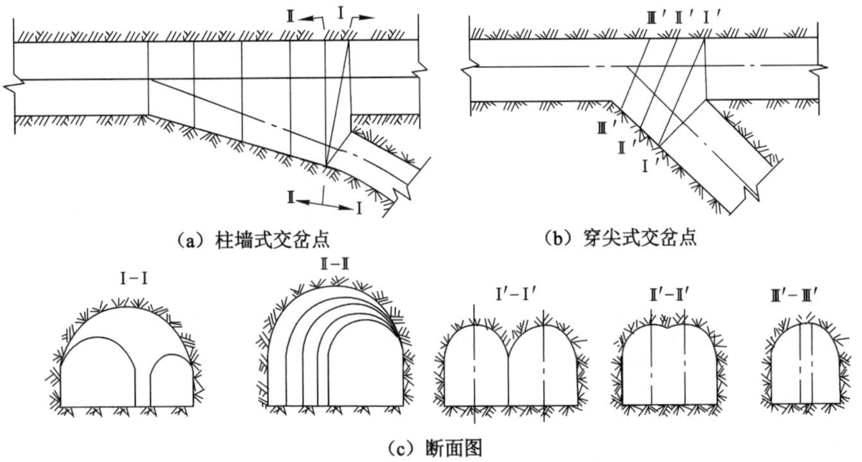

图 7-34 柱墙式交岔点和穿尖式交岔点

柱墙式交岔点又称“牛鼻子”交岔点，在各类围岩的巷道中均可使用。在该交岔点长度内两巷道的相交部分，共同形成一个渐变跨度的大断面，其最大断面的跨度和拱高是由相交巷道的宽度和柱墙的宽度决定的。这种交岔点较穿尖式交岔点工程量大、施工时间长，但具有受力条件好、维护容易等特点，所以得到普遍应用。

穿尖式交岔点一般在围岩稳定、跨度小的巷道中使用。穿尖式交岔点具有拱高小、长度短、断面尺寸不渐变的特点，从而其工程量减小，施工时间缩短，设计工作简化。在交岔点长度内，两巷道为自然相交，其相交部分保持各自的巷道断面。拱高不是以两条巷道的最大跨度来决定，而是以巷道自身跨度来决定的。因此，碹岔中间断面的高度不应超过两相交巷道中宽巷的高度。但与柱墙式交岔点相比，在相同条件下，其拱部承载能力较小，因此这种交岔点仅适用于围岩坚硬、稳定，巷道跨度小于 5.0 m，转角大于 45°的情况。

按支护方式不同，交岔点可分为简易交岔点和碹岔式交岔点。简易交岔点，是指以往采用棚式支架或料石墙加钢梁支护的交岔点，多用于围岩条件好、服务年限短的采区巷道或小型矿井。碹岔式交岔点以往采用混凝土砌筑，现在多采用锚喷支护，用于服务年限较长的各种巷道。

二、交岔点道岔结构形式

轨道运输依然是目前煤矿井下辅助运输的主要方式。因此，井下巷道交岔点的布置和断面设计，除了满足井下管线布置、通风、行人和安全的要求外，还要根据所采用的运输车辆的型号、运量等因素，选择合适的交岔点道岔型号、曲线半径及轨型，所用轨型应与其相连接的直线巷道(正线)的轨型一致,并符合《煤矿井下车场及硐室设计规范》(GB 50416—2017)中的有关规定(表7-3)。矿井轨型与运输设备、使用地点的选择关系见表 7-4。

表 7-3　井底车场轨道线路轨型、道岔及曲线半径

牵引设备	矿车类型	轨距/mm	轨型/(kg/m)	道岔号码		曲线半径/m
				单开	对称	
非机车牵引	1.0 t 固定式	600	15、22	2,3	3	9～12
	1.5 t 固定式	600 900	15、22	3,4	3	9～12
	3.0 t 固定式	900	22	3,4	3	12～15
无极绳绞车	1.0 t 固定式	600	15、22	4,5	3	30～50
7 t 以下机车	1.0 t 固定式	600	22	4	3	12、15
	1.5 t 固定式	600 900	22、30	4,5	3	15～20
	3.0 t 固定式	900	30	4,5	3	20～25
7～12 t 机车	1.0 t 固定式	600	30	4,5	3	15～20
	1.5 t 固定式	600	30	4,5	3	15～20
		900				20～25
	3.0 t 固定式	900	30	5	4	20～25
	3.0 t 底卸式	600	30	5	4	25～30

注:采用渡线道岔时可按表中单开道岔号码选取;中、小型矿井可取小值。

表 7-4　矿井轨型及运输设备选用要求

使用地点	运输设备	轨型/(kg/m)
运输大巷	10 t 电机车	30
	7 t,8 t 电机车	22、30
上、下山	3 t 矿车	22、30
	1 t,1.5 t 矿车	15、22
区段平巷	3 t 矿车	22、30
	1.5 t 矿车	15

煤矿井下轨道运输属于窄轨铁路运输,道岔是交岔点轨道运输线路的重要组成部分。

1. 道岔的结构及参数

道岔是交岔点轨道运输线路连接系统中的基本元件,它是使车辆由一条线路转驶到另一条线路的装置。其构造如图 7-35 所示,它主要由岔尖、基本轨、辙岔(岔心和翼轨)、护轮轨以及转辙器等部件构成。

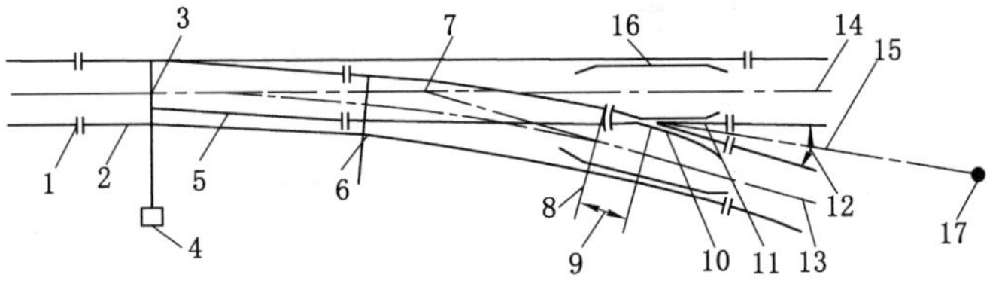

1—基本轨接头；2—基本轨；3—牵引拉杆；4—转辙机构；5—岔尖；6—曲线起点；
7—转辙中心；8—曲线终点；9—插入直线；10—翼轨；11—岔心；12—辙岔岔心角；
13—侧轨轴线；14—直轨轴线；15—辙岔轴线；16—护轮轨；17—警冲标。

图 7-35 窄轨道岔构造图

岔尖是道岔的最重要零件，它的作用是引导车辆向主线或岔线运行。岔尖要紧贴基本轨，高度应等于或小于基本轨高度，要具有足够的强度。岔尖的摆动依靠转辙机构来完成。

辙岔是道岔的另一个重要零件，其作用是保证车轮轮缘能顺利通过。它是由岔心和翼轨钢板焊接而成的，也有用高锰钢整体铸造的。后者稳定性好，强度高，寿命比前者高6～10 倍。

辙岔岔心角 α（简称辙岔角）是道岔的最重要参数。用它的半角余切的 1/2 表示道岔号码 M，即 $M=\frac{1}{2}\cot\alpha/2$。窄轨道岔的号码 M 分为 2、3、4、5 和 6 号五种，其相应的辙岔角应分别为 28°04′20″、18°55′30″、14°15′、11°25′16″和 9°31′38″。可见，M 越大，α 角越小，道岔曲线半径 R 和曲线长度越大，车辆就越平稳。

护轮轨是防止车辆在辙岔上脱轨而设置的一段内轨。

2. 道岔的类型

根据我国煤炭行业标准《窄轨铁路道岔》（MT/T 2—1995）的规定，窄轨铁路道岔有 600 mm、762 mm 和 900 mm 三种轨距，15 kg/m、22 kg/m、30 kg/m、38 kg/m、和 43 kg/m 等 5 种轨型，单开（ZDK）、对称（ZDC）、渡线（ZDX）、交叉渡线（ZJD）、对称组合（ZDZ）、菱形交叉（ZJC）和四轨套线（ZTX）等 7 种类型。其中，单开、对称和渡线道岔是煤矿井下最常用的道岔类型，其计算简图见图 7-36。

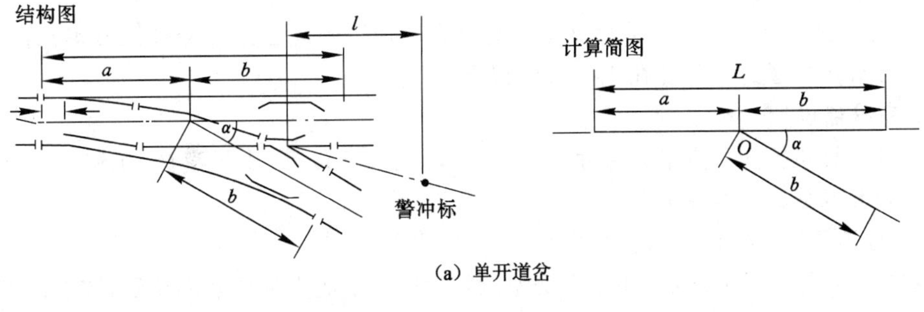

(a) 单开道岔

a—转辙中心至道岔起点的距离；b—转辙中心至道岔终点的距离；L—道岔长度；S—轨距。

图 7-36 道岔的结构与计算简图对照图

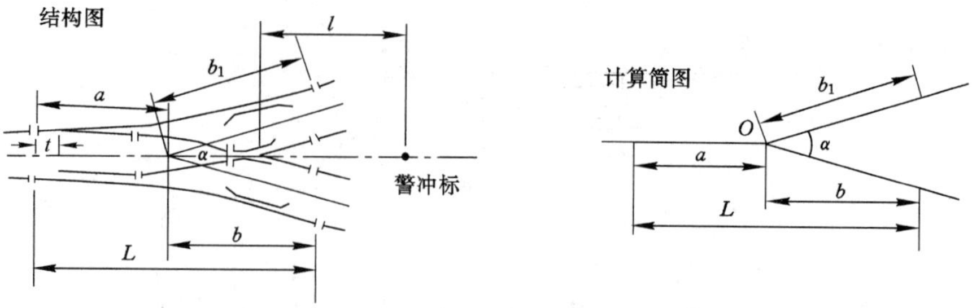

(b) 对称道岔

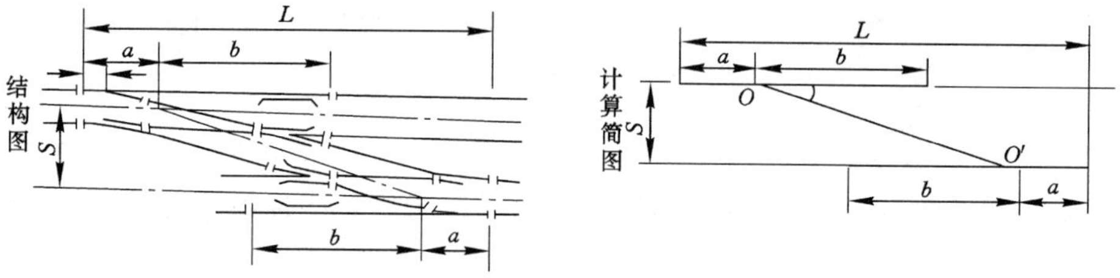

(c) 渡线道岔

图 7-36(续)

道岔规格用类型、轨距、轨型、道岔号码和曲线半径来表示，如 ZDK615/4/15 表示：600 mm 轨距、15 kg/m 钢轨、4 号窄轨单开道岔、曲线半径为 15 m；ZDX918/5/2016 表示：900 mm 轨距、18 kg/m 钢轨、5 号窄轨渡线道岔、曲线半径为 20 m、轨道中心距为 1 600 mm。

需要说明的是，ZDK、ZDX 均有方向性，未注明方向的，为右向道岔。

3. 道岔的选择原则

道岔本身制造质量的优劣或道岔型号是否合适，对车辆运行速度、运行安全和集中控制程度等均有很大影响。道岔的选用一般应遵循以下原则：

① 与基本轨的轨距相适应。如 DK615/4/12 道岔只适用于 600 mm 轨距的线路。

② 与基本轨的轨型相适应。道岔比基本轨的轨型可高一级或同级，不能低一级。如基本轨的轨型是 18 kg/m 的可选 18 kg/m 或者 24 kg/m 级道岔。

③ 与行驶车辆的类别相适应。多数标准道岔都允许机车通过，少数标准道岔由于道岔的曲线半径过小(≤9 m)、辙岔角过大(≥18°55′30″)，只允许矿车行驶。如 ZDK、ZDC 道岔中的 2、3 号道岔只能走矿车，不能走机车。

④ 与行车速度相适应。多数标准道岔允许车辆通过的速度为 1.5～3.5 m/s，而少数标准道岔只允许车辆通过的速度在 1.5 m/s 以下。

三、交岔点设计

交岔点设计包括交岔点平面尺寸设计、中间断面尺寸设计、支护设计、工程量与材料消耗量计算等几部分。

1. 交岔点平面尺寸设计

确定交岔点平面尺寸，就是要定出交岔点扩大断面的起点和柱墙的位置，即交岔点斜墙的起点至柱墩的长度，定出交岔点最大断面处的宽度，并计算出交岔点单位工程的长度。这些尺寸取决于通过交岔点的运输设备类型、运输线路布置的形式、道岔型号以及行人和安全间隙的要求。设计前，应先确定各条巷道的断面及主巷与支巷的关系，并以下述条件作为设计交岔点平面尺寸的已知条件：所选定道岔特征 a,b,α 值，轨道的曲率半径 R；支巷对主巷的转角 δ；各条巷道的净宽度 B_1,B_2,B_3 及轨道中心线至柱墙一侧边墙的距离 b_1,b_2,b_3。此外，标准设计还规定柱墙式交岔点柱墙的宽度为 500 mm，顺主巷方向长度取 2 000 mm，在支巷方向向外延轨道中心线或沿边墙延伸 2 000 mm。

下面以单轨巷道单侧交岔点为例介绍交岔点平面尺寸的确定方法。

首先应根据前述已知条件求曲线半径的曲率中心 O 点的位置，以便以 O 点为圆心、R 为半径定出弯道的位置(图 7-37)。O 点的位置距离基本轨起点的横轴长度 J、距基本轨中心线的纵轴长度 H，可按如下公式求得：

$$J = a + b\cos\alpha - R\sin\alpha \tag{7-10}$$

$$H = R\cos\alpha + b\sin\alpha \tag{7-11}$$

从曲率中心 O 到支巷起点 T 连一直线，直线 OT 与 O 点到主巷中心线的垂线夹角为 θ，其值为：

$$\theta = \arccos\frac{H - b_2 - 500}{R + b_3} \tag{7-12}$$

$$P = J + [R - (B_3 - b_3)]\sin\theta = J + (R - B_3 + b_3)\sin\theta \tag{7-13}$$

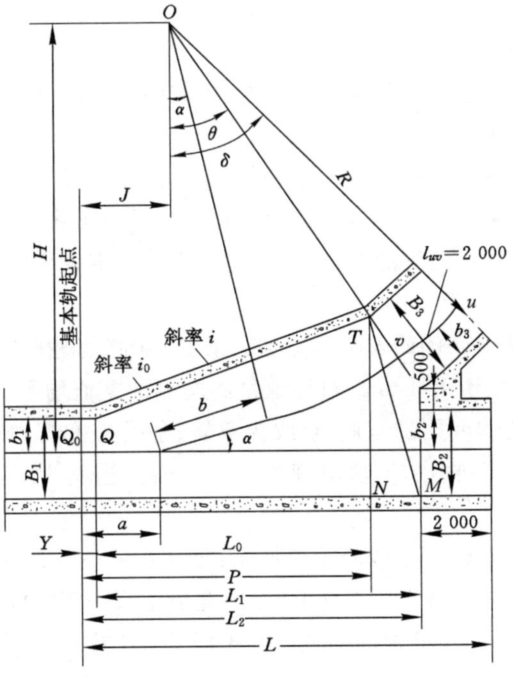

图 7-37　单轨巷道单侧交岔点平面尺寸计算图

为了计算交岔点最大断面宽度 TM，需解直角三角形 MTN：

$$TM = \sqrt{NM^2 + TN^2} \tag{7-14}$$

$$NM = B_3\sin\theta \tag{7-15}$$

$$TN = B_3\cos\theta + 500 + B_2 \tag{7-16}$$

于是，自基本轨起点至柱墙面的距离：

$$L_2 = P + NM \tag{7-17}$$

为了计算交岔点的断面变化，需要确定斜墙 TQ 的斜率 i，其方法是先按预定的斜墙起点（变断面起点）求算斜率 i_0，然后选用与它最相近的固定斜率 i，即

$$i_0 = (TN - B_1)/P \tag{7-18}$$

斜率表示巷道宽度的变化规律，根据 i_0 值的大小，选取固定斜率，一般的常用斜率 i 为 0.2、0.3、0.4、0.5 和 0.6 几种。

确定斜墙斜率后，便可定出斜墙（变断面）的起点 Q 到交岔点扩大断面部分的长度 L_0：

$$L_0 = \frac{TN - B_1}{i} \tag{7-19}$$

于是，变断面的起点至基本轨起点的距离：

$$Y = P - L_0 \tag{7-20}$$

Q 点在 Q_0 点之右，Y 为正值；Q 点在 Q_0 点之左，Y 为负值。

交岔点工程的计算长度 L，是从基本轨起点算起，至柱墙 M 点再延长 2 000 mm，于是：

$$L = L_2 + 2\ 000 \tag{7-21}$$

在支巷处，交岔点的终点应取为从柱墙面算起，沿轨道中心线 2 000 mm 处，也可近似地按直墙 2 000 mm 计算。

2. 交岔点中间断面尺寸计算

交岔点中间断面尺寸包括中间断面的宽度、中间断面的墙高和中间断面的拱高。

(1) 中间断面的宽度

中间断面的宽度取决于通过它的运输设备的尺寸、道岔型号、线路连接系统的类型、行人及错车的安全要求。考虑运输设备通过弯道和道岔时边角将会外伸，与直线段巷道相比，交岔点内道岔处车辆与巷道两侧的安全间隙，应在直线巷道安全间隙的基础上加宽，其加宽值应符合以下规定。

① 道岔处车辆与巷道两侧的安全间隙加宽值：单开道岔的非分岔一侧加宽值不宜小于 200 mm，分岔一侧不宜小于 100 mm；对称道岔的两侧加宽值均不宜小于 200 mm。

② 道岔处双轨中心线间距加宽值，直线为双轨、岔线为单轨，加宽值不宜小于 200 mm；直线一端为单轨、岔线为双轨，加宽值不宜小于 300 mm；道岔为对称道岔，加宽值不宜小于 400 mm。

③ 无道岔交岔点的双轨中心线间距应加宽：分岔巷道一条为直线，另一条为弯道时，加宽值不宜小于 200 mm；分岔巷道均为弯道时，加宽值不宜小于 400 mm。

④ 单轨巷道交岔点，巷道断面的加宽范围见图 7-38，图中 c 值见表 7-5。

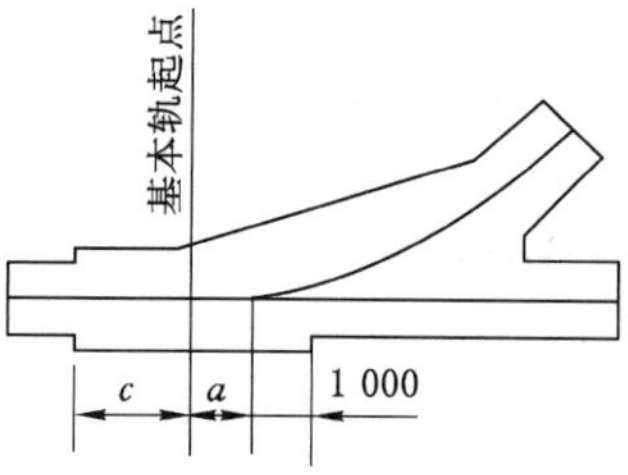

(a) 单开道岔交岔点

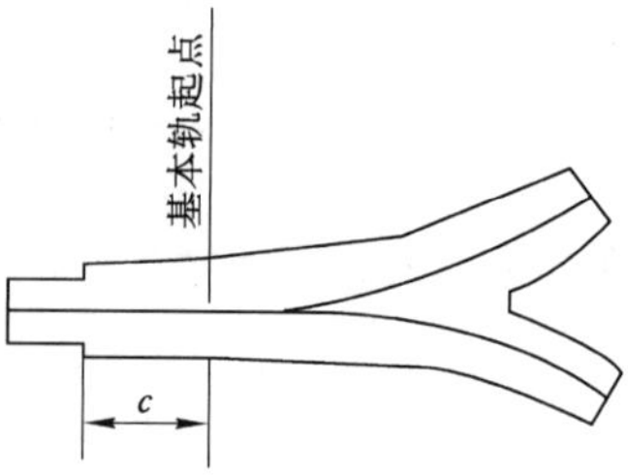

(b) 对称道岔交岔点

图 7-38　单轨道岔交岔点加宽范围

表 7-5　直线巷道加宽最小长度值　　单位：mm

车辆类型	直线巷道加宽最小长度值 c	车辆类型	直线巷道加宽最小长度值 c
1.0 t 固定式矿车	1 500	7(10) t 架线式机车	3 000
1.5 t 固定式矿车	2 000	8 t 蓄电池机车	3 000
3.0 t 固定式矿车	2 500	5.0 t 底卸式矿车	3 500
3.0 t 底卸式矿车	2 500	14 t 架线式机车	3 500

⑤ 双轨巷道交岔点的双轨中心线间距和巷道断面的加宽范围见图 7-39。图 7-39(c)所示交岔点，当运输设备为 10 t 及以下电机车和 3 t 以下矿车时，L 取值为 5 m；当运输设备为 10 t 以上电机车和 5 t 底卸式矿车时，L 取 6 m。

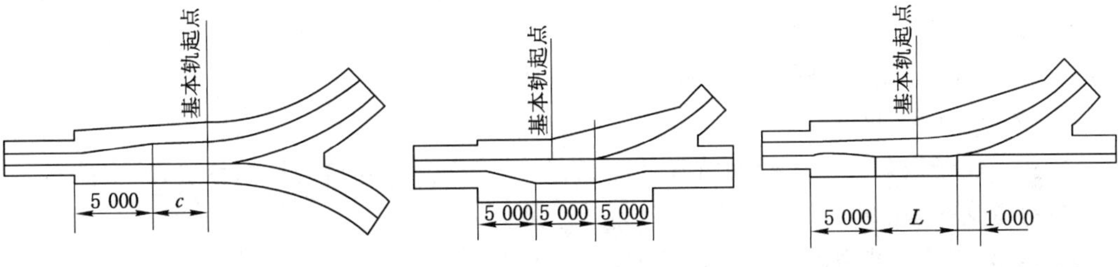

图 7-39　双轨巷道交岔点双轨中心线间距和巷道断面加宽范围

⑥ 无道岔交岔点的双轨中心线间距和巷道断面的加宽范围见图 7-40。

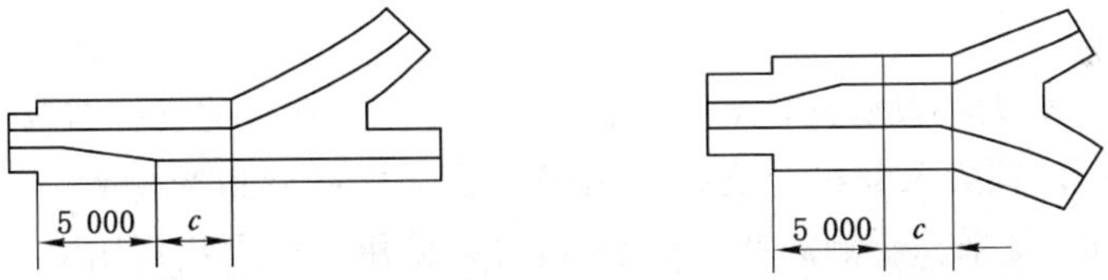

图 7-40　无道岔交岔点双轨中心线间距和巷道断面加宽范围

为了施工方便和减少通风阻力，在井底车场的交岔点，一般应不改变双轨中心线间距及巷道断面，这样在设计交岔点时，中间断面应选用标准设计图册中相应的曲线段断面(即参考运输设备通过弯道或道岔时边角外伸、双轨中心线间距及巷道宽度已加宽的断面)。

(2) 中间断面的拱高和墙高

交岔点巷道中间断面的拱高，半圆拱取宽度的 1/2，圆弧拱取 1/3。但由于宽度逐渐加大，中间断面的拱高随净宽的递增而逐渐增大；为了提高断面利用率，减少掘、支工程量，在满足安全、生产与技术需求的条件下，可将中间断面的墙高相应递减，使巷道全高的增加幅度不致过大(图 7-41)。

降低后的墙高或调整后的拱高，在 T、N、M 三点处应相同。这几处的巷道断面应保证运输设备、行人及管线装设的安全间隙和距离，故必须按本教材第二章中的方法和公式对墙高进行验算。设变断面部分起点处墙高为 h_{B1}，降低后最低处墙高为 h_{TM}，则墙高降低的斜

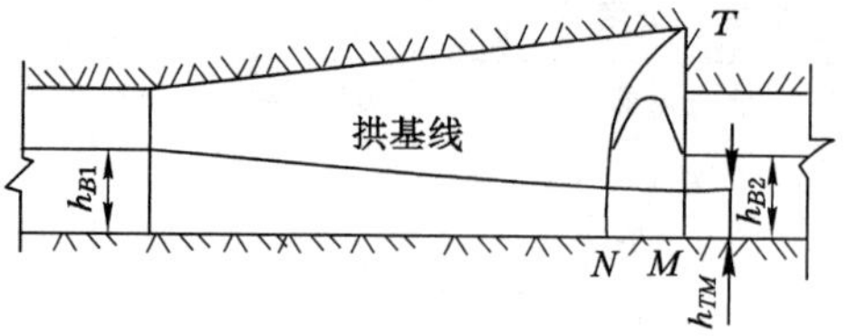

(a) 降低墙高

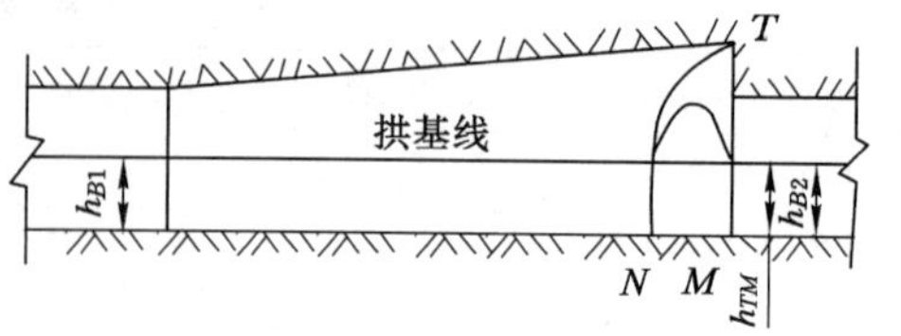

(b) 降低拱高

图 7-41　交岔点墙高、拱高降低示意图

率 i' 为：

$$i' = (h_{B1} - h_{TM})/L_0 \tag{7-22}$$

有了 i' 值，便可求得每米墙高递减值。T、N、M 三点处墙高均是 h_{TM}。h_{TM} 与以 B_2、B_3 为净宽的巷道墙高 h_{B2}、h_{B3} 的差值 Δh 应控制在 200～500 mm。如果 Δh 过大，对施工和安全都不利；如果 Δh 过小，则降低墙高的意义不大。

3. 交岔点的支护设计

交岔点属于煤矿井下大断面特殊巷道工程，由于交岔点巷道的结构特点，其支护不同于一般的巷道支护，在交岔点支护中，应坚持以下原则：

① 交岔点分岔巷道的加强支护长度，应根据围岩性质确定，宜取 2～5 m。

② 锚喷支护的交岔点，支护参数应按交岔点最大断面宽度 TM 选取，并取上限值。

③ 砌碹支护的交岔点，砌碹厚度应按交岔点最大宽度选取。分岔巷道的砌碹厚度，当 $f \geqslant 3$ 时，应按各自的宽度选取；当 $f < 3$ 时，应按交岔点的最大宽度选取。

④ 交岔点柱墙是两条分岔巷道顶板的支承点，当交岔点采用锚喷支护时，其柱墙处应采取措施加强支护。

根据交岔点断面大小及所处围岩条件的不同，交岔点常用的支护结构形式有：

① 预应力锚杆、锚索及其组合支护。在坚硬岩层中的巷道交岔点，可单独使用预应力锚杆喷混凝土支护；受采动影响的巷道交岔点，可以使用预应力锚杆锚索、柔性托架、金属网背板支架支护；复杂地质条件下的巷道交岔点，应采用预应力锚杆锚索组合支架（锚杆、锚索与喷射混凝土、金属拱形支架等组合形式）进行支护。预应力锚杆、锚索及其组合支护以其施工方便、支护效果好而被广泛采用。

② 现浇整体混凝土支护。根据使用条件，拱顶厚度为 200～500 mm，拱基处的厚度为 300～750 mm，柱墙宽度一般取 500 mm，长度取 2 m，混凝土强度等级不低于 C20；当交岔点载荷较大受不均匀地层压力作用，或交岔点跨度较大时，可用锚杆加强混凝土支护。

③ 型钢混凝土（钢筋混凝土）支护。在深井和地质条件复杂情况下，交岔点可采用型钢混凝土支护方式（图 7-42）。

型钢骨架采用工字钢或 U 型钢，待巷道周边的剧烈位移停止后，再浇筑混凝土，型钢拱形金属支架浇筑后起混凝土刚性骨架作用。当交岔点所处地压较大时，还可以采用钢筋混凝土支护。通常把钢筋布置在混凝土支护的内外边缘处，即采用双层钢筋。

④ 装配式钢筋混凝土弧板支架（图 7-43）。交岔点中间的变断面巷道可划分为几个区段，根据每个区段的掘进高度、净半径和掘进宽度，确定交岔点弧板块的长度和数量。弧板块支护的一侧支承在底板，另一侧支承在槽钢上，槽钢与 50 号工字钢组成抬棚的支承梁刚

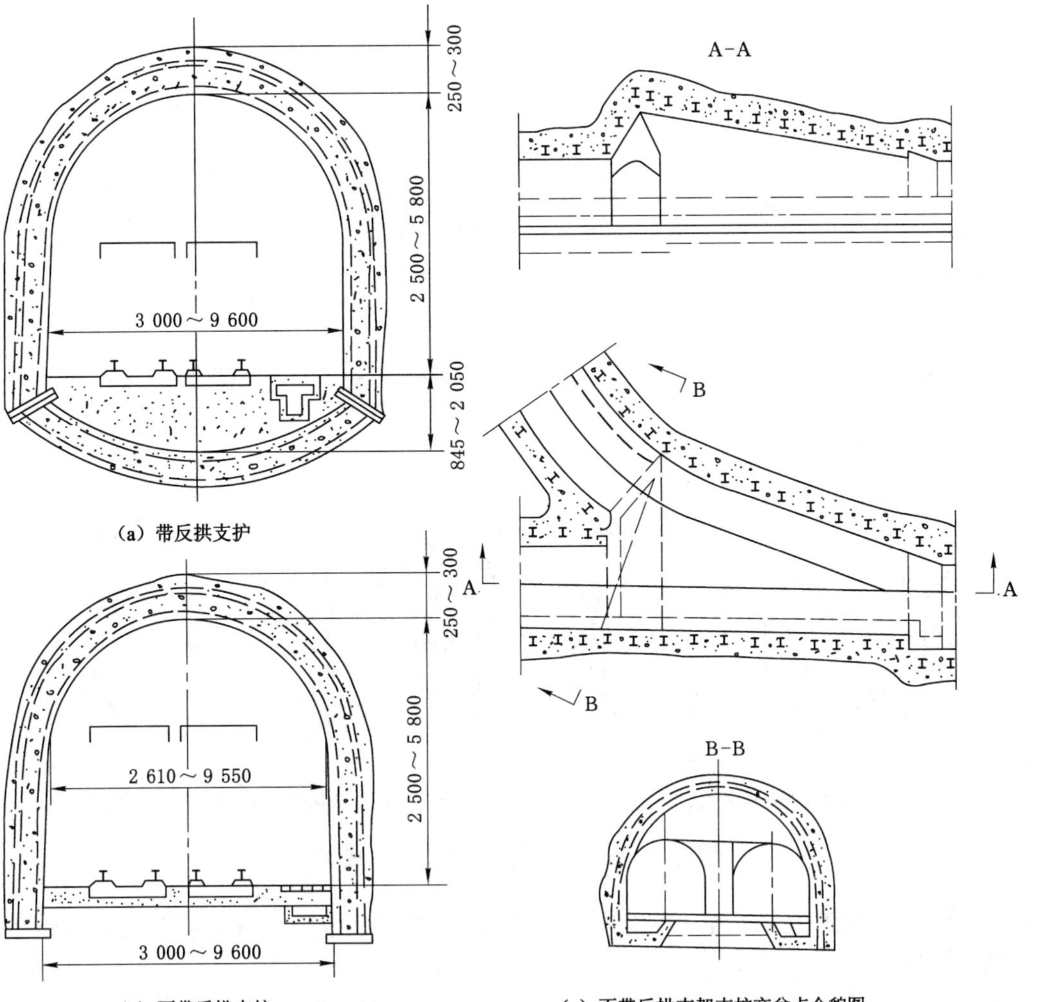

(a) 带反拱支护

(b) 不带反拱支护

(c) 不带反拱支架支护交岔点全貌图

图 7-42　巷道交岔点型钢混凝土支护

性连接。抬棚支承柱用混凝土浇灌。在巷道交岔点的分岔巷道段的混凝土平顶用 20 号工字钢按扇形布置加强，并用锚杆支护增强顶板岩石的稳定性。这种支护方式适用于巷道交岔点围岩稳定性很差的情况。

4. 交岔点工程量与材料消耗量计算

交岔点工程量与材料消耗量的计算方法有两种：一种是将交岔点按不同断面分为Ⅰ、Ⅱ、Ⅲ、Ⅳ、Ⅴ、Ⅵ共六个部分，分别计算各部分的工程量和材料消耗量，相加之和即交岔点的工程量及材料消耗量。另一种是采用近似计算，其精度能满足工程需要，施工中普遍采用。交岔点工程量计算的范围，一般是从基本轨起点至柱墙向支巷各延展 2 m。

图 7-44 是单轨巷道单侧分岔点的交岔点工程量及材料消耗量计算图。将整个交岔点分为六个部分（从基本轨起点或变化断面起点至柱墙面沿轨道中心线延伸 2.0 m 或沿柱墙边墙延伸 2.0 m 止），其中Ⅰ、Ⅳ、Ⅴ为不变化断面部分，Ⅱ为中间变化断面部分，Ⅲ为最大断面部分，Ⅵ为交岔点柱墙部分。先将各部分巷道断面分别计算出掘进体积和砌体材料消

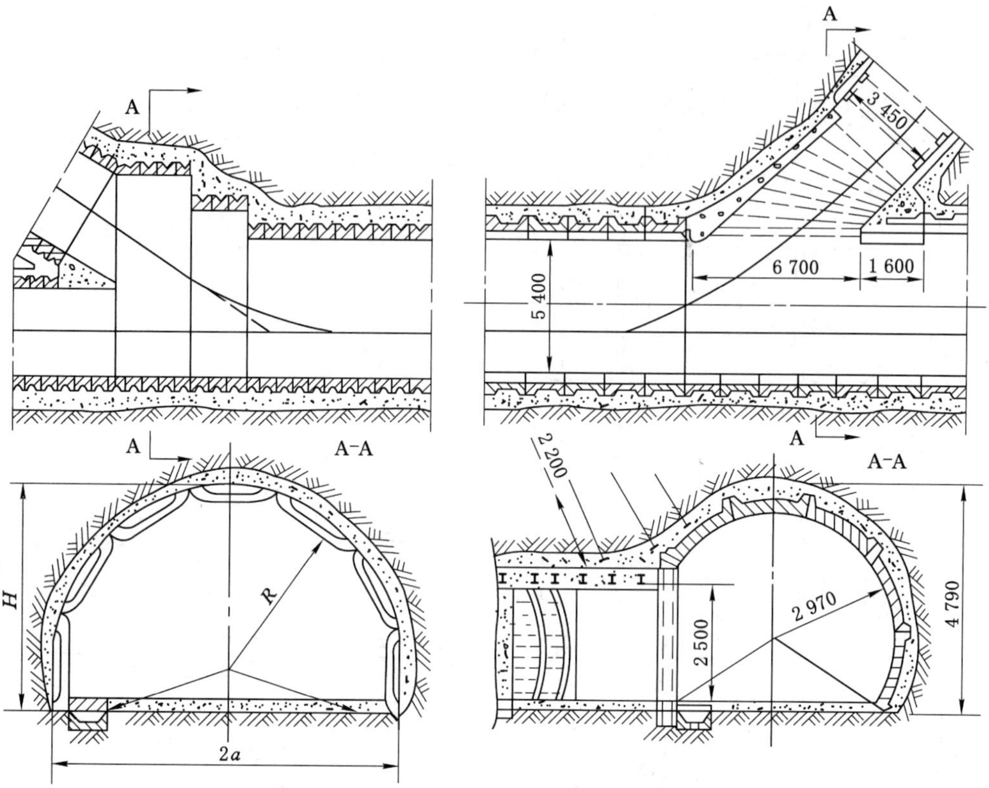

(a) 弧板支护巷道交岔点图　　(b) 弧板与金属抬棚支架支护巷道交岔点图

图 7-43　巷道交岔点钢筋混凝土弧板支护

耗量等,然后相加即可求出整个交岔点的工程量及材料消耗量。具体计算公式可参阅有关手册或书籍。

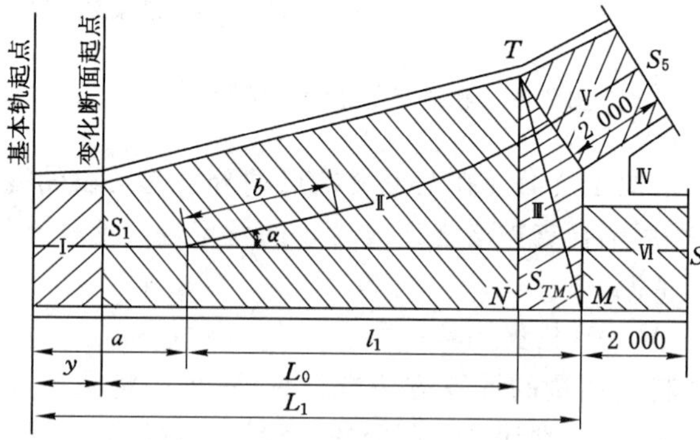

图 7-44　巷道交岔点工程量及材料消耗量计算图

锚杆数量、金属网面积的计算方法与粉刷面积计算相同。

按上述近似计算,柱墙可不再另计算掘进工程量,材料消耗量加 3～4 m^3 即可。

5. 交岔点的施工图

交岔点施工图包括平面图、主巷和两个支巷断面图、最大断面和两个支巷断面重叠图、交岔点纵剖面图、各断面特征和工程量及材料消耗量表等。

(1) 平面图

通常以已经计算出的平面尺寸为依据，按 1∶100 的比例绘制交岔点平面图。

(2) 断面图

主巷和两个支巷断面按 1∶50 比例绘制。最大断面和两个支巷断面重叠图多数是绘制与主巷轨道斜交的最大断面 *TM* 和两个支巷断面的重叠图(图 7-45)，比例一般也取 1∶50。

(3) 纵剖面图

纵剖面图可以表示交岔点的拱高、墙高及大小断面的连接，并能清楚地显示交岔点内墙高的递增情况。一般按 1∶100 比例绘制，但目前许多设计中常省略不绘了。

(4) 交岔点各断面特征和工程量及材料消耗量表

它们的表格形式与巷道施工图中的要求基本相同，不再赘述。

四、交岔点施工

交岔点施工，与巷道的施工方法基本相同，应推广使用光面爆破、锚喷支护。在条件允许时，应尽量做到一次成巷。施工中应根据交岔点穿过岩层的地质条件、断面大小及支护形式、掘进的方向和施工期间的运输条件，选用不同的施工方法。

1. 稳定围岩中交岔点的施工

如果交岔点所处地层围岩稳定，则可采用全断面一次掘进的施工方法，随掘随支，或掘后一次支护，其施工顺序如图 7-46 所示。按图中Ⅰ、Ⅱ、Ⅲ的顺序全断面掘进，锚杆按设计要求一次锚完，并喷以适当厚度的混凝土及时封闭顶板；若围岩易风化，可先喷混凝土后打锚杆，最好安设“牛鼻子”和两帮处的锚杆，并复喷混凝土至设计厚度。

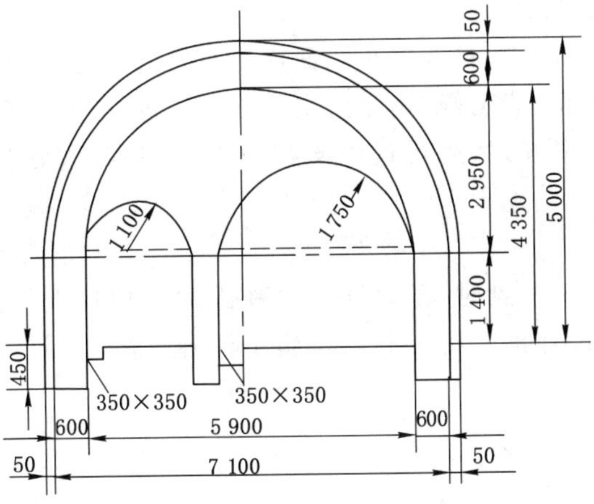

图 7-45　交岔点最大断面 *TM* 处断面图

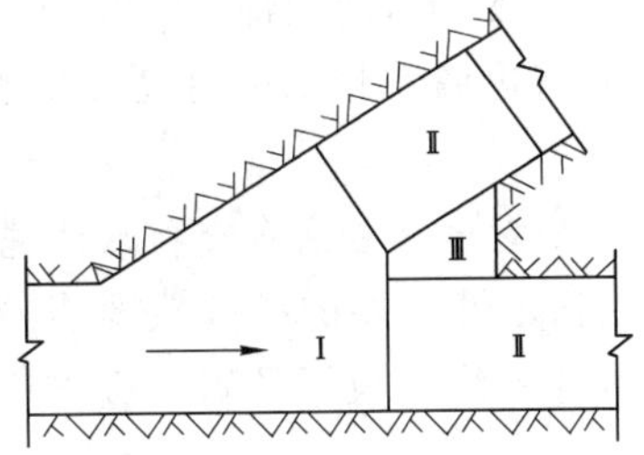

图 7-46　坚固稳定岩层中交岔点施工顺序

2. 中等稳定围岩中交岔点的施工

在中等稳定围岩中，当巷道断面较大时，可先将一条巷道掘出，并将边墙先行锚喷，余下周边喷上一层厚 30～50 mm 的混凝土或砂浆(围岩条件差时，可采用锚杆加强)做临时支护，然后再刷帮挑顶，随即进行锚喷。

3. 稳定性较差围岩中交岔点的施工

在稳定性较差的围岩中施工交岔点时，可采取先掘砌好柱墩，再刷砌扩大断面部分的方法。根据施工顺序的不同有正向掘进和反向掘进两种施工方法，如图 7-47 所示。

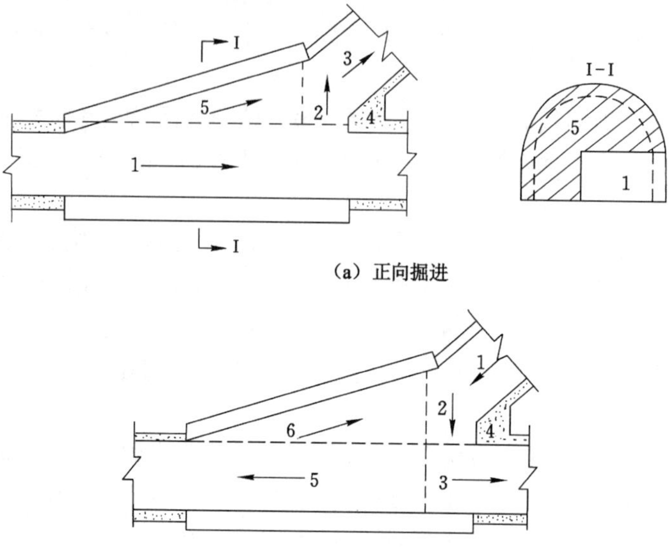

（a）正向掘进

（b）反向掘进

图 7-47　先掘砌柱墩再刷砌扩大断面的施工顺序

正向掘进[图 7-47(a)]时，按图示 1、2、3、4、5 的顺序施工，即先将主巷掘通，同时将交岔点一侧边墙砌好，接着以小断面横向掘进岔口，并向支巷掘进 2 m，将柱墩及巷口 2 m 处的拱、墙砌好，然后再刷砌扩大断面处，做好收尾工作。

反向掘进[图 7-47(b)]时，先由支巷掘至岔口，接着以小断面横向与主巷贯通，并将主巷掘过岔口 2 m，同时将柱墩及两巷口 2 m 拱、墙砌好，随后向主巷方向掘进，过斜墙起点 2 m 后，将边墙及此 2 m 巷道拱、墙交岔点砌好，然后反过来向柱墩方向刷砌，做好收尾工作。

4. 松散软弱岩层中交岔点的施工

在稳定性很差的松散软弱岩层中掘进交岔点时，不允许一次暴露的面积过大，可采用导硐施工法。根据导硐掘进方向的不同，有正向施工和反向施工两种方法，如图 7-48 所示。

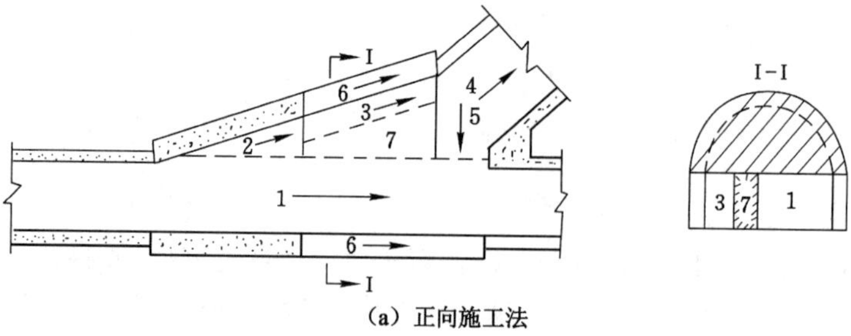

（a）正向施工法

图 7-48　交岔点导硐法施工顺序

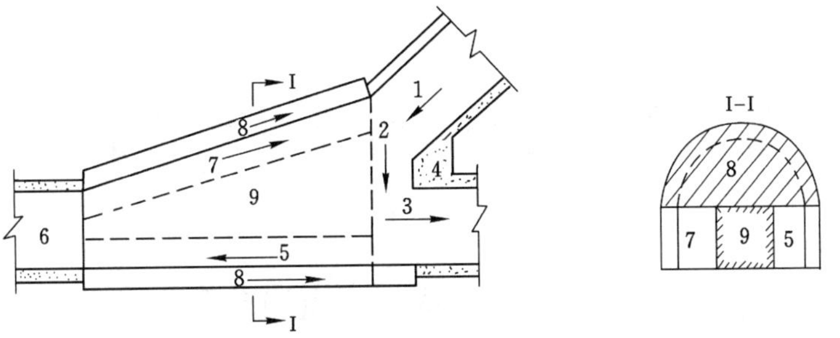

(b) 反向施工法

图 7-48(续)

导硐施工方法与前述硐室施工方法基本相同,先以小断面导硐将交岔点各巷口、柱墩、边墙掘砌好,然后从主巷口向岔口方向挑顶掘拱。为了加快施工速度,缩短围岩暴露时间,中间岩柱暂时留下,待交岔点刷砌好后,最后用放小炮的方法把它除掉。

习　题

1. 主、副井系统主要包括哪些硐室?
2. 硐室施工主要有哪些方法?适于何等条件?
3. 交岔点施工的方法有哪些?其适用条件如何?
4. 交岔点与硐室有何特点?
5. 交岔点的结构有哪两种?简述各自的特点及适用条件。
6. 道岔分为哪几种类型?DX924/4/12 表示什么道岔?
7. 选择道岔时应遵循的原则是什么?
8. 对不同稳定性岩层中的交岔点,其施工方法有何不同?
9. 马头门有哪几种施工方案?简述各自的优缺点及适用条件。

第八章　特殊条件下的巷道施工

第一节　软岩巷道施工

一、概述

随着煤矿开采深度和强度的不断增加，软岩巷道的数量也在不断地增加，软岩巷道的施工与维护工作变得日益重要。

（1）软岩的属性

软岩具有松、散、软、弱四种不同属性。所谓“松”，是指岩石结构疏松，密度小，孔隙率大；“散”，是指岩石胶结程度很差或没有胶结的颗粒状岩层；“软”，是指岩石强度很低，塑性大或易膨胀的岩层；“弱”，是指受地质构造的破坏，形成许多弱面，如节理、片理、裂隙等破坏了原有的岩体强度，或易破碎、易滑移冒落的不稳定岩层，但其岩石单轴抗压强度还是较高的。

软岩的属性是决定巷道围岩稳定性的基本因素，是选择软岩巷道支护的主要依据。

（2）软岩中施工巷道的特点

在软岩中施工巷道，掘进较容易，维护却极其困难，采用常规的施工方法和支护形式、支护结构，往往不能奏效。因此，软岩支护问题是井巷施工中非常关键的问题。

（3）软岩巷道施工的基本规律和应当注意的问题

必须根据岩层性质和地压显现特点选择合理的支护方式、支护结构；正确选择巷道位置和断面形状，同时要加强巷道底板的管理；采用合理的掘进破岩工艺以及对围岩进行量测监控；等等。

如能结合工程的具体地质条件，采取相应的技术措施，就有可能比较顺利地在松软岩层中进行施工，并使巷道易于维护而处于稳定状态。

二、软岩巷道施工涉及的几个问题

（一）软岩巷道围岩变形和压力特征

围岩变形是衡量软岩巷道矿压显现强烈程度和维护状况的重要指标。研究和预测巷道的围岩变形规律、特征和变形量，以便合理选择巷道的支护形式和参数，最大限度地利用围岩自身强度，避免目前软岩巷道中经常遇到的支护多次破坏和频繁翻修的困难局面，对改善软岩巷道维护具有重要意义。

软岩的力学性质对围岩的稳定性有重要影响，根据大量井下观测资料，可归纳出软岩巷道的围岩变形有以下特征：

① 围岩变形有明显的时间效应。表现为初始变形速度很大，持续时间很长。这种变形特性明显地表现出蠕变的三个变形阶段，即减速蠕变、稳定蠕变和加速蠕变。

② 围岩变形有明显的空间效应。其一表现为围岩与掘进工作面的相对位置对其力学状态的影响，通常在距工作面一倍巷宽以远的地方就基本上不受掘进工作面的影响；其二表

现为巷道所在深度不仅对围岩的变形或稳定状态有明显影响，而且影响程度比坚硬岩层大得多。

③ 软岩巷道不仅顶板下沉量大和容易冒落，而且底板也强烈鼓起，并常伴随两帮剧烈位移。尤其是黏土层，浸水崩解和泥化引起的底鼓更为严重。因此，防止水的侵蚀和底板的治理成为软岩巷道支护的重要问题。

④ 围岩变形对应力扰动和环境变化非常敏感。表现为当软岩巷道受邻近开掘或修复巷道、水的侵蚀、支架折损失效、爆破震动以及采动等影响时，都会引起围岩变形的急剧增长。

⑤ 软岩巷道的自稳时间短。通常为几十分钟到十几小时，有的顶板一暴露就立即冒落，这主要取决于围岩暴露面的形状和面积、岩体的残余强度和原岩应力。因此，在决定巷道掘进方式和支护措施时，必须考虑巷道围岩的自稳时间。

在未经采动的软岩体内开掘巷道时，其围岩变形量主要由以下三部分组成(图 8-1)：

① 掘巷引起的围岩变形量，一般发生在巷道掘进的初期；

② 巷道流变量，在巷道整个服务期内都会产生；

③ 巷道受扰动期间的变形量，如开掘新的巷道等。

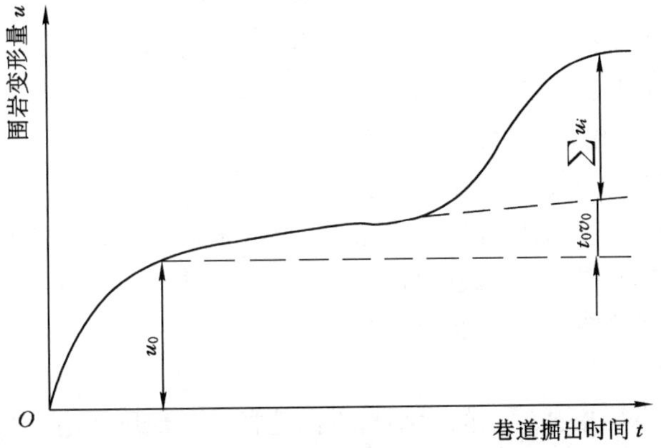

u_0— 掘巷引起的围岩变形量；v_0t_0— 巷道流变量；$\sum u_i$— 扰动和浸水的变形量 。

图 8-1　软岩巷道围岩变形量的组成

因此，软岩巷道的围岩变形量可用式(8-1)表示：

$$u = u_0 + v_0 t_0 + \sum u_i \tag{8-1}$$

式中　u—— 巷道服务期间的围岩变形量，mm；

u_0—— 掘巷引起的围岩变形量，mm；

v_0—— 掘巷影响趋向稳定期间的围岩平均流变速度，mm/d；

t_0—— 巷道的服务时间，d；

$\sum u_i$—— 巷道受扰动期间的变形量，mm，其中，$i = 1, \cdots, n$，为受扰动次数。

(二) 巷道位置的选择

矿井地质条件复杂多变，地层软弱各异、地质构造情况不尽相同，所以矿井在布置巷道时必须进行总体优化，以达到技术上可行、经济上合理。矿井总体巷道布置要注意以下几个问题：

① 务必搞清矿井工程地质和水文地质情况、地质构造情况、应力场状况以及主要岩层的岩性条件等，这是总体优化的前提。

② 主要巷道应该选择在强度大、膨胀性小、地质构造和水文条件简单的层位和地区。

③ 主要巷道走向尽量避免与地应力方向垂直或大角度相交，尽量避免与断层、软弱夹层、节理方向平行或小夹角相交。

④ 巷道尽量简化，避免在空间上重叠、密集交叉，硐室群的施工应视情况优选最佳施工顺序。

⑤ 支承压力的影响。巷道施工一方面要避开移动支承压力的影响，另一方面还必须避开采场上下固定支承压力的影响范围，把巷道布置在应力降低区或原岩应力区内最好。如前屯煤矿将岩巷布置在距煤层垂距 20～30 m，与采场上端煤柱上角水平线呈 45°的范围内，受到压力较小，如图 8-2 所示。

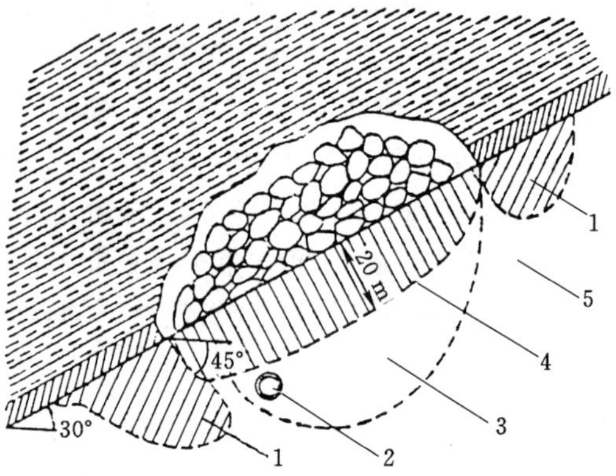

1—固定支承压力影响区；
2—煤层底板岩石巷道；3—应力降低区；
4—移动支承压力有害影响区；5—原岩应力区。

图 8-2 煤层底板岩石巷道合理位置

（三）巷道断面形状的选择

由于软岩地质情况非常复杂，巷道支护不单纯受岩层的重力作用，有时围岩受到很大的膨胀压力，甚至有的巷道的侧压比顶压大几倍。若采用常规的直墙半圆拱或三心拱断面显然难以适应，往往会造成巷道的变形与失稳。因此，合理选择断面形状对软岩巷道的维护十分重要。

巷道断面形状，主要根据地压的大小与方向选择。若地压较小，选用直墙半圆拱形是合理的；若巷道围压很大，则选用圆形巷道为宜；若垂直压力特别大而水平压力较小，则选用直立椭圆形断面或近似椭圆形断面是合理的；若水平压力特别大而垂直压力较小，则选用曲墙或矮墙半圆拱带底拱、高跨比小于 1 的断面或平卧椭圆形断面。

（四）破岩方式的选择

在软岩巷道中掘进巷道，破岩方式最好以不破坏或少破坏巷道围岩为原则。若采用钻眼爆破破岩，也应采用光面爆破。淮南潘一矿在软岩中采用光面爆破，用超声波测定围岩松动范围，两帮大约为 1.0 m，而拱顶则为 1.3～1.5 m，对围岩有一定的破坏作用。龙口北皂煤矿在软岩中光面爆破效果不好，采用只放开心炮，而后用风镐或手镐刷大，对围岩稳定有利。沈北前屯矿基本上废除钻眼爆破，而全部采用风镐掘进。舒兰丰广五井用煤巷掘进机破岩，巷道几乎没有变形。

（五）支护方式和支护结构的选择

在软岩中，巷道一经掘出，若不及时控制，则围岩变形发展很快，甚至围岩深处也有不同程度的位移，继而可能出现围岩破碎、流变以致垮落。如果架设一般的梯形支架，可能出现断梁、折腿等现象；即使采用拱形料石或混凝土整体支护，也会出现因巨大的不均匀地压作用导致巷道失稳和破坏。针对软岩巷道支护问题，我国许多生产和科研部门已取得初步成果——对于这种特殊的不良地层，其支护结构应有“先柔后刚”的特性，一般需要二次支护。

初始支护应按照围岩与支架共同作用原理，选用刚度适宜的、具有一定柔性或可缩性的支架。锚喷支护是具有上述特性的支护形式，因而是一种比较理想的初始支护结构；此外，U形金属可缩支架也基本符合上述要求，也可用作初始支护。

二次支护的作用在于进一步提高巷道的稳定性和安全性，应采用刚度较大的支护结构。若采用锚喷支护作为初始支护，二次支护仍可采用锚喷支护，也可砌碹。在重要工程或地压特大地段，在喷射混凝土中还应增加钢筋网和金属骨架，即构成锚喷网金属骨架联合支护结构。锚喷支护总厚度以150～200 mm为宜，锚杆长度一般根据开巷后的塑性区范围而定。在软岩巷道中，塑性区范围一般为2～3 m，有时可能超过3～5 m，此时采用长短结合锚杆较好，长锚杆长度大于1.8 m，短锚杆在1 m左右。长锚杆可以抑制塑性区的发展，而短锚杆可以积极加固松动圈的围岩，使其构成稳定的承载环。在锚杆的长距比相同的情况下，采用短而密的锚杆比长而疏的锚杆效果好。

采用料石或混凝土砌体作为二次支护时，因长条形料石和混凝土块在碹体中受力情况不好，在不均匀地压作用下，多数会因点接触形成应力集中而使碹体局部遭到破坏。为了克服这一缺点，选用异形料石或异形混凝土块作为砌体材料，金川、舒兰、沈北等矿区都有成功的经验。图8-3是舒兰煤矿设计采用的异形混凝土块碹，图8-4是前屯煤矿使用的异形料石圆碹。

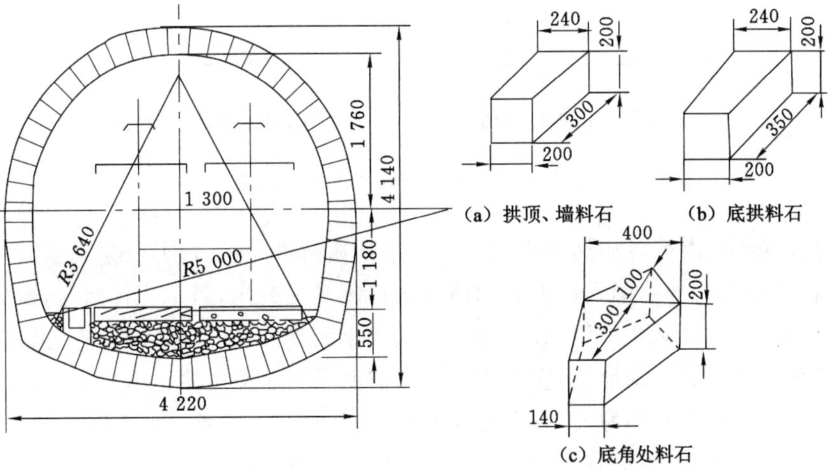

图8-3　异形混凝土块碹

苏联、比利时等国家支护软岩巷道，尤其是采深较大的巷道时，常采用预制混凝土块支护，并向大型钢筋混凝土块发展，用吊装机械安装。我国少数煤矿，如沈阳大桥煤矿也使用这种钢筋混凝土块来支护软岩巷道，取得了一定的效果。

二次支护应在围岩地压得到释放、初始支护与围岩组成的支护系统基本稳定之后进行。围岩变形趋于稳定的时间，不仅取决于岩层本身物理力学性质，而且与初始支护的支架刚度密切相关，因此它的变形范围往往很大。

为了保证二次支护的效果，最好进行围岩位移速度和位移量的量测，并绘出相应的变化

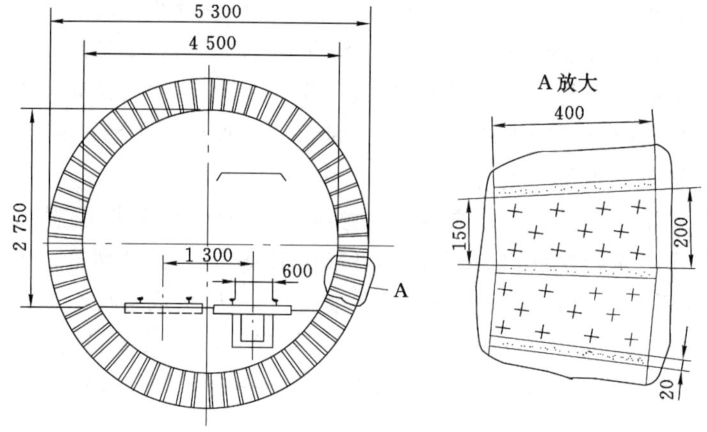

图 8-4　异形料石圆碹

曲线，如图 8-5 所示。取位移速度和位移量的峰值下降后所对应的时间 t_0 作为二次支护时间比较稳妥可靠。

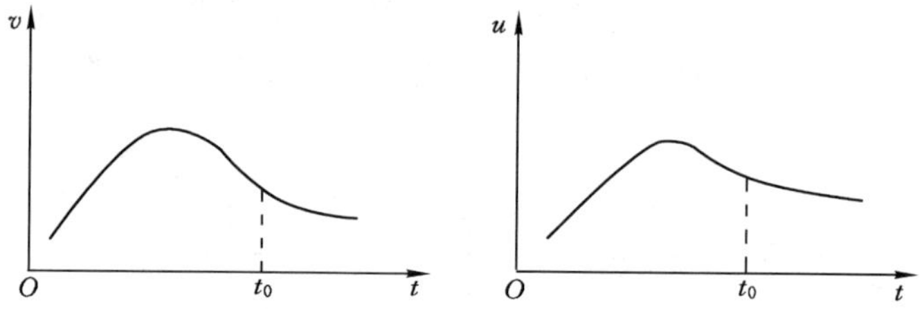

(a) 围岩位移速度变化曲线图　　(b) 围岩位移量变化曲线图

图 8-5　围岩位移速度和位移量变化曲线图

应该指出的是，由于各矿区松软岩层的工程地质条件千差万别，必须从实际出发选用适合本矿区岩层特点的支护形式。如有的地层岩石流变很突出，若不立即封闭，围岩会发生流变。类似这种情况，不必非采用二次支护，可从支架的结构上采取措施，使之具有一定的可缩量，以便有效地抵御形变地压，仅采用一次支护就可使巷道稳定。有的巷道围岩变形长期不能稳定，二次支护时间不易控制，有可能初始支护就需要多次。对于这种情况，要等到巷道基本稳定之后才能进行最后一次支护(即所谓二次支护)。

(六) 软岩巷道的联合支护

在软岩地层中，采用单一的支护方法往往无法达到预期的效果。近年来，我国有些矿区采用喷射混凝土或锚喷-可缩金属支架，喷射混凝土-砌块或混凝土弧板-回填注浆等联合支护方式，取得了较好的支护效果。

1. 锚喷和 U 型钢联合支护

淮南矿区应用锚喷和 U 型钢联合支护，该支护方式工艺及施工顺序为：① 采用光面爆破掘进，使围岩周边规整，减少超挖；② 掘后立即喷射一层厚度为 30～50 mm 的混凝土，封闭围岩；③ 及早打锚杆，锚杆长度为 1.6～1.9 m，用树脂锚杆或钢筋砂浆锚杆，长短结合；④ 安装 U 型钢可缩支架、钢筋网背板及隔离层；⑤ 进行架后充填；⑥ 架设 U 型钢底梁，用混凝土浇筑底板，砌筑水沟，铺设轨道。

2. 锚喷和砌碹联合支护

龙口北皂矿和有些软岩矿井的硐室，采用先锚喷后砌碹的联合支护方式，以适应软岩巷道初期来压快、变形剧烈的特点。对于此类巷道，采用二次支护比一次支护更有利于巷道的稳定。一次锚喷支护时，先封闭围岩，让锚喷与围岩一起变形，经过初期和后期释放能量和变形之后，喷层可能出现裂纹，可补喷一次；在围岩变形速度趋向基本稳定后，再进行砌碹。在碹体和锚喷之间进行充填，充填材料具有一定的可缩性，能进一步释放围岩能量，使碹体处于有利的受力状态。

3. 锚喷和弧板联合支护

混凝土弧板支护是一种全封闭的整体衬砌支护，能较好地约束围岩变形，对相应的变形压力有较高的承载能力。混凝土弧板支护不仅承载均匀，承载能力大，而且可以把大量的支架加工工作放到地面进行。这样做不仅可以保证支架的加工质量和强度要求，而且在井下只进行简单的安装工作，从而可为快速掘进创造条件。

（七）巷道底板的管理

分析一些软岩巷道遭受破坏的原因，除了施工程序、巷道断面形状和巷道布置不合理之外，很重要的原因就是巷道底鼓造成的。在软岩巷道掘进过程中不治理底鼓的支护方式，往往首先以严重的底鼓危及两帮底角失去平衡而造成两帮失稳，最后顶板冒落，巷道全部破坏。

目前，矿井防止底鼓的措施主要是砌筑底拱。若用圆碹做二次支护，则以先底拱、后墙、最后砌拱的施工顺序一次完成；若用锚喷支护做初始支护，则可在初始支护完成一段时间、底板应力得以充分释放之后再砌筑底拱，与二次支护同时完成比较好。需要强调的是，治理底鼓，必须结合帮底联合治理，不能各行其是，无论采用何种底拱结构，都必须使底拱两端压在墙下，与墙合为一个整体。近年来，有些矿井采用底板钻眼、松动爆破然后注浆加固底板的方法防治底鼓，这种能够降低围岩应力和提高围岩强度的方法取得了不错的效果。

（八）加强软岩巷道的管理

软岩巷道的支护工艺环节多，技术要求高，又是一项隐蔽性工程，影响施工和支护质量的因素较多，所以必须在现场施工中实行全面严格的质量管理。这主要包括：

(1) 对原材料质量严格把关

施工原材料一定要符合质量要求，并定期对材料进行抽查化验。加强对水泥、速凝剂、树脂药包、水泥药包等材料的保管储存，超过保质期的不得使用。

(2) 施工质量要符合规程要求

必须严格按设计要求和操作规程施工，设立明确的专业分工和各种岗位责任制，加强施工质量检查和抽查。

(3) 重视巷道围岩的量测监控

在软岩巷道采用锚喷支护，一定要进行量测监控，以便及时调整支护参数，尤其对巷道围岩的收敛变形更应该特别重视。对巷道围岩进行量测，有助于评价围岩的稳定程度，也是修改设计参数和确定二次支护时间的依据。

（九）借鉴新奥法指导软岩巷道施工

新奥法是 1964 年由奥地利的 L. von Rabcewicz 教授根据本国多年隧道施工经验总结

发表的，称为“新奥地利隧道施工法”(New Austrian Tunnelling Method)，简称新奥法(NATM)。

新奥法是隧道施工方法的总结，主要针对软岩隧道施工，重点在支护方面。新奥法不是单纯的支架结构改革或支护方法的改进，而是一套综合的隧道施工方法，更确切地说是一套适用于断面积为50～150 m^2的隧道及大断面地下工程的，使设计、掘进、衬砌、测试相结合的完整新概念。

新奥法的理论基础是岩石力学围岩与支架共同作用基本原理，其主要理念是调动围岩自身的承载能力，尽可能地控制围岩变形，防止围岩松动，以达到施工隧道的最大安全度和最好经济效果。

新奥法认为普通支架不能密贴围岩，自身刚度大而对软岩变形缺乏让压性，材料消耗量多而支护效果差。采用喷射混凝土作为一次支护时，喷射混凝土最能密贴围岩，充分利用围岩自身强度。喷层开裂并非坏事，而是表现出一定的让压性。必要时，一次支护可加用锚杆或少量钢拱支架。一次支护后，用仪器实测支护压力、应力、隧道表面位移及围岩内部位移。根据实测资料及理论分析，合理地选用和设计二次支护的材料、结构形式及规格尺寸。待隧道围岩位移速度稳定或减缓至一定程度后，再进行二次支护。二次支护应体现出对残余围岩变形能的抵抗作用，以保证最终断面符合设计要求。

实际工作中，应重视隧道底板的处理。底板不稳就会牵动整体不稳，所以新奥法特别强调二次支护封底的关键作用。二次支护后，仍继续监测支护压力及围岩位移，必要时再进行支护调整。

新奥法的基本思想和方法不仅适用于隧道工程，而且同样适用于断面相对较小的煤矿软岩巷道工程。

随着矿井开采深度的不断增加和原岩应力的不断增大，软岩巷道会越来越多，在软岩巷道的施工和支护中问题会越来越复杂。所以必须认真学习和研究软岩施工和支护方面的新理论、新技术和新方法，将科学理论和现场实践紧密结合，确保矿井安全高效生产。

三、软岩巷道施工实例

(一) 北皂煤矿软岩巷道施工

北皂煤矿位于山东龙口矿区黄县煤田的西北部，含煤地层属于古近系，主要岩石有碳质泥岩、油页岩、含油泥岩、砂质页岩及黏土岩等。岩石的强度都很低，坚固性系数 $f=0.6\sim2.8$。其中煤$_1$顶板碳质泥岩、煤$_2$顶板含油泥岩及煤$_3$底板黏土岩，均含有黏土质矿物——蒙脱石，掘巷后易风化脱水，再遇水就产生膨胀。尤其是煤$_2$顶板含油泥岩，蒙脱石含量较多，而且层厚较大，在其中掘巷后，膨胀压力也较大。至于煤$_1$顶板碳质泥岩和煤$_3$底板黏土岩虽也含有蒙脱石，但因强度略大，厚度略小，故膨胀压力显现也较小。

北皂煤矿吸取了邻近煤矿用一般常规的支护方式(棚式支护和料石砌碹)不能有效抵抗膨胀地压的教训，在各种岩层中较多地使用锚喷支护。实践证明，在相对比较稳定的岩层及各煤层巷道中，采用常规光爆锚喷方法即可有效地维护巷道。

当通过稳定性较差的泥岩或黏土岩，且施工断面较小的巷道时，加铺 ϕ4 mm 冷拔钢丝编成的网格尺寸为150 mm×150 mm 的金属网，用锚杆托盘固定，然后再喷一层混凝土，形成锚喷网。

当围岩条件更差、巷道断面较大时，则采用 ϕ12 mm 或 ϕ16 mm 钢筋编成的网格尺寸为

250 mm×250 mm 的钢筋网代替上述金属网。如受压后变形严重，可补打锚杆校正钢筋网，然后再复喷混凝土。

在巷道必须通过矿区膨胀性比较大的碳质泥岩和含油泥岩时，采用锚喷网架联合支护。为了防止由于围岩变形而影响巷道断面尺寸，可使巷道两帮比设计宽度各增加 200 mm，顶、底也外扩 200 mm，每日两掘一喷，班进尺 1.0～1.2 m，日进尺 2.0～2.4 m。巷道掘出后，立即站在矸石堆上打顶部锚杆，锚杆长度为 1.8～2.0 m，间距为 600～700 mm，均按巷道轮廓法线方向布置，如图 8-6 所示。为了有效地控制围岩变形，每隔 500 mm 架设一架 16 号槽钢金属骨架，然后再喷混凝土，厚度为 100～150 mm。由于膨胀压力的影响，过一段时间有局部地段的喷层和钢骨架被压坏，需要重新修整，二次喷射混凝土，总厚度为 200 mm。二次支护时间，一般在三个月以后，最好在半年以后，此时巷道围岩基本稳定。

（二）舒兰矿区松软岩层巷道施工

吉林舒兰矿区为新近系中新统含煤地层。构成含煤地层的岩石均为松软岩石，以未胶结的疏松含水砂岩为主，其次为半胶结的粉砂岩、半坚硬的砂页岩以及黏土质页岩。其中，半胶结和未胶结的砂岩，质地疏松，开挖后易溃散；未胶结的粉砂岩遇水后呈片状崩解；黏土质页岩具有塑性膨胀的特点。同时，随着开采深度的增加，地压有明显的增大。在遇水膨胀的围岩中，底鼓现象也很严重，一般巷道底鼓速度为 60～100 mm/月。采场动压对相邻巷道的影响也很严重，动压波及范围远大于一般矿井，片盘斜井一侧的保护煤柱宽达 60～70 m，仍会受到采动压力的影响。

丰广四井是舒兰矿区开采最深矿井之一，丰广四井带式输送机暗斜井全长 357 m，+40 m 以上已经压垮，重新返修，永久支护为 U 型钢支架。+40 m 以下为新掘斜井。为克服以往采用的直墙半圆拱断面局部受力不均的缺点，暗斜井井筒断面选用曲墙、半圆拱加底拱，形成近似圆形断面，如图 8-7 所示。

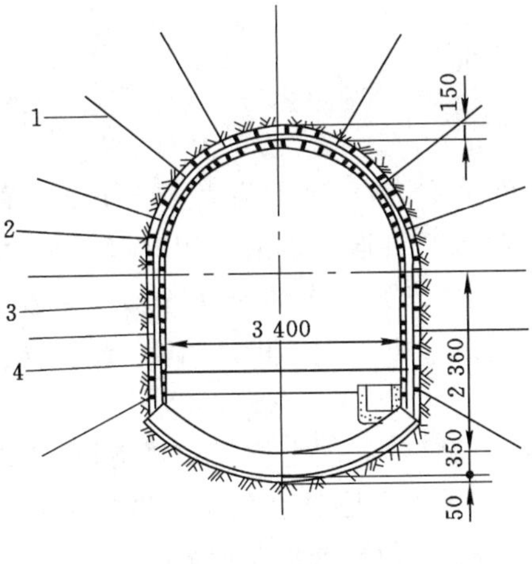

1—锚杆；2—钢筋网；
3—金属骨架；4—混凝土喷射层。

图 8-6　北皂煤矿东大巷施工图

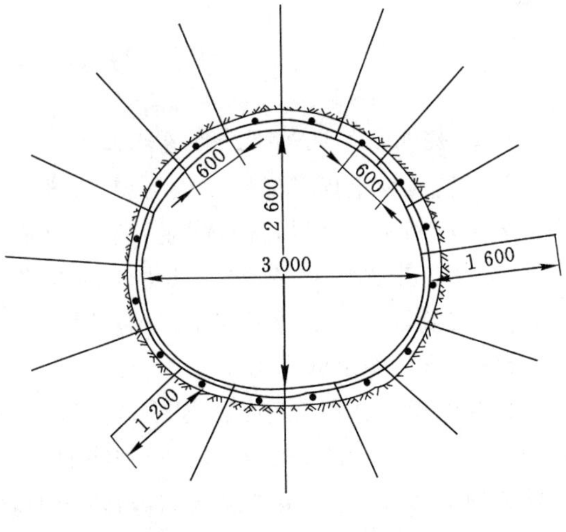

图 8-7　丰广四井暗斜井断面图

带式输送机暗斜井采用钻眼爆破法施工，临时支护采用木支架，掘完一段并待围岩充分卸压之后，拆除临时支架，刷帮挑顶，接着打锚杆眼，安装倒楔式锚杆，注入砂浆，然后挂网上垫板，最后喷射混凝土，一次喷厚 150 mm。锚喷支护参数见表 8-1。

表 8-1　带式输送机暗斜井锚喷支护参数

巷道断面尺寸(高×宽)/m	锚杆长/m		锚杆间距/mm	锚杆排距/mm	锚杆材质	垫板规格/mm	网格尺寸/mm	混凝土强度/MPa	锚固力/kN	直接成本/(元/m)
	底	顶、帮								
2.6×3.0	1.2	1.8	600	600	ϕ4 mm 钢筋砂浆锚杆	120×12 铸铁	600×600	8.368	35	205

该斜井在成井后期，除经受正常静压考验外，还经受了三煤层的支承压力、五煤层的采动压力以及右侧反石门和溜煤眼掘进的动压影响，虽然局部巷道发生开裂和剥落，但围岩没有松脱和冒落，经两次补喷和局部地段用 U 型钢支架补强后，仍然能正常为生产服务。

在舒兰吉舒一井副井六路半处还尝试过“条带碹”。所谓“条带碹”，即在一条巷道中，砌一段，空一段，如此反复构筑的碹体，如图 8-8 所示。其中，1～5 是砌碹条带，砌碹条带之间的空段是卸压通道。条带宽 1.6 m，卸压通道宽 0.6 m。条带碹是一种支让结合的支护方式，围岩可以向未砌碹的空间发展变形，以减少围岩对碹体的压力。条带碹适用于塑形流变大、有黏土膨胀性矿物成分的松软岩层平巷或坡度较小的斜巷，对受采动影响的巷道也有较大的适应性。此外，条带碹还具有成本低、施工速度快、便于维修等优点。

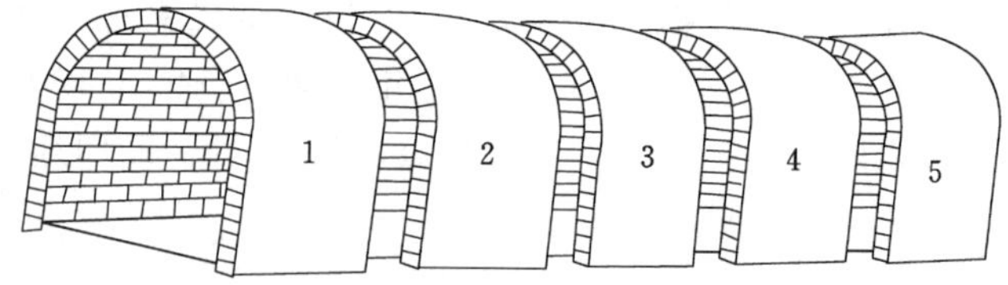

图 8-8　条带碹示意图

（三）沈北前屯煤矿软岩巷道施工

辽宁沈北前屯煤矿煤层顶板为厚 80 m 的黑灰色泥质页岩，底板为厚 40～100 m 的黏土页岩和亚黏土质页岩，含有蒙脱石和伊利石，风干脱水后再遇到水的作用时，均产生膨胀和崩解现象，当含水率增大时，其力学强度降低，塑性增大，最后变为流动状态。巷道开掘后，围岩向巷道空间大量移动，如不采用封闭支架，巷道顶板一直不停地冒落，甚至波及地表，难以形成较稳定的平衡状态。

在前屯煤矿这种特殊的地层中，曾采用一般的料石砌碹、混凝土碹和锚喷支护，均未达到预期的效果。为此该矿采用木板砌缝的花岗岩料石碹，以柔刚结合的支架结构形式来适应较大的变形地压；采用风镐法掘进，防止围岩受到震动而失稳；及时排除巷道中的积水，减轻岩石遇水膨胀的程度；合理选择巷道位置，减小支承压力的影响。

施工时，为了尽量缩小空顶面积，采用短段掘砌一次成巷的施工方法，全断面掘完以后 8～16 h 以内，就及时封闭。掘进步距为 1.0～1.2 m，用样模来保证巷道圆度，碹体与围岩之间保留 100 mm 左右的空隙，壁后用河沙充填，起到缓冲和保证围岩均匀位移的作用。

在围岩膨胀力大、岩石移动量大的主要巷道采用木板接缝的料石圆碹（图 8-9），采用异形料石。这种碹体具有一定的可缩性,并能适应围岩的应力变化,以“先柔后刚”的特性获得良好的技术效果。

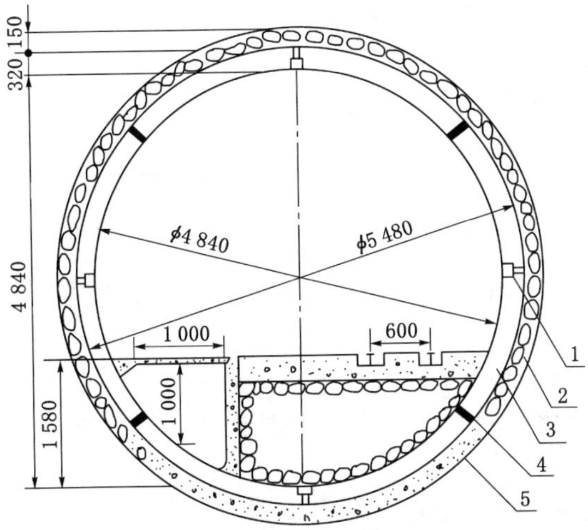

1—吊装孔;2—粉煤灰;3—弧板;4—平滑可缩夹板;5—混凝土垫层。

图 8-9　弧板支架断面

（四）金川矿区松散围岩巷道施工

甘肃金川矿区为震旦系古老结晶变质岩系,历次构造运动给矿井留下了以断裂为主的构造形迹,大小断层裂隙纵横交错,整体性差,地应力大;巷道开掘后呈现严重松散和内向挤压,围岩变形量大,具有明显的流变性,给巷道维护带来极大的困难,严重影响矿区建设速度。

利用地压与支护共同作用的原理,对矿区四个地点组织了二次支护,为满足承受较大水平应力、易于施工和有效利用面积较大等要求,选用矮墙半圆拱并带拱底的巷道断面,如图 8-10 所示。

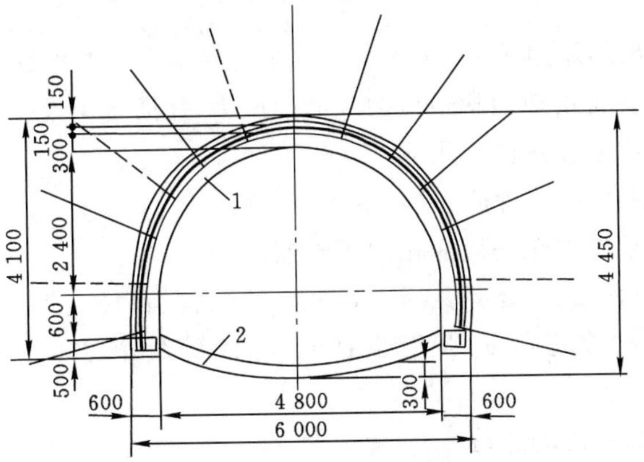

1—预留厚度 300 mm 混凝土衬砌;2—混凝土块砌筑的底拱。

图 8-10　金川矿区松散岩石试验巷道施工图

施工时采用控制爆破,减轻对围岩的破坏,保证巷道有较规则的断面形状。巷道支护由初始支护和二次支护组成。初始支护采用钢筋网喷射混凝土和锚杆,喷射作业紧跟掘进工作面，爆破后立即喷一层30～50 mm厚的混凝土，然后安装锚杆，绑紧钢筋，再喷射混凝土至设计初始支护厚度100～150 mm。

初始支护后，巷道变形仍处于等速发展时，应考虑用锚杆补强，调整初始支护参数。当变形速率明显减小或月收敛量为几毫米时，再进行二次支护。在金川矿区的地质条件下，二次支护的时间大约在120 d以后。试验巷道的支护参数如表8-2所示。

表8-2 试验巷道的支护参数

段别	初始支护			二次支护	
	喷射混凝土厚度/mm	钢筋网	锚杆	喷射混凝土厚度/mm	钢筋网
第一试验段	100～150	主筋 ϕ12 mm或 ϕ14 mm，副筋 ϕ6 mm；网距250 mm	ϕ20 mm；长度：顶拱部1.8 m，侧壁2.5 m；间距1.0 m	150	主筋 ϕ12 mm或 ϕ14 mm，副筋 ϕ6 mm；网距250 mm
第二试验段	100～150	主筋 ϕ12 mm或 ϕ14 mm，副筋 ϕ6 mm；网距250 mm	ϕ20 mm；长2.5 m；间距1.0 m	150	主筋 ϕ12 mm或 ϕ14 mm，副筋 ϕ6 mm；网距250 mm

第二节 揭开煤与瓦斯突出煤层的施工方法

一、煤与瓦斯突出概述

煤与瓦斯突出是在煤矿井下采掘过程中发生的一种煤与瓦斯的突然运动。它是一种极复杂的动力现象，即在极短的时间内，由煤体向巷道突然喷出大量的煤和瓦斯。为了防止煤与瓦斯突出，确保安全生产，在有突出危险的矿井，必须采取合理的开采方法和巷道施工方法。

(1) 煤与瓦斯突出的原因

煤与瓦斯突出主要是由地质构造应力及矿山压力、瓦斯含量及瓦斯压力、岩石及煤的物理机械性质这三方面因素作用的结果。

(2) 煤与瓦斯突出煤层的特征

煤与瓦斯突出往往发生在地质变化比较剧烈、地应力较大的地区，如褶曲向、背斜的轴部和断层破碎带，煤质松软、干燥且瓦斯含量大、压力高就容易突出；开采深度越大，煤层越厚，倾角越大，突出的次数就越多，强度也越大；煤体受到外力震动、冲击时，也容易发生突出。

(3) 预防煤与瓦斯突出的方法

预防煤与瓦斯突出的措施可分两大类，即区域性预防措施和局部预防措施。区域性预防措施主要是开采保护层。开采保护层后，突出煤层中地应力、瓦斯压力都会发生一系列的变化：地应力降低，岩(煤)层发生移动，煤体及其围岩发生膨胀，孔隙率增加，透气性增高，瓦斯得到排放，瓦斯含量减少，压力降低。这些变化，最终解除了煤与瓦斯突出的危险。在保护层的影响范围内进行巷道施工是不存在突出危险的。

下面介绍在巷道施工中采用的局部预防措施。

二、石门揭开突出煤层的施工方法

根据各地区不同条件，采用金属骨架、钻孔排放和水力冲孔等措施，都取得了一定的效果。

《煤矿安全规程》第二百一十四条规定：井巷揭穿（开）突出煤层必须遵守下列规定：① 在工作面距煤层法向距离 10 m（地质构造复杂、岩石破碎的区域 20 m）之外，至少施工 2 个前探钻孔，掌握煤层赋存条件、地质构造、瓦斯情况等。② 从工作面距煤层法向距离大于 5 m 处开始，直至揭穿煤层全过程都应当采取局部综合防突措施。③ 揭煤工作面距煤层法向距离 2 m 至进入顶（底）板 2 m 的范围，均应当采用远距离爆破掘进工艺。④ 厚度小于 0.3 m 的突出煤层，在满足①的条件下可直接采用远距离爆破掘进工艺揭穿。⑤ 禁止使用震动爆破揭穿突出煤层。

（一）金属骨架

金属骨架是用于石门揭穿煤层的一种超前支架，之所以能够防止突出：一方面是由于金属骨架支承了部分地压及煤体本身的重力，从而使煤体稳定性增加；另一方面是金属骨架钻孔起了排放瓦斯的作用，使瓦斯压力得以降低。其施工方法如图 8-11 所示。

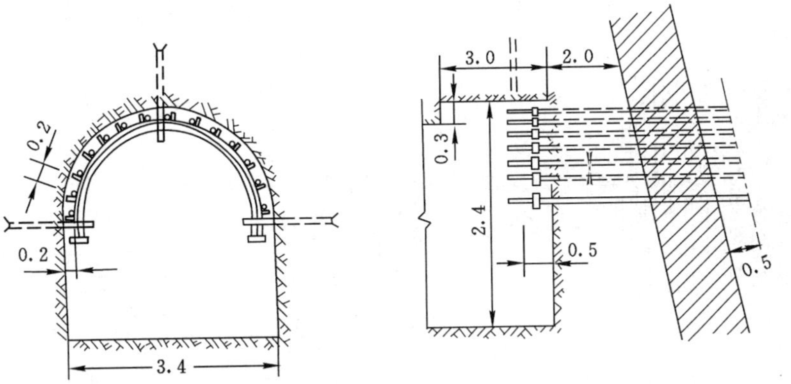

图 8-11　金属骨架（单位：m）

当石门掘进至距离煤层 2 m 时，停止掘进，在其顶部和两帮打一排或两排直径为 70～100 mm、彼此相距 200～300 mm 的钻孔。钻孔钻透煤层并穿入顶板岩层 300～500 mm，孔内插入直径为 50～70 mm 的钢管或钢轨。钢管或钢轨的尾部固定在用锚杆支撑的钢轨环上，也可固定在其他专门支架上，然后一次揭开煤层。

金属骨架应用于地压和瓦斯压力不太大的急倾斜薄煤层和中厚煤层，其效果是比较好的；在倾斜厚煤层中，因骨架长度过大，易于挠曲，不能有效地阻止煤体的位移，所以预防突出能力较差。

（二）钻孔排放

钻孔排放就是石门工作面掘到距煤层适当距离时停止掘进，向煤层打适当数量的排放瓦斯钻孔，在一定范围内形成卸压带，降低煤体中的瓦斯压力，缓和煤体应力，以防止煤与瓦斯突出。这一方法适用于松软、透气性较大的中厚煤层。

排放瓦斯钻孔数量决定于瓦斯排放半径、排放钻孔直径和排放范围。排放瓦斯钻孔数目可按式(8-2)计算：

$$N = K\frac{S_1}{S_2} \tag{8-2}$$

式中 N——石门全断面排放瓦斯钻孔的总数，个；

K——系数，一般取 1.2；

S_1——应排放瓦斯的面积，m^2（石门周围 1.5 m 范围内）；

S_2——一个钻孔可排放瓦斯面积，m^2。

（三）水力冲孔

水力冲孔是在石门岩柱未揭开之前，利用岩柱作为安全屏障，向突出煤层打钻，并利用射入的高压水，诱导煤和瓦斯从排煤管中小突出，这样在煤体内部就引起剧烈的移动，在孔洞周围形成卸压带，解除了煤体应力集中状态，从而消除了煤与瓦斯突出危险。这种方法用于揭开具有自喷现象的煤层，比较安全可靠。水力冲孔工艺流程如图 8-12 所示。

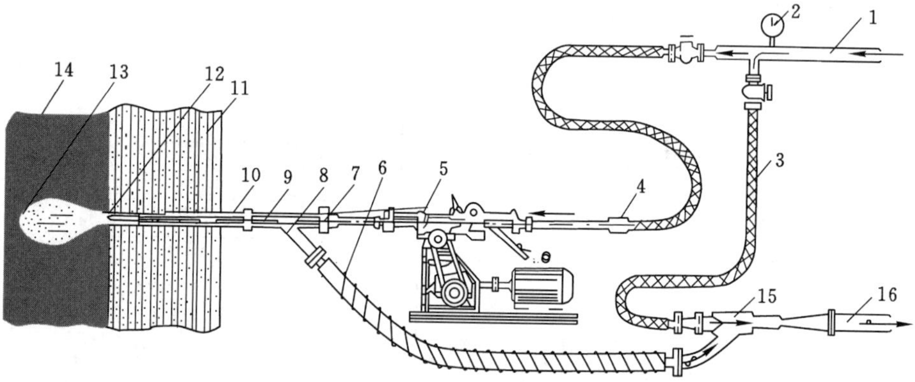

1—高压供水管；2—压力表；3—胶管；4—尾水管接头；5—钻机；
6—排煤胶管；7—安全密封卡头；8—三通；9—钻杆；10—套管；11—安全岩柱；
12—逆止钻头；13—冲孔；14—煤层；15—射流泵；16—输煤管。

图 8-12 水力冲孔工艺流程图

当石门掘进接近煤层的顶板或底板时，保留 3～5 m 的岩柱作为安全屏障，用钻机先打深 0.8～1.0 m，直径 108 mm 的岩孔，然后换上直径 90 mm 的钻头一直打到煤层喷孔点，而后将岩心管退出，在孔口安装直径 108 mm 的套管和三通、排煤胶管，并连接排煤胶管、射流泵和输煤管至 400～500 m 以外的煤水瓦斯分离沉淀池。上述工作完成后，将钻机上直径 42 mm 的钻头及钻杆通过三通卡头密封孔送到煤层喷孔点，连接高压供水管，使水的射流经过钻杆冲击煤体，诱导小突出，喷出的煤、水、瓦斯经过钻杆和钻孔、套管间之空隙进入三通、排煤胶管，达到预定深度和冲出的煤量合乎要求为止。

三、沿突出煤层掘进平巷的技术措施

（一）超前支架

超前支架多用于有突出危险的急倾斜煤层和缓倾斜厚煤层的煤巷掘进。在工作面前方巷道顶部事先打上一排超前支架，如图 8-13 所示。在掘进过程中使支架的最小超前距离保持 1.0～1.5 m，掘进工作始终在超前支架保护下进行，从而避免因巷道顶部煤体的垮落而引起突出。

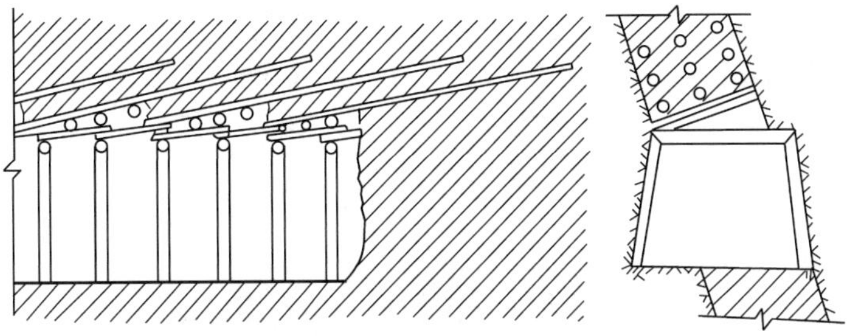

图 8-13　超前支架

（二）大直径超前钻孔

在工作面前方始终保持一定数量和深度的大直径超前钻孔，能够引起煤体应力重新分布，使巷道应力集中带转移至煤体深部，在钻孔周围形成卸压带，同时，又能排放钻孔周围煤体内的瓦斯，降低瓦斯压力，可以消除突出的危险。

大直径超前钻孔孔径一般为 120～300 mm，孔数一般为 3～5 个，孔深为 10～15 m，超前距离为 5 m，如图 8-14 所示。由于煤的物理力学性质不同，其排放半径也有差异，一般为 0.5～1.0 m。大直径超前钻孔适用于煤层较厚、煤质较软、透气性较大的突出煤层，而瓦斯排放半径小于 0.5 m 的煤层不宜使用。

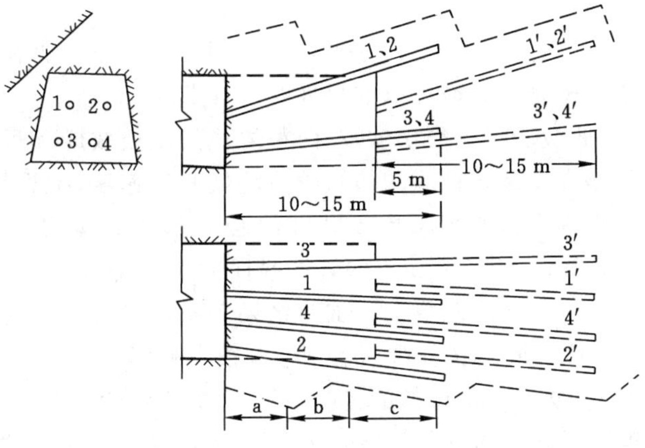

a—卸压带；b—应力集中带；c—常压带。

图 8-14　大直径超前钻孔

（三）水力冲孔

在突出煤层中掘进煤巷应用水力冲孔效果很好，它的作用原理与石门揭煤水力冲孔完全相同，其布孔方式如图 8-15 所示。

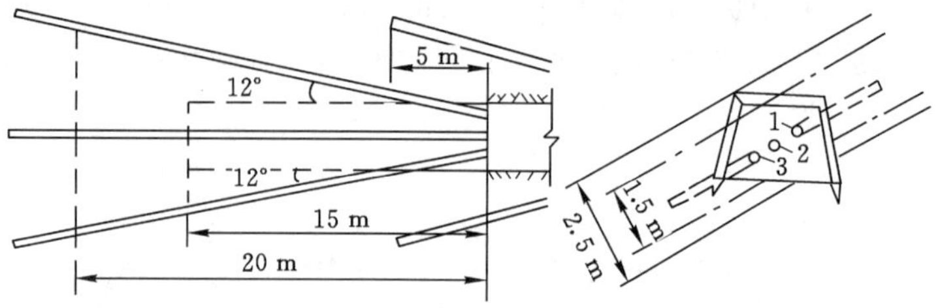

图 8-15 水力冲孔

第三节 巷道底鼓的防治

引起巷道底鼓的因素是多方面的。底鼓产生的破坏对井巷工程的影响是十分严重的。我国目前治理底鼓的方法，多采用加固底板岩体，降低底板围岩或整个巷道围岩的应力，以及建立有效的防排水系统。本节主要介绍加固法和卸压法。

一、加固法

采用加固法防止巷道底鼓的措施有底板锚杆、底板注浆、封闭式金属支架，以及混凝土反拱等。

1. 底板锚杆

在底板打锚杆有两个作用：其一是当底板为层状岩层时，可以把几个岩层连接在一起成为组合梁，这样既能增加岩层的抗挠曲褶皱能力，又能增加岩层之间的抗剪切能力；其二是当底板为碎裂岩体时，可以对围岩施加预应力和摩擦力，从而提高岩体的承载能力和减小巷道底板的破碎程度。

当底鼓主要是由于底板为层状岩层，在平行于层理方向的压应力作用下所产生的挠曲褶皱时，通过打底板锚杆来防治底鼓可以取得良好的效果。

当底鼓主要是由于底板岩层碎裂松软，在两帮岩柱的压模效应和远场应力作用下挤压流动时，打底板锚杆只是在安装锚杆后的初始阶段降低底鼓速度，推迟挖底时间，不能从根本上防治底鼓。例如，淮南谢桥矿东风井 B 组和 C 组大巷，底板围岩的破裂圈达 3.1 m，采用长 1.8 m、间排距为 500 mm×500 mm 的管缝锚杆锚固底板，并在底板铺设 ϕ8 mm 的钢筋网，以及灌浇厚度为 100 mm 的混凝土。试验结果表明，锚杆没有发挥锚固作用，巷道掘进后 70 d 底鼓量高达 1 000 mm，锚杆和底板都遭到很大破坏。

综合国内外使用锚杆防治巷道底鼓的经验，可得出如下结论：

① 影响使用底板锚杆防治巷道底鼓的因素很多，目前尚处于研究试验阶段。

② 底板锚杆控制底鼓的效果主要取决于底板岩层的性质，当底板为中硬层状岩体时易取得成功，为碎裂松软岩体时常会失败。

③ 锚杆的长度应使锚杆能穿透全部可能鼓起的岩层，短锚杆难以阻止底鼓。相似材料模型试验和井下矿压观测结果表明，底板岩层鼓起的深度一般为巷道宽度的 0.75 倍，宽度为 5 m 的巷道必须使用长度为 4 m 左右的锚杆，由于施工工艺十分复杂，很难实现。

2. 底板注浆

通过注浆加固破碎的底板岩层，提高其抗变形能力，可阻止底鼓的发生。设底板岩体的

原始强度为 V_f，破坏后的残余强度为 R_f，则底板注浆后可能出现以下三种情况。

① 注浆只取得部分效果，这时新的结合强度稍许超过残余强度。当注浆压力过小、砂浆黏度太大以及钻孔布置不当时，可能出现这种情况。

② 破碎岩石通过注浆得到充分加固，岩体中很细的裂缝得到黏结，新的结合强度 V_f' 相当于原始强度 V_f。

③ 如果底板岩体破碎成类似料石的砌体，通过注浆形成一个完整的反拱，新的结合强度 V_f' 高于原始强度 V_f。

上述三种情况主要取决于注浆材料、注浆孔的布置、注浆压力和注浆时机。第一种情况不能减轻底鼓。第二种情况可能转变底鼓的类型，由挤压流动型底鼓或挠曲褶皱型底鼓转变为剪切错动型底鼓，从而使底鼓的剧烈程度明显降低。第三种情况则有可能完全阻止底鼓，至少使底鼓量大大降低，是一种有发展前景的防治底鼓措施。

3. 封闭式金属支架

封闭式金属支架的底梁可向底板岩层施加反力，改变底板附近岩层的应力状态，从而阻止底板岩层向巷道内位移。

封闭式金属支架底梁错位和承受集中载荷是底梁失效和损坏的主要原因。金属支架底梁之间采用拉杆固定，铺设钢筋网并进行架后充填，使封闭式支架及底梁成为整体结构，承载能力可提高 3～5 倍，是发挥底梁效应的重要措施。

4. 混凝土反拱

混凝土反拱是一种永久性的巷道底板支护措施。巷道底板先按预定深度和形状挖出坑槽，再浇筑混凝土使之成为反拱。它的优点是作用于底板的支护阻力较高且较均匀。混凝土反拱通常配合砌碹支护使用。为了加强混凝土反拱，也可与金属可缩底梁联合使用，使其获得较大抗底鼓的残余变形能力。

混凝土反拱的残余变形能力大小与是否设底梁有密切关系。当无底梁时，混凝土反拱破坏后其残余强度立即下降为零；而有底梁时，在混凝土反拱破坏时，底梁迫使混凝土反拱的碎块互相咬合，从而大大增加其残余的抗底鼓能力。

二、卸压法

卸压法主要有围岩切缝、钻孔、松动爆破以及开槽卸压等。

1. 切缝卸压

底板切缝可造成底板的最大水平挤压应力向围岩深部转移，使底板可能因围岩褶皱而底鼓范围向岩体深部转移。据研究，底板切缝的深度应大于巷道宽度的一半，切缝的宽度需 20～30 cm。在切缝中用充填材料填塞，既可以减少巷道两帮的移近量，又可防止水对底板的软化作用。但应指出，切缝法的使用范围是有限的，因为在中硬岩层中切缝是非常困难的，如果底板是破碎软弱岩体，切缝会很快被破裂岩体充满而继续底鼓。从原理上，切缝法主要适合于防治挠曲褶皱型底鼓。

2. 钻孔泄压

通过在底板打钻孔来降低底板围岩的应力，从而提高底板的承载能力，防治巷道底鼓。其适用条件与切缝法类似。

3. 松动爆破卸压

在底板内进行松动爆破后，爆破孔底部周围出现许多人为裂缝，底板里层的围岩与深部离散，原来处于高压应力状态的底板岩层内出现卸压区，从而使应力转移到岩体深部，以减轻巷道的底鼓。在底板松动爆破后再安装加强支架，则减轻底鼓的效果更佳。这种方法对应力高而围岩比较坚硬的巷道比较有效，否则爆破松动的岩层压实后会重新产生底鼓，卸压的有效时间为 3～10 个月。

4. 开槽卸压

在矿井中有一些围岩比较松软、服务年限较长的硐室，采动影响期间硐室周围可能产生很高的应力集中而引起强烈位移和底鼓。如果在硐室顶部开一几何尺寸比较合理的卸压槽，就有可能使硐室免受强烈影响，而处于应力降低区内。由于开槽卸压从根本上降低了整个巷道围岩的应力，从而可避免底鼓的发生。

治理底鼓需注意的另一个问题是对底板水的治理，由于水对岩石的侵蚀作用，巷道底板岩石易潮解或泥化。

综上所述，防治巷道底鼓的方法，有各自的特点和适用条件，应根据巷道的地质技术条件、底鼓的类型以及有关因素因地制宜地合理选择。

习　题

1. 试述软岩的特点，软岩巷道围岩变形和压力特征，软岩巷道的支护结构特点。
2. 为什么要加强对软岩巷道底板的管理？
3. 揭开煤与瓦斯突出煤层施工时应注意哪些问题？
4. 防治巷道底鼓主要有哪些措施？

第九章　井 筒 施 工

井筒是进入煤矿井下和通达地面的主要进出口，是矿井生产期间提升煤炭及矸石、升降人员、运送材料设备，以及通风和排水的咽喉工程。按用途，井筒可分为主井、副井、混合井和风井等。主井是提升煤炭的井筒。副井的用途是上下人员、提放设备、提升矸石和进风。风井的主要用途是通风，由副井进风，风井回风。

井筒施工是矿井建设的主要工程项目，其工程量一般占矿井井巷工程量的15%左右，而施工工期却占矿井施工总工期的40%～50%。井筒施工速度直接影响其他井巷工程、有关地面工程和机电安装工程的施工安排。因此，加快井筒施工速度是缩短矿井建设总工期的重要环节。同时，井筒是整个矿井建设的咽喉，其设计和施工的优劣直接关系矿井建设的成败和生产时期的使用效果。因此，井筒的设计必须合理，施工质量必须得到足够的重视。

第一节　斜 井 施 工

一、概述

1. 斜井施工技术的发展

斜井开拓具有投资省、投产快、效率高、成本低等一系列优点，因而国内外许多具备条件的大、中、小型矿井都有采用。我国东北地区的鸡西、鹤岗、阜新等老矿区，许多小型煤矿多采用片盘斜井开拓。我国西北地区现有的生产矿井，斜井开拓的比例达50%以上，如20世纪末21世纪初建成投产的灵武矿区灵新一号井、华亭矿区的陈家沟矿和砚北矿、蒲白矿区的朱家河矿等，都采用了斜井开拓方式。在大型矿井中，斜井开拓也日益增多，如陕西大柳塔、活鸡兔等矿就是年产量1 000万t以上的大型斜井煤矿。

近年来，随着矿井生产机械化的发展，以及强力带式输送机和大倾角强力带式输送机的广泛应用，矿井开拓有向斜井、斜立井联合方式发展的趋势。加之施工装备的改进，斜井掘进速度的提高，斜井和斜立井联合开拓方式已引起国内外采矿工程界的兴趣和重视。

随着斜井开拓方式的广泛应用，我国斜井施工技术及设备水平也得到了迅速发展，具体表现在：

① 形成了激光指向、光面爆破、耙斗装载机装岩、箕斗提升、大型矸石仓排矸、潜水泵排水、局部通风机通风的机械化作业线，施工设备配套以及管理水平不断提高。

② 锚喷网支护技术在斜井施工中得到应用和推广，简化了支护工艺，提高了机械化程度，减少了工程量，实现了远距离管路输料，为掘进与支护平行作业创造了条件，有效地加快了成井速度。

③ 总结形成了“一坡三挡”的成功经验，为有效预防斜井跑车事故、保证斜井施工安全提供了有力的保障措施。

2. 斜井施工的特点

由于斜井井筒有10°～25°甚至更大的坡度，所以在施工方法及工艺、施工机械及配套等方面，既不同于立井，又不同于平巷，有其自身的特点。

(1) 斜井施工的困难多

斜井施工的困难主要是由于坡度存在而产生的，其中以装岩、排矸和排水困难最为突出。在10°～25°甚至更大坡度的斜面上进行装岩、排矸和排水作业，显然比在平巷中要困难得多，因而生产效率不高。

通过几十年的努力，施工机械的装配水平不断提高，这些困难已逐步得到缓解。1965年峰峰矿务局开始将耙斗装载机用于斜井装岩，收到良好效果。掘进坡度25°～30°的斜井，人工装岩每循环需要5～6 h，使用耙斗装载机只需2 h，大大提高了装岩效率，减轻了繁重的体力劳动。

近年来，由于山区地形和煤层赋存条件等的限制，加之大倾角强力带式输送机的推广应用，常出现倾角25°以上，甚至35°的大倾角斜井，这给斜井施工带来了许多新困难，提出了新的研究课题。

(2) 容易发生跑车事故

与平巷相比，在斜井提升运输过程中，如果稍有不慎，提升容器就可能掉道、脱钩或提升钢丝绳断绳，提升容器就会失去控制沿斜井坡道下滑，并不断加速，产生巨大的冲击力，从而造成破坏性极大的跑车事故。

2003年2月22日，山西省吕梁市交城县岭底乡后火山村五七煤矿二坑斜井发生断绳跑车事故，当场死亡1人，另有13人经抢救无效死亡。2003年6月16日，广东省韶关市江胡煤矿一辆载有26人的斜井人车，因连接装置脱落发生跑车事故，造成14人死亡，12人受伤，其中3人重伤。

因此，采用轨道运输时，必须设置与提升设备相应的防跑车安全设施，以预防跑车事故。这已成为目前斜井施工管理的重要工作之一。

(3) 长距离混凝土管道输送

当永久支护采用锚喷支护时，要考虑采用管道长距离输送混凝土，以减轻提升设备的负担，同时提高支护作业的速度。

缩短建井周期，关键在于缩短井筒开凿工期。据统计，斜井井筒工程量在煤矿建设井巷总工程量中仅占3%～13%，而其施工期一般占矿井建设总工期的35%左右。所以，总结并发展斜井施工技术，提高斜井施工速度，对加快矿井建设速度、缩短矿井建设周期具有重要的现实意义。

二、斜井表土施工

斜井井口(井颈)的施工方法主要是根据地形和表土、岩石的水文地质条件来确定的。

1. 斜井井口的施工方法

当斜井井口位于山麓地带时，如图9-1所示，由于表土层很薄或只有风化岩层带，则井口施工比较简单，只需将斜井井口位置的浮土和风化碎石清除干净，而后按斜井设计的方向、倾角，用普通钻眼爆破法向下掘进。待掘至设计的井颈深度后，再由下向上进行永久支护。

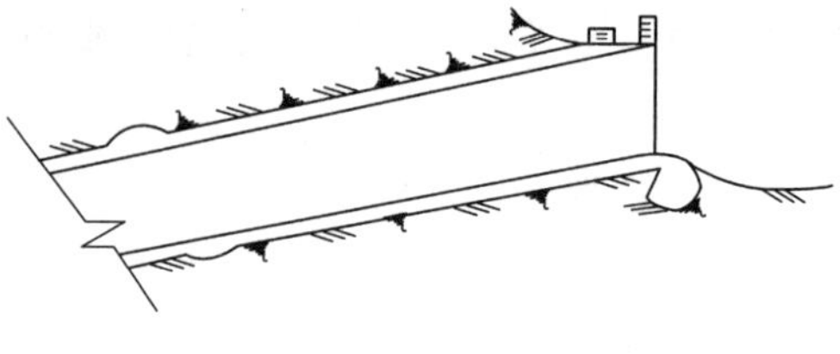

图9-1　山麓地带斜井井口

当斜井井口位于平原地区时，由于表土

层较厚、稳定性较差，顶板不易维护。为了安全施工和保证掘、砌质量，井口施工时，一般将井口段一定深度的表土挖出，使井口呈坑状，待永久支护砌筑完成后，再将表土回填夯实，人们通常称这种方式为明槽开挖方式。若表土中含有薄层流沙，且距地表深度小于 10 m，为了确保施工安全，需将井口坑范围扩大，通常称这种方式为大揭盖开挖方式。

(1) 明槽几何尺寸与边坡角的确定

明槽的几何尺寸一般需根据表土的稳定性、斜井的倾角、表土的涌水量、地下水位以及施工速度等因素确定。应以既能保证安全施工，又力求土方挖掘量最小为原则来确定明槽的几何尺寸和边坡角。不同性质表土明槽边坡的最大坡度数值见表 9-1。

表 9-1 明槽边坡最大坡度数值

表土名称	人工挖土（将土抛于槽的上边）	机械挖土	
		在槽底挖土	在槽上边挖土
砂 土	45°(1∶1)	53°08′(1∶0.75)	45°(1∶1)
亚砂土	56°10′(1∶0.67)	63°26′(1∶0.50)	53°08′(1∶0.75)
亚黏土	63°26′(1∶0.50)	71°44′(1∶0.33)	53°08′(1∶0.75)
黏 土	71°44′(1∶0.33)	75°58′(1∶0.25)	56°58′(1∶0.65)
含砾石、卵石土	56°10′(1∶0.67)	63°26′(1∶0.50)	53°08′(1∶0.75)
泥炭岩、白垩土	71°44′(1∶0.33)	75°58′(1∶0.25)	56°10′(1∶0.67)
干黄土	75°58′(1∶0.25)	84°17′(1∶0.10)	71°44′(1∶0.33)

注：1. 深度在 5 m 以内，适用上述数值；当深度超过 5 m 时，应适当加大上述数值。

2. 表中括号内数字表示边坡斜率。

当表土薄，或者表土虽较厚但直立性较好时（如黄土），明槽壁可做成垂直的。但为防止表土塌陷，其侧壁上部以做成斜面为宜（图 9-2）。当表土厚而不稳定时，明槽壁应有一定坡度（图 9-3）。

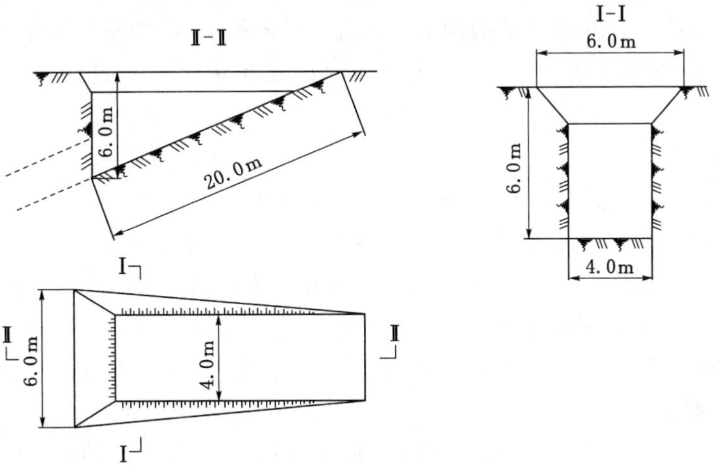

图 9-2 直壁明槽几何参数

(2) 明槽开挖方法

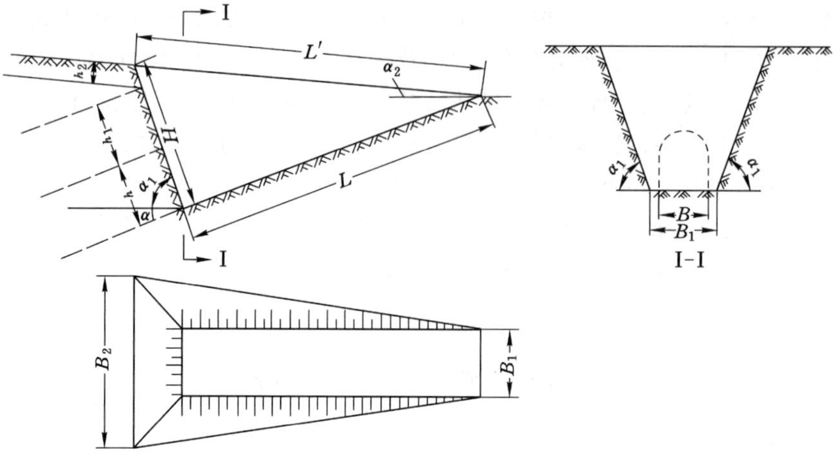

B—斜井宽度；B_1—明槽底部宽度；B_2—明槽顶部宽度；h—井筒掘进高度；

h_1—顶板安全厚度，一般取 2～4 m；h_2—耕作层或堆积层厚度，平坦地形可取 0.5 m；

α—斜井倾角；α_1—明槽边坡安息角，为 45°～80°；α_2—井口地面自然坡度；L—明槽长度；L'—明槽斜长。

图 9-3　斜壁明槽几何参数

明槽的挖掘及维护时间应尽量短，以保证明槽周围土层的稳定。为加快施工速度，应选择不同开挖方式。

① 天然冻结法

对于距地表 4 m 以内的浅部明槽，如果表土是亚砂土和亚黏土地层，且稳定性比较差，含水率为 9%～15%，此时可利用天然冻结土壤固结性好、强度高的特点，将明槽浅部做成直立边坡，一般不需要其他支护措施，土方挖掘量可以减少 20%左右。但明槽开挖后要快速砌墙支护，防止解冻造成边坡坍塌。

② 直挖法

当表土稳定且无地下水时（比如在我国西北地区，浅表土多为黄土，且无地下水，土层稳定性很好），可采用直接开挖明槽的做法。而且可采取挖土、砌墙平行作业，这样明槽两帮的暴露时间就很短，所以从施工的工艺过程上也允许直墙垂直下挖，这样可以减少土方挖掘量 25%～50%。

③ 支撑加固法

当表土稳定时，若将明槽两侧做成直立槽壁，则可减少土方挖掘量 50%；当直立槽壁由于施工活动原因难以长时间维持稳定时，可采用横向支撑进行加固。

支撑加固的一般做法是，采用直径为 200 mm 的圆木横撑和木垫板，将明槽两侧墙壁顶紧，横撑间排距视具体情况来定，一般为 2 m×2.5 m。为防止圆木下滑，可用铅丝将其连接到架在地面上的横梁上，如图 9-4 所示。此法适用于土壤的内摩擦角较小而明槽又较深的情况。

④ 台阶木桩法

当表土层不够稳定或夹有流沙层时，明槽开挖可采用 45°的台阶边坡，如图 9-5 所示。台阶尺寸为 0.55 m×0.55 m，台阶侧壁可采用长度为 1 m 的木桩插板维护，这样能够有效地控制边坡的稳定，保证施工的安全。

⑤ 降低水位法

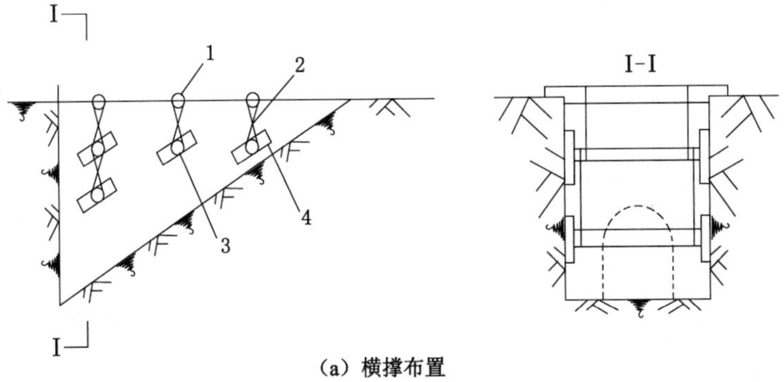

(a) 横撑布置

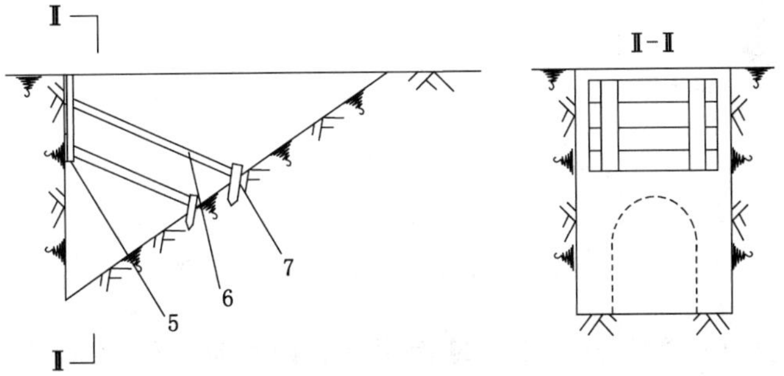

(b) 斜撑布置

1—槽口横梁；2—铁丝；3—横撑圆木；4—垫板；5—挡板；6—斜撑圆木；7—木桩。

图 9-4　明槽支撑加固护坡

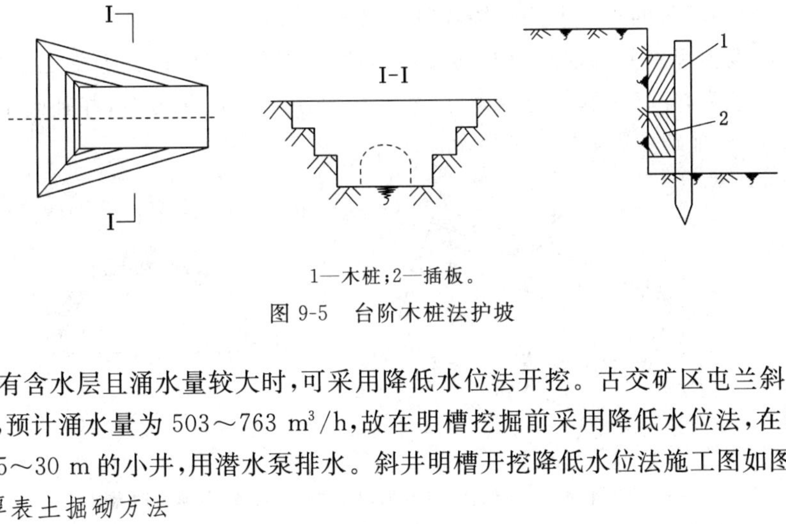

1—木桩；2—插板。

图 9-5　台阶木桩法护坡

当表土有含水层且涌水量较大时，可采用降低水位法开挖。古交矿区屯兰斜井潜水位在地表下 2 m，预计涌水量为 503～763 m^3/h，故在明槽挖掘前采用降低水位法，在明槽四周打 6～8 口深 25～30 m 的小井，用潜水泵排水。斜井明槽开挖降低水位法施工图如图 9-6 所示。

2. 深厚表土掘砌方法

在深厚表土层中施工时，应根据表土性质、斜井断面大小、施工设备和技术水平等条件，采取相应的施工方法。

(1) 全断面一次掘进法

当土质致密坚硬、涌水量不大，且井筒掘进宽度小于 5 m 时，可采用全断面一次掘进施工方法。永久支护采用砌碹时，可使用金属拱形临时支架，掘砌交替进行，段距为 2～4 m。

(2) 中间导硐法

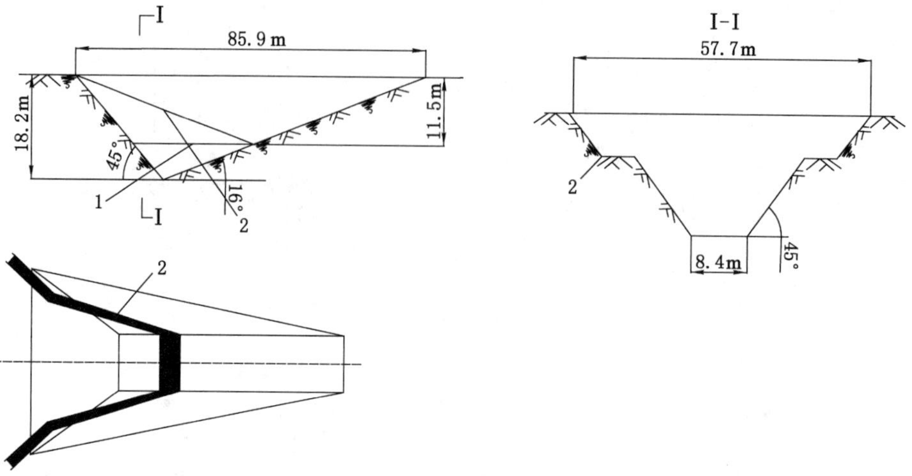

1—平台；2—坡度 13°的汽车道。

图 9-6 斜井明槽开挖降低水位法施工图

当表土较稳定，掘进宽度大于 5 m，全断面掘进有困难时，可在井筒中间先掘深 2 m 左右的导硐，然后向两侧逐步扩大，临时支架沿井筒轴向架设。刷大要两侧同时进行，每次刷大宽度为 0.6 m 左右。待刷够掘进断面后，及时进行永久支护。

(3) 先拱后墙法

当井筒工作面进入岩石风化带之后或工作面上部土层松软、下部土层密实时，则适于先掘砌上部、后掘砌下部的施工方法。掘砌段距以 3～5 m 为宜。

韩城矿区桑树坪斜井掘进断面大，掘砌上部岩石风化带时，掘完上部土层后，在风化岩石上刷出临时壁座，先将拱和部分墙砌好，然后再掘下部的风化岩石，并补砌下部的墙。其掘砌段距为 4 m，掘砌步骤如图 9-7 所示。

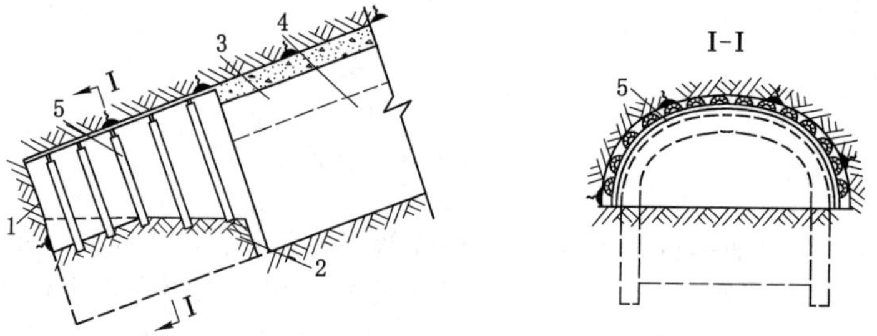

1—表土工作面；2—风化岩石工作面；3—拱；4—墙；5—金属临时支架。

图 9-7 先拱后墙法施工

(4) 两侧导硐先墙后拱法

当表土不太稳定，且断面较大时，先在断面两侧分别掘进小断面导硐，先墙后拱短段掘砌。掘导硐时，先架设木支架，掘出 2～4 m 后，在导硐内砌墙，然后掘砌拱顶部分，最后掘出下部中间土柱。其施工步骤如图 9-8 所示。

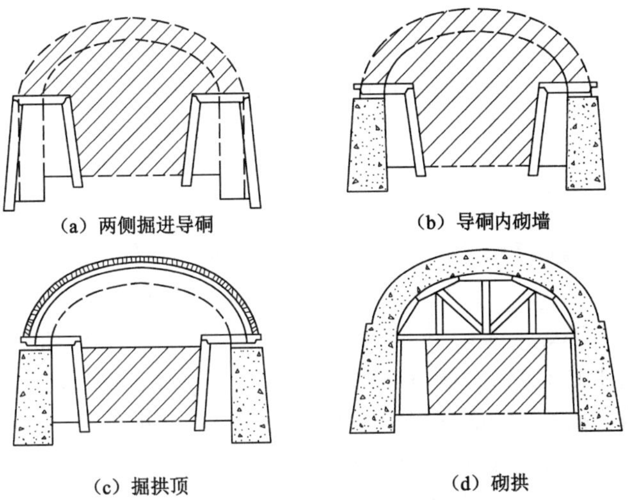

图 9-8　两侧导硐先墙后拱法施工步骤

鸡西矿区滴道矿六井表土大部分为砂砾层，即采用两侧导硐先墙后拱法施工。掘进宽度 8.9 m，导硐宽 1.5 m，其高度略高于墙，掘拱顶部分时，金属临时支架的拱梁立于两侧砌好的墙上。砌拱时，利用下部的中间土柱支撑碹胎。

井筒开口后，开始区段应架设密集支架，向下掘进 5 m 左右，停止掘进，从下向上砌筑井口部分直到地面为止。在明槽的永久砌筑外部须设防水层，然后回填并分层夯实。

井筒在表土层中施工时，为确保工作的安全，应多采用短段掘砌施工方法，掘砌段距一般为 2.5 m。土质稳定、掘进宽度小于 5 m 时，可采用全断面一次掘进；反之，则采用导硐法。

3. 不稳定表土的施工方法

不稳定表土，是指由含水的砾石、砂、粉砂组成的松散性表土和流沙或淤泥层。当表土为不稳定土层时，必须采用特殊施工法。

以往在不稳定表土中施工，我国多采用板桩法。当涌水量较大时，需配合工作面超前小井降低水位或井点降低水位的综合施工法；当流沙埋藏深度不大于 20 m 时，可采用简易沉井法施工（如山东井亭煤矿斜井）；当涌水量大，流沙层厚，地质条件复杂（有卵石、粉砂、淤泥），一般流沙埋深在 30～50 m 时，可采用混凝土帷幕法（如辽源梅河煤矿斜井）。

在不稳定表土中施工，也可以采用注浆法。如镇城底矿副斜井采用水泥-水玻璃双液注浆顺利通过涌水量大（156.64 m^3/h）的厚卵石层（12.9 m）。注浆法除用于含水层封堵水外，对固结流沙、松散卵石，通过断层，加固井巷等均有成效。

近年来，有的矿井在不稳定表土中开凿斜井过程中，当采用板桩、井点降低水位、注浆等施工法均不能奏效时，采用冻结法获得了成功，如内蒙古榆树林子煤矿一对斜井和宁夏王洼煤矿一对斜井。以往冻结法在斜井施工中之所以应用较少，其原因是斜井冻结比立井冻结技术复杂，经济效果也不如立井。但从斜井开拓和立井开拓总的经济效益相比，特别是今后斜井开拓和斜井-立井联合开拓日益增多，斜井冻结法在不稳定表土中的应用范围会逐渐扩大。

三、斜井基岩施工

斜井基岩施工与平巷施工的方式、方法基本相同。但是，由于斜井有一定的坡度，在选择凿岩设备、装岩设备，确定排水方案，进行矸石的提升以及材料的运输等工作时，要充分考虑斜井在装岩、排水、提升、运输等方面的困难，在保证施工安全的前提下，尽可能做到平行作业，提高成井速度。

1. 掘进作业

从 20 世纪 70 年代起，我国斜井施工技术发展较快。1974 年 12 月，陕西铜川基建公司二处在下石节煤矿二采区回风斜井施工中，创造了斜井月进尺 705.3 m 的世界纪录。1984 年 10—12 月，阳泉矿区贵石沟矿斜井（掘进断面积 19.03 m^2，倾角 16°）3 个月累计成井 306.7 m，平均月成井 102.23 m，最高月成井 150.7 m。1991 年 5—7 月，山西大同马脊梁矿新高山主斜井（掘进断面积 15.02 m^2，倾角 16°）3 个月累计成井 825.5 m，平均月成井 275.2 m，最高月成井 376.2 m，达到了当时国内外先进水平。

目前，我国斜井快速施工作业线的主要内容包括：配备风动凿岩机、岩石电钻等打眼工具，实现中深孔全断面光面抛渣爆破；大耙斗、大箕斗、大提升机、大矸石仓（简称“三大一仓”）配套，实现快速装岩、提升和自动卸矸；长距离管道输料，锚喷支护；风动潜水泵排除工作面积水；28 kW 局部通风机长距离独头通风；激光指向仪控制掘进方向和坡度；采用工业电视监视和计算机管理等先进的现代化管理技术。图 9-9 和图 9-10 所示分别是马脊梁矿新高山主斜井井筒施工断面布置图和井筒施工机械化作业线布置图。

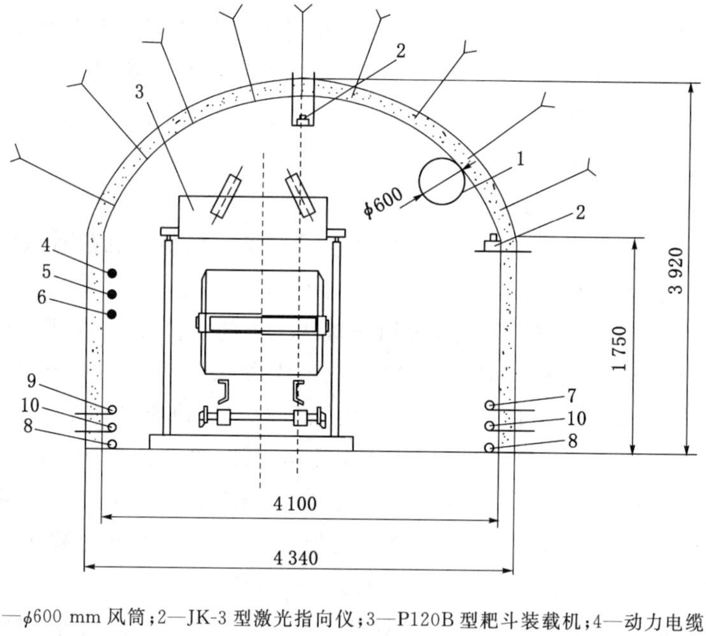

1—ϕ600 mm 风筒；2—JK-3 型激光指向仪；3—P120B 型耙斗装载机；4—动力电缆；
5—照明电缆；6—信号电缆；7—供电管；8—喷射混凝土输送管；9—排水管；10—供水管。

图 9-9　马脊梁矿新高山主斜井井筒施工断面布置

（1）破岩工作

尽管凿岩台车钻眼速度快，且有助于实施中深孔爆破，但在斜井施工中，使用凿岩台车调车困难，使用钻装机又不能使钻眼与装岩两大主要工序平行作业。因此，为提高破岩效

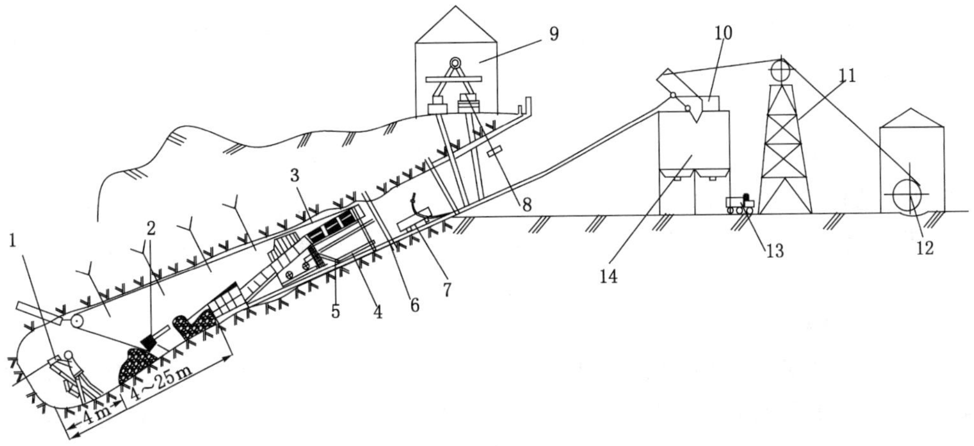

1—YT-28 型凿岩机;2—1.2 m^3大耙斗;3—P120B 型耙斗装载机;4—XQJ-8 型复合后轮前卸式箕斗;
5—大卡轨器;6—托梁支撑;7—喷射混凝土工作台;8—JK-3 型激光指向仪;9—地面喷射混凝土搅拌站;
10—卸载架;11—井架;12—2JK-3/20 型提升机;13—8 t 自卸翻斗汽车;14—40 m^3大矸石仓。

图 9-10 马脊梁矿新高山主斜井井筒施工机械化作业线布置

率、便于钻眼与装岩平行作业,在凿岩机具的选择上,仍以使用多台风动气腿式凿岩机(如 YT-28 型)同时作业为主。掘进工作面同时作业的风钻台数,主要根据井筒断面大小、岩性、支护形式、炮眼数量、作业人员的技术素质、施工管理水平等因素来确定,一般以 0.5~0.7 m 宽的工作面设置 1 台为宜,4~7 台同时作业,工作面钻眼平均生产率可达 86.1~102.6 m/h。

斜井掘进工作面往往会有积水,必须选用抗水炸药、毫秒延期雷管全断面一次爆破。爆破方式多采用中深孔光面爆破,炮孔深度可根据断面大小进行调整。当斜井井筒倾角小于 15°时,采用抛渣爆破可以提高装载机效率。抛渣爆破后,渣堆的高峰距工作面距离以 4~5 m 为宜,工作面空顶高度为 1.7~1.8 m,以便为装岩与打眼、锚喷平行作业创造有利条件。但斜井抛渣是比较困难的,一般采取的措施是使底眼上部辅助眼(或专门打一排抛渣眼)的角度比斜井倾角小 5°~10°,底眼加深 200~300 mm,并使眼底低于巷道底板 200 mm,加大底眼装药量,底眼最后起爆。

(2) 装岩

装岩、提升和排矸是斜井井筒掘进的主要环节,是影响掘进速度的关键,三者占掘进循环总时间的 60%~70%,在新高山主斜井高达 89%,其中与其他工序不能平行作业的时间占 22%。因此,国内外非常重视装、提、排机械化程度和设备配套综合能力的发挥。

① 耙斗装载机

在斜井施工中,我国目前主要使用耙斗装载机装岩。为了配合箕斗提升,加长了耙斗装载机的卸料槽;为防止机体下滑,在耙斗装载机两侧增设了两根可调整高度的支撑,并在后部增设了大型卡轨器。

耙斗装载机的斗容有 0.3 m^3,0.6 m^3,0.9 m^3 和 1.2 m^3 等规格,使用耙斗装载机的台数、斗容大小,可根据工作面掘进宽度选用。大断面斜井施工时,如没有相应的大型耙斗装载机，可使用两台较小的耙斗装载机装岩。例如，大同云岗材料井、阳泉贵石沟主斜井施工时，在工作面布置了 2 台小型耙斗装载机，但由于占用掘进宽度大，需要前后错开布置，所以在实际工作中常以 1 台为主，相互配合以减少干扰。

为提高装岩效率，耙斗装载机距工作面不要超过 15 m，耙斗刃口的插角以 65°左右为宜；还可以在耙斗后背焊上一块斜高 200 mm 的铁板，增加耙装容量。

耙斗装载机适用于倾角小于 30°的斜巷掘进装岩，万一发生跑车事故，它还能起挡车作用，故工作面比较安全。耙斗装载机最突出的问题是使凿岩台车无法下井，凿岩不能实现全机械化。

② 侧卸式装载机

国产 ZC-1 型、ZC-2 型侧卸式装载机也可用于倾角小于 14°的斜井。与耙斗装载机相比，其装载比较灵活，可以装载块度大于 800 mm 的大块矸石。侧卸式装载机还可以实现铲掘动作，可以用来铲平底板，克服耙斗装载机清底速度慢的缺点；铲斗抬高可停在某一高度，能兼作架设支架的脚手架。

(3) 提升

目前，斜井的提升主要有矿车提升和箕斗提升两种方式。

① 矿车提升

矿车提升适用于井筒断面积小于 12 m^2，长度小于 200 m，倾角不大于 15°时。提升设备简单，井口临时设施少，但提升能力低。

② 箕斗提升

当斜井倾角大于 15°时，采用箕斗提升，可以缩短摘挂钩、甩车等辅助时间。使用大容量的箕斗，在开掘断面较大和较长的斜井时，效果尤为明显。目前，斜井提升施工的箕斗主要有以下 3 种：

后卸式箕斗——其特点是卸载扇形闸门在后部，闸门上设有卸载轮，卸载轨距略大于正常轨距。在卸载地点，正常轨下降为曲轨，卸载轨为直轨。卸载时，后行走轮下降，使闸门相对打开，为了使卸载区段集中，设有倾卸轮。图 9-11 所示为后卸式箕斗卸载示意图。

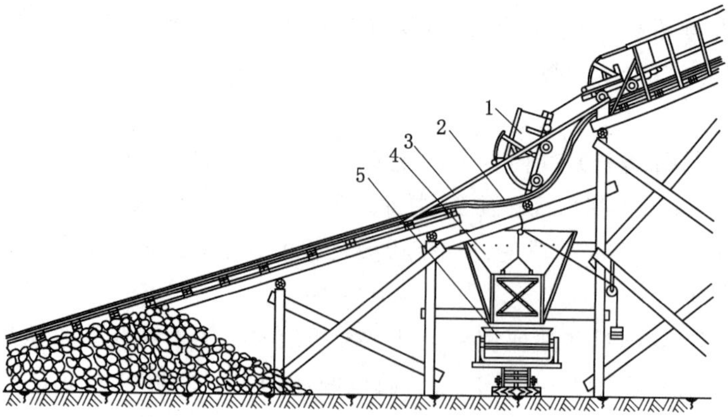

1—箕斗；2—曲轨；3—卸载轨；4—卸矸溜槽；5—矿车。

图 9-11　后卸式箕斗卸载示意图

后卸式箕斗卸载方便，卸载架结构简单，当箕斗容积小时，还可串车提升。其主要缺点是不能兼作提升排水。

前卸式箕斗——其特点是卸载门在前端，闸门与牵引框连在一起。卸载时，后轮抬高，斗身前倾，闸门随之打开。后轮为双踏面轮，外踏面为卸载轮；后轮进入逐渐升高的卸载轨时，使斗身前倾卸载。图 9-12 所示为前卸式箕斗卸载示意图。

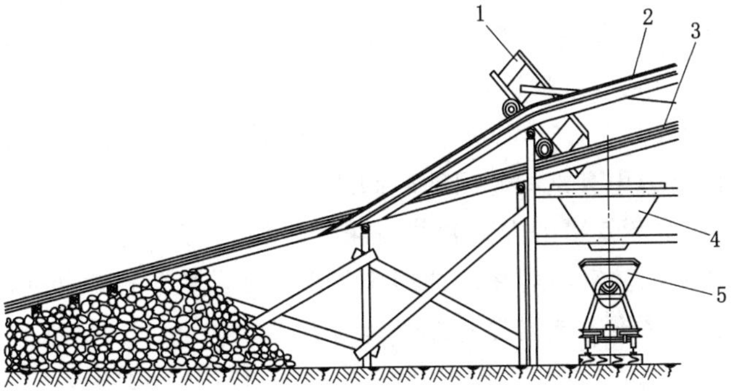

1—箕斗；2—曲轨；3—正常轨；4—中部槽；5—矿车。

图 9-12　前卸式箕斗卸载示意图

前卸式箕斗结构简单，能兼作提升排水。其缺点是箕斗卸载时需较大的翻转力矩，卸载时牵引力为提升时的 1.5 倍以上。

无卸载轮前卸式箕斗——其特点是将前卸式箕斗突出箕斗箱体两侧外 300 mm 的卸载轮去掉，在卸载处配置回转式卸载装置——箕斗翻转架。当箕斗由提升机提至井口，进入翻转架时，箕斗牵引框导向轮沿导向架上的斜面上升，将斗门开启，同时箕斗与翻转架绕回转轴旋转，向前倾斜卸载。箕斗卸载后，与翻转架一同借助自重复位。然后，箕斗离开翻转架，退入正常运动轨道。图 9-13 所示为无卸载轮前卸式箕斗卸载示意图。

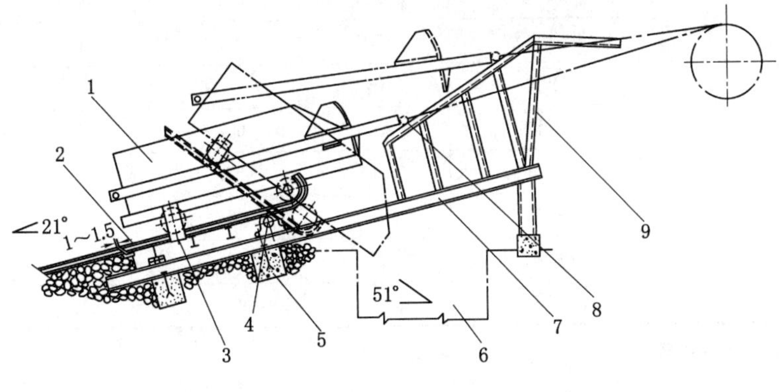

1—箕斗；2—翻转架；3—槽形挡轮板；4—轴承座；5—缓冲水；6—矸石仓；7—底座架；8—牵引框导向轮；9—导向架。

图 9-13　无卸载轮前卸式箕斗卸载示意图

无卸载轮前卸式箕斗由于去掉了箕斗箱体两侧突出的卸载轮，可以避免箕斗运行中发生刮碰管缆、设备与人员等事故，加大了箕斗有效装载宽度，提高了井筒断面利用率。但是由于箕斗卸载时过卷距离短，除要求司机有熟练的操作技术外，提升机还要有可靠的行程指示装置，或应在导向轮运行的导轨上设置提升机停止开关。其另一个缺点是卸载时牵引力为正常提升最大牵引力的 1.5 倍，易使提升机突然过负荷。过大的卸载冲击力亦容易使卸载架变形。箕斗容积越大，其缺点越突出。

③ 箕斗选型

前卸式及无卸载轮前卸式箕斗，均能用于排水，适用于井筒倾角较小（<25°）的情况。后者过卷距离短不宜增大容积，一般为 2.5 m^3，在使用中需加设过卷信号装置，导向架轨面应改为曲线以适应导向轮运行轨迹。

后卸式箕斗用于大倾角（>25°）井筒提升，更能显示其卸载方便、卸载牵引力小的优点。当需要提升排水时，应选用有密闭闸门的后卸式箕斗。

随着耙斗装载机生产效率的提高和井筒深度的加大，箕斗容积从 1.2～2.5 m^3 增加为 3 m^3、4 m^3、6 m^3 和 8 m^3。箕斗容积的选用应与耙斗装载机生产率相匹配，才能充分发挥装岩、提升综合能力。斜井施工装岩提升综合能力见表 9-2。

表 9-2 斜井施工装岩提升综合能力

箕斗容积/m^3	耙斗装载机斗容/m^3	提升方式	装岩提升综合能力/(m^3/h)			
			200 m	400 m	800 m	1 000 m
4	0.6	单钩	30.0	26.0	17.7	11.8
		双钩	43.1	37.6	27.4	21.0
		两套单钩	60.0	52.0	35.0	23.0
6	0.6	单钩	36.1	31.2	22.3	16.4
		双钩	49.1	43.7	33.5	28.0
		两套单钩	72.2	62.0	44.1	32.8
6	0.9	单钩	43.9	38.0	25.9	17.5
		双钩	64.7	56.4	44.1	31.6
		两套单钩	87.6	76.1	51.0	35.0
8	0.9	单钩	50.7	43.9	30.9	22.2
		双钩	71.2	63.0	47.0	38.9
		两套单钩	101.4	87.8	61.8	44.4
8	1.2	单钩	56.3	48.7	33.6	23.2
		双钩	82.7	72.7	53.6	42.1
		两套单钩	112.6	97.5	67.2	46.4

注：提升速度按 3 m/s 计算。

为保证箕斗提升运行安全和快速卸载，应注意轨道铺设质量，大容积箕斗应选用宽轨距及重型轨道，并使用工业电视监视箕斗卸载。

(4) 矸石仓排矸

由于提升矸石的不均匀性和排矸运输的不连续性，需要有一定容积的矸石仓，以缓解矸石的转运，确保井下掘进工作面不间断施工。目前，常用的矸石仓容积有 10 m^3、24 m^3 和

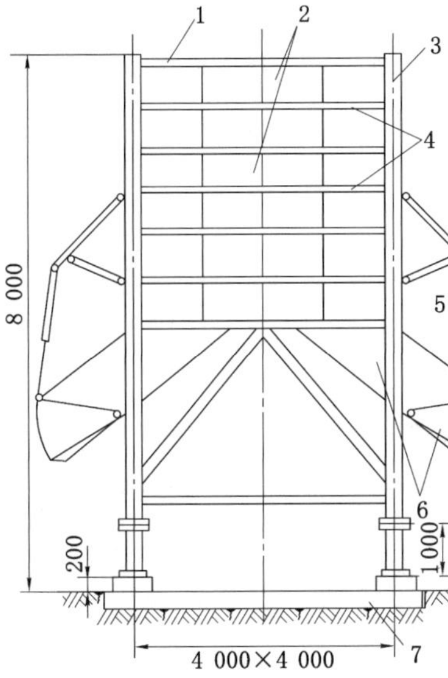

1—卸载平台边梁；2—仓壁围板；
3—立柱；4—仓壁横梁；5—启闭器；
6—中部槽及门闸；7—梁式基础。
图 9-14 40 m^3 装配式矸石仓

40 m^3(图 9-14)几种规格。据统计，在一般排矸运输能力条件下，装岩、提升综合能力与矸石仓容积比例关系为1∶(0.6～0.85)。根据地形条件，矸石仓与矿车环形轨道运输或自卸式汽车运输配合使用，可满足快速施工的要求。

(5) 治水与排水

妥善处理工作面积水和施工过程中的涌水，是加快斜井施工速度、提高井筒施工质量的重要环节。针对井筒涌水来源以及水量的大小，可采取不同措施。

① 在选择确定斜井井筒位置时，要尽可能地避开含水地层。如果地质及水文条件复杂，要争取把一个斜井布置在不含水的岩层中，以便于在施工中利用它来排放和降低水位，改善另一个斜井的施工条件。

② 要防止地表水流入或渗入井筒内，为此，要在井口周围掘砌环形排水沟，并使井口标高高于当地最大洪水位的标高。当采用明槽开挖方式施工斜井表土层时，井口回填一定要密实，井口段的永久支护要满足防渗要求，不能透水。

③ 当涌水沿斜井顶板、两帮流下来时，为了尽可能减少流入工作面的水量，要在斜井底板上每隔 10～15 m 设一道横向水沟，将水引入纵向水沟中，然后汇流到设在井筒涌水点以下的临时水仓内，最后由卧泵排至井外。

④ 如果工作面有涌水、积水，则需要根据涌水量以及积水情况，采取不同方式向地面疏排水。目前，使用较多的有潜水泵排水、喷射泵排水和卧泵排水等几种排水方式。

当工作面涌水不大(4～5 m^3/h)时，可选用能力为 10～15 m^3/h，扬程为 20～30 m 的风动或电动潜水泵，将工作面积水排入矿车或箕斗中，随矸石一起排至井外。

当工作面涌水超过潜水泵的排水能力时，需要采用卧泵排水。但为了减少卧泵的移动次数，常用喷射泵作为中间排水机具。喷射泵较一般卧泵使用方便，能够边掘进边排水，因而曾成为斜井施工排水专用设备。对于深井可能需要多次转排或设置较大的水仓，用高扬程泵转排至地面。

2. 支护作业

斜井施工中，支护与掘进两大工序工时消耗比例在顺序作业时，一般为 1∶(1.5～2)，但在施工中，常采取掘、支平行作业。因此，支护作业一般不再占用成井时间，特别是锚喷支护的推广和支护机械化程度的提高，使斜井施工速度明显加快，并且形成了具有我国特色的支护机械化作业线。

(1) 锚喷支护

锚喷支护机械化作业线主要由砂石筛洗机、输送机、储料罐(砂、石、水泥)、计量器、搅拌机和喷射机等组成，筛洗机、输送机、储料罐和计量器设在地面，搅拌机设在井口附近或邻近硐室内，喷射机在井下随支护工作面移动。由于锚喷支护需要巷道断面较大，设备移动频繁,设备布置复杂,因此只适用于双轨提升的斜井,并且它对掘进工作有一定干扰。

为了克服上述缺点,许多单位将喷射机、搅拌机均设在斜井地面井口附近或邻近硐室内,利用井口与工作面的自然高差,实现远距离管路输送喷射混凝土,如图 9-15 所示。

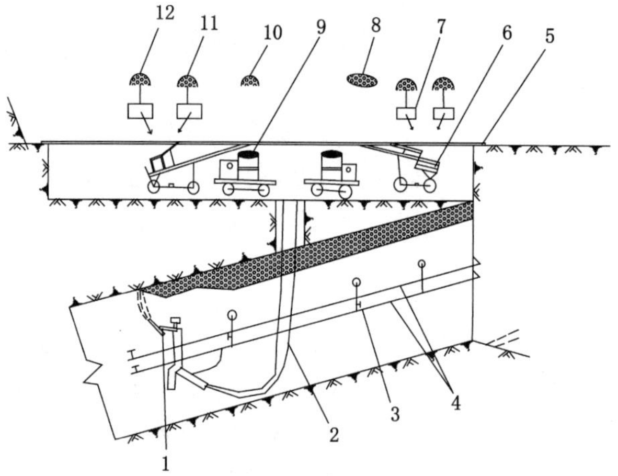

1—喷嘴;2—输料管;3—三通阀门;4—压风、水管;5—上料台;6—上料机;
7—筛子;8—水泥;9—喷射机;10—速凝剂;11—石子;12—砂子。

图 9-15　马脊梁矿新高山主斜井喷射工艺

(2) 砌碹支护

采用料石砌碹或现浇混凝土支护,目前尚未形成机械化作业线。支护时下放材料占用提升时间,而且架设碹胎、模板及上料劳动强度大、工效低。

现浇混凝土支护具有整体性强、防水性好等特点,实现机械化作业较料石砌碹具有较好条件,其发展方向是液压滑模远距离泵送混凝土。

3. 掘进安全

在斜井提升容器运行过程中,如稍有不慎便可能发生提升容器掉道、脱钩或断绳,提升容器沿斜坡下滑,产生巨大冲击力,造成破坏性极大的跑车事故。尽管制定了作业规程,对钢丝绳、连接装置、轨道铺设以及司机、操作工操作有严格要求,但斜井跑车事故在国内外仍时有发生。为预防跑车事故的发生,我国在斜井施工中总结出"一坡三挡"的经验,即在井口地面平车场入口处、井口以下 20 m 处和井下掘进工作面上方 20 m 处,均设置安全挡车器。安全挡车器防跑车装置的类型很多,主要分为井口与井下两类,其中,效果较好、有代表性的有以下 4 种。

(1) 井口挡车器

当斜井井口为平车场时,在斜井井口设置井口挡车器,矿车出井后能顺利通过;当矿车返回下井时,则需人工操作挡车器操作把方能通过,以防止矿车没有挂钩而误推或滑行入井。这种挡车器简易、适用,使用广泛,其构造如图 9-16 所示。

(2) 摆杆挡车器

摆杆挡车器主要构造如图 9-17 所示。在斜井施工中采用箕斗提升时,箕斗出井前打开摆杆挡车器,箕斗通过后落下、箕斗继续沿斜坡上提至栈桥卸载。箕斗入井操作与此相反。这种挡车器的开、闭状态明显,操作灵活,阻车可靠,只需在井口设置即可。由于可能跑车距

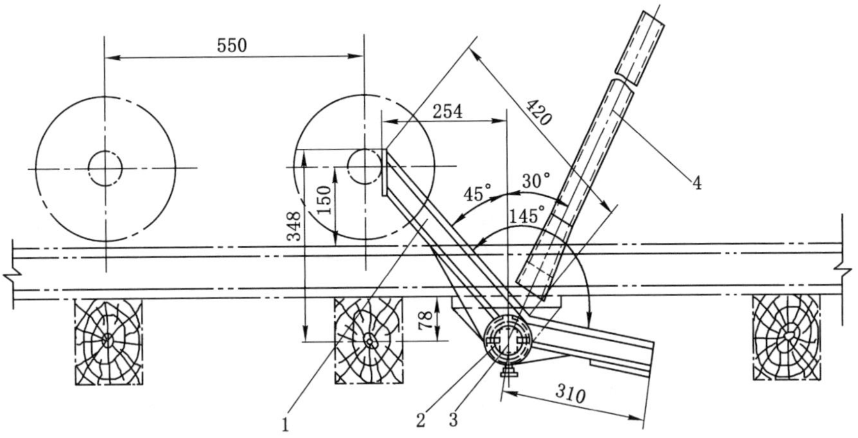

1—阻车爪;2—轴承;3—轴;4—操作把。

图 9-16 井口挡车器结构

离仅为 20～30 m(栈桥长度),冲击力较小,故阻车杆一般采用刚性单杆,其缺点是需要人工操作。

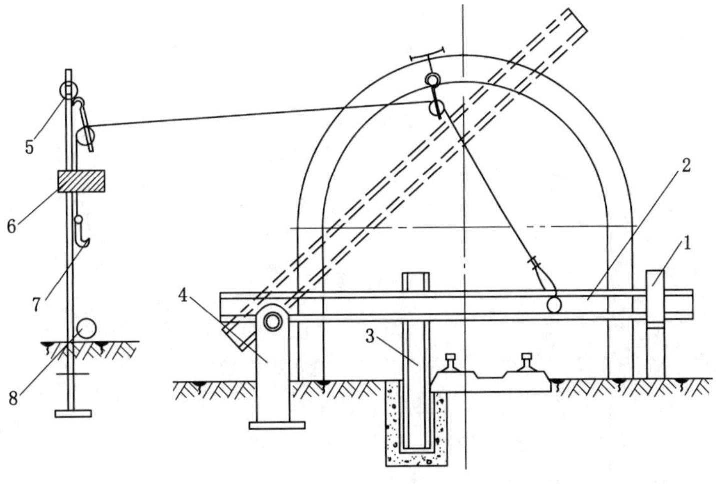

1—限位架;2—摆动阻车杆;3—阻车活动插杆;4—支承转动架;

5—滑轮固定立柱;6—配重块;7—手动拉钩;8—提升固定环。

图 9-17 摆杆挡车器结构

(3) 钢丝绳挡车器

常用的是钢丝绳挡车帘,以两根直径 150 mm 钢管作为立柱,用钢丝绳和直径 25 mm 的圆钢编成帘形。手拉悬吊绳将帘提起,可让矿车通过;放松悬吊绳,帘子下落就可起到挡车作用,如图 9-18 所示。挡车帘分别设置在井口以下 20 m 处和距掘进工作面上方 20 m 处,由信号工操作。

(4) 固定式井内挡车器

在斜井井筒中部设置固定式井内挡车器。当斜井井筒长度较大时,在井筒中部安设如图 9-19 所示的悬吊式自动挡车器。它是在斜井断面上部安装一根横梁,其上固定一个小框

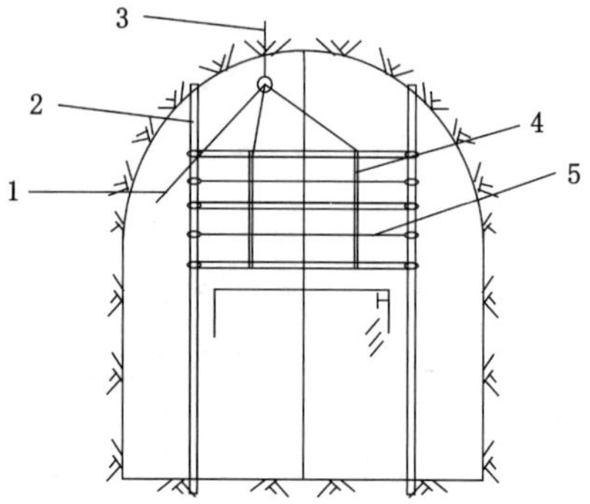

1—悬吊绳；2—立柱；3—吊环；4—钢丝绳编网；5—圆钢。

图 9-18　钢丝绳挡车帘

架，框架上设有摆动杆，摆动杆平时下垂在轨道中心线位置，距轨面约 900 mm。提升矿车通过时能与摆动杆相碰，碰撞长度 100～200 mm。当矿车以正常速度运行时，碰撞摆动杆后，摆动幅度不大，触动不到框架上横杆；一旦发生跑车事故，高速的矿车碰撞摆动杆后，可将通过牵引绳与挡车钢轨相连的横杆打开，8 号钢丝失去拉力，挡车钢轨一端便能迅速落下，起到防止跑车的作用。使用这种防跑车设施时，必须控制好摆动杆到挡车钢轨间的距离，以便确保挡车钢轨掉落到轨道上后，跑车才能到达。

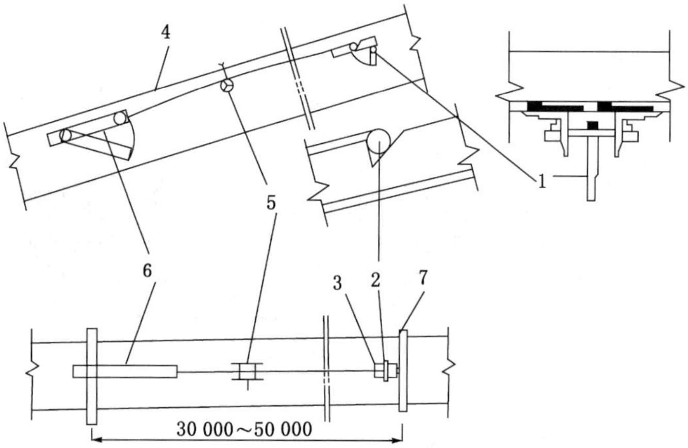

1—摆动杆；2—横杆；3—固定小框架；4—8 号钢丝；5—导向滑轮；6—挡车钢轨；7—横梁。

图 9-19　悬吊式自动挡车器

第二节　立井施工

立井井筒自上向下可分为井颈、井身和井底 3 部分，如图 9-20 所示。根据需要，在井筒适当部位还筑有壁座。靠近地表的一段井筒称作井颈，也称为永久锁门。井颈内常开有各种孔口、安全通道及管路通道等。井颈的深度一般为 15～20 m，井塔提升时可达 20～60 m。井颈部分由于多处在松软表土层或风化岩层内，地压较大，加之受地面构筑物和井颈上各种孔洞的影响，不但需要加厚，而且通常需要配置钢筋。井颈以下至罐笼进出车水平或箕斗装载水平的井筒部分称作井身，井身是井筒的主要组成部分。井底车场水平以下部分的井筒称作井底或井窝。井底的深度是由提升过卷高度、井底装备要求的高度和水窝深度决定的。罐笼井的井底深度一般为 10 m 左右，箕斗井和混合井的井底深度一般为 35～70 m，风井的井底深度一般为 4～5 m。

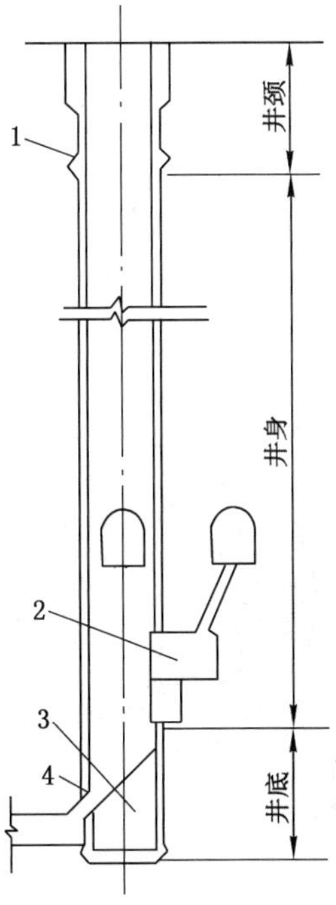

1—壁座；2—箕斗装载硐室；3—水窝；4—井筒接受仓。

图 9-20　立井井筒纵断面

一、立井井筒断面设计

1. 断面布置形式

立井井筒断面形状有圆形和矩形两种，煤矿一般采用圆形断面。圆形断面的井筒具有承受地压性能好、通风阻力小、服务年限长、维护费用少及便于施工等优点，但是其断面利用率较低。

由于立井井筒的用途、井筒内提升容器和井筒装备的不同，井筒断面布置形式也不同。图 9-21(a)所示为传统的主井布置形式，井筒内布置一对箕斗，罐道采用两侧布置，罐梁用树脂锚杆和托梁支座固定在井壁上，钢轨罐道固定在罐梁上；图 9-21(b)所示为副井的一种布置形式，井筒内布置一对罐笼，罐道采用两侧布置，罐梁埋入井壁内，木罐道固定在罐梁上，井筒内还布置有梯子间和管路间；图 9-21(c)所示为传统的主井“山”形布置，钢轨罐道两侧布置；图 9-21(d)所示为目前常用的主井断面布置，使用矩形截面罐道，罐梁利用树脂锚杆和托梁支座固定；图 9-21(e)和图 9-21(f)所示为目前副井的布置形式，井筒内布置有 2～3 个罐笼加平衡锤，以及梯子间和管路间；图 9-21(g)所示为主井四箕斗对角布置形式，采用装配式组合架固定罐道；图 9-21(h)和图 9-21(i)所示为采用钢丝绳罐道的布置方式，其中图 9-21(i)为混合井的一种布置形式，在同一个井筒内布置一对箕斗和一对罐笼，采用钢丝绳罐道。

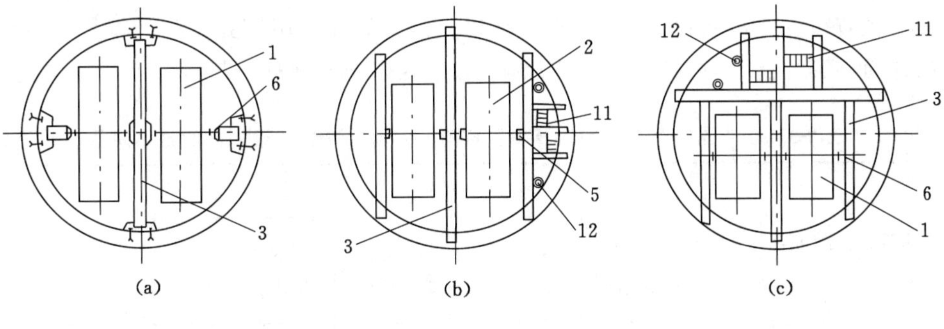

1—箕斗；2—罐笼；3—罐梁；4—托架；5—木罐道；6—钢轨罐道；7—矩形罐道；8—钢丝绳罐道；9—防撞钢丝绳；10—平衡锤；11—梯子间；12—管路电缆间。

图 9-21　立井井筒断面布置方式

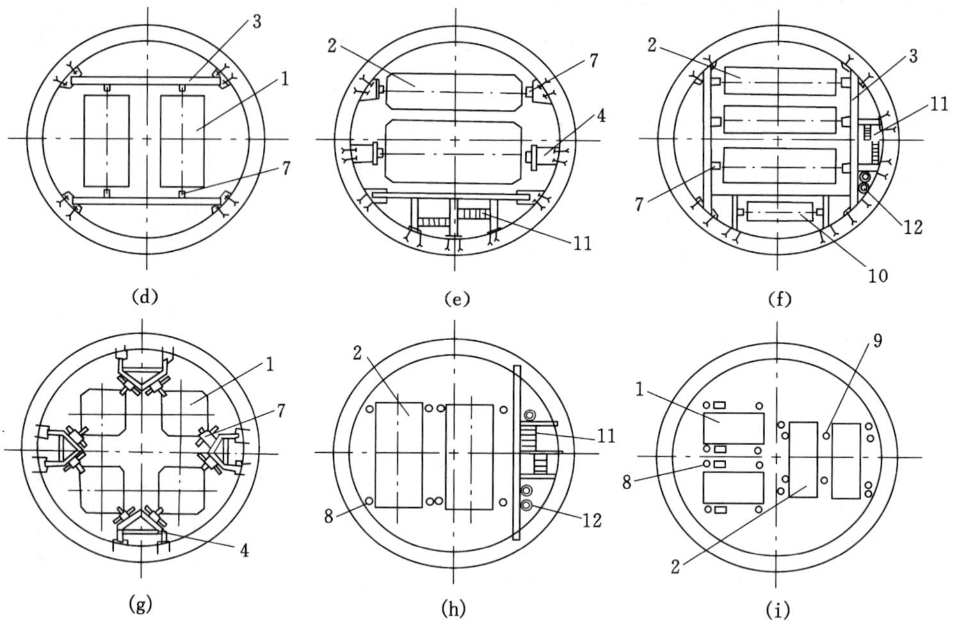

图 9-21(续)

立井井筒断面尺寸包括净断面尺寸和掘进断面尺寸。净断面尺寸主要根据提升容器的规格和数量、井筒装备的类型和尺寸、井筒布置方式，以及各种安全间隙来确定，最后根据风量进行风速校核。掘进断面尺寸根据净断面尺寸和支护厚度来确定。

2. 净断面尺寸

井筒净断面尺寸主要是净直径，主要根据井筒内所布置的各种设备和设施、安全间隙要求来确定，其步骤如下：

① 根据井筒用途和所采用的提升容器，选择井筒装备的类型，确定井筒断面布置形式。

② 根据所选用的井筒装备类型，初步选定罐梁规格和罐道规格。

③ 根据提升间、梯子间、管路和电缆的布置与尺寸，以及《煤矿安全规程》规定的安全间隙，用图解法或解析法求出井筒净直径的近似值。然后按《煤炭工业矿井设计规范》的规定，井筒净直径宜按 0.5 m 进级；净直径 6.5 m 以上的井筒和采用钻井、沉井、帷幕等特殊工法施工的井筒，其净直径可不受 0.5 m 进级限制。《煤矿安全规程》规定的最小间隙见表 9-3。

表 9-3　立井提升容器之间以及提升容器与井壁、罐梁、井梁之间的最小间隙　单位：mm

罐道和井梁布置		间隙类别				备　注
		容器与容器之间	容器与井壁之间	容器与罐梁之间	容器与井梁之间	
罐道布置在容器一侧		200	150	40	150	罐耳与罐道卡子之间为 20
罐道布置在容器两侧	木罐道	200	50	200		有卸载滑轮的容器，滑轮与罐梁间隙增加 25
	钢罐道	150	40	150		

表 9-3(续)

罐道和井梁布置		间隙类别				备　注
		容器与容器之间	容器与井壁之间	容器与罐梁之间	容器与井梁之间	
罐道布置在容器正面	木罐道	200	200	50	200	
	钢罐道	200	150	40	150	
钢丝绳罐道		450	350		350	设防撞绳时，容器间最小间隙为 200

④ 根据初步确定的井筒净断面，验算罐梁型号和罐道规格。

⑤ 根据验算结果进行必要的调整，重新作图核算和检查各处的安全间隙，安全间隙都满足要求时，井筒净直径就基本确定。

⑥ 根据通风要求，核算井筒断面。

3. 通风校核

根据提升容器和井筒装备尺寸确定的井筒净直径，如果井筒同时用作通风，须进行通风速度校核。要求井筒内的风速不大于允许的最高风速，即

$$v=\frac{Q}{S_0}\leqslant v_{\max} \tag{9-1}$$

式中 Q——通过井筒的风量，m^3/s；

v——井筒内实际风速，m/s；

S_0——井筒有效通风断面积，井内设有梯子间时 $S_0=S-A$，不设梯子间时 $S_0=0.95S$；

S——井筒净断面积，m^2；

A——梯子间的面积，可取 2.0 m^2；

$v_{\max}$——立井井筒中允许的最高风速，m/s。

《煤矿安全规程》规定：升降人员和物料的井筒，$v_{\max}=8$ m/s；专为升降物料的井筒，$v_{\max}=12$ m/s；无提升设备的风井，$v_{\max}=15$ m/s。

如果验算结果 $v<v_{\max}$，则井筒净直径满足通风要求；如果 $v>v_{\max}$，则应按通风要求加大井筒净直径。

4. 井筒掘进断面尺寸

井筒掘进断面尺寸由井筒净断面尺寸和井筒永久支护厚度所决定。立井井筒永久支护的设计，首先应确定井壁结构，然后通过计算或与经验数据相结合来确定井壁厚度。目前，常用的井壁结构包括：整体浇筑混凝土井壁、锚喷井壁、装配式井壁和复合井壁。井筒基岩段采用现浇混凝土、混凝土预制块和料石井壁时，其厚度可按表 9-4 提供的经验数值进行确定。而锚喷井壁，受多种条件的限制，不能用于有提升设备的井筒和涌水量较大及围岩不稳定的情况，目前主要用于立井基岩施工时的临时支护。

表 9-4　井筒基岩段井壁经验数据

井筒净直径/m	井　壁　厚　度/mm			壁后充填厚度/mm
	混凝土	料　石	混凝土块	
3.0～4.5	300	300～350	400	料石、混凝土块井壁壁后充填厚 100
4.5～5.0	300～350	350～400	400	
5.0～6.0	350～400	400～450	500	
6.0～7.0	400～450	450～500	500	
7.0	450～500	500	600	

如果已经确定了井壁的结构和厚度，则掘进断面尺寸也随之确定。

二、提升容器的选择

立井井筒中提升容器的选择是根据井筒用途、井筒深度、矿井年产量和提升机的类型确定的。专门用作提升煤炭的容器，通常选用箕斗。用作升降人员、材料设备和提升矸石的容器，一般都选用罐笼。当一套提升设备兼作提升煤炭和升降人员及设备时，通常选用罐笼。提升容器的规格大小，可通过具体计算确定，也可通过类比法确定。

根据提升方式的不同，提升容器箕斗和罐笼有单绳提升和多绳提升两种形式；根据采用罐道类型的不同，又分为刚性罐道箕斗和罐笼，以及钢丝绳罐道箕斗和罐笼。

立井井筒装备，是指安设在井筒内的空间结构物，主要包括罐道、罐梁（或托架）、梯子间、管路电缆、过卷装置，以及井口和井底金属支承结构等。其中，罐道和罐梁是井筒装备的主要组成部分，它是保证提升容器安全运行的导向设施。井筒装备根据罐道结构的不同分为刚性装备（刚性罐道）和柔性装备（钢丝绳罐道）两种。

1. 刚性罐道

刚性罐道是提升容器在井筒中运行的导向装置，它必须具有一定的强度和刚度，以减小提升容器的横向摆动。刚性罐道有木罐道、钢轨罐道、型钢组合罐道、整体轧制罐道和复合材料罐道等，如图 9-22 所示。

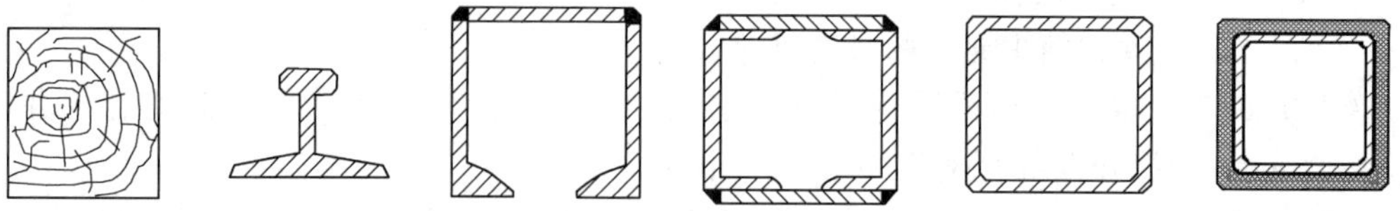

(a) 木罐道　(b) 钢轨罐道　(c) 球扁钢组合罐道　(d) 槽钢组合罐道　(e) 整体轧制罐道　(f) 复合材料罐道

图 9-22　罐道截面形式

(1) 木罐道

木罐道只有在采用普通罐笼升降人员、材料和设备，而又采用普通断绳保护器时才被采用。制作木罐道的材料，要求木质致密坚固，一般采用强度较大的松木或杉木且必须进行防腐处理。木罐道横断面尺寸通常为 180 mm×160 mm（1 t 矿车，单层单车或双层单车罐笼）、200 mm×180 mm（3 t 单层单车普通罐笼），长度一般为 6 m，固定在 4 层罐梁上，罐梁层间距为 2 m。由于木罐道强度低，使用期限短，木材消耗量、罐道维修工作量都很大，因此采用木罐道的井筒已逐渐减少。

（2）钢轨罐道

钢轨罐道与木罐道相比具有经久耐用的优点，故应用比较广泛。通常采用的钢轨罐道有 38 kg/m 和 43 kg/m 钢轨，每根钢轨的标准长度为 12.5 m，钢轨接头处必须留有 4.5 mm 的伸缩缝。安装罐道时，每根钢轨罐道固定在 4 层罐梁上，故罐梁的层间距为 4.168 m。由于钢轨罐道在两个轴线方向上的强度和刚度相差较大，抵抗侧向载荷的能力较弱，所以采用钢轨罐道在材料使用上不够合理。

（3）型钢组合罐道

矩形截面空心型钢组合罐道有多种形式，常用的有球扁钢组合罐道和槽钢组合罐道等。球扁钢组合罐道采用球扁钢与扁钢焊接而成，其断面尺寸为 180 mm×188 mm、200 mm×188 mm。槽钢组合罐道采用两根 16 号或 18 号的槽钢与扁钢焊接而成，其断面尺寸为180 mm×180 mm、200 mm×200 mm。型钢组合罐道的侧向弯曲和扭转阻力大，两个轴线方向上刚度比较接近。采用这种罐道，提升容器通过 3 个橡胶滚轮沿组合罐道滚动，所以提升容器运行比较平稳，如图 9-23 所示。由于型钢组合罐道在两个轴线方向刚度都较大，罐梁层间距可以加大，通常可采用 4 m、5 m 或 6 m，从而可减少罐梁层数和安装工程量。

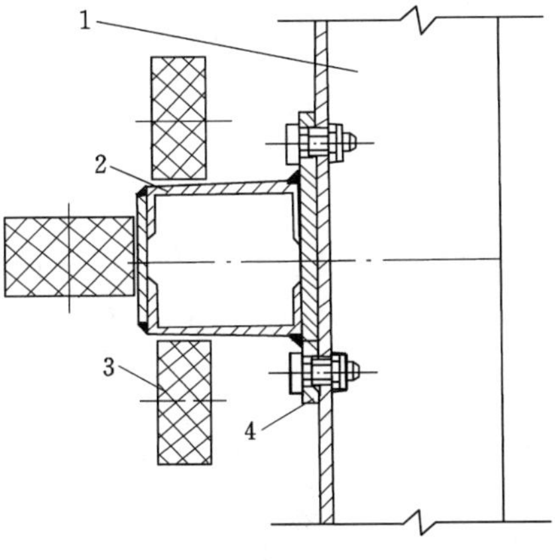

1—罐梁；2—组合罐道；
3—滚轮罐耳；4—连接板。

图 9-23　组合罐道与罐梁的连接

（4）整体轧制罐道

为解决型钢组合罐道在加工中的变形问题，可采用整体轧制的矩形截面钢罐道[图 9-22(e)]。这种罐道在受力性能上具有组合罐道的优点，而且自重较轻，两端封闭性及防腐性能较好，适用于在树脂锚杆固定托架安设罐道梁的井筒使用。这种罐道目前应用较多，已成为型钢组合罐道的更新换代产品。

（5）复合材料罐道

为提高罐道的防腐耐磨性能，可使用复合材料罐道[图 9-22(f)]。钢-玻璃钢复合材料罐道采用内衬钢芯、外包玻璃钢经模压热固化处理制成，其断面尺寸一般为 180 mm×180 mm、200 mm×200 mm，内衬钢芯厚度不小于 6 mm，外包玻璃钢厚度不小于 4 mm。这种复合材料罐道具有耐腐蚀、质量轻、安装方便以及罐梁层间距可根据条件设计等优点，目前应用较广泛。

2. 钢丝绳罐道

立井井筒采用钢丝绳罐道时，井筒装备主要包括罐道钢丝绳、防撞和制动钢丝绳、罐道绳的井口天轮平台及井窝内固定和拉紧装置、提升容器的导向装置、井口及井底进出车水平支撑结构的刚性罐道，以及中间水平的稳罐装置等。使用的罐道钢丝绳主要是异形股钢丝绳和密封钢丝绳。这两种钢丝绳表面光滑、耐磨性强、具有较大的刚度，是比较理想的罐道绳。

钢丝绳罐道的固定方法有两种：一种是罐道钢丝绳的上端固定在井架托梁上，下端在井窝挂重锤拉紧。这种固定拉紧方式要求有较深的井筒，并且井窝内的淤泥应及时清理，否则淤泥将托住重锤使罐道钢丝绳松弛而造成提升容器碰撞事故。另一种是罐道钢丝绳的下端固定在井底钢梁上，上端用安设在井架上的液压螺杆拉紧装置将罐道钢丝绳拉紧。这种固定罐道钢丝绳的方法虽然调绳方便省力、井窝也较浅，但随着钢丝绳罐道在使用中不断伸长，罐道钢丝绳不能保持稳定、足够的拉紧力，易导致提升容器升降期间横向摆动加剧、碰撞井梁和互相碰撞事故。因此，为了保证提升工作安全，罐道钢丝绳必须具有一定的拉紧力和刚度。《煤矿安全规程》规定，每个提升容器（平衡锤）有 4 根罐道绳时，每根罐道绳的刚性系数不得小于 500 N/m，各罐道绳张紧力之差不得小于平均张紧力的 5%，内侧张紧力大，外侧张紧力小。每个提升容器（平衡锤）有 2 根罐道绳时，每根罐道绳的刚性系数不得小于1 000 N/m，各罐道绳的张紧力应当相等。单绳提升的 2 根主提升钢丝绳必须采用同一捻向或者阻旋转钢丝绳。

钢丝绳罐道与刚性罐道比较，具有不需要罐梁、通风阻力小、安装方便、材料消耗少和提升容器运行平稳等优点。但是，采用钢丝绳罐道时，在进出车水平仍需另设刚性罐道，而且存在井架载荷大、井窝深和要求安全间隙比较大的缺点。

3. 罐梁

立井井筒装备采用刚性罐道时，在井筒内需安设罐梁以固定罐道。罐梁沿井筒全深每隔一定距离布置一层，一般都采用金属材料。罐梁按截面形式分，有工字钢罐梁、型钢组合罐梁、整体轧制罐梁和异形截面罐梁等，如图 9-24 所示。

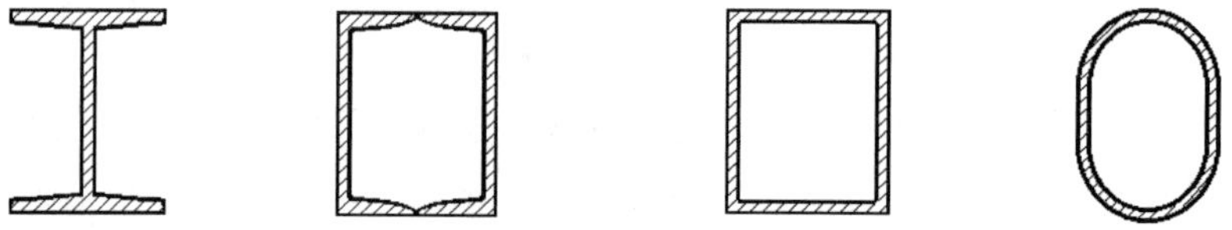

(a) 工字钢罐梁　(b) 型钢组合罐梁　(c) 整体轧制罐梁　(d) 异形截面罐梁

图 9-24　罐梁的截面形式

罐梁与井壁的固定方式有梁端埋入井壁和用树脂锚杆、托梁支座固定两种。前者需要在井壁上留设或现凿梁窝，后者可以用树脂锚杆将托梁支座直接固定在井壁上。用树脂锚杆固定罐梁托梁支座，支座上采用 U 形卡子固定罐梁，不削弱井壁，劳动强度低，安装速度快；但罐梁支座等部件加工量大，要求加工精度高，钢材消耗量大。

4. 其他隔间

当立井井筒作为矿井的安全出口时，井筒内必须设置梯子间。梯子间由梯子、梯子梁、梯子平台和梯子间壁网组成。梯子间两平台之间的垂距不得大于 8 m，一般为 4 m 和 6 m，梯子斜度不得大于 80°。除作为安全出口外，还可以利用梯子间检修井筒装备和处理卡罐事故。

管路间和电缆间安设有排水管、压风管和供水管以及各种电缆。为了安装检修方便，管路间和电缆间一般布置在罐笼一侧并靠近梯子间主梁的内侧。管路间大小由管路的直径和趟数，以及管路之间、管路与井壁之间、管路与提升容器之间的安全间隙决定。

电缆间的位置应考虑出入线和安装检修方便。井筒内的通信和信号电缆最好与动力电缆分别布置在梯子间两侧，如受条件限制布置在同侧时，两者间距应大于 300 mm。

三、立井井筒表土施工

立井井筒表土段施工方法是由表土层的地质及水文地质条件决定的。立井井筒穿过的表土层，按其掘砌施工的难易程度分为稳定表土层和不稳定表土层。稳定表土层就是在井筒掘砌施工中井帮易于维护，用普通方法施工能够通过的表土层，其中，包括含非饱和水的表土层、含少量水的砂质黏土层、无水的大孔性土层和含水量不大的砾(卵)石层等。

不稳定表土层就是在井筒掘砌施工中很难维护,用普通方法施工不能通过的表土层,其中,包括含水砂土、淤泥层、含饱和水的黏土、浸水的大孔性土层、膨胀土和华东地区的红色黏土层。

根据表土的性质及所采用的施工措施,井筒表土施工方法可分为普通施工法和特殊施工法两大类。对于稳定表土层,一般采用普通施工法,普通施工法具有工艺简单、设备少、成本低、工期短等优点;而对于不稳定表土层,可采用特殊施工法或普通与特殊施工法相结合的综合施工方法。

1. 立井表土普通施工法

立井表土普通施工法主要有井圈背板施工法、吊挂井壁施工法和板桩法 3 种。

(1) 井圈背板施工法

井圈背板施工法的工序:首先采用人工或抓岩机(土硬时可放小炮)出土,下掘一小段后(空帮不超过 1.2 m)即用井圈背板进行临时支护,掘进一长段(一般不超过 30 m)后再由下向上拆除井圈背板,然后砌筑井壁,如图 9-25 所示。如此周而复始直至基岩。这种方法适用于较稳定的土层。

(2) 吊挂井壁施工法

吊挂井壁施工法是适用于稳定性较差土层中的一种短段掘砌施工方法。为保持土的稳定性、减少土层裸露时间,段高一般取 0.5~1.5 m,按土层条件分别采用台阶式或分段分块并配以超前小井降低水位的挖掘方法。吊挂井壁施工中,因段高小而不必进行临时支护。但由于段高小,每段井壁与土层的接触面积小,土对井壁的围抱力也小,为了防止井壁在混凝土尚未达到设计强度前失去自身承载能力而引起井壁拉裂或脱落,必须在井壁内设置钢筋并与上段井壁吊挂,如图 9-26 所示。

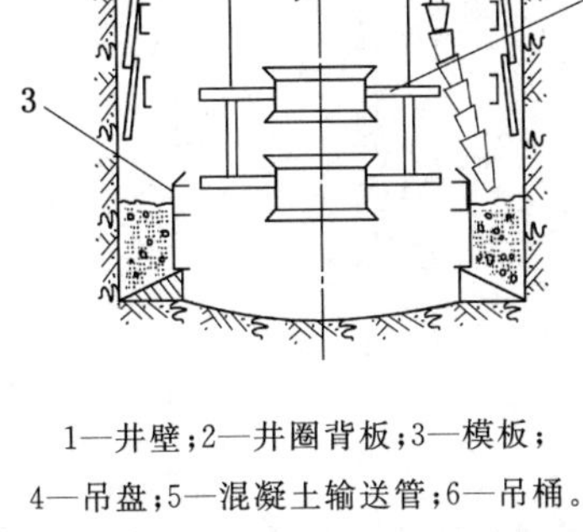

1—井壁;2—井圈背板;3—模板;
4—吊盘;5—混凝土输送管;6—吊桶。

图 9-25 井圈背板施工法

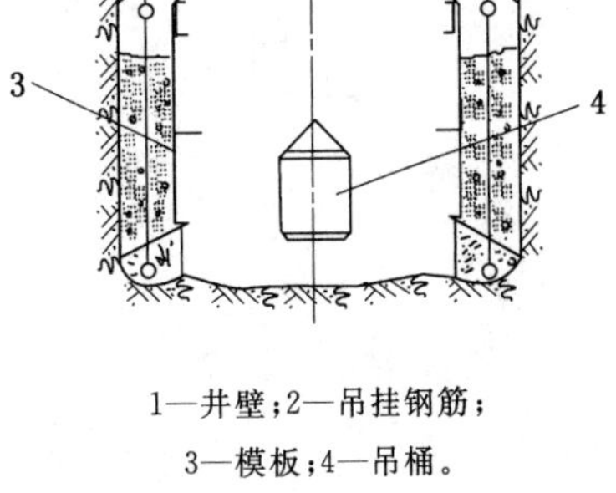

1—井壁;2—吊挂钢筋;
3—模板;4—吊桶。

图 9-26 吊挂井壁施工法

这种施工法可适用于渗透系数大于 5 m/d、流动性小、水压不大于 0.2 MPa 的砂层和透水性强的卵石层,以及岩石风化带。吊挂井壁法使用的设备简单、施工安全,但其工序转换频繁、井壁接茬多、封水性差。故常在通过整个表土层后自下而上复砌第二层井壁。为此，需按井筒规格适当扩大掘进断面。

(3) 板桩法

对于厚度不大的不稳定表土层，在开挖之前可先用人工或打桩机在工作面或地面沿井筒掘进直径依次打入一圈板桩，形成一个四周密封的圆筒以支承井壁，并在其保护下进行掘进。图 9-27 所示为地面直板桩施工法。

板桩材料可采用木材和金属材料两种。木板桩多采用坚韧的松木或柞木制成，彼此采用尖形接榫。金属板桩常用 12 号槽钢相互正反扣合相接。根据板桩入土的难易程度可逐次单块打入，也可多块并成一组分组打入。木板桩取材容易、制作简单，但刚度小、入土困难，板桩间连接紧密性差，故多用于厚度为 3～6 m 的不稳定土层。而金属板桩可根据打桩设备的能力条件，适用于厚度 8～10 m 的不稳定土层，若与其他方法相结合，其应用深度可较大。

应用井筒表土普通施工法应特别注意水的处理，常采用工作面超前小井或降水钻孔两种方法降低水位。它们都是在小井(或钻孔)中用泵抽水，使周围形成降水漏斗而变为水位下降的疏干区，以增加施工土层的稳定性，保证井筒顺利施工。

2. 立井表土特殊施工法

在不稳定表土层中施工立井井筒，必须采取特殊的施工方法，才能顺利通过，如冻结法、钻井法、沉井法、注浆法和帷幕法等。目前，以采用冻结法和钻井法为主。

(1) 冻结法

冻结法凿井就是在井筒掘进之前，在井筒周围钻冻结孔，用人工制冷的方法将井筒周围的不稳定表土层和风化岩层冻结成一个封闭的冻结圈(图 9-28)，以防止水或流沙涌入井筒并抵抗地压，然后在冻结圈的保护下掘砌井筒，待掘砌到设计的深度后停止冻结再进行拔管和充填工作。目前，大都仅充填而不拔管。

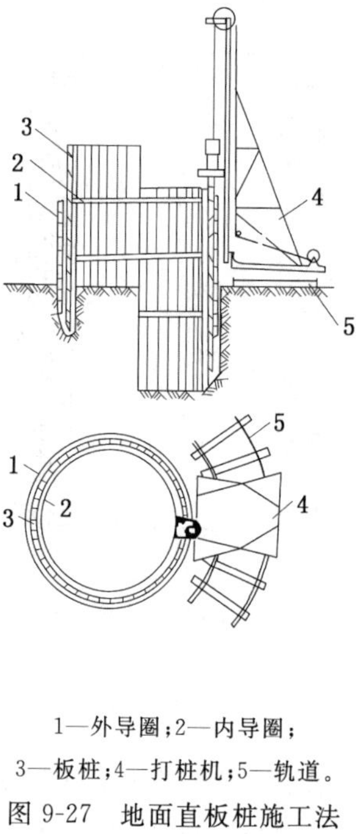

1—外导圈；2—内导圈；
3—板桩；4—打桩机；5—轨道。

图 9-27 地面直板桩施工法

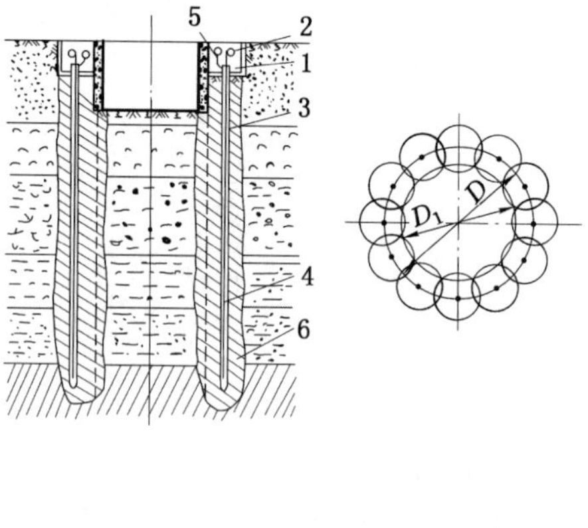

1—冷冻沟槽；2—配液管；3—冻结管；4—供液管；
5—回液管；6—冻结圈；D—冻结圈直径
(以冻结孔中心为基准)；D_1—冻结圈内径。

图 9-28 冻结法凿井示意图

冻结法凿井的主要工艺过程有冻结孔的钻进、冻结站及冻结管路安装、井筒冻结和井筒掘砌等主要工作。

① 冻结孔的钻进

为了形成封闭的冻结圈，先要在井筒周围钻一定数量的冻结孔，以便在孔内安设带底锥的冻结管和底部开门的供液管。

冻结孔一般等距离地布置在与井筒同心的圆周上，其圈径取决于井筒净直径、井壁厚度、冻结深度、冻结壁厚度和钻孔的允许偏斜率。冻结孔间距一般为 1.2～1.3 m，孔径为 200～250 mm，孔深应比冻结深度大 5～10 m。

② 井筒冻结

井筒周围的冻结圈是由冻结站制出的低温盐水在沿冻结管流动过程中，不断吸收孔壁周围岩土层的热量，使岩土逐渐冷却冻结而成的。盐水起传递冷量的作用，称为冷媒剂。

盐水的冷量是利用液态氨汽化时吸收盐水的热量而制取的，所以氨叫作制冷剂。被压缩的氨由过热蒸气状态变为液态的过程中，其热量又被冷却水带走。因此，整个制冷过程可分为三大循环系统，即氨循环系统、盐水循环系统和冷却水循环系统。

③ 冻结方案

冻结方案有一次冻全深、局部冻结、差异冻结和分期冻结等。一次冻全深方案的适应性强，应用比较广泛。冻结方案的选择，主要取决于井筒穿过的岩土层的地质及水文地质条件、需要冻结的深度、制冷设备的能力和施工技术水平等。

④ 冻结段井筒的掘砌

采用冻结法施工，井筒的开挖时间要选得适时，即当冻结壁已形成而又尚未冻至井筒范围以内时最为理想。此时，既便于掘进又不会造成涌水冒砂事故。但井筒下部冻结段往往很难保证这种理想状态。随着掘砌时间增加，整个井筒可能被冻实。对于这种冻土挖掘，可采用风镐或钻眼爆破法施工。

冻结井壁一般都采用钢筋混凝土或混凝土双层井壁。外层井壁一般为厚度 400 mm 左右的钢筋混凝土，随掘随进行浇筑。内层井壁一般为厚度 500 mm 的钢筋混凝土，是在通过冻结段后自下向上一次施工到井口。井筒冻结段双层井壁的优点是内壁无接茬、井壁抗渗性好；内壁在消极冻结期施工，混凝土养护条件较好，有利于保证井壁质量。

（2）钻井法

钻井法凿井是利用钻井机（或简称钻机）将井筒全断面一次钻成，或将井筒分次扩孔钻成。我国目前多采用转盘式钻井机，其型号有 ZZS-1、ND-1、SZ-9/700、AS-9/500、BZ-1 和 L40/800 型等。图 9-29 所示为我国生产的 AS-9/500 型转盘式钻井机。

钻井法凿井的主要工艺过程有井筒钻进、泥浆洗井护壁、沉井和壁后充填等。

① 井筒钻进

井筒钻进是关键的工序。我国煤矿立井常采用一次超前、多次扩孔的方式进行钻进。实践证明扩孔次数越多，辅助时间消耗就越多，成井速度则相应降低。但是一次扩孔面积过大，钻头或刀盘的螺栓与法兰连接结构在钻进中需承受很大的复合应力，常发生钻头或刀盘掉落事故。如淮北矿区童亭主井和淮南矿区谢桥东二风井施工中曾 4 次因连接螺栓全部断裂而导致 8.0 m 直径扩孔钻头或刀盘掉落井下，谢桥东二风井一次打捞就消耗了 9.5 个月，给施工造成很大损失。选择扩孔直径和次数的原则是，在转盘和提吊系统能力允许的情况

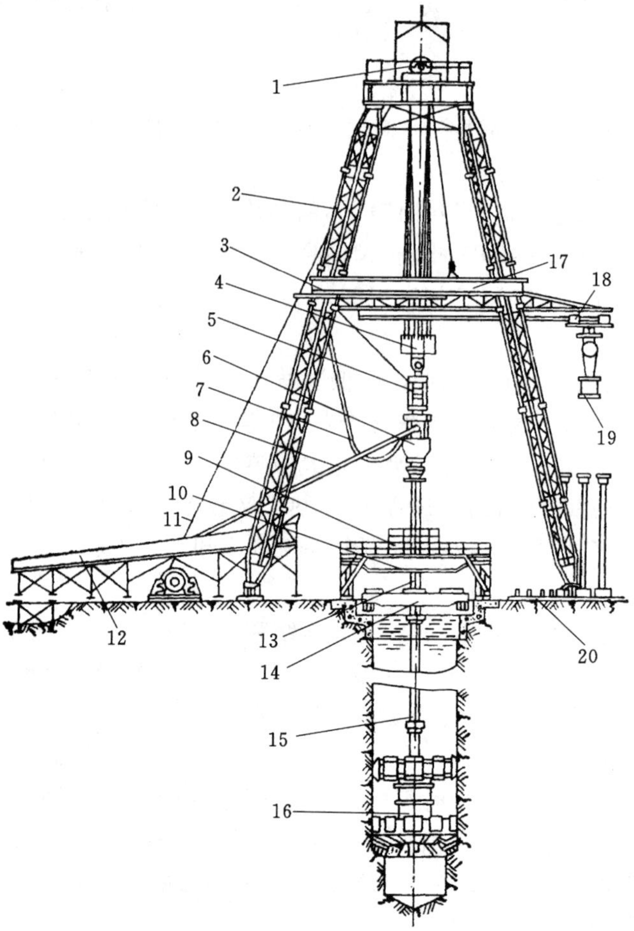

1—天车；2—钻塔；3—吊挂车；4—游车；5—大钩；6—水龙头；7—进风管；
8—排浆管；9—转盘；10—钻台；11—提升钢丝绳；12—排浆槽；13—主动钻杆；14—封口平车；
15—钻杆；16—钻头；17—二层平台；18—钻杆行车；19—钻杆小吊车；20—钻杆仓。

图 9-29 AS-9/500 型转盘式钻井机

下，尽量减少扩孔次数，以缩短辅助时间。

钻井机的动力设备多数设置在地面，钻进时由站台上的转盘带动六方钻杆旋转，进而使钻头旋转，钻头上装备破岩的刀具。为了保证井筒的垂直度，采用减压钻进，即将钻头本身在泥浆中重力的 30%～60%压向工作面，刀具在钻头旋转时破碎岩石。

② 泥浆洗井护壁

钻头破碎下来的岩屑必须及时用循环泥浆从工作面清除，使钻头刀具始终直接作用在未被破碎的岩石面上以提高钻进效率。泥浆由泥浆池经过进浆地槽流入井内，进行洗井护壁。压气通过中空钻杆中的压气管进入混合器，压气与泥浆混合后在钻杆内外形成压差，使清洗过工作面的泥浆带动破碎下来的岩屑被吸入钻杆，经钻杆与压气管之间环状空间而排往地面。泥浆量的大小，应保证泥浆在钻杆内的流速大于 0.3 m/s，从而使破碎下来的岩屑全部排到地面。泥浆沿井筒自上向下流动，洗井后沿钻杆上升到地面，这种洗井方式叫作反循环洗井。

泥浆的另一个重要作用，就是护壁。护壁作用有两种：一是借助泥浆的液柱压力平衡地压；二是在井帮上形成泥皮，堵塞裂隙，防止片帮。为了利用泥浆有效地洗井护壁，要求泥浆有较好的稳定性，不易沉淀；泥浆的失水量要比较小，能够形成薄而坚韧的泥皮；泥浆的强度在满足排矸要求的条件下，要具有较好的流动性和便于净化。

③ 沉井和壁后充填

采用钻井法施工的井筒，其井壁多采用管柱形预制钢筋混凝土井壁。井壁预制与钻进同步进行，为保证井壁的垂直度，预制井壁都在经找平后的基础上制作。待井筒钻完，提出钻头，用起重大钩将带底的预制井壁悬浮在井内泥浆中，利用其自重和注入井壁内的水重缓慢下沉。同时，在井口不断接长预制管柱井壁。接长井壁时，要注意测量，以保证井筒的垂直度。在预制井壁下沉的同时，要及时排除泥浆，以免泥浆外溢和沉淀。为了防止片帮，泥浆面不得低于锁口以下 1 m。

当井壁下沉到距设计深度 1.2 m 时，应停止下沉，测量井壁的垂直度并进行调整，然后再下沉到底并及时进行壁后充填。最后把井壁里的水排净，通过预埋的注浆管进行壁后注浆，以提高壁后充填质量和防止破底时发生涌水冒砂事故。

钻井法凿井过程中泥浆护壁是必不可少的，但成井后泥浆却成了废弃物。废弃泥浆的处理一直是施工中的一个问题。大直径探井井筒施工过程中废浆总排出量可达 3×10^4 m^3 以上，问题显得更加突出。20 世纪 70 年代，我国钻 300 m 井筒时，开始研究采用降低泥浆中固体含量的低相对密度泥浆，取得一定效果。“七五”期间经国家重点科技项目攻关，技术上又有很大的发展，通过改进泥浆处理配方和工艺流程，地面造浆量减少了 20%。同时，研究废浆处理新技术，先后研制成功 GP-1 型造粒机和 GT1800/TX 型固液分离机，结合泥浆的具体特点优选絮凝剂与配方，采用一级快速、二级慢速的分级絮凝工艺，大规模处理废浆的工艺体系得以实现。经工程应用证明，这种技术的泥浆处理能力大、泥浆性能调控方便，是一种比较完善的废浆处理方法。

在不稳定表土层中施工立井井筒还可以采用注浆法、帷幕法及其他特殊施工技术。井筒表土施工方法的选择最基本的依据是土层的性质及水文地质条件。普通法表土施工的速度往往关系着施工的效果，因此必须做好准备工作，力求快速通过。特殊法表土施工的工期长、成本高，但适应性强。一般应根据实际条件，灵活正确地选择施工方法，安全可靠、快速经济地通过表土层。

四、立井井筒基岩施工

立井井筒基岩施工，是指在表土层或风化岩层以下的井筒施工，根据井筒所穿过的岩层性质，目前主要以采用钻眼爆破法施工为主。

1. 钻眼爆破工作

在立井基岩掘进中，钻眼爆破工作是一项主要工序，占整个掘进循环时间的 20%～30%。钻眼爆破的效果直接影响其他工序及井筒施工速度、工程成本，必须予以足够的重视。

为提高爆破效果，应根据岩层的具体条件，正确选择钻眼设备和爆破器材，合理确定爆破参数，以及采用先进的爆破技术。

(1) 钻眼设备

立井掘进的钻眼工作，目前多数采用气动凿岩机，如 YT-23 等轻型凿岩机及 YGZ-70 导轨式重型凿岩机。前者用于人工手持打眼，后者用于配备伞形钻架打眼(国产 FJD 系列)。伞形钻架钻眼深度一般为 3～4 m,配备高强度合金钢钎杆。用伞形钻架打眼具有机械化程度高、劳动强度低、钻眼速度快和工作安全等优点。

FJD 系列伞形钻架的结构如图 9-30 所示。打眼前用提升钩头将它从地面送到掘进工作面,然后利用支撑臂、调高器和底座固定在工作面上。打眼时用动臂将滑轨连同凿岩机送到钻眼位置,用活顶尖定位。打眼工作实行分区作业,全部炮眼打眼结束后收拢伞形钻架,再利用提升钩头将其提到地面并转挂到井架翻矸平台下指定位置存放。

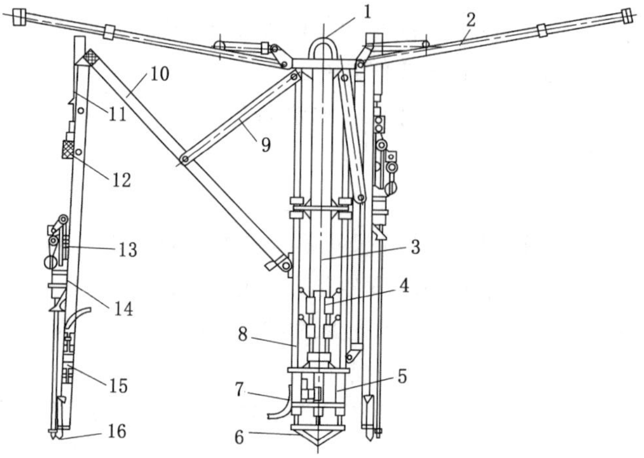

1—吊环;2—支撑臂;3—中央立柱;4—液压阀;5—调高器;6—底座;7—风马达及液压缸;8—滑道;9—动臂液压缸;10—动臂;11—升降液压缸;12—推进风马达;13—凿岩机;14—滑轨;15—操作阀组;16—活顶尖。

图 9-30 FJD 系列伞形钻架的结构

(2) 爆破工作

爆破工作包括爆破器材的选择、爆破参数的确定和爆破图表的编制。以下简要介绍爆破器材的选择和爆破参数的确定的有关内容。

① 爆破器材的选择

在立井施工中,工作面常有积水,要求采用抗水炸药。常用的抗水炸药有抗水岩石硝铵炸药、水胶炸药和硝化甘油类炸药,三者中水胶炸药使用比较广泛。起爆器材通常采用国产毫秒延期电雷管、秒延期电雷管。在有瓦斯或煤尘爆炸危险的井筒内进行爆破,或者是井筒穿过煤层进行爆破时,必须采用煤矿许用炸药和总延期时间不超过 130 ms 的毫秒延期电雷管,采用正向装药爆破。爆破电源多采用矿井的动力电源,其电压不得超过 380 V。

② 爆破参数的确定

炮眼深度是根据岩石性质、凿岩爆破器材的性能,以及合理的循环工作组织确定的。合理的炮眼深度,应能保证取得良好的爆破效果和提高立井掘进速度。目前,立井掘进的炮眼深度,当采用人工手持钻机打眼时,以 1.5～2.0 m 为宜;当采用伞钻打眼时,为充分发挥机械设备的性能,以 4.0 m 左右为宜。另外,炮眼深度也可根据月进度计划计算出来,但计算出来的炮眼深度只能作为参考,还需结合实际条件加以确定。最佳的炮眼深度,应以在一定的岩石和施工机具条件下,能获得最高的掘进速度和最低的工时消耗为主要标准。

当采用手持式气动凿岩机时,炮眼直径为 45 mm 左右;当采用伞钻打眼时,一般都采用 55 mm 的炮眼直径,以增加装药集中度、提高爆破效率,药卷采用直径为 45 mm 的水胶炸药。

炮眼数目和炸药消耗量与岩石性质、井筒断面大小和炸药性能等因素有关。合理的炮眼数目和炸药消耗量，应该是在保证最优爆破效果下爆破器材消耗量最少。确定炸药消耗量的方法，可以采用工程类比法或参考表 9-5(表中所用炸药为水胶炸药)。

表 9-5　立井掘进每立方米炸药和雷管消耗量定额

井筒净直径/m	浅孔爆破								中深孔爆破			
	$f<3$		$f<6$		$f<10$		$f>10$		$f<6$		$f<10$	
	炸药/kg	雷管/个	炸药/kg	雷管/个	炸药/kg	雷管/个	炸药/kg	雷管/个	炸药/kg	雷管/个	炸药/kg	雷管/个
4.0	0.81	2.06	1.32	2.33	2.05	2.97	2.68	3.62				
4.5	0.77	1.91	1.24	2.21	1.90	2.77	2.59	3.45				
5.0	0.73	1.87	1.21	2.17	1.84	2.69	2.53	3.36	2.10	1.09	2.83	1.24
5.5	0.70	1.68	1.14	2.06	1.79	2.60	2.43	3.17	2.05	1.07	2.74	1.20
6.0	0.67	1.62	1.12	2.05	1.75	2.53	2.37	3.08	2.01	1.01	2.64	1.14
6.5	0.65	1.55	1.08	1.96	1.68	2.44	2.28	2.93	1.94	0.97	2.55	1.10
7.0	0.64	1.53	1.06	1.91	1.62	2.34	2.17	2.78	1.89	0.93	2.53	1.09
7.5	0.63	1.49	1.04	1.88	1.57	2.27	2.09	2.66	1.85	0.90	2.47	1.06
8.0	0.61	1.43	1.00	1.84	1.56	2.23	2.06	2.60	1.78	0.86	2.40	1.02

炮眼数目应结合炮眼布置最后确定。在圆形断面井筒中，炮眼多布置为同心圆形，如图 9-31 所示。掏槽方式多采用直眼掏槽。炮眼布置的圈间距一般为 0.7～1.0 m，掏槽眼圈径为 1.2～2.2 m，周边眼距井帮设计位置约为 0.1 m。崩落眼的眼间距一般为 0.8～1.0 m，掏槽眼间距为 0.6～0.8 m，周边眼间距为 0.4～0.6 m。

装药方式一般都采用柱状连续装药。为了达到光面爆破的目的，周边眼可采用不耦合装药或间隔装药。连线方式一般都采用并联或闭合反向分段并联。若一次起爆的雷管数目较多，并联不能满足准爆电流要求时，可以采用串并联方式。

在立井施工爆破时，井下所有人员必须升井并离开井口棚，打开井盖门，由专职爆破工爆破。爆破后，必须将炮烟排出并经过检查认为安全时，才允许作业人员下井。

2. 装岩提升工作

在立井施工中，装岩提升工作是最费工时的工作，占整个掘进工作循环时间的

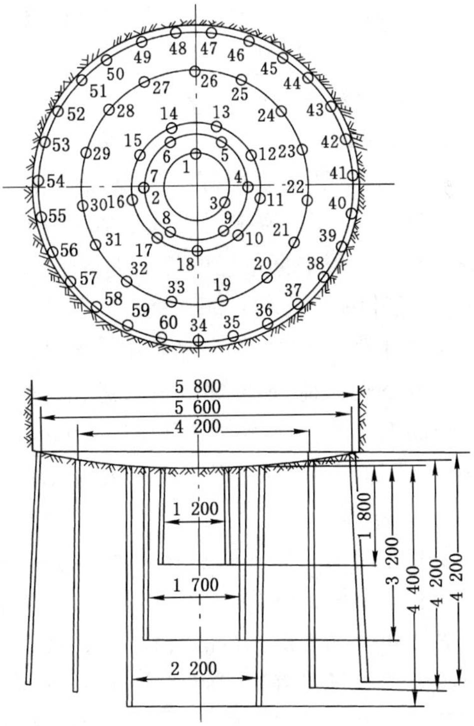

1～18—掏槽眼；
19～33—辅助眼；34～60—周边眼。
图 9-31　立井炮眼布置图

50%～60%，是决定立井施工速度的关键工作。

目前，立井施工已普遍采用抓岩机装岩，实现了装岩机械化，抓斗容积已由0.11 m^3增大到0.4～0.6 m^3。立井施工时，排矸、上下人员、下放材料设备和工具，均由吊桶来完成。另外，伞形钻架也用提升机提放。装岩提升主要使用国产凿井专用提升机、3～4 m^3大吊桶、各种自动翻矸装置，以及矸石仓、汽车排矸等设备，立井装岩排矸已形成一套机械化作业线。

(1) 装岩工作

目前，煤矿立井施工主要以采用中心回转式抓岩机为主。中心回转式抓岩机固定在吊盘的下层盘或稳绳盘上。其抓斗利用变幅机构做径向运动，利用回转机构做曲周运动，利用提升机构通过悬吊钢丝绳使抓斗做上下运动。司机坐在司机室内控制抓斗抓岩，要求司机室距工作面不超过15 m。

提高装岩生产率是缩短装岩提升工序时间的重要途径。为此，在立井掘进施工中应注意以下4点：① 注意抓岩机的维修保养，使之经常处于良好的工作状态。② 加大炮眼深度，提升爆破效果，以加快抓岩速度和减少清底时间。③ 提高操作技术，使抓斗抓取矸石和向吊桶投放动作准确。④ 吊桶直径应与抓斗张开直径相适应，力争使提升矸石能力满足抓岩能力的要求。

(2) 提升工作

立井井筒施工时提升工作的主要任务是及时排除井筒工作面的矸石、下放器材和设备，以及升降作业人员。提升系统一般由提升容器、钩头连接装置、提升钢丝绳、天轮、提升机以及提升所必需的导向稳绳和滑架组成。根据井筒断面的大小，可以设1～2套单钩提升或一套单钩、一套双钩提升。

① 提升容器及其附属装置

井筒提升工作中，提升容器主要是吊桶。吊桶一般有两种：一种是矸石吊桶，主要用于提矸、升降人员和提放物料，当井内涌水量小于6 m^3/h时，还可用于排水；另一种是底卸式材料吊桶，主要用于砌壁时下放混凝土材料。吊桶的附属装置包括钩头及其连接装置、缓冲器、滑架等，一般根据吊桶的特征进行选择。

② 提升钢丝绳

立井井筒施工中，提升钢丝绳一般采用多层股不旋转圆形钢丝绳。钢丝绳直径一般根据提升的终端载荷、钢丝绳的最大悬长、钢丝绳钢丝的强度和安全系数进行计算确定。对于钢丝绳的安全系数，《煤矿安全规程》规定，专门用于提升人员时不低于9，用于提升人员和物料时也不低于9，专门用于提升物料时不低于7.5。

③ 提升机

立井井筒施工提升机主要采用单绳缠绕式卷筒提升机。该提升机由卷筒、主轴及轴承、减速器及电动机、制动装置、深度指示器、配电及控制系统和润滑系统等部分组成。

立井井筒施工提升机的选择应满足凿井、车场巷道施工和井筒安装的不同要求。对于拟将服务于车场巷道施工的井筒，提升机的选择还应配置双卷筒，以利于凿井期间提升一个矸石吊桶。当井筒到底后，需进行二期工程施工时，改吊桶提升为一对临时罐笼提升。我国矿山立井井筒施工中，凿井专用提升机的主要技术性能见表9-6。

表 9-6 凿井专用提升机的主要技术性能

提升机型号	2JKZ-3.6/13.4	2JKZ-3.0/15.5	JKZ-2.8/15.5
滚筒数量×直径×宽度/(个×mm×mm)	2×3 600×1 850	2×3 000×1 800	1×2 800×2 200
钢丝绳最大静张力/kN	200	170	150
钢丝绳最大静张力差/kN	180	140	
钢丝绳最大直径/mm	46	40	40
最大提升高度/m	1 000	1 000	1 230
钢丝绳的速度/(m/s)	7.00	4.68,5.88	4.54,5.48
电动机最大功率/kW	2×800	800,1 000	1 000
两滚筒中心距/mm	1 986	1 936	
滚筒中心高/mm	1 000	1 000	1 000

④ 提升辅助设施

井筒提升辅助设施包括提升天轮、提升容器运行的导向稳绳、稳绳天轮、稳绳悬吊凿井绞车等。井筒提升系统必须保证提升能力大于井下抓岩机的工作能力，以充分发挥抓岩机的工作性能，为加快井筒的掘进速度打好基础。

(3) 排矸工作

立井井筒掘进时，井下矸石通过吊桶提升到地面井架翻矸台后，通过翻矸装置卸出，再通过溜矸槽或矸石仓卸入汽车或矿车，然后运往排矸场地。

① 翻矸方式

翻矸方式有人工翻矸和自动翻矸两种。其中，自动翻矸方式包括座钩式、翻笼式和链球式等种类，目前最常用的为座钩式自动翻矸方式，这种翻矸方式具有操作简单、节省人员、构造简单、加工安装方便、工作安全可靠等优点。

② 排矸方法

井筒施工的地面排矸方法一般采用汽车排矸或矿车排矸。汽车排矸机动灵活，排矸能力大、速度快，在井筒施工初期多采用这种方式，矸石可运往工业广场进行场地平整。矿车排矸简单、方便，主要用于井底二期工程施工期间，利用罐笼将矸石提到地面，矸石可通过翻笼翻入自卸式矿车运往临时矸石山。

3. 井筒支护工作

井筒向下掘进一定深度后，应及时进行井筒的支护工作，以支承地压、封堵涌水，以及防止岩石风化破坏。根据岩石条件和井筒掘砌的方法，可掘进一定段高即进行永久支护工作。如果掘进段高较大，为保证掘进工作的安全，必须及时进行临时支护。

(1) 临时支护

井筒施工中，若采用短段作业，因围岩比较稳定，且暴露高度不大，暴露时间不长，在进行永久支护之前不会片帮，这时可不采用临时支护。当围岩破碎或在断层、煤层中掘进时，为了确保工作安全都需要进行临时支护。长期以来，井筒掘进的临时支护都是采用井圈背板。这种临时支护在通过不稳定岩层或表土层时，是行之有效的，但是材料消耗量大，拆装费工费时。在井筒基岩段施工时，采用锚网支护作为临时支护具有很大的优越性，它克服了井圈背板临时支护的缺点，现已被广泛采用。

(2) 永久支护

立井井筒永久支护是井筒施工中的一个重要工序。根据所用材料不同,立井井筒永久支护有料石井壁、混凝土井壁、钢筋混凝土井壁和锚喷支护井壁。砌筑料石井壁劳动强度大,不易实现机械化施工,而且井壁的整体性和封水性都很差。目前,除小型矿井当井筒涌水量不大,而又有就地取材的条件时采用料石井壁外,多数采用混凝土井壁。浇筑井壁的混凝土,其配合比和强度必须进行试验检查。在地面混凝土搅拌站搅拌好的混凝土,经输料管或底卸式吊桶输送到井下注入模板内。

浇筑混凝土井壁模板有多种。采用长段掘、砌单行作业和平行作业时,多采用液压滑升模板或装配式金属模板;采用掘、砌混合作业时,都采用金属整体移动式模板。由于掘、砌混合作业方式在施工立井时被广泛应用,金属整体移动式模板的研制也得到了相应的发展。

金属整体移动式模板有门轴式、门扉式和伸缩式 3 种。实践表明,伸缩式金属整体移动式模板具有受力合理、结构刚度大、立模速度快、脱模方便、易于实现机械化等系列优点,目前已在立井井筒施工中得到广泛应用。伸缩式模板根据伸缩缝的数量又分为单缝式、双缝式和三缝式模板。目前,使用最为普遍的 YJM 型金属单缝伸缩式模板结构,如图 9-32 所示。它由模板主体、刃脚、缩口模板和液压脱模装置等组成,其结构整体性好、几何变形小、径向收缩量均匀,采用同步增力单缝式脱模机构,使脱模、立模工作轻而易举。这种金属整体移动式模板用钢丝绳悬吊,立模时将它放到预定位置,用伸缩装置将它撑开到设计尺寸。浇筑混凝土时将混凝土直接通过浇注口注入,并进行振捣。当混凝土基本凝固时,先进行预脱模,在强度达到 0.05～0.25 MPa 时,再进行脱模。金属整体移动式模板的高度,一般根据井筒围岩的稳定性和施工段高来确定,在稳定岩层中可达 3～4 m。

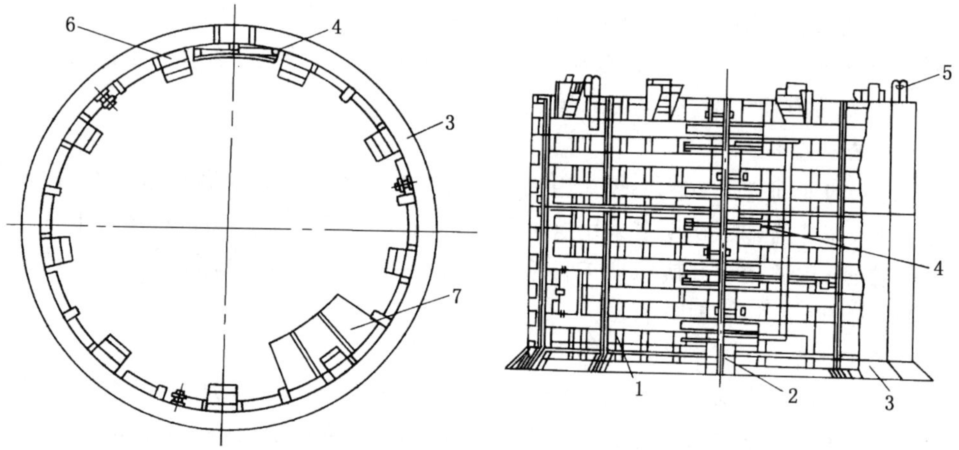

1—模板主体;2—缩口模板;3—刃脚;4—液压脱模装置;5—悬吊装置;6—浇注口;7—工作台。

图 9-32 金属单缝伸缩式模板结构

4. 立井井筒施工作业方式

根据掘进、砌壁和安装三大工序在时间和空间上的不同安排方式可分为掘砌单行作业、掘砌平行作业、掘砌混合作业和掘砌安一次成井作业方式。

(1) 掘砌单行作业

立井井筒掘进时,将井筒划分为若干段高,自上而下逐段施工。在同一段高内,按照掘、砌先后交替顺序作业，称为单行作业。由于掘进段高不同，单行作业又分为长段单行作业和短段单行作业。

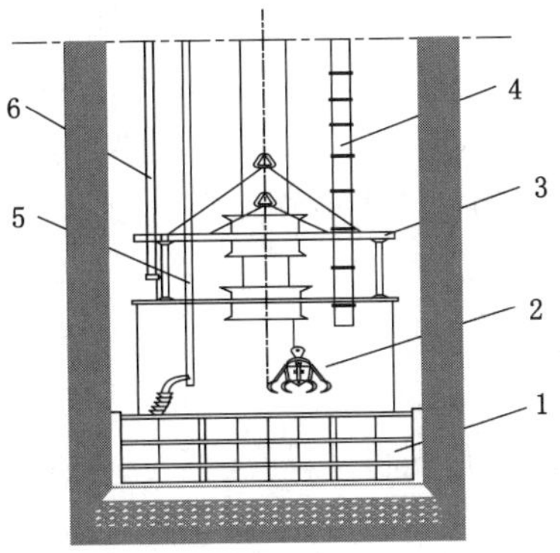

1—模板；2—抓岩机；
3—吊盘；4—风筒；
5—混凝土输送管；6—压风管。
图 9-33　井筒短段掘砌单行作业施工

长段单行作业是在规定的段高内，先自上而下掘进井筒，同时进行临时支护，待掘至设计的井段高度时，即由下而上砌筑永久井壁，直至完成全部井筒工程。而短段单行作业则是在 2～4 m(应与模板高度一致)较小的段高内，掘进后，即进行永久支护，不用临时支护。为便于施工，爆破后，矸石暂不全部清除。砌壁时，立模、稳模和浇灌混凝土都在浮矸上进行，如图 9-33 所示。

井筒掘进段高，是根据井筒穿过岩层的性质、涌水量、临时支护形式和井筒施工速度来确定的。段高直接关系施工速度、井壁质量和施工安全。由于影响因素很多，段高必须根据施工条件，全面分析、综合考虑、合理确定。

采用井圈背板临时支护时，段高以 30～40 m 为宜，最大不应超过 60 m，临时支护时间不得超过 1 个月。目前，在井筒基岩段施工中，由于井圈背板临时支护材料消耗量大，已很少采用。

采用锚喷临时支护时，由于井帮围岩得到及时封闭，消除了岩帮风化和出现危岩垮帮等现象，宜采用较大段高。现场为了便于成本核算和施工管理，往往按月成井速度来确定段高。

(2) 掘砌平行作业

掘砌平行作业也有长段平行作业和短段平行作业之分。长段平行作业是在工作面进行掘进作业和临时支护，而上段则通过吊盘自下而上进行砌壁作业。

短段平行作业的掘、砌工作均自上而下同时施工。掘进工作在掩护筒(或锚喷临时支护)保护下进行。砌壁是在多层吊盘下，自上而下逐段浇灌混凝土，每浇灌完一段井壁，即将砌壁吊盘下放到下一水平，把模板打开，并稳放到已安好的砌壁吊盘上，即可进行下一段的混凝土浇灌工作。

(3) 掘砌混合作业

混合作业是随着凿井技术的发展而产生的，井筒掘、砌工序在时间上有部分平行时称为混合作业。它既不同于单行作业，也不同于平行作业。这种作业方式区别于短段单行作业，短段单行作业的掘、砌工序顺序进行，而混合作业是在向模板浇灌混凝土高达 1 m 左右时，在继续浇灌混凝土的同时，即可装岩出矸。待井壁浇筑完成后，作业面上的掘进工作又转为单独进行，依此往复循环。

(4) 掘砌安一次成井

井筒永久装备的安装工作与掘、砌作业同时施工时，称为一次成井。它可以充分利用井内有效空间和时间，适合在深井施工中采用。根据掘、砌、安三项作业安排顺序的不同，又有 3 种不同形式的一次成井施工方案：掘、砌、安顺序作业一次成井；掘、砌，掘、安平行作业一次成井；掘、砌、安平行作业一次成井。

掘砌安一次成井可充分利用井内有效空间和时间，但施工设备多，布置复杂，施工组织复杂，多工序平行交叉作业，施工安全要求高。

在选择立井井筒施工作业方式时，应综合分析和考虑以下因素：井筒穿过岩层性质，涌水量；井筒直径和深度(基岩部分)；可能采用的施工工艺及技术装备条件；施工队伍的操作技术水平和施工管理水平。要求技术先进、安全可行，有利于采用新型凿井装备，不仅要能获得单月最高纪录，更重要的是能取得较高的平均成井速度，并应有明显的经济效益。

第三节　立井井筒延深

采用立井多水平开拓的矿井，为了使矿井尽快投产，通常是先将井筒开凿到第一生产水平，然后施工井底车场、主要运输大巷及采区巷道等，以形成完整的生产系统。矿井投产后，为了保证矿井水平的正常接替，在第一生产水平开采的后期，就必须进行新水平的开拓延深工作。井筒延深的施工与井筒基岩施工基本上是一样的。但是由于受到原生产系统和设施的影响，井筒延深工作比较困难，施工组织管理工作也比较复杂。

井筒延深施工方案按工作面的推进方向可分为：自上而下、自下而上，以及自上而下和自下而上同时进行 3 大类。根据提升机与卸矸装置的布置位置不同，自上而下延深又可分为利用辅助水平延深和利用延深间延深两种方法。

采用自下而上延深法时，先开凿通往延深新水平井筒位置的通道，然后自下向上开凿小断面反井，与上水平贯通，再由上向下刷大井筒至设计断面，并进行永久支护。根据反井施工方法及施工设备的不同，自下而上延深法又分普通反井延深法、吊罐反井延深法、反井钻机延深法、深孔爆破延深法、钻进延深法。

一、利用辅助水平延深井筒

这种延深方法是由生产水平通过延深辅助暗井到达辅助水平，并在辅助水平布置必要的巷道、硐室和安装设备，然后自上而下延深井筒(图 9-34)。类似一般新井开凿，井筒全断面均可布置施工设备，掘砌速度快，施工安全性好。缺点是在井下需开凿大量的巷道与硐室，辅助工程量大，准备工期长。因此，合理布置延深辅助水平是关键。一般应遵循下列原则：

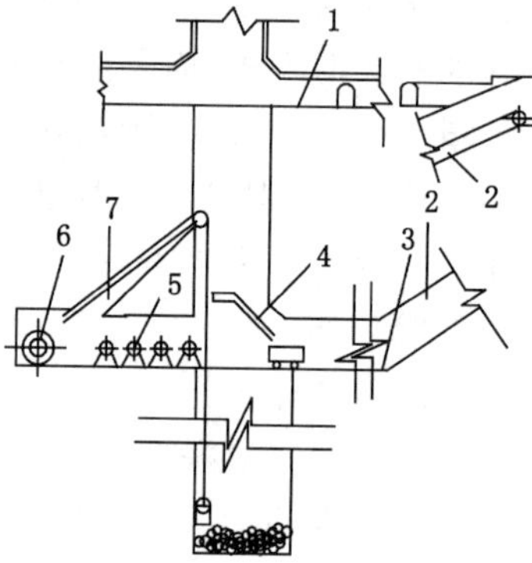

1—生产水平；2—辅助暗斜井；
3—延深辅助水平；4—翻矸台；
5—稳车硐室；6—提升机硐室；7—绳道。
图 9-34　利用辅助水平延深井筒

① 辅助水平的提升运输能力、设备安装、材料储存，以及通风、排水、压气和供电各系统均应满足延深施工的需要，并尽可能减少与生产系统的干扰。

② 尽可能减少辅助水平巷道及硐室的开凿工程量，充分利用井下已有的巷道硐室，或采用一巷多用，或对原巷道稍加改造，即可为延深施工服务。

③ 力求避免在破碎、涌水量大等不良岩层中布置巷道与硐室。

④ 改进延深施工方法，简化施工设备布置及悬吊方式，减少掘砌设备。

⑤ 做到管理集中、施工安全、准备期短、投资省。

辅助暗井是由生产水平到达延深辅助水平的通道，担负着提运矸石、材料、设备以及上下人员和通风等任务。一般多用暗斜井，其位置的选定应注意以下 5 点：

① 为了减小暗斜井的工程量，其倾角不宜太小，为了便于人员上下和提升工作，其倾角又不宜太大，一般采用 25°～30°。

② 暗斜井上、下部均要设置调车场。上部车场一般可与生产水平的井底车场绕道或其他运输巷道相接，使获得空车方便，调送材料车的运行方向与车场车辆运行方向一致；也可与中央风井回风道构成通路，便于利用矿井总负压通风。

③ 尽量利用井筒附近的旧巷道和硐室，以减少延深辅助工作量。

④ 暗斜井要避开断层破碎带和含水层，但不宜布置在特别坚硬的岩石中。

⑤ 暗斜井的井筒不得正对延深井筒，其中心线与延深井筒中心线保持不小于 15 m 的水平距离，以防一旦发生跑车事故矿车直冲井筒。马头门的方向应与井筒的提升中心线平行或垂直(箕斗井应垂直布置)，以利于布置天轮台和卸矸台，也便于井筒安装。

(一) 延深辅助水平标高的确定

延深辅助水平的标高，是根据井底水窝的深度、保护设施的厚度和有关具体的翻矸要求确定的。辅助水平至生产水平的高度(图 9-35)为：

$$H = h_1 + h_2 + h_3 + h_4 + h_5 \tag{9-2}$$

式中　H——延深辅助水平底板至生产水平底板的高度，m；

h_1——延深辅助水平至翻矸台的高度，一般为 4 m 左右；

h_2——翻矸台至提升天轮中心的高度，一般为 10～12 m；

h_3——提升天轮中心至保护设施底部的高度，一般为 2.5～3 m；

h_4——保护设施的厚度，当采用保护岩柱时为 6～8 m，当采用人工保护盘时为 2.5～3 m；

h_5——保护设施顶部至生产水平的高度，通常为井底水窝的深度，m。

在施工中，应在保证施工安全和提升方便的前提下，尽量减小 H 值，以降低成本，缩短工期。

(二) 延深辅助水平巷道和硐室的布置方式

1. 水平巷道布置方式

(1) 一条辅助暗斜井，主、副井各用一个辅助水平

这种延深方式如图 9-36 所示，其提升运输特点是，共用一个暗斜井，将来自主、副井辅助水平的矸石提升至上部车场，经转运再由生产提升设备提至地面。延深所用的材料设备，由暗斜井分别运送到主、副井辅助水平。

这种布置方式的优点是提升集中，主、副井辅助水平可以同时施工，缩短了准备时间；缺点是辅助工程量大，车场不集中，运输和管理各自独立，施工材料和矿车不便于互相调剂。这种布置方式适用于主、副井井底标高相差较大的矿井。

(2) 一条辅助暗斜井，主、副井共用一个辅助水平

这种延深方式如图 9-37 所示，其提升运输特点是由一个暗斜井和一个辅助水平提升运输，适用于主、副井井底标高相差不大的矿井。

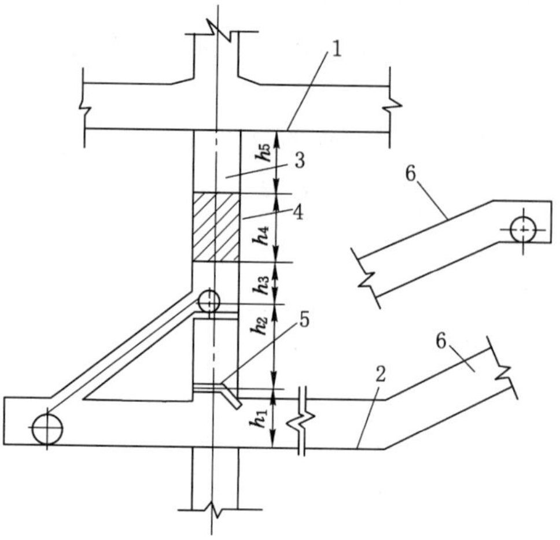

1—生产水平；2—延伸辅助水平；3—井底水窝；
4—保护设施；5—翻矸台；6—暗斜井。

图 9-35　延深辅助水平标高的计算

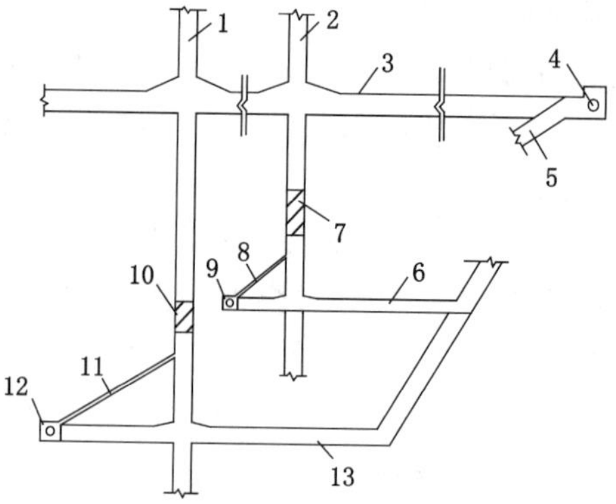

1—主井；2—副井；3—生产水平；
4—暗斜井提升机房；5—暗斜井；
6—副井辅助水平；7—副井保护岩柱；
8—副井提升绳道；9—副井提升机房；
10—主井保护岩柱；11—主井提升绳道；
12—主井提升机房；13—主井辅助水平。

图 9-36　主、副井各设一个辅助水平的巷道布置

主、副井共用一个辅助水平的巷道布置，根据提升机房布置的位置，可分为两类：副井提升机房布置在辅助水平，如图 9-37(a)所示；副井提升机房布置在生产水平，如图 9-37(b)所示。副井提升机房布置在辅助水平方案的特点：管理集中，施工材料和矿车可以互相调剂使用；但是副井岩柱过长，施工困难，影响生产的时间长。副井提升机房布置在生产水平方案的特点：利用下山绳道，可克服副井保护岩柱过厚的缺点，且不必为副井延深另开风道；但是副井延深提升间高度大，施工仍然困难。

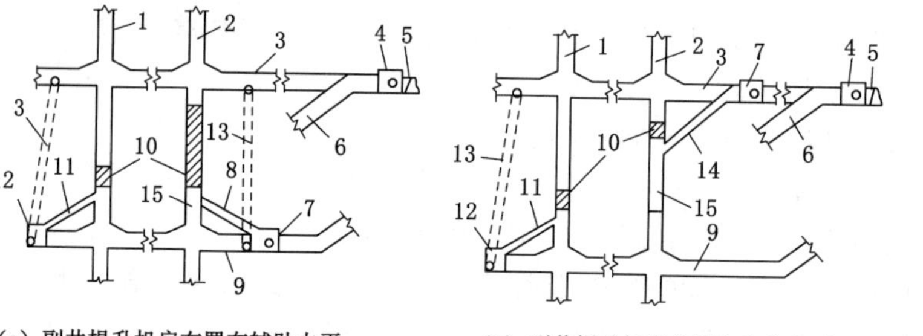

(a) 副井提升机房布置在辅助水平　　**(b) 副井提升机房布置在生产水平**

1—主井；2—副井；3—生产水平；4—暗斜井提升机房；5—生产水平井底车场；
6—暗斜井；7，12—副井、主井提升机房；8，11—主、副井提升绳道；9—主、副井共用的辅助水平；
10—岩柱；13—风道；14—副井提升下山绳道；15—副井延深提升间。

图 9-37　主、副井共用一个辅助水平的巷道布置

2. 延深提升绞车房硐室的布置方式

(1) 提升绞车房的布置

提升绞车可布置在暗斜井下部车场的同侧或对侧(图 9-38)，同侧布置可与车场同时施工，管理集中，设备拆运方便，但提升与出矸方向不易一致，也不便于同绞车硐室联合布置，

有时还需开凿由车场进入硐室的专门通道。

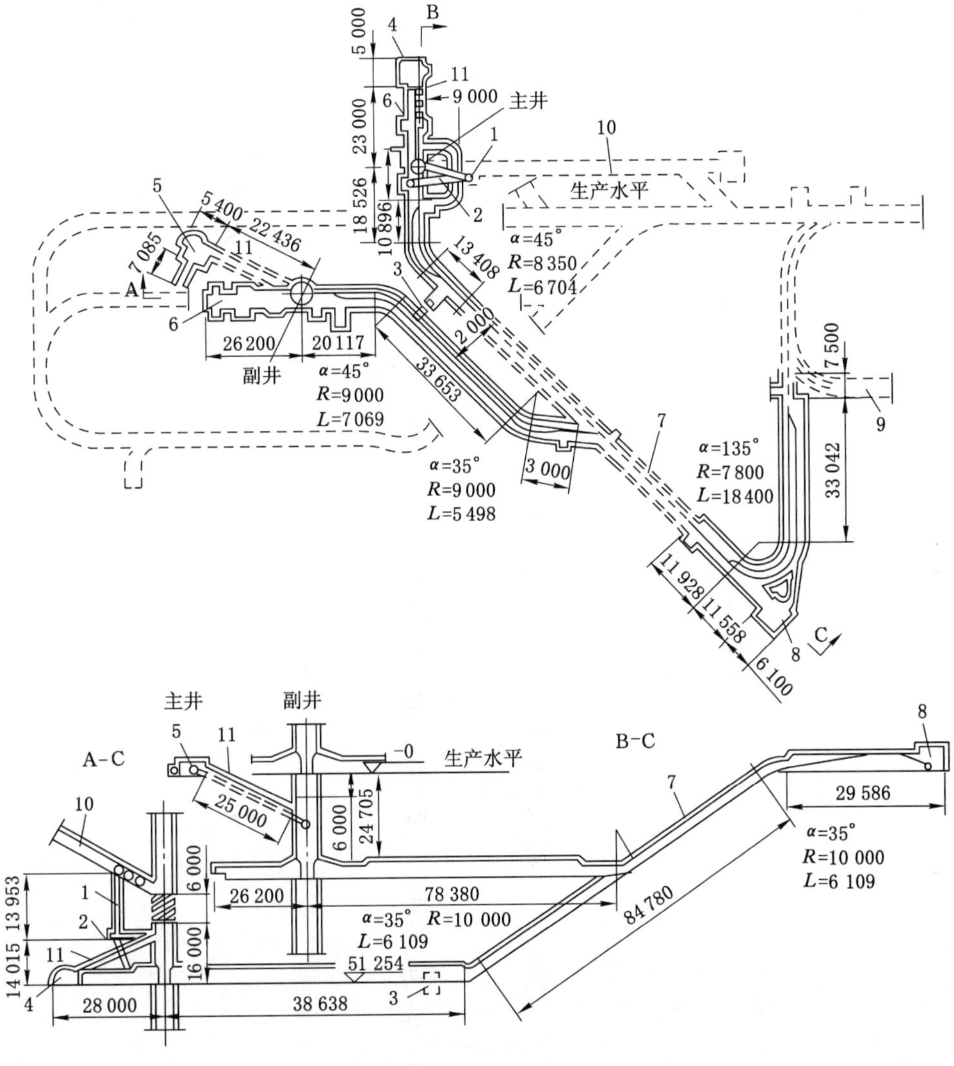

1—主井进风道；2—矸石仓；3—水仓；4—主井提升机硐室；5—副井提升机硐室；
6—凿井绞车硐室；7—辅助提升井；8—辅助提升机硐室；9—回风上山；10—清理斜巷；11—绳道。

图 9-38　主、副井延深辅助工程布置

有的矿井，采用将提升绞车布置在生产水平(图 9-37 的副井布置方式)，提升钢丝绳经下山绳道，通往井筒保护岩柱(或保护盘)的下面天轮平台。它可以利用原生产水平的巷道与硐室，减少辅助工程量，争取时间，及早安装提升绞车，便于设备的拆运，这样增加了一条通往辅助水平的通道，有利于改善通风和测量工作。绳道的断面应满足行人、通风及安装天轮平台的要求，宽度一般为 4～5 m。这种方式对于井窝不深的副井延深尤为适宜。

(2) 凿井绞车硐室的布置

悬吊凿井设备及管线的绞车一般布置在暗井下部车线的同侧或对侧，且采取集中联合布置(图 9-38)，采用较多的是后者，它与运输无干扰，布置简单。若提升机也在同侧，需开凿大硐室联合布置，便于集中管理，但拆运设备较困难，需设专门绕道。

为减少硐室开凿工程量、简化井内悬吊装置，采用单绳悬吊管路、用手动葫芦吊挂（图 9-39），或井壁固定等方式，以减少凿井绞车台数。用设导向轮、地轮和改变滚筒出绳位置（上出绳或下出绳），或改变绞车基础标高等办法，来改变出绳方向，减少巷道硐室开拓量。

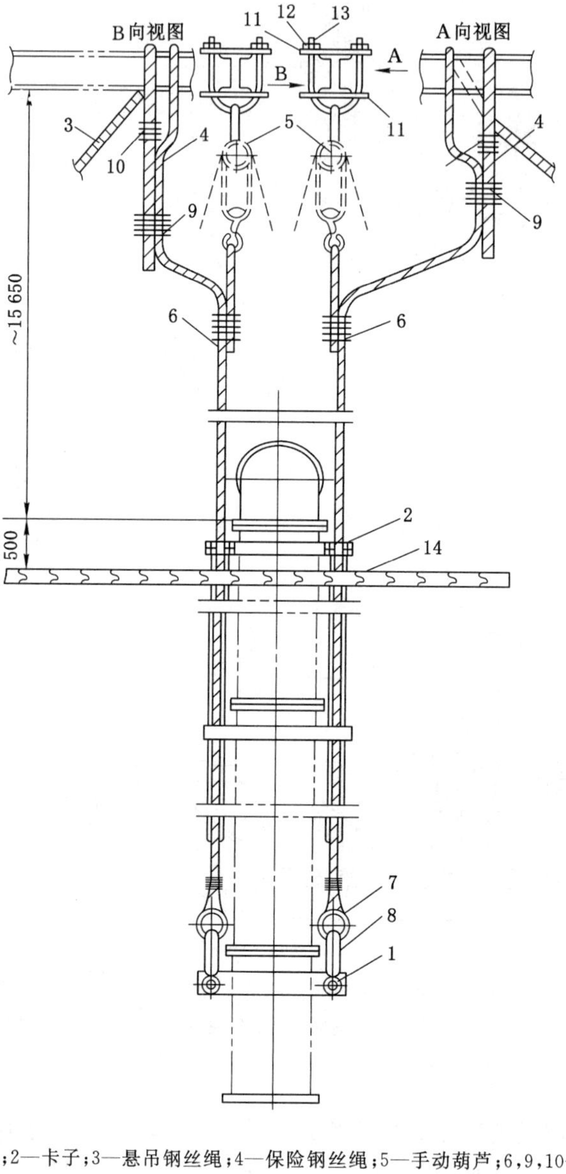

1—终端卡子；2—卡子；3—悬吊钢丝绳；4—保险钢丝绳；5—手动葫芦；6，9，10—绳卡子；7—护绳环；8—U 形环；11—垫铁；12—螺母；13—U 形螺栓；14—封口盘。

图 9-39　手动葫芦吊挂管路

（3）通风系统与其他硐室的布置

如图 9-40 所示，延深施工的风道，可利用原有的巷道（如上山提升机绳道、暗斜井等），也可开凿垂直或倾斜的专门风道（一般为 2～3 m），要求将回风直接导入矿井总回风道。

水泵房与水仓应设于辅助水平。如两井同时延深且各用一个辅助水平，可使副井的水由暗斜井流入主井辅助水平的水仓，集中排出。

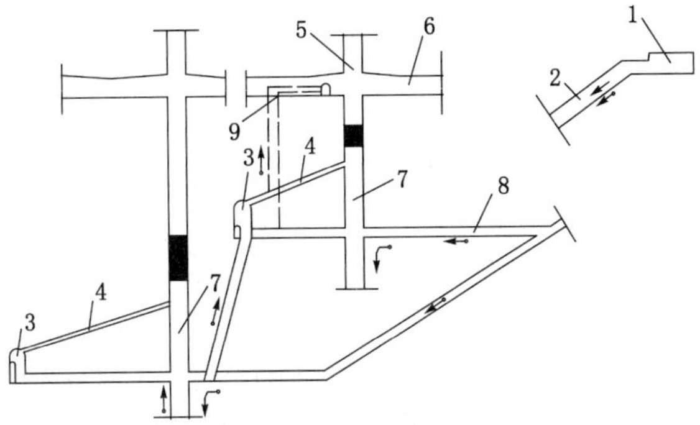

1—辅助提升绞车房；2—辅助提升井；3—凿井绞车房；4—绳道；5—副井；
6—生产水平；7—提升间；8—辅助水平；9—生产水平回风巷。

图 9-40　延深施工通风系统示意图

其他如压风机房、临时变电所和材料堆放硐室等，尽量利用生产水平的已有巷道硐室。可能时，也可由地面经井筒直接通入辅助水平（如压风管、混凝土输送管）。

二、利用梯子间或延深间延深井筒

在矿井设计时，若已考虑井筒的延深问题而预留有延深间，或者井筒的梯子间有足够的断面积，可以将梯子等装备拆除作为延深间用，或者井筒内为满足深部提升需要设计两套提升设备，其中一套改装成吊桶提升用于延深而不影响生产时，都可以考虑用此种延深法。

采用此法延深井筒，由于上水平井筒仍在正常生产提升，留给延深用的井筒断面比较狭小，很难布置全部施工设施，故将部分管线及设备悬吊布置于生产水平或生产水平以下，需要在生产水平之下开凿少量的硐室。

利用延深间延深井筒的掘砌施工方法与普通凿井基本相同，主要是井筒的提绞设备布置有所不同。

1. 延深井筒横断面的布置

根据生产井筒永久断面布置和井内延深施工设备的布置情况，横断面一般采用下列 3 种布置方式。

① 利用预留延深间布置施工设备（图 9-41）。在原井筒永久断面设计时，预留出延深位置，待井筒延深时，可直接布置施工设备。该方式因受断面限制，只能布置小型提升容器，施工速度慢。

② 利用梯子间布置施工设备。将原梯子间内的梯子平台和梯子梁拆除，布置施工设备。它的井筒断面利用率高，但改装工程量大，只适用于有梯子间的副井。

③ 利用永久提升间布置施工设备。当生产水平为多套提升容器提升，又无须留延深间或梯子间，并对矿井生产提升影响不大时，可利用一套提升设备的提升间布置施工设备。并可利用原有的提升机，挂上吊桶即可施工，它的改装量小，可布置大吊桶，施工速度快。

2. 延深井筒纵断面的布置

井筒延深时，施工的提绞设备与卸矸台可以布置在地面，也可以布置在井下。应根据矿井井上和井下的生产系统、运输方式、井筒横断面的布置、井筒延深总深度，以及采用的施工设备情况而定，其布置方式一般有：

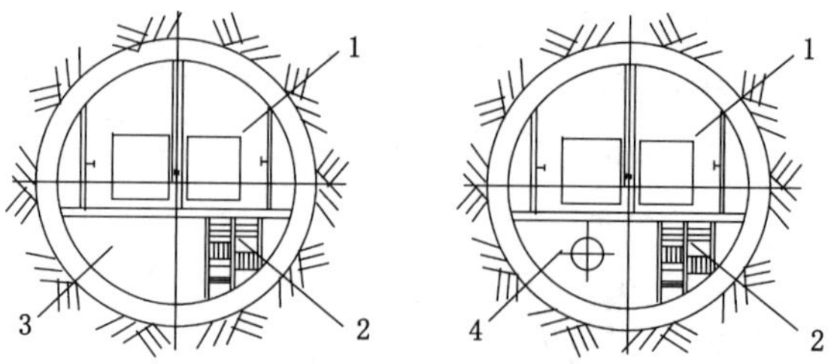

1—箕斗提升间；2—梯子间；3—预留延深间；4—延深吊桶提升间。

图 9-41　利用预留延深间延深

① 提升机与卸矸台布置在地面(图 9-42)。这种布置方式只对地面生产和运输系统略加改造，即可布置提升机、卸矸台、材料场及其他施工设备，提矸、下料均在地面进行，充分利用生产设备及地面场地，大大减少井下临时工程量，管理也比较集中，但由于可利用的井筒横断面有限，提升容器较小，随着延深深度的增加，吊桶的提升能力显著降低，故只适用于提升深度不超过 500 m 的井筒。如果永久井架增设凿井天轮有困难，也可单独安装临时凿井井架。

② 提升机设于地面，卸矸台设于井下(图 9-43)。当地面布置卸矸台或运输线路受限制，或吊桶提升能力小，出矸速度太慢，或为减少井筒改装量时，均可将卸矸台布置在生产水平或辅助水平。当利用梯子间延深时，不必全部拆除梯子间，只需在梯子间平台上凿出提升钢丝绳通过的孔口即可。这种布置方式井下辅助工程量较大，并且矸石经生产水平转运至地面，会与生产系统发生干扰。

总之，利用延深间或梯子间延深井筒，具有辅助工程量小、准备时间短、工作比较紧凑、管理集中和施工总投资少等优点。但断面有限，提升速度慢，影响施工速度和生产水平工作。如果地面及井口生产系统不需要很大的改建，就可以布置延深用提升机、卸矸台、运输线路和施工设备，当延深提升高度小于 500 m 时采用此方案是合理的。

三、利用反井延深井筒

利用反井延深立井井筒如图 9-44 所示。在立井延深施工前，如果已有一个立井井筒到达延深新水平[图 9-44(a)]，或者生产时使用的下山等已施工到延深水平[图 9-44(b)]，并有巷道通往延深井的井底位置时，即可由延深新水平自下而上以小断面掘进井筒，待小断面掘进至延深辅助水平时，再自上而下按照井筒设计断面分段进行刷大和砌壁。当井筒和马头门掘砌完毕，随后便进行井筒装备工作。最后拆除保护岩柱段井筒，或拆除人工保护盘，完成整个井筒装备工作。

1. 普通反井延深法

普通反井延深施工法如图 9-45 所示。反井断面用木框支护，为矩形或方形断面，面积为 6～8 m^2，布置有吊桶提升间 15、梯子间 13 和矸石间 14。提升间上口装设一个可随工作面掘进向上移动的定滑轮 7，用来升降材料吊桶。梯子间除设有梯子和梯子平台外，还安设有压气管、供水管、风筒和电缆等。矸石间用以存放爆破下来的矸石，并通过其下端的溜矸槽 4 将矸石装入矿车。施工人员站在临时工作平台上进行作业，临时工作平台搭在最上层的井框上。

当一个井筒或暗斜井施工到新的生产水平后，便掘进车场巷道，使之通往欲延深的井筒处，经测量准确地确定出井筒中心，给出延深反井的位置。

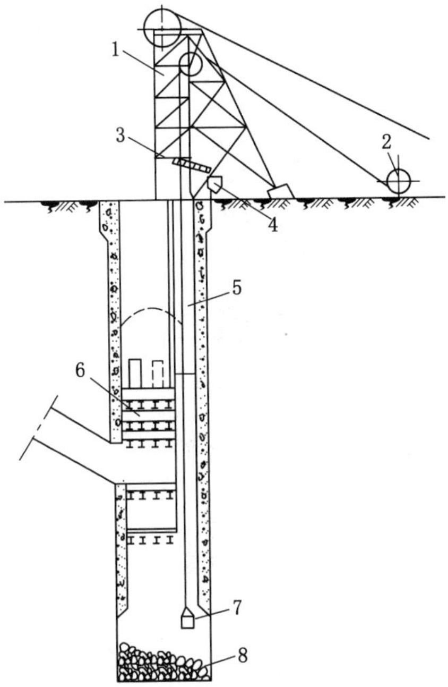

1—生产用永久井架；2—延深凿井提升机；
3—卸矸溜槽；4—矿车；5—延深间；
6—保护设施；7—吊桶；8—延深工作面。

图 9-42 利用永久井架延深(卸矸台在地面)

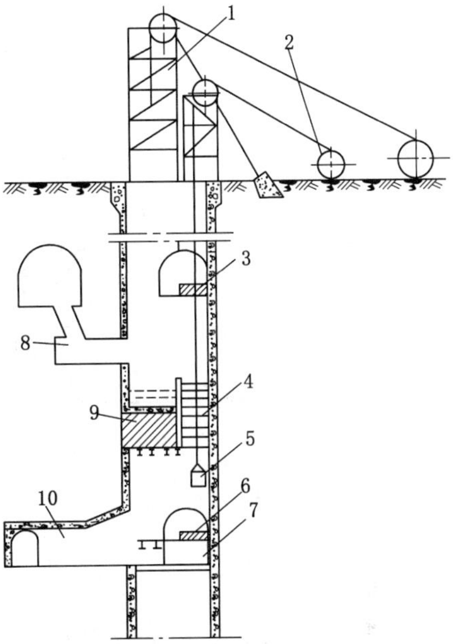

1—生产用永久井架；2—延深凿井提升机；
3—生产水平安全门；4—延深间；5—吊桶；
6—井下卸矸台；7—出矸绕道；8—箕斗装载硐室；
9—保护设施；10—井下凿井绞车硐室。

图 9-43 利用永久井架延深(卸矸台在井下)

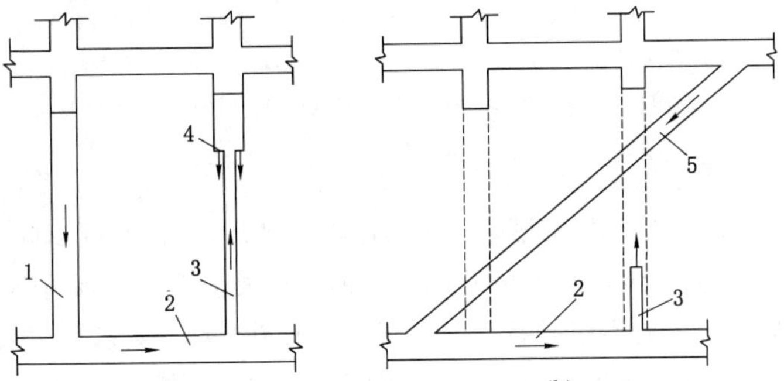

1—已延深好的井筒；2—新水平的车场绕道；3—反井；4—刷大井筒工作面；5—通往新水平的下山。

图 9-44 利用反井延深立井井筒示意图

反井按照给出的位置和方向，向上掘进 2 m 后，则砌筑反井基础 6。反井基础的作用是承托反井井框和安装反井下口的设备，并使下口便于人员和材料设备的出入，保证施工安全。反井基础多为砖石结构，也可以采用金属或木抬棚支护。

反井基础做完后，应及时安装延深设备。提升大多采用小绞车 12，并布置在反井位置 10～15 m 外的巷道一侧；局部通风机、电缆卷筒均布置在井底附近。

反井掘进时采用打浅眼放小炮，待掘进 1～2 m 后进入正常施工，一般炮眼深 1～

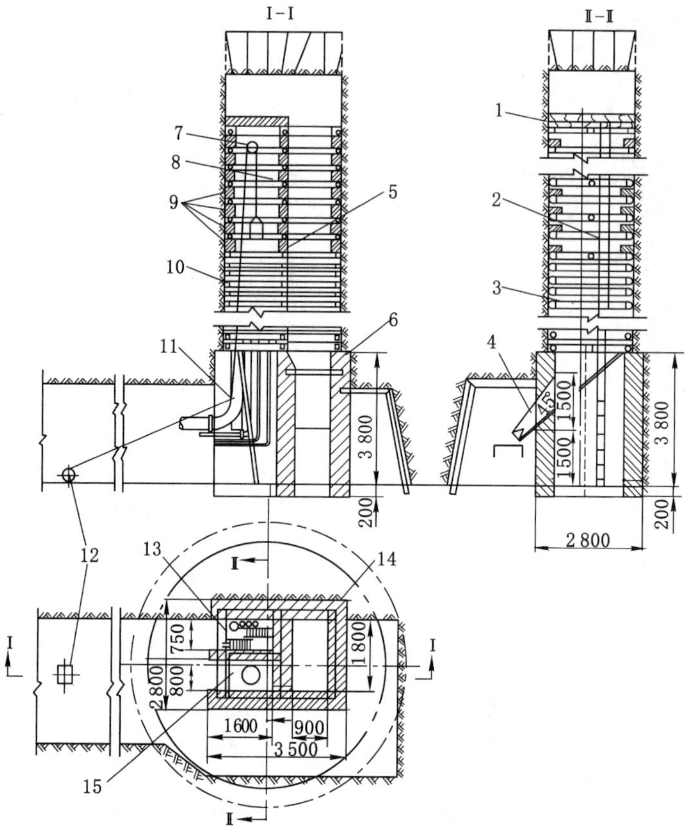

1—临时工作台；2—梯子；3—梯子平台；4—溜矸槽；5—隔板；
6—反井基础；7—定滑轮；8—脚手架；9—木垫墩；10—密集木框；
11—滚杠；12—提升绞车；13—梯子间；14—矸石间；15—提升间。

图 9-45　普通反井延深施工法

1.5 m，眼数为 2.5～3.5 个/m^2，掏槽眼常为直眼或半楔形，并正对矸石间布置。爆破前，将提升间和梯子间的上口用盖板盖严，矸石间上口的盖板要全部打开，矸石间内的矸石高度应以保证下一循环矸石落入后不堵矸石间与梯子间的通道为准。爆破后，再放出一部分矸石。经过通风排烟后，人员进入盖板下面，查看无炮烟后，可经矸石间进入工作面进行安全检查，再转入临时支护。自下而上掘进反井至井底水窝 8～10 m 时停止掘进，改为自上而下掘延深间与反井贯通；然后自上而下将反井刷大至设计断面并砌筑永久支护；最后拆除保护设施，并将该段井壁砌好。

普通反井施工法与生产水平的相互影响小，工作面不需要装岩和排水工作，不需要大型提绞设备，大大简化了井筒施工的悬吊设备布置，延深辅助工程量少。但施工人员爬梯子上下困难，劳动强度大，材料运输不方便，坑木消耗量大，工作面易集聚瓦斯且通风条件差，在地质和水文地质条件较差时将影响作业和安全。

2. 吊罐反井延深法

普通反井施工时工人上下需要爬梯子，劳动强度大；架设井框消耗木材多；施工中辅助作业时间长，通风困难，施工速度慢。吊罐反井施工法克服了上述缺点，施工速度和效率均有所提高。

(1) 施工过程

这种施工方法的主要施工过程如图 9-46 所示。一般情况下，需要在生产水平之下，建立一个较小的延深辅助水平 1，而后自辅助水平沿延深井筒中心钻一垂直钻孔 2 到达新水平 3，在辅助水平安装一台提升机 5，将提升钢丝绳穿过钻孔 2 至新水平与吊罐 4 连接。作业人员在吊桶上自下而上掘进反井，待小断面反井与延深辅助水平贯通后，再自上而下分段刷大和进行井筒的永久支护，最后进行井筒的安装和收尾工作。

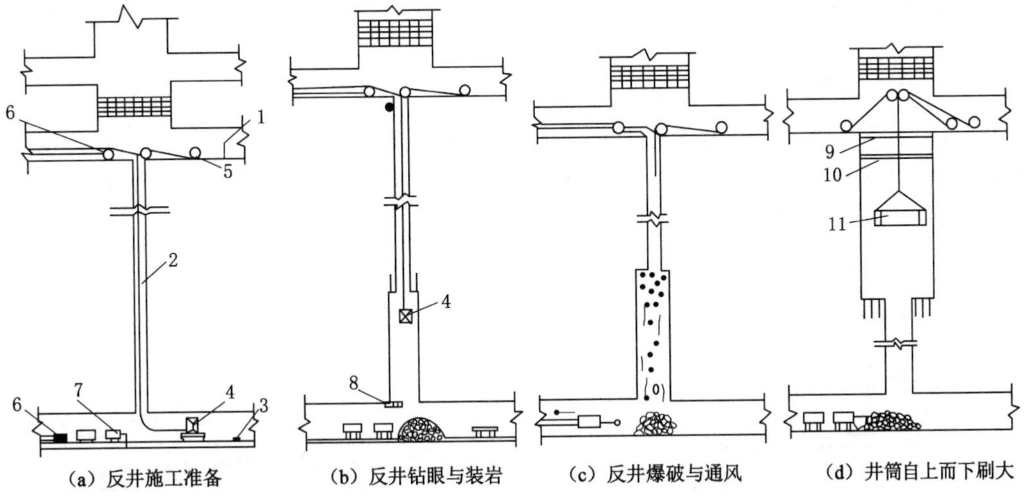

1—延伸辅助水平；2—中心钻孔；3—新水平；4—吊罐；5—提升机；6—通风机；
7—装岩机；8—保护盖板；9—封口盘；10—固定盘；11—吊盘。

图 9-46　吊罐反井施工示意图

(2) 吊罐反井施工设备

① 吊罐

吊罐既是提升容器又是反井工作面作业平台。定型产品有华-1 型吊罐和 DT-2 型气动吊罐。

华-1 型吊罐——该吊罐(图 9-47)由折叠式平台、可伸缩吊架、保护伞和气动横撑所组成。

吊罐升降时，将平台折页竖起，撑起保护伞，用以升降人员和机具。吊罐升到工作面后，打开折页，收起保护伞，将 4 个气动横撑同时顶在井壁上，起稳定作用，防止凿岩时吊罐摇摆。4 根稳定钢丝绳用来减轻运行时的打转和摆动。两对行走车轮使吊罐下放至井底后，能在轨道上运行。

DT-2 型气动吊罐——气动吊罐是设置比较完善的新型吊罐，由吊罐、软管绞车、钢丝绳绞车和提升机配套组成，其外形构造和工作配合如图 9-48 所示。

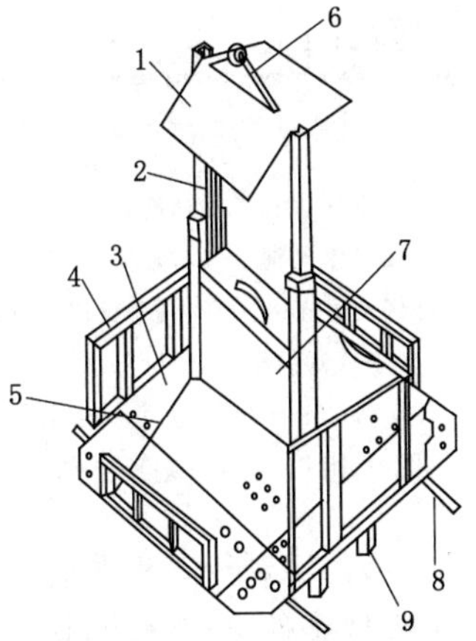

1—保护伞；2—可伸缩支架立柱；
3—折叠式平台；4—挡架；5—折页；
6—吊架；7—炸药箱；
8—稳定钢丝绳；9—行走车轮。

图 9-47　华-1 型吊罐构造

其特点是，辅助水平的钢丝绳绞车，仅起悬吊吊罐的作用，只是在爆破前后用它提升或下放钢丝绳，平时是闸住的。吊罐的上下和停止是由乘罐人员操纵吊罐内的气动提升机来完成的。为了安全，在气动提升机上还设有上行遇障碍物及压气突停时的自动保护装置。软管绞车的作用是使风水管与吊罐间保持适当的拉力，随着吊罐的运行协调地收卷或放开。

② 提升绞车

提升吊罐的绞车应有足够的提升能力，一般为正常总载荷的 1.1 倍以上；提升速度要求慢速平稳，常为 5～7 m/min；绞车电动机应采用双回路供电；卷筒刹车要求可靠，应有电磁式和手动式两套制动器；绞车的卷筒应有足够的容绳量，以适应延深深度的要求；钢丝绳的承载安全系数应不小于 1.3。提升绞车还应具有质量轻、体积小的特点，以便于搬移、安装和减小硐室尺寸。

华-1 型绞车(图 9-49)是使用较广泛的游动绞车。该绞车停放在经过绳孔上口的轻便轨道上，提升钢丝绳经导向地轮进入绳孔，以减小钢丝绳与孔壁的摩擦。在提升吊罐时绞车不固定，靠钢丝绳缠绕卷筒时产生的轴向推力，在轨道上自行游动对准绳孔，并使钢丝绳在卷筒上依次缠绕而不紊乱。

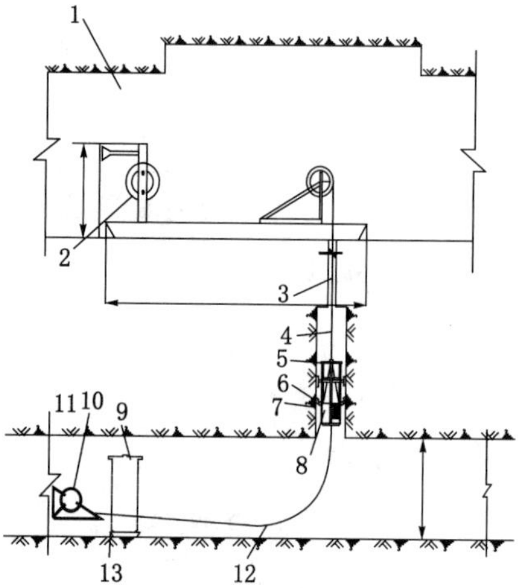

1—辅助硐室；2—钢丝绳绞车；3—提升绳孔；
4—提升钢丝绳；5—凿岩平台；6—气动横撑；
7—锚杆及短链；8—气动提升机；9—吊罐提放位置；
10—软管绞车；11—延深水平井底巷道；
12—压风软管；13—运载架。

图 9-48　气动吊罐反井施工示意图

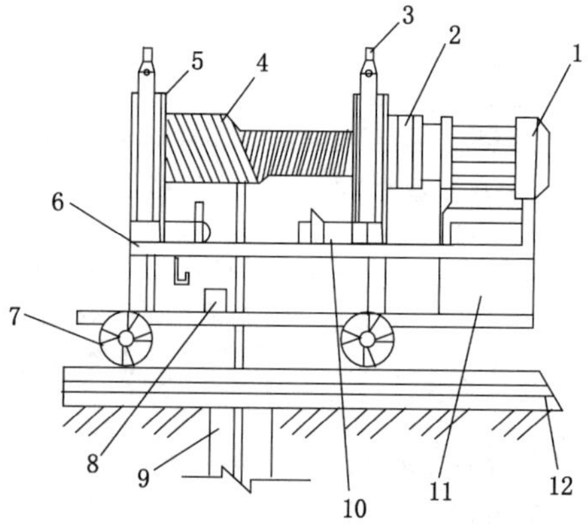

1—电动机；2—减速器；3—制动器；
4—钢丝绳；5—卷筒；6—机座；
7—行走轮；8—信号开关；9—绳孔；
10—信号绳卷筒；11—配电箱；12—轨道。

图 9-49　华-1 型绞车构造

已定型的游动绞车提升能力都较小，只适合于 60～100 m 深的反井施工。反井高度较大时，可根据条件自行设计制造。在选择吊罐绞车时，除应满足吊罐反井施工的要求外，还应考虑在井筒刷砌施工时尽量不另设绞车。

3. 反井钻机延深法

目前，国内已使用多种型号的反井钻机，形成了一整套完善的机械化反井施工方法。钻机的钻进方式为下钻上扩式，其施工工艺如图 9-50 所示。首先从上水平巷道向下钻一小直径先导钻孔，与延深水平贯通后，卸下先导钻头，换上大直径扩孔钻头，然后自下向上扩孔钻进，破碎下来的岩石落到井底装车外运。扩孔距上水平还有 3 m 时，应当慢速钻进，并密切注意基础的变化情况，如发现基础有破坏的征兆，应立即停钻，待钻机全部拆除后，再用爆破法凿通。反井形成后，即可用钻眼爆破法自上而下将反井刷大至设计断面，进行永久支护。

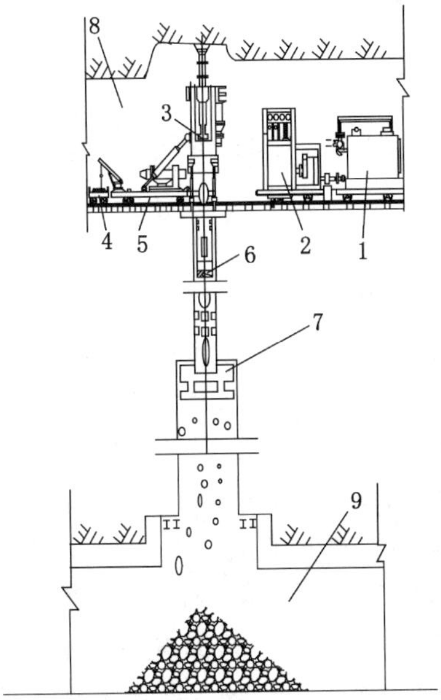

1—油箱车；2—液压泵车；3—钻机；4—钻杆车；5—主机平车；
6—先导钻头；7—扩孔钻头；8—反井上部钻机硐室；9—延深水平。

图 9-50　反井钻机施工示意图

用反井钻机钻凿反井，具有机械化程度高、劳动强度低、作业安全、适应性强、成井质量好、施工速度快、工期短、成本低等优点，但使用设备多，操作技术较复杂。若条件具备，应优先选用。

习　题

1. 斜井施工有何特点？
2. 斜井表土施工通常采用什么方式？分别适用什么条件？
3. 确定明槽几何尺寸与边坡角的原则是什么？
4. 我国斜井基岩段施工比较成熟的掘进机械化作业线与配套设备是什么？
5. 斜井施工如何预防跑车事故？通常采用哪些防跑车装置？
6. 立井井筒的纵向组成包括哪几部分？
7. 井筒装备按罐道的不同结构可分为哪两类？
8. 立井有哪几种表土普通施工法？
9. 立井基岩的爆破工作有何特点？炮眼应如何布置？
10. 井筒延深的方法有哪几种？各方法的特点是什么？
11. 简述延深辅助水平巷道和硐室的布置方式。
12. 延深井筒横断面的布置方式有哪几种？

第十章　煤矿巷道智能掘进

第一节　煤矿巷道智能掘进的技术框架

一、概述

我国大型现代化煤矿广泛采用“一井一面”的集约化开采方式，每年新掘巷道长度约12 000 km，每个综采工作面平均推进速度达30 m/d，要求单个掘进队巷道掘进进尺达70～80 m/d，而我国综掘平均进尺为10 m/d，传统的综掘方式已无法满足综采的需求，新时代下通过增加掘采队伍配比来满足综采需求的方式已不可持续。

近十年，煤炭行业正在迈入智能化开采新阶段，智能化采掘技术发展迅速，截至2022年，我国已建成智能化煤矿572处、智能采掘工作面1 019个。与智能采煤技术迅猛发展相比，煤矿智能掘进受作业环境恶劣、安全性差、地质条件复杂、巷道变形大、施工工序多、掘进效率低等难题制约，进展相对较缓慢，目前智能掘进技术发展主要体现在以远程可视化控制＋自动割煤＋煤流一键启停为特征的初级智能掘进技术的示范性应用。智能化发展平台、智能掘进关键技术和掘进装备智能决策等技术难题亟待解决，这对于全面提升煤矿巷道掘进装备和工艺水平，最大限度地解放生产力，确保煤矿巷道安全、高效、绿色、智能掘进具有极其重要的意义。

二、煤矿智能掘进的技术架构

目前主流的掘支运一体化技术智能掘进系统的基本架构由边缘感知、平台决策、设备执行、远程运维4个维度构成，如图10-1所示。

① 边缘感知层。通过感知掘进工作面的地质条件、掘进环境、装备工况，改变传统掘进过程中依靠人工来进行工作面环境感知的工作。基于围岩状态在线感知技术，构建面向掘进工作面的高精度三维动态地质模型，根据掘进过程中揭露的实际地质信息对模型进行修正，将装备状态监测参数、超前探测参数、巷道成型质量与三维地质模型进行有效融合，为截割、支护控制提供数据支撑。

② 平台决策层。通过数据汇聚并引入由装备行为准则为支撑的掘进决策控制平台中，基于大数据分析、人工智能等技术，形成决策思想来代替原有靠人工判断的环节。基于巷道围岩时效控制技术，研究围岩失稳判据、锚杆支护承载特性、煤岩截割载荷特性等截割、支护的作用机理及特性，构建装备行为控制模型。

③ 设备执行层。突破智能支护、自动截割等关键技术，构建智能掘进系统平台，依靠智能掘进成套装备实现截割、支护等工序动作。基于掘支运一体化技术的智能掘进成套装备可解决装备与工艺间的协同问题，实现多设备协同作业。掘锚一体机实现自动截割、锚杆支护、临时支护、装载和出料功能；锚杆转载机自动跟随掘锚一体机，实现煤流缓冲、块煤破碎、出料、滞后锚杆支护功能；柔性连续运输系统实现长距离转载搭接、转运功能。

④ 远程运维层。智能掘进设备需要全生命周期维护，其运维主体应从使用者转移至设

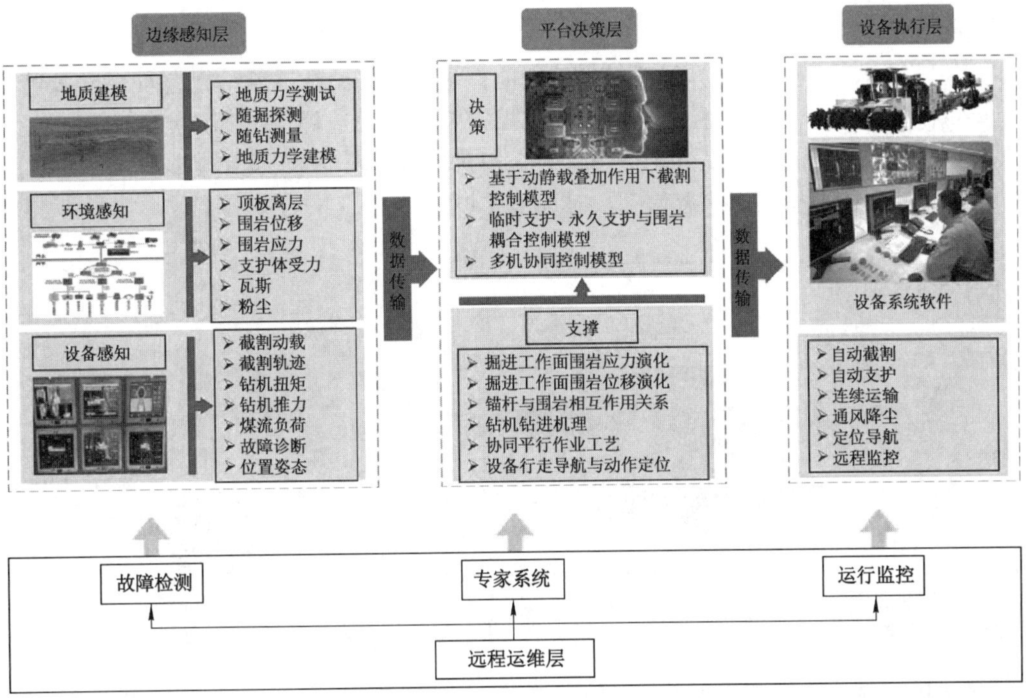

图 10-1 掘支运一体化技术智能掘进系统架构

备供应商。在大数据分析和历史数据挖掘的支撑下可对设备进行维护预警;当设备出现故障时,系统运行数据上传至云端,设备供应商通过专家系统远程判断设备运行状态,并下发基于 VR 技术的经典维护教程,指导系统的运行维护。

包含以上 4 个环节的基本架构解决了传统掘进模式中遇到的看不清、断不明、掘不快、修不了的实际问题,并转化为边缘感知、平台决策、设备执行、远程运维技术保障,通过感知煤层赋存和围岩特性、掘进环境和装备工况,将工作面各种设备和环境有机和谐地统一起来,实现生产过程自主运行,减少人工干预,实现安全、高效、绿色掘进以及成套设备一键操作,成为自主感知、自主分析、自主决策、自主执行的掘进生产系统。

第二节 煤矿巷道围岩智能感知技术

巷道掘进过程中,煤与瓦斯突出、突水等灾害严重威胁着掘进生产安全和矿工的人身安全。煤与瓦斯突出大多发生在煤体破碎的构造煤中,煤体破坏程度越严重,突出危险性越大;突水灾害主要涉及老空水与底板承压水,由于地层结构的多样性,矿井水体分布的非均质性、流动性特征,矿井水害源预测的难度较大。因此,煤矿巷道围岩智能感知是实现巷道掘进施工前、中、后的地质预判、扰动感知与风险评估的基础数据来源,是一切智能掘进关键技术实施的前提保障。

一、巷道随掘超前探测技术

巷道随掘超前探测技术是未来巷道快速智能掘进超前探测技术研究的重点与趋势。随掘超前探测是指在掘锚一体机或者全断面硬岩隧道掘进机上安装钻探和物探设备(图 10-2)(扫描图中二维码获取彩图,下同),掘进施工的同时同步进行超前探测工程,实现探掘协调作业。随掘超前探测一方面是为了获得工作面前方隐蔽致灾地质异常体的空间赋存及特性,查明小断层、煤厚变化、陷落柱、老空区、下组煤以及含水构造等情况;另一方面是为了在掘进过程中实时感知和判断围岩的稳定性,为支护机器人提供在线、连续、实时的围岩状态信息,以保证后者能根据围岩状态信息实时调整支护参数。

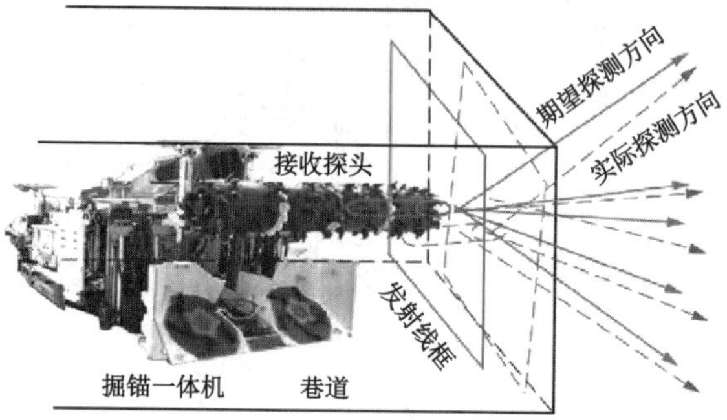

图 10-2　钻探+物探融合随掘超前探测技术示意

常见的随掘超前物探技术主要有随掘地震和随掘电法两种,分别用于探测掘进工作面前方异常地质构造和富水岩体。随掘地震技术组成如图 10-3 所示,其中掘进机震源信号与地震信号相互干扰,影响随掘地震探测的精度,互相关干涉是目前掘进机震源信号脉冲化处理最常用的方法。超长钻孔孔中瞬变电磁超前探测技术(图 10-4)可以从根本上避免巷道中电磁干扰信号、锚网、掘进机等干扰影响,进而提高探测精度,是发展高精度瞬变电磁法探测技术的重要研究方向之一。孔中瞬变电磁可利用掘进工作面前方 500~3 000 m 长度定向钻孔开展超长距离水害的随钻超前探测工作,有效保障巷道高效快速掘进。

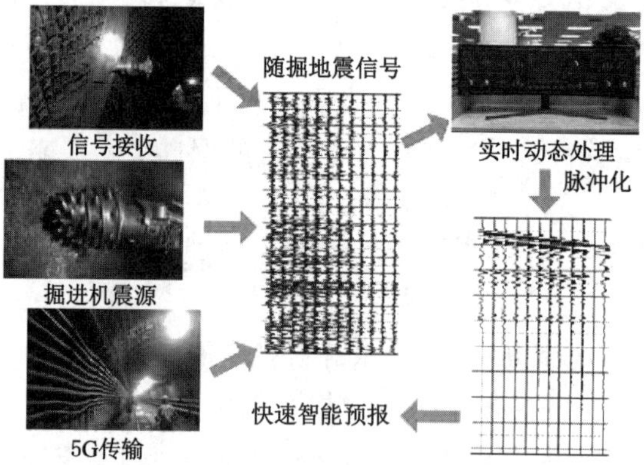

图 10-3　随掘地震技术组成

二、掘进大数据综合利用

随着巷道快速智能掘进深入发展,其地质保障所需基础数据量级及类型均呈爆炸式增长。利用大数据技术针对钻探、物探、化探等多源海量数据进行集成分析与数据价值挖掘,

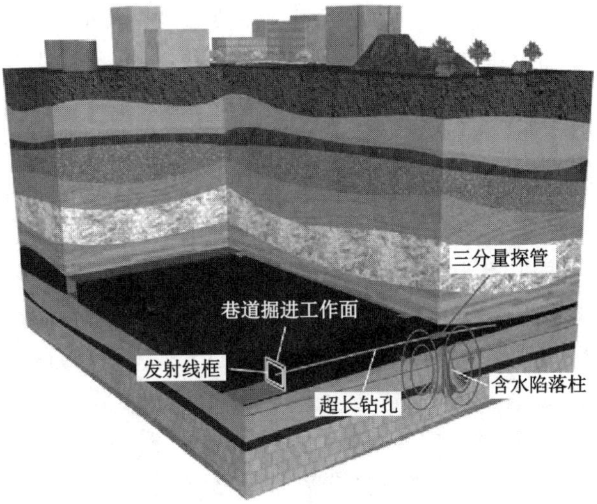

图 10-4　孔中瞬变电磁超前探测示意

实现动态诊断与辅助决策，成为巷道快速智能化掘进的关键。

以高分辨率三维地震勘探为核心，井上下一体化、掘前掘中多手段配合的地质保障技术体系可以为掘进超前探测提供海量的基础数据。构建综掘工作面探测信息大数据分析平台，进行多源地质数据的融合交互，实现综掘工作面前方地质体的精准探测；充分利用含水异常体实时动态监测系统、随掘探测系统等提供的实时监测数据，创新数据智能解释技术，开发探测结果实时处理、动态成像等技术，提高探测时效性。随着 5G 生态的逐渐成熟，必将实现信息技术、探测技术、传感器技术、智能装备等的深度融合，丰富综合超前探测理论实践体系，促使实时动态电法监测系统、随掘探测系统等技术实现跨越式发展。图 10-5 为探测信息大数据利用的架构展示。

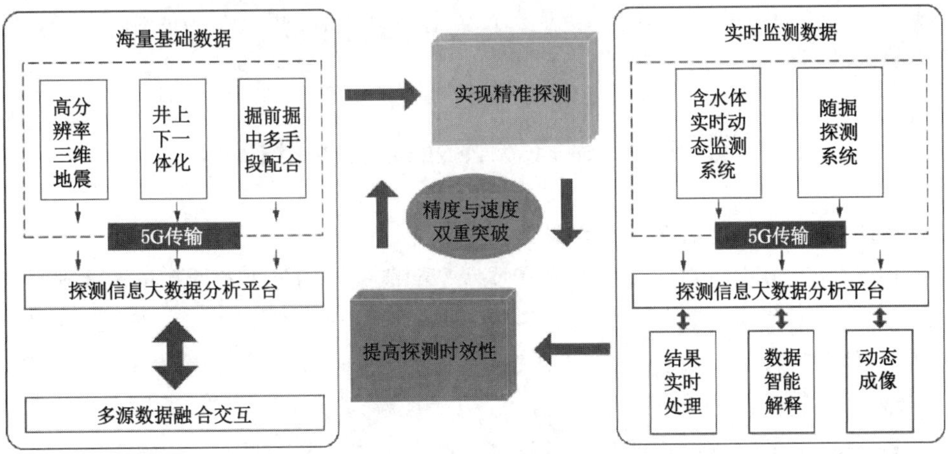

图 10-5　探测信息大数据利用架构

三、地质条件可视化技术

在推动巷道快速智能掘进过程中，首先需要解决地质条件的透明化问题，以确保掘进条件的可视、可预和可控。构建高精度三维巷道地质地球物理模型，动态展示随掘巷道三维空间地质条件，进行安全生产环境判识，可以为实现掘进机智能截割、智能导航、智能协同控制、远程智能测控提供精准地质支持，是巷道快速智能掘进地质保障系统发展的主要攻关内容。高精度三维巷道地质地球物理模型构建，主要包含两个部分：一是掘进前期静态地质模型构建；二是掘进过程中动态模型修正。

通过采用“空-天-地-井-孔”全方位立体化的探测模式，获得巷道范围内地下岩层岩性分布、三维地质构造形态等多参量的三维数据，同时融合巷道施工的基础地质信息等多域大数据，对钻孔、地层、物性等各类参数重建，获得多元素三维数据体，从而构建静态地质模型。其重点是反映原始地层条件、地质构造发育形态、地下水空间分布范围等多元信息。

动态模型修正基于掘进过程中实时地质地球物理参数，通过进一步加强多介质、多相、多态、多维、多源数据的有机融合，进行多参数联合反演，完成对实时地质信息的监控和动态预测；并通过对静态地质模型参数注入和改造，反演地质及灾害源条件的变化状态，实现巷道前方地质条件的透明化(图 10-6)，为多灾源预测提供关键指标参数支撑。

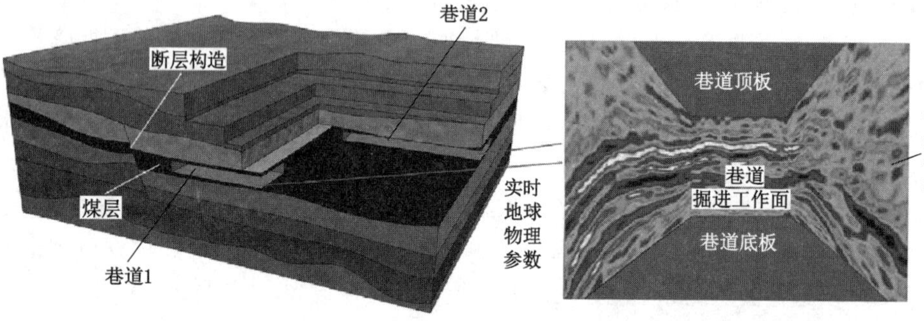

(a) 三维地质模型　　(b) 巷道地球物理模型放大图

图 10-6　巷道掘进地质地球物理模型

第三节　掘锚一体化高效掘进技术

一、掘锚一体化高效掘进技术架构

掘锚一体化高效掘进系统理论和成套技术是智能掘进的先决条件和技术基础。掘锚一体化高效掘进针对低应力煤巷，基于掘锚一体化、空间多维度同步支护等技术，将掘进工程进行系统一体化设计，通过装备创新构建掘进、支护、运输、除尘等工序的同步作业线，达到提高成巷效率的目的。

掘锚一体化高效掘进的主要技术特征：① 掘支一体。基于掘锚一体化技术，实现临时支护和截割同步作业，保证截割稳定性。② 掘锚平行。将截割落煤和永久支护由同一设备并行完成。③ 快速截割。采用伸缩滚筒截割落煤，一次成巷，提高成巷质量。④ 平行支护。采用空间多维度同步支护，将永久支护由空间多设备多工位平行完成。⑤ 连续运输。

构建多级连续转运系统，搭接行程满足圆班进尺要求以保证连续掘进，同时不影响后部支护设备支护作业。⑥ 作业辅助。基于电缆自移动布置和机械化延尾技术，实现配电装置、除尘系统、材料、缆线与设备一体化同步移动，无人值守；实现破碎转载一体化设计，消除破碎块煤工序。⑦ 高效除尘。通过高效除尘器、三幕控尘等装备与技术实现高效掘进粉尘防治。⑧ 协同作业。基于多机协同控制技术构建中央自动控制系统，实现工作面设备、子系统联动与集中控制。具体技术架构如图 10-7 所示。

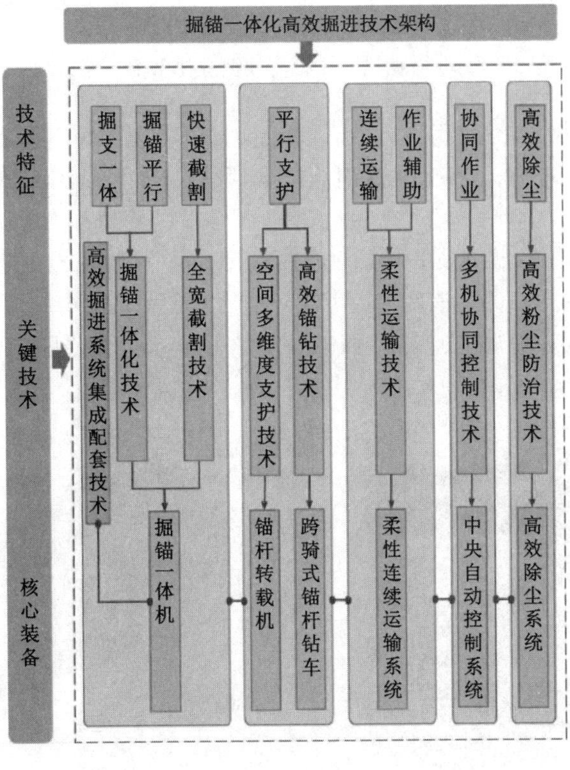

图 10-7　掘锚一体化高效掘进技术架构

二、掘锚一体化高效掘进技术配套系统

掘锚一体化高效掘进技术依据不同围岩条件和支护参数进行设备综合配套。稳定围岩条件下(空顶距约 20 m)，配套掘锚一体机、锚杆转载机、跨骑式锚杆钻车和柔性连续运输系统，掘锚一体机截割落煤，锚杆转载机破碎转载，支护由掘锚一体机、锚杆转载机、跨骑式锚杆钻车同步完成。中等稳定围岩条件下(空顶距约 2 m)，配套掘锚一体机、锚杆转载机和柔性连续运输系统，支护由掘锚一体机和锚杆转载机同步完成。具体配套系统如图 10-8 所示。

三、掘锚一体化高效掘进关键装备

全宽截割技术是实现快速截割的关键技术，通过一刀成巷消除超、欠挖现象，提高巷道成型质量。实现滚筒伸缩的关键在于将旋转零件内的压力油可靠地输入伸缩液压缸内，通过攻克高压油旋转配液技术，解决油道路径规划、高压油旋转密封等难题，我国研发了可伸缩横轴式截割滚筒，将落煤时间由 12～16 min 减至 6～8 min；全宽截割的另一项难题是动

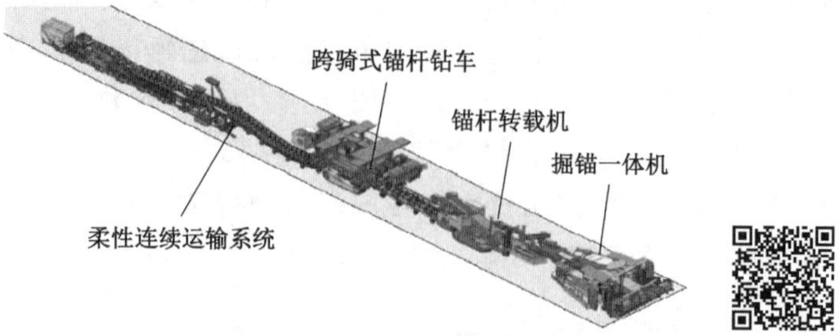

图 10-8　掘锚一体化高效掘进技术配套系统

载荷大，要求截割能力强，为此我国自主研制了双驱动高速合流重型截割减速器，截割功率达 340 kW。基于掘锚一体化和全宽截割等技术，我国自主研制了交流变频电牵引掘锚一体机(图 10-9)。

为了实现截割、装载、临时支护、锚杆支护等工序的平行作业，在掘进机底部安装了双圆柱低阻滑动式底盘(图 10-10)。该底盘由可相对滑动的主副机架构成，副机架由液压缸推动截割系统进行掏槽，铲板和输送机随动，主机架保持静止并与机载钻机同步进行支护作业。

图 10-9　交流变频电牵引掘锚一体机

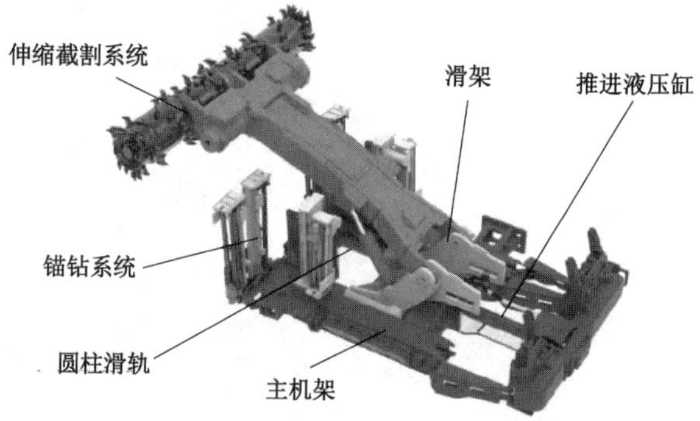

图 10-10　双圆柱低阻滑动式底盘

锚杆转载机(图 10-11)和跨骑式锚杆钻车(图 10-12)等新型支护设备，可解决锚杆支护和运输同步作业的难题，有效平衡生产节拍，提高支护效率。锚杆转载机集转载、破碎和锚杆支护功能于一体；跨骑式锚杆钻车通过跨骑式底盘实现输送机相对穿行，机载多组钻机同时支护，从而实现支护作业与掘进、运输分离。

高效锚钻技术是为提高单台钻机的支护效率而开发的综合技术，主要包括锚索自动连续钻孔技术和钻机电液控制技术。锚索自动连续钻孔技术利用“左轮手枪”原理，钎杆由机械手自动续装，由钎杆仓多根存储(图 10-13)，实现锚索支护由多人单机手工间断操作向单人多机一键式操作的跨越；钻机电液控制技术将压力、转矩、转速等变量转化为数字信号，实现了钻机自动控制和健康诊断，提升了钻机可靠性。

刚性桥式带式转载存在搭接距离短、巷道起伏适应性差、不能转弯运输等固有缺陷，不能适应高效掘进的要求。为实现带式输送机 150 m 往复搭接和小半径 90°转弯，运用柔性连续运输技术。该技术基于蛇形仿生，通过位姿锁定的蛇形关节架体，实现弯曲运输与胶带

图 10-11　锚杆转载机

图 10-12　跨骑式锚杆钻车

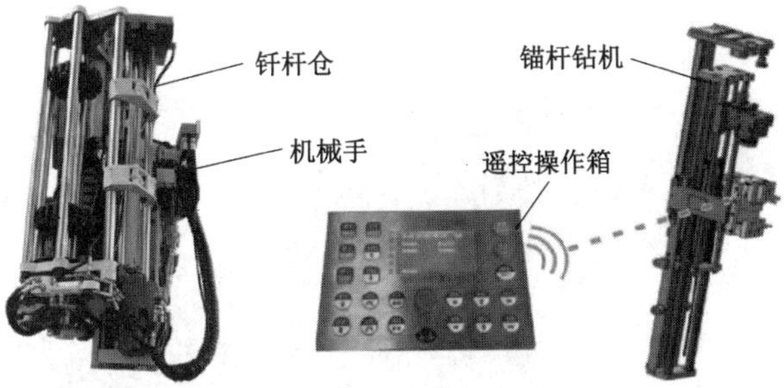

图 10-13　自动锚索钻机与电液控锚杆钻机

延伸率匹配；通过偏置摆动式油气悬挂自动调平机身，实现转弯时平稳运输物料，适应巷道起伏。基于该技术研制了柔性连续运输系统，该系统由移动式柔性带式输送机、迈步式自移机尾、穿梭动力站构成（图 10-14）。输送机最小水平弯曲半径 8 m，满足巷宽大于或等于 4.5 m 的工作面巷道、联巷、开切眼等掘进中连续运输的要求；机尾集成纠偏和减摩降阻机构，机尾搭接不受结构和巷道条件限制，转载搭接长度由 20 m 增至 150 m，消除圆班延机尾工序。

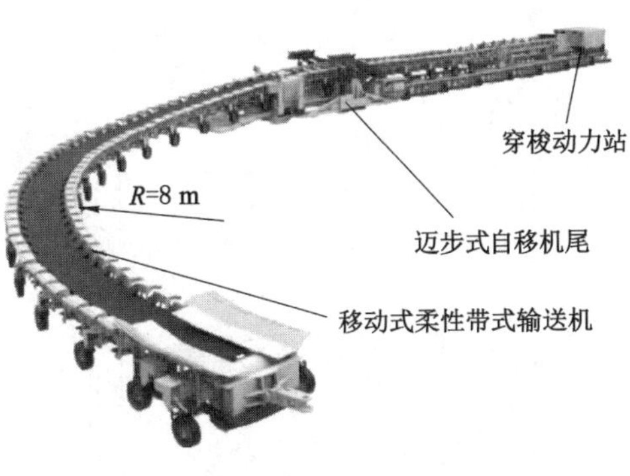

图 10-14　柔性连续运输系统

四、高效粉尘防治技术

煤矿井下的主要尘源点是采掘工作面，其产尘量占全矿井的 85%以上，是粉尘治理的重点和难点。传统掘进通风防尘设备体积庞大，控尘、吸尘效果差，需要人工清灰，清灰与过滤不能同步，难以满足快速掘进长时连续作业的要求。

1. 固液气三幕控尘方法和移动除尘技术

大断面固液气三幕控尘方法，实现了控尘、除尘系统与掘进工序平行作业。具体原理如图 10-15 所示，掘锚一体机截割内外喷雾形成水幕，保证司机视线清晰；滚筒后部建立固态挡尘幕，阻挡粉尘扩散；环形侧风管道控尘装置与除尘器共同作用，改变压风轴向风流为沿巷壁的旋转风流并使其不断推进至挡尘幕后侧，形成空气幕，将已扩散粉尘压制在掘进工作面形成粉尘池，截割臂上方风箱在粉尘池中近距离高效吸尘，粉尘经多级风道由除尘器处理。

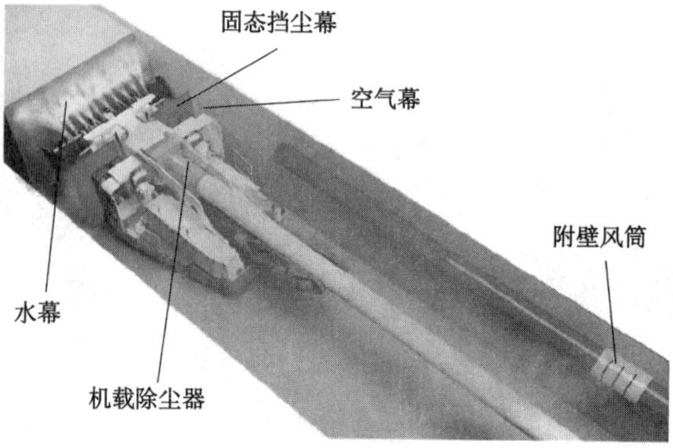

图 10-15　机载高效控尘和除尘系统

2. 袋式除尘器

矿用全自动紧凑型袋式除尘器采用小体积无龙骨自承式菱形滤袋，有效过滤面积是传统滤袋的 3.5 倍，总尘除尘率达 99.7%；设计 Z 形风道，将污风道和净风道均布置在滤袋室上侧，使气流分布更加均匀同时降低设备高度尺寸(图 10-16)；采用气动脉冲式自动清灰和刮板式排灰装置，实现过滤、清灰、排灰连续作业(图 10-17)。

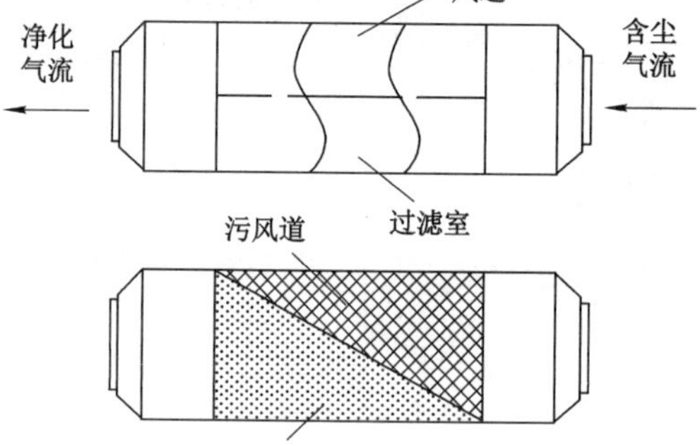

图 10-16　Z 形风道原理

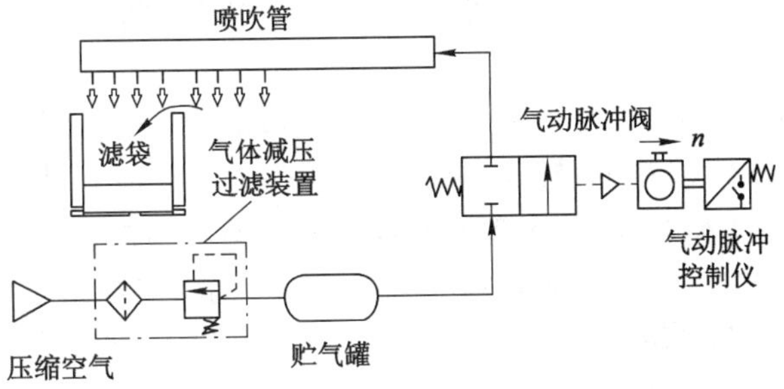

图 10-17　气动在线连续清灰系统原理

3. 湿式除尘器

创新研制湿式除尘器，利用风流的湍流脉动诱导高弹性金属纤维高频振动，加强水滴二次破碎，增加水膜形成概率，提高粉尘捕集效率；对滤网表面进行超疏水改性，降低含尘污水与丝网表面的界面能，解决传统滤网易堵塞、阻力大的难题；采用双面两级流线型气液分离技术，提高脱水效率。

五、多机协同控制技术

设备间高度协同作业是保证高效掘进作业线流畅运行的前提。为实现百米多类重型设备间自动跟进、精准穿梭、煤流协同转运、除尘联动等功能，运用多机协同控制技术，该技术以无线网络通信技术为基础，构建设备间联网协议，各单机设备通过无线节点接入无线局域网，局域网通过令牌传递管理网络，实现信息互通、消除信息孤岛。基于多机系统控制技术的高效掘进成套装备多机协同控制系统（图 10-18）和中央自动化控制平台，可实现对工作面成套装备及各子系统高度协同控制、健康诊断和实时全流程闭环控制、可视化监控等，为成套装备可靠运行提供保障。

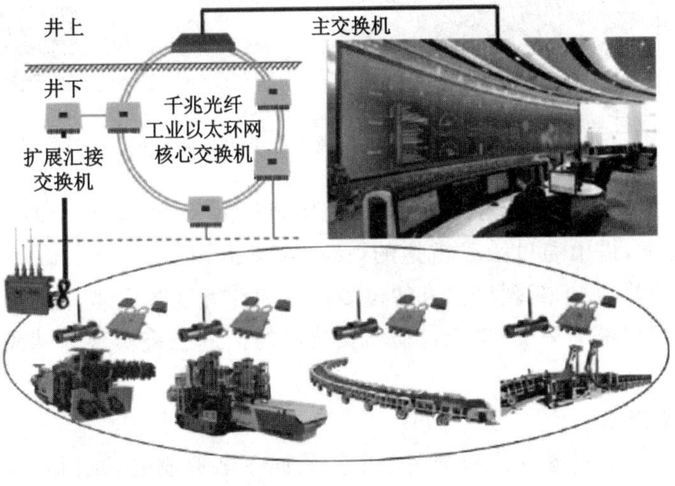

图 10-18　高效掘进成套装备多机协同控制系统

第四节 掘进机器人智能控制技术

掘进类机器人实现智能掘进，需要具备以下特征：掘进机器人依托自主定位和自动驾驶技术，完成对煤矿巷道环境地图的构建，并进行实时掘进位姿、临时护顶、钻锚姿态的精准感知；通过煤岩识别和自动截割技术，实现截割臂自适应截割和断面自动成型；利用数字孪生技术，在远程可视化监控平台中完成对掘进机器人行为的精准控制。

一、自主定位与自动驾驶技术

掘进机自主定位技术是指掘进机器人通过传感器检测其在巷道中的位置和姿态。目前，主流的自主定位技术和装备有激光指向器、机器视觉、iGPS(indoor global positioning system，室内 GPS)技术、超宽带测距技术、惯性导航等。中国矿业大学研发了基于机器视觉的掘进机机身位姿测量方法，对固定摄像头拍摄的图像进行特征点提取，如图 10-19 所示，系统测量角度误差在 0.5°以内，位移误差可以控制在 20 mm 范围内，其中，γ_1 为标靶 1，γ_2 为标靶 2，β_1 为红色激光器垂直激光面，β_2 为绿色激光器垂直激光面，α 为激光器水平激光面，d 为两标靶间距。中国矿业大学(北京)采用超宽带测距技术对掘进机进行定位，如图 10-20 所示，采用 Caffery 算法的掘进机位姿检测系统在 10 m 处的航向角、俯仰角、横滚角精度可达到 0.2°以下。

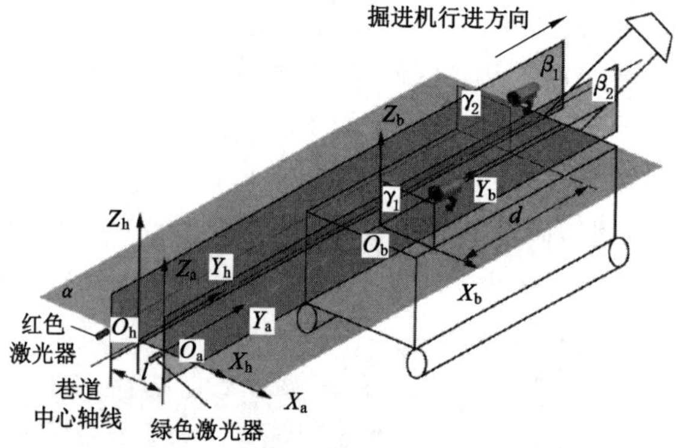

图 10-19 基于机器视觉的姿势检测系统

基于自动驾驶技术、无人路径规划技术，可实现整机全功能遥控。西安科技大学针对煤矿井下无 GPS 环境，提出通过激光雷达的 SLAM(simultaneous localization and mapping，即时定位与地图构建)技术实现机器人的位姿估计和环境地图构建，如图 10-21 所示。在高精地图和自主定位技术支持下，基于自动驾驶技术的掘进机将实现从驾驶操作工位少人到无人的跳跃。

二、智能截割技术

煤矿巷道成型是通过掘进机截割多个单一截面逐渐形成的，断面自动成型受掘进机结构、断面形状、断面地质构造影响。智能截割方法主要分为定形截割方法和自适应截割方法。

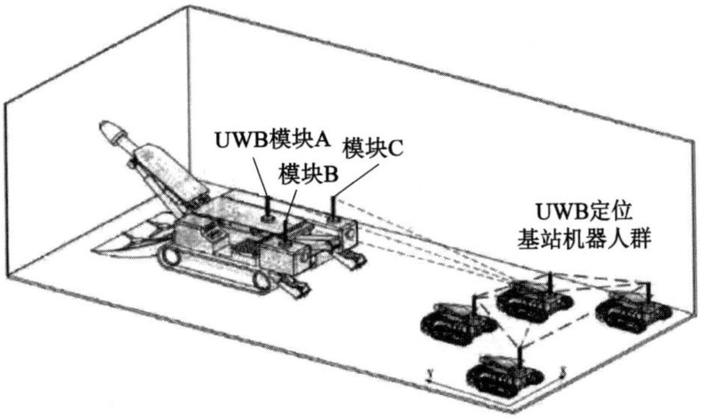

图 10-20　UWB 位姿检测系统

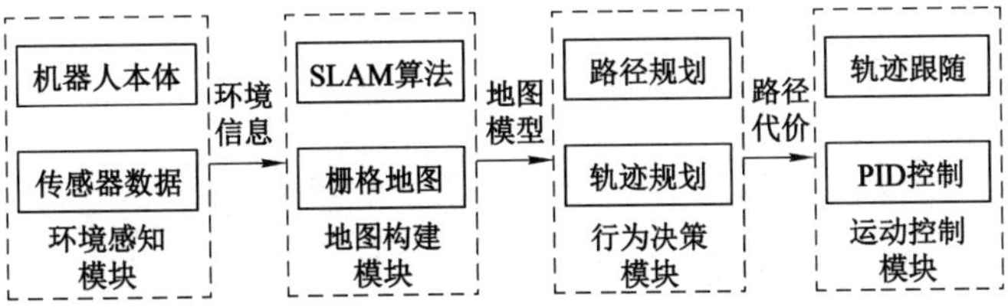

图 10-21　自动驾驶控制系统框架

1. 定形截割方法

基于视觉伺服的掘进机智能定形截割控制方法是目前先进的智能定形截割控制方法，其系统构成及工作原理如图 10-22 所示。系统由截割头位置测量模块、控制器和掘进机截割执行机构等部分组成，以控制器作为控制系统的主控平台，通过截割臂视觉测量和机身位姿检测实现截割头在巷道断面的精确位置检测，将检测的截割头位置与截割规划位置对比获得截割控制偏差，将偏差实时反馈给掘进机控制器，掘进机控制器利用基于模糊 PID 控制等智能控制方法控制液压伺服系统，从而实现对掘进机的智能定形截割控制。

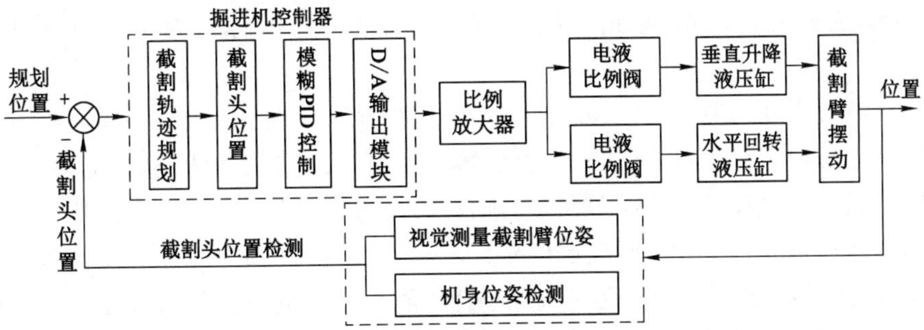

图 10-22　基于视觉伺服的智能定形截割控制原理

2. 自适应截割方法

煤矿巷道掘进常常存在夹矸、半煤岩等截割载荷交变的工况，必须研究自适应截割方法，优化截割参数，才能提高截割的安全性、高效性。基于遗传算法优化的BP(GA-BP)神经网络的掘进机自适应截割控制原理如图10-23所示，将截割臂摆速作为控制量，通过遗传算法优化的BP神经网络保证截割电机恒功率输出。在控制过程中，实时检测截割电机的电压U和电流I、截割臂驱动液压缸的压力p和截割臂振动加速度a，并将其输入GA-BP神经网络，将GA-BP神经网络的输出作为控制信号，通过控制电液比例方向阀控制截割臂驱动液压缸伸缩速度，进而对截割臂摆速进行控制，从而保证截割电机恒功率输出。

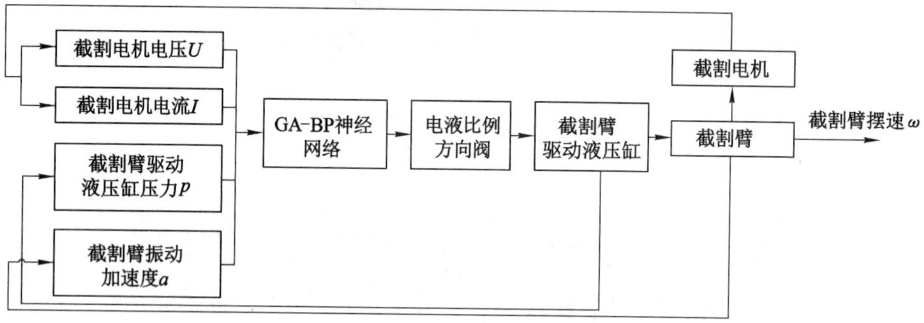

图10-23 基于GA-BP神经网络的自适应截割控制原理

第五节 智能支护技术

智能支护技术可解决锚杆支护少人化、无人化的问题，技术革新主要体现在临时支护智能化、钻锚设备智能化和支护质量监测智能化等方面。

一、智能化临时支护

巷道掘进后随着应力释放，围岩会出现离层、破坏，自稳能力变差，甚至发生冒顶、片帮。不同类别的巷道围岩对临时支护的需求不同。对于易冒顶、片帮的围岩，临时支护尤为重要。如前所述，现有的多数掘进工作面临时支护不能满足快速掘进的要求，需要探索新型临时支护技术，保障掘进工作面空顶、空帮范围内围岩的稳定性，为锚杆安装提供较大的作业空间。

西安科技大学和西安煤矿机械有限公司共同研制了护盾式掘锚一体机(图10-24)。该掘进机器人系统由截割机器人、临时支护机器人Ⅰ和Ⅱ、钻锚机器人、锚网运输机器人、电液控平台以及通风除尘和运输系统等组成，如图10-25所示。临时支护机器人Ⅰ和Ⅱ不仅能够确保围岩的稳定性、安全性，而且承担整个机器人系统的行走任务，承载截割机器人、“惯导+”定位定向系统、电液本地控制系统等。“惯导+”定位定向系统安装于临时支护机器人Ⅰ内，为整个机器人系统导航定位；临时支护机器人Ⅰ和Ⅱ间歇协同推拉，使整个机器人系统行进。

中国矿业大学(北京)研制了悬移折叠式全断面锚杆钻孔系统。该系统可以将锚杆钻机折叠于巷道上方，有效利用巷道腰线上方的移动空间，解决巷道空间狭小与掘进机交叉移动困难的难题；可以多台钻机同时作业，大幅度减少钻孔作业时间，提高钻孔效率和成巷速度；

图 10-24　护盾式掘锚一体机

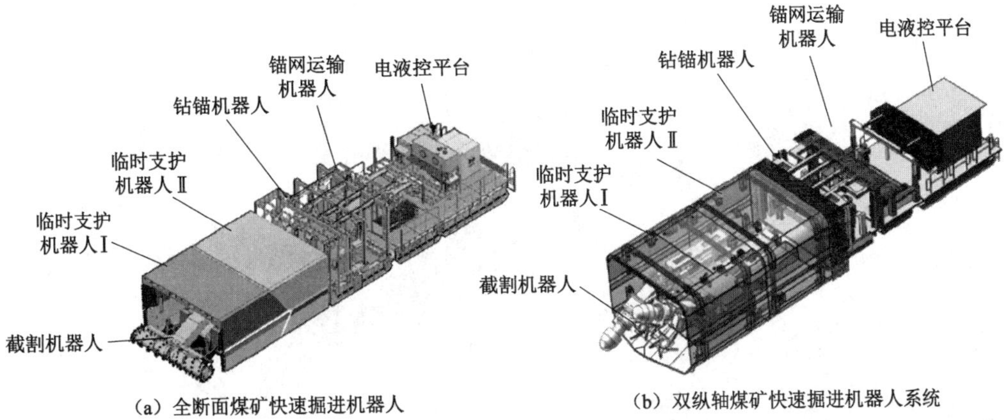

图 10-25　煤矿快速掘进机器人系统

同时，将掘进工作面超前临时支护集成在移动平台上，可大大提高临时支护效率，有效控制冒顶事故，保证作业人员安全。悬移折叠式全断面锚杆钻孔系统主要包括悬吊在巷道顶部滑轨上的移动系统、固定安装在移动系统上的折叠装置，以及固定在折叠装置上的钻机总成。其中，折叠装置至少包括固定所述钻机总成的可折叠部分以及固定在移动系统上的固定部分；钻机总成包括 3 组 6 根固定顶锚杆钻机的可伸缩支柱，顶锚杆钻机与 6 根可伸缩支柱均固定连接。系统三维立体图和实物图见图 10-26。

二、全自动智能锚杆钻车

全自动智能锚杆钻车可自主完成锚杆支护全部工序，如图 10-27 所示。采用钻/锚箱切换＋链式锚杆仓的智能锚护模块实现钻孔、安装锚杆的全自动化，基于转矩传感器测量可以实现钻箱旋转速度、钻进速度和推进力参数自适应功能，使钻机工作参数达到最优匹配；采用分段线性回归法和不确定区间算法解决钻臂定位误差补偿问题；采用气动装填技术实现锚固剂的自动装填；设计了自动铺网装置将锚网自动安装至顶板和两帮。

三、智能钻锚一体化锚杆支护技术与装备

中国煤炭科工集团开采研究院有限公司研发了钻锚一体化锚杆及配套的自动化锚杆施工装备。钻锚一体化锚杆(图 10-28)主要由钻头、中空杆体、调心球垫及托板、减摩垫片和

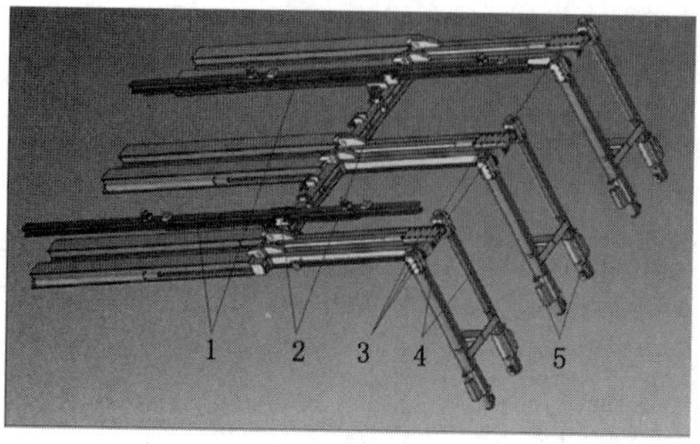

(a) 三维立体图

(b) 实物图

1—滑轨和直齿条；2—移动部；3—折叠部；4—可伸缩支柱临时支护；5—钻机。

图 10-26 悬移折叠式全断面锚杆钻孔系统

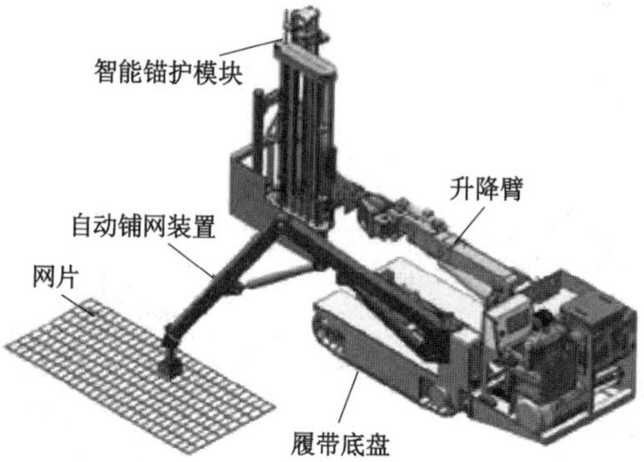

图 10-27 全自动智能锚杆钻车

多功能螺母等组成。钻头可根据钻进围岩的岩性、强度选型。多功能螺母具有钻进锁紧、密封和预紧功能。同时研发了 A、B 组分泵注锚固剂，A、B 组分混合均匀后具有触变性，可克服重力作用附着于孔壁上，实现了免封孔泵注锚固。锚固剂凝固时间可调节(20～240 s)，可实现锚固长度的任意调节。

钻锚一体化支护施工装备包括钻臂、锚固剂泵注系统及控制系统等。钻锚一体化锚杆钻臂(图 10-29)包括钻锚一体化钻箱、钻架和锚杆仓等。系统以 PLC 为控制器，通过检测机载传感器判断锚杆钻臂工作状态，可实现钻锚一体化锚杆抓取、钻孔、泵注锚固、预紧等工序的自动化施工；能够根据顶板强度与转速自主调节进给速度，实现自适应钻进；可配套远程集控平台，实现钻锚一体化锚杆的远程自动化施工。

四、锚杆支护质量和围岩稳定性智能监测

锚杆支护质量可采用基于深度学习的目标检测技术进行监测，例如，以已支护完成的锚杆托板为目标进行深度学习目标检测(图 10-30)，采用卷积神经网络对锚杆托板进行特征提取，根据所提取到的卷积神经网络特征对目标的坐标和大小等信息进行回归预测，根据已支护锚杆托板的位置坐标判定下一个循环锚杆安装位置。在井下巷道中经常会出现局部冒顶、片帮情况，应以冒顶、片帮后的煤岩表面为基准，否则达不到预期的钻孔深度，这就要求锚杆钻机能实时根据工况调整钻进深度。可通过基于视觉传感的锚杆支护实时

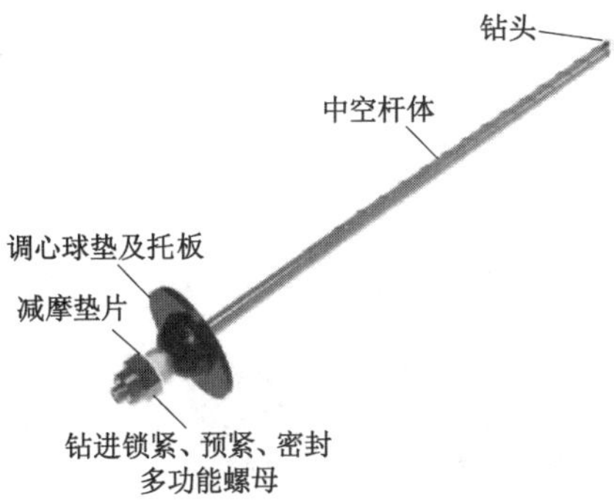

图 10-28 钻锚一体化锚杆

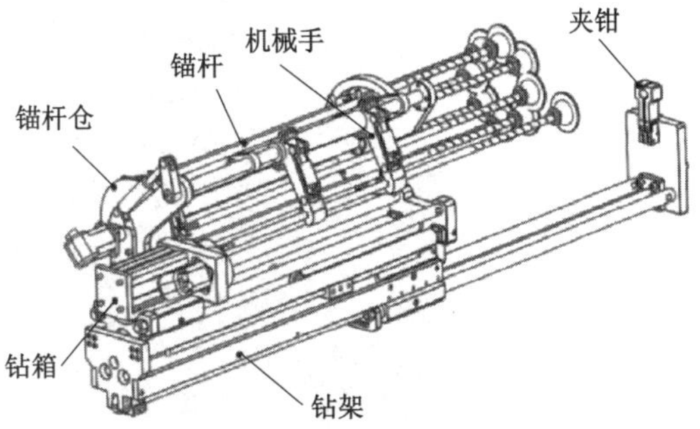

图 10-29 钻锚一体化锚杆钻臂

位姿解算，对冒顶、片帮不同畸变特征图像进行检测，判断冒顶、片帮深度，从而实时调整锚杆钻机的作业位姿补偿量，及时补偿现场工况改变造成的支护参数变化，提高锚杆支护定位的准确性。

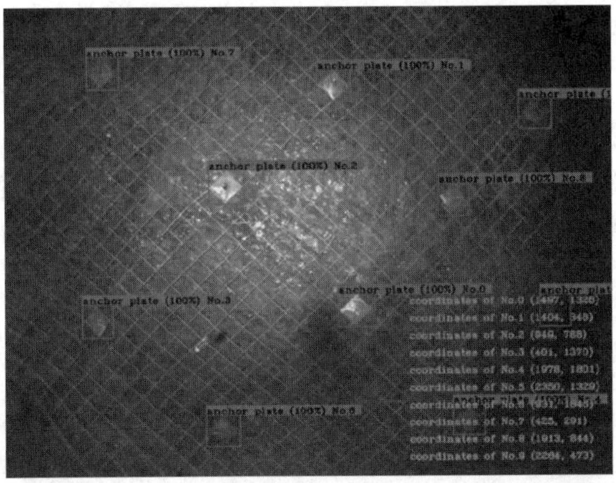

图 10-30 基于深度学习的锚杆托板检测

随着计算机图像识别与处理技术的发展，激光扫描测量技术与视觉测量技术等非接触式测量方法可应用于巷道围岩变形监测。图 10-31 为巷道表面三维激光扫描点云分布，精度达到毫米级，能够满足巷道变形监测的需求。另外，探索研发了随掘关键特征点双目视觉监测技术，随掘过程中每隔一定排距在巷道顶板和两帮布置若干反光辅助特征点，在掘进设备上安装立体视觉相机实时监测特征点之间的相对距离，可实现两帮和顶板相对变形量的实时监测，用于判断顶板的相对下沉量，并可根据该数据的实时反馈，实现掘进工作面支护参数的动态调整。

采用多传感器、多信息融合技术才能对围岩稳定性进行全面、系统、可靠的评价。同时，基于大量井下实测数据，建立掘进工作面及全长巷道围岩稳定性监测数据库，开发围岩稳定性监测数据云平台，通过大数据分析实时评价围岩稳定性及支护设计的合理性，为自动化、智能化掘进与支护提供数据支撑。

图 10-31　巷道表面三维激光扫描点云分布

第六节　远程智能测控技术

一、远程智能测控系统架构

以智能化、网络化、数字化为核心，运用物联网、5G、大数据管理技术、人工智能等现代信息技术，研发具有智能定形截割、智能导航、人员安全预警、环境安全预警、设备故障预警、关键部位视频监控和数字孪生驱动的远程智能测控系统，在地面监控中心可以实现远程一键启停、关键部位远程视频监控、异常状态远程人工干预和数字孪生驱动的远程智能测控。远程智能测控系统总体架构包含 3 层，分别为本地控制层、近程集控层和远程监控层，如图 10-32 所示。

1. 本地控制层

在掘进系统上，集成传感检测系统、本地控制系统、通信系统等，实现掘进系统各个部分的单机智能控制，并通过工业以太网将整个掘进系统的各个部分与近程集控层的集中控制器实时通信，将本地掘进系统的人员、环境、设备、视频等信息传输到掘进工作面近程集控层。

2. 近程集控层

通过与本地控制层的控制主机通信，实现本地掘进工作面的人员安全预警、环境安全预警、设备故障预警、关键部位视频监控和数字孪生驱动的远程智能测控，以及近程一键启停，并且通过矿井工业环网可以将信息实时传输至远程监控层。

3. 远程监控层

通过矿井环网和地面环网，在地面监控中心可以实现人员安全预警、环境安全预警、设备故障预警、关键部位视频监控和数字孪生驱动的远程智能测控，以及远程一键启停等，还具备对关键信息进行实时存储和历史数据查询等功能。

二、设备故障与安全预警技术

1. 设备故障预警技术

针对掘进工作面装备工况复杂、故障源多等特点，利用振动、温度、压力、流量、液位、电流、位姿等传感器实时监测掘进装备的运行状态。为了实现掘进装备故障诊断和故障预警，需要深入研究多传感器数据融合的掘进系统关键部件的故障诊断和预警方法。

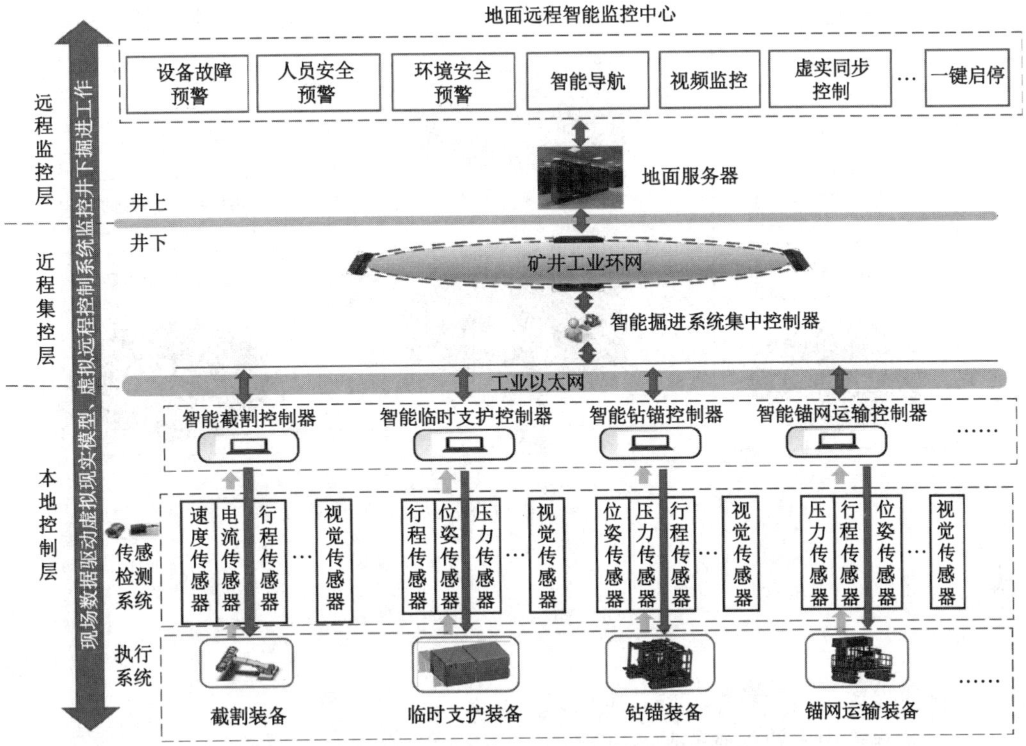

图 10-32　远程智能测控系统架构

2. 环境安全预警技术

根据《煤矿安全规程》要求，需要在智能掘进系统上布置瓦斯浓度、氧气浓度、一氧化碳浓度、二氧化碳浓度、风量、温度、湿度等传感器，实时监测井下掘进工作面的环境参数。为了实现环境安全预警，需要对采集的环境信息进行实时处理和对环境信息进行预测。因此，需要深入研究环境信息智能预测方法，以实现对环境信息的准确预测，从而实现掘进工作面的环境安全预警。

3. 人员安全预警技术

目前，煤矿井下人员定位技术有了较大的发展，先进的人员定位技术主要为视觉识别技术和UWB(ultra-wideband，超宽带)无线定位技术。为了确保掘进工作面人员安全，需要深入研究截割滚筒、锚杆钻机等关键部位的人员定位方法，实现掘进工作面人员精确定位。掘锚过程中一旦发现截割滚筒和锚杆钻机等关键部位有人员存在，立即发出报警提示，并且能对设备进行人员安全闭锁。

三、数字孪生驱动的虚拟远程测控

数字孪生驱动的虚拟远程测控系统如图 10-33 所示，建立煤矿巷道掘进系统三维虚拟模型和掘进系统运动学模型，将掘进系统的传感器数据实时反馈给虚拟掘进系统，运用数字孪生驱动技术对掘进系统虚拟模型进行动态修正，从而实现掘进系统的远程虚实同步控制。

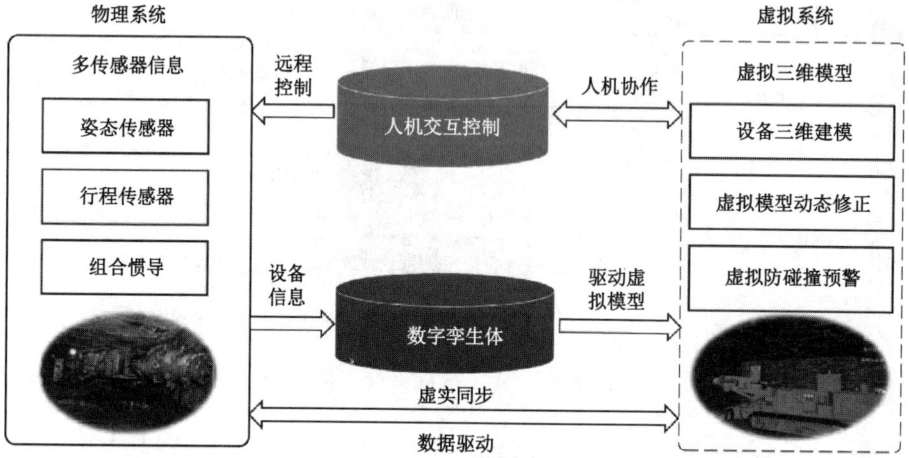

图 10-33 数字孪生驱动的虚拟远程测控系统

习 题

1. 试述煤矿巷道智能掘进的技术框架。
2. 煤矿巷道围岩智能感知技术有哪些?
3. 试述智能掘进中高效粉尘防治技术的原理。
4. 常见的锚杆支护质量和围岩稳定性智能监测技术有哪些?

第十一章　隧道施工

第一节　隧道的概念及种类

一、隧道的概念

隧道是埋置于地层中的工程建筑物，是人类利用地下空间的一种形式。1970 年经济合作与发展组织召开的隧道会议综合了各种因素，将隧道定义为：以某种用途、在地面下用任何方法按规定形状和尺寸修筑的断面积大于 2 m^2 的硐室。

二、隧道的分类

隧道的种类繁多，从不同的角度来区分，有不同的分类方法。从隧道所处的地质条件来分，可以分为土质隧道和石质隧道；从埋置的深度来分，可以分为浅埋隧道和深埋隧道；从隧道所在的位置来分，可以分为山岭隧道、水底隧道和城市隧道。但分类比较明确的还是按照隧道的用途来划分，有以下几种类别。

（一）交通隧道

交通隧道是隧道中为数最多的一种，其作用是提供运输的通道。

1. 铁路隧道

我国是一个多山国家，山地、丘陵、高原的总面积约占全国陆地面积的 2/3。铁路穿越这些地区时，往往会遇到山岭障碍，而铁路限坡平缓，无法上升到越岭所需要的高度，另外，铁路还有最小半径限制，常限于山岳地形无法绕过，需要修建隧道以克服高程或平面障碍。在沿着河谷修建铁路时，遇到河道弯曲、两岸横坡陡峻、地质不良等现象，常修隧道使线路从山里通过。隧道既可使线路顺直、线路缩短，又可以减小坡度，还可躲开各种不良地质条件，从而提高牵引定数，多拉快跑，使运营条件得以改善。所以，在山区铁路线上修建隧道的范例是很多的。川黔线上的凉风垭隧道、成昆线沙马拉达隧道、大秦线军都山隧道，西康线秦岭隧道，朔黄线长梁山隧道以及兰新复线乌鞘岭隧道等都是著名的越岭隧道；而成昆线的关村坝隧道、衡广复线大瑶山隧道等都是河谷地段裁弯取直的良好范例；宝成线宝鸡至秦岭一段 45 km 线路上就设有 48 条隧道，蜿蜒盘旋于秦岭崇山峻岭之中。

2. 公路隧道

公路的限制坡度和限制最小曲线半径都没有铁路那样严格，过去在山区修建公路时为节省工程造价，常常是宁愿绕行，也不愿修建费用昂贵的隧道。因此，过去公路隧道为数不多。但是，随着社会生产的发展，高速公路逐渐出现，它要求线路顺直、平缓、路面宽敞，于是在穿越山区时，也常采用隧道方案。此外，在城市附近，为避免平面交叉，利于高速行车，也常采用隧道方式通过。目前，公路隧道逐渐多了起来。

3. 水底隧道

当交通线需要横跨河道时，一般可以架桥或轮渡通过。但是，如果在城市区域以内，河道通航需要较高的净空，而桥梁两端引道常需要占用宝贵的城市用地或修建结构复杂的很长的引桥，此时采用水底隧道，既不影响河道通航，也可避免风暴天气轮渡中断的情况，而且在战时不致暴露交通设施的目标，防护层厚，是国防上的较好选择。为横跨黄浦江，上海已修建了全长 2 793 m 的水底隧道；广州地铁穿越珠江，武汉地铁穿越长江都修建了水底隧道。

4. 地下铁道

地下铁道是解决大城市交通拥挤、车辆堵塞等问题，且能大量快速运送乘客的一种城市交通设施。它可以使很大一部分地面客流转入地下，可以高速行车，且可缩短车次间隔时间，节省乘车时间，便利乘客的活动。在战时，还可以起到人防的功能。

5. 航运隧道

当运河需要越过分水岭时，克服高程障碍成为十分困难的问题，一般需要绕行很长的距离。如果层层设立船闸则建设投资很大，运转和维修的费用也很高，而且过往船只延误时间很多。如果修建航运隧道，把分水岭两边的河道沟通起来，既可以缩短航程，又可以省掉船闸的费用，船只可迅速而顺直地驶过，航运条件则大为改善。

6. 人行地道

城市闹市区行人众多，而且与车辆混行，偶有不慎便会发生交通事故。在横跨十字路口处，即使有指示灯和人行横道线，快速的机动车也不得不频频减速，甚至要停车避让。为了提高交通运送能力及减少交通事故，除架设街心高架桥以外，也可以修建人行地道和地下立交车道。这样可以缓解地面交通的压力，也能大大减少交通事故。

（二）水工隧道

水工隧道（也称为隧洞）是水利枢纽的一个重要组成部分，根据其用途又可分为如下几种。

1. 引水隧洞

引水隧洞把水引入水电站的发电机组，产生动力资源。引水隧洞有的全部充水因而内壁承压，有的只是部分过水因而内部承受大气压和部分水压，分别称之为有压隧道和无压隧道。

2. 尾水隧洞

尾水隧洞是发电机组的排水通道口。

3. 导流隧洞或泄洪隧洞

导流隧洞或泄洪隧洞是水利工程中的一个重要组成部分，可用于疏导水流或作为水库容量超限后的泄洪通道。

4. 排沙隧道

排沙隧道可用来冲刷水库中淤积的泥沙，把泥沙裹带送出水库；有时也用来放空水库里的水，以便进行库身检查或修理建筑物。

（三）市政隧道

市政隧道是城市中为安置各种不同市政设施而修建的地下孔道。由于城市不断发展，工商业日趋繁荣，人民生活水平逐步提高，对公用事业的要求也越来越高。许多城市不得不利用地下空间，把市政设施安置在地下，这样既不占用地面面积，又不致扰乱高空位置和影响市容。按市政隧道的用途，可有如下几种分类。

1. 给水隧道

城市自来水管网遍布市区，必须有地下孔道来容纳安置这些管道。给水隧道既不占用地面，也可避免遭受人为的损坏。

2. 排污隧道

城市污水处理需要有地下的排污隧道。这种隧道可能是本身导流排送，此时隧道的形状多采用卵形；也可能是在孔道中安放排污管，由管道排污。一般排污隧道的进口处多设有拦渣格栅，把漂浮的杂物拦在隧道之外，不致涌入造成堵塞。

3. 管路隧道

城市所供煤气、暖气、热水等，一般都是把管路放置在地下的孔道中，这样的孔道称为管路隧道。管路隧道通过采取防漏及保温措施，把这些能源送到居民家中。

4. 线路隧道

城市中，输送电力的电缆以及通信的电缆，都安置在地下孔道中，这样的孔道称为线路隧道。线路隧道既可以保证电缆不被人们的活动所损伤或破坏，又免得电缆悬挂高空，有碍市容观瞻。线路隧道多半是沿着街道两侧敷设的。

目前，将以上四种隧道合建成一个大隧道的情况越来越多，称之为“共同沟”。

5. 人防隧道

为了战时的防空目的，城市中需要建造人防工程。在受到空袭威胁时，市民可以进入安全的庇护所。人防工程除应设有排水、通风、照明和通信设备以外，在洞口处还需要设置各种防爆装置，以阻止冲击波的侵入。同时，要做到多口连通、互相贯穿，在紧急时刻，可以随时找到出口。

第二节　隧道施工

隧道施工内容主要介绍隧道施工（开挖）方法、围岩预支护（预加固）、隧道洞口施工、装渣与运输、初期支护、监控量测与数据分析、二次衬砌和通风与防尘以及盾构法与隧道掘进机法施工技术。

一、隧道施工方法

（一）隧道施工

隧道施工是修建隧道及地下硐室的施工方法、施工技术和施工管理的总称。

隧道施工过程通常包括：在地层内挖出土石，形成符合设计断面的坑道，进行必要的支护和衬砌，控制坑道围岩变形，保证隧道施工安全和长期安全使用。

隧道施工方法的选择主要依据工程地质和水文地质条件，并结合隧道断面尺寸、长度、衬砌类型、隧道的使用功能和施工技术水平等因素研究确定。所选择的施工方法应体现出技术先进、经济合理及安全适用。

（二）山岭隧道的常规施工方法

山岭隧道的常规施工方法又称为矿山法，因最早应用于采矿坑道而得名。

1. 传统的矿山法

传统的矿山法是人们在长期的施工实践中发展起来的。它是凿眼爆破、以木或钢构件作为临时支撑，待隧道开挖成型后，逐步将临时支撑撤换下来，而代之以整体式衬砌作为永久性支护的施工方法。

2. 矿山法

随着隧道工程理论及施工工艺的不断发展，人们逐渐深刻地认识到隧道是围岩和支护组成的体系，应充分地保护围岩，发挥围岩自身的承载能力，维护围岩的稳定性；隧道设计和施工与隧道的围岩条件密切相关，只有充分掌握隧道的围岩条件，才能合理地进行隧道设计与施工。

施工手段也由人力、小型机械化、半机械化施工发展到机械化施工。人力施工系指锤、钎、镐、纯人工作业方式；小型机械化施工系指风动凿岩机钻眼、人力或小型装岩机装岩、人力或电瓶车牵引、小矿车运输、人力或机械搅拌混凝土、人力灌注衬砌的施工模式；半机械化施工系指采用气腿式风动凿岩机或凿岩台车钻眼、轨行铲斗式装载机装岩、矿车有轨运输或汽车无轨运输等，其主要特点是机械设备配套；机械化施工系指采用以凿岩台车钻眼、挖装运机械化作业、喷锚支护机械化作业、混凝土衬砌机械化作业、注浆机械化作业等为特征的施工模式。

施工技术上更加重视施工地质调查工作，超前地质预报的技术更加丰富和有效，光面控制爆破技术获得了广泛应用。喷锚支护技术成为隧道施工支护的基本方式，实现了在硬岩、软弱破碎围岩、松散砂土等各类围岩中的良好喷锚支护。在材料方面如 ZM 型系列早强砂浆锚杆、ZP 型早强喷射混凝土新材料、纤维喷射混凝土减少喷射混凝土回弹和粉尘的混凝土增黏剂等，在工艺方面如干喷、潮喷、湿喷混凝土都获得了成功应用。在软弱破碎围岩中，形成了超前支护技术、地层预加固技术，以及多分部和各分部支护及时封闭技术等。这对现代矿山法的技术进步十分重要。

二、新奥法

前已述及，新奥法即新奥地利隧道施工方法，是以喷射混凝土、锚杆作为主要支护手段，通过监测控制围岩的变形，充分发挥围岩的自承能力的施工方法。

新奥法在我国于 20 世纪 70 年代末开始被人们了解和接受。从 20 世纪 80 年代开始，我国的一些隧道设计中贯彻了新奥法基本原理，采用了信息设计方法，如铁路大瑶山隧道、南岭隧道、军都山隧道等。1988 年我国颁布了《铁路隧道新奥法指南》，并编写了《喷锚技术法规则》《复合衬砌标准设计》等作业标准。随着新奥法在铁路隧道工程实践中的应用，开挖方法、辅助工法、锚喷技术、现场监测技术等不断完善和提高，逐步形成了具有中国特色的浅埋暗挖法（“管超前、严注浆、短开挖、强支护、快封闭、勤量测”十八字诀）和复合式衬砌等隧道施工技术，大大丰富和发展了新奥法原理。

三、主要开挖方法

隧道施工就是要挖除坑道范围内的岩体，并尽量保持坑道围岩的稳定。显然，开挖是隧道施工的第一道工序，也是关键工序。在坑道的开挖过程中，围岩稳定性虽然主要取决于围岩本身的工程地质条件，但无疑开挖方法对其有直接而重要的影响。

隧道施工中，开挖方法是影响围岩稳定的重要因素之一。因此，在选择开挖方法时，应对隧道断面大小及形状、围岩的工程地质条件、支护条件、工期要求、工区长度、机械配备能力、经济性等相关因素进行综合分析，采用恰当的开挖方法，尤其应与支护条件相适应。

隧道开挖方法实际上是指开挖成型方法。按开挖隧道的横断面分部情况来分，开挖方法可分为全断面开挖法、台阶开挖法、分部开挖法等。隧道主要施工（开挖）方法见表 11-1。

表 11-1 隧道主要施工(开挖)方法

序号	名称	横断面示意	纵断面示意
1	全断面开挖法	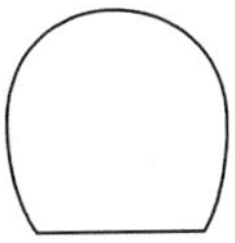	
2	台阶开挖法	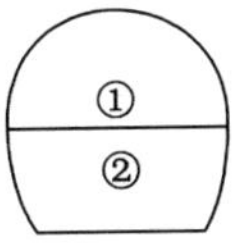	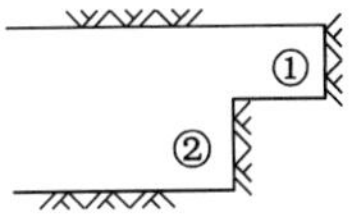
3	环形开挖预留核心土法	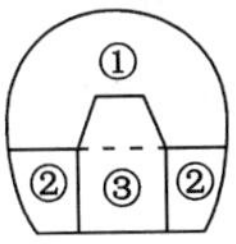	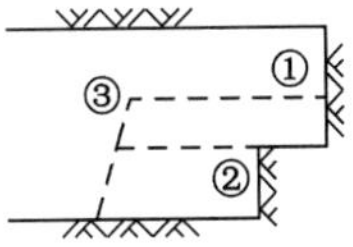
4	单侧壁导坑法	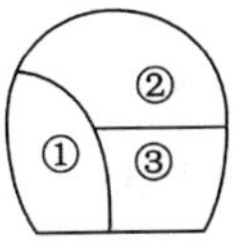	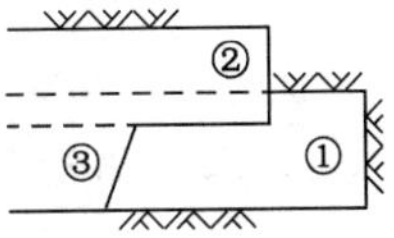
5	双侧壁导坑法	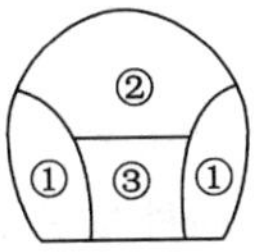	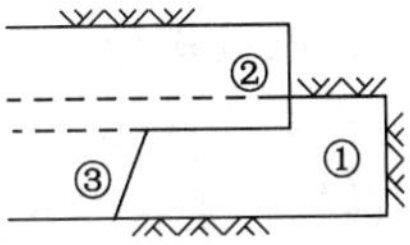
6	中洞法	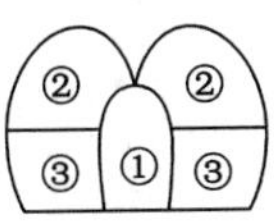	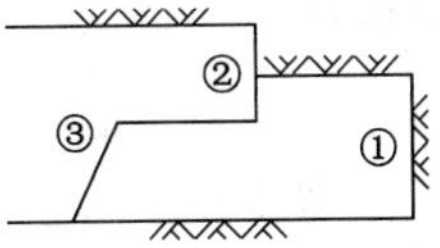
7	中隔壁法(CD)	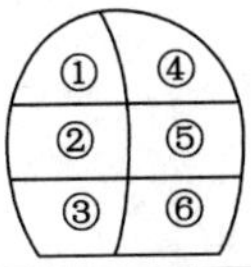	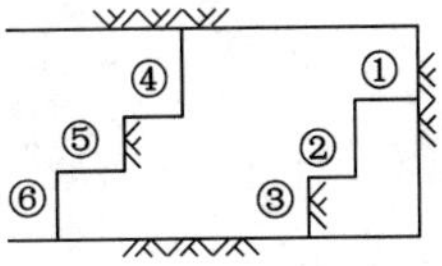
8	交叉中隔壁法(CRD)	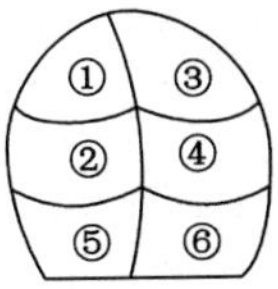	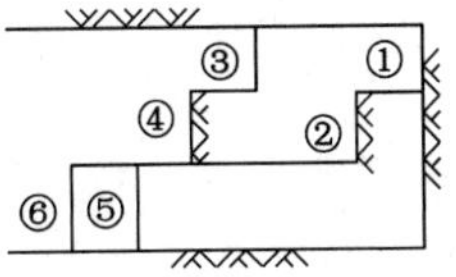

四、围岩预支护(预加固)

隧道开挖有一个假定,即开挖面(或称掌子面)和开挖后的坑道能够暂时稳定。但事实上这个假定只是对稳定性较好的围岩才成立,对于软弱破碎围岩则不然。在软弱破碎围岩中,即使采取短进尺开挖,开挖面和开挖后的坑道也不稳定。当地下水丰富时,这种情况就更为严重。在隧道工程历史中,隧道塌方的事例并不鲜见,造成了人、财、物的大量损失。

随着开挖技术、锚喷支护技术、地层改良技术的研究应用和发展,隧道工作者研究出了许多辅助稳定措施，从而使得现代隧道工程施工的开挖和支护变得更简捷、及时、有效，也更具有可预防性和安全性。

隧道施工常用的辅助稳定措施如图 11-1 所示。

- 辅助稳定措施
  - 稳定工作面
    - 预留核心土挡护开挖面
    - 喷射混凝土封闭工作面
  - 超前锚杆
  - 管棚超前支护前方围岩
    - 小导管
    - 长管棚
  - 水平旋喷预支护
  - 机械预切槽法
  - 注浆加固围岩和堵水
    - 超前小导管注浆
    - 超前深孔帷幕注浆

图 11-1　隧道施工常用的辅助稳定措施

上述辅助稳定措施的选用应视围岩地质条件、地下水情况、施工方法、环境要求等具体情况而定，并尽量与常规施工方法相结合，进行充分的技术经济比较，选择一种或几种同时使用。

（一）超前锚杆

1. 构造组成

超前锚杆是指沿开挖轮廓线，以一定的外插角，向开挖面前方钻孔安装锚杆，形成对前方围岩的预锚固，在提前形成的围岩锚固圈的保护下进行开挖等作业，如图 11-2 所示。

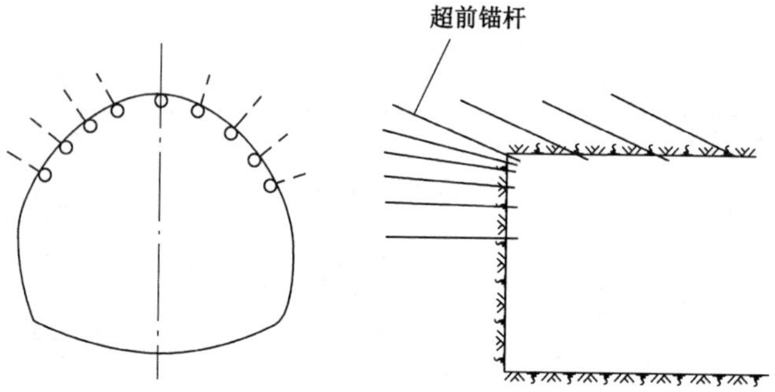

图 11-2　超前锚杆预锚固围岩

2. 性能特点及适用条件

超前锚杆支护的柔性较大，整体刚度较小。它主要适用于地下水较少的破碎、软弱围岩的隧道工程，如裂隙发育的岩体、断层破碎带、浅埋无显著偏压的隧道口等。采用风枪、凿岩机或专用的锚杆台车钻孔，锚固剂或砂浆锚固，工艺简单、工效高。

（二）管棚

1. 构造组成

管棚是指利用钢拱架沿开挖轮廓线以较小的外插角，向开挖面前方打入钢管构成的棚架，形成对开挖面前方围岩的预支护，如图 11-3 所示。

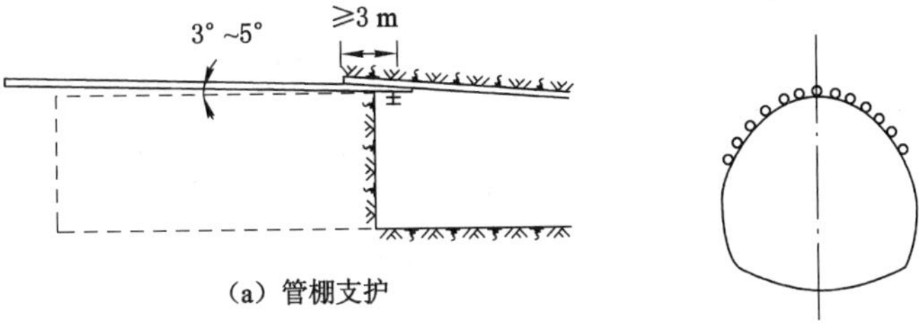

(a) 管棚支护

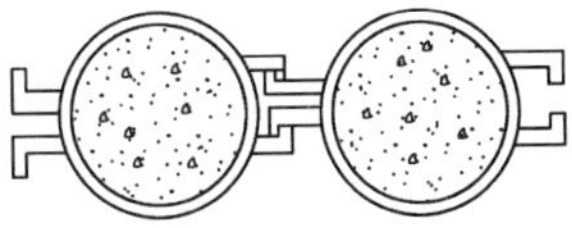

(b) 钢管端部横向连接

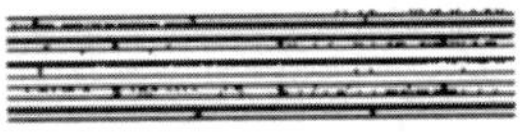

(c) 管棚钢管纵向错接

图 11-3　管棚支护

采用长度小于 10 m 的钢管，称为短管棚；采用长度为 10～45 m 且较粗的钢管，称为长管。

2. 性能特点及适用条件

管棚因采用钢管或钢插板做纵向预支撑，又采用钢拱架做环向支撑，其整体刚度较大，对围岩变形的限制能力较强，且能承受早期围岩压力。因此，管棚主要适用于围岩压力来得快且大、对围岩变形及地表下沉有较严格要求的软弱、破碎围岩隧道工程，如土砂质地层、强膨胀性地层、强流变性地层、裂隙发育的岩体、断层破碎带、浅埋有显著偏压地层等围岩的隧道。此外，采用插板封闭较为有效；在地下水较多时，可利用钢管注浆堵水和加固围岩。

短管棚一次超前量少，基本上与开挖作业交替进行，占用循环时间较多，但钻孔安装或顶入安装较容易。

长管棚一次超前量大，虽然会增加单次钻孔或打入长钢管的作业时间，但可减少安装钢管的次数，减少与开挖作业之间的干扰。在长钢管的有效超前支护区段，基本上可以进行连续开挖，也更适于采用大中型机械进行大断面开挖。

（三）超前小导管注浆

1. 机理

超前小导管注浆是指在开挖前，沿坑道周边向前方围岩内打入带孔小导管，通过小导管向围岩压注起胶结作用的浆液，待浆液硬化后，坑道周围岩体中就形成了有一定厚度的加固圈。在此加固圈的保护下即可安全地进行开挖等作业，如图 11-4 所示。若小导管前端焊一个简易钻头，则钻孔、插管可一次完成，称之为自进式注浆锚杆。

2. 特点及适用条件

浆液被压注到岩体裂隙中并硬化后，不仅可将岩块或颗粒胶结为整体起到加固作用，而且能填塞裂隙，阻隔地下水向坑道渗流的通道，起到堵水作用。因此，超前小导管注浆不仅适用于一般软弱破碎围岩，也适用于含水的软弱破碎围岩。

3. 注浆

① 注浆设备性能应良好，工作压力应满足注浆压力要求，并应进行现场试验运转。

② 小导管注浆的孔口最高压力应严格控制在允许范围内，以防压裂开挖面，注浆压力

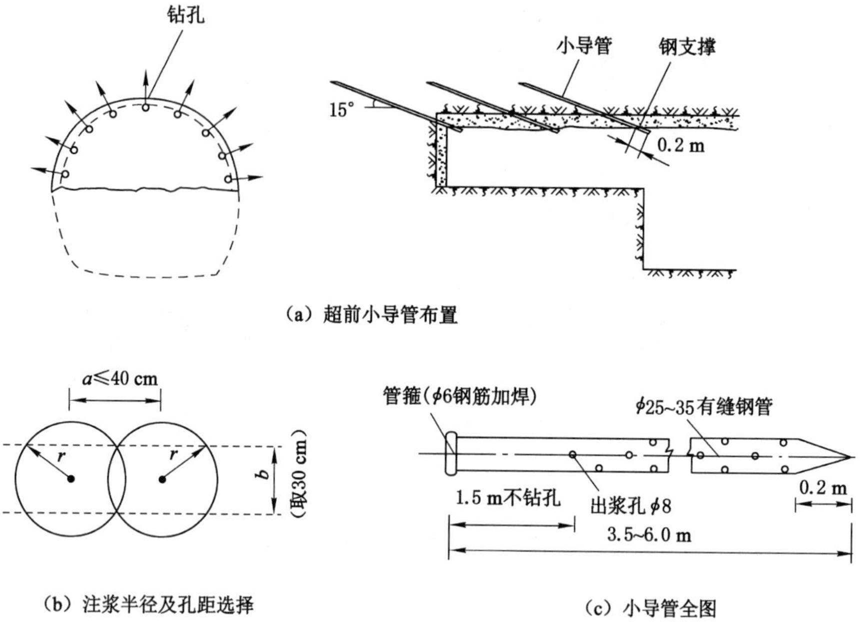

图 11-4　超前小导管注浆预加固围岩

一般为 0.5～1.0 MPa，止浆塞应能经受注浆压力。注浆压力与地层条件及注浆范围要求有关，一般要求单管注浆能扩散到管周 0.5～1.0 m 的半径范围内。

③ 要控制注浆量，即每根导管内达到规定注浆量时即可结束注浆；若孔口压力已达到规定值，但注浆量仍不足时，亦应停止注浆。

④ 注浆结束后，应做一定数量的钻孔检查或用声波探测仪检查注浆效果，如未达到要求，应进行补注浆。

⑤ 注浆后应视浆液种类，等待 4 h(水泥-水玻璃浆)至 8 h(水泥浆)方可开挖，开挖进尺不宜太大，以保留一定长度的止浆墙(即超前注浆的最短超前量)。

(四) 超前深孔帷幕注浆

上述超前小导管注浆，对围岩加固的范围和止水的效果是有限的，作为软弱破碎围岩隧道施工的一项主要辅助措施，它占用的时间和循环次数较多。超前深孔帷幕注浆较好地解决了这些问题。注浆后即可形成较大范围的筒状封闭加固区，称为帷幕注浆。

1. 注浆机理

注浆机理可以分成如下四种。

(1) 渗透注浆

对于破碎岩层、砂卵石层、中细砂层、粉砂层等有一定渗透性的地层，采用中低压力将浆液压注到地层中的空穴、裂缝、孔隙里，凝固后将岩土或土颗粒胶结为整体，以提高地层的稳定性和强度。

(2) 劈裂注浆

对于颗粒更细的黏土质不透水(浆)地层，采用高压浆液强行挤压孔周，在注浆压力的作用下，浆液作用的周围土体被劈裂并形成裂缝，通过土体中形成的浆液脉状固结作用对黏土层起到挤压加固和增加高强夹层加固作用，以提高地层的强度和稳定性。

（3）压密注浆

压密注浆即用浓稠的浆液注入土层中，使土体形成浆泡，向周围土层加压使土层得以加固。

（4）高压喷灌注浆

在高压作用下，从注浆管底部的特殊喷嘴中喷射出高速浆液射流，促使土粒在冲击力、离心力及重力作用下被切割破碎，随注浆管的向上抽出与浆液混合形成柱状固结体，以达到加固之目的。

2．适用条件

超前深孔帷幕注浆一般可超前开挖面 30～50 m，可以形成有相当厚度和较长区段的筒状加固区，从而使得堵水的效果更好，也使得注浆作业次数减少，它更适用于有压地下水及地下水丰富的地层中，也更适用于采用大中型机械化施工，如图 11-5 所示。

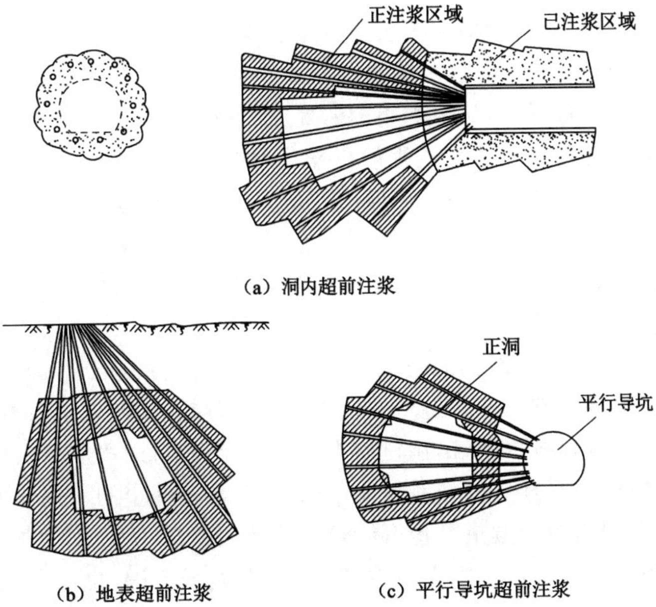

图 11-5　超前深孔帷幕注浆

如果隧道埋深较浅，则注浆作业可在地面进行；对于深埋长大隧道，可利用辅助平行导坑对正洞进行预注浆。这样都可以避免与正洞施工的干扰，缩短施工工期。

（五）水平旋喷预支护

喷射注浆法又称旋喷法，分为垂直和水平旋喷注浆两种方法。20 世纪 70 年代初期，日本首次开发使用了这种地层加固技术。水平旋喷注浆法是在一般的初期导管注浆的基础上发展起来的，它以高压旋喷的方式压注水泥浆，从而在隧道开挖轮廓外形成拱形预衬砌。水平旋喷注浆的施工原理类似于垂直旋喷注浆，只是一个为水平旋喷，一个为垂直旋喷，我国垂直旋喷注浆技术已比较成熟。水平旋喷注浆技术在我国也已获得应用，如用于神延铁路的沙哈拉峁隧道和宋家坪隧道施工。其施工方法为：使用旋喷注浆机，沿着隧道掌子面周边的设计位置旋喷注浆形成旋喷柱体,通过固结体的相互咬合作用形成预支护拱棚。旋喷柱体的形成过程:通过水平钻机成孔,钻到设计位置以后,随着钻杆的退出,用水泥浆或水泥-水玻璃浆液旋喷注入钻成的孔腔;通过高压射流切割腔壁土体,被切割下的土体与浆液搅拌混合、固结形成直径 600 mm 左右的固结体,同时周围地层受到压缩和固结,其土体的物理力学性能得到一定程度的改善。旋喷柱体沿隧道拱部形成环向咬合、纵向搭接的预支护拱棚,在松散不稳定地层隧道中,可有效控制坍塌和地层变形。水平旋喷注浆法在我国的应用还不是很广,旋喷柱体抗弯性能不强,施工控制的难度较大,制约了水平旋喷预支护技术的应用和发展。

水平旋喷预支护主要适用于黏性土、砂类土、淤泥等地层。

(六)机械预切槽法

机械预切槽法于 20 世纪 70 年代首次应用在法国巴黎快速轨道运动系统的一个车站建造工程中。它是利用专业的切槽机械,沿隧道外轮廓切割一定深度的切槽。切槽方式有带锯式和排钻式两种。在硬岩地层中,利用该切槽作为爆破震动的隔震层,主要起隔震的作用。在软岩或砂质地层中,在切槽内填筑混凝土形成预支护拱,可提高隧道稳定性。

机械预切槽法的优点:① 可减轻在硬岩中爆破时,震动的扩展;② 在作业面开挖前,可快速形成一临时的整体弧形拱,从而减小围岩变形与地表沉陷;③ 为人员和设备提供清洁、安全的工作条件;④ 有利于作业全过程的机械化,从而使进度快速均衡,适应性增强,成本大大降低。机械预切槽法在硬岩地层中应用的最大缺点是推进速度慢,较适合用于市区隧道工程、松散地层和大断面隧道施工。

五、隧道洞口施工

(一)洞口地段的一般概念

隧道施工的洞口地段,是指隧道进口(或出口)附近对隧道施工有影响的地段,该地段通常因地质地形复杂需要特殊处理。隧道洞口工程主要包括边、仰坡土石方,边、仰坡防护,端墙、翼墙等洞门圬工,洞口排水系统,洞口检查设备安装,洞口地段洞身衬砌。

由于每条隧道的地形、地质及线路位置不同,要很明确规定洞口地段的范围是比较困难的。一般情况下,可以将由于隧道开挖可能给上坡地表造成不良影响的洞口范围称为洞口加强段。每条隧道应根据各自的围岩条件来确定洞口地段范围,也可参照图 11-6 确定。

洞口工程中的洞门施工,一般可在进洞后进行,并应做好边、仰坡防护,以减少洞门施工对洞身施工的干扰。为了有效防止洞口地段围岩失稳,保证进出隧道的道路畅通,应及早修好隧道洞口开始一段的衬砌和洞门。

(二)洞口的施工方法

洞口地段施工方法的选择取决于诸多因素。例如,施工机具设备情况、工程地质、水文地质和地形条件;洞外相邻建筑的影响;隧道自身构造特点;等等。根据地层情况,可分为以下几种施工方法:

① 洞口段围岩为Ⅲ级以下,地层条件良好时,一般可采用全断面直接开挖进洞,初始 10～20 m 区段开挖时爆破进尺应控制在 2～3 m。施工支护,于拱部可施作局部锚杆,墙、拱喷素混凝土,洞口 3～5 m 区段可以挂网喷混凝土及设钢拱架予以加强。

② 洞口段围岩为Ⅲ～Ⅳ级,地层条件较好时,宜采用正台阶法进洞(不短于 20 m 区段),爆破进尺控制在 1.5～2.5 m。施工支护采用拱、墙系统锚杆和钢筋网、喷射混凝土,必

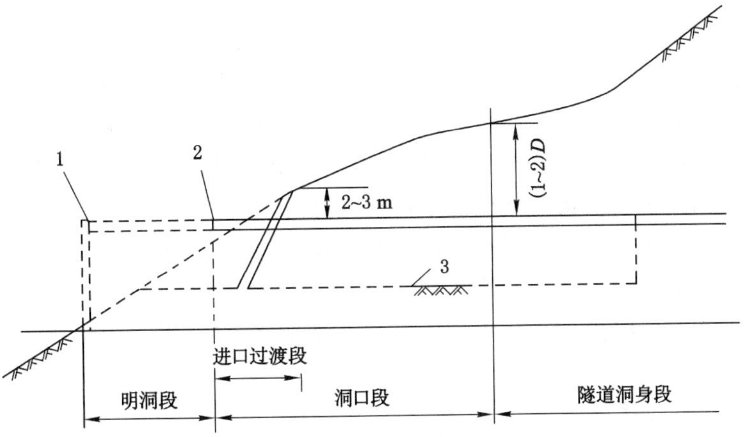

1—洞门位置；2—洞口位置；3—上下部开挖分界线；D—开挖宽度。

图 11-6 洞口地段的一般范围

要时设钢拱架加强施工支护。

③ 洞口段围岩为Ⅳ～Ⅴ级，地层条件较差时，宜采用上半断面长台阶法进洞施工。上半断面先掘进 50 m 左右后，拉中槽落底，在保证岩体稳定的条件下，再进行边墙扩大及底部开挖。上部开挖进尺一般控制在 1.5 m 以下，并严格控制爆破药量。施工支护采用超前锚杆与系统锚杆相结合，挂网喷射混凝土，拱部安设间距为 0.5～1.0 m 的钢拱架支护，及早施作混凝土衬砌，确保稳定和安全。

④ 洞口段围岩为Ⅴ级以上，地层条件差时，可采用分部开挖法和其他特殊方法进洞施工。具体方法有：开挖前应对围岩采取预加固措施，如先采用超前预注浆锚杆或采用管棚注浆法加固岩层，然后用钢架紧贴洞口开挖面进行支护，再采用短台阶或预留核心土环形开挖法等进行开挖作业。在洞身开挖中，支护应紧跟开挖工序，随挖随支。施工支护采用挂网喷混凝土、系统锚杆；架设钢拱架，间距为 0.5 m，必要时可在开挖底面施作临时仰拱；开挖完毕后及早施作混凝土内层衬砌。

六、装渣与运输

（一）装渣

将开挖的石渣迅速装车运出洞外，是提高隧道掘进速度的重要环节。该项作业往往占全部开挖作业时间的 50%左右，控制着隧道的施工速度。因此，正确选择装渣运输方案，维修好线路，减少相互干扰，提高装渣效率是加快隧道施工速度，尤其是加快长大隧道施工速度的关键。

（二）运输

隧道施工的洞内运输（出渣和进料）分为有轨运输和无轨运输。有轨运输铺设轻轨线路，用轨道式运输车出渣，小型机车牵引，适用于各种隧道开挖方法，尤其适用于较长的隧道运输（2 km 以上），是一种适应性较强和较为经济的运输方式。

无轨运输采用各种无轨运输车出渣。其优点是机动灵活，不需要铺设轨道，能适应弃渣场离洞口较远和道路坡度较大的场合。缺点是由于多采用内燃机驱动，在洞中排放废气，污染洞内空气，故一般适用于大断面开挖和短及中等长度的隧道，并应注意加强通风。

七、初期支护

隧道是围岩与支护结构的综合体。隧道开挖破坏了地层的初始应力平衡，产生围岩应力释放和隧洞变形，过量变形将导致围岩松动甚至坍塌。在开挖后的隧洞周边，施作钢筋、混凝土等支撑物，向隧洞周边提供抗力，控制围岩变形，这种开挖后隧道内的支撑体系，称为隧道支护。为控制围岩应力释放和变形，增加结构安全度和方便施工，隧道开挖后立即施作刚度较小并作为永久承载结构一部分的结构层，称为初期支护。

初期支护一般由锚杆、喷射混凝土、钢架、钢筋网等及其组合（联合支护）组成，它是现代隧道工程中最常用的支护形式和方法。

初期支护施作后即成为永久性承载结构的一部分，它与围岩共同构成永久的隧道结构承载体系。

八、监控量测与数据分析

监控量测与数据分析的目的如下：

① 掌握围岩力学性能的变化规律；

② 掌握支护结构的工作状态；

③ 为理论解析、数据分析提供基础数据与对比指标；

④ 为隧道工程设计与施工积累资料。

九、二次衬砌

开挖后的隧道，为了保持围岩的稳定性，一般需要进行支护和衬砌。支护的主要方式有：锚杆、钢架、钢筋网、喷射混凝土及其组合。衬砌的主要方式有：整体式混凝土衬砌、装配式衬砌、锚喷式衬砌和复合式衬砌等。

（一）整体式混凝土衬砌

整体式混凝土衬砌是指隧道开挖后，以较大厚度和刚度的整体模筑混凝土作为隧道的结构。整体式混凝土衬砌按照不同的围岩类别采用不同的衬砌厚度，其形式有直墙式和曲墙式两种，而曲墙式又分为有仰拱和无仰拱两种。当有较大的偏压、冻胀力、倾斜的滑动推力或施工中出现大量坍方以及处于7度以上地震区等情况时，则应根据载荷特点进行专门设计。

1. 直墙式衬砌

这种类型的衬砌适用于地质条件比较好，以垂直围岩压力为主而水平围岩压力较小的情况，主要适用于Ⅰ～Ⅲ级围岩。直墙式衬砌由上部拱圈、两侧竖边墙和下部铺底三部分组合而成。

2. 曲墙式衬砌

曲墙式衬砌适用于地质条件较差，有较大水平围岩压力的情况，主要适用于Ⅳ级及以上的围岩。双线、多线隧道也可采用曲墙有仰拱的衬砌。曲墙式衬砌由顶部拱圈、侧面曲边墙和底板（或铺底）组成。除在Ⅳ级围岩无地下水，且基础不产生沉降的情况下可不设仰拱，只做平铺底外，一般均设仰拱，以抵御底部的围岩压力和防止衬砌沉降，并使衬砌形成一个环状的封闭整体结构，从而提高衬砌的承载能力。

（二）装配式衬砌

装配式衬砌是将衬砌分成若干块构件，这些构件在现场或工厂预制，然后运到坑道内通过机械拼装成一环接着一环的衬砌。这种衬砌的特点是：拼装成环后立即受力，便于机械化施工，从而可改善劳动条件，节省劳力。目前装配式衬砌多在使用盾构法施工的城市地下铁道和水底隧道中采用。由于装配式衬砌要求有一定的机械化设备，施工工艺复杂，衬砌的整体性及抗渗性差而未能在铁路、公路隧道中推广使用。

（三）锚喷式衬砌

锚喷式衬砌是指锚喷结构既作为隧道临时支护，又作为隧道永久支护结构的形式。它具有隧道开挖后衬砌及时、施工方便和经济的显著特点，特别是纤维喷射混凝土技术显著改善了喷射混凝土的性能，在围岩整体性较好的军事工程、各类用途的使用期较短及重要性较低的隧道中广泛使用。在公路、铁路隧道设计规范中，都有根据隧道围岩地质条件、施工条件和使用要求可采用锚喷式衬砌的规定。

（四）复合式衬砌

复合式衬砌是指把衬砌分成两层或两层以上，可以是同一种形式、方法和材料施作的，也可以是不同形式、方法、时间和材料施作的，目前大都采用内外两层衬砌。

复合式衬砌是先在开挖好的洞壁表面喷射一层早强的混凝土（有时也同时施作锚杆），凝固后形成薄层柔性支护结构（称初期支护）。它既能容许围岩有一定的变形，又能限制围岩产生有害变形，其厚度多在 5～20 cm 之间。一般待初期支护与围岩变形基本稳定后再施作内衬。为了防止地下水流入或渗入隧道内，可以在外衬和内衬之间设防水层，其材料可采用软聚氯乙烯薄膜、聚异丁烯片、聚乙烯等防水卷材，或喷涂防水涂料等。

关于复合式衬砌内外层结构受力状态，一种看法认为：因围岩具有自承能力，它与初期支护组合在一起能起到永久结构的作用，故二次衬砌只是用来提高安全度的；另一种看法则认为：二次衬砌的承载作用是主要的，它能控制围岩的变形且在整个衬砌结构中占主导地位；还有一种看法认为：内、外衬砌是共同承载受力的。模型试验和理论分析的结果表明：复合式衬砌的极限承载能力比同等厚度的单层模筑混凝土衬砌可提高 15%～25%，如能调整好内衬的施作时间，还可以改善结构的受力条件。

总之，复合式衬砌可以满足初期支护施作及时、刚度小、适应变形的要求，且与围岩密贴，从而能保护和加固围岩，充分发挥围岩的自承作用；二次衬砌后，衬砌内表面光滑平整，可以防止外层风化，装饰内壁，增强安全感，是一种合理的结构形式，是目前公路、铁路隧道主要的结构形式。

十、通风与防尘

（一）隧道施工作业环境

隧道施工中，由于炸药爆炸、内燃机机械的使用，开挖时地层中放出有害气体，以及施工人员呼吸等因素，洞内空气十分污浊，对人体的影响较为严重。通风可以有效降低有害气体的浓度，供给足够的新鲜空气，稀释并排除有害气体和降低粉尘浓度，降低洞内温度、湿度，改善劳动条件，保障作业人员的身体健康。隧道运营期间的通风则应满足铁路或公路隧道运营通风设计规范的相应要求。

（二）通风方式

施工通风方式应根据隧道的长度以及掘进坑道的断面尺寸、施工方法和设备条件等诸多因素来确定。在施工中，有自然通风和强制机械通风两类通风方式，其中自然通风是利用隧洞内外的温差或风压差来实现通风的，一般仅限于短直隧道，且受洞外气候条件的影响极大，因而完全依赖自然通风的隧道是较少的，绝大多数隧道采用强制机械通风。

1. 机械通风方式的种类

机械通风方式,可分为管道通风和巷道通风两大类。管道通风根据隧道内空气流向的不同又可分为压入式、抽出式和混合式三种,如图 11-7 至图 11-9 所示。

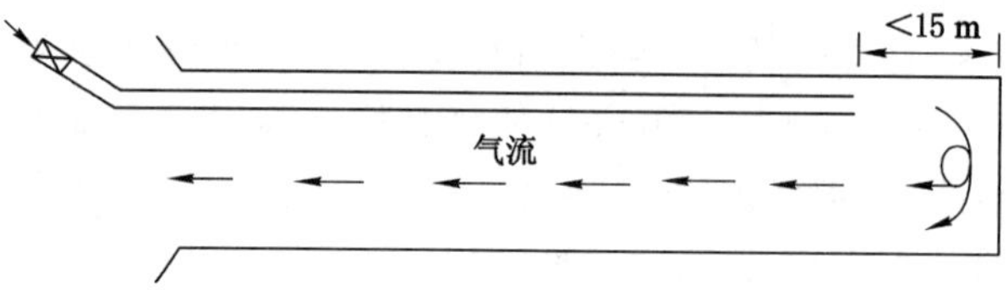

图 11-7 压入式通风

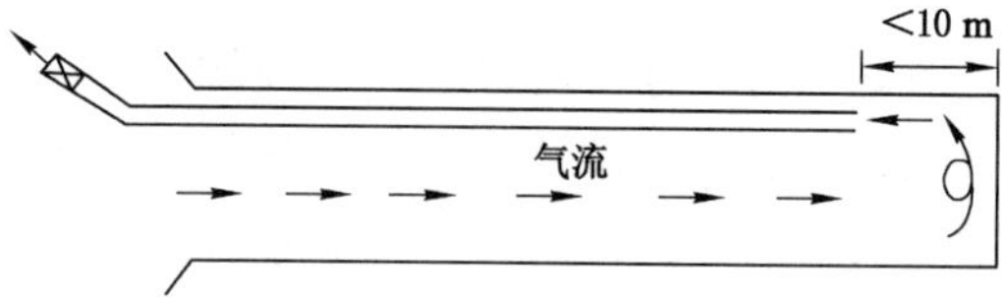

图 11-8 抽出式通风

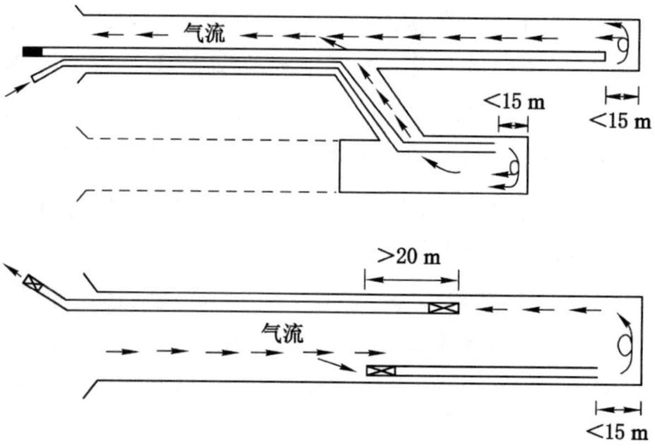

图 11-9 混合式通风

这些通风方式,根据通风机的台数及设置位置、风管的连接方法的不同又分为集中式和串联(或分散)式;根据风管内的压力不同还可分为正压型和负压型。

巷道式通风方式是利用隧道本身(包括成洞、导坑及扩大地段)和辅助坑道(如平行导坑)组成主风流和局部风流两个系统,二者互相配合达到通风目的。下面以设有平行导坑的隧道为例说明一个风流循环系统的组成:在平行导坑的侧面开挖一个通风洞,在通风洞口安装主通风机,在平行导坑洞口设置两道风门,除将最里面一个横通道作为风流通道外,其余横通道全部设风门或砌筑堵塞。

当主通风机向外抽风时,平行导坑内产生负压,洞外新鲜空气向洞内补充,由于平行导坑口及横通道风门全部关闭或砌堵,新鲜空气只得由正洞进入,直至最前端横通道,带动污浊气体经平行导坑进入通风洞排出洞外,形成循环风流,以达到通风目的。

另外，巷道式通风尚有风墙式、通风竖井、通风斜井、横洞等。但随着我国巷道式通风独头掘进技术的提高，开挖断面的增大，通风方式更趋向于采用大功率、大管径的压入式通风。

2．通风方式的选择原则

通风方式的选择应针对污染源的特性，尽量避免对成洞地段造成二次污染，且应有利于快速施工。因而在选择时应遵循以下原则：

① 自然通风因其影响因素较多，通风效果不稳定且不易控制，故除短直隧道外，应尽量避免采用。

② 压入式通风又称为射流纵向式通风，它能将新鲜空气直接输送至工作面，有利于工作面施工，但污浊空气将流经整个坑道。若采用大功率、大管径风机，其适用范围较广。

③ 抽出式通风的风流方向与压入式相反，其排烟速度慢，且易在工作面形成炮烟停滞区，故一般很少单独使用。

④ 混合式通风集压入式和抽出式的优点于一身，但管路、风机等设施增多，在管径较小时可采用，若有大管径、大功率风机，其经济性不如压入式。

⑤ 利用平行导坑作为巷道通风，是长隧道施工通风的方案之一，其通风效果主要取决于通风管理水平。若无平行导坑，当断面较大时，可采用风墙式通风。

⑥ 选择通风方式时，一定要选用合适的通风机和风管等设备，同时要做好风管的连接，尽量减少漏风。

⑦ 应做好施工中的通风管理工作，对设备要定期检查、及时维修，同时加强环境监测。

十一、盾构法与隧道掘进机法施工技术

（一）盾构法

现代化城市地表建筑物和地下管线布置错综复杂，人口密集，无论从影响城市交通布局还是从保护环境的角度出发，明挖法施工已经不太适合运用在城市中心区进行大规模的地下工程建设，越来越多的城市地下隧道工程采用暗挖法施工。盾构法作为一种新型的暗挖施工方法，由于具有机械化程度高，对地层扰动小，掘进速度快，对地层适应性强，对周围环境影响小等特点，逐渐成为地铁隧道建设的主要施工方法。

盾构法施工的主要内容：先在隧道某段的一端建造竖井或基坑，以供盾构安装就位。盾构从竖井或基坑的墙壁开孔处出发，在地层中沿着设计轴线向另一竖井或基坑的设计孔洞推进。盾构推进中所受到的地层阻力，通过盾构千斤顶传至盾构尾部已拼装的预制隧道衬砌结构，再传到竖井或基坑的后靠壁上。盾构是这种施工方法中最主要的独特的施工机具，它是一个既能支承地层压力又能在地层中推进的圆形或矩形或马蹄形等特殊形状的钢筒结构。在钢筒的前面设置各种类型的支撑和开挖土体的装置，在钢筒中段周圈内面安装顶进所需的千斤顶，钢筒尾部是具有一定空间的壳体，在盾尾内可以拼装一至两环预制的隧道衬砌环。盾构每推进一环距离，就在盾尾支护下拼装一环衬砌，并及时向紧靠盾尾后面的开挖坑道周边与衬砌环外周之间的空隙中压注足够的浆体，以防止隧道及地面下沉。在盾构推进过程中不断从开挖面排出适量的土方。盾构法施工示意图如图 11-10 所示。

使用盾构法，往往需要根据穿越土层的工程地质、水文地质条件辅以其他施工技术措施，主要有：

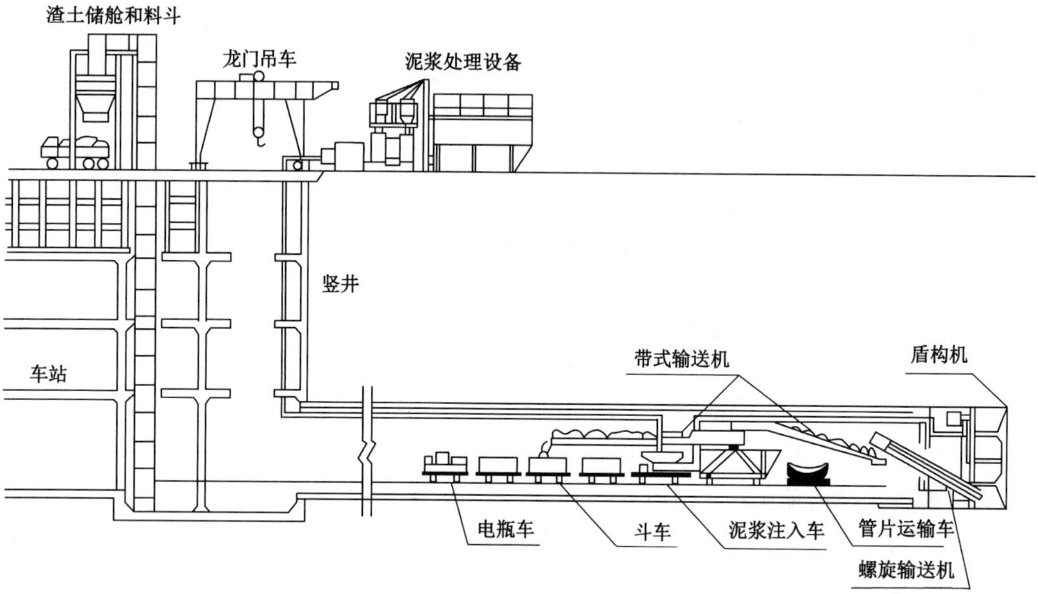

图 11-10 盾构法施工示意图

① 疏干掘进土层中地下水的措施;

② 稳定地层、防止隧道及地面沉陷的土体加固措施;

③ 隧道衬砌的防水堵漏技术;

④ 配合施工的监测技术;

⑤ 气压施工中的劳动防护措施;

⑥ 开挖土方的运输及处理方法。

(二) 隧道掘进机法

隧道掘进机(tunnel boring machine,TBM)法是用隧道掘进机切削破岩,开凿岩石隧道的施工方法。隧道掘进机法始于 20 世纪 30 年代,随着掘进机技术的迅速发展和机械性能的日益完善,该法得到了快速发展。与钻爆法相比,掘进机施工特别是对于长隧道的施工具有显著的优点:工人劳动强度低,施工作业安全,隧道掘进速度快,机械化、自动化程度高,等等。在科技飞速发展的今天,掘进机有了广阔的使用空间。虽然钻爆法仍是当前山岭隧道施工的最普遍方法,但用掘进机施工的隧道数量正不断增加。

经过近一个世纪的努力,特别是近几十年来,随着现代技术的发展,掘进机不仅能在完整性较好的岩石地层条件下工作,也能在稳定条件相对较差的地层中施工,从而被许多隧道工程作为主要施工方案进行比选。

山岭隧道掘进机分为全断面和悬臂式两大类。目前使用的主要是全断面掘进机,全断面掘进机又分敞开式和护盾式两类。敞开式和护盾式掘进机的区别在于:敞开式掘进机在开挖中依靠撑于岩壁上的水平支撑提供设备推力和扭矩的支撑反力,开挖后的围岩暴露于机械四周;而护盾式掘进机则可在掘进中利用尾部已安装的衬砌管片作为推进的支撑,围岩由于有护盾防护,在护盾长度范围内不会暴露。因此,一般而言,敞开式掘进机适合于硬岩隧道的开挖,而护盾式掘进机更适用于软岩。

习　　题

1. 简述隧道的定义和隧道的种类。
2. 简述隧道施工方法的种类及选择依据。
3. 简述新奥法的基本概念。
4. 现代隧道工程中最常用的初期支护形式有哪些？
5. 盾构法隧道施工的主要内容是什么？
6. 隧道掘进机法的概念及优缺点是什么？

参考文献

[1] 蔡美峰.岩石力学与工程[M].北京:科学出版社,2002.
[2] 陈小雄.隧道施工技术[M].北京:人民交通出版社,2011.
[3] 东兆星,邵鹏.爆破工程[M].北京:中国建筑工业出版社,2005.
[4] 东兆星,刘刚.井巷工程[M].3版.徐州:中国矿业大学出版社,2013.
[5] 董方庭.井巷设计与施工[M].修订版.徐州:中国矿业大学出版社,1994.
[6] 段绪华,李勇军.矿压观测与顶板灾害防治[M].徐州:中国矿业大学出版社,2013.
[7] 高成梁,彭第.地下工程施工技术与案例分析[M].武汉:武汉理工大学出版社,2018.
[8] 高尔新,杨仁树.爆破工程[M].徐州:中国矿业大学出版社,1999.
[9] 高文蛟,陈学习.爆破工程及其安全技术[M].北京:煤炭工业出版社,2011.
[10] 国家安全生产监督管理总局.爆破安全规程:GB 6722—2014[S].北京:中国标准出版社,2014.
[11] 国家煤矿安全监察局.煤矿防治水细则[M].北京:煤炭工业出版社,2018.
[12] 洪晓华,陈军.矿井运输提升[M].徐州:中国矿业大学出版社,2005.
[13] 康红普,姜鹏飞,高富强,等.掘进工作面围岩稳定性分析及快速成巷技术途径[J].煤炭学报,2021,46(7):2023-2045.
[14] 康红普,姜鹏飞,刘畅,等.煤巷锚杆支护施工装备现状及发展趋势[J].工矿自动化,2023,49(1):1-18.
[15] 刘殿中,杨仕春.工程爆破实用手册[M].2版.北京:冶金工业出版社,2003.
[16] 刘过兵,顾秀根,梁利,等.爆破安全(A类)[M].徐州:中国矿业大学出版社,2002.
[17] 刘马群,冯拥军.井巷工程[M].北京:煤炭工业出版社,2010.
[18] 马宏伟,王鹏,张旭辉,等.煤矿巷道智能掘进机器人系统关键技术研究[J].西安科技大学学报,2020,40(5):751-759.
[19] 马宏伟,王世斌,毛清华,等.煤矿巷道智能掘进关键共性技术[J].煤炭学报,2021,46(1):310-320.
[20] 马念杰,潘玮,李新元.煤巷支护技术与机械化掘进[M].徐州:中国矿业大学出版社,2008.
[21] 马新民,王启广.矿山机械[M].3版.徐州:中国矿业大学出版社,2015.
[22] 钱鸣高,石平五,许家林.矿山压力与岩层控制[M].2版.徐州:中国矿业大学出版社,2010.
[23] 宋宏伟.井巷工程[M].北京:煤炭工业出版社,2007.
[24] 谭云亮.井巷工程[M].北京:煤炭工业出版社,2013.
[25] 王德明.矿井通风与安全[M].徐州:中国矿业大学出版社,2007.
[26] 王国法,任怀伟,庞义辉,等.煤矿智能化(初级阶段)技术体系研究与工程进展[J].煤炭科学技术,2020,48(7):1-27.

[27] 王虹，王建利，张小峰. 掘锚一体化高效掘进理论与技术[J]. 煤炭学报，2020，45(6)：2021-2030.
[28] 王虹，王步康，张小峰，等. 煤矿智能快掘关键技术与工程实践[J]. 煤炭学报，2021，46(7)：2068-2083.
[29] 王毅才. 隧道工程[M]. 北京：人民交通出版社，2000.
[30] 徐永圻. 采矿学[M]. 徐州：中国矿业大学出版社，2003.
[31] 杨健健，张强，王超，等. 煤矿掘进机的机器人化研究现状与发展[J]. 煤炭学报，2020，45(8)：2995-3005.
[32] 杨孟达. 煤矿地质学[M]. 北京：煤炭工业出版社，2000.
[33] 张恩强，勾攀峰，陈海波. 井巷工程[M]. 2 版. 徐州：中国矿业大学出版社，2013.
[34] 张国枢. 通风安全学[M]. 2 版. 徐州：中国矿业大学出版社，2011.
[35] 张平松，李圣林，邱实，等. 巷道快速智能掘进超前探测技术与发展[J]. 煤炭学报，2021，46(7)：2158-2173.
[36] 张荣立. 采矿工程设计手册[M]. 北京：煤炭工业出版社，2003.
[37] 中华人民共和国应急管理部. 煤矿安全规程[M]. 北京：煤炭工业出版社，2022.
[38] 朱永全，宋玉香. 隧道工程[M]. 2 版. 北京：中国铁道出版社，2007.
[39] 邹光华，田多. 采矿新技术[M]. 徐州：中国矿业大学出版社，2013.